BLITZKRIEG IN THE WEST THEN AND NOW

西方電撃戦

フランス侵攻 1940

ジャン・ポール・パリュ　宮永忠将・三貴雅智〔訳〕

大日本絵画

BLITZKRIEG IN THE WEST THEN AND NOW

Jean Paul Pallud

フランスから最悪の知らせが届きました。悲惨な不運に落ちたフランスの勇敢な国民に、私は深い悲しみを禁じ得ません。彼らに対する私たちの気持ちに二心はなく、フランスの精髄はいつの日か命を吹き返すことに疑いはありません。フランスで起こったことで、我々の努力や目標が揺らぐことはありません。今、この世界の大義を守り通すことができる力を持つのは、我々だけなのです。価値ある栄光をつかみ取るために、我々はあらゆる事を為さねばなりません。我々は、ヒトラーの暴虐が人類から払拭されるまで、祖国と、大英帝国を不可侵のものとして守り抜かねばならないのです。そして当然、最後にはこの正しさを証明することになるのです。（ウィンストン・チャーチル　1940年6月17日）

……そして現在。ドイツ軍先鋒部隊の容赦ない突破前進に直面して、混乱しながら後方に退いた仏軍の中で、第3軍集団司令官アントワーヌ・ベッソン大将はシェール川に沿って新たな戦線を構築しようと試みた。しかし、運命的なチャーチルの演説の2日後には、ベッソンはフランス中部のアンドル川までの後退を強いられている。写真の独軍対戦車砲兵たちはブルージュの南西15kmのサン=フロロンでシェール川を警戒していた。

目　次

1940年6月14日にシルヴァン・パリュはラ・ベル・エトワールにて降伏を強いられた。50年後、父の足跡を追っていた息子によって撮影されたもの。

イントロダクション

1940年6月14日の朝、フランス軍第108山岳歩兵連隊の1機関銃弾薬手であるシルバン・パリュ二等兵——私の父——は、トロワの北西25kmの地点であるラ・ベル・エトワールを通る、国道19号線脇の側溝に疲れ切った身を横たえていた。この数日来、北フランス領内をドイツ軍に追いまくられ、連隊は大きな損害を被りながらエーヌ戦線から後退して来たのだ。パリュ二等兵の相方の機関銃手は、セルネー近くの戦闘で彼の傍らで戦死した。この時フランス兵は、南へと押し出したドイツ第4戦車師団の戦車に追いつかれ、パリュ二等兵は生き残った戦友と森の縁に隠れて弾を避けていたのだ。1両のドイツ戦車が道路を行き来しながら車載機関銃で樹々の間を掃射していた。そのエンジンデッキにはフランス兵捕虜が立ち、幾度となく大きな声で叫んでいた。「降伏するんだ! 諸君の戦争は終わった!」

銃弾は不気味な唸り声を上げながら頭上を飛び、フランス兵たちの身体に小枝と葉っぱが降り注いだ。パリュのすぐ後ろに伏せていた兵士が彼の足を掴んで、何度もしつこく命令した。「さぁ行け、パリュ! 我々は降伏すると言ってくるんだ」

道路をさらに下ったところで一人のフランス兵が立ち上がると、あとに続いてぞろぞろと兵士たち続き、結局は連隊の生き残り全員が森から姿を現した。シルバン・パリュ二等兵の戦争は終わったのだ。

50年ののちに、パリュ二等兵の息子である私は、この本に使用する当時と現在との比較用の写真を撮影するために、フランス中を自動車で巡ることとなった。その幾度目かの撮影行において、トロワを国道19号線に沿って離れ、私は、この土地が大混乱に陥った1940年の日々を心に思い浮かべてみた。そのわずか4週間の後に、我が祖国フランスは敗北し、おおよそ200万人の将兵が戦死するかまたは傷つき、さらに行方不明もしくは捕虜となったのだ。

車はついにラ・ベル・エトワールへと差しかかり、私の父がここで最後の戦いを経験したのだという感慨が沸き起こってきた。現在のこの場所は、まったくのどかな田園風景を見せ、森は静かにたたずみ、路上を行き交う車の姿もない。ほんのつかの間のことではあったが、この時が5年におよんだ西方電撃戦の研究の間で、私の胸にもっとも熱いものがこみあげてきた瞬間となった。

6ヵ国もの軍隊が、4つの国々を戦場に変えながら通り過ぎたこの6週間の日々を、明確で分かりやすい1枚の絵にまとめることは無謀に近い。特に、オランダ、ベルギー、ドイツ、フランス、イギリスが、陸海空に渡って空挺部隊、戦車、列車砲、騎兵、砲艦など無数の兵器を用いた激闘を繰り広げた、最初の2週間についてまとめることは困難をきわめる。

戦いが進み、ベルギーとオランダが戦いの舞台から去ったにもかかわらず、戦場はさらに、独仏国境のライン渓谷から大西洋岸のスペイン国境にまで拡大し、北はオランダの干拓地からアルプス山脈がイタリア国境に接する地域までをも含む広大なものになったのである。

私は、この本をまとめるために、ドイツのコブレンツ公文書館、ワシントンの国立公文書館、パリのECPA、ロンドンの王立戦争博物館といった施設から写真を入手した。さらに、戦いに参加した兵士自身が撮影した"私物"写真も数多く収集した。この中にはロンメル自身が撮影したものも含まれている。私は写真を分析する過程で、多くの場合、これらのスチル写真の撮影者がニュース映画の撮影チームと行動を共にしていることを確認した。このことは、ドイツとフランスの場合に顕著であり、1940年の5月と6月に撮影された報道フィルムの中に、本書で使用した写真と同じシーンを見ることができる。例を挙げるならば、171ページのアンブレーヴ川の渡河場面、シェール川をエヒテルナッハで越えたドイツ軍の198ページの写真、304ページのマジノ線ブッソワでの砲撃場面、338ページのルーヴァンのイギリス欧州遠征軍(BEF)などが、報道写真で確認できる。

結局、収集した5000枚の写真のうち、大半にはオリジナルの撮影場所や日時を示すキャプションがつけられていなかったので、これをつきとめるのに幾夜も費やさなくてはならなかった。このような苦労の末に確定された写真は、フランス戦全体の絵の中の正しい位置に、詳細なキャプションとともにはめ込むことができた。この作業によって、貴重な写真の数々が「西部戦線のドイツ戦車」という、ありきたりで意味のないキャプションを付けられずにすんだのである。

すべての写真資料にあたってみたにもかかわらず、テーマや場所によっては写真でカバーしきれないものも出てきた。特定の戦闘について写真を添えられなかったことは、私がその戦闘にあまり価値がないと判断したからではなく、単に当時の写真が手に入らなかったからであるということをご理解いただきたい。戦争の趨勢を決める戦いの場に赴き、それをフィルムに収めるということは、そのとき、その決戦の重要性を撮影者が認識していたとしても容易なことではない。戦場の写真報道者は常に、どこであれ自分の今いるその場の光景を撮影することを迫られる。宣伝中隊所属のエリッヒ・ボーヒェルトによって撮影された315～324ページのトゥランの戦闘の一連の写真は、そのよい一例である。実際には地方の小村をめぐる小規模な歩兵戦闘にすぎなかったものが、使用者の意図が入ることで、いとも簡単に重要な戦闘扱いをされてしまうのである。

戦争犯罪は、写真による記録が残されることが少なく、また、十分な調査がされることの少ない戦争の一面である。一部のドイツ軍部隊による恥ずべき行為は、すでに十分な検証が済んでいるが、その反面、連合軍の兵士によって行なわれた小さな違反行為は、勝者の戦争犯罪を認めようとしない、ある意図によって闇の中に隠し止められている。客観性を重んじる著者による、約半世紀後の調査によっても、連合軍側の犯罪記録は完全なものでないことがはっきりとした。

西方戦役において、ドイツ軍の機甲部隊は決定的な役割を果たしたわけだが、本書の写真が示すように、ドイツ戦車の数は決して多くはなかった。だが実際には、他の様々な被写体をさしおいて、グデーリアンの機甲部隊やロンメルの戦車先鋒部隊、撃破された連合軍戦車など、機甲兵器が撮影の対象とされる機会は多かった。とりわけ、フランスのルノーB1bis戦車はドイツ軍の写真班に強い印象を与えたようで、砂浜に打ち上げられた鯨を連想させる撃破されたB1bisの車体が、数多くの写真に登場していた。本書では歴史的な数量バランスを正しく反映するために、意図的に歩兵や馬により牽引される兵器の写真をより多く収録している。

フランスのマジノ線や、ベルギーのリエージュ、ナミュールの要塞陣地は、戦略上の重要地点に設けられたのだが、実際にはその建設意図通りに役立つことはなかった。ドイツ軍の主攻勢はこれらの要塞陣地を素通りし、その後の第二段作戦でもドイツ軍は積極的に要塞を陥落させようとはしなかった。結果的に1940年の西方電撃戦は、難攻不落の要塞というものが、不動の鋼塊でありコンクリートの白い象(つまり無用の長物)に過ぎないことを、証明してしまったのである。それらは戦争の遺物として今日でも目にすることができる。

電撃戦の戦場となった広い範囲をカバーするために、私はオランダのジャック・ファン・ダイク、カレル・マルグリー、ベルギーのジャン=ルイ・ローバ、フランシス・トリティエ、北フランス在住のレジ・ポチエ、ソンムのアンリ・ド・ワィリといった人々の助力を得た。それでも、私は本書の比較用の現状写真の90パーセント以上を自分で撮影した。これまでに、私と同じ様な詳細な調査を行なった者は皆無と思うが、戦場を隈無く探訪するというこの撮影行により、私は、アルデンヌの森に覆われた峡谷から、戦局を左右することとなったセダンの突破口、最大の戦車戦が行なわれたベルギーのジャンブルー間隙路、海岸線へと1日100kmのスピードで猛進するドイツ戦車が通り過ぎていったフランスの片田舎までをも訪れることになった。

本書執筆者のジャン=ポール・パリュと、その父。フランス電撃戦について語り合っている。

本書を執筆するうえで、各国で異なる標準時間を照合することは大きな問題となった。1940年の2月末以来、イギリス、フランス、ベルギーの3国はグリニッジ標準時(GMT)+1時間を採用しており、その一方、ドイツはさらに1時間進めたものを採用し(GMT+2時間)、オランダは信じがたいことに40分28秒遅れ(GMT+19分32秒)を国の定める標準時としていた。このことは言い換えるならば、ベルギーの住民は隣国のオランダよりも40分28秒先を生きるという、何とも馬鹿げた状況をもたらしていたのである。そのため、本書において時間的な統一を図るために、私はより一般的なGMT+1時間を基準とすることにした。ただし、必要に応じてドイツ正式の時間を記した部分もある。疑いもなく、この標準時間の不統一性を見落とし、各国の時間記録を同一のものとして扱ったことが、これまでの出版物やドキュメンタリーにみられた錯誤や曖昧さの原因となっている。私は、本書はこの点において抜かりのないことを断言する。

調査を進めるうえで、現在の地図をもとにすることについては論議があった。昔は田園地帯だった場所に、今では数多くの自動車道路が走っている。しかし、(本書を含む)『アフター・ザ・バトル』誌の主旨である、かつての戦場の現在の姿を伝えるという点を考慮して、私は最新のミシュラン道路地図を使用することにした。これにより、実際に古戦場を訪れてみようとする読者は、最良のルートを選択できるだけでなく、開発の進んだ古戦場を50年前とは違った視点で眺めることができるのだ。

5年間におよんだ調査は、私の人生にとっての貴重な経験となった。我が祖国フランスの近代史の1ページをつぶさに学ぶことができたということだけではなく、これまでにない形で、西方電撃戦を1冊の本にまとめあげることができたということにもある。私にとって、“ゼン・アンド・ナウ(過去と現在)”を写真で比べることは、歴史に息吹を与えることであり、戦闘が行なわれ、人命が失われたまさにその場所に立ったことは、たやすくは忘れ難い心の経験となった。私は読者の皆さんが本書を読み進むにつれ、ドイツ戦車の轍の痕跡をたどりながら、私が見て、感じたところを追体験してもらえばと願っている。ドイツ戦車の残した軌跡は、すでに目には見えなくなっていても、人々の心からはいまだ消え去っていないのだ。

ジャン・ポール・パリュ

第Ⅰ章
戦火ふたたび

1919年、フランスはドイツの未来から戦争の芽を摘むために、ラインラントの恒久的支配権を求めて関係各国の説得に乗り出したが、受け入れられなかった。

かりそめの平和

1939年9月、フランスとイギリスが「戦争を終わらせるための戦争」に勝利をおさめてからわずか20年後のこの時に、両国は再びドイツとの戦いに備え、手を携えることを決意した。しかし、前回の宣戦布告時にみられた国民の熱狂した歓迎ぶりは、今回はまったくみられなかった。第一次世界大戦の惨禍の記憶はいまだ生々しく、人々は恐怖を予見させる事態の現出を認めたがらなかったのだ。しかし、ヒトラーの野望を阻止することが求められ、戦争がそのための唯一の手段であるならば、甘んじて受け入れざるを得ない。だが、避けようのない戦争へと踏み切るにあたっての悲劇は、フランスとイギリスのどちらもが、国家総力戦を遂行するほどの実力を有していないことにあった。

ドイツは1918年に敗北したが、勝者となったフランスに比べると、実際に被った損失は軽いものであった。ドイツ経済は仏英の経済封鎖により停滞の極みを見たが、工場施設や鉱山、製鉄所の大半は無傷のまま残っていた。ドイツの人的損失（死者）は200万人であり、これは男子就業人口の9.8パーセントに相当した。対するフランスの人的損失は138万5000人と見かけ上は“少な”かったが、その就業人口比率は10パーセントにまで達していた。しかも、直接の戦場となったフランスの国土は荒廃しきっており、数百にものぼる町や村が再興を必要とし、北西部にあった工場施設、鉱山、製鉄所も徹底的に破壊されていたのである。

ドイツの支払う戦時倍償金1320億金マルクのうち、フランスは52パーセントを得ることになっていたが、その支払いはごく一部で滞っていた。1923年、倍償不履行を理由としてフランスとベルギーはルール地方を占領した。そののち、倍償金の支払いは1928年まで続けられたが再び不履行となり、翌29年に「ヤング案」が実施されると賠償額は75パーセントにカットされてしまった。1932年になると、ドイツはもはや倍償支払いの能力も意志も失い、結局、戦時賠償は帳消しとされてしまったのである。

1919年、ドイツの戦争遂行能力の成長を芽のうちに摘むため、フランスは、連合国によるラインラント永久占領案へ、イギリスとアメリカの同意を得ようと激しい外交攻勢を展開した。しかし、その結果は、暫定的な安全保障策として同地域の非武装化と15年間の限定占領が認められただけに終わった。かつての同盟国から見捨てられたとの思いを強くするなか、フランス

フランスの外交的成果は、ラインラントの非武装と一時的な進駐に留まった。フランスのアンドレ・マジノ陸軍大臣は1922年にラインラントに進駐した連合軍の視察に赴いた。写真は1922年4月25日、コブレンツの鉄道駅に降りた際に撮影されたものである。ホフマン・ホテルは戦後も営業を続けていた。67年後の1989年4月に我々が撮影した写真。

英米が認めたラインラントへの15年間の進駐は、フランスが望む安全保障にはほど遠い成果だった。これを同盟国による自国軽視と受け止めたフランスは、大きく落胆することになる。写真は、1922年6月14日、ラインラントのマイエンス（ドイツ：マインツ）で軍事パレードを先導するジャン＝マリー・デグトゥ将軍。

は1930年代という人的資源の欠乏した、活力を失った時代を迎えていた。「グレート・ウォー」（第一次世界大戦の呼称）のもたらした痛手は極めて大きく、戦死した者たちの子息として生まれるはずだった1つの世代がまるまる失われたことで、1939年にフランスの守りについた兵士の数は、1914年に比べると30万人も少なかったのである。

第一次世界大戦の勝利は、満足感と同時に軍事的停滞をもたらした。連合国は、勝利は彼らの戦い方が正しかったことを示すものだと、あえて信じこむ傾向にあった。反面、ドイツ側は敗北の原因を自らのうちに求めた。ドイツ軍首脳部は、敗北の責任を国民に釈明するための贖罪の山羊を見つけだし、“軍隊を背後から一突き”した張本人として政治家たちを糾弾した。その陰で、戦闘の各事例を子細に検討して戦訓を学びとり、新しい戦技と戦術の開発につとめた。ごく一握りの将校を除けば、仏英の将軍の間には、こうした進取の気風は見られず、斬新な理論やアイデアは逆に警戒をもって受け止められたのである。

かつては徴兵制により大軍を維持したフランスも、過去の栄光に酔い続ける中で、首脳部は徐々に時代遅れの考え方しか持たない老集団となり果てていた。しかも、厳しい予算制約により装備の更新と近代化も進まなかった。1920年代の初頭から軍事支出は防衛重視の方向へと傾き、1925年当時の国防大臣ポール・パンルベは国防方針の主眼を「危機に際して必要十分なものであり、軍事的冒険心や領土的野心を試すには不適である、国家防衛のための合理的システム」を実現するものであるとした。第一次世界大戦での人命の浪費から生じた強烈な反戦気運を別としても、フランスがこの防御重視の姿勢に固執することにはいくつかの理由が存在するが、とりわけ、大戦の結果としてアルザス・ロレーヌ地方が奪還できたことで、一心に国境線の枠内の領土保全が望まれたことが大きかった。パンルベの主唱した国防方針は、フランスの求める安全保障の姿をそのままに、ドイツとの国境沿いに設けられる要塞群によって具体化されることとなった。この“要塞線”は後に、パンルベの後継大臣であるアンドレ・マジノの名に因んで知られるようになった。

1923年、戦争を引き起こした代償としてドイツに課せられた賠償金支払いの不履行に対して、フランスとベルギーはルール地方を占領した。（左）1923年1月15日、エッセン中央

郵便局の前にいるフランス兵の様子。（右）1989年の同じ場所。第二次世界大戦の戦火のためか、郵便局は姿を消しているが、向かいの建物は往時から変わっていない。

1935年、ヒトラーがヴェルサイユ条約の破棄を宣言したことに端を発する国際的緊張の高まりは、1936年のラインラント進駐、そして1938年3月のオーストリア併合を導き、イギリス首相はヒトラーとの会談による解決をはかった。(左)9月15日、イギリス首相ネヴィル・チェンバレンが独外相ヨアヒム・リッベントロップ(左側)と国務大臣オットー・マイスナーに伴われて、ベルヒテスガーデンに招かれた場面。

1935年3月、ヒトラーはヴェルサイユ条約の軍事条項の撤廃を宣言することで、断固たる意志を表明した。徴兵令が布告され、36個師団の陸軍の整備とルフトヴァッフェ(空軍)の創設、戦艦2隻、重巡洋艦2隻、駆逐艦16隻、潜水艦28隻の建造が宣言された。これに対し、フランスはソヴィエトとの間に条約を締結した。ヒトラーは、この仏ソ間の条約締結をロカルノ条約違反であると決めつけ、自らもロカルノ条約を無効視してラインラント非武装地帯の再占領の機会を窺い始めた。1936年の初頭からその兆候は目立ち始め、フランス政府はヒトラーがラインラントへ軍を進めた場合の軍事的対応案の検討に入った。ところがこの問題に関するフランス軍最高司令部の答えは、フランス軍は防衛を第一義に組織されており攻勢作戦には備えてはいないという消極的なものであった。それでも、どうにか計画は作成され、ザール川左岸のメルツィヒまでの地域の占領が決定された。

イギリスは、フランスが困難の予見される戦いに急いで突入することを望まなかったので、大陸問題への宥和的な態度を崩さず、フランスからの海上封鎖の要請にも応えようとはしなかった。3月7日、ヒトラーはついにラインラントへと軍隊を送ったが、対する仏英の対応は抗議声明を発表するだけに止まったのである。

仏英間政府協議は、元をただせば1935年10

9月12日の協議の場で、ヒトラーは次なる領土——チェコスロヴァキアのズデーテン地方の割譲——を要求し、「ミュンヘンの危機」を煽った。チェンバレンとの最初の会談では、この問題は解決せず、後日開かれたゴーデスベルクでの2度目の会談でも同様だった。しかし、イタリアが状況打開のために国際会議を設ける事を提案すると、ヒトラーはこれに同意した。9月29日、イギリス、フランス、イタリア、ドイツの代表者がミュンヘンのナチ党本部で協議を行なったが、この場にチェコスロヴァキアの政府代表者は招かれていなかった。

最初の会合が終了すると、仏英の代表団は宿舎のホテルにてムッソリーニの提案を検討した。ムッソリーニはホスト役のヒトラーと昼食を楽しんだ。(右)今日、ミュンヘン総統官邸の建物は、ミュンヘン音楽・演劇大学となっている。

9月30日の金曜日、夜明け前の0130時が最後の山場となった。チェコスロヴァキアの運命が記された文章にはすでに9月29日の日付があったが、誰もがそのミスに気付かないほど疲労困憊していた。ヒトラーが最初に署名し、チェンバレン、ムッソリーニ、ダラディエが続いた。そこにチェコスロヴァキアの意見は入れられず、ヒトラーはまたも無血で勝利したのである。

月にイタリアのアビシニア危機を巡って、唐突なイギリスからの持ちかけで開始されたものであったが、この当時は不定期に持たれる技術情報交換の場ほどの機能しか果たしていなかった。だが1930年代も後半になると、もし大戦勃発の事態となれば、仏英両国が共に参戦することは事実上の了解事項となっていた。しかし、イギリスはフランスとの軍事的提携関係を匂わせる兆しには神経をとがらせており、一方でドイツへの宥和政策を追求し続けていた。

1938年3月、ヒトラーはオーストリアへと軍を進めた。しかし、仏英は今回も強い遺憾の意を表明する以上のことはしなかった。国民投票ののち、ドイツへの「併合（アンシュルッス）」が宣言され、オーストリアは「大ドイツ」へと組み入れられた。間もなくズデーテンラントの少数派住民であるドイツ系住民による政治的煽動が活発化したことで、チェコスロバキアがドイツの次の生け贄であることがはっきりとした。このようなドイツの侵略主義に直面しながらも、仏英は共同してこれに立ちむかうための合意形成に失敗していた。4月10日にダラディエが新政権を樹立し、一応の政治的安定をみたばかりのフランスは、実力行使の意志は持っていたものの、チェコスロバキアをヒトラーが侵略した際の直接的援助——ドイツ領内への進攻——に踏み切る用意が軍にできていなかった。ロンドンでは、チェンバレンが宥和政策——今日使われる場合ほどの強い意味合いを当時は持っていない——にこだわり続けていた。9月、仏英はまたもやドイツに屈服し、チェコスロバキアの分割を承認するミュンヘン会談の議定書に署名してしまった。当事国であるチェコスロバキア自身は、自国の命運を決する事態の進展に一切口を差し挟むことができなかった。

第一次世界大戦の終戦時、フランスは世界最

チェンバレンは、世界の平和を守ったと自信を持ち、英独両国が「相違の原因を取り除く努力をすることで、ヨーロッパの安全保障に貢献する」と表明したアングロ=ゲルマン宣言をヒトラーに促した。チェンバレンはヘストン空港に到着すると、ヒトラーとかわした文章を頭上に振りかざしながら姿を現した。その後、彼はダウニング10番街で、「私たちが生きている間は平和である」と演説した。

フランス首相エドゥアール・ダラディエは、昂揚とはほど遠い気分でブルージュ空港に降り立ったが、そこに詰めかけた観衆の熱狂に驚かされた。飛行機から降りた彼は、酷く落胆した様子で一言、「愚かしいことだ!」と吐き捨てている。今日、両陣営の資料に触れることができる我々には、1938年9月の運命の時に、ドイツ軍はわずか12個師団でフランスに立ち向かわねばならなかったという実情を知っている。

第一次世界大戦が終わったとき、フランスは世界最強の陸軍国の1つだった。しかし、軍首脳部は往時の栄光にすがり、守旧的な思考に凝り固まるようになった。写真は1921年にフィリップ・ペタン元帥が第231砲兵連隊を視察した様子。戦後の歴代政権は、軍の近代化に消極的で、1930年代のうちにフランス軍の質は大いに低下したのである。

強の軍事力を有していると見なされていた。この認識が定着してしまったために、1930年代のフランス軍の実力が1918年のそれとはまったく掛け離れたものにまで低下していたことは、気づかれないままだった。長年にわたり、フランス政府は陸軍に攻勢能力を与えないように意を払い続け、最高司令部による軍近代化の要求には耳を塞ぎ通していた。1934年になってようやく装備近代化に承認が与えられたものの、直後に政治的混乱——1934～39年の間に8つの政権が入れ替わった——に陥ったことと社会的、経済的な困難により、具体的な進展はあまり見られなかった。1938年、ドイツによる周辺国の「併合」が着々と進む中で、危機はようやく実感として受け止められ、軍近代化のペースを早める努力が行なわれたが、もはや時すでに遅しの状態に立ち入っていたのである。

イギリスでは、ロイド・ジョージの戦時連立内閣の立てた、「今後10年間は大きな戦争は起こり得ない」という仮説——毎年継承された——により、国防予算は1919～28年にわたって制限され続けた。この結果、空軍（RAF）は戦力が落ち込み、陸軍は兵器と装備に不足を来した。この“10年間ルール”は1932年にマクドナルド内閣により見直されたものの、それでも1936年まで、軍近代化の実効的な試みはなされなかった。人々は平和を欲し軍備強化は望んではいなかったのである。それでも宣戦布告がなされた時点で、労働党と自由党による保守党チェンバレン政権への連立拒否という事態を乗り越えて、議会と英国のすべては一丸となってヒトラーに立ち向かうことで団結したのである。

フランスは、第三共和制第85代大統領エドゥアル・ダラディエのもと、複雑な感情を抱いたまま戦争へと突入した。戦争への恐怖は国民の間に深く染み付いており、人々は1914～18年のような血みどろの戦いの瀬戸際に、再びフランスが立たされたことを知り、恐れおののいた。フランス民衆の間には強い反ドイツ感情が広がっていたが、言論界は混乱していた。極右勢力の一部少数派は、ヒトラーをして対共産主義（ボルシェヴィズム）の防波堤と見なしていたし、極右とまでゆかない右翼勢力の多くはムッソリーニをして指導力の輝ける実例として称賛していた。一方、左翼勢力では共産党が反ファシズム闘争を長く繰り広げてきたが、ヒトラーとスターリンとの間に結ばれた「独ソ不可侵条約」という現実を前にして、180度の方針転換を余儀なくされていた。したたかな共産党指導部により問題のすり替えも行なわれた。「帝国主義国・資本主義国による戦争」との対決を謳う宣伝活動は行動に移され、戦争努力に対するサボタージュ闘争が各所で進められていった。

戦争が砲声とともに訪れたのであれば、国家を1つにまとめるのに役立ったのであろうが、あくびを催すような退屈さとともに訪れた8ヵ月におよぶ「ドロワル・ド・ゲール（奇妙な戦争）」は、フランスにとって何の益ももたらさなかった。1940年3月、ダラディエ政権の蔵相であったポール・レイノーに組閣が命じられた。レイノー自身は“闘士”としての資質を持つ存在であったものの、出身党による支援はほとんど無く、しかも国益に照らし党派バランスを重視した組閣人事が行なわれたとあっては、新政権にあまり多くのことは期待できなかった。

“西側連合国”間の協調関係は、第一次世界大戦以来、外交政策についての重大な差異が生じる度に試され続けてきた。しかし、仏英協商は大戦時でもお互いの間に好意を醸成しなかったし、続く平和の時代には、かつての敵ドイツに対する両国の態度には基本的な温度差があった。フランスは自国の安全保障の確立に心を砕き、イギリスは明白な侵略の証拠を掴みつつも宥和的態度を取り続けてきた。しかし、ドイツの覇権に対する共通した恐怖感は、ついに両国をパートナー関係へと引き戻した。だが、両国民——その大多数——は、どう贔屓目に見ても互いに疑いの眼差しを向けあっていた。そのひ

第二次世界大戦勃発前夜、フランス軍の装備は1918年から大きく変わっていなかった。オチキスMle1914 8mm機関銃は、第一次世界大戦で採用された重機関銃だが、1940年も標準装備のままだった。確かに頑丈で効果的な火器ではあったが、兵士らは威力不足に泣かされた。

ドイツ軍では「電撃戦（Blitzkrieg）」という新しい軍事教義にしたがい、機動力に富み、強力な打撃力を持つ戦車の集団運用理論と、それを可能にする新型戦車の開発が進んでいた。それでも、1940年時点では、中核となる戦車師団は10個しかない。写真はIV号戦車の隊列を先導している第6戦車師団の35(t)戦車。

どさは1940年3月、自らをフランスの良き友人として任じていたウィンストン・チャーチルその人が、「フランスとの間に実のある親交が築かれていない」ことを嘆いたほどであった。

両国参謀による細部にわたる作戦会議の開催が、1939年2月にイギリスで承認された。チェンバレンとダラディエが企図した、ヒトラーのチェコスロバキア分割阻止が失敗に終わった前年9月のミュンヘン会談の結果を受けて、第1回会議は3月29日に開催された。

仏英の政治家の目を覆っていた鱗も、ヒトラーの外交発言がまるであてにならない——譲歩を意味する発言が、決して実力行使を抑止するものではない——という事実を前にして、遅まきながらようやく剥がれ落ち始めた。チェコ領のボヘミアとモラヴィアをドイツの「保護下」に組み入れ、独立国家としてのチェコスロバキアを消滅させてから2ヵ月のうちに、ヒトラーはメーメルを占領し、英独海軍条約およびポーランドとの不可侵条約を破棄、アルバニア侵攻に取り掛かったイタリアとの間に「鋼鉄同盟」を締結したのだ。

隣国ドイツと比較して、フランス軍の兵力不足は深刻な状態にあった。1936年のフランス軍の計算によれば、1940年にはドイツ軍の潜在兵力（動員可能数約1310万人）は、フランス軍（約670万人）の約2倍に達するものと推定された。1939年の最新統計では、フランスの動員可能兵力は100個師団および要塞守備部隊16個師団とされた。イタリア国境の警備に約10個師団、北アフリカに12個師団前後を割くため、フランスは北東部国境のマジノ線の守備とドイツ国境への備えとしては、95個師団相当の兵力を当てることができた。これにイギリス軍の4個師団が加わることで、連合軍は北東部国境におおよそ100個師団の兵力を配備可能であるとされたが、対するドイツ軍については9月中旬までに少なくとも116個師団が動員可能で、続く数ヵ月でさらに50個師団近くを強化できるものと予測されていた。

フランス軍の内容は、徴兵対象となる国民層の幅広さを反映して、質の点で玉石混交の状態にあった。それは最高の臨戦態勢にある“現役”部隊から、最低ないしはそれ以下の状態の“B級”部隊にまでおよぶ。動員発令時に到来する師団数の3分の1を占める現役師団は、職業軍人である正規の将校・下士官団を持ち、兵士層はごく最近に予備役へ編入されたばかりのものを含むとしても、大半が正規兵により構成されていた。質的にこれに継ぐのは“A級”師団で、正規の将校・下士官団の充足数はやや少なかったが、

ドイツ軍の大半は歩兵師団であったことを忘れてはならないが、彼らはMG34機関銃のような新時代の戦争にふさわしい装備を持っていた。しかし、軍の移動はもっぱら鉄道と徒歩であり、補給物資の輸送には馬匹も動員されている。

1939年冬の軍事パレードで撮影。フランス軍はルノーR35戦車を装備した第12戦車大隊のような大規模な戦車部隊を編成していたにもかかわらず、上級司令部は、戦車部隊を細切れにして分散配置し、歩兵の支援に充てる時代遅れの戦術を好んでいた。1939年10月にフランス第5軍の戦車部隊を指揮していた、シャルル・ド・ゴール（右）など、戦車の集団運用と機動力の重要性を説く将官はごく一部だった。写真はアルベール・ルブラン大統領。騎兵科は、慎重ながらも新しい考えを受け入れた最初の部隊であり、1935年以来、軽機械化師団として改組された。これに歩兵科も続き、装甲師団1個が編成された。1940年5月までに、フランス軍は各々が戦車160両と装甲車100両を装備した軽機械化師団3個と、同様に各々が戦車160両を装備した装甲師団3個を保有していた。

1940年5月の時点で、機械化された7個騎兵連隊がイギリス欧州遠征軍に含まれる各師団に割り当てられていた。連隊ごとの装備状況は軽戦車28両とユニバーサル・キャリアが44両である。写真は、第1ファイフ・アンド・フォーファー義勇騎兵連隊で、手前にはMark.VI戦車、奥にはキャリアが写っている。

基本的に予備役兵を持って構成された。"B級"師団は、さらに訓練済みの将兵の充足率が下がり、1個連隊あたりの正規将校の配属はわずか数人のみ。陸軍でももっとも高い年齢層の将兵が配属され、下士官兵の平均年齢は36歳という有り様だった。

イギリスが大陸派遣用にと考慮していたのは、当初わずか正規師団2個だけであった。4月の末にはこの数は4個に増やされ、動員発令から33日以内に欧州遠征軍としてフランスへ送り出されるものとされた。航空部隊の付与も決定された。また出発時には、爆撃機により編成された先遣航空攻撃隊(Advanced Air Striking Force)の派遣も予定されていた。2月、イギリス政府は戦争の勃発から1年以内に32個師団を増強する基本方針を決定した。翌月には、国防義勇軍(Territorial Army)を2倍に拡大することが決まり、4月27日には徴兵制の導入が検討されていることが発表された。

動員開始から3ヵ月で、イギリス軍は5個の現役師団をフランスに派遣し、1940年1月には最初の国防義勇師団が到着した。(左)1939年10月、アラス近郊の不整地を走行中の、第2歩兵師団所属のキャリア。(右)ザール地方のフランス側にあたるサルにて4月に撮影された士官たちの写真。

ライン川東岸からフランスに向けたプロパガンダ用看板には、平和促進のためにドイツを「助け」て、「イギリスを祖国に送り返せ」と書かれている。

連合国とポーランド

かつてプロイセンの領土であったダンツィヒ地域の住民は、そのほとんどがドイツ系住民により占められていた。国際連盟事務総長により“自由都市”宣言がなされた港湾都市ダンツィヒは、ヴェルサイユ条約に基づき再建されたポーランドにバルト海への出入口を与えるために、新国境線を引き伸ばしていくことでポーランドに組み入れられた。のちに“ダンツィヒ回廊”と呼ばれるこの領土措置は、東プロイセンをドイツ本土から切り離すこととなり、将来の紛争の火種が生まれた。ポーランドにはダンツィヒの外交政策・商業・税関業務に関する監督権が与えられた。しかし、1933年以降、市議会はナチ党が支配するところとなった。

ドイツ=ポーランドの不可侵条約は1934年に締結された。実のところ、ヒトラーはポーランドがドイツと軌を一にしてソヴィエト連邦に立ち向かうことを密かに望んでいた。しかし、ポーランドはロシアを敵視していたものの、自国の将来をあえて危険にさらす気は毛頭なかった。1938年11月、ドイツはダンツィヒのドイツ領への編入と、ダンツィヒへの道路および鉄道の管轄権取得を、ポーランドとの現在の国境線の保障と不可侵条約の25年間の延長を見返りに申し入れたのだが、ポーランドはこれを拒絶した。ヒトラーは再度、1939年1月に同じ内容の要求を行ない、外務大臣のリッベントロップが交渉に臨んだ。これに対する、ポーランド政府中枢を占めていた“大佐団”の対応はまったく的外れなもので、治外法権の問題を論ずる代わりに道路と鉄道の技術的問題を検討し、ダンツィヒがドイツ領へ組み入れられるという政治的問題ではなく、ドイツとポーランドの合意により国際連盟の定めたダンツィヒの法的地位を変更し得るのかという法律問題の討議に終始したのである。

3月末、政治交渉の行き詰まりは社会的な騒擾に姿を変えて噴き出した。ポーランド政府は、その独立が脅かされた際には支援に駆けつける旨の、イギリスからの保証を取り付けようと躍起になっていた。翌月にはロンドンに密使を派遣、ベルギー、オランダ、デンマーク、スイスといった小国を相手に相互防衛協約を申し入れ、さっそく交渉を開始した。5月、フランスとの交渉のために密使団はパリに入った。イギリスと同様、フランスの態度は、ポーランドが“国益”と呼ぶ具体的な懸案の支援に対しては二の足を踏んだもので、ヒトラーの行動抑止は保証するものの、ダンツィヒ問題に関する強力な支援を取り付けたと、ポーランド政府に確信を抱かせる性質のものではなかった。そのためパリ会談の結果、政治協定に属するフランスとポーランドとの間の軍事協約は批准されずじまいとなり、ポーランドの国防大臣タデウツ・カスペルスキーは帰国した。

夏を通じてドイツとの緊張はますます高まったが、愛国心に燃えるポーランドの指導者たちは、緊張緩和への努力を一切行なわなかった。8月はじめ、ダンツィヒ駐在のポーランド政府代表が、ポーランド税関部の武装化をドイツ代表部に通告したことで、一挙に危機が拡大した。代表の通告内容は、税関業務を阻害しようとする何らかの企てが発覚した場合、ポーランド政府は「自由都市に対して即座に制裁措置を課す

ヒトラーが決意したポーランド侵攻は、イギリス、フランス両国を対ドイツ宣戦布告に踏み切らせる最後の一押しとなった。だが、どちらの国も大規模な戦争に直ちに突入できる準備は整っていなかった。海軍大臣ウィンストン・チャーチルは、参謀総長エドモンド・アイアンサイド将軍（写真左）をともなって1940年1月にアラスを訪問し、イギリス欧州遠征軍司令官であるゴート卿（写真右）と会談した。写真には他に、北東作戦域司令官のアルフォンソ・ジョルジュ将軍と、フランス軍参謀総長モーリス・ガムラン将軍が写っている。

ガムランは、ドイツを脅かす上では「モーゼル川とムーズ川の間」からの攻勢が最も効果的であると信じていたが、ベルギーが中立を維持している限り、この選択肢は問題外だった。（左）フランス第1軍／偵察騎兵部隊の指揮官が、パナールP178捜索装甲車部隊を視察している。

（右）ベルギー国境部で無意味な守備任務に就くため、石壁の後ろに立つフランス第2軍の歩哨。

る」という強硬なものであった。ポーランド側にしてみれば、これはダンツィヒ住民の挑発に対する断固とした対応なのであったが、ドイツ側にはダンツィヒの同胞に対する抑圧の更なる一例として受け止められた。ポーランドの新聞とラジオは、政府の決断を大々的に囃し立てた。遥か以前に偶発事件を発端とする開戦のシナリオを書き終えていたヒトラーは、これをポーランドとその傲岸不遜な指導者を粉砕する好機ととらえ、8月25日、ポーランド侵攻作戦の準備命令を下した。

ヒトラーは、これまでの東欧諸国併合の経緯から、ダンツィヒ問題を巡って仏英が軍事的な手出しをすることはないと踏んでおり、今回もドイツ国防軍が東方に関わり切っている隙を狙って、仏英が西部国境に攻撃を仕掛けてはこないと賭けていた。それでも、つかの間、イタリアの戦争不参加方針の報と、イギリスがポーランドとの間に相互援助条約を批准済みで条約履行の決意を示しているとの報に接したことで、ヒトラーはためらい、攻撃開始を延期した。いざ仏英を巻き込んだ戦いともなれば、勝敗の分かれ目はドイツ軍の腹背となる西部国境の平穏が保たれるか否かにあることを、ヒトラーは百も承知していた。ベルギーの中立性だけが、この場合、あてにできる要因だ。土壇場での外交交渉の混乱が続く中で、ドイツ大使はベルギーのレオポルト国王に拝謁し、ドイツの望む最大の外交成果を上げようと努めていた。交渉の焦点は、ドイツがベルギーの中立を尊重する代わりに、ベルギーはその中立を堅持するというものであった。それはつまり、フランスを含む、いかなる国による領土侵犯に対してもベルギーが抗戦することを意味していた。この交渉が成立したことで、ドイツ軍の腹背の安全は確定された。安心したヒトラーは、ポーランド攻撃開始を9月1日と定め、全軍に布告した。

その同日、フランス軍参謀総長モーリス・ガムラン将軍は、ダラディエ首相に書簡を送った。その中でガムランは、「ベルギーの外交姿勢はドイツの術中にある」と述べ、ドイツに一撃を与える絶好の地点として「モーゼル川とムーズ川の間」を挙げた。しかし、ガムラン将軍の描いた線に沿った攻勢意図はすべて埒外へと置かれてしまい、ポーランドを支援するという名目で、まったく攻勢には適さないザール（サル）地区での限定侵攻が行なわれることになった。

当時、ドイツ国防軍の大半がポーランドへと投入されていたものの、第三帝国の全軍が東部国境へ持って行かれたわけではなかった。開戦から一両日中に予備役が動員されたことで、西部国境には43個師団が存在する運びとなった。これに相対するのは、フランス北東作戦域司令官アルフォンス・ジョルジュ将軍の57個師団で、すべてフランス軍から構成されていた。最初の増援イギリス軍となるイギリス第I軍団のリール地域への到着は、10月の初めになると見られていた。

ザール攻撃の主力として第4軍がついた。（左）軍司令官エドゥアール・ルギャンがサン＝タヴォルの南方18kmにあるエルリメの第62歩兵師団を視察している場面。（右）1987年のエルリメ――1939年冬の雨の日を想起させる。

9月9日、フランス政府はザール地方のヴァルント一帯の占領を高らかに公表した。写真は、ラウターバッハを巡回中のフランス兵。

フランスのザール攻勢

ドイツのポーランド侵攻に応じ、ポーランドへの圧力を背後から緩めるための、ザール（サル）およびパラチナ地区に対する攻撃準備命令が、5月にフランス軍最高司令部から第2軍集団司令官ガストン・プレートラ将軍に下された。作戦計画によれば、第2軍集団麾下の第4軍（エドゥアル・レクワン将軍）が主攻を務め、第3軍（シャルル＝マリー・コンデ将軍）と第5軍（ヴィクトール・ブーレ将軍）が両側面の掩護にあたるものとされた。作戦の初期段階では第4軍、第5軍の部隊は、ザールブリュッケンの東側を幅35kmの正面を持って圧し進み、第3軍がそれに続いてザールブリュッケンの西側へ進出することとされていた。攻撃の目的は、“爾後の作戦”の拠点とするために、ザールブリュッケン東側の高地とメルツィヒからビュービンゲンに至るまでのザール川南岸地域を占領することにあった。しかし、次段作戦としてジークフリート要塞線の突破が想定されていたにもかかわらず、作戦遂行への熱意はあまりみられなかった。そのうえ、プレートラ将軍は攻勢部隊の集結をいまだ待つ状況にあり、ポーランド侵攻開始から5日後の9月8日になっても、軍集団の手元には、わずか10個師団の兵力と攻勢能力を欠いたマジノ線の守備部隊しかなかった。

この地区の防備を担当するドイツ第1軍司令官エルヴィン・フォン・ヴィッツレーベン将軍は、13個師団と若干の国境守備隊を持っており、これに戦争開始と同時に効率の良い動員計画が発動されたことで、対峙するフランス軍より早いペースで増援部隊を受け取ることができた。

政治家により宣戦布告がなされることと、兵士が最初の一弾を放つこととは別の次元の話であり、サル戦線の最初の数日は何事もなく過ぎ去った。国境沿いの多くの地点で、両国の警備隊員は暫し歓談し煙草をくゆらせており、宣戦布告がなされたことなどまるで嘘のようであった。フランス軍は、ドイツが西部国境地帯を平穏無事に留めておきたいと願っていることを重々承知しており、決して無用な挑発を避けようとするドイツ軍の姿に騙されていたわけではなかった。だが、戦争は急激な変化を要求する。レクワン将軍は1939年9月7日付けの一般命令第1号で、「ドイツとの戦争に取り得る手段はひとつしかない。現在のドイツ兵の態度はポーランドを制圧するまでの時間稼ぎのものでしかない。ついに、敵のまやかしの友好に野砲と機関銃をもって報い、叩きのめすべき時がきた。す

べての敵を撃滅もしくは捕虜とせよ……。近代戦には容赦も慈悲もないことを全将兵は知りおくべし」と訓戒を垂れた。

これ以降、国境地域を取り巻く雰囲気は急激に変化した。それでも、いくつかの地点では長年慣れ親しんだ習慣を警備兵が正すのに、なお数日を要した。9月7日、マリオン支隊——ピエール・マリオン大佐指揮の第4軍自動車化部隊

ヨセフ・シーグワルト・ホテルの前にたむろするフランス第42歩兵師団の兵士たち。今日でも同じ建物をラウターバッハで見ることができる。現在、ホテルは経営してないが、それ以外は50年前の時間を留めている。

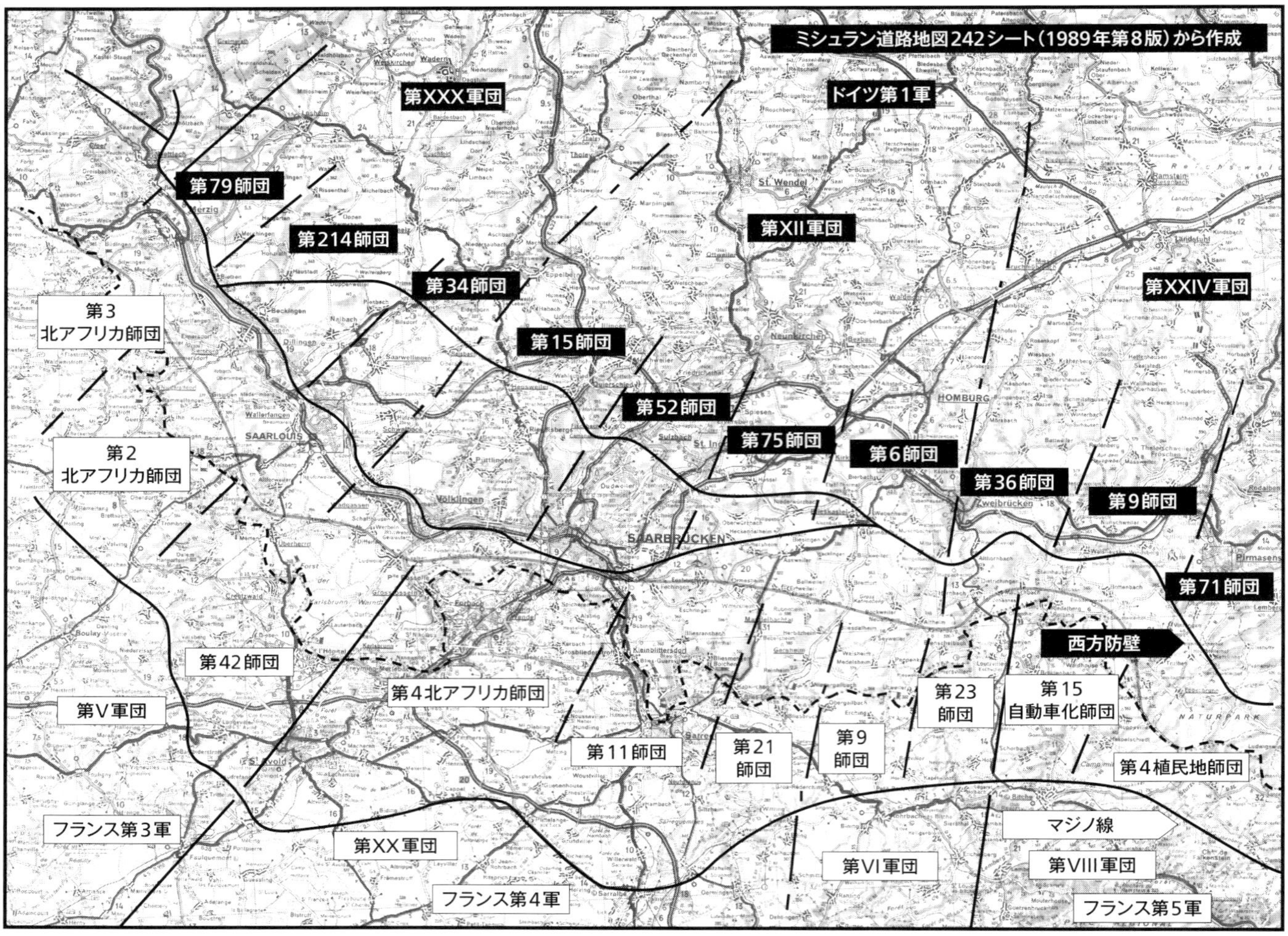

ザール攻勢は、ドイツとフランス双方の要塞線、すなわち北側にあるドイツの西方防壁と南側のマジノ線が対峙している、国境沿いの幅15kmほどの地域で行なわれた。ドイツに侵攻したフランス軍の動きは慎重で、占領地域も約50の村落を含む200平方kmほどと、かなり小さい規模に留められた。これが仏軍が戦闘停止命令を出した9月中旬の状況で、以降、仏軍は占領地の確保に転じるよう、現地部隊に命令を出していた。

——は、ドイツ領内に入りエマースヴァイラー村を占領した。しかし不思議なことに、その北わずか数kmのヴィエイユ＝ヴェレリでは両国の税関吏が、いまだに会話を楽しんでいた。近所付き合いの和みと煙草の交換は、宣戦布告から11日目の9月14日、完全武装のフランス下士官がドイツ税関吏の頭上に警告射撃を見舞うまで続いた。ほうほうの態で逃げおおせたドイツ人は、2度とフランス人の前に姿を見せようとはしなかった。

9月3日、ドイツ軍が瞬く間にポーランド領を席巻していることが確認されると、参謀総長ガムランは第2軍集団司令官プレートラに、計画されたザールでの作戦を翌4日に開始するよう急き立てた。作戦参加部隊の集結が完了していなかったものの、第3軍の諸部隊は、ザールブリュッケン南西の森林地帯であるヴァルントを攻撃した。同じ9月4日、全戦線にわたって強力な偵察部隊がドイツ領内へと送り込まれた。その2日後になってようやく、プレートラ将軍は総攻撃の命令を発するに足る戦力が蓄積されたと確信した。9月7日、ドイツ陸軍参謀総長フランツ・ハルダー将軍は日記に、ヒトラーから陸軍総司令官ヴァルター・フォン・ブラウヒッチュ上級大将への伝言として、「西部国境におけるフ

フランス軍第42歩兵師団第151歩兵連隊の兵士が、ラウターバッハのドイツ税関を検分している。おそらくは、この看板が記念品になるかどうかを検討しているのだろう。

ドイツ兵が一切抵抗せずに明け渡したので、ラウターバッハの占領は実に簡単だった。壁に書かれている'Am 13 Januar'とは、圧倒的多数がザールのドイツ帰属を認めた1935年1月13日の住民投票を意味している。

ランス軍の作戦はいまだ判然としていない。フランスには全面的な戦争に突入する意図がないことを示唆する情報もある……」と記していた。

9月7日から9日にかけて、フランス軍によるさまざまな規模の攻撃が実施された。9日までに、自動車化師団2個を含む8個現役師団、5個戦車大隊と多くの独立砲兵部隊が作戦に投入されていた。一見、楽な作戦であったがフランス軍の前進は容易でなく、損害無しというわけには行かなかった。ドイツ軍はきわめて多くの道路障害物を構築しており、また、いたるところに地雷原を設け、撤収した村々にはブービートラップ(仕掛け爆弾)の罠を張っていた。

フランス第4軍の地区では、第11歩兵師団がザール(サル)川を越えエシュリンゲンに到達した。その間、第21歩兵師団がドイツ領内に7km食い込みブリース渓谷を見下ろす高地を占領した。フランス第3軍の地区では、第42歩兵師団がヴァルント地域を占領し、ザール川の南わずか2kmのディッフェルテンへと到達した。フランス軍の前進はすべて統制のとれた慎重なものであった。

9月9日、フランス軍公報は意気揚々と、ヴァルント地域の大部分がフランス軍の支配下に入ったことを告げ、攻勢作戦が成功に近づきつつあることに言及した。仏英の新聞が、進撃がさらにドイツ領内深くにおよぶことを大勝利の達成として謳い上げるのに反し、本来、"限定的"で"整然と"進展することを旨としていた作戦は、すでにその行き足を止めようとしていた。ジークフリート要塞線への攻撃や、これを越えてのドイツ心臓部への進軍などといったことは、フランス軍最高司令部にとってはまったく現実味のない着想だったのである。

9月12日、ポーランドの急速な崩壊を目の当たりにして、参謀総長ガムランは第4軍と第5軍をドイツ防衛線から遥か後方へ引き下げることを決心した。この決定は、両軍が反撃用兵力として期待できなくなることを意味していた。両軍司令官には、この退却計画は予期されるドイツ軍のベルギー侵攻が現実化した際に発令されるものであることを、胸に留め置くよう訓示がなされた。その2日後、軍集団司令官プレートラ将軍は各部隊に、現在の進出地点において防御態勢に転じるよう命令を発した。ただし、第3軍のモーゼル渓谷への圧迫は同月末まで、攻勢作戦の延長として実施されることになった。この一連の作戦により、フランス軍の占領した地域は200平方kmほどとなり、50のドイツ村落がそのうちに含まれていた。

この間にドイツ第1軍の増強は着々と続けられ、被占領地域を奪還するための反撃計画が練られた。新たに第73歩兵師団が到着し、第12軍団の右側翼、フォルクリンゲンとザールラウテルンとの間に配置された。東方では、9月の最後の2週間で、ドイツとソヴィエト連邦によるポーランドの分割占領が終わっていたため、ポーランド戦役に参加していた部隊の大部分を、すぐにでも西部国境の作戦へと転用することが可能となっていた。

9月30日、北東作戦域司令官ジョルジュ将軍はヴィレルナンシーのプレートラ将軍の司令部を訪れ、プレートラとその三人の軍司令官に既に彼らにも自明の理となっていること——マジノ線前面の敵の領土に、確たる攻勢計画もないまま留まり続けることは、まったく意味を持たない——を告げ、いまや総退却を実施して国境線の防備に戻るべき時にあると明言した。これをもって喧伝された「ザール攻勢」は終わりを告げ、フランスは陸軍の戦死27名、戦傷22名、行方不明28名、空軍の戦闘機9機、偵察機18機喪失の損害と引き換えに、ポーランドに対するいくばくかの貢献を成し遂げたのである。

フランス軍の退却は、ほぼ事前の計画通りに進展し、10月16日に始まったドイツ第I軍団の総反攻作戦による影響もほとんどなかった。反抗は16日朝、後退中のフランス第3軍地区で始まり、午後にはフランス第4軍と第5軍の地区でも攻撃が行なわれた。ドイツ軍は退却するフランス軍に追いついたものの、退却計画の時刻表にきちんと組み込まれていなかったいくつかの部隊に、慌てて荷物をまとめさせる程度の混乱をもたらしたに過ぎなかった。

さらに西側のフランス軍攻勢軸の先頭となったモーゼル渓谷でも、ドイツ第XXIII軍団による攻撃が行なわれたが、これもペルル地域にあったフランス第36歩兵師団を驚かせた程度にとどまった。それでも幾分、退却が壊乱気味になったことで、フランス領土のごく一片がドイツ軍の占領するところとなった。さりとて、これも格別問題ありとされるような事態ではなく、そののち数週間、撤退と追撃のイタチごっこが、時おりの射撃戦を交えながら続けられた。10月末、フランス軍の全部隊は国境線の守備へと戻った。

結局、反攻作戦の全過程を通じてドイツ軍は、フランスの放棄した被占領地域を取り戻しながらも、積極的に追撃を行なおうとはしなかった。また、一方のフランス軍は数週間にわたって退却を続け、ついに、フランス軍最高司令部は、戦術的に価値の無い自国領の一部地域の放棄までも決意したのである。

1945年にフランスによって再占領されると、それから2年間の交渉を経て、ザール地方は再び住民投票によってドイツに帰属することになり、1959年6月、ザールラントとしてドイツ連邦共和国の10番目の連邦州に復帰した。

フランス北東部の国境線全域にわたり、マジノ線がそびえ立っていた。（上）シムセルホフにある第8ブロックの75mm隠顕式砲塔。（下）アケンベル周辺の鉄条網と対戦車壕。

マジノ線

9月8日の夜、マジノ線オシュバル＝エスト要塞ブロック7bの75mm砲が、シュヴァイゲン地域を攻撃するフランス歩兵を支援するため、第一斉射を轟然と放った。これが、“奇妙な戦争”が始まって以降、マジノ要塞線守備隊が放った最初の1弾となった。この“奇妙な戦争”において、実際に守備隊の将兵が直面することになったのは、“敵プロパガンダ（宣伝）”と“退屈”との2つの戦いであった。ドイツ軍はラジオや拡声器、巨大なポスターを通じて痛烈な宣伝戦をしかけてきた。そのスローガンは、「この戦争は何のためか?」や「なぜ戦わなければならないのか?」という問いかけに集中し、また「イギリスは最後のフランス兵士が倒れるまで戦うぞ!」といった揶揄が、延々と繰り返された。時折、砲声が静けさを破ることもあったが、これは要塞砲の点検射であり、シェーネンブール要塞では9月10日、ブレアンとラティルモンではそれぞれ10月3日と21日に開始され、メトリシュでは11月に入って始まった。夜間には斥候が送り出され、また各要塞は時々、ドイツ軍の集結地に

対して砲撃を実施することがあり、サンゼロフ要塞ブロック8の75mm砲塔は1月10日、370高地に対し79発を撃ち込んだ。1月18日には、フラショ要塞ブロック2の75mm砲が、ノートヴァイラー村の北方8kmの地点にドイツ部隊が確認されたことで、80発程度の弾数をもって村を叩いた。

マジノ線の起源と開発の経緯

1870年、普仏戦争に大敗北を喫しアルザスとロレーヌ地方を失ったことで、フランス政府は国境線の防備を固める決意をし、ドイツに面する強力な要塞線を建設した。レイモン・セレ・ド・リビエール将軍の監督のもとで建設された要塞線は、基本的には弧状に配された2つの要塞群で構成されていた。個々の弧状要塞群は両端に強力な強化陣地を持ち、その間に6個の要塞が間隔をおいて配されていた。第1の弧状要塞群はベルフォールからエピナルにかけて広がり、第2のものは弧状要塞群からヴェルダンへと延びていた。弧状要塞群の中間地帯は、マノンヴィル要塞が支配下に収めていた。

国境要塞の建造に着手したのは、前任の国防大臣だったわけだが、完成にこぎ着けた功績からアンドレ・マジノが「要塞線の父」として知られるようになった(写真は1922年7月14日、ジャン=マリー・デグトゥ将軍とともにラインラントを視察中のアンドレ・マジノ)。

(上) 1930年代のはじめにマジノ線は現実のものとなった。オシュバル近郊のブロック15にあるMi砲塔の基部コンクリートには製造年が彫り込まれている。(下) フランスはマジノ線に強い信頼を寄せており、連合軍の代表団はたびたび視察に訪れていた。写真は1939年、モン=デ=ヴェルシェの指揮官、フランソワ・タリ大尉(左から2番目)がイギリス将校団にブロック4の隠顕式75mm砲塔について説明している場面。

1914年の第一次世界大戦の勃発時には、すでに要塞線は旧式化しており、いくつかの要塞は廃棄処分されていた。ところが、この事実は一般に知られぬままであったため、開戦当初の数ヵ月でいくつかの防衛拠点が簡単に奪取されたことで、恒久要塞不要論がフランス世論を沸かせることになった。この結果として、フランス軍の手中に残った要塞のほとんどが、1915年に部分的ながら武装解除されてしまう。しかし、翌1916年、ヴェルダン防衛戦の勝利に際して、ドーモンとヴォーの要塞が重要な役割を担ったことで、開戦当初の要塞に対する失望感は弱まり、恒久要塞は生きながらえた。

1920年代に入り、アルザス・ロレーヌ地方が返還され領土が拡大したことで、既存の要塞線の大部分は新国境線から遠のいた形となった。そこで、仏独国境の新たな安全保障問題は、フランスの防衛体制全般を考えるために設立された委員会に委ねられることとなった。

この国境防衛委員会(Commision de Défense du Territoire)のメンバーには、第一次世界大戦の綺羅星のごとき元帥たち——フォッシュ、ジョッフル、ペタン——が名を連ねていた。しかし、彼ら三人の関係はしっくりとはいっていなかった。ペタンが唱えた「連続塹壕線」理論と呼ばれる、大戦の塹壕戦の戦訓から導き出された計画戦場防御法に対し、フォッシュは固定陣地による防御の有効性を疑っており、また、ジョッフルは、歩兵が勝利を得るための補助役とみるならば、連続した要塞陣地線は攻撃に移る歩兵の戦場機動を可能にする点で役に立つと断じて、互いに理論的に相入れなかった。結局、ジョッフルは委員会を辞職したので、それ以後、ペタンの防御論が長年にわたって重きを占めるようになったのである。

1925年12月、国防大臣就任後1ヵ月で、ポール・パンルベは国防計画前進のため「国境防衛委員会」委員長に補され、基本構想の決定と将来にわたる防衛計画の性格と概要の決定に当たることとなった。委員会は、アルプスまでをも含む、すべての国境線を防衛計画の対象としていた。国境線上の脆弱な地点の洗い出しがなされ、要塞化を必要とする危険地域として、メス(メッツ)、ロテール、ベルフォールの3ヵ所が挙げられた。その他の北東国境地域は、侵略者の戦闘行動が困難であると見なされ、爆破作業による交通遮断処置と歩兵部隊の配備で事足りるとされた。

国境要塞線の建設目的は、ドイツが再びフランス国境を侵そうとする場合、堅固な要塞への正面攻撃が高価な代償を要求するという原則を、敵に思い起こさせるためのものであると明確化された。当然、要塞線の存在は国境両翼の隣国への迂回作戦を敵に強いることとなるが、スイスないしはベルギーのどちらをドイツが狙うにせよ、歴史的経緯からフランスはこれら隣国を味方として期待でき、また、これらの隣国も自国の中立が損なわれた場合の防衛戦争には、フランスの来援を期待できる立場にあるといえた。さらに、副次的な効果として、要塞線が侵攻を足止めすることで、フランス全土に動員令を発する時間的猶予が得られることも有益と判断された。また、付け足しに近い意義づけであったが、要塞線は軍隊の省力化にも貢献するといわれた。これは元々少ないフランス軍の兵員数が、1930年代に"人口減少の波"が訪れることで、さらに先細りとなることを補うことになるという説明であった。第一次世界大戦時の出生率の低下が、徴兵対象人員数の減少として顕在化していたのである。

国境防衛委員会から送られた具体案は、1927年9月に設立された「要塞地区組織委員会(通称CORF:Commision d'Organisation des Régions Fortifiées)」へと送られ、要塞の設置場所、基本設計、建設の優先順位などの検討段階に入った。

1928年2月、ランプラに2基の小規模な試験用施設の建設が始まり、これとともに高等国防会議は要塞建設5カ年計画として総額約37億6000万フランの予算計上を決定した。しかし、審議通過を容易にするため、下院議会へ図る以前の段階で予算案総額の圧縮が繰り返された結果、もっとも大きな削減を担う役回りとなったベルフォール地区の要塞では、強固な要塞線となるはずのものがトーチカ砲台数基までに縮小されてしまった。1929年の末近く、予算案は上下院議会を多数の賛成をもって通過した。しかし、その予算額は"わずか"29億フランにまで減額されていた。なお、この建設計画を後押ししたのは新国防大臣のアンドレ・マジノであり、要塞線は彼の名に因んで"マジノ線"と呼ばれることになった。

1930年1月14日、要塞建設は法制化され計画は前進をみた。既にその前月には、最重要と目されるロションヴィル、アケンベル、サンゼロフ、オシュバルの4要塞の建設が始まっていた。ところが、深刻な世界恐慌による予算緊縮化の荒波をかぶって、これ以後に着工された各要塞は徹底した規模縮小を課せられたので、運命の皮肉か最初に着工されたこの4要塞が、全要塞中、もっとも強力で最新の技術を備えるものとなった。

こうした事情から、計画の進行具合は要塞に

主要塞の典型的な後方出入口。通常、兵員用と物資、弾薬搬入用の2つが設けられている。(上)威容を誇るアケンベル要塞の弾薬搬入口に立つイギリス視察団。1939年撮影。(下)同じ場所に立った今日の風景。

シェスノワ、ビリヒ、ミヒェリスベル、ヴローヌの4ヵ所だけが、人員・物資兼用の出入口を持つ北東部正面の主要要塞である。

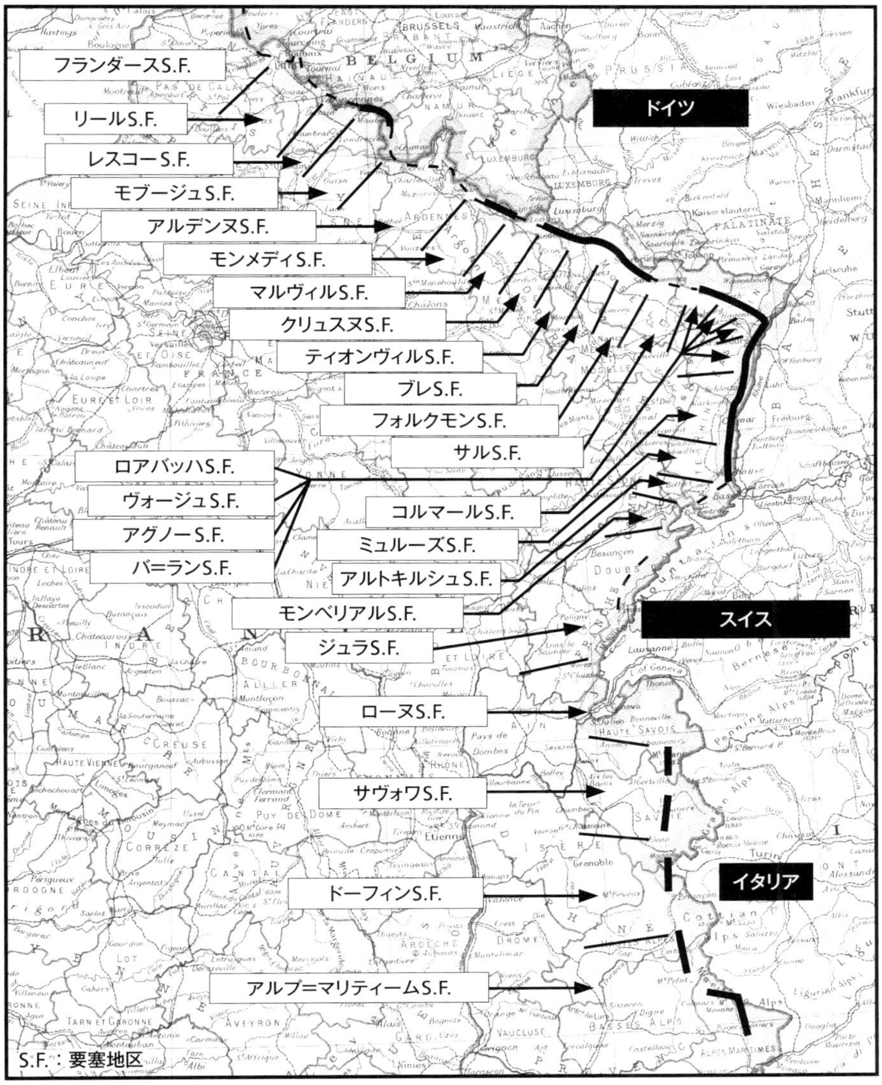

フランス東部国境地帯のうち、北東部から南東部に1500kmにわたって横たわるマジノ線は、25地区に分割されている。永久要塞によって強力な防御が施された地区は「要塞地区（S.F.）」、それ以外の軽微な防御施設にのみ留められた地区は「防御地区（S.D.）」と呼ばれて区別された。

よりまちまちと言った状況にあり、ライン川沿いのトーチカ砲台群の建設は1931年に開始されたが、アルプス要塞ではゆっくりとしたペースで測量が進められていた。1933年の5カ年計画の第一期工事終了時点で、"アンシャン・フロン（旧戦線）"と呼ばれる要塞線は、20基の大堡塁、27基の小堡塁、および数百のトーチカと掩蔽壕で、守りを固めるところとなった。

規模縮小とともに問題となったのは、マジノ線が仏英海峡に達する遥か手前で途切れてしまうために、敵の侵攻を押し止める万里の長城とはなりえないことであった。すでに、1928年9月という早い時点において、視察旅行の途上でパンルベ国防大臣がこの問題に触れており、「我々フランスが、隣国の友邦ベルギーの面前に堅固な障害物を築くということは道義的に認め難いものであり、ベルギー国境沿いの要塞建設は論ずるにも値しない。しかし、我々の敵が、かつてベルギー領を侵犯しこれを蹂躙した上でフランス領に攻め入ったという事実は、記憶に留めておかねばならない」と発言していた。

1934年、モーリス・ガムラン将軍が新参謀総長に就任し、要塞線の総検閲が実施された。その結果、従来の要塞線を延長強化することになり、モンメディとセダンの間、北ではヴァレンシエンヌとモブージュの間、それとサルの間隙部の三地点が選ばれた。この"ヌーヴォー・フロン（新戦線）"の防衛計画は――必要十分な防衛力を、短時間に、限られた予算の枠内で整備する――という無理難題を含むものであった。当初、モブージュの近くには強固な要塞化地帯、ヴァレンシエンヌとトレロンの間に5基の大堡塁の建設が計画されたが、大掛かりな計画はすぐさま5基の小堡塁へと縮小され、トーチカ砲台の数も減らされてしまった。ベルギー領リュクサンブールとの国境沿いでは、モンメディ地区に4基の要塞と12基のトーチカ砲台が実際に建設された。しかし、大堡塁として建設された2基はそれほど強力なものではなく、さらに、マルヴィル間隙の存在と、左翼のボールムゾンを制するはずの大堡塁が建設されなかったことで、この地域の防備の弱体さに変わりはなかった。さらにその東では、ロテール戦線がオーポワリエとヴェルショフの2基の小堡塁の建設により西へと延長されたが、砲兵掩蓋陣地が構築されなかったことと、要塞がサル間隙部の東側面という突出した位置にあることとが相俟って、その実力は極めて弱体であるとの評価がなされていた。

1935年の末をもって、いまだ竣工を目指して作業の続いているアルプス地域を除いて、委員会はその役割を終えることとなった。要塞地帯組織委員会（CORF）の北東国境地域での建設成果は、22基の大堡塁、36基の小堡塁、348基のトーチカ砲台と防塞、78基のシェルターと14基の観測所とに上った。この数には1940年にアルピーヌ（アルプス）戦線で完成した、22基の砲兵要塞、26基の小堡塁、17基のトーチカ砲台（うち16基はコルシカ島に建設）、11基のシェルターと3基の観測所が加えられる。

1936年から1940年の間に、要塞地帯組織委員会（CORF）の設計による建造物が逐次竣工す

国境要塞のほとんどは北東部に集中していたが、アルプス方面の守備もおろそかにはされていない。写真は、サヴォイア地方、フランスアルプスの標高2000mの高山帯に設けられたル・ラヴォワのブロック5。

各々の主要要塞には（比較的短い主要通路を持つ5ヵ所が現存している）、最大40馬力の出力を発揮できるヴェトラまたはS.W.製電気機関車が3～4両用意されていて、狭軌の軽便鉄道として運用されていた。（下）フール＝ア＝ショーでは、弾薬搬入口は主要階層の約50m下層に設けられていて、22度の斜度で90mの長さを持つ回廊になっていた。これは北東国境部の要塞には珍しい特徴である。貨車で運ばれた貨物は215段の階段が併走する斜面を上下して、要塞内に収容される。

る一方で、陸軍戦域司令部の指導のもと、要塞建設作業はなおも進められた。この第3期工事は、時間と予算の制約で度々、目標修正を迫られたことから、"寸詰まり"工事期として知られるところとなった。しかも、目標修正は計画全体の手直しとしてではなく、地域ごとの現場対応として済まされたために、マジノ線の強化には直結しなかった。1940年のフランス敗北後に開かれたリオム審判におけるジュリアン・ドゥフィオー将軍の証言によれば、「マジノ線は最低限のコストをもって、質を犠牲に、量を優先して作られた」とされている。

第3期工事で陸軍工兵学技術部（STG）の設計した歩兵用と砲兵用のトーチカ砲台は、まともな性能を有していたものの、この当時に構築された他の掩蔽壕類の大半は軍事的な価値を疑われるものばかりで、優秀な組織委員会（CORF）設計のものには比ぶるべくも無い代物であった。

第3期工事中に建設された防塞の正確な数は記録に残されていないが、1940年のドイツ陸軍総司令部（OKH）の報告書を元にすると約5000基と推定される。このレポート、『フランス軍防御施設に関する覚書』には、ドイツ軍調査官は北東国境地域に5800基のコンクリート製構築物を数えたと記されている。統計を取った者とこれらを建設したものとの間に尺度の違いがあることも手伝って、この統計数字が、要塞地帯組織委員会（CORF）の建造物を含むものなのか、また、このうちどれだけが陸軍工兵学技術部（STG）のトーチカ砲台であるのかを確定することはできない。

要塞の構成

仏英海峡沿岸からフランスを横切りスイス国境のライン川へと延びる北東国境線の防衛は、15個の要塞地区（S.F.）と4個の防御地区（S.D.）により組織化されていた。各地域は独自の防衛部隊をもっており、平時には1個要塞防備連隊（R.I.F.）にまとめられていた。戦時には、各連隊は増強され3個連隊に拡充されることになっており、各地域は3個の小地区に分割された上で、各々1個連隊が割り当てられることになっていた。

当初、要塞防備連隊には、要塞およびトーチカ砲台の守備と各拠点間の警備という2つの任務が与えられていた。だが、運用開始後まもなく、連隊は機動力を欠いていることから後者の任務には不適であると判断された。1939年12月に改編が実施され、要塞防備連隊は要塞、トーチカ砲台、防塞の守備に専念することとなり、中間地帯の警備は一般野戦部隊に委ねられることになった。しかし、戦争の推移からすれば、この権限委譲はやや遅きに失した観があり、要塞線の守備兵員数の大幅な増加要求を招いたばかりでなく、通信および指揮統制の調整面で多くの問題を残すこととなった。

各所一様の均衡が取れた防備態勢とはならなかったものの、ライン川沿いの防衛線と、それよりもやや小規模な"新戦線"をもって、フランス国境の防備は縦深に組織されることになっ

事故にせよ、敵からの攻撃にせよ、致命傷となる爆発を避けるために、要塞の主要弾庫であるM1弾庫は、主要戦闘地域から離れた入口の近くの区画に設けられていた。緊急時には、2か所のM1弾庫に至る主要通路は、重量8トンの鋼鉄製ドアによって遮断できるようになっていた。

主要塞の発電室には4基の発電機があり、要塞の規模に応じて75～300KVA（キロボルト・アンペア）を出力していた。（左）最大規模はアケンベルの発電室で、出力300KVAの発電機が4基設けられていた。写真は2号発電機である。（右）アケンベルでは、毒ガス攻撃などに備えて、要塞内に空気を送り込む換気装置に浄化フィルターを装着していた。

M1弾庫は主要通路の後方にあって、右巻きに湾曲する回廊を通過して出入りするようになっていた。回廊と主要通路の連結部から螺旋回廊の末端は、搬入口に向かうように湾曲していて、爆発の発生時に、爆風が搬入口方向から外側に向かって吹き出すように配慮されていた。(左)アケンベルでは、二人の下士官が指揮する兵士たちを撮影した写真に、湾曲する回廊の様子がはっきりと写っている。左の通路は弾庫への回廊の入口であり、右側は主要通路である。搬入口は撮影者の背中側にある。(右)1987年、同じ位置から撮影。一部の配線系統が撤去されているのが確認できる。

た。第一線は国境線に沿って設けられた小規模な前進防御拠点群であり、敵襲の警報を発する任務を負った守備隊が常駐していた。主防衛線は国境線の2～3km後方に敷かれ、その前面には前哨陣地——防御火器を持つトーチカ砲台が配されていた。

主抵抗線となる要塞線は国境線から約10kmの地点に置かれ、地中にコンクリートで埋設された対戦車障害物役の鉄道レールが、要塞前面を飾り立てるように植えられていた。また、地の利のある場所ではダムや貯水池を設けることで、有事に洪水を起こして溢水障害をつくる準備がなされ、また、この溢水障害を火線下に置くトーチカ砲台や防塞も設けられた。とりわけ、この方式はマジノ線上の2つの地域、ヴォージュ要塞地区のシュワルツバハ渓谷とサル間隙部で集中的に採用された。この二地域では溢水戦術は防衛計画の基本に据えられており、15kmにもわたる範囲が洪水化の対象とされていた。

主抵抗線の背後、1kmの地点には歩兵用の収容シェルターが設置された。さらに、国境線から15kmの地点に、トーチカ砲台と掩蔽壕とで構成された第2抵抗線があった。これは、主として要塞建設の第3期工事中に構築されたものであるため、脆弱であり計画性にも乏しかった。また、中間地域砲兵部隊——要塞守備隊が欠いている重砲兵中隊群で、自動車化砲兵もしくは列車砲部隊として運用——は、この地点に配備されていた。

その後背、国境線から10～25kmに当たる地点には、支援および兵站施設が置かれた。これは歩兵用大兵舎、弾薬庫、糧秣庫、大堡塁兵站支援用の狭軌鉄道、列車砲用の広軌鉄道、地下通信連絡網、主高圧電線から要塞の変電所に電力を供給する埋設送電線網、埋設電話線等々といった要塞システムの基盤をなすものであり、軍事科学技術の粋を集めたものとして、フランスが世界に誇りうる内容を持っていた。

・収容シェルター(Shelter)

収容シェルターは要塞間で作戦する歩兵部隊の収容施設として設けられたもので、指揮所としての十分な機能も有していた。純粋に掩護構築物として考えられているため、射撃計画には組み入れられておらず、1～2基のGFM型砲塔が防御用に与えられる他は、軽機関銃用の銃眼がつけられているだけである。例外的に、JM型砲塔が装備されたり、37mm対戦車砲／レベルJM用の銃眼が設けられていることもあった。

・要塞(Fortresses)

要塞は武装と守備隊の兵員数により正式には五等級に分類されるが、一般的には2つに大別される。小堡塁(Petit Ourvage)として知られる歩兵要塞と、大堡塁(Gros Ourvage)として知られる砲兵要塞である。両タイプとも基本レイアウトは同じで、戦闘ブロックを前面に置き、出入口ブロックを第一線からずっと後方に配していた。連絡通路により連結された指揮所、発電・動力施設、居住区、倉庫等々の区画は、すべて地下深くに置かれた。しかし、コスト削減の必要に迫られたために、要塞の設計は度重なる仕様変更を余儀なくされ、かなりの数の要塞が当初の構想と異なる形で完成していた。この傾向はとりわけ小堡塁に集中し、後方の出入口ブロックが省かれたり、また連絡通路が減らされたことで、すべての区画が計画通りに連結されていないという事態を生じた。なお、ラウター地域を除く"旧戦線"のすべての要塞には番号が振り当てられ、フェルムドシャピィのA1から東へ向けて、テタンのA38までを数えた。

小堡塁は、各1基のM1型砲塔を持つ2～3個の戦闘ブロックを基本に、1～2個の側防ブロックが組み合わされていた。北東作戦域の小堡塁の"クルー"——要塞勤務の兵士は軍艦の乗組員に似た立場にあるので"クルー"と呼称される——の数は、最小65名から最大230名と様々で、平均は125名であった。小堡塁には砲兵は配置されていなかった。このことは後の1940年6月の戦闘において、孤立した小堡塁が防御不能に陥る失態を露呈する原因となった。この時のドイツ軍の要塞攻撃方法は、要塞間を守るフランス歩兵を撃退した後に背後へと回りこみ、なす術のない小堡塁を攻撃するというものであった。このため、小堡塁が大堡塁の砲兵の射程内に入っている場合だけが、フランス軍が敵の攻撃を阻止し撃退しうる数少ない機会となった(81mm迫撃砲を備えたロードルファン小堡塁が、近隣のエンセランとテタン要塞の支援に成功した例もある)。

大堡塁も同様に、歩兵戦闘ブロックを前面に

搬入用の軽便鉄道は弾庫まで敷設されていたが、常につきまとう火災事故の可能性を排除するため、弾庫内部の線路は電化されず、ウインチを使った巻き上げで貨車の出入りが行なわれていた。写真はアケンベルにて弾薬箱に収められた75mm砲弾をM1弾庫に搬入する場面。

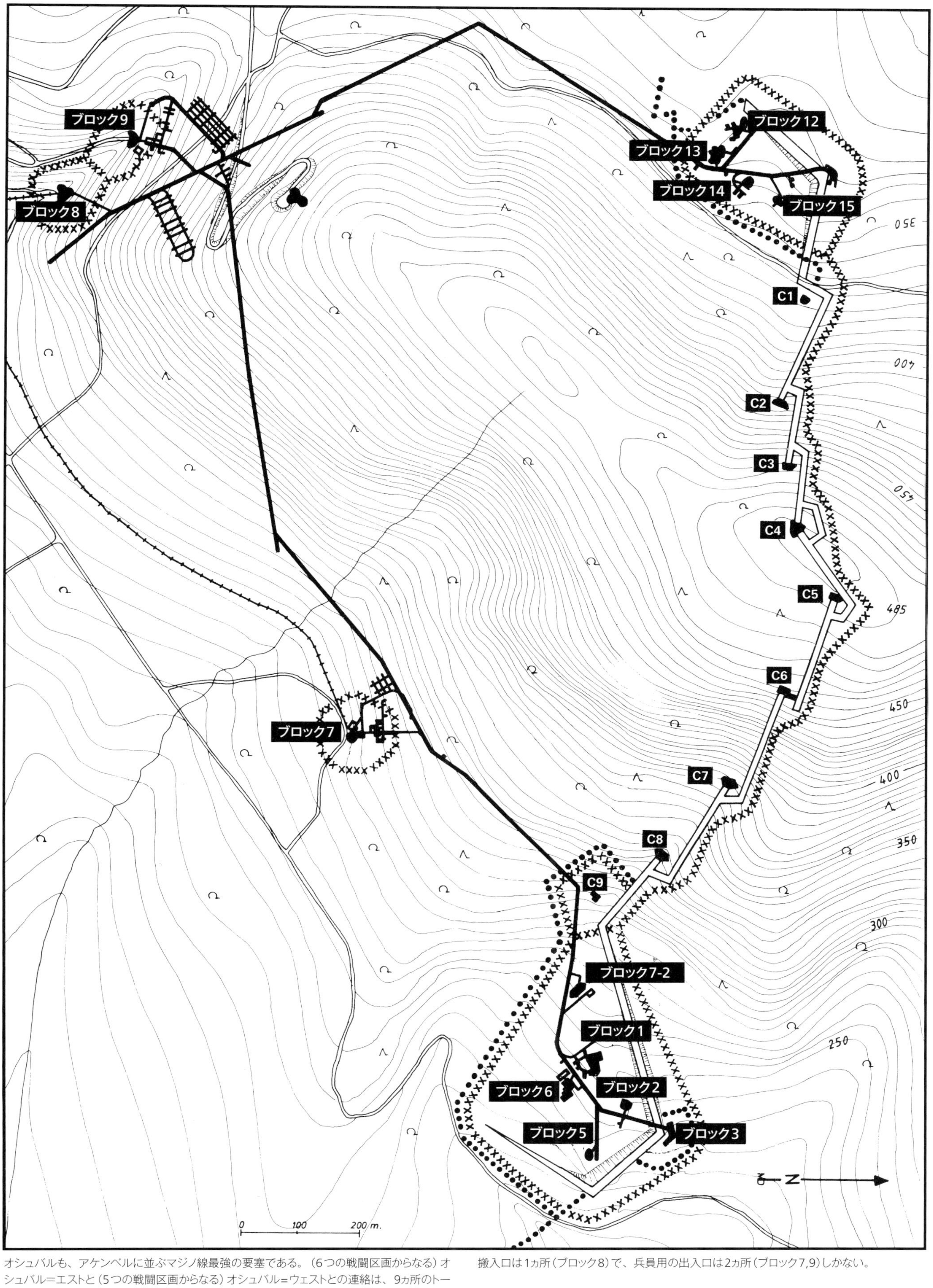

オシュバルも、アケンベルに並ぶマジノ線最強の要塞である。（6つの戦闘区画からなる）オシュバル=エストと（5つの戦闘区画からなる）オシュバル=ウェストとの連絡は、9ヵ所のトーチカ砲台（C1～C9）の射線下にある対戦車壕によって維持されている。オシュバルの補給搬入口は1ヵ所（ブロック8）で、兵員用の出入口は2ヵ所（ブロック7,9）しかない。

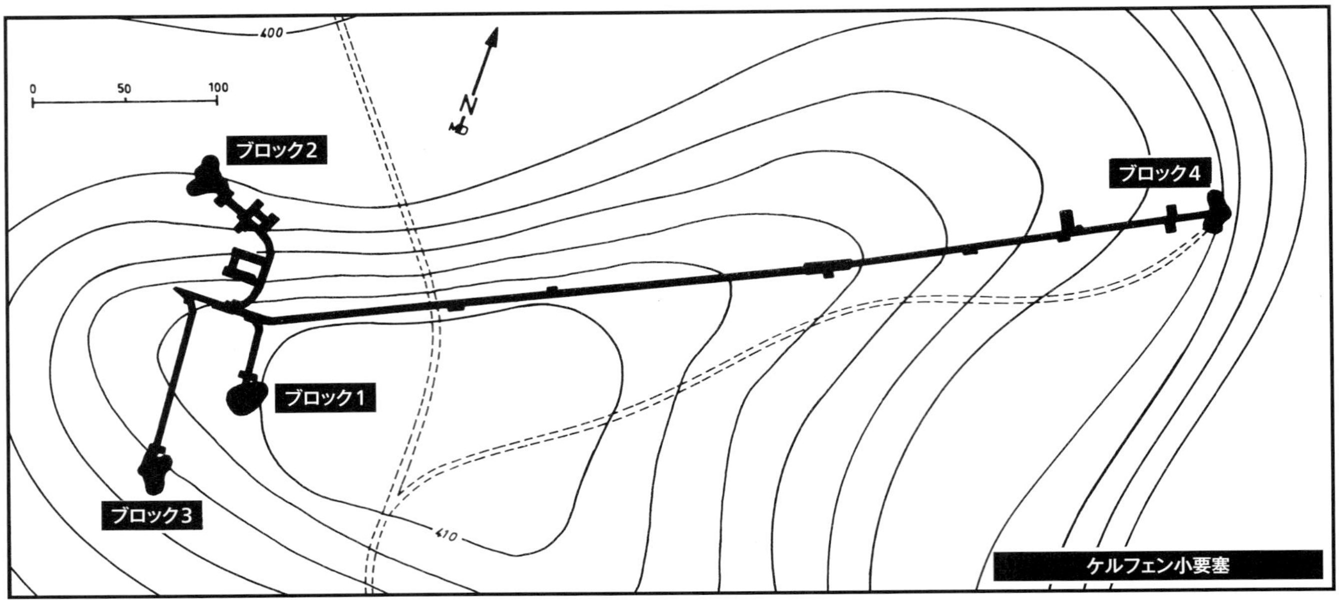

オシュバル大堡塁は、11ヵ所の戦闘ブロック、9ヵ所のトーチカ砲台で守られ、兵員1071名を擁する巨大要塞である。写真はブロック1の指揮官コカール少尉が135mm砲の試射に備えて指揮所に詰めている場面。

配置して守りを固めていたが、これには後方に配置された75mm榴弾砲、135mm重迫撃砲、81mm迫撃砲を装備する砲兵ブロックから支援を受けていた。さらにその後方、時には2kmにおよぶ奥まった地点に、2基の出入口ブロックが設けられ、1基は兵員用、他方は弾薬・補給品の搬入用として用いられていた。出入口ブロックは設置される地形に従って、主地下通路と水平に直結されるものと、地表から掘り下げられた立坑を経て主地下通路に連結されるものとの二種が作られた。後者の兵員用には階段、弾薬・補給品用にはリフトが設置された。戦闘ブロックは出入口ブロックから遠く離れているので、大堡塁の主地下通路には通常、弾薬輸送用の電気式軽便鉄道が敷かれていた。北東作戦域の大堡塁の守備兵員数は450～1000名の間であり、平均すると約500名を数えた。その構成要員の3分の1以上は砲兵であり、残りは歩兵と工兵がほぼ同数を占めていた。

（左）アケンベルもまた19ヵ所の戦闘ブロックで構成され、1082名の兵員が詰める大堡塁で、電話による内部通信がせわしなく行なわれている様子からも、その規模が伺い知れるだろう。（右）演習中の1コマ。要塞砲兵指揮所での演出場面で、開放された扉の向こう側に立つ指揮官のアンリ・エドゥアル大尉が確認できる。

(左) 1940年6月、フランカルトローフのSTGトーチカ砲台。ドイツ兵が眠る7つの墓碑が確認できる。

(右) 今日の砲台跡地。墓地はニーダーボルンのドイツ戦没者墓地に移設されている。

・トーチカ砲台(Casemates)

いわば、歩兵用のシェルター式火点である、これらのコンクリート製構造物には、構築された時期によってさまざまな種類がある。1930年に要塞地帯組織委員会(CORF)によって設計された初期のトーチカ砲台——CORFトーチカ砲台と呼ばれる——の基本設計は要塞の歩兵戦闘ブロックを思わせるもので、支援を失った場合でも独力戦闘を可能とするために、発電機、ガス戦に備えての換気システム、井戸、糧秣庫、需品庫などが与えられていた。防御面では、正面防壁と天井は約3.5mの厚さを持ち、他の面はその半分の厚さとなっていた。CORFトーチカ砲台は一般的には2階建構造を取っており、上階が"戦闘デッキ"、地階は発電機室、倉庫および約30名のクルーの居住区画とされていた。トーチカ砲台はおおよそ1200mに1ヵ所の割合で設けられており、隣り合う2基のトーチカ砲台が相互支援可能なように配置がなされ、ところによっては地下通路で連結されていることもあった。各トーチカ砲台は1～2個の戦闘室を持ち、対戦車砲(口径25mm、37mm、47mm)も装備されていた。また、レイベル機関銃のほか、銃眼からの射撃用の軽機関銃、GFM、JM、AM型砲塔(後に詳述)も備えられていた。派生型は少ないが、モブージュ地域に構築された最後期型のうち5基は50mm迫撃砲1門を備えたAM型砲塔を持ち、アバンジュ近郊のものは銃眼から発射する50mm迫撃砲1門、北アルザスのものは、やはり銃眼から発射する81mm迫撃砲2門を備えている。

後になって作られた、陸軍工兵学技術部(STG)の優れた設計——STGトーチカ砲台と呼ばれる——によるものは、2個の戦闘室と砲塔1基を持っていたが、CORFトーチカ砲台のような地階構造はなかった。その他のトーチカ砲台は——急造されたもので射撃計画は一切考慮されていない——たいていが戦闘室1個の単純なタイプであった。建設された地域の所轄に従って各トーチカ砲台には、——ブロック・ガルシェリ、ブロック・ビヨット、ブロック・バーベイラクといった——軍団または軍司令官の名前が冠せられた。また"新戦線"には、75mm榴弾砲を1～2門装備するいくつかのトーチカ砲台が設けられたが、"旧戦線"の砲兵ブロックに比べれば取るに足らない代物であった。

ロンギュヨンの西方約6km、プティ=ジヴリー近郊の国道43号線沿いに残るSTGトーチカ砲台MM421。1986年撮影。砲台の2つの銃眼は、ドイツ軍の攻撃位置と予想された牧草地帯が数百メートルに渡って緩やかに開けているシェール川方向を睨んでいる。

要塞の間に広がる平野部、すなわち「中間地域」の守備は通常装備の歩兵部隊が担当することになっていたので、彼らは「中間部隊」と呼ばれた。写真の部隊は、1939年、ヴローヌにあるモンメディ要塞地区の大堡塁で撮影されたもの。

マジックマッシュルーム！（上）シセックのブロック7にあるMle32 75mm砲塔。（下）ロアバッハ要塞ブロック 1にある小型のAM型砲塔。

・武装

以下に、要塞線の基本的な武装に関して仕様を簡単に述べる。

◯隠顕式旋回砲塔：（訳者注：油圧式の昇降装置により砲塔全体を地面下に収納することができ、戦闘時に砲塔を迫り出す方式のもの）

75mm砲塔……2門の75mm榴弾砲を装備するもので、砲塔直径3.30mと4.20mとの2種類がある。直径3.30mのタイプの重量は265トン。マジノ線に設置された34基のうち、29基が北東作戦域に集中された。

135mm砲塔……2門の135mm迫撃砲を直径2.10mの砲塔に収めたもので、重量165トン。全17基のうち、16基が北東作戦域に集中された。

アケンベルのブロック9にある135mm砲塔。1987年撮影。砲撃に備え砲台が上昇した状態を維持していた。

(上)フェルモン要塞のブロック5に設けられた(格納状態にある)81mm砲塔。1987年撮影。背後にはGFM型砲塔がコンクリート製基部の中に整然と格納されている様子が確認できる。(下)閉所恐怖症には耐えられない81mm砲塔の内部。装備の細部までがはっきりと確認できるだろう。比較的、主要塞線から外れた位置にあるインマーホフ要塞のブロック3にて、1986年に撮影。

81mm砲塔……2門の81mm迫撃砲を直径1.55mの砲塔に収めたもので、重量125トン。北東作戦域には21基が設置された。

AM(Arme Mixte)型砲塔……複合武装型砲塔。砲塔直径2.60m、重量約150トン。“複合武装”は25mm対戦車砲1門と連装機関銃(レイベルJM機関銃架)1基により構成される。25mm対戦車砲の発射速度は毎分15発、砲口初速918m/秒である。比較的新しい設計であるため、マジノ線に設置されたAM型砲塔は12基のみで、すべて“新戦線”に集中された。

50mm迫撃砲装備AM型砲塔……25mm対戦車砲1門、レイベルJM連装機関銃1基、50mm迫撃砲1門を装備するタイプ。やはり新型であるため北東作戦域には7基が設置され、うち5基はモブージュ地域のトーチカ砲台として配備された。

Mi砲塔はきわめて凡庸な印象しか与えない(左:シムセルホフのブロック4)。のちには50mm迫撃砲が射撃可能なAM型砲塔が導入されたが、約1ダースほどが北東国境部に配置されたに過ぎなかった(右:アンズラン要塞のブロック9)。

フェルモン要塞ブロック3の山頂部に鎮座する一対の装甲キューポラ。左側がJM型、右はGFM型である。

Mi (Mitrailleuses) 型砲塔……機関銃砲塔。レイベル連装7.5mm機関銃用の砲塔、直径1.20m、重量約96トン。マジノ線には61基が設置され、すべて北東作戦域に配備された。

○固定式装甲キューポラ：

GFM (Guet et Fusil Mitrailleur) 砲塔……監視哨兼機関銃キューポラ。監視および7.5mmFM Mdle 24／29軽機関銃による射撃を行なう。後には、50mm迫撃砲タイプも開発された。砲塔頂部の開口部よりペリスコープを突き出し可能。側面には3個の銃眼が設けられており、一部の生産型は5個を有する。450基近くが北東作戦域の要塞に設置され、さらに数百基がトーチカ砲台に用いられた。

AM (Arme Mixte) 型キューポラ……複合武装型キューポラ。1934年に登場した新型、25mm対戦車砲1門とレイベルJM連装機関銃1基を装備する。50基を越える数が北東作戦域の要塞に設

高速道路の巨大な監視障害物を連想させるB型AM型キューポラは、ローアバハのブロック2の草原に身を伏せている。

シムセルホフのブロック6にある観測キューポラ。1987年撮影。このキューポラは側面に5つの監視用開口部、天頂部にはエピスコープ用の開口部が設けられている。

アケンベルのブロック12で確認できる同様のキューポラ。このタイプのキューポラはシルエットが低くて小さいために、敵からの反撃を受ける心配がほとんど無かった。

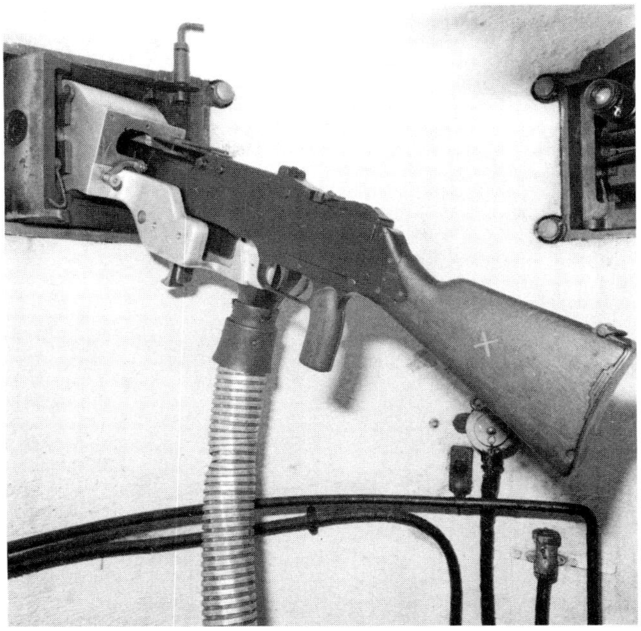

（左）ラ・フェルテのブロック2制高点にあるGFM型キューポラ。1940年5月18日、反対方向から行なわれた敵軍砲撃の直撃で、内部にいたロジェ・コロー、ポール・ゴメス、ジョセフ・ケスターが戦死した。（右）シセックのブロック9にあるGFM型キューポラの内部。FM24／29 7.5mm軽機関銃とエピスコープがスリットに収まっている。

置され、さらに数基がトーチカ砲台に用いられた。

観測キューポラ……監視・観測専用で射撃のための機構は有しない。これには2タイプがあり、側面に3個の銃眼と頂部に1個のペリスコープ突き出し口を有するものと、地上高わずか数cmでペリスコープ突き出し口のみを有するものとがある。

LG（Lance Grenade）型キューポラ……擲弾発射器キューポラ。60mm迫撃砲用に設計されたもので、他のキューポラが地上高1～1.25mなのに比べ、26cmと姿勢がかなり低い。結局、60mm迫撃砲は生産されなかったので、50mm迫撃砲の代用が決まったが、開戦には間に合わなかった。北東作戦域の要塞に51基が設置され、さらに数基がトーチカ砲台に用いられた。

マルホルスヘイムのNo.35／3トーチカ砲台に設けられたJM型キューポラ。1988年撮影。2丁のレイベル製機関銃が中央の射撃用スリットに収まっているが、2つの観察用小型スリットは装甲蓋が下ろされている。

（左）コンクリート製の掩蓋で大きさが分からなくなっているが、銃眼から覗いているのはMle1932　135mm要塞砲である。1987年、シムセルホフのブロック4にて撮影。射撃時には1日あたり135リッターもの冷却水を必要とした。（右）シムセルホフ要塞の弾薬搬入口を守備する位置に現在も残るAC47 Mle1934 47mm対戦車砲。この形の銃眼に備えられた対戦車砲は、俯仰角＝マイナス15～プラス10度、左右45度の斜角を有していた。

JM（Jumellage Mitrailleuses）型キューポラ……連装機関銃キューポラ。レイベルJM連装機関銃用のもので、銃眼1個と視察用スリット2個を有する。

○銃眼装備兵器：

75mm榴弾砲……射程は砲の形式により約9～12kmとばらつきがあるが、毎分30発という驚異的な発射速度を誇る。北東作戦域の要塞に44門が配備された。

135mm重迫撃砲……同砲は重量18kgの迫撃砲弾を用い、最大射程5.7km。最大発射速度は毎分8発。北東作戦域の要塞に7門が配備された。

81mm迫撃砲……同砲は重量3kgの迫撃砲弾を用い、最大射程3.2km。最大発射速度は毎分約10発。北東作戦域には要塞に16門、オッフェン近くのトーチカ砲台に2門が配備された。

47mm（もしくは37mm）対戦車砲……発射速度毎分20発、砲口初速900m／秒。要塞の建設当初は敵装甲車両との戦闘は考慮されていなかったので、対戦車砲を改修配備するにあたって独創的なレールマウントが開発され装着された。これによりレイベルJM機関銃用の銃眼を利用して、必要に応じて対戦車砲と連装機関銃のどちらかを射撃可能になった。本書では同タイプを47mm対戦車砲／レイベルJM銃眼と称する。北東作戦域の要塞には、47mm対戦車砲を主としておよそ150門が据え付けられ、トーチカ砲台には数百門が用いられた。

7.5mm機関銃……MAC31機関銃2挺をレイベルJM銃架に搭載した連装機関銃2セットを用いたもの。1基当たりの最大発射速度は毎分約750発、有効射程は1200m。北東作戦域の要塞には100基、トーチカ砲台には数百基が用いられた。

7.5mm FM24／29軽機関銃……要塞およびトーチカ砲台に数百丁分の銃眼が設けられた。

50mm迫撃砲……短射程兵器である同砲は、重量1kgの迫撃砲弾を用い最大射程は320m。GFM型キューポラ用に設計されたのだが、軽機関銃用の銃眼に装着、実射を行なった例もある。

オシュバル大堡塁ブロック16の指揮官アルベール・ハース少尉と、ブロック13の指揮官Lシャルル・ルファーブル中尉。ハース少尉所有のカメラにて撮影。

東部ではポーランドが敗北し、西部のフランス軍が実施したザール攻勢は早々に停滞していた。戦争は新たな局面……動きのないにらみ合い……すなわち「いかさま戦争」に移行したのだ。

連合軍の戦略

ドイツの戦争準備がすでに万全の状態にあり、陸上･航空兵力において完全に仏英に勝っていることを、両軍の参謀たちは等しく認めていた。従って連合軍は防御に重点を置き、ドイツ軍の攻勢を頓挫させることに努力を向けた。その戦略は、ドイツ野戦軍を戦場に釘付けにする一方で、厳しい経済制裁を加え、ドイツの戦争遂行能力を根本から奪っていくというもので、連合軍はこれで手にした時間的猶予を利用して自らの戦力を整え、一挙に反攻に転じるつもりであった。マジノ線の強大な防御力を考慮する場合、予想されるドイツ軍の攻勢はこれを避けて北に転じ、オランダとベルギーを蹂躙。イルゾンから海岸にかけて展開するフランス軍を捕捉するために、その南側面をマジノ線にさらしたまま、主攻をブリュッセル、カンブレー方面へ向けるものとみられた。この作戦により北海沿岸を制圧することで、ドイツ軍は仏英の主要目標を攻撃圏内に置く複数の飛行場を獲得できるである。

1914年にドイツの「シュリーフェン計画」の一撃に驚かされた経験から、フランス軍は無数の事例研究を行ない、無残な敗北劇の再演を防ぐべく、作戦計画を練りあげていた。しかし、最重要の対策と考えられる、ベルギーとの国境沿いにマジノ線タイプの要塞が建設されなかった理由は、そうした大規模な防御施設の存在が友邦を敵側に押しやってしまうのではという政治的懸念だけではなかった。予算の制約や、低地諸国と呼ばれることからわかるように、この地

当時の言葉を借りれば「いかさま戦争」と呼ばれる期間、兵士たちは国境沿いの無人地帯をパトロールするばかりで、退屈な日常を破るのは、時折発生する砲撃戦だけだった。イギリス人はこの状態を「退屈な戦争」と呼んでいたが、アメリカ人が使いはじめた「奇妙な戦争（ファニー・ウォー）」という言葉にやがて取って代わられた。（左）フランス第2軍の担当地区で撮影されたMle1912 340mm列車砲。（右）フランス第3軍所属の兵士が哨戒中に捕らえた二人の捕虜。

域の平坦な地形が要塞線設置に適していないという軍事学的要因もあった。さらにその裏には、問題を複雑にする事情が存在した。北フランスの重要な鉱山と工業地帯は、かつて1914年の攻勢でドイツ軍に蹂躙され、以後、終戦まで使用不能となった歴史的経緯があり、今回もまたその同じ場所が戦場になることが考えられた。そのため、再建なった鉱山と大工業地帯を破壊から救うために、この地域を潔く放棄して、戦場を南方のソンム方面に移すことも考えられた。しかし、誰の目にも明らかに魅力的な選択と映ったのは、ドイツ軍をベルギー領内で迎撃することであった。

1927年から国防会議の議長を務めたペタン元帥は、守勢主義者との定評がありながら、実はベルギー進軍論の擁護者であり、1932年には、「国境近くに機動性を有する部隊を保持し、一朝有事に際してのベルギー領への迅速な前進を確実なものとしておくこと」の重要性を主張した。当時、フランス軍最高司令部と参謀総長ガムラン将軍は、原則的にベルギー領への進出には賛同を示していなかった。しかし、ダラディエ首相と閣僚の説得により、ガムランはベルギー進軍案に傾くようになり、やがて熱烈な提唱者へと変わったのである。

大戦が勃発した当時、イギリス軍最高司令部は軍事上の見地から、それまで支援していたベルギー進軍案を考え直そうとしていた。ところが、ベルギーの港湾を基地とするドイツ潜水艦や、飛行場から発進するドイツ空軍機により英本土が攻撃圏内に収められるようになるという恐怖心から、参謀総長の賢明で現実的な判断は徐々に脇に追いやられた。1939年9月、参謀総長から戦時内閣へと送られた報告では、「ドイツ軍の侵攻開始に先立ち、十分な時間的余裕を持って所定の防衛線へと軍を進めることに関し、ベルギー政府との間に事前協議の成立を見ない限りは、ベルギー進軍案を認めることは健全ではない」と申し送られている。

ベルギーの領土が再び戦場となることには、もはや疑いの余地がなかったが、2つの疑問が残されていた。はたしてドイツ軍の主攻勢はベルギーの北部を打通するのか、それとももっと南部のどこかになるのか。フランス軍では、予想される進攻ルートは1つしかなく、歴史的に見て北部しかないという結論に達していた。ベルギー南部は“通行不能”なアルデンヌ地方に完全に遮られているというのが、フランス軍の判断であった。1934年、ペタン元帥はアルデンヌ

1939年から40年にかけての冬はとりわけ厳しかったこともあり、前線での任務は不快そのものだったが、国民の士気を鼓舞する目的で乱発されたプロパガンダの応酬を除けば、戦闘らしい戦闘は起こらなかった。フランス第5軍地区で撮影された写真。

国民向けに撮影された、フランス第9軍地区での「戦闘」演出写真。この軍は中立を宣言していたベルギー国境に配置されていたために、ドイツ軍との接触は発生していない。写真のSA-L Mle1934 25mm対戦車砲はもっとも普及していた火器で、距離400mで40mmの装甲を貫通できた。

12月20日、G.B.I／15（第1爆撃飛行団第15飛行隊）所属のファルマンF222重爆撃機が、2日後に控えたはじめての実戦任務――ミュンヘン上空でのビラ撒きに備えて、ランスの飛行場に引き出される場面。4発爆撃機のファルマンF222は5トンの爆弾を積載して、時速320kmで飛行可能だった。

を評して、「御神の意志を賜り造られた、何者も足を踏み込めぬ土地」であると述べた。事実、1936年にはベルギーがフランスと国防計画について協議することを拒んだために、ここへ足を踏み入れるものはいなくなった。ベルギー北部打通の見解は何ら疑問を差し挟まれることもないまま、イギリスの受け入れるところとなり、連合軍がベルギーへと進軍したあとに、ドイツ軍が南部で国境を突破する可能性のあることなどは、まったく考慮されなかったのである。

ベルギーとオランダは、他国の戦争には干渉しないという厳正中立の立場を宣言していた。実際には、両国もしくは少なくともどちらかの国が、ドイツと仏英連合軍の間に生じる戦争に巻き込まれることは自明の理であったのにもかかわらず、両国はそれぞれ自国の国境が侵犯されない限り中立を堅持すると明言していた。そのため、どちらの国も仏英との軍事協議を拒んでいた。連合国にとって、オランダに関する限り協議拒絶は大きな問題とはならなかった――オランダは第一次世界大戦では中立を維持し通した――。ドイツがオランダを侵攻した場合、連合国がこれといった効果のある支援策を打てないことはわかりきっていたからである。だが、1914年に中立を踏みにじられた経験を持つベルギーの場合は事情が違っていた。戦争の足音が忍び寄るなか、仏英のすべての参謀会議では、ベルギーが主戦場となるのは当然のこととして話が進められていた。そこで、仏英は参謀会議に参加するようベルギーに呼びかけたのだが、ベルギーは中立を宣言した以上、当事者の一方と会談に入ることはできないとして、頑なに誘いを拒んでいたのである。

1939年9月26日、フランス軍最高司令部はベルギー進軍案を作成した。これによれば、イギリス欧州遠征軍（BEF）はトゥルネー地域へと前進し、フランス第XVI軍団がその左翼を前進、エスコー（シェルト）川沿いに防衛線を形成するというものであった。計画自体は単純で、もっとも行軍距離の長い左翼部隊でもわずか一日行程だったが、防衛線の総延長がベルギー国境を守るよりも30km も長くなるという問題をはらんでいた。

機動防御作戦の成功はひとえに、連合軍が適切なタイミングで国境を越えることを、ベルギー政府が許すかどうかにかかっていた。そのため、事前の会合や計画立案の場をベルギーとの間に持つべく、秘密裏に仏英の関係者は動いていた。そうこうするうちに、10月末にベルギー進軍に関する新しい訓令が布告された。これには、当初は予備として連合軍の左翼後方に置かれていたフランス第7軍が前進して前線左翼に連携し、以前にフランス第XVI軍団に与えられていた任務を引き継ぐことと定められていた。また、時間の許す範囲内でディール川までの進出の可能性を検討する予備研究も行なわれたが、主防衛線の基礎をエスコー川とすることには変わりがなかった。

フランスの将軍の多くは、部隊を準備された陣地から引き離し、余りにも短時間でベルギーへ進軍させることに危惧の念を抱いており、中には、この機動作戦構想の概念そのものに疑念を呈するものもあった。イギリス欧州遠征軍の各軍団長たちは、増援の到着と準備が整わない限り機動作戦は無謀であると断じていた。イギ

「奇妙な戦争」の期間も、偵察飛行は活発で、特にルフトヴァッフェは何のためらいも見せずにベルギー上空を侵犯して、アルデンヌ地方の偵察を密にしていた。1940年4月だけでも、ベルギーは330回の外国機による領空侵犯を確認しているが、そのうち300回はドイツによるものであり、残りが仏英だった。写真のドルニエDo17Pは第16軍に割り当てられたAuf. Gr.22（第22航空偵察飛行隊）第3偵察飛行中隊所属機である。

フランス第3軍に配属されていたG.R.I／22のクルーが、任務前の最後の打ち合わせをしている場面。これからヴージエの南東35kmにあるシャテルニシェエリー飛行場から、ブロック131で出撃する。9月に偵察機部隊はもっとも大きな損害を出している。17日には同じ

偵察航空隊のブロック131がモールスバッハ上空でJG53（第53戦闘航空団）所属の5機のBf109に襲われて撃墜され、乗員4名全員が戦死した。

リス第II軍団長A.F.ブルック中将は10月19日付けの日記に、彼自身と第I軍団長サー・ジョン・ディル中将が、上官に「現在の戦備の整った陣地を離れ、何の用意もない防衛線に移動することの危険性を承知させようとして」長々と引き留めたことを記していた。ブルックは、上官のゴート将軍は状況を極めて楽観視しており、さらに、ドイツ軍の兵力と作戦能力に関しても過小に評価し過ぎるきらいがあると感じていた。

ガムラン将軍の命令は、連合軍が適時にベルギー領に進入することの許可と、そのための事前協議の機会が真摯に求められている事実を、かつて反対派だった彼自身が十分に認識していることを示すものであった。そこへ、ガムランのベルギー進軍の意図を損なうものとはならなかったが、1つの重要な出来事が起こった。11月17日、連合国最高会議は、「ドイツのベルギー侵攻に際しては、アントワープ〜ナミュール間の防衛線の保持に全力を注ぐことが重要である」との決定を下したのである。かくしてディール川が連合軍のベルギー領内における防衛線の基礎と定められ、同日、フランス北東作戦域司令官ジョルジュ将軍は、作戦の詳細を規定する秘密個人訓令第8号(Instruction Personelle et Secrete No.8)を発した。

新計画は「エスコー計画」に比べると大胆なもので、ベルギー領内に「エスコー計画」の2倍の連合軍4個軍を送り込むというものであった。主力の側面掩護役である騎兵部隊はドイツ軍と会敵するため、実にアルベール運河までの200kmの道程を東へ突進することを求められ、また、主力である歩兵部隊はムーズ川とディール川に沿った陣地を準備するために、約100kmを前進しなければならなかった。こうした問題点もある一方、新計画の防衛線は「エスコー計画」のものよりも約60km短縮され、さらに背後にデンドル、エスコーの両河川、その奥にフランス国境の防衛線を控えていることで、より縦深な防御態勢を形成するところとなった。しかし、「エスコー計画」は完全に廃案となったわけではなく、なおも詳細事項の検討が継続された。

11月末、連合軍情報部は、推定97〜99個の

9月20日、JG53のBf109Eによって、サルグミーヌの東方10km、オーベルガイルバッハ近郊で撃墜されたANFミュロー 115。第5軽騎兵師団配属の偵察部隊であるG.A.O.507（第507戦術偵察飛行群）所属機。操縦手と観測手は軽傷を負っただけで済み、写真撮影後に病院に搬送された。

11月8日の朝、RAFの第73偵察飛行隊に所属するエドガー・"コバー"・カイン搭乗のハリケーン戦闘機が、哨戒中にDo17Pを撃墜した。ドルニエはAuf.Gr.123所属の任務中の機体で、ハンス・クッター中尉が操縦していたが、機体はブリエの西にあるリュベの町に墜落し、乗員は全員戦死した。1987年にジャン・ポールが比較写真を撮影した際に、周辺の建物はほとんどそのまま現存していた。

ドイツ軍師団が西部国境に集結を完了、うち20個はオランダ領リンブルフ付近の国境地帯にありとの報告を行なった。同月初め、オランダ情報機関は、ドイツの対外諜報局を情報源とする、攻勢開始が差し迫っていることを示す情報を入手していた。前大戦開戦時の1914年には、ドイツ軍の作戦立案者はオランダ侵攻をその戦略に取り込んでいなかった。この決定はのちに、ドイツ攻勢軍の作戦機動の余地を狭める結果を生じたとして批判の対象となっていた。そのため、今回はベルギーとルクセンブルクだけでなく、オランダも侵攻の対象となることは間違いなく、どう割り引いても、ドイツとベルギーの間にあるオランダの"飛び地"領土であるマーストリヒトを中心とする一帯が奪われることは確実だった。侵攻開始の緊張が高まる中で、連合軍は警戒態勢に置かれたが、攻撃は起こらずじまいとなり警戒態勢は解除された。しかし、情報はまったくの虚報だったわけではない。事実、11月5日にヒトラーは攻勢開始命令を発令していたのだが、そのわずか2日後に延期を決定したのである。

オランダがドイツの侵攻計画に含まれるであろうことは、連合軍にとって危険要因を増すこととなった。ドイツの戦車部隊は、フェンローから発進しノールド-ブラバントを経てワルヘレンに達するものとみられ、これによりベルギーの主要港湾であるアントワープへの交通を遮断できる。これを阻止するため、ガムランはいかにしてオランダへの支援策を講ずるべきかの検討に入った。その結果、通称「ブレダ」機動作戦が考案され、フランス第7軍をブレダへ向け北進させて、オランダ軍と連携することとなった。ガムランは、この作戦をもってしても、せいぜい2～3日程度の継戦力しか有していないオランダを救援できないことは承知していたが、それでも第7軍がエスコー河口を確保して、連合軍の防衛線の左側面を援護することに期待していた。

実行はされなかったものの、大胆な空挺作戦も計画された。作戦名「マラッカ」と呼ばれた空挺作戦は、ドイツ戦車に先んじてワルヘレン島の確保を狙うものであった。作戦構想は、まずファルマン224型輸送機で運ばれる落下傘1個中隊がフリッシンゲン近郊とアーネムイデン地狭に降下。続く約30分後、空挺部隊の確保した飛行場に約15機のブロシュ220型輸送機が着陸し、フランス第137歩兵連隊の1個中隊を展開。さらに、連隊の主力が駆逐艦戦隊によりダンケルクから輸送され、フリッシンゲンの港へ上陸するというものであった。

北東作戦域司令官ジョルジュ将軍は、それまでの主予備兵力であった第7軍が、あまりにも北方へ突出させられることに抗議し、またベルギー領への進出が拡大されることにも反対した。12月5日、将軍は連合軍が危機に瀕していると主張して、「おそらく陽動にすぎぬドイツ軍の動き」に呼応して予備戦力の大半を北方へ投入するということが、連合軍から反撃のための「必要な手段を奪い」、ひいてはドイツ軍の中央突破を許すことになると激しく非難した。

第7軍司令官アンリ・ジロー将軍は、ドイツ軍の行軍距離（約135km）の方がフランス軍（230km）よりもはるかに短いことで、指揮下の部隊が行軍隊形のまま敵の迎撃を受けるという、重大な危険にさらされている事実に注意を引こうとした。第1軍司令官ジョルジュ・ブランシャールも率直に意見を述べて、部隊が指定された目標にたどり着くだけで1週間、戦闘態勢を整えるのにはさらに数日を要することを強調した。将軍は「最短でも8日間は敵との接触を避けなければならない。それに失敗すれば、フランス軍は最悪の状態で遭遇戦に巻き込まれることになる」と断言した。

イギリス軍もこの作戦案の現実性を疑っていたが、作戦そのものはイギリスにとって有益なものだったので、とくに異議を唱えはしなかった。イギリス欧州遠征軍首席参謀のH.R.ポーンオール中将は、「フランスがワルヘレン島について心配してくれることはありがたい。同地の安否は基本的にイギリスの利益に属するものである」と日記に記していた。イギリス軍は、自軍の地上戦へ寄与する度合いが少ないことを承知しており、作戦の進め方についてはフランスと異なった見解を持っていたのである。

11月23日、"コバー"はヴージエの30km北西にあるラ・ブサスの近郊で、Auf.Gr.22所属のドルニエDo17Pを撃墜した。犠牲となった機体は火を噴いたものの、乗員はみな助かり、のちに捕虜となっている。

1936年、第9歩兵師団を視察するベルギー国王レオポルトIII世。来るべき戦争に直面して、ベルギーは「武装中立」を宣言していた。

日和見を決め込むベルギー

1914年、不本意ながら第一次世界大戦に巻き込まれてしまったベルギーは、戦後、国土を回復した。フランス（実際にはイギリスも）の核心部に近すぎる同国の地勢的な立場から、ベルギーが大国間の思惑と無縁でいることは、歴史的にも常に困難だったが、それでもベルギー政府は自国の安全保障を希求し続けていた。第二次世界大戦が勃発すると、すぐにベルギーが局外中立を宣言したことも、1936年に武装独立宣言を発していた経緯からすればごく自然なことなのだ。国王レオポルトIII世の言葉を借りれば、「隣国の紛争とは無関係な状態を堅持する」という意思の表れである。ベルギー外務大臣ポール＝アンリ・スパークも、政治、言語、そして宗教でも統一がとれていない大半の国民にも、武装を施し、彼らに協力を求めてゆくことで「徹底的な挙国一致体制」を確立しうると発言していた。1937年に仏英はベルギーが（いまや有名無実化している）ロカルノ条約から脱退することを認めた。フランスは、ベルギーの態度に落胆した。同じくイギリスはベルギー国内に防衛線を設置する利点を理解していた。「ベルギーに軍を進めることこそが、ベルギーが中立を堅持できる可能性がもっとも高い選択肢であり、軍事的見地からするならば、フランスをはじめ連合軍にとって大きな利益となる」と、ガムランは語っている。

ベルギーの決意は本物であり、陸軍総司令官を兼ねていたレオポルトIII世は、数週間のうちに歩兵師団18個、騎兵師団2個、アルデンヌ猟兵師団2個の動員を終えられる軍を掌握していた。たかだか人口800万ほどの小国にしてみれば、これは驚くべき反応であると評価できる。ベルギーの厳正中立が侵犯された場合は、仏英が協同して援助に駆けつけることも再確認された。これを受け、ドイツもいささか芝居じみた言い回しで、ベルギーの主張を追認した。

1939年8月25日からベルギーは動員を開始し、戦争が勃発すると、16師団が配置についた。ヒトラーに中立違反の口実を与えないように、動員した部隊の3分の2はフランス国境に配置していた。仏英側からすれば、ベルギーの中立という立場は、同国と秘密裏に軍事面での接触するうえでの妨げにはならない。ドイツ軍による攻撃が現実味を増す中で、仏英の反応は、ベルギーの中立を最大限尊重しつつも、いざとなればそれを踏み越える準備を水面下で進めていたことの現れとも見られる。

9月下旬、ベルギー軍は再配置に着手し、11月上旬には「警戒態勢」に移行して、フランス国境に配置していた部隊の大半が、防衛力強化のためにドイツ国境がある東に送られた。ベルギー陸軍全20個師団のうち、実に14個師団を東部国境沿いに配置したのである。

11月7日、スパーク外務大臣、筆頭軍事顧問兼国王補佐官のラウエル・ヴァン・オーベルシュトラーテン将軍を伴ったレオポルト国王は、オランダとの軍事協力の可能性を探るために、オランダ行政府があるハーグに姿を現した。11月10日には、在フランス駐在武官のモーリス・デルボワ将軍が、「ベルギーが連合軍に救援を求めた」場合、連合軍にアルベール運河の線まで前進する準備ができているか確認するため、ヴァンセンヌのフランス軍司令部にガムランを訪ねた。ガムランは、有事には連合軍がベルギー国内に毅然と進行すると太鼓判を押した。翌日、デルボワ将軍はガムラン配下のジャン＝ルイス・プティボン参謀長に面会し、連合軍は6日以内にアルベール運河まで進出可能という、具体的な情報を引き出していた。ベルギー政府はこのような連合軍の反応を知って安堵した。フランス軍はオーギュスト・オートコーア大佐をブリュッセルに派遣し、イギリスもゼーブリュッヘ襲撃作戦で名高いロジャー・キーズ提督を通じて接触を増やしていた。

ベルギーは縦深を配慮した防御戦略を練り上げていた。アルベール運河の東岸沿いに設定した「防御地区」の第一警戒線でドイツ軍を食い止めている間に、軍主力がアントワープ～ワーヴル～ナミュールの線、すなわち「中央地区」に主抵抗線を設定するという段取りである。開戦まで中立は堅持するが、ドイツ軍の侵攻が始まっても、仏英の増援で中央地区の防衛には間に合うだろうと、ベルギー軍首脳は期待していたのだ。

1939年8月から、ベルギー軍はこの2つの主要抵抗線に沿って塹壕を掘り、トーチカや対戦車障害物を設置して防備を固めていたが、この時も中立堅持の姿勢をアピールするために、フランス国境沿いも要塞化しなければならず、資材と時間の浪費に苦しんだ。中立状態が破れ、フランス国境沿いの部隊を東部に送り込んだとしても、構築陣地はそのまま残すほかないので、これは軍事的にはまったく無意味な努力だったのである。

10月には主防衛線の北側（コーニングスホイークト～ワーヴル間を防衛していたので、K.W.線として知られる）の準備が終わっていたが、南側の防備に比べれば貧弱の一言に尽きる。とりわけワーヴルからナミュールにかけての、ディール川～ムーズ川の間のジャンブルー渓谷周辺は戦車の突破に適した平地が広がる、隠しようのない弱点であった。この地区の陣地構築が始まったのは4月に入ってからのことで、5月10日時点での完成度など期待できるものではない。

1月10日1133時、1機のメッサーシュミットBf108連絡機（機体番号D-NFAW）がマーストリヒトの北方15kmにあるメヘレン近郊のフヒト飛行場に不時着した。搭乗していたのは第7空挺師団のヘルムート・ラインベルガー少佐で、このとき、極秘機密が記された書類を携えていたのだ。

事件の真相は次の通りである。前日の夕方、ミュンスターにいたラインベルガー少佐は、第2航空艦隊司令部での会議に出席するため、130kmほど離れたケルンに向かうよう命令を受けた。少佐は列車による移動を指示されていたが、ミュンスターに駐屯していた第VI空軍管区のエーリヒ・ヘーンマンス少佐が、空軍機の使用を申し出た。最初、ラインベルガーはこの好意を謝絶していたが、列車とは比較にならない、快適な空の移動の誘惑には抗えなかったのである。ところが、パイロットのエーリヒ・ヘーンマンス少佐が不慣れで、霧に巻かれてルール飛行場を見落としてしまったことが不運を招いた。そしてヘーンマンス少佐が位置確認に手間取っている間に、燃料が尽きてしまったのである。機体はムーズ川にほど近いフヒト飛行場に不時着した。川を越えて12kmほど東は、もうドイツ国境であり、300m行くだけでもそこはオランダだった。事態を飲み込んだラインベルガーは、重要書類の焼却に取りかかったが、すぐに駆けつけて来たベルギー兵が、これを阻止して書類を押収した。尋問を受けている最中にも、少佐は書類を奪って暖炉に放り込み、ベルギー軍第13歩兵師団のアルトゥール・ロドリク大尉が炎に手を突っ込んで掻き出したときには、書類の4分の3が燃え尽きていた。絶望のあまり、ラインベルガーはベルギー兵からリボルヴァー拳銃を奪い、自殺を試みた。書類は焼けてしまったものの、大半は読める状態を保っていた。書類はベルギー攻撃時の第2航空艦隊に与えられた詳細な作戦指示書だった。関連して、ムーズ川西岸のシャルルロワからディナンにかけての地区に第7空挺師団が降下し、次いで第22歩兵師団が空輸される作戦計画も附されていた。

移動中のベルギー軍兵士。背後に停車しているのは、T13およびT15軽戦車である。

ベルギー軍上層部はこの書類を本物であると認め、記述内容を抽出して、フランス・イギリス・オランダの各国に伝達した。

このメヘレン不時着事故が発生した同日、連合軍情報部は、別方面からもドイツ侵攻が迫っているとの信憑性の高い情報を受け取っていた。1月17日を期して、ヒトラーが攻勢命令を発動したというのである。警戒態勢は強化され、部隊の移動が行なわれた。1月14日、デルボワ将軍はヴァンセンヌの司令部にいるガムランのもとに急ぎ、フランス軍最高司令官に対して「今日にも」ドイツの攻撃が迫っている旨を伝達していた。しかし、この段階になっても、デルボワ将軍自身が説明している通り、ベルギー政府はフランス軍に助勢を仰ぐ許可までは与えてはいなかったのである。

前年11月の「警戒態勢」移行から密接な関係を築きはじめて以降、状況がより緊迫していることもあって、フランスは再び、ベルギーの取り込みを図って一歩踏み込んだ。1月14日、予防措置として連合軍部隊をベルギー領内に受け入れない場合、開戦後、連合軍の増援が到着する以前に失われる領土はより大きなものになるだろうと、ガムランが駐在武官を通じてブリュッセルに指摘したのだ。翌15日、ベルギーのスパーク外務大臣はフランスに対して、そのような申し出を「受諾する」ことはできず、ベルギーがこれを受け入れる態度を見せることはありえないと返答した。翌1月16日、スパーク外務大臣はドイツ大使ヴィッコ・フォン・ビューロ＝シュワンテに対して、ドイツの不時着機から押収した書類に記載されていた「明白な攻撃意図」に備え、ベルギー軍が予防的な軍備強化を進めるのは正当な措置であると告げている。しかし、同時にスパークが、「厳粛な信義に基づき、ベルギー政府は連合軍を自国領内に導き入れるような愚行」を起こさないことを確約したと、大使はドイツ本国に報告していた。

それでもやはり、メヘレンで入手したドイツ軍機の存在はベルギーに重くのしかかり、不可避になりつつある危機に備えて、仏英と秘密裏に接触する機会がますます増えていった。この一環として、ベルギー国境を越えて東進する連合軍と、アルベール運河から撤退してきたベルギー軍の合同作戦について、図上演習が行なわれた。この演習で、ベルギー軍は連合軍に国内地図を提供し、仏英空軍に自国飛行場の使用を許可していた。そして、フランス第7軍によるベルギー通過が具体的に研究され、これに第1自動車化師団の戦車をオランダ国境まで鉄道輸送する計画も組み込まれた。検討すべき課題は山積しているが、開戦後数日間に為すべき事は固まりつつあるという希望が生まれた。1914年8月以前は何も備えていなかった事実に比べれば、ガムランはもとより、フランス軍が8ヵ月も早いうちから備えを進めていたことは、軍関係者には慰めになるだろう。結局、それはすべて無駄に終わるのだが。

1939～40年にかけての冬、ドイツ軍と直接対峙する東部国境に配されたベルギー軍兵士たち。同国は繰り返し警告を受けていたが、中立の堅持に固執していた。

攻勢に転じる場合、仏英軍はベルギー国内を通過してディール川とムーズ川の線まで前進する計画だった。フランス第7軍の先頭に立って前進するのは、第1自動車化歩兵師団の役割だった。1940年2月撮影。

ディール計画

ベルギー軍がドイツの侵攻を足止めしている間に、まず仏英連合軍の快速部隊が駆けつけて防衛線にてこ入れし、次いで主力がディール川とムーズ川に設けられた陣地に展開する。以上の見通しが立ったことで、ベルギーの安全保障は強化されたように見えた。しかし間もなく、あらゆる観点からこの仮定が欠陥だらけだったことが判明する。まず事前の部隊間における協調を欠いていたことがあげられるが、とりわけアルデンヌ森林地帯を担当するフランス第9軍を巡る状況が、事前の準備不足を象徴していた。アルデンヌでのベルギー軍は、敵の侵攻を阻害するために交通要衝を破壊したのち、迅速に北方に退避して軍主力と合流する計画を与えられていた。これでは、第9軍がムーズ川の防衛線に展開するまでの十分な時間が得られない。

3月20日、ジョルジュ将軍はフランス第1軍集団とイギリス欧州遠征軍（BEF）の各司令官宛に、秘密個人訓令第9号を提出した。1939年11月の指示書を補完する内容を含む同指示書では、BEFの増援と、ベルギー、オランダの両国間で進んでいる軍事協力関係の影響を分析に加え、「すでに存在している作戦計画を拡張」した内容を織り込んでいる。しかしオランダとの協同作戦には仮定が多く、「もしベルギー軍がアルベール運河を放棄する場合は……もしオランダへの入国許可が軍に与えられれば……もし好ましい状況が到来すれば……」といった語句の羅列でしかなかった。「ベルギー軍総司令部との合意に基づき、後衛部隊ないし軍事施設の移動や運用を妨げないために、後退するベルギー軍は事前に指示された道路のみを使用する」という文言もあったが、これも履行されなかった。

現状のディール計画にはフランスの4個軍とBEF、ベルギー軍、オランダ軍が加えられていた。計画における連合軍各部隊の配置は、ドイツ軍の主攻軸がナミュールの北側を指向することを前提としているので、その正面にはフランス軍最強の第7軍と第1軍が割り当てられている。この2個軍は現役兵およびA級部隊で占められていた。さらに2個軍には、軽機械化師団3個と自動車化歩兵師団5個を中心に、輸送用自動車、対戦車砲、牽引砲、戦車大隊などの機械化戦力が優先して割り当てられていた。アルデンヌからムーズ川にかけて配置された第9軍と第2軍は、戦線全体の右翼を形成するが、この地区でドイツ軍が大規模な攻勢に出るのは実質的に不可能と見なされていたこともあり、装備では劣る。部隊は主にA級とB級部隊で占められ、軍総予備から派遣される予定の増援も限られていただけでなく、近代的装備も不足していた。

ディール計画が発動した場合は、連合軍はベルギー領内に進出すると同時に、オランダ沿岸

（上）フランス軍の第4戦車連隊と装備車両のソミュアS35戦車。（下）第78龍騎兵連隊のオチキスH35戦車。

今日も変わらない、ヴェルダン北東のエタン駅の様子。降車作業中のB1bis戦車は1939年に撮影されたもの。

に上陸して、マジノ線の北端から北海につながる戦線を形成する段取りになっていた。フランス第7軍とオランダ軍は沿岸部からアントワープまで、ベルギー軍は、そこから南方のルーヴァンまで、BEFはワーヴルまでの線を埋め、フランス第1軍がワーヴル～ナミュール間を占位して、もっとも危険なペルヴェッツとジャンブルー渓谷を守備するのが作戦の骨子だ。フランス第9軍はセダン西方に、第2軍はロンギュヨンにそれぞれ配置された。アントワープからロンギュヨンにかけてのフランス軍部隊は、すべてガストン・ビヨット将軍を司令官とするフランス第1軍集団の指揮下に入っていた。

3月下旬、ビヨットにあてた書簡の中で、ジロー将軍は第7軍に期待されている役割があまりにも過大であることに不満を漏らしていた。ビヨットはジローを励まし、4月14日には、各国軍を巻き込んで動き始めた事態の中で孤立しつつあった北東作戦域司令官のジョルジュ将軍が、第7軍を予備として残すように強く進言したが、後日、ガムランは「作戦計画に変更はない」と明確に返答した。「オランダをドイツ軍の自由にしてしまうことを計画に組み入れるのは不可能」だというのだ。連合軍首脳は、北部でのドイツ軍主攻軸が、前大戦と同様、ベルギーを通過するという予想に疑いを抱いておらず、ディール=ブレダ計画の遂行によって、ドイツ軍の攻勢を確実に食い止められるとの自信を強くしていた。連合軍が作戦計画の基礎としたのは、2月下旬のドイツ軍の最新動向である。2月下旬

フランス第2装甲師団の重戦車旅団は、第8戦車大隊と第15戦車大隊を基幹としていた。写真の"Typhon(台風)"号は第2戦車中隊所属の車両である。

——実はこのとき、ドイツ軍の攻撃計画は大きく全容を変え始めていたので、結果として、ベルギーとオランダに前進するという連合軍の作戦計画は、大敗のお膳立てを整える主要因となった。

ドイツ軍の攻撃と呼応してのディール計画が発動される前日の5月9日、フランス第1軍集団は、4個軍とBEFを指揮下に置き、その兵力は39個師団(30個はフランス軍)で、3個野戦師団相当の5個要塞部隊を含み、イギリス軍師団は9個が加わっている。要塞部隊を除く各軍は、作戦発動と同時にベルギー領内に進出して、長さ250kmの戦線を形成することになっていた。このとき、最左翼の部隊は戦線右翼を軸として約

(左)第2戦車中隊長マルセル・デベイ大尉が"Eclair(電撃)"号に搭乗している場面。N3街道沿いにメッツを目指して東進中である。(右)平面交差は、すでに電化されている。

第1軍集団司令官のガストン・ビヨット将軍と、第1軍司令官のジョルジュ・ブランシャール将軍。

第7軍の司令官アンリ・ジロー将軍が第9機械化歩兵師団第13連隊を視察している場面。

200kmの行軍距離を旋回移動することになる。

ガストン・プレートラ将軍の第2軍集団は3個軍を割り当てられていて、兵力は37個師団(フランス軍は36個で、うち8個師団相当の10個要塞部隊のほか、イギリス軍1個師団)で構成されている。ロンギュヨンからアルザスのセレスタまでの約330kmを担当地区としていた。作戦計画の中では、若干の快速部隊がルクセンブルクに進出する他は、現状位置の防衛に努めることになっていた。

セレスタからスイス国境までを防衛するのが、アントワーヌ・ベッソン将軍の第3軍集団で、9個師団と2個師団相当の要塞守備隊で構成されている。担当地区は80kmほどしかないが、スイス方面からドイツ軍が突破する事態を想定して、スイス進出の準備を整える必要があった。

以上の3個軍集団に加え、17個師団の予備部隊を指揮する北東作戦域最高司令官のジョルジュ将軍は、5月9日時点で108個の部隊を自由に動かせる立場にあった。13個師団相当の要塞部隊19個を含む、102個師団に匹敵する大戦力である。

要塞地区、非要塞地区を問わず、似たような密度で部隊を配置した点で、フランス軍最高司令部の判断はしばしば批判の対象とされる。この批判は、一面においては正しい。ガムランは左翼の第1軍集団、とりわけ第9軍と第2軍にもっと兵力を割り当てるべきだった。2つの軍にはそれぞれ9個師団しか割り当てがないにもかかわらず。第9軍はベルギー領内に進出して、ムーズ川沿いに85kmもの戦線を防衛するように命じられていたのだ。その一方で、堅牢無比のマジノ線では、第4軍が同じ数の師団で55kmを、第3軍は80kmの戦線を約12個師団相当の戦力で守っていた。

しかし、フランス軍の戦略がディール計画の一択ではない点は見落としてはならない。マジノ線を攻撃しようとすれば、ドイツ軍が大損害を被るのは必然であるし、それを望まないならば、ドイツ軍の主攻軸はスイスないしベルギーに向かうほかない。マジノ線の圧力によってドイツ軍の主攻軸を南北に逸らして、ベルギーないしスイスを巻き込み、フランス軍が他国の土地でドイツ軍と対峙できる環境を整えるのが、そもそものフランスの戦略なのである。ディール計画は、作戦上の選択肢を1つに絞れる利点がある。しかし、スイス侵攻の可能性も捨てきれない以上、ガムランは最右翼の第3軍集団にも一定規模の部隊を割り当てる必要にも迫られた。第3軍集団の配置については、ドイツ軍の侵攻に備え、スイスを救援するためという説明がされていたが、フランス軍最高司令部には、第3軍集団が侮れない戦力を保有していることを公にして、スイスに侵攻しようとすれば、この強力な軍を最初に叩かなければならないとの覚悟を強いる狙いがあったのだ。

ベルギー侵攻はドイツ軍の牽制であり、マジノ線突破が彼らの主攻軸となる可能性もあった(ベルギー侵攻の意図という点は史実と合致している)。従って、最初の一撃を要塞線で食い止めたのちに、背後から強烈な反撃に出るという作戦案に効力を持たせるには、第2軍集団にも十分な戦力を割く必要がある。セダンを突破し

アルデンヌ地域をドイツ軍が主要攻勢軸に選ぶはずがないという思いこみによって、ディール川の右側面には準備不足の第9軍(右:アンドレ・コラップ将軍)と第2軍(シャルルル・アンツィジェ将軍)しか配置されていなかった。

春の足音が近づいているというのに連合軍が防御戦略を堅持している間に、主導権はドイツ軍側に移ってしまった。このような状況下でも、連合軍首脳部はディール計画に依拠した防衛計画に揺るがぬ自信を持っていった。（左）第１軍司令官ブランシャール将軍と第２北アフリカ師団長ピエール・ダーメ将軍が、フランス北東部、ヴァレンシエンヌでの軍事パレードに関する打ち合わせをしている場面。

たドイツ軍戦車部隊に対し、フランス軍は十分な予備部隊を集結できなかったが、ここまで見てきたような相反する要求から、予備部隊が分散配置を強いられていた原因が理解できるだろう。

ポーランドの敗北後、18万におよぶポーランド軍兵士が中立国を経由して外国への逃亡を試みた。彼らの多くは、9月9日に相互援助条約を結んでいたフランスを目指し、早くも10月には最初のポーランド兵からなる歩兵師団が編成され、1940年3月には2個目が続いた。3個連隊を中核とするポーランド師団は、フランス軍の指揮下に入っていたものの、主権はポーランド亡命政府に委ねられていたため、イギリス欧州遠征軍に類似した立場といえる。1940年初頭、アラスの英雄広場前で整列するポーランド軍兵士。

イギリス軍が到着した。アラス近郊を駆け抜ける第4／7王立龍騎兵近衛連隊のユニバーサル・キャリア。（下）イギリス欧州遠征軍司令官であるゴート卿と、フランス軍最高司令官ガムラン将軍。1939年10月13日撮影。

上陸を開始するBEF

イギリス軍の立場に目を転じるとどうなるか。ドイツに宣戦布告をしたとき、英仏間における連合軍としての戦略の外枠はほぼ固まっていた。イギリスにとってのそれは、動員開始から33日以内に2個軍団編制の4個師団をフランスに送り、準備ができ次第、随時、後続を送るというものだ。作戦計画は、先遣2個軍団の派遣と、補給、整備に関連した内容に関して詰められている。同時に、イギリス空軍がフランス上空で作戦に参加することも合意を得た。これを基本に、両国のあらゆる協同作戦は「密接かつ協調性」をともなうものとなる。

戦争が勃発すると、イギリス政府は欧州遠征軍（BEF）の指揮権を参謀総長のゴート卿に委ねた。ゴート卿は、前大戦で近衛歩兵連隊第I大隊長として戦い、昇進を重ねてビクトリア十字章を授与されていた。イギリス政府がゴート卿に求めた欧州遠征軍の役割は、フランス軍の北東戦域最高司令官、つまりジョルジュ将軍の指揮下に入り、「連合軍の一翼として共通の敵を敗北に追い込む」ことである。同時に、フランス政府も同意していたことだが、事前命令では想定していなかった事態が発生し、欧州遠征軍に危機が迫った場合は、彼らは先にロンドンに対応策を通告する権利を有していた。また、欧州遠征軍を分割したうえ、分遣隊が本隊と切り離されてしまうような配置を強いる命令は拒否できることになっていた。

対独宣戦布告の直前、士官18名、随員31名からなる先遣隊のフランス派遣が決まった。9月4日、先遣隊がポーツマスを出発したのに続き、9日にはサザンプトンやブリストルなど海峡港湾から遠征軍の第一陣を乗せた輸送船が出航した。武器、装備や備品、補給物資を積載した民間輸送船は、海軍スタッフの操船のもと、事前に取り決められた航路で海峡を横断した。

（左）10月17日、アラスの北東に位置するガヴレルを目指して、悪天候を行軍中の第１王立アイリッシュ・フュージリア連隊第I大隊の兵士たち。マーテル少将が指揮する第50（ノーザンブリアン）師団第25旅団に所属していた。（右）今日、遠方にはA26号線が開通しているが、村の様子はほとんど変わっていない。

"トミー"が町にやってきた……トゥルネー南部の、国境からわずか数百メートルしか離れていないバシーの駅前に向かって行進中。（右）敷石保護のためにアスファルト舗装されているものの、フランスの街区はいまだにBEFが行軍した当時の姿を留めている。比較写真は1986年にレジ・ボチエが撮影。

上陸後に些細な混乱が見られたものの、計画は順調に進み、遠征軍の師団も時間どおり到着した。

国境周辺の守備をフランス軍から引き継いだイギリス軍は、リールの東方、モルドからアルワンにかけての地域に展開した。左翼のフランス第7軍と、右翼の同第1軍に挟まれた形となる。第1、第2歩兵師団で構成される欧州遠征軍第I軍団は10月3日から、第3、第4歩兵師団からなる第II軍団は、10月12日からそれぞれ戦闘配置についた。

欧州遠征軍司令部はアラスに置かれ、ガムラン将軍の連合軍最高司令部があるヴァンセンヌには、サー・リチャード・ハワード=ヴァイス少将が派遣された。これとは別に、ラ・フェルテ＝スー＝ジュアールのジョルジュ将軍の司令部には、J.G.デサール・スウェイン准将が、連絡担当として着任していた。

事前計画によって派遣された以上の部隊に続いて、1939年暮れには第5歩兵師団がフランスに到着し、翌年1月から4月にかけては、5個国防義勇師団の増強を得ている。4月に入ると第III軍団が編成されて、司令部予備と10個師団からなる3個軍団で構成された欧州遠征軍の正面戦力は23万7319名に達していた。

アラス北西約12kmにあるアキュの農場でマチルダI戦車を整備する第4王立戦車連隊の兵士たち。ベルギー国境までにほんの20kmしかない。

前線における日曜日の訓令。BEF担当地区の右翼側、ベルギー国境にほど誓いリュメジーにて撮影。日付は開戦直前の4月28日である。このとき、ローマ・カトリックの従軍司祭であったコグリン氏は、まさに開戦前夜にふさわしくフランシス・ドレーク卿の有名な「おお、主なる神よ、我に信じる力を与えよ。主が僕（しもべ）に大きな業を為すように求められるとき、その仕事に手をつけるだけでなく、完全にやり遂げるまでたゆまず励むことに、真の栄光が顕されることを」という祈りの言葉で結んでいる。

「居座り戦争」は一転して「電撃戦」となった！ 新設の第6戦車師団にて、チェコ製の35(t)戦車(右)や背後に見えるIV号戦車とともに演習中の歩兵。1940年初頭に撮影。

ドイツ軍の戦略

1939年9月27日、首都ワルシャワが陥落し、ポーランドが戦争から脱落すると、ヒトラーは国防軍最高司令部(OKW)に対して仏英連合軍と戦争をするという決意を伝えた。この中でベルギー、オランダの中立は一顧だにされていない。ヒトラーの決意を聞いた参謀本部と主だった将軍らは、西方で攻勢に出るには準備時間が少なすぎるとして反対し、連合軍が攻撃に出るのを待ち構える方が望ましい戦略であると意見具申したが、入れられなかった。

総統命令第6号において、ヒトラーは10月9日を期して仏英連合軍との戦闘を開始すると明言していた。ヒトラーの説明によれば、作戦の目的は「フランス軍を徹底的に打倒して、戦争を彼らの国土に持ち込む」ことにあり、「来るべきイギリスとの戦争における拠点としてはもちろん、ドイツ経済の中枢であるルール地方の防壁として、オランダ、ベルギー、北フランスから可能な限り領土を奪取する」必要を明言していた。陸軍総司令部(OKH)が策定する攻撃計画の通達は、10日後とされた。シュリーフェン計画に若干手を加えた体裁のフランス侵攻作戦計画《作戦名：黄色》は、オランダ、ベルギー、北フランス国境に正対した右翼の主力部隊が、主にベルギーを指向して前進し、主攻軸を形成するB軍集団が、3個軍を押し立ててヘントおよびブリュージュに突破するというものだった。《作戦名：黄色》は前大戦に続き、ドイツ軍のベルギー、ルクセンブルクの中立侵犯を容認したものであり、さらに今回はオランダも攻略対象に加えていた。

10月25日、陸軍総司令官のヴァルター・フォン・ブラウヒッチュ上級大将は陸軍総司令部参謀総長兼作戦部長のフランツ・ハルダー将軍とともにヒトラーの呼び出しを受けて、来るべき作戦計画について討議した。ヘント攻略に装甲部隊を集中するというハルダーの作戦計画案を聞いたヒトラーは、「ランスおよびアミアンからの突破を謀るべく」装甲部隊をリエージュの南に投入するように求めた。さらに3日後、OKHに対してヒトラーは、北方への突破と同様にリエージュの南にも装甲戦力を振り分け

モーゼル川で渡河演習中の戦闘工兵を見守るエルヴィン・ロンメル少将(右から二人目)……ムーズ渡河に思いを巡らしていたのだろう。ロンメル将軍の右側には、第7自動車化狙撃兵連隊長ゲオルク・フォン・ビスマルク大佐が立っている。ロンメルは第7装甲師団を率いて、

5月の戦いで決定的な突破を成し遂げたが、同師団は自動車化狙撃兵連隊2個を編制に加えていた。

フランス侵攻作戦《作戦名：黄色》は、5度の改訂を経て、1940年2月末にようやく、左翼を重視するコンセプトで確定した。攻撃の重点も、敵を東に誘い込むことに置かれた。（左）攻撃作戦が大幅に変更された背景には、エーリヒ・フォン・マンシュタイン将軍の存在があった。ヒトラーに戦況を解説しているこの写真は、1943年、東部戦線における南方軍集団司令官当時のもの。（右）陸軍総司令官ヴァルター・フォン・ブラウヒッチュ上級大将が作戦の意図を理解するまでには多少の時間がかかったが、左翼重視策の可能性に気付くや、参謀総長フランツ・ハルダー大将とともに非常な熱意で作戦の実現に邁進した。

て、両方を攻撃計画に加えるように通達した。

改定案が提出されたのは10月29日で、今回の作戦案は「ベルギーおよび北フランスでフランス軍主力を含む連合軍を捕捉し、これを撃破する」ことを主眼としていた。攻撃の主力はB軍集団で、第4軍が西進してリエージュ南部を、第6軍が同市の北部を攻撃する。A軍集団は主力の左翼を占位して側面を守り、南に配置されるC軍集団はマジノ線を牽制攻撃して、同地のフランス軍予備部隊を釘付けにする手はずとなっていた。B軍集団の最右翼は主攻正面から外れているため、オランダ侵攻は除外されたが、オランダがこれを"開戦理由"と見なすかどうかに関わりなく、第6軍の進路にあたるオランダ領マーストリヒト周辺、つまり"マーストリヒト虫垂部"の攻略は不可避とされた。この改訂作戦案は、おおむね連合軍が事前に想定していた内容に合致していた。

10月3日、国防軍最高司令部作戦部長のアルフレート・ヨードル少将は、ヒトラーが「アルロン経由によるセダン攻略に戦車、自動車化師団を投入する」計画案を口にしたと日記に書いていた。後日、陸軍総司令官ブラウヒッチュ上級大将は、A軍集団司令官ゲルト・フォン・ルントシュテット上級大将から2通の書簡を受け取った。1通目は、早急な西方での攻勢発動は愚策であり、勝利に不可欠な諸要因を作戦計画は満たしていないと批判するもので、もう1通は作戦の不備に関する詳細な批判だった。ソンムの北方で連合軍部隊を壊滅させられるかどうかに作戦成功が賭けられているが、そのためには平押しではなく敵後方の寸断が不可欠であり、これを実現するために「戦線の南翼に戦力を集中させる必要がある」というのが、ルントシュテットの不満の中身だった。ヒトラーは、攻勢の発令は11月5日、作戦開始は11月12日と定めていたが、天候の影響で2日後に取り消され、早くても13日以降に延期となった。

11月15日、3度目となる《作戦名：黄色》の改訂版が提出された。この改定版には、ヒトラーの「新たな着想」であるセダン突破が盛り込まれている。セダン南東部にあるムーズ川西岸に奇襲をかけてこの都市を奪取し、将来の作戦進展に有利な状況を作り出す」のが改訂の狙いで、2個戦車師団を擁する第XIX軍団が、A軍集団の指揮下に入る事になっていた。ただし、基本的に主攻軸がベルギーの平野部を指向している点は変わりない。従って、陸軍総司令部の改訂版は、ルントシュテットの提案に過度に反応したわけでも、ヒトラーの思いつきに振り回されたわけでもなかったようだ。

11月20日、ヒトラーは総統命令8号を発令した。この指示書には対仏戦に賭けるヒトラーの熱意が詳細に並べ立てられていて——大戦略が描き出される一方で、詳細が省略されつつ、戦争に関する主要な決断が、その中間点に漂っていたことをハルダーは注視した——ヒトラーは、この命令に従って準備を進めるよう訓令し、A-Day（アングリフスターク：攻撃開始予定日）前日の2300時までに攻撃開始の発令がなければ、作戦を延期するように指示していた。以前は「ライン」「エルベ」と呼ばれていた作戦発令コードは、「ダンツィヒ（攻勢開始）」と「アウグスブルク（攻勢延期）」に切り換えられた。ヒトラーは、10月29日の作戦命令は「敵の部隊配置がいかなる時点においてもA軍集団に決定的な戦果を期待させる状況である以上、作戦重点をB軍集団からA軍集団に移すあらゆる措置が可能である」とし、オランダについては「テッセル島を除く西フリースラント諸島を含めた」占領を要求し、「迅速にグレッベ川=ムーズ川の線まで進出する」ことを命じている。オランダが連合軍の陸空軍を受け入れる事態を恐れた結論として、オランダに全面侵攻することになったのだ。しかしヒトラーは「オランダ軍の動向を予見するのは不可能」であるとし、もしレジスタンスが発生しなければ「オランダ侵攻は平和時の占領行動と変わる事はないだろう」と断定した。

再び、攻撃軍の左翼強化が焦点となる。ルントシュテット上級大将と、彼の参謀長を務めていたエリッヒ・フォン・マンシュタイン将軍は、ヒトラーの指示で行なわれた会議の場で、OKHに対して左翼強化の試案を提出した。しかしブラウヒッチュは曖昧な態度でこれを退け、《作戦名：黄色》に変更は加えられなかったが、一方で、OKHは戦闘経過に呼応して作戦重点の変化があり得るとの含みを残していた。作戦開始日が1月中旬と定められた、12月28日の総統命令は、緒戦の成功が大捷を導く可能性の高い地点に攻撃を集中する旨をヒトラーは明言している。

ルントシュテットは再度、作戦開始時から南翼に重点を置いた作戦試案をOKHに提出し、これがヒトラーの目にも触れるように要請した。この試案には、A軍集団重点案こそフランス戦を勝利に導く「決定的な」作戦案であり、ベルギーおよび北フランスで連合軍を破るという「部分的な」解決案は、海岸線の一部を獲得するに留まり、中立3国に侵攻して引き起こされる危険と政治的大変化に釣り合う戦果であるとは見なせないと主張している。そして、フランスがドイツに占領されても、イギリスが「大陸に突き立てた剣」であるところの欧州遠征軍を喪失しなければ、やがてイギリスは海軍と空軍をも投入するだろうと想定して、戦争を速やかに解決しなければならない理由にまで言及したのだった。ブラウヒッチュはこの試案をヒトラーに提出することを拒否し、攻撃重点に関する最終案は、ヒトラー自身がすでに明示した地点に対して行なわれると繰り返した。

1月10日、メヘレン事件によってラインベルガー少佐がベルギーに拘束され、作戦案の少なくとも一部が連合軍に露見してしまったにもかかわらず、作戦に抜本的な変更はなく、1月17日に作戦開始となる手はずが整えられた。しかし、またも天候不順で作戦は延期となり、1月30日には実に4度目となる《作戦名：黄色》の改定が行なわれた。しかし、改訂とは言っても、B軍集団の任務にオランダ制圧が加えられた以外、基本的な作戦の変更はなかった。ドイツの作戦意図は、この時点でもまだ連合軍の予測範囲に留まっていたのである。

ルントシュテット、マンシュタインのA軍集団首脳部と、ブラウヒッチュの間の駆け引きは、依然として続いていた。2月13日、ヨードルの日記によれば、ヒトラーは《作戦名：黄色》の実施にあたり、再度、攻撃重点をどこに定めるか検討し、「ドイツ軍が主攻軸を設定しているなどと予想を立てるのはとうてい不可能なセダン方面」に、戦車部隊の主力を投入すべきと結んでいた。さらにヒトラーの言葉が続く。「我々の唯一の懸念はベルギー、オランダ両国の海岸線を占領する事であり、(将軍たちの)意見をはっきりと集約しなければならない」とまとめられていた。その日、ヨードルはヒトラーの腹案をブラウヒッチュと幕僚に提示した。2月14日にマイエンにて図上演習が実施され、この1週間前にコブレンツで実施していた図上演習と併せて検討したところ、セダン方面から望ましい突破を果たすには、増援が不可欠である事が判明した。図上演習の結果にハルダーと意見を異にする将官は動揺したが、ハルダーはルントシュテット、マンシュタインの両人から提出された「左翼重点」案を採用すべきであると、ブラウヒッチュに進言した。

2月17日、先に第XXXVIII軍団長として転出していたマンシュタインは、西方戦役におけるA軍集団重点策を細部までヒトラーに説明する機会を、総統主催の昼食会で得た。ヒトラーはこのときはじめて、A軍集団が主攻となって戦線左翼に重点を形成するという作戦案の存在を知ったのである。ブラウヒッチュは意図してこの作戦案の存在を握りつぶしていたので、総統には伝わっていなかったのだ。この昼食会での風向きの変化をブラウヒッチュが知ったかどうか、そして作戦立案経過が具体的にどのように変化したか、今となっては不明である。しかし、2月22日、ハルダー陸軍参謀総長はOKHにて《作戦名：黄色》に関する5度目の、そして最後となる改定案の策定に着手した。2月24日にとりまとめられた新作戦案では、第4軍が、B軍集団からA軍集団に移され、A軍集団の担当地区が主攻軸となった。セダンからの突破を主目標として、作戦全体は微調整を施されている。セダン突破以外のすべての攻撃は、助攻として位置づけられ、部隊の転用が行なわれない限り、A軍集団は当初要求してきたよりも多くの部隊を与えられる事になった。左翼重点攻勢案への大胆な切り替えは、ブラウヒッチュやハルダーに強い葛藤を生じさせたが、受け入れることで腹を決めると、彼らは後ろ向きな考えは捨て、新戦略の成功に必要な措置の実現に邁進した。

《作戦名：黄色》の第4改定案までは、連合軍はドイツ軍の作戦意図を、ほぼ予見できていた。しかし、5度目の最終改訂案は、連合軍の想定から大きく逸脱していた。ディール、ブレダ方面へ前進という連合軍の作戦骨子は、無意味になるどころか危険な罠に自ら飛び込む内容になってしまったのだ。

しかし、急激な作戦の変更に踏み切ったドイツ軍側でも疑念や誤解が払拭されたわけではなく、多くの将軍がこの変更に承服できずにいた。3月中旬、高級将官を招集した軍最高レベルの討議において、ムーズ渡河点の橋頭堡を確保したあとの計画について質問したヒトラーに対して、緒戦での配下部隊の任務と、実施方法の概要を説明した第XIX軍団長のハインツ・グデー

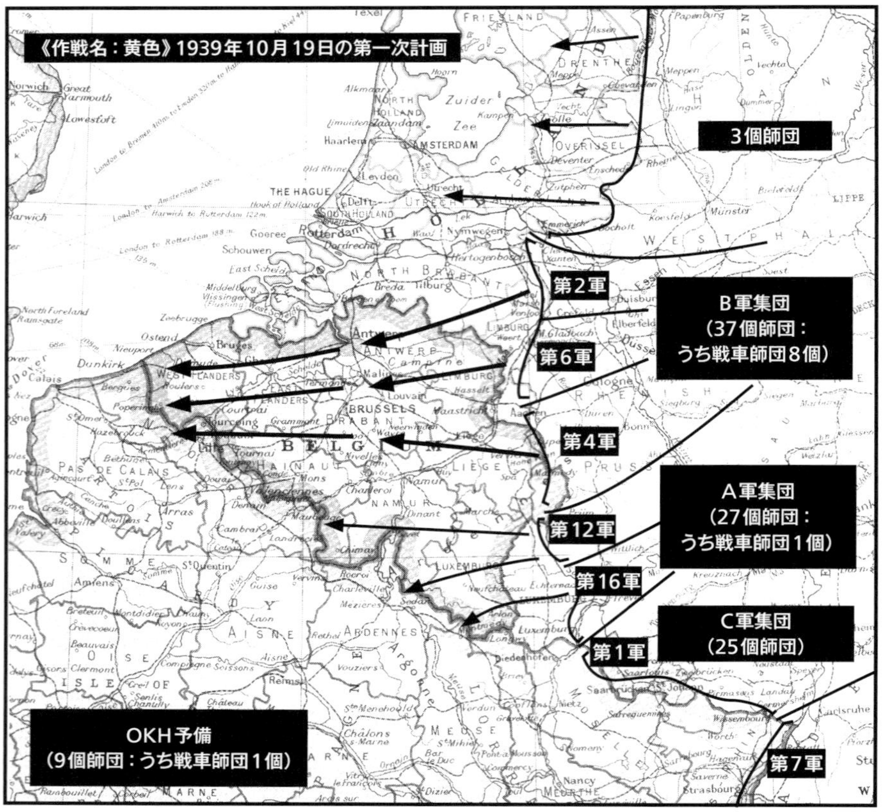

ドイツ軍上層部では大胆な作戦構想を危険視する意見も根強く、《作戦名：黄色》最終案の成否は、究極的にA軍集団司令官ゲルト・フォン・ルントシュテット上級大将にかかっていた。(左)ヒトラーを説得中のルントシュテット上級大将。(右)B軍集団司令官のフォン・ボック上級大将は最終案に対する懐疑派の一人であった。

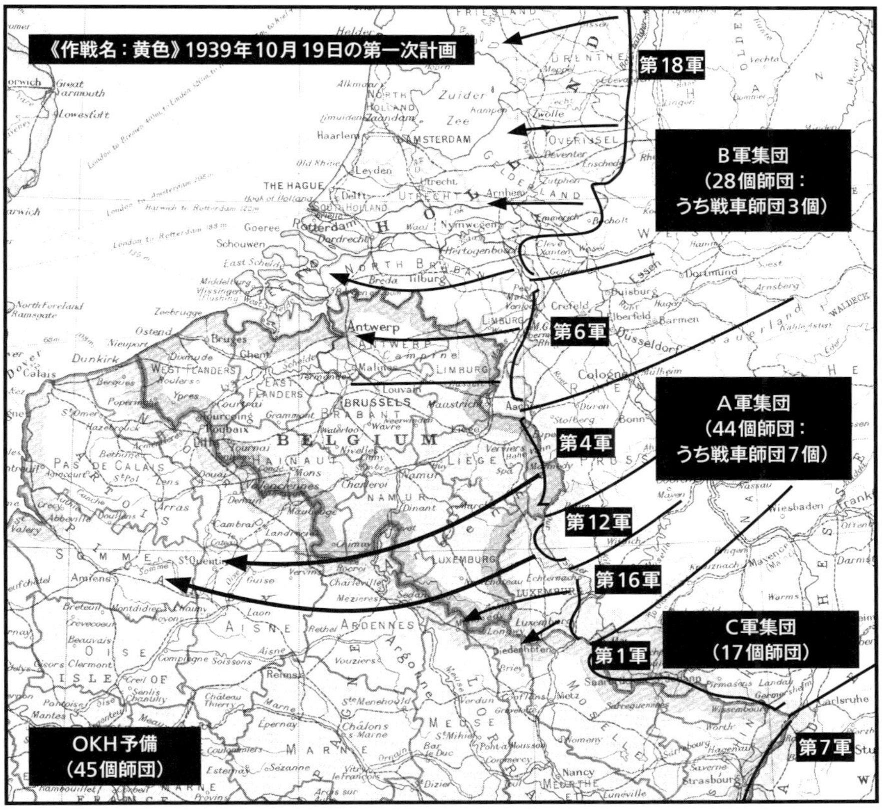

リアンに対し、同地区を担当する第16軍司令官エルンスト・ブッシュ将軍は「貴官がどこでムーズを渡ろうが知った事ではない!」と吐き捨てている。4月にはB軍集団司令官フェドーア・フォン・ボック上級大将が、ハルダーに対して「貴官はマジノ線からほんの10kmしか離れていない位置に側面をさらしたまま突破を果たそうとしているが、フランス兵がそれを黙って見過ごすと思っているのか! しかも、貧弱な道路しかないアルデンヌの森に戦車の大集団を押し込もうとしている。こんな場所を通過できるのは空軍だけだ。よしんば突破に成功しても、フランスの大軍を無傷のまま残し、無防備な側面に手当もせずに300kmも前進して、海岸にたどり着こうと考えているのか!」と不満をぶつけている。フォン・ボックにしてみれば、このような作戦計画は「理性の範疇を超越」した軍事的冒険としか思えなかったのだ。

最終作戦案が具体的に肉付けされるにともない、ヒトラーはリエージュ南方の強襲が戦役の使命を決する事にいよいよ思いを強くし、セダン突破の成功がもたらす莫大な配当金に夢中になっていた。計画の当初は独裁者も気づいていなかったが、A軍集団首脳が粘り強く主張を続けた結果、作戦の重点は完全にアルデンヌ森林地帯にシフトし、作戦全体の成否がセダンの突破に賭けられるに至ったのである。

西方戦役の基本的な戦略を構築したのは、ルントシュテットとマンシュタインの二人——とりわけ作戦の細部まで練り上げたマンシュタインの天才による——だった。もちろん最初の改定案に満足せず、最終案に至る決断を促したのは、ヒトラーの直感と想像力の閃きだった。作戦計画を最初に作成したブラウヒッチュとハルダーは、最終改定案の作成に関与してはおらず、水面下で改訂が進んでいた数週間のうちに、マンシュタインはA軍集団重点策をヒトラーに提言する機会を得た結果、総統は左翼に戦力を集中するという着想の虜になったのだ。兵棋演習やA軍集団の一貫した主張がこの変化にどの程度影響したのか、正確なところは分からない。おそらくは両者の結びつきに、最初の作戦案に対するヒトラーの不満が作用して、左翼重点案へと舵が切られたのだろう。しかし、左翼に攻撃重点を移し、アルデンヌ森林地帯を突破した戦車部隊が、北方の連合軍後方を遮断して包囲するという合意が成立すると、ブラウヒッチェ、ハルダーの二人は、A軍集団の要求を超える支援を開始する。結果、大胆不敵な作戦案は、最終的にOKH主導で仕上がっていくのである。

連合軍の精神的支柱、すなわち北フランスおよびベルギーに展開する予定のフランス第1軍集団所属の4個軍と、イギリスの欧州遠征軍の包囲殲滅が、《作戦名：黄色》の狙いであり、今作戦の成功はカール・フォン・クラウゼヴィッツが提唱した重点形成の原則という観点から、最上の手本となるには間違いなかった。

攻勢に先立つ部隊配置は次のとおり。オランダおよびリエージュ以北のベルギー正面に展開するB軍集団は、2個軍に削減され、戦車師団3個を含む28個師団が割り当てられた。第18軍はオランダの抵抗を可及的速やかに粉砕したのちベルギー、フランスの動きに備え、第6軍はベルギーの平野部に侵攻する。連合軍はこの地区をドイツの主攻正面と想定しているので、第6軍は可能な限り活発に動いて連合軍主力をベルギー平野部に誘引し、包囲が完成するまで連合軍を拘束する。この地区では、敵主力をベルギー国内の奥深くまで誘引する必要があるため、迅速な前進を控えつつ、敵を罠にはめるという難しい任務が待っていた。

アルデンヌ森林地帯とルクセンブルクに面するリエージュの南側に展開したA軍集団の陣容は、3個軍、44個師団で、戦車師団7個が割り当てられていた。右翼は第4軍、中央は第12軍、左翼は第16軍という配置で、突破の先鋒に立つ第12軍の主力、戦車師団5個で編制されたクライスト集団が、セダン～モンテルメ間でムーズ川を突破し、戦果を拡張する段取りになっていた。この作戦構想は〈ジッヘルシュニット——大鎌の一閃〉とも呼ばれている。

その南に展開したC軍集団は2個軍を擁し、マジノ線を塞ぐようにロンウィーからスイス国境にかけて布陣していたが、戦車師団はなく、戦力もわずか17個師団だけだった。第1軍、第7軍の役割はもっぱら防衛的なもので、可能性は低く、せいぜい助攻に留まるに違いないフランス軍の攻勢に備えていた。実際、対峙するフランス軍は、要塞守備隊を除いても36師団を数える強力な戦力だった。

A、B軍集団の背後には、必要に応じて投入される予定の45個師団が予備部隊として布陣していたが、ドイツ軍予備部隊は、規模だけでもフランス軍の予備3倍に相当する。さらにフランス軍の予備は配置にも問題があるため、実際の戦力比はさらに開いていた。

5月1日の時点で、ヒトラーは攻撃開始を5月5日に定めていた。ところが、またも天候の問題と、ヒトラーがベルギー、オランダ侵攻の口実を、彼らの好戦的な態度によるものと偽装しようとしていた関係で、5月3日になって延期が決まった。ヨードルは5月8日の日記に「ゲーリングが少なくとも5月10日まで作戦延期を望んでいる」と書いている。ヒトラーは奇襲効果が失われる焦りで神経質になり、「直感に抗うものはあっても、これ以上の遅延は1日たりとも認められなく」なった。このような葛藤を経て、ヒトラーは、5月10日を期しての《作戦名：黄色》発動を命じたのであった。

電撃戦を強く提唱していたハインツ・グデーリアンは、第XIX装甲軍団長として、電撃戦理論を存分に実証する機会に恵まれたといえるだろう。

戦車の流儀――兵力と質の両面で、対峙する両軍は拮抗していた。(上)ドイツ軍第4戦車師団。(下)フランス軍戦車大隊のオチキスH39戦車。

対峙する両陣営

5月10日までに、北東作戦域最高司令官のジョルジュ将軍が指揮できる部隊数は108個、師団換算で102個相当に膨れ上がっていたが、対するドイツ国防軍は157個師団――前年9月から50個師団以上も増加していて、そのうち134個師団が西方戦役に備えていた。ただし、ドイツ軍が攻勢を発動すれば、侵略を受ける中立国ベルギーとオランダは連合軍側に廻るので、連合軍はベルギー軍20個師団、オランダ軍10個師団を計算に入れられる。

しかしこれらは戦力比較における一面的な数字に過ぎない。戦力の正確な違いは、指揮下に入った師団数の比較だけでは評価しきれない。実際の戦闘力は部隊数だけでなく、作戦遂行能力や将校の質も影響するからだ。全般的に、連

士気の違いでも、兵士に望まれた資質の違いでもない――ドイツ戦車部隊優位の決め手になったのは、戦車の運用方法そのものにあった。ドイツ軍は常に戦車の集団運用を念頭において戦っていたが、連合軍の戦車は戦線全体に広く薄くばらまかれていた。このような対比の中で「数の優位」という兵学上の古典的原理がものを言ったのだ。（上）IV号戦車を用いて訓練中の第6戦車師団の戦車兵。1940年初頭に撮影。（下）第24戦車大隊を視察中のルイ・ヴァラビヨ少佐。第4装甲師団に編入されて間もなく、この大隊はモンコルメ、そしてソンムでドイツ軍と戦うことになる。

合軍の指揮統制はお粗末の一言に尽きる。戦前の準備、とりわけベルギーが中立維持に固執した結果、イギリスからの警告もむなしく連合軍全体の指揮系統は不適切な状態のままだった。連合軍最高司令官にガムランを任命しただけでは、連合軍を一体感のある戦力としてまとめるのは不可能だった。軍は国ごとに編制も違っていて、異なる軍事ドクトリンのもとで訓練されているし、そもそも使用している言語からしてばらばらだ！　この観点では、ドイツ国防軍は極めて有利な条件を備えていた。

以上の不都合をあえて脇に置くとしても、今

1940年になった時点で、ドイツ軍は戦車3500両を準備していた。稼働戦車はすべて10個戦車師団に集中配備され、その戦車師団も4個の戦車軍団にすべて集中されていた。戦車師団は、1個戦車旅団、1個自動車化狙撃兵連隊、ハーフトラック装備の1個機甲砲兵連隊、装甲車装備の1個偵察大隊、戦闘工兵大隊、通信大隊などで構成された、完全機械化編制となっている。師団の構成部隊は、戦況の変化や要請に応じて「戦闘団」を形成して戦う。たいていの場合、戦闘団は戦車連隊と機械化歩兵連隊を中心に、砲兵、工兵、通信などの支援部隊を加えた編制となっていた。(右)5月、ハインツ・グデーリアン将軍は戦車師団3個からなる第XIX戦車軍団長になっていた。6月になると、グデーリアン集団は戦車師団4個、自動車化歩兵師団2個からなる2個戦車軍団を指揮下に入れていた。写真はSdkfz.251指揮車両に搭乗するグデーリアンで、6月に撮影されたもの。

戦車部隊を中心とする編制上の統合は進んでいたドイツ軍だが、装備戦車は新旧車両が混在した状態だった。ミュンヘン会談が終了した直後にドイツはチェコスロヴァキアを保護領化したが、これは国防軍を大いに助けた。1940年5月時点でドイツ軍稼働戦車の3分の1がチェコ製戦車だったからだ。例えば、約140両の35(t)戦車がドイツ軍の装備に加えられている("t"はチェコスロヴァキアの頭文字に由来する)。2枚の写真は第6戦車師団のもの。

38(t)戦車と表記されるチェコ陸軍の1938年型戦車を写真右側に確認できる。(56ページの機銃装備のI号戦車から発展した)II号戦車は、重量10トンの軽戦車で、写真の第7戦車軍団所属"243"号車の姿から確認できるように、主な武装は20mm機関砲のみである。

重量15トンのIII号戦車は、中戦車に位置づけられる。ドイツ製37mm戦車砲の威力は、チェコ製38(t)戦車の37mm砲を凌いでいた。第5戦車師団のIII号戦車を撮影した写真。

1940年5月　ドイツ軍戦車師団の編制内容

・第1戦車師団
第1戦車連隊、第2戦車連隊
軽戦車／指揮戦車×161、戦車×98
第4偵察大隊
装甲車×50
第37工兵大隊
I号戦車／II号戦車×13、IV号架橋戦車×4
第702重歩兵砲中隊
sIG33 15cm重歩兵砲搭載I号戦車×6

・第2戦車師団
第3戦車連隊、第4戦車連隊
軽戦車／指揮戦車×175、戦車×90
第5偵察大隊
装甲車×50
第38工兵大隊
I号戦車／II号戦車×13、IV号架橋戦車×4
第703重歩兵砲中隊
sIG33 15cm重歩兵砲搭載I号戦車×6

・第3戦車師団
第5戦車連隊、第6戦車連隊
軽戦車／指揮戦車×273、戦車×68
第3偵察大隊
装甲車×50
第39工兵大隊
I号戦車／II号戦車×13、IV号架橋戦車×4

・第4戦車師団
第35戦車連隊、第36戦車連隊
軽戦車／指揮戦車×259、戦車×64
第7偵察大隊
装甲車×50
第79工兵大隊
I号戦車／II号戦車×13

・第5戦車師団
第15戦車連隊、第31戦車連隊
軽戦車／指揮戦車×243、戦車×84
第8偵察大隊
装甲車×50
第89工兵大隊
I号戦車／II号戦車×13、IV号架橋戦車×4
第704重歩兵砲中隊
sIG33 15cm重歩兵砲搭載I号戦車×6

・第6戦車師団
第11戦車連隊、第65戦車大隊
軽戦車／指揮戦車×59、戦車×159
第57偵察大隊
装甲車×50
第57工兵大隊
I号戦車／II号戦車×13

・第7戦車師団
第25戦車連隊
軽戦車／指揮戦車×109、戦車×110
第37偵察大隊
装甲車×50
第58工兵大隊
I号戦車／II号戦車×13
第705重歩兵砲中隊
sIG33 15cm重歩兵砲搭載I号戦車×6

・第8戦車師団
第10戦車連隊
軽戦車／指揮戦車×58、戦車×154
第59偵察大隊
装甲車×50
第59工兵大隊
I号戦車／II号戦車×13

・第9戦車師団
第33戦車連隊
軽戦車／指揮戦車×97、戦車×56
第9偵察大隊
装甲車×50
第86工兵大隊
I号戦車／II号戦車×13
第701重歩兵砲中隊
sIG33 15cm重歩兵砲搭載I号戦車×6

・第10戦車師団
第7戦車連隊、第8戦車連隊
軽戦車／指揮戦車×185、戦車×90
第90偵察大隊
装甲車×50
第49工兵大隊
I号戦車／II号戦車×13、IV号架橋戦車×4
第706重歩兵砲中隊
sIG33 15cm重歩兵砲搭載I号戦車×6

戦車連隊および戦車大隊の数字は正確であるが（トーマス・L・イェンツ、スティーヴン・J・ザロガ両氏に提供よる）正確な数字以外は、名目上の装備数。〈軽戦車／指揮戦車〉はI号戦車、II号戦車および各タイプの指揮戦車を指す。〈戦車〉は、III号戦車、IV号戦車のほか、第6戦車師団は35（t）戦車、第7、第8戦車師団は38（t）戦車を指す。

ドイツ軍の戦車戦力は、最終的に3000両を超えていた。対フランス開戦時の内訳は、35（t）戦車140両、38（t）戦車240両、I号戦車1000両、II号戦車1000両、III号戦車380両、IV号戦車290両である。写真は第4戦車師団から分派された戦闘団で、第33自動車化歩兵連隊のトラック、第7偵察大隊のSdkfz221装甲偵察車、第13砲兵連隊の105mm榴弾砲牽引ハーフトラックなどが映っている。

1940年5月、フランス軍には稼働状態の第一線級戦車3132両を保有していたが、そのうち約900両は37mm戦車砲を装備した、重量10トンのルノーR35戦車で、戦車大隊20個に配備されていvた。(下)8個戦車大隊は配備戦車数こそ多かったが、装備の大半は第一次世界大戦からの生き残り戦車、ルノーFTで、約1500両が稼働状態にあった。

度は両陣営の戦術が問題となる。技術的な観点からすると、連合軍の時代遅れの軍事ドクトリンは、戦車や航空機の重要性を理解できず、対戦車砲や高射砲ほどにも活用できていなかった。このような仏英軍とは異なり、前大戦の記憶を捨てたドイツ軍は、新時代に即した「電撃戦」を実践し、新戦術の採用を前提としてあらゆる兵器系統を組み上げていた。

対峙する両陣営の装甲戦力のバランスシートを作成するのはかなり厄介な作業だ。まず、正確な装備数からして確証的な資料がない。そもそも装甲戦力という定義も幅広い。I号戦車と英軍のMark VIB戦車は機銃しか装備していないが、III号戦車とルノーR35戦車は37mm戦車砲を搭載しているし、マチルダ巡航戦車は2ポンド砲を、IV号戦車とルノーB1bis戦車は75mm砲を主砲に据えている。

1940年5月のドイツ国防軍は、約3200両の戦車を保有していたが、うち3分の1ずつはI号戦車と2号戦車で、37mm戦車砲を装備したIII

フランス軍独立戦車大隊の戦闘序列

部隊名	装備戦車	所属軍
第1戦車第大隊*	ルノーR35×45	第5軍
第2戦車第大隊*	ルノーR35×45	第5軍
第3戦車第大隊	ルノーR35×45	第2軍
第4戦車第大隊	FCM36×45	第2軍
第5戦車第大隊	ルノーR35×45	第3軍
第6戦車第大隊	ルノーR35×45	第9軍
第7戦車第大隊	FCM36×45	第2軍
第9戦車第大隊	ルノーR35×45	第7軍
第10戦車第大隊*	ルノーR35×45	第4軍
第11戦車第大隊	ルノーFT17×63	第4軍
第12戦車第大隊	ルノーR35×45	第3軍
第13戦車第大隊	オチキスH35×45	第1軍
第16戦車第大隊	ルノーR35×45	第8軍
第17戦車第大隊	ルノーR35×45	第8軍
第18戦車第大隊	ルノーFT17×63	第8軍
第19戦車第大隊*	ルノーD2×45	第5軍
第20戦車第大隊	ルノーR35×45	第4軍
第21戦車第大隊	ルノーR35×45	第5軍
第22戦車第大隊	ルノーR35×45	第7軍
第23戦車第大隊	ルノーR35×45	第3軍
第24戦車第大隊*	ルノーR35×45	第4軍
第29戦車第大隊	ルノーFT17×63	第3軍
第30戦車第大隊	ルノーFT17×63	第3軍
第31戦車第大隊	ルノーFT17×63	第5軍
第32戦車第大隊	ルノーR35×45	第9軍
第33戦車第大隊	ルノーFT17×63	第9軍
第34戦車第大隊*	ルノーR35×45	第5軍
第35戦車第大隊	ルノーR35×45	第1軍
第36戦車第大隊	ルノーFT17×63	第8軍
第38戦車第大隊	オチキスH35×45	第9軍
第39戦車第大隊	ルノーR35×45	第1軍
第43戦車第大隊	ルノーR35×45	第3軍
第51戦車第大隊	FCM2C×9	第3軍
植民地戦車第隊	ルノーFT17×63	アルプス軍

あくまで名目上の装備数であり、北アフリカ、中東および訓練部隊の装備は加えていない。所属軍は1940年5月時点のもの。*(アスタリスク)付きの大隊は、1940年5月から6月にかけて戦闘で損耗した装甲師団に補充として送られた部隊。

フランス戦車の王者――ルノーB1bisは車体前面に限定射界の75mm砲、砲塔に47mm戦車砲と同軸機銃を搭載していた。B1bisを装備していた2個戦車大隊は、4個戦車師団に分散配置されている。

フランス軍装甲師団の戦闘序列

・第1装甲師団
第1戦車准旅団
第28戦車大隊(ルノーB1bis×35)
第37戦車大隊(ルノーB1bis×35)
第3戦車准旅団
第25戦車大隊(オチキスH39×45)
第26戦車大隊(オチキスH39×45)
第5自動車化猟兵大隊(自動車化歩兵大隊)

・第2装甲師団
第2戦車准旅団
第8戦車大隊(ルノーB1bis×35)
第15戦車大隊(ルノーB1bis×35)
第4戦車准旅団
第14戦車大隊(オチキスH39×45)
第27戦車大隊(オチキスH39×45)
第17自動車化猟兵大隊

・第3装甲師団
第5戦車准旅団
第41戦車大隊(ルノーB1bis×35)
第49戦車大隊(ルノーB1bis×35)
第7戦車准旅団
第42戦車大隊(オチキスH39×45)
第45戦車大隊(オチキスH39×45)
第16自動車化猟兵大隊

・第4装甲師団(5月21日の戦力)
第6戦車准旅団
第46戦車大隊(ルノーB1bis×35)
第47戦車大隊(ルノーB1bis×35)
第19戦車第隊(ルノーD2×45)
第8戦車准旅団
第2戦車大隊(ルノーR35×45)
第24戦車大隊(ルノーR35×45)
第44戦車第隊(ルノーR35×45)
第4自動車化猟兵大隊
第7自動車化龍騎兵連隊(自動車化歩兵連隊)
増強騎兵部隊
第3騎兵連隊(ソミュアS35×40)
第10騎兵連隊(パナールP178×40)

フランス軍装甲師団は2個准旅団編制になっている。准旅団の編制は、片方が中戦車装備の戦車大隊2個、もう片方は軽戦車大隊と自動車化歩兵大隊の組み合わせが基本であった。5月15日に編成された第4装甲師団は、強力ではあるが、騎兵部隊から引き抜いた自動車化歩兵連隊で増強された変則的な編制になっている。また、第4装甲師団には2個騎兵部隊も加えられていた。第3騎兵連隊は当初、ソミュアS35戦車装備の2個中隊で編成されていて(5月25日にオチキスH35戦車装備の2個中隊が合流する)、第10騎兵連隊は偵察部隊の装備である。これらの数字も名目上の装備数である。

370両のオチキスH39戦車が、戦車師団、戦車大隊に配備されていた。

FCM36戦車は100両前後しか完成しておらず、2個戦車大隊に配備されていた。

フランス軍騎兵部隊の戦闘序列
軽機械化軽師団／軽騎兵師団

・**第１軽機械化師団**
　第１軽機械化旅団（H35×40、S35×40）
　第２軽機械化旅団
　　第６戦車大隊（P178×40）
　　第４自動車化龍騎兵連隊（A.M.R.×60）

・**第２軽機械化師団**
　第３軽機械化旅団
　　第13龍騎兵連隊（H35×40、S35×40）
　　第29龍騎兵連隊（H35×40、S35×40）
　第４軽機械化旅団
　　第８戦車大隊（P178×40）
　　第１自動車化龍騎兵連隊（A.M.R.×60）

・**第３軽機械化師団**
　第５軽機械化旅団
　　第１戦車連隊（H35×40、S35×40）
　　第２戦車連隊（H35×40、S35×40）
　第６軽機械化旅団
　　第12戦車連隊（P178×40）
　　第11自動車化龍騎兵連隊（H35×60）

・**第１軽騎兵師団**
　第２騎兵旅団
　　第１騎兵連隊
　　第19龍騎兵連隊
　第11軽機械化旅団
　　第１装甲車連隊（P178×12、H35×12）
　　第11自動車化龍騎兵連隊（A.M.R.×20）

・**第２軽騎兵師団**
　第３騎兵旅団
　　第18騎兵連隊
　　第５戦車連隊
　第12軽機械化旅団
　　第２装甲車連隊（P178×12、H35×12）
　　第３自動車化龍騎兵連隊（A.M.R.×20）

・**第３軽騎兵師団**
　第５騎兵旅団
　　第４ユサール連隊
　　第６龍騎兵連隊
　第13軽機械化旅団
　　第３装甲車連隊（P178×12、H35×12）
　　第２自動車化龍騎兵連隊（A.M.R.×20）

・**第４軽騎兵師団**
　第４騎兵旅団
　　第８龍騎兵連隊
　　第31龍騎兵連隊
　第14軽機械化旅団
　　第４装甲車連隊（P178×12、H35×12）
　　第14自動車化龍騎兵連隊（A.M.R.×20）

・**第５軽騎兵師団**
　第６騎兵旅団
　　第11戦車連隊
　　第12騎兵連隊
　第15軽機械化旅団
　　第５装甲車連隊（P178×12、H35×12）
　　第15自動車化龍騎兵連隊（A.M.R.×20）

フランス軍軽機械化師団は２個軽機械化旅団編制になっている。原則的に軽機械化旅団は、一方が２個戦車連隊、もう一方は偵察連隊と自動車化歩兵連隊で編成されている。軽騎兵師団は２個旅団編成になっていて、一方は完全な騎兵連隊２個編制、もう一方は軽機械化旅団で、装甲車連隊と機械化歩兵連隊で編成されている。数字はすべて名目上のものである。

自動車化歩兵師団に割り当てられたソミュアS35戦車は、合計約250両に達する。写真は第18龍騎兵連隊の所属車両。

第１自動車化歩兵師団、第４戦車大隊のオチキスH35戦車。軽機械化師団、軽騎兵師団および自動車化歩兵師団の歩兵師団偵察グループは、全体で400両のH35戦車を装備していた。

機械化軽師団と軽騎兵師団には300両のルノーA.M.R.33軽戦車（上）、380両のパナールP178装甲車（下）も配備されていた。

BEFの第1機甲師団は、143両のMk.IV巡航戦車を装備した、第5戦車大隊、王立戦車連隊を編制に加えていた。

1940年5月　イギリス欧州遠征軍（BEF）の戦闘序列
機械化および騎兵部隊

第1ファイフ・アンド・フォーファー義勇兵連隊	Mk.VI×28、キャリアー×44
第1イースト・ライディング義勇兵連隊	Mk.VI×28、キャリアー×44
第5王立イニスキリング・龍騎兵近衛連隊	Mk.VI×28、キャリアー×44
第15／19キングス・ロイヤル・ユサール連隊	Mk.VI×28、キャリアー×44
第4／7王立龍騎兵近衛連隊	Mk.VI×28、キャリアー×44
第1ロジアン・アンド・ボーダー義勇兵連隊	Mk.VI×28、キャリアー×44
第13／18王立ユサール連隊	Mk.VI×28、キャリアー×44
第12王立ランサー連隊	モーリス・スカウトカー×38
第4バタリオン・王立戦車連隊	Mk.VI×7、マチルダ×50、キャリアー×8
第7バタリオン・王立戦車連隊	Mk.VI×7、マチルダ×50、キャリアー×8
第1機甲師団	
第2機甲旅団	Mk.VI×174、キャリアー×8
第3機甲旅団	巡航戦車×156、ダイムラー・スカウトカー×30

名目上の装備数であり、歩兵師団に割り当てられたキャリアーの数は計算に入れていない。歩兵師団は各96両のキャリアーを装備していた。

BEFの機甲騎兵連隊は、28両ほどのMk.VI軽戦車を保有していた。写真は第13／18王立ユサール連隊の様子。

号戦車、35（t）戦車、38（t）戦車と、75mm砲を装備したIV号戦車は、全体の3分の1を占めていたに過ぎない。この数字に、245両の指揮戦車を加えれば、総数は3465両となるが、いずれにしても主砲口径が37mmを上回る戦車は全体の3分の1に留まっている。ポーランド戦で6個あった戦車師団は、軽師団の改編によって10個にまで増加していた。この10個戦車師団には、合計35個の戦車大隊ないし戦車装備部隊が割り当てられていて、全装備車両数は2500両（指揮戦車125両を除く）。これが西方戦役に投入されるドイツ軍の戦車戦力で、うち1000両前後が37mm砲以上を装備した中戦車である。

対するフランス軍は、5月10日時点で近代的戦車3132両を保有し、550両が戦闘損耗の補充車両として用意されていた。オチキスH35やH39、ルノーD2やR35、ルノーB1bis、ソミュアS35などのフランス軍戦車は、総じてドイツ軍戦車よりも装甲が厚いが、速度が遅く、航続距離も著しく劣っていた。ルノーR35、オチキスH35、同H39の主砲口径は37mmのままだったが、ルノーD2、ソミュアS35は優れた47mm主砲を搭載し、ルノーB1bisはのちに75mm砲を持つようになった。

BEFもフランスに戦車300両を持ち込んでいるが、うち200両が機銃装備のMark VIB軽戦車、100両が2ポンド砲搭載のMark II歩兵戦車、いわゆるマチルダ歩兵戦車であり、近代的戦車と呼んで差し支えないマチルダII戦車はたったの23両しかなかった。5月になってから到着した第1機甲師団は6個戦車大隊を擁し、Mark VI軽戦車114両、2ポンド砲装備の巡航戦車143両を保有していた。

連合軍の戦力にベルギー軍を加えてみよう。当時、ベルギー軍は270両の軽戦車を保有していたが、大半は47mm砲を戦闘室に備えていたT13戦車であった。戦車は歩兵師団と騎兵師団に細切れに配置されていたので、戦局に大きな

保有戦車を惜しみなく前線にばらまいてしまったフランス軍同様、ベルギー軍もまた、270両ほどの機械化戦力を、歩兵や騎兵だけでなく国境守備隊に分散配置していた。例えば歩兵師団は各12両のT13軽戦車を割り当てられている。（上左）2個騎兵師団は、各18両のT13軽戦車に加え、同数のT15軽戦車を保有していた。（上右）第1アルデンヌ猟兵師団には48両のT13軽戦車が与えられている。

影響を与える兵器ではなかった。オランダ軍は24両のランズベルク装甲車を保有していた。

これまであげた数字を見ると、どちらの陣営も約3500両の戦車を有しているので、量的に連合軍が劣るようには見えないし、質の比較も同様だ。とすると、結局、連合軍に敗北をもたらしたのは、時代遅れも甚だしい戦車戦術ということになる。ドイツ軍の戦術が戦車の集中運用を最重視し、使用可能な戦車をすべて10個戦車師団に集中配備していたのに対して、フランス軍の戦車は、3個装甲師団と編制中の第4装甲師団、3個機械化師団、5個騎兵師団に振り分けられただけでなく、33個戦車大隊と、12個前後の戦車中隊……全体で60個を超える独立部隊に分散配置されていた。同様に、BEFの戦車部隊も、8個騎兵連隊のほか、2個戦車大隊に散らばっている。ドイツ戦車師団は一握りの「集団」と軍団に集約されていたが、フランス軍の装甲師団、騎兵師団は軍単位で分散し、戦車大隊は戦線全体にまんべんなく散らばっていた。第1戦車集団のシャルル・デレストラン将軍は、1940年の状況について「我々はドイツ軍同様に3000両の戦車を保有していた。我々はこれを3個入りの袋詰めにして前線にばらまき、ドイツ軍は1000個入りの袋を3個用意していたのだ」と、実に簡潔に説明している。

フランス軍の4個装甲師団の細部を見ると、うち2個師団は、実力を発揮する機会さえ与えられなかったことがわかる。フランス軍の戦車運用ドクトリンが、彼らを自滅に追い込んでしまったからだ。つまり、第1装甲師団はベルギーで燃料切れになって動きを止めてしまい、第2装甲師団は開戦早々に細切れにされて、消滅したのである。フランス軍戦車総監のルイ・ケラー将軍は、1940年7月5日に作成した報告書で「各軍において、戦車大隊はあらゆる部隊に行き渡るように配置され、中隊単位はもちろん、小隊単位まで細切れにされた戦車は前線での思いつきや使い走りに投入された結果、あらゆる橋や路上、そして森の縁へとばらまかれて消滅した」と結論している。

1940年5月から6月にかけて空軍の実力を見るなら、制空権はほぼドイツの手中にあった。ドイツ空軍機に対峙する連合軍機の姿は、ほとんど見られなかったと言ってよい。この事実は、連合軍側の装備不足だけが原因ではなく——有効な爆撃機を保有していなかったのは、フランス空軍、イギリス空軍（RAF）双方の大きな欠点だった——ルフトヴァッフェが地上部隊に最高の近接支援を与えるべく、飛行中隊単位で出撃を繰り返していたのに対し、連合軍の空軍部隊が能動的に動かずに、日々を無為に過ごしていた結果でもある。1940年5月時点での、ルフト

ベルギー軍は8両のルノーAGC1戦車を、すべて装甲車大隊に割り当てていた。

オランダ軍の機甲戦力は、スウェーデン製装甲車、ランズベルクL180とL181装甲車を各12両、合計24両だけで、前者をM36、後者をM38と呼んでいた。1940年5月になってようやく、1ダースほどの国産DAF M39装甲車（写真）の実戦配備が始まった。

1940年5月、当時のフランス空軍は爆撃機の分野でとりわけ遅れていて、保有機250機のうち約半数が時代遅れのアミオ143であった(上)。しかもそのうち50機は、まだ実戦配備されていた。またファルマンF222爆撃機も20機ほどが現役であった(最下)。アミオ143は最大爆弾積載量1.5トンで、最高時速295km。一方、ファルマンF222は速度でこれを若干上回り、5トンの爆弾を積載できた。

ヴァッフェの航空戦力と、ベルギー軍とオランダ軍、フランスに派遣されたRAF分遣隊を加えた連合軍の航空戦力の比は10：6となるが、これは一般的に信じられている数字より、だいぶ低い見積りだ。

5月10日時点で、フランス空軍の前線配備機数は約1400機であり、内訳は戦闘機約650機、爆撃機約250機、偵察機490機である。戦闘機は比較的近代化が進んでいたが(モレーヌ406、ブロックMB151およびMB152、カーティスH75A、ドヴォワチンD520など)、爆撃機と偵察機は旧型機であった。実戦に耐える爆撃機は全体の半数(リオレ・エ・オリヴィエLeo451、ブレゲBr693、アミオ354、マーティンM167など)で、残りは骨董品に近い有様(アミオ143、ブロックMB200およびMB210、ファルマンF221およびF222)であり、夜間任務にしか使えない代物ばかりであった。

第1軍集団を支援する北部航空作戦圏(Z.O.A.Nord)には、戦闘飛行群12個、爆撃飛行群6個、偵察飛行群23個が割り当てられていた。同様に第2軍集団を支援する東部航空作戦圏は、戦闘飛行群7個、爆撃飛行群4個、偵察飛行群15個の割り当てとなっている。5月10日早朝には、東部航空作戦圏の4個爆撃飛行群が、北部航空作戦圏に異動となった。

他の航空機は南部航空作戦圏の所属機としてアルザス地方の第8軍を支援するか、アルプス航空作戦圏にあってイタリア軍に睨みを利かせていた。この2つの航空作戦圏に割り当てられた戦力は、戦闘飛行群6個、爆撃飛行群、偵察飛行群各13個で、開戦後、数週間経過したのちに戦闘に参加する見通しをつけていた。

5月10日、北部および東部航空作戦圏の戦闘機は、19個戦闘飛行群、531機であり、400機が臨戦態勢にあった(他に夜間戦闘機40機があり、うち28機が臨戦態勢)。飛行群別に見ると、9個群が比較的古いモレーヌ406、6個群がブロックMB151およびMB152、4個群がカーティスH75を装備していた。夜間戦闘飛行群の装備はポテ631である。また2個飛行群——第3飛行群第1戦闘飛行群と同第2戦闘飛行群——が

1940年4月2日、マルディク飛行場にて撮影。ウィクトール・バキー少尉、フランシス・デュフォー兵曹、ローレント・レグラン兵曹が"250"号機の前でポーズを決めている。写真のポテ63／11偵察機は、陸軍第1軍団の支援にあたった第501戦術偵察飛行群の所属機である。

フランス空軍の戦闘機パイロットは、ベテラン揃いで士気も高かった。しかし旧型機ではない乗機を割り当てられてさえ、ルフトヴァッフェのメッサーシュミットBf109戦闘機には子供扱いされた。

1940年5月、主力戦闘機モラン・ソルニエMS406（右上）は最多の296機が実戦配備に着いていて、他に99機のカーティスH75（右下）が準備を整えていた。

最新鋭戦闘機ドヴォワチンD520を装備していたが、5月14日までは作戦に参加していない。

RAFには1973機の作戦機があったが、うち416機がフランスに送られ、航空支援部隊（Air Component）と先遣航空攻撃隊（Advanced Air Striking Force）に割り当てられていた。航空支援部隊は4個戦闘飛行隊（ハリケーン装備2個、グラディエーター装備2個）、4個爆撃飛行隊（ブレニム）、5個偵察飛行隊（ライサンダー）、1個連絡飛行隊（ドラゴンラピデス）で編成されている。先遣航空攻撃隊は2個戦闘飛行隊（ハリケーン）、10個爆撃飛行隊（バトル装備8個、ブレニム装備2個）で構成されていた。このほか、ブレニム装備の7個中隊と、ホイットレー装備の2個中隊がBEF支援のために、イギリスの基地に待機していた。

オランダ空軍は、一線級の作戦機125機を保有していた。空軍の2個航空連隊は、まず第1

疑いなく、フランス空軍最良の戦闘機は、写真のドヴォワチンD520である。Bf109と互角に渡り合える高性能機だったが、2個飛行群（第3飛行団第1戦闘飛行群と同第2戦闘飛行群）しか実戦配備されていなかった。休戦協定が結ばれるまでには、同機を装備した戦闘飛行群が続々と登場し、最後の1ヵ月だけを見ると、85機44名のパイロットの犠牲と引き替えに、ドイツ軍機147機を撃墜していた。

フランスに派遣されたイギリス空軍(RAF)は、陸上部隊の近接支援を主とする航空支援部隊(Air Component)と、戦線全域での大きな作戦に寄与する先遣航空攻撃隊(Advanced Air Striking Force)の2つの部隊に分かたれていた。写真はおそらくプリヴォ飛行場で撮影された、先遣航空攻撃隊、第139飛行隊所属のブレニムIV爆撃機。

航空連隊は4個戦闘飛行隊(フォッカーD-XXIおよびフォッカーG-1A)、1個爆撃飛行隊(フォッカーT-V)、1個偵察飛行隊(フォッカーC-X)で、第2航空連隊は2個戦闘飛行隊(フォッカーD-XXIおよびダグラスDB-8A)、4個偵察飛行隊(フォッカーC-V、フォッカーC-X、コールホーフェンFK-51)でそれぞれ構成されていた。

ベルギー空軍の第一線級作戦機は180機で、これを3個航空連隊で運用していた。第1航空連隊には偵察機60機(フェアリー・フォックス、レナードR-31)、第2航空連隊は戦闘機80機(フィアットCR42、ハリケーン、グラディエーター、フェアリー・フォックス)、そして第3航空連隊は爆撃機50機(フェアリー・フォックス、バトル)という内訳である。

ルフトヴァッフェ——すなわちドイツ空軍は《作戦名:黄色》に備え、西部国境周辺に3950機を配備していた。このうち約1120機が爆撃機(半数がハインケルHe111で、他にドルニエDo17とユンカースJu88)で、340機がJu87急降下爆撃機「スツーカ」、40機が旧型のヘンシェルHs123近接支援機である(後者の380機はすべて第VIII航空軍団と近接支援航空軍団に割り当てられていた)。戦闘機は、メッサーシュミットBf109が860機、同Bf110双発戦闘機が355機を

RAFはハリケーン装備の4個戦闘飛行隊もフランスに派遣していた。そのうち2個飛行隊は航空支援部隊に割り当てられた。写真は第73飛行隊のディッキー・マーティン空軍中尉。

(左)厳冬下、応急処置にかかる整備員たち。写真はモン=アン=ショセ飛行場に駐屯した航空支援部隊所属、第13飛行隊のライサンダーII軽爆撃機。(右)シャンパーニュ地方の春——先遣航空攻撃隊、第218飛行隊のバトルI爆撃機に取りかかる整備員は、かなり楽しそうな様子だ。

書類の上では3500機を数える連合軍の空軍部隊が対峙するドイツ空軍――ルフトヴァッフェは4000機の作戦稼働機を擁しているだけではない。ルフトヴァッフェは若々しく、装備にも、新戦術思想にも、旧時代の影など差してはいなかった。ルフトヴァッフェの戦術や装備は、スペイン内戦での貴重な経験に裏付けられ、数ヶ月前のポーランド戦で、その破壊力を証明済みだった。彼らは再び、陸軍と空軍の密接な関係が織りなす「電撃戦」を披露しようと舌なめずりしていたのだ。（上）西部戦線に展開した1200機の戦闘機のうち、355機が双発戦闘機メッサーシュミットBf110である。写真は第26駆逐航空団（ZG26）所属機。

数えていた。長距離偵察機、戦術偵察機隊には640機が割り当てられ、オランダ戦を意識して編成された空挺部隊のために、約475機のユンカースJu52輸送機と45機のDFS230強襲グライダーが用意されている。他に、海事機と連絡機を加えるべきだろう。

ドイツ軍右翼、B軍集団を支援する第2航空艦隊には第IV、第VIII、第IXの3個航空軍団があり、第IX飛行軍団は北海における機雷敷設と船舶攻撃を任務としていた。戦闘機部隊は第2戦闘方面空軍（ヤーフー2）の指揮下に置かれ、3個高射砲連隊は、第II高射砲軍団に集約された。

A軍集団、C軍集団を支援する第3航空艦隊のうち、第I、第II航空軍団はクライスト集団の近接支援にあたり、第V航空軍団はC軍集団を支援した。開戦から数日のうちに、ベルギーでの牽制任務を終えた第VIII航空軍団が、この地区に移動して、クライスト集団を支援し、セダン

第121航空偵察団（Auf.Gr.121）第4飛行中隊のドルニエDo17P偵察機。「居座り戦争」の間も、頻繁に敵地上空に侵入していた偵察機には損害が続出し、空軍における最大の喪失機となっていた。

ルフトヴァッフェは850機もの最新鋭戦闘機Bf109を西部戦線に投入した。

を突破した戦車部隊による重点形成に一役買っている。この地区の戦闘機は第3戦闘方面空軍(ヤーフー3)の指揮下に置かれ、3個高射砲連隊は、第I高射砲軍団にまとめられた。

「スツーカ」の名で広く知られるようになったユンカースJu87急降下爆撃機は、1940年5月のフランスの空を象徴する存在と言って差し支えない。急降下爆撃航空団にまとめられた「スツーカ」は、友軍砲兵部隊をはるか後方に置き去りにして突破を続ける戦車部隊に、砲兵に代わり支援を与える、まさに空飛ぶ砲兵と呼ぶべき活躍を見せた。空中戦では、速度が遅いスツーカは格好のカモとなってしまう。しかし、遮るものが何もない地上目標に対しては、恐怖以外の何者でもない――けたたましいサイレンの唸りを耳にするだけで、連合軍将兵は戦意を喪失した――決定的な爆撃機だった。第VIII航空軍団は380機のスツーカをもって地上部隊を近接支援した。

第Ⅱ章
作戦名：黄色

5月10日0435時、ドイツ軍はベネルクス三国の国境線を越えて侵攻した。ベルギーに侵入した直後の、第2戦車師団のI号及びII号戦車。

作戦暗号「ダンチヒ」発令

今度こそヒトラーに作戦決行を思い止どまらせるものはなく、5月9日午後、作戦準備命令《作戦名：黄色、40年5月10日、0535時》が発信された。通信は作戦参加の全部隊に送られ、第16軍の戦時日誌には、1310時（ドイツ時間）、A軍集団より入電と記録されている。どのみち暗号「アウグスブルク」が届いて作戦はまたも延期となり、今度も部隊を兵舎に戻すことになるだろうという呑気な予想もされるなかで、緊迫した午後の時間は過ぎ、ついに夕刻、最終「決行」指令がもたらされた。第16軍の戦時日誌には一言、2220時（ドイツ時間）「作戦暗号：ダンツィヒ」受信と記されている。

5月9日の午後、ベルリン北方の小さな駅フィンケンクルークで、ヒトラーは総統専用列車「アメリカ」号に搭乗した。シュレスヴィヒ＝ホルシュタイン地方の視察に向かうものと表向きは伝えられたが、列車はしばらく北へ向けて走ったあと、西に折れ、日付が5月10日へと変わって直ぐにオイスキルヒェンで停車した。ヒトラーは車に乗り換え、0430時、バート・ミュンスターアイフェルの南1km、ローデルトの近郊に置かれた前線司令部「フェルゼンネスト（岩山の城）」へと到着した。

国防軍最高司令部の各級幕僚たちも、ヒトラーに続いて西への移動を開始し、大半は鉄道、一部は飛行機により、「フェルゼンネスト」の近くに分散された各前線指揮所へと入った。陸軍総司令部（OKH）のフォン・ブラウヒッチュ上級大将、ハルダー参謀総長とその幕僚は、フェルゼンネストから8kmのフォン・ハニールの山番小屋に司令部を置いた。また、内閣官房の一部も、国防軍統帥局国土防衛課のヴァルター・ヴァリモント大佐のL事務局とともに、ローデルト村に分宿していた。

連合軍情報部もこれに対応して、幾度目かになるドイツ軍攻勢の逼迫に関する警報を発した。また、オランダ、ベルギー、ルクセンブルクの各国境線に設けられた監視哨も、5月9日の午後から、エンジン音、兵器移動や行軍にともなう騒音が増えていることを報告していた。ベルギー軍は5月9日2335時、警戒態勢に入った。スパーク外務大臣は、次々と電話で入ってくる矛盾する情報に、絶望と希望とが目まぐるしく錯綜した一夜を過ごした。しかし、時間経過とともに侵攻開始の兆候は疑いようがなくなっていた。こうした状況にもかかわらず、0040時になっても異常が無かったことで、スパーク外相が招集した大臣たちは人心地つく気分になっていた。皮肉なことに、ドイツ軍の侵攻が始始まった瞬間には、安堵感さえ取り戻していたのだ。スパークは「オランダの飛行場は爆撃されなかったし、ルクセンブルクの情報はデマと思われた、それにベルギーでも何も起こらなかった。その場に集った我々は、すでに大きな危機を脱したものと確信しつつあった。おずおずとした笑みが唇に浮かび、緊張を解きほぐすために、誰からとなく冗談が口を突いていた。皆、

フェルゼンネスト（岩山の砦）と名付けられたヒトラーの最高司令部は、前線から30km後方、バート・ミュンスターアイフェルの近郊に設けられていた。

OKWの作戦参謀が使用していた、ローデルトの村落から歩いていける距離にある丘陵地帯に設けられた司令部。作戦室と居住設備はカモフラージュされている。

この馬鹿げた恐怖の一夜を冗談に紛らせようとしたのだ」と記していた。

しかし喜びもつかの間。0435時、何の警告も挑発行動も無いままに、ドイツ軍はオランダ、ベルギー、ルクセンブルクの国境線を突破し、ドイツ空軍機が低地諸国の上空を覆った。すでにドイツと交戦状態にあった仏英と違い、オランダとベルギーはドイツの約束遵守を信じていたので、ルフトヴァッフェの与えた第一撃は、両国の中立堅持の夢を打ち破ることになった。ドイツは自国の名誉が損なわれることも顧みずに、中立を尊重するという外交上の誓約を、再び"紙くず"に変えてしまったのである。

ベルギー政府が連合国に救援を求めたのは、侵攻開始からおよそ1時間後のことであった。この遅れは政治家の逡巡から生じたものではなく、侵攻が現実であることを確認するのに手間取ったことに起因する。スパークはパリとロンドンを呼び出して、ドイツ軍侵攻に抗するための救援を訴え、それから仏英大使館の責任者に書簡を渡すため、自動車でブリュッセルに急行した。0830時、ドイツ大使ヴィッコ・フォン・ビュロウ=シュヴァンテがスパークを訪ねた。ドイツ大使が口を開く前に、スパークは手短な

今日のフェルゼンネスト跡地——かつては、歴史上空前の勝利を演出した中枢であった。

(左)ローデルトまで数百メートルの道を歩くヒトラー。左には、国防軍担当副官ルドルフ・シュムント大佐、右には陸軍担当副官ゲルハルト・エンゲル大尉、後方の左側はSS担当副官ハンスゲオルグ・シュルツSS少尉、SA筆頭副官のヴィルヘルム・ブリュックナー上級集団指導者(中央の長身の男性)、ニコラウス・フォン・ビューロウ空軍大尉である。

(右)今日のローデルト～丘陵地帯間の様子は大きく変わっている。道路は付け替えられて、丘を浸食した森林の中に新しい小径が切られている。当時は捕虜収容所のメインゲートがあったとは、にわかには信じられない。

抗議声明を読み上げた。フォン・ビュロウは黙したままこれを聞き、続いて長文のドイツ政府の弁明書を延々と読み上げ始めた。その途中で、興奮と怒りに呼吸さえ忘れたスパークは、もどかしげにドイツ大使から弁明書を取り上げると、自ら最後まで読み下した。フォン・ビュロウは恭しく挨拶をして会見場から退去した。

この当時、ベルギー軍最高司令部には、H・ニーダム少将の率いるイギリス軍事使節団がいて、英陸軍省にベルギー情勢に関する報告を行なっていた。フランスも同様の考えのもと、ピエール・シャンポン将軍を長とする軍事使節団を派遣していた。

ロンドンではネヴィル・チェンバレン政権が総辞職し、ウィンストン・チャーチルのもとで連立内閣が組織されていた。チャーチルの言葉によれば、党派の意見の食い違いを 「猛砲撃が叩きつぶし」たことで、保守党、自由党、労働党すべてが組閣に参加した。しかし、このような呉越同舟はパリでは期待できなかった。レイノー内閣は、チェンバレン政権を瓦解させる原因となったノルウェーでの連合国敗北の凶事こそ何とか生き延びたものの、その反動として内閣を拡張し、右翼政治家であるルイ・マランとジャン・イバルネギャライを大臣として入閣させなければならなかったのだ。

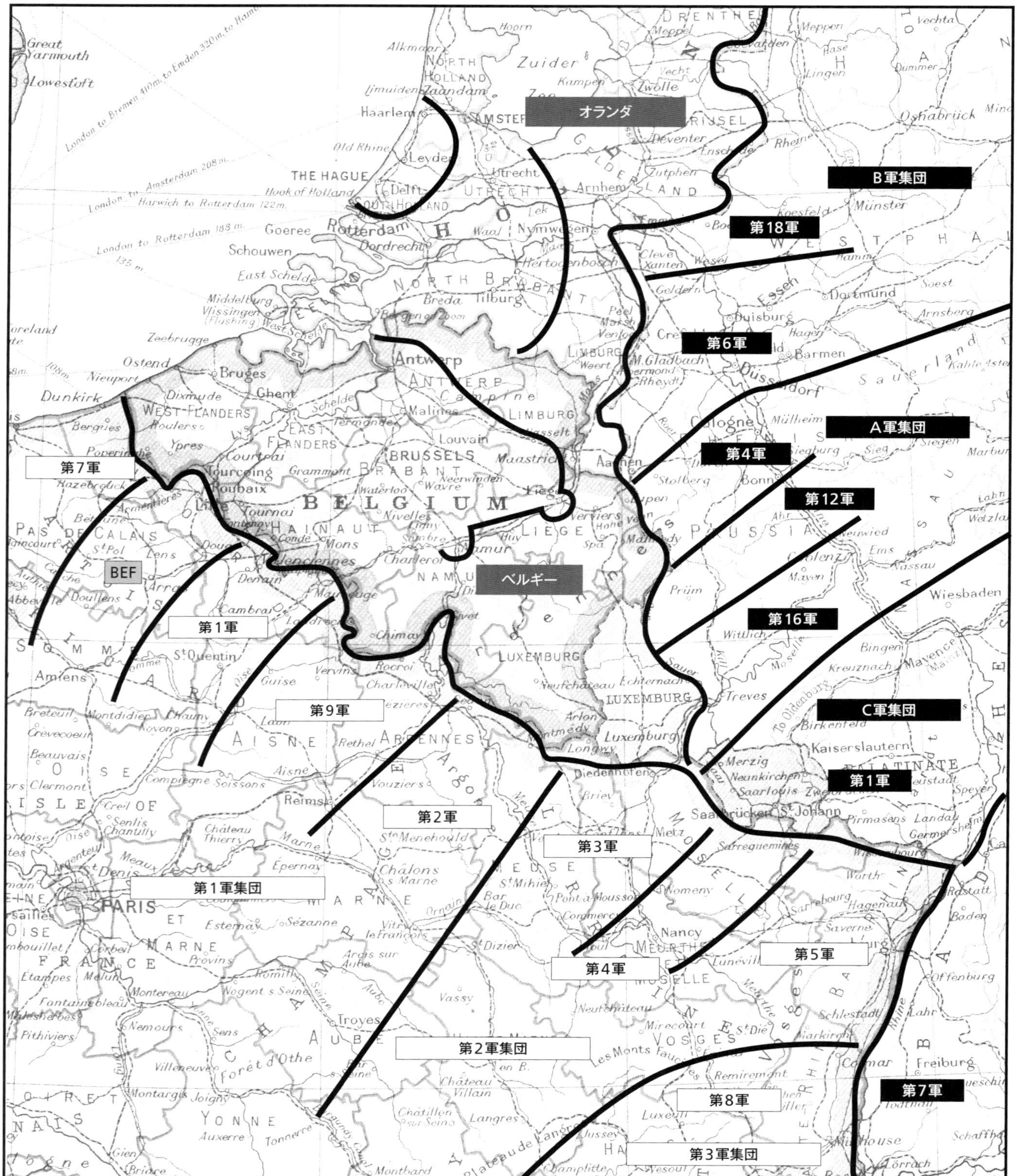

《作戦名：黄色》発動直前の両軍の配置。3個軍集団132個師団のドイツ軍が、フランス軍92個師団とイギリス軍10個師団に対峙していた。中立を表明していたベルギーとオランダが参戦すれば、ベルギー軍20個師団とオランダ軍10個師団が連合軍に加わることになる。

ナイメーヘンでの失敗。この場所で橋の奪取を試みたブランデンブルク部隊の作戦は、オランダ軍の抵抗にあって失敗した。

ブランデンブルク部隊の作戦

《作戦名：黄色》成功の鍵は、ドイツA軍集団の戦車部隊の迅速な進撃にかかっており、これが戦争を決める決定的な打撃となるはずだった。同様に、B軍集団地区での速やかな作戦機動も、この地域を主決戦場とみなしている連合軍を罠に誘い込むには等しく重要であった。そのために、攻勢重心(Schwerpunkt)がいまだ右翼に置かれていた作戦立案の極初期段階から、“特殊作戦”を全戦線にわたって実施し、緒戦の成功を確実なものとすることが検討されていた。この特殊作戦の目的は、オランダとベルギーの東部国境線の後背に広がる、とりわけ川幅の広いムーズ川をはじめとする、各河川と運河の渡河点および道路交差点の制圧におかれ、また、重要な戦略拠点であるベルギー軍のエベン・エマール要塞の破壊も求められていた。

創造力こそは特殊部隊のモットーである。隊員たちの中には、目標へグライダーやパラシュートで降下する者もあれば、軽飛行機で1度に2人ずつ侵入する者、自転車で戦場へ向かう者と、任務の遂行方法はさまざまであり、ナイメーヘンの橋梁奪取で見られたようにライン川を行く小汽船を徴用する者もいた。彼らには欺瞞と潜入工作のために、民間人の衣服を着用したり敵の制服をドイツ軍服の上に着込むことには、何のためらいもなかったのである。

後に“ブランデンブルク部隊”としてその名を知られるようになるコマンド部隊は、ポーランド侵攻の際にも特殊作戦を実施し、攻勢開始時(H時)以前にポーランド領に潜入して、重

(左)ブランデンブルク部隊の作戦行動を捕らえた珍しい写真。オランダ軍憲兵の制服を着込んだ隊員たちは、第800特殊任務·建設教導大隊第4中隊第2小隊に所属していた。ジークフリート・グラーベルト少尉に指揮されたこの班は、ユリアナ運河にかかる4本の橋の奪取を命じられていたが、オランダ軍はこのうち3本の爆破に成功した。マースアイクの東、ロー

ステレンにある4番目の橋は、無傷でブランデンブルク部隊の手に落ちている。(右)橋は1944年にドイツ軍によって爆破され、戦後に別の場所に再建されたため、写真は正確な比較にはならない。側に立つ記念碑は、1940年5月10日に「女王と祖国のために戦った第6予備役中隊の兵士」を顕彰して建てられた。

要施設の爆破を防いだ実績をもつ。これら特殊部隊の精鋭たちは1939年の冬にベルリン郊外のブランデンブルク・アン・デア・ハーフェルに集められ、何の特徴も示さない部隊呼称"第800特殊任務・建設教導大隊"が与えられ、公式の組織となった。建設教導大隊とは言うものの、部隊は実際には国防軍最高司令部(OKW)の情報収集および保安セクションである諜報部(アプヴェーア)第2課の指揮下に置かれていた。この第2課はとくにサボタージュ活動および特殊工作を専門としていた(z.b.Vとはzurbesonderen Verwendungの略であり、特別任務を意味する)。

外国語に熟達していることと順応性の高さが、入隊希望者に求められる基本条件とされた。その大半がドイツ国外出身者によって占められる隊員は、ドイツ国籍を持たない民族ドイツ人(国外ドイツ人)だけでなく、外国人をも含んでいた。訓練は、幅広い身体技能を習得させることを目的とし、教育科目はパラシュート降下、スキー、ボート操艇、夜間の隠密行動、サバイバル術にまでおよんだ。のちに"ブランデンブルク部隊"としてその存在を知られるようになったが、この名は大隊の兵営の置かれた町の名前にちなんだものであった。高度な訓練を積み重ねることで、大隊は優秀なコマンドー部隊へと成長した。1940年には連隊へ昇格し、1943年には師団編制へと拡充されたが、直ぐに通常の装甲擲弾兵師団へと転用された。だがこの頃には、訓練されたコマンドー隊員の多くが戦死か転属をしており、ブランデンブルク部隊は特殊部隊としての機能を失いかけていた。

《作戦名:黄色》の開始に先立ち、ブランデンブルク部隊に与えられた奇襲任務の多くは、本隊の進撃路上の橋梁を無傷で確保することにあった。B軍集団地区では川幅の広いムーズ川、ユリアナ運河にかかる橋梁、A軍集団地区では川幅の狭いオウル川、シェール川の橋梁が目標とされた。また、その中間部、A軍集団地区の右翼においては、ベルギー国境を越えたロスハイム渓谷の重要な一連の橋梁と交差点を奪取するために、ブランデンブルクの分遣隊が投入された。

しかし、ブランデンブルク隊員の技量と勇気をもってしても克服しがたい困難は存在し、オランダ領深くにあった橋梁群の奪取は失敗に終わった。オランダ工兵はナイメーヘンで2基、モオク、ローエルモント、マースアイクで各1基の橋梁の爆破に成功した。5月10日になって間もなく、ハルダーは悲観的に日誌に筆を走らせ「第1報:トロイの木馬は失敗。ナイメーヘン橋は爆破、ヘネプ橋は無事確保、ローエルモント橋、マースアイク橋は爆破。マーストリヒト地区:ラナケン橋(北側)、カネ橋(南側)共に爆破。ヴェルトウェツェルト、ヴローエンホーフェンの状況は不明」と記した。だが案に反し、実際の戦況はそれほど険悪なものではなく、ルフトヴァッフェのグライダー部隊はヴェルトウェツェルトとヴローエンホーフェンの2基の橋を確保し、ブランデンブルク部隊は任務の大半を成し遂げていたのである。

戦線の北方、ナイメーヘンでは、オランダ軍はコマンドー部隊が奪取する以前にすべての橋梁を爆破したが、町の南側ではブランデンブルク部隊の第4中隊第1小隊が成功を収めていた。ヴィルヘルム・ヴァルター中尉の率いる4個作戦班は、第XXVI軍団地区において2基の橋の奪取を命じられていたが、マース=ワール運河のヘウメン近郊にかかる橋とムーズ川の鉄道橋、それにヘネプ鉄道駅を制圧する大戦果を挙げた。

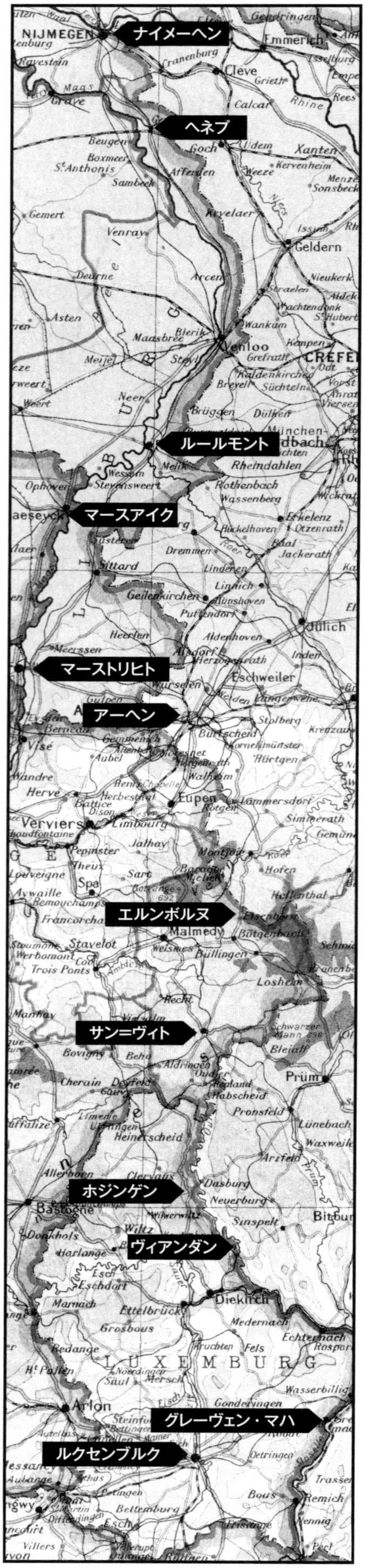

ローエルモントとマースアイクの間では、ジークフリート・グラーベルト少尉の第4中隊第1小隊に、第XI軍団の進撃路上のムーズ川とユリアナ運河にかかる4基の橋の奪取が命じられていた。しかし、任務は物理的に達成不可能なものであり、第1小隊はマースアイクの東でユリアナ運河にかかる橋1基をどうにか確保したに止まった。結局、ムーズ川の橋3基、マースアイクの道路橋、ローエルモントの鉄道橋と道路橋は、オランダ軍により爆破されてしまった。

第IV軍団地区であるマースアイクとマーストリヒトの間では、ブランデンブルク部隊は幸運に恵まれ、キルシュナー少尉の"ヴェストツーク"分遣隊の4個作戦班が、ユリアナ運河にかかる4基の橋梁を無事に確保していた。オビヒトではハンス・ラントフォークト伍長、ベルグではキルシュナー少尉、オルモントではクラウスマイアー伍長、ステインではクライン伍長が特殊部隊の指揮をとった。

エルセンボルンとサン・ヴィトの間に広がるロスハイム渓谷では、ルートロフ大尉の第3中隊分遣隊が、24個の目標のうち19個を奪取し、ブランジェ、ボルン、およびサン・ヴィト一帯の重要な橋梁、交差点を確保した。

ルクセンブルクの東部国境では、第2中隊分遣隊に国境線の制圧任務が与えられていた。カール・シェラー中尉の一隊はシェール川、エッガース曹長の一隊はオウル川にかかる橋の爆破を防ぐのだ。これに加えて、大公国領内には数多くの特主部隊員が潜入していた。ルクセンブルク在住のドイツ人になりすました彼らは、平服のまま不意を衝いて重要目標に襲いかかり、各所の橋梁、トンネル、陸橋、交差点を確保して、クライスト集団の通過を助けたのである。

ブランデンブルク部隊は、オウル川とシェール川沿いのホシンゲン、グレヴェンマヒェル、モエストロフ、ヴィアンデンなど数多くの地点渡河を開始した。そこかしこでルクセンブルク憲兵隊との間に撃ち合いが始まり、手榴弾が飛び交った。橋梁爆破は実施されなかったものの、早くも0310時に命令を受けとった憲兵隊は、路上にバリケードを築き上げていた。頑丈なバリケードだったため特殊部隊の手に余り、通路を開くには工兵部隊が到着するまでの数時間、待たねばならなかった。制服を着用していないブランデンブルク部隊が引き起こした事件については記録が残っている。その最初のものは、0130時、グレヴェンマヒェル近郊で、5名の"民間人"が職務質問を行なった憲兵に発砲したというもので、憲兵ジャン=ピエール・シャモが重傷を負った。1時間後、憲兵隊はフェルスミィーレで負傷した容疑者3名を逮捕、ドイツ兵であることが確認され病院へと収容された。病院の記録によれば、この朝かつぎ込まれた特殊な"急患"は、ヘルベルト・スウィツィ伍長、アルフレート・ヴォリンル二等兵、ハインリヒ・カツマルチク二等兵の3名とされている。

5月9日の深夜にオランダに侵入した、ヴィルヘルム・ヴァルター中尉指揮下の6名のブランデンブルク部隊は、ムーズ川にたどり着いたものの、オランダ人協力者の一人が心変わりしたために、見張りを付けてドイツに後送しなければならなかった。隊員達は、ヘネプ近郊の鉄道橋の側で、藪の中に身を隠していた。1988年カレル・マーグリー撮影。

《作戦名：黄色》初期の段階で、オランダ領深くへの空挺突撃に投入された降下猟兵と空輸歩兵を不利な戦闘状況からいち早く救い出すには、可能な限り短時間のうちに地上部隊が駆けつけることが重要であった。そこで地上部隊の進撃を速めるために、ヘネプの近くでムーズ川にかかる長さ400mの鉄道橋を奪取するよう、ブランデンブルク部隊は命じられた。国境線から約3kmの地点にあるこの橋を通る鉄道はオランダ西部へと繋がっている。ドイツ領内では、第256歩兵師団の突撃班を乗せ、先頭に装甲列車を仕立てたドイツの軍用列車が、約12km離れたオランダ軍のペール防衛線に奇襲をかけるべく線路上に待機していた。ブランデンブルク部隊の任務は、ヘネプ駅の占領と鉄道橋の爆破を防ぐことにより、軍用列車の突撃を成功させることにあった。

橋の奪取には、中隊長ヴィルヘルム・ヴァルター中尉自らが率いる、第4中隊から選抜された6名の突撃班があたることになった。5月9日午前0時の30分前、突撃班はオランダ領内へ侵入した。コマンドーは、オランダ憲兵の制服を着込んだN.S.B.(Nationaal Socialistische Beweging=国家社会主義運動、オランダの汎ナチ組織)の3名を同行していた。そのうちの1名はまもなく、同国人に発砲するという現実に動揺したために、武装を解かれ護衛に連れられてドイツへと戻された。

ヘネプとヘイエンを結ぶ道路を無事に越え、突撃班はムーズ川へたどり着き、鉄道堤の下の藪に隠れて夜明けを待った。すでに前夜の2200時には警戒態勢が発令されていたにもかかわらず、オランダ軍はパトロール班を巡回させていなかった。橋の近辺は、平穏無事なままにあった。

夜明けの少し前、2本の軍用列車は国境線を横切り、ギュンター・ツィーゾルト伍長のブランデンブルク部隊が占領したヘネプ駅へと近づいた。しかし、機転を利かせたオランダ鉄道員がポイントを切り替えていたために、先頭の列車は違う線路へと乗り入れてしまった。橋へ向かう線路に戻るには2本の列車とも後進せねばならず、貴重な時間が失われた。その間、レインコートに身を包んだヴァルター中尉の特殊部隊は、憲兵姿の2名のオランダ人に先導されて、忽然と橋の東端に姿を現すと、歩哨の詰所へと近づいた。3名のオランダ歩哨は最初こそ疑いを抱いたが、先頭の2名がオランダ憲兵であることを認めると警戒心を解いた。ブランデンブルク隊員はこの気の緩みを衝いて瞬く間に3名を武装解除し、電話中だった別の1名も捕虜にした。

鉄道橋の東端はこれでブランデンブルクが制圧したが、問題は対岸の西端である。奇計を巡らしたブランデンブルクは、オランダ人に西端の詰所へ電話をかけさせ、これからドイツ人捕虜4名を連行すると報告させた。捕虜と護衛の一隊は橋を渡り始めた。橋の中間部でオランダ"憲兵"は、対岸から来た歩哨に"捕虜"を引き渡すと、東端へと引き返した。その場で身体検査された捕虜は、西岸の橋のたもとに設けられた石造りの小屋へと連行され、取り調べを受けることになった。そのとき、ドイツ領から近づいてくる列車があることに歩哨の1名が気付き、警備司令に電話を入れた。橋の中ほどにいた爆破係の兵士は起爆装置の傍らで爆破命令を待ったが、一報を受けた軍曹は既定の対応行動を取るのをためらっていた。そこで"捕虜"に扮した隊員が、この隙にオランダ兵に飛びかかり、爆破係と装置を制圧してしまった。

西岸にいた少数のオランダ兵は急いで防御を固めようとした。しかし、混乱のさなかに護衛を制圧したブランデンブルク隊員は、歩哨の検査にも引っかからなかった武器を取り出して射撃を開始した。これに接近する軍用列車からの射撃も加わわると、オランダ兵は直ちに抵抗を止め、列車が速度を上げてオランダ領深くを目指して通過するのを、ただ呆然と見送るほかなかったのである。

第4中隊長のヴァルター中尉は引き続きニューポートでの作戦を指揮し、6月26日に騎士鉄十字章授与の知らせを受け取った。中尉は《作戦名：黄色》に参加したブランデンブルク隊員中、ただ1名の騎士鉄十字章拝領者であった。この報奨の小ささの背景にはおそらく、秘密作戦部隊への派手な勲章授与が万人の興味をひくことで、部隊の秘密性が損なわれると懸念されたからだろう。

鉄道橋は1944年に完全に破壊されてしまい、しばらくの間は工兵の協力を得て、ベイリー式仮設橋によって道路と鉄道の需要をまかなっていた。今日では、道路橋として再建されている。

地下道が張り巡らされた強固なエベン・エマール要塞は、ムーズ川沿いに設けられたベルギー防衛線の要である。

エベン・エマール急襲

ドイツ軍の計画では、ジャンブルー間隙部における（B軍集団の）装甲部隊の攻撃は、国境線の別の場所で発起する主攻勢から連合軍最高司令部の目を眩ませることを狙った陽動作戦とされていた。だが、作戦を成功に導くためには、部隊が迅速に進撃することが必要であり、その実現は容易でなかった。ジャンブルー間隙部の地形は戦車の機動作戦にとって理想的であったが、そこへたどり着くためには、まずマーストリヒト地域でムーズ川とそれに並行するアルベール運河を越えなければならなかった。さらに大きな難問があった。渡河を速やかに完了するためには、ドイツ軍はマーストリヒト地域と町の西側の運河にかかる橋梁群だけでなく、同地域を要塞砲の射程に制するエベン・エマール要塞を無力化しなければならなかったからだ。このエベン・エマール要塞は当時、世界でも屈指の難攻不落の要塞として知られており、攻略が容易でないことはわかり切っていた。

国境からわずか約20kmの地点にある、マーストリヒトのムーズ川橋梁群の奪取は、第100特別歩兵大隊（Infanterie Battalion z.b.V.100）に託された。オランダ警察の制服を着用した突撃班は、自転車で静かに橋へと接近した。アルベール運河の橋梁群とエベン・エマール要塞の制圧は、ルフトヴァッフェのグライダー作戦により遂行されることになり、この困難で大胆な試

キューポラ北とキューポラ南の2門の旋回式砲塔に内蔵された75mm砲は、周囲10kmを射程に収めていた。また、写真のキューポラ120（120mm砲）は17kmの射程があった。写真は1989年にフランシス・ティルティアットが撮影したもので、1940年5月10日、ドイツ軍の成形炸薬爆弾によって破壊された状況が当時でもはっきりと確認できた。戦後、ベルギー政府によって砲塔内にはコンクリートが流し込まれている。

みは第VIII航空軍団が担当することになった。作戦を成功に導くために、ヴァルター・コッホ大尉のもとにはコッホ突撃大隊（Sturmabteiling Koch）と名付けられた作戦チームが編成されたのである。

エベン・エマール要塞はリエージュ要塞地帯（Position Fortifee de Liege）の最北端の要塞として、1932年から1935年にかけて建設された。要塞の敷地は楔形で、南北の差し渡しは約900m、底辺にあたる南辺は約800mであった。楔の一辺はアルベール運河に接し、運河が水濠の役目を果たしていた。さらに、別の小さな水路が運河とブロック2の小堡塁の間に設けられ、運河に面していない要塞の残り部分は、対戦車壕と高さ約4mの防壁が築かれていた。

エベン・エマール要塞の主要兵器は攻撃用と防御用に大別される（ドイツ情報部は要塞の諸施設に独自に番号を与えていた、それをカッコ中に示す）。攻撃力の根幹を成す第1砲兵部隊は長射程砲兵であり、4基の3連装75mm砲台を統轄していた。砲台のマーストリヒト1（12号）とマーストリヒト2（18号）は北方を狙い、マーストリヒトの出口を制していた。ヴィゼ1（26号）とヴィゼ2（9号）は南方のヴィゼの出口を射程下に置いていた。さらに、第1砲兵部隊は2基の隠顕式旋回砲塔を指揮し、各旋回砲塔は75mm連装速射砲を備えていた。これらはキューポラ北（31号）とブロック5のキューポラ南（23号）として配置されていた。また、要塞のほぼ中心にはキューポラ120（24号）砲台が設けられていた。この砲塔は昇降装置を持たない旋回式ドーム形砲塔で、120mm連装砲を備えていた。

第2砲兵部隊は要塞の自衛用に配置され、指揮下に要塞頂部のMi北（19号）とMi南（13号）砲台、および周囲を囲む対戦車防壁沿いに配された7基の小堡塁、ブロック1（3号）、ブロック2（4号）、ブロック4（30号）、ブロック5（23号）、ブロック6（6号）、運河北（17号）、運河南（35号）を置いていた。運河の名を持つ2基はムーズ川と運河の閘門（訳者注：運河の水位調節部）の防備用に設けられたもので、アルベール運河に面して水面ぎりぎりに置かれていた。それぞれの小堡塁は、連装機関銃数基（合計21基）と60mm対戦車砲1～2門（合計11門、但しMi北とMi南には無し）のほかに、擲弾投射機、観測キューポラ、サーチライトを複数備えていた。

要塞の各トーチカ砲台は塹壕による守りが無く、また、要塞頂部のただっ広いまっ平らな地表面にも、空挺攻撃による突入を防ぐための、地雷原や鉄条網といった防御措置は施されていなかった。ベルギー軍は空挺攻撃の可能性をまったく無視しており、わずかに小さな防空砲台1基（29号）が南側に置かれているだけだった。

すべての小堡塁はガス遮断扉をもつ総延長7kmの地下道により連結され、また、守備隊の居住区画も地下に設けられていた。要塞の入口はブロック1にあり、突入する敵戦車を罠にかけるために跳ね上げ橋がしつらえられていた。エベン・エマール要塞は全体を外界から隔絶することが可能であり、持久戦のために、自家発電施設、水道施設、厨房、汚水処理施設、病院、燃料タンクなどが組み込まれていた。要塞守備隊の総員数は1200名であったが、攻撃開始時にはこのうち500名が近くのウォンク村に宿営中であり、攻撃があまりにも急すぎて要塞へ呼び戻すことはできなかった。残った700名はヤン・ヨトラント少佐に率いられ、要塞の守備についた。

エベン・エマール要塞攻略に向かうコッホ突撃大隊は4つの突撃班を編成し、その内3つはマーストリヒト西側のアルベール運河にかかる橋を、各々1基ずつ奪取することになっていた。4番目の突撃班に与えられた任務は、要塞を無力化し、要塞を攻略する実力をもつ地上部隊の来援を可能にすることにあった。地上部隊には第51工兵大隊と第151歩兵連隊が選ばれ、早ければ攻勢第1日目の夕刻に到着すると見込まれていた。

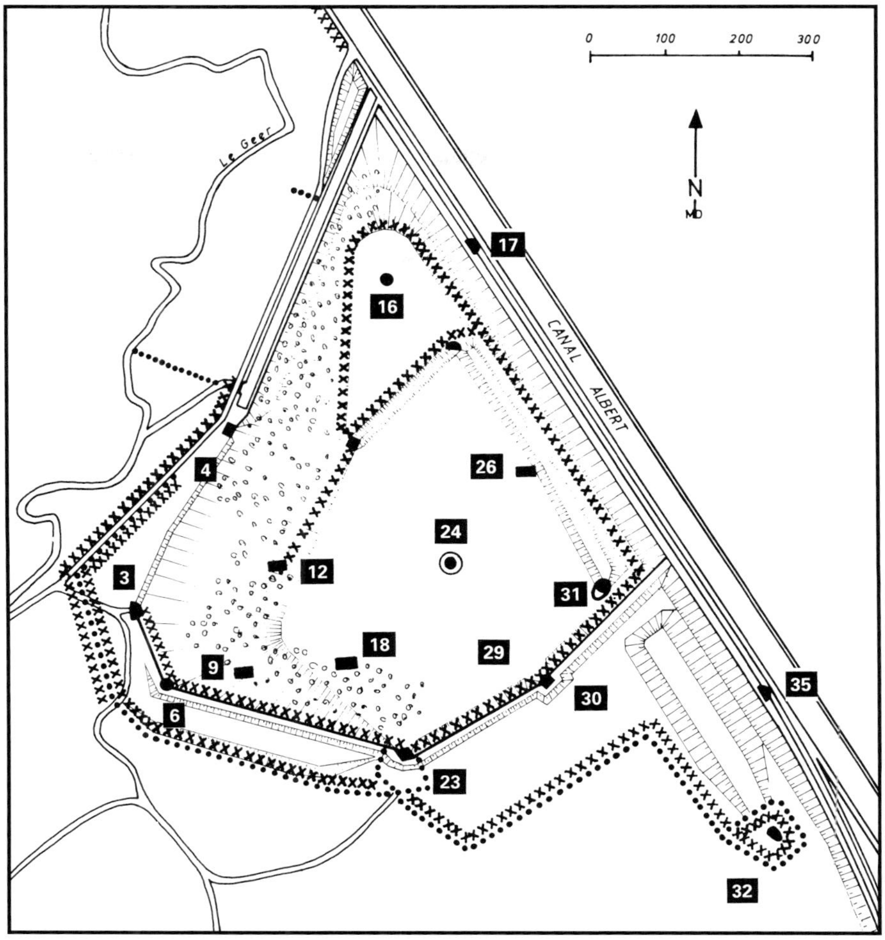

キューポラ北とキューポラ南砲塔は隠顕式砲塔である。その他の砲は様々な小要塞に設置されていて、南方のヴィゼや、北方のマーストリヒトなど、各々が個別目標を射程に収めていた。

要塞の東側は、ムーズ川と並行して、リエージュとマーストリヒトの間を流れているアルベール運河に面していて、幅が50m以上の濠の役割を担っている。写真のベルギー兵は、エベン・エマール要塞の北、ヴローエンホーフェンの鉄条網を敷設しなおしていた。

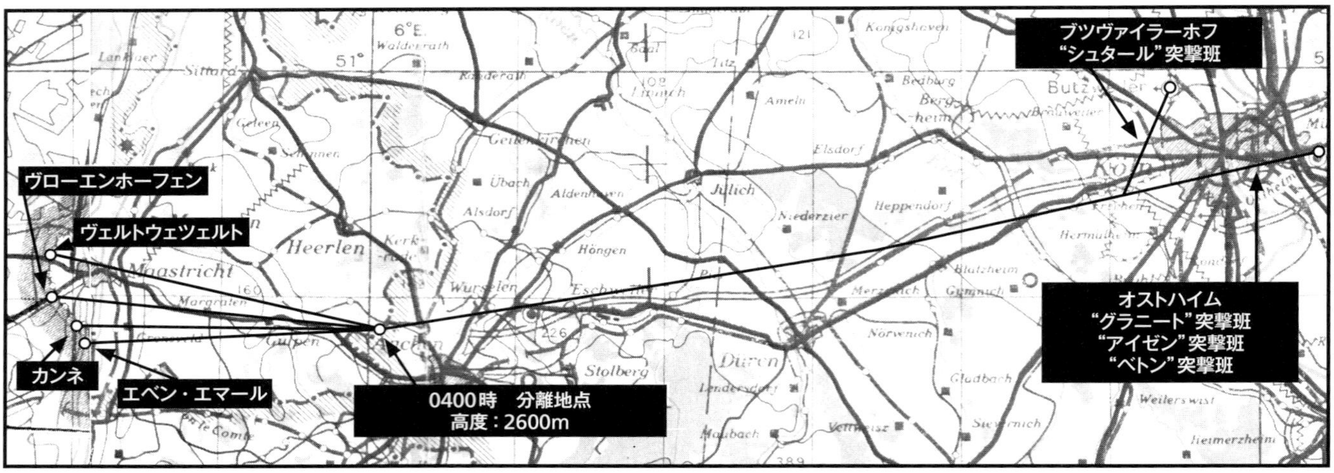

コッホ大尉は第1降下猟兵連隊第1中隊の元中隊長であり、突撃隊のメンバーも同連隊から選ばれていた。さらに、突撃隊にはルドルフ・ヴィトツィヒ中尉の工兵1個小隊が加えられていたが、これも同連隊の第II大隊から選抜された隊員に占められていた。突撃隊は、攻撃目標を知らされぬまま、ハノーヴァー近郊のヒルツハイムで6ヶ月間の訓練を受けた。グライダーのパイロットは目標発見と接近着陸の腕を磨き、突撃班は素早く機外へ展開する訓練を重ねた。訓練場はのちにズデーテンラントへと移され、トーチカ砲台を使っての実戦訓練形式で戦術が磨かれた。これは突撃班に、必殺兵器である12.5kgと50kgの成型炸薬の扱い方を習熟させることを主眼としていた。

ドイツ空軍グライダー実験隊（LS.Versuchzug）は1939年1月に創設され、10月にヒルツハイムへと移動、任務秘匿のために第5特別戦闘団第17飛行中隊（17.Staffel／K.Gr.z.b.V.5）という名称を与えられた。1940年3月、部隊はユンカースJu52輸送機による4個グライダー曳航班（曳航班長：ハンス・シュヴァイツァー少尉、ギュンター・ザイデ少尉、ハンス=ギュンター・ネブリース中尉、ヴァルター・シュタインヴェーク中尉）、これと組むグライダー班、コッホ大尉の4個突撃班をもって編成されていた。5月10日の時点で、コッホ突撃大隊はDFS230グライダー50機、Ju52グライダー曳航機42機、同予備機4機、増援の落下傘部隊を運ぶJu52輸送機6機、補給物資を投下するハインケルHe111爆撃機3機を保有していた。

各々が約100名の隊員で構成される4個突撃班は、地上部隊がオランダ国境を越える5分前、0425時に音もなく目標に舞い降りるべく作戦を立てていた。

10機のグライダーに分乗する“シュタール（鋼鉄）”突撃班は、グスタフ・アルトマン中尉の指揮下、ヴェルトウェツェルトの橋の奪取を目指した。

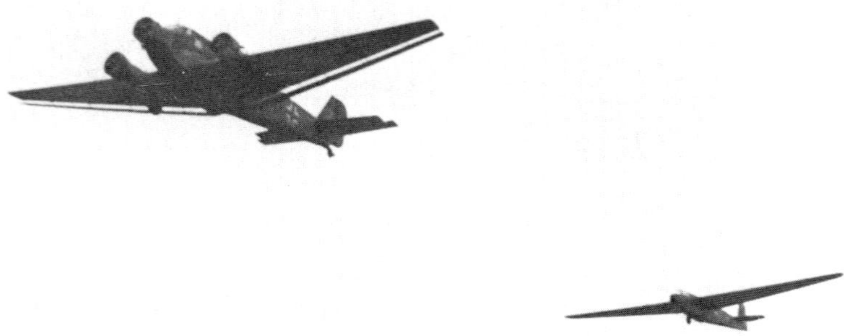

全般的に平坦な構造であるにもかかわらず、空挺警戒が不十分で、高射砲もわずかしかなかったことが、エベン・エマール要塞の弱点だった。5月10日0315時、エベン・エマール要塞の攻略およびムーズ川の橋梁奪取を命じられたコッホ突撃大隊は、Ju52輸送機に牽引された42機のDFS230グライダーに分乗して出撃した。そして離陸から30分後、降下目標地点に向けてグライダーが切り離されたのである。

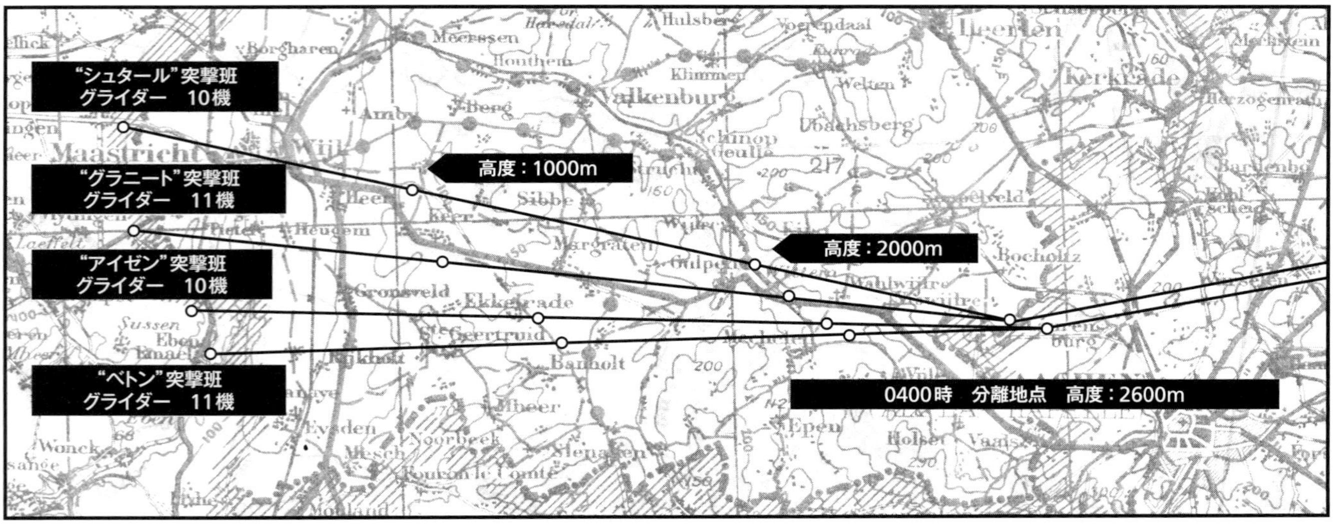

同じく10機のグライダーに分乗する“ベトン（コンクリート）”突撃班は、ゲアハルト・シャハト少尉が率い、ヴローエンホーフェンの橋を狙った。この班に同行する11機目のグライダーにはコッホ大尉と本部要員の一部が搭乗していた。

“アイゼン（鉄）”突撃班は、マルティン・シェヘター中尉のもと、グライダー10機でカネの橋を攻撃目標とした。

“グラニート（花崗岩）”突撃班は、指揮官ルドルフ・ヴィトツィヒ中尉以下、将校2名、下士官兵84名で構成され、グライダー11機に分乗してエベン・エマール要塞攻略にあたった。工兵でもあるグラニート突撃班の携行物は多く、武装は機関銃6挺、短機関銃16挺、ライフル58挺、拳銃85挺、火焔放射器4挺、爆薬2.5トン、無線機1セットという重装備ぶりであった。

攻撃開始の前日5月9日の午後、鍛え上げられた将校11名、下士官兵427名から成るコッホ突撃大隊は、ケルン近郊の出撃地に集結した。部隊のグライダー50機はすでに1月、ここで密かに組み上げられていた。シュタール突撃班はブツヴァイラーホフ飛行場で待機し、他はオストハイムにあった。Ju52曳航機は夕刻に到着し、1班はブツヴァイラーホフ、残り3班はオストハイムに着陸した。

5月10日に日付が変わって間もなく、部隊は行動を開始した。地上整備員は曳航機とグライダーを点検し、曳航索が連結されたグライダーに突撃班が搭乗した。

0315時、コッホは攻撃開始命令を受け取り、0330時、グライダーを従えた曳航機が離陸を開始した。発進は予定通りに進み10分後には全42機が空にあった。アーヘン北西ヴェトシャウ近くのグライダー切り離し地点までは約73kmあり、31分間の飛行後、高度2,600mでグライダーは切り離された。さらに西の降着地点を目指す、シュタールとベトン両突撃班のグライダー群は約1分遅れて曳航を解かれた。10分間の滑空後、グライダーは高度500mまで降下し、西へあと1分進んだ目標に音も無く接近した。

続いて、6機から成るJu52の第2波がケルン飛行場を発進した。これには、シュタール、ベ

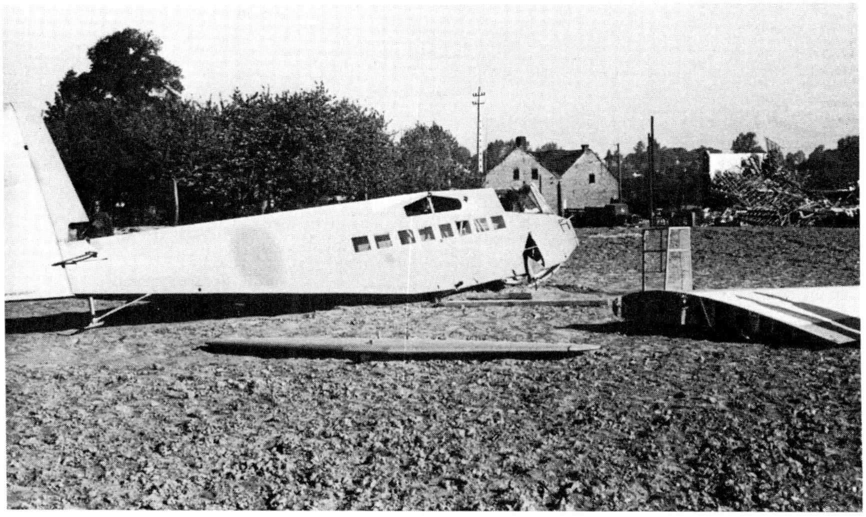

400名の戦力からなるコッホ突撃大隊は4つのグループに分けられた。グラニート突撃班は要塞本隊の攻略、アイゼン突撃班はカネ北部の橋梁奪取、ベトン突撃班はフルーンホーフェンにある重要な高速道路橋の奪取、シュタール突撃班はマーストリヒト西部の橋梁奪取が、それぞれの任務である。写真はヴェルトウェツェルトの橋梁付近に着陸したシュタール突撃班のグライダー。国籍マークが消されているのに注目。

シュタール突撃班は着陸から15分しないうちに目標を占拠したので、アルトマン中尉は橋梁を無傷で確保した旨を報告できた。写真の兵士達は、その日の午後に第4戦車師団が到着するまで、同地点を確保していた。また、2cm高射砲Flak.38を搭載したSdkfz.10／4が対空警戒に当たっている。ヴェルトウェツェルトの境界が背後に確認できる。

コッホ突撃大隊の6名の戦死者が並んで埋葬されている。右の墓碑からは、カール=ハインツ・ゲーナー軍曹の名前だけが確認できる。現在、彼はオランダのエイセルスタインにあるドイツ軍人共同墓地のBZブロック150番に埋葬されている。

コッホ突撃大隊の目標となった橋梁のうち、ベルギー軍が爆破に成功したのはカネだけだった。

トン、アイゼン各突撃班の確保した橋頭堡強化のため、機関銃1個半小隊が乗り込んでおり、グライダーが着地した40分後に落下傘降下することになっていた。第2波の後方には3機のHe111爆撃機から成る第3波が続行した。第3波はグライダーの着地45分後に補給弾薬を投下する計画になっていた。

・ベトン突撃班

曳航索が切れたためにグライダー1機がホットドルフに不時着を余儀なくされたものの、突撃班の残り10機のDFS230グライダーは、マーストリヒト南側からのオランダ軍高射砲火に編隊を乱されることもなく着陸した。0415時、突撃班はヴローエンホーフェンの橋に到着。これを無傷で確保し、0430時「我、目標を奪取せり」と無線発信した。1時間後、増援の半個機関銃小隊も無事に降下、突撃班とともに守りを固めた。コッホ大尉は橋の側に指揮所を設営し、1032時には全目標の奪取完了を報告していた。

同地域にあったベルギー第7歩兵師団第18連隊の第6中隊は態勢を立て直し、ドイツ兵を追い払うべく激しく反撃した。橋の奪回は失敗に終わったものの、ベルギー兵は陣地を確保し、翌朝、救援のドイツ地上部隊に撃退されるまで持ちこたえた。突撃班の任務は午後8時に、第4戦車師団が来援したことで終了し、部隊はマーストリヒトへと引き揚げた。この戦闘でシャハト少尉は、10名の戦死者(1名はグライダー操縦士のダウム兵長)に加え、29名の負傷者を出した。

・アイゼン突撃班

グライダー1機が目標を見失ったため、突撃班は残り9機の兵員で、0435時にカネの橋に強襲をかけた。ベルギー第7歩兵師団第2擲弾兵連隊の兵士は空挺攻撃に素早く反応し、着陸姿勢に入ったグライダーを射撃した。地上30mで被弾した1機は火だるまになって滑走し、やがて燃え尽きてしまった。

突撃班はベルギー軍陣地に突進。しかし、橋に仕掛けられた爆薬の処理に手をつける時間はなく、爆発の轟音が響いた。0440時、突撃班は「我、橋に到達せるも抵抗頑強なり。橋は爆破せらるるも工兵による修理は可能なり」との報告している。部隊長シェヘター中尉は瀕死の重傷を負ったため、ヨアヒム・マイスナー少尉が指揮を引き継いだ。午後3時頃には、運河の東岸に救援の第151歩兵連隊の指揮官が姿を見せたものの、実際に橋頭堡を引き継いだのは、日も暮れる頃になってからだった。突撃班は翌日、マーストリヒトに後退。損害は思いのほか大きく、戦死22名(うち1名はグライダー操縦士のゼーレ伍長)、負傷26名を数えた。

・シュタール突撃班

マーストリヒト上空を通過する際にオランダ軍の高射砲火に迎えられたが、グライダーに損害はなかった。部隊は0420時、ベルギー軍第7歩兵師団第2騎銃兵連隊の銃火を受けながらヴェルトウェツェルトに着陸した。1機のDFS230グライダーは、操縦士のシュトゥーア伍長が頭部に1弾を受け、10mの高度から地面に激突、乗員の大半が負傷して戦闘不能となった。残りの突撃班はベルギー軍陣地に突撃し、0435時、アルトマン中尉は「ヴェルトウェツェルト：我、目標を奪取せり」との報告した。増援の機関銃班は予定通り0515時に落下傘降下により到着。さらに、スツーカ急降下爆撃機による航空支援が加わった。なおも、ベルギー軍はT13軽戦車4両をもって反撃を仕掛けてきたが、突撃班はパンツァービュクセ(対戦車ライフル)で2両を撃破、残りの2両も後退させた。

午後になって、300kmの道程を駆け続けてきたフランス第3軽機械化師団の先導部隊が橋に接触したが、その直前に突撃班は第4戦車師団と連絡を取り付けていた。日暮れになってようやく、突撃班はその任を解かれマーストリヒトへと後退した。部隊の損害は、戦死8名、負傷30名であった。

・グラニート突撃班

グラニート突撃班は最初からツキに見放されていた。離陸して間もなく、ブツヴァイラーホフから延びる道路の1つを通過したあたりで、グライダー11号機(操縦士ピルツ伍長、分隊長シュヴァルツ伍長)を曳航するJu52輸送機のパイロットが他機の曳航索との接触を避けようと急激な回避操作を行なった。回避はできたものの曳航索が切れ、グライダー11号機は不時着を強いられた。だがよりにもよって、このグライダーには、グラニート突撃班の指揮官であるルドルフ・ヴィトツィヒ中尉が乗り込んでいた。

第一次世界大戦後に建設されたオランダとベルギーの橋は、大半が橋台の接合部に仕掛けられた爆薬によって簡単に破壊できるようになっていた。写真は、ヴェルトウェツェルト西の橋脚を後にするベルギー兵。1944年になってこの橋はドイツ軍の手で破壊されている。

5月23日、機関銃用の銃眼に仕掛けられた成形炸薬爆弾で破壊されたMi北要塞の屋根を歩くドイツ軍兵士。

要塞の敷地では、下生えや樹木など植生の回復が進んでいるが、1974年に、ほぼ同じ角度から写真撮影に成功した。

部隊は戦闘開始前に指揮官を失ったのだ。不運は攻撃途上の曳航機をなおも襲い、曳航索切断によりグライダー2号機(操縦士ブレーデンベック伍長、分隊長マイヤー伍長)が、デューレン近郊に不時着を余儀なくされた。

エベン・エマール要塞の防空隊は0405時にグライダーを捕捉していたが、9機のグライダーが着陸する直前の0420時まで射撃を控えていた。着地したグライダーは要塞の屋上を滑走して、停止した。弾かれたように突撃班員がグライダーから飛び出し、目標へと我先に突進した。0442時、グライダー4号機の分隊長でヴィトツィヒ中尉に代わり指揮を執ったヘルムート・ヴェンツェル准尉は、「エベン・エマール:我、目標に到達せり。作戦は順調なり」と送信した。

グライダー6号機(操縦士ツィーラー伍長、分隊長ハルロス伍長)と、グライダー7号機(操縦士シャイトハウア伍長、分隊長ハイネマン伍長)は、航空写真に示された要塞北側の拠点を制圧すべく計画通り着陸した。しかし、いざ目標にたどり着いてみると、トーチカ砲台は鉛でできたダミーであった。この2個班と不時着した2個班を除き、結局、突撃班はグライダー7機分の55名だけで、要塞の主要部に攻撃をかけることになったのである。

グライダー1号機(操縦士ラシュケ曹長、分隊長ニーダーマイヤー曹長)の突撃班員は、エゴン・デリカ少尉の指揮のもと、マーストリヒト2(18号)砲台を攻撃した。ドイツ兵は、12.5kg成型炸薬を砲口に装着し点火。爆風は砲台内へと吹き込み、ベルギー兵ジャン・ヴェルボアが戦死した。続いて、観測キューポラに仕掛けられた50kg成型炸薬が炸裂し、ベルギー兵ルネ・マルショルとマルタン・ダヴィドが戦死し、砲台内部は闇に塗り込められた。砲台リフトの立坑へ逃げたベルギー兵を追ってドイツ兵は手榴弾を投げ込み、さらに2名が戦死、生き残りは立坑の底

グライダー兵は12.5kgと50kgの成形炸薬爆弾を使用した。それぞれ7インチ(約18cm)と12インチ(約30cm)の鋼鉄を貫通する威力があった。写真はブロックIVの観測キューポラに仕掛けられた50kg爆弾による破孔。

ニーダーマイヤー曹長に率いられたグライダー1号機の兵員たちは、マーストリヒト2要塞の攻略に差し向けられた。左手の銃眼に仕掛けられた12.5kgの成形炸薬爆弾によって、備砲は内部に吹き飛ばされた。

今日では、斜間の2つはコンクリートで塞がれているが、内部の75mm砲はのぞき見ることができる。

要塞からの阻止砲撃のなか、エベン・エマールの直下を流れるアルベール運河で渡河作戦を実施中の第51工兵大隊を収めた記録フィルム。明らかにカメラの存在を意識して撮影しなおしたものだが、土手と運河に対する「砲弾」の演出は真に迫っている。

にバリケードを築いて立て籠もった。

グライダー3号機（操縦士ズッパー伍長）の突撃班員はペーター・アレント伍長に率いられ、マーストリヒト1（12号）砲台へと向かった。グライダーは攻撃目標からわずか50mの地点に着陸し、0425時、突撃班員は12.5kg成型炸薬をもって砲台を爆破。砲台の照明が落ち、吹き飛ばされた砲身に当たってベルギー兵1名が戦死した。リフトを伝わってくる黒煙と50kg成型炸薬の爆発により、砲台は戦闘不能となった。ベルギー砲兵はリフトを伝って下に降り、午前9時半にはリフトの桁材を使ってバリケードを築き始めた。

グライダー4号機（操縦士ブラウチガム伍長、分隊長ヴェンツェル准尉）は鉄条網に突っ込み、目標のMi北（19号）砲台から100mの地点に停止した。しかし、銃眼は閉ざされたままであり、突撃班は抵抗を受けることなく防塞へと駆け寄った。1kg梱包爆薬が観測ドームに投げつけられ、機関銃の射撃がこれに続いた。ドイツ兵はキューポラの天井で50kg成型炸薬を炸裂させ、機関銃用の銃眼を12.5kg成型炸薬で潰し、機関銃手を倒した。破壊された銃眼の破口はのちに50kg成型炸薬により拡大され、コンクリートの瓦礫を盾に突撃班は指揮所を設置した。

グライダー5号機（操縦士ランゲ伍長、分隊長ハウス曹長）の突撃班は、ヴィゼ1（26号）砲台攻撃を担うグライダー2号機が不時着した時点で、その攻撃目標を引き継いだ。0500時、突撃班は窒息したベルギー兵が奥へ退いてくれることを狙って、砲台の換気口を次々と爆破していった。しかし、予想に反して持ち場に戻ったベルギー兵が撃ち返してきたので、ブロック2に向かおうとしていたドイツ兵は、急いでヴィゼ1砲台に戻り、午前9時に1kg梱包爆薬を炸裂させた。この攻撃にベルギー兵は一旦は退いたものの、1時間後には再び砲台へ現れ、砲が1門だけしか破壊されていないことに気づくと応戦を決意した。ベルギー砲兵は時限信管を最短にセットし、零距離炸裂砲弾で砲台の外のドイツ兵を殲滅しようとした。しかし、抵抗も空しく、ベルギー兵は1時間半後には砲台を放棄した。

グライダー8号機（操縦士ディシュテルマイヤー伍長、分隊長ウンガー伍長）は、空中で機関銃弾を受け早くも死傷者を出しながらも、目標である兵舎（25号）とキューポラ北（31号）旋回砲塔の中間地点に着陸した。損害にもかかわらず、突撃班は兵舎のベルギー兵を機関銃火で釘付けにする傍ら、キューポラ北を2発の50kg成型炸薬の連続爆発により叩いた。この攻撃でも、鋳造大型ドームの分厚い装甲を貫徹できず、操作不能にしただけであった。ベルギー兵はなおも非常口から撃ち返してきたので、突撃班員は12.5kg成型炸薬を爆発させ、部分的に埋めて対処した。

グライダー9号機（操縦士シュルツ伍長、分隊長ノイハウス伍長）は、目標であるMi南（13号）砲台の至近50mに着陸した。しかし、砲台に取り付くためには周囲の鉄条網を切断しなければならなかった。地下通路から砲台に駆けつけたベルギー兵が機関銃射撃を始めたところで、突撃班は鉄条網に啓かれた開鑿路をくぐっていた。ドイツ兵は砲台に火焔放射器を浴びせ、銃眼と観測ドームを爆破した。ついには50kg成型炸薬で入口を爆破し砲台を占領した。

グライダー10号機（操縦士クラフト伍長、分隊長ヒューベル伍長）は、キューポラ120を攻撃目標としていた。午前4時40分、キューポラの銃眼からの小銃射撃で、捕虜となっていた高射砲兵のベルギー兵1名が死亡した（ベルギー兵の証言によれば、ドイツ兵はベルギー兵を盾に前進したとされている）。50kg成型炸薬が6mドームに仕掛けられ炸裂したが、その分厚い装甲は貫徹できなかった。続いて、小型の1kg爆薬が連装の砲身周囲に積み上げられ、0515時に点火された。しかし、内部のベルギー砲兵は砲身の爆破作業にまったく気づかなかったようで、午前9時、右側の砲を発射した。その途端、肝

対岸の土手が大規模工事によって付け替えられた1970年代まで、エベン・エマール要塞周辺の地形はほぼ往時のままだった。この1974年撮影時点で、運河は東に向かって拡張され、ドイツ軍の工兵部隊が離岸した土手は完全に失われている。

を潰すような大爆発が起き、すさまじい煙に追われるようにキューポラのベルギー兵は地下へと逃げた。午前10時、再び射撃命令が下されたが、ベルギー砲兵は射撃不能と判断。キューポラは放棄され地下トンネルの入口にバリケードが築かれた。

着陸してから1時間のうちに、グラニート突撃隊は奇跡的な成功を収め、重要目標のほとんどを奪取したことが判明した。エベン・エマール要塞に緊急事態が発生していることを知ったベルギー軍最高司令部は、周辺の要塞群にエベン・エマール要塞の砲撃を命じて、ドイツ空挺部隊を追い払おうとした。まずバーホン要塞の2基の150mm砲台が0455時から3時間におよぶ砲撃を開始し、その5分後には、ポンティッセとエヴェグネ要塞の105mm砲台が加わり、キューポラ120砲台からヴィゼ2、要塞の西側へと射撃目標を移していった。

ヨセフ・ポルトシュテッフェン曹長がブロックIIに対して火焔放射器で攻撃した時の様子を再現した写真。

エベン・エマール要塞の制圧はほぼ完了していたが、攻撃に着手していない2基の砲台は依然としてうっとうしい射撃を続けていた。ヴィゼ1砲台と同じく、南方に対してしか射界を持たないことで、重要目標に選定されなかったヴィゼ2（9号）砲台は、ドイツ工兵が手を付けていない唯一の砲台であった。ヴィゼ2は、キューポラ南（23号）砲台の支援射撃を得ながら、時限信管を最短にセットした砲弾を時折放っていた。

もう1つのブロック5のキューポラ南（23号）砲台も、突撃隊にとって物騒なお荷物となっていた。ドイツ兵は当初、この砲台は低い位置にあり要塞頂部を掃射し得ないものと考えていたので、とくに注意を払っていなかった。迫り上がってきた隠顕式砲塔に、グライダー5号機の突撃班が50kg成型炸薬を仕掛けて爆発させたが効果は無く、続くグライダー1号機の突撃班による試みも失敗した。ドーム型砲塔は射撃を続け、ドイツ工兵が“攻撃中”の他のトーチカ砲台や、カネの道路、エーイスデンの村落を叩いた。午前8時15分、スツーカ急降下爆撃機が爆弾を投下したが、タイミングを合わせて砲塔は地中に引き込まれたので、何の効果も無かった。結局、キューポラ南砲台は要塞が降伏するまで攻撃を続けたのである。

攻撃途上で不時着したグライダー11号機のヴィトツィヒ中尉と6名の突撃班員は、0715時になってようやくエベン・エマール要塞に到着した。ドイツ領内での不時着後、ヴィトツィヒは必死になって電話を捜し出し、予備のJu52曳航機の派遣を基地に要請した。曳航機が急発進する間、突撃班は鋤き返された畑の中に急造の滑走路をこしらえようと頑張った。努力は不可能を可能とし、突撃班は再び舞い上がることができたのである。一方、デューレン近郊に不時着したグライダー2号機の突撃班はトラックを徴発し、同日遅くになってカンネの橋へと到着した。

戦いの場は、破壊された要塞の内部から地下へと移っていった。防御施設の入口と内部は、1つまた1つと念入りに調べられ掃討された。周囲の要塞からの支援砲撃が始まったところで、ベルギー歩兵が下草の生い茂る北西斜面へと姿を現した。そこで、グラニート突撃隊は守りを固めるために、要塞北側への集結を決めた。

斜面の歩兵はベルギー第7歩兵師団の1個小隊40名であり、ドイツ空挺隊員を撃退するために、0945時にブロック1の入口へと到着したものであった。今や要塞指揮官となったヨトラント少佐は、守備隊の将校2名を先導役としてこれに付け、小隊は北西斜面を上り始めた。リエージュ要塞地帯司令官のモーリス・モダール大佐は、反撃兵力が過少であると感じ、ヨトラント少佐に守備隊から可能な限り多くの兵員を抽出して、要塞内からも呼応する逆襲部隊を編成するように命じた。しかし、要塞守備隊員の多くは士気阻喪しており、兵士を外に出すためには、ヨトラント少佐は自ら地下へ降りて士気を鼓舞しなければならなかった。バーホンとポンティッセの2要塞に支援砲撃の中止が命ぜられ、1230時、ブロック2から逆襲部隊80名が出撃した。

副司令官であるレオン・ファン・デア・オウエラに率いられ、部隊は占領されたマーストリヒト1砲台へと到着し戦闘を開始したが、ドイツ兵を追い出せなかった。低空を飛び激しく攻撃するスツーカ急降下爆撃機に追われ、ベルギー兵は後退した。陣地に戻ったヴァン・デア・オウエラは、激しい銃火にさらされて兵士はまったく戦意を失っていると報告せざるを得なかった。

1700時、100名からなる逆襲部隊の第3波がウォンクの兵舎から到着し、さっそく最前線に送られた。しかし、この部隊もすぐに引き返し、空襲により前進不能と報告してきた。2000時、最初の逆襲部隊である第7歩兵師団の小隊は、弾薬を撃ち尽くしたためにブロック1への後退を強いられた。一方、ベルギー兵が撤退するとグラニート突撃隊は爆破作業を再開した。夜になって50kg成型炸薬により、マーストリヒト1（12号）、Mi北（19号）とMi南（13号）の立坑が爆破された。

（左）5月11日午後、ゲオルグ・ファメーク大尉が、トランペット手と白旗を掲げた兵を連れて、ブロックIの入口に姿を見せた。難攻不落と信じて疑われなかった要塞が降伏した瞬間である。写真は20日後に撮影されたときのもので、すでに「駐車禁止」の看板が立てられている。
（右）50年経った1990年時点では、エベン・エマール要塞は観光客向けに開放されている。

フェルゼンネストで催された式典で、コッホ突撃大隊の英雄たちを接見するヒトラー。写真は、ヒトラーがヴァルター・コッホ大尉の紹介を受けているところ。

・5月11日、土曜日

ドイツ軍のエベン・エマール救援地上部隊であるA戦闘団は、第51工兵大隊長ハンス・ミコシュ中佐に率いられていた。中佐は5月10日から11日の夜にかけて、各々、第151歩兵連隊の1個中隊と第51工兵大隊の1個中隊で構成される、3個突撃部隊を編成した。夜明け前の暗闇を衝いて、3個突撃部隊はゴムボートを使ってアルベール運河を押し渡った。第2突撃部隊はカネ橋のやや西側、第3突撃部隊はカネ橋のすぐ東側、第1突撃部隊は南東へ進んだエベン・エマール要塞の前面を選んだ。制圧対象から外れていた要塞の運河北（17号）火点と運河南（35号）火点は、川面の第1突撃部隊を掃射し始めた。これに気づいたグライダー6号機の突撃隊員は、要塞の頂部から爆薬を吊り降ろし、運河北火点の観測ドームの前で爆発させて、観測スリットを潰そうと試みた。第51工兵大隊のヨゼフ・ポートシュテッフェン准尉に率いられた第1突撃部隊のチームは、ブロック2へと向かった。これを制圧すれば、要塞北側の防備は丸裸になるのだ。ブロック2の観測ドームはすでに、グライダー3号機突撃班の50kg成型炸薬と、グライダー9号機突撃班の12.5kg成型炸薬により爆破されていた。ポートシュテッフェンは火焰放射器でブロック2を攻めた。50kg成型炸薬の爆発により、ベルギー兵が戦死1名、負傷6名を出した末に小堡塁は制圧された。工兵はなおも前進を続け、0600時、グライダー9号機の突撃班員と合流した。一説によれば、この少し後、ヴェンツェルは斜面を駆け降り、ポートシュテッフェンの手を取ると勝利を祝うダンスを踊ってみせたとされている。

午前10時、ヨトラント少佐は軍議を招集し状況が深刻であることを説明したが、将校たちは悲観に満ちていた。少佐は会議室に集まった大勢を前に派手な演説をぶって士気を高めようとしたが、その声は降伏を求める大声にかき消されてしまった。

抵抗は無理と知ったヨトラント少佐は、アルフレート・ホターマンス大尉を呼び、敵と接触を図るように命じた。だが、ホターマンス大尉はブロック1に到着したところで少佐に電話を入れ、この空しい任務から自分を解くように要求したので、ジョルジュ・ヴァメスク大尉が新たに任命された。

正午を過ぎて間もなく、要塞へ西側から接近する第3突撃部隊の兵士は、不意にトランペットが鳴ると同時に、ブロック1に白旗が翻るのを目にした。キューポラ南、運河北、運河南の各火点は射撃を止め、ベルギー軍の軍使であるヴァメスク大尉、トランペット手、白旗の旗手の三人が、ブロック1の入口に姿を現した。軍使一行は、第151歩兵連隊第14中隊長ハインリヒ・ハウボルト大尉のもとに案内された。

こうしてエベン・エマール要塞の戦闘は終わった。ヨトラント少佐からの最後の電話は1100時にベルギー軍司令部に届いた。内容は「以後のエベン・エマール要塞からの連絡は無効」という素っ気のないものであった。ベルギー軍は、戦死23名、負傷59名を出し、750名あまりが捕虜となった。

1500時、勝ち誇るグライダー突撃隊員たちはエベン・エマール要塞を離れ、マーストリヒトへと後退した。5月10日早朝、86名で出撃したグラニート突撃隊は、グライダーの着地で負傷したものを除いて、戦死6名、負傷15名の損害を出していた。5月10日と11日の戦闘で、第151歩兵連隊は戦死11名、負傷47名。第51工兵大隊は戦死1名、負傷14名の損害を負った。

要塞攻略の名誉の証しとして、ヴィトツィヒ中尉の名は、1940年5月11日付けの国防軍広報に記載されることになった。その記事は、「リ

（左）喜びを隠せないヒトラーが、ポルトシュテッフェン曹長と、彼の上官であるハンス・ミコシュ中佐に騎士鉄十字章を授けている場面。（右）ここで歴史が作られた。40年前にこの場所で勲章授与が行なわれたのだ。

グラニート突撃班の指揮官、ルドルフ・ヴィトツィヒ中尉。

マーストリヒト2の攻撃チームを指揮したエゴン・デリカ少尉。

コッホ突撃大隊の参謀、オットー・ツィーラッハ中尉。

エージュ要塞地区で最強の要塞であるエベン・エマールが、この土曜日午後に陥落した。敵司令官および将兵1000名が捕虜となった。要塞は5月10日早くに、新戦法を用いるヴィトツィヒ中尉とルフトヴァッフェ選り抜きの部隊により無力化されたのである」というものであった。

ヴァルター・コッホ大尉、グライダー乗員指揮官のヴァルター・キース中尉、四人の突撃隊指揮官（グスタフ・アルトマン、マーティン・シェヘター、ルドルフ・ヴィトツィヒ各中尉、ゲアハルト・シャハト少尉）、それにコッホ突撃大隊の6名の全員は、騎士鉄十字章を授与された。コッホとヴィトツィヒの二人は、西方戦役においてもっとも早く勲章を受けた者となった。勲章授与式典は5月15日に総統大本営フェルゼンネストで執り行なわれ、5月17日には、第VIII航空軍団司令官ヴォルフラム・フォン・リヒトホーフェンにも勲章が与えられた。4日後には、ヨゼフ・ポートシュテッフェン准尉、第51工兵大隊長ハンス・ミコシュ中佐も、それぞれの功績が讃えられて騎士鉄十字章を授与された。

受勲式の後には、エベン・エマールの英雄を集めて、写真撮影が行なわれた。エゴン・デリカ少尉、ルドルフ・ヴィッツィヒ中尉、ヴァルター・コッホ大尉、オットー・ツィーラッハ中尉、ヘルムート・リングラー少尉、ヨアヒム・マイスナー少尉、ヴァルター・キース中尉、グスタフ・アルトマン中尉、ロルフ・イェーガー軍医中尉。

シュタール突撃班の指揮官、グスタフ・アルトマン中尉。

グライダー襲撃チームに参加した、ロルフ・イェーガー軍医中尉。

アイゼン突撃班の指揮官、ヨアヒム・マイスナー少尉。

クライルスハイムにて5月10日撮影。「ニヴィ作戦」の最初の輸送飛行を終えて帰還してきた2機のFi156連絡機。

アルデンヌでの空挺突撃

連合軍への決定的な一撃を目論むA軍集団担当戦区では、2つの特殊空挺作戦が計画された。主作戦は第XIX軍団地区で実施されるもので、アルデンヌを横切るクライスト集団に先行し、進撃を円滑にするためのものであった。もう1つは、第XXIII軍団地区で行なわれるもので、フランス国境に近いルクセンブルク領内にヘデリッヒ空挺特殊部隊を侵入させ、突進する戦車集団の南側面を掩護しようというものであった。

作戦案は2つ用意された。クライスト集団の進撃路上、ベルギー領内のヌフシャトー、バストーニュおよび国境の町マルトランジュの中間地帯に降着する「ニヴィ」作戦と、ルクセンブルク領を目指す「ローザ」作戦のどちらかを実施するもので、その最終決定は作戦開始の直前にされることになっていた。結局、ルクセンブルク領内の道路障害物設置と爆破作業の準備は遅れており、ブランデンブルク部隊だけで排除可能であると判断されたために、「ニヴィ」作戦が選ばれた。

「ニヴィ」作戦

「ニヴィ」作戦の主たる目的は、ヌフシャトーの東で進撃路を確保し、敵の移動を妨害することにあった。常日頃、ルフトヴァッフェに多くの栄誉を与えようと目論んでいたゲーリングは、空挺作戦の熱心な推奨者であり、ついにはヒトラーの作戦同意を取り付けた。1940年2月26日付けのフランツ・ハルダー参謀総長の日記には、「第XIX軍団の進撃路を確保するために」約400名の空挺部隊が投入されることになったと記されている。

ドイツ軍の知り得るところではなかったが、ベルギー軍の防衛計画では、侵攻開始時にアルデンヌ猟兵(Chasseurs Ardennais)連隊は、通信施設を破壊したうえで北上して本隊と合流することになっており、ドイツ戦車がアルデンヌで抵抗に遭遇する可能性は、実際にはほとんど無かった。また、ベルギー軍の仕掛けた爆薬は、警戒部隊や野砲の支援下に置かれていなかったので、ドイツ戦車を長時間にわたりくい止められるとも期待できなかった。

輸送機の大半はB軍集団の作戦用に回されていたので、「ニヴィ」作戦は大胆にも、フィーゼラー"シュトルヒ(こうのとり)"偵察機100機により実施されることになった。兵員2名を乗せた同機をそれぞれ2往復させることで、400名の特殊部隊員を輸送するというのである。Ju52輸送機は、特殊部隊員の降着後の補給物資の輸送用として、わずか3機だけが割り当てられた。これら航空部隊は、オットー・フェルスター少佐の指揮下に置かれた。

この難しい任務に投入される兵士は、陸軍のエリート部隊"グロス・ドイッチュラント"歩兵連隊から選抜された。連隊の本隊は、第XIX軍団左翼の第10戦車師団と行動を共にしていた。「ニヴィ」ないしは「ローザ」作戦用の400名の兵士は第III大隊から抽出され、大隊幕僚、第10、第11中隊の全部と第12中隊の一部から編制された。クライルスハイムに駐屯する部隊へ偵察機が集められ、2月からはヒルツハイムのコッホ突撃大隊と同様、秘密訓練が開始された。作戦司令には第III大隊長のオイゲン・ガルスキー中佐が任命された。

この作戦では、ベルギー軍のエリート部隊アルデンヌ猟兵連隊との交戦が必至とみられ、フランス騎兵との交戦も予想された。そのため、部隊には火力の強化が図られ、機関銃と対戦車ライフルは通常編制の2倍の数が与えられていた。

「ニヴィ」作戦の降着地点は、ニヴとウィトリ

ニヴェ近郊のプティ・ロジエーに着陸したFi156連絡機。着陸にわずか18ヤードほどの距離しか必要としない、卓越した偵察・連絡機であるFi156"シュトルヒ"にしては珍しい事故だ。

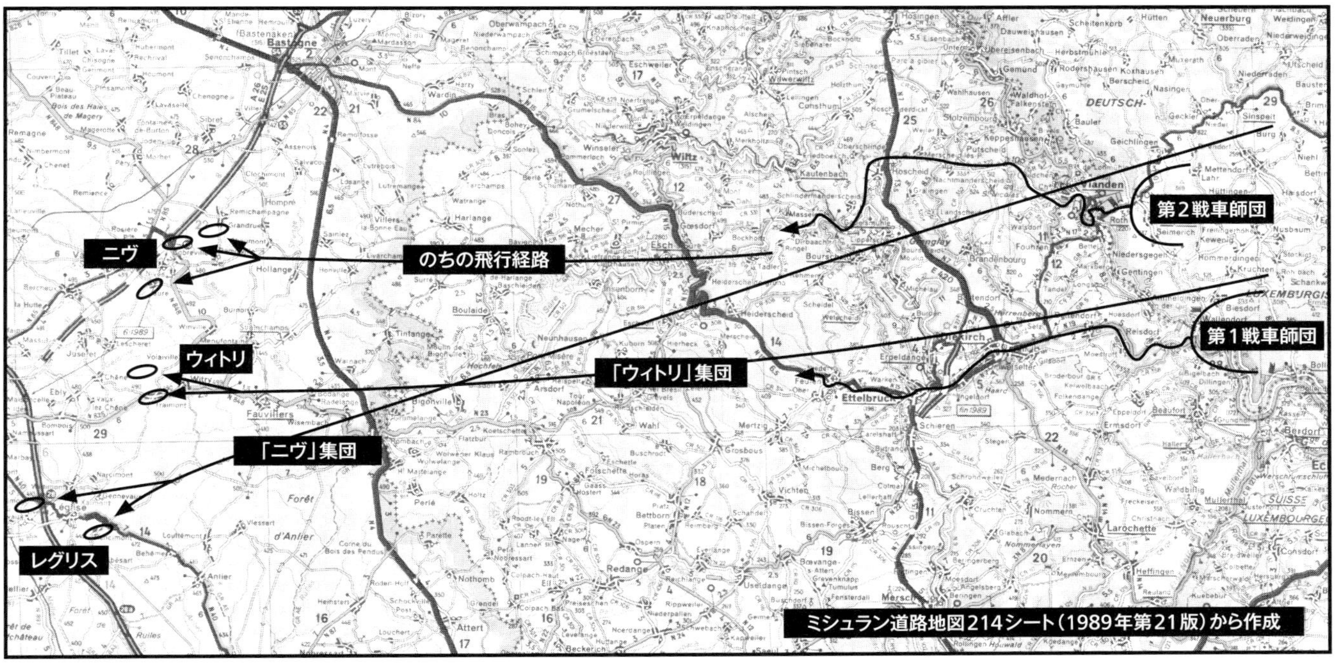

(独語読みはヴィトリ)の両村に近い2ヵ所に設定され、そこから作戦名称が決まったのだ。ニブとウィトリは南北に約6km離れていた。南のウィトリには偵察機56機と240名が投入される予定であった。作戦司令のガルスキー中佐はこれに同行し、ニヴのグループとの連絡用と第XIX軍団との連絡用の2台の無線機を携行する。ニヴには偵察機42機と160名が向かい、指揮官のヴァルター・クリューガー大尉はウィトリとの連絡用に無線機1台を携行するものとされた。

2つの降着地点は、ルクセンブルク国境の西10km、ドイツ国境の西60kmの交差地点にあった。5月9日の晩に飛行機と兵員が集結していたビットブルク地区の出撃飛行場から目標までの行程は、片道約30分である。この距離は、第1波として降着したコマンドーへ第2波が合流するのに、最低約1時間が空くことを意味していた。

5月10日0420時、第1波の98機は予定通りに離陸した。ウィトリに向かう部隊はドッケンドルフ飛行場、ニヴに向かう部隊はプッツヘーエ飛行場から飛び立った。ベルギー戦闘機の迎撃による全滅を避けるために、第1波は2つの散開した編隊に分かれ超低空を飛行した。0430時、編隊は支障もなくルクセンブルク上空を通過。北のニヴへ向かう先導機の操縦桿は、階級を無視してフェルスター少佐自らが握り、同乗者はクリューガー大尉であった。しかし、フェルスター少佐は、編隊を引き連れたまま南に進路を逸らしてしまう決定的なミスを犯した。さらに間の悪いことに数分後、少佐の先導機はガルスキー中佐のウィトリ編隊と交錯してしまい、その5番機と6番機の間に入りこんでしまった。6番機のパイロットはフェルスター機を5番機と見誤り、後続の50機もこれに倣ったことで、ガルスキー機は何も気づかぬまま、後続わずか4機を連れてウィトリへと飛び、ニヴ編隊は残り全機を連れて南へと逸れ続けたのである。着地してはじめて、ガルスキーは部下が9名しかいないことを知った。しかも、無線機は南へ飛んだ偵察機に積んであったので、クリューガー、司令部とのどちらとも連絡を取れず、作戦に支障が生じたことを連絡できない状況に陥った。ガルスキーは状況の好転を信じて暫く待ったが、やがて手持ちのわずかな兵力で任務を遂行しようと決心した。

一方、失策に気づいたフェルスター少佐は連絡を取りつけ、第2波は正しくニヴとウィトリへと隊員を運んだ。また、クリューガー大尉とはぐれた部隊にも数機の増援が送られた。さらにウィトリには、分散した兵力の補塡と第2波に不足機が出たことを補うべく、第3波の輸送が実施された。

機数が予定の42機から93機へと膨れ上がったクリューガーとガルスキーの合流飛行隊は、目標から南へ15kmも逸れた地点にいざ着陸しようとして混乱に陥った。各機のパイロットは別個に降着地点を選ぶしかなかったので、部隊は広く分散してしまった。着陸の際に損傷を受けた機体もあり、再離陸不能となった8機は合

ウィトリやニヴに到着した部隊も、間違えてレグリス近郊に降下してしまった部隊も、「ニヴィ作戦」に参加した隊員は当初の予定通り、電話線を切断し、道路を封鎖していた。

令により焼却処分された。大半の偵察機はランスモン一帯に着陸したものの、クリューガーと他2機は、そこから2km離れたレグリス村の近くに着陸した。村人二人に現在地を教えられクリューガーは愕然としたが、どうにか部隊を集結させるてみると、予定の2倍の180名の兵士が集まっていたとあっては、もはや空いた口が塞がらなかった。周辺の電話線の切断を終えたのち、北の部隊に急ぎ合流すべく輸送隊を編成しようと、特殊部隊員は通りがかった乗用車とトラックの徴発に取りかかった。

異常事態発生を見てとったアルデンヌ猟兵第1連隊は、オートバイ2個小隊にT15軽戦車2両を付け、レグリス村へと派遣した。ベルギー部隊はすぐにドイツ軍の銃火に迎えられ、2両の戦車は損傷した。しかし、状況は必ずしもドイツ軍優勢ではなかった。ベルギー兵の存在が脅威であることには変わりなく、フランス第5軽騎兵師団の数両の装甲車もレグリスの南側に姿を現していた。クリューガーは早々に用もないこの地を立ち去り、北のガルスキーの部隊に合流しようと決心した。後衛の小戦闘団を村に置き、午前9時ちょうどにクリューガーは出発した。後衛も1時間後には村を離れ、ベルギー軍は1030時に村へ入った。しかし、新しい命令が来なかったので、ベルギー部隊は午後一杯まで村に留まったのち、ヌフシャトーへ移動した。

ウィトリではガルスキーと9名の兵士が、そもそもこの10倍の数の兵士が行なう予定であった作業を黙々とこなしていた。電話線を切断し、道路に障害物を築き、車両を止めてはベルギー兵を捕虜にしたのだ。第2波が到着した午前7時までに、ベルギー軍の反撃がなかったことは、ガルスキーにとって不幸中の幸いだった。さらに2時間後には第3波が到着し、レグリスに迷い込んでしまった重火器と幾ばくかの増援を得た。ベルギー軍はようやく、エミール・シュウェイシャー少尉の分隊(約10名)に、オートバイ1台とT13軽戦車1両を付けて偵察に送り出した。部隊はトレモン近郊でドイツ軍と遭遇し、優勢な敵を前にして後退を余儀なくされた。ガルスキーはウィトリ村を攻撃したが、抗戦があるだろうとの予想は裏切られ、無防備の村を簡単に占領できた。昼近くになって、レグリスを発したクリューガー部隊が到着し、ガルスキーは総員約300名の大部隊を掌握した。一方、シュウェイシャー少尉のベルギー部隊は、さらにT13軽戦車1両の補充を受け、ウィトリ東側の十字路の守備についた。午後にもう1度、ベルギー偵察隊はドイツ軍と交戦し、2名が戦死、T13軽戦車1両を対戦車ライフルにより破壊されて後退した。日が暮れるころになって、ガルスキーの部隊は第1戦車師団の先遣隊と合流し、任務を終えた。

目標ニヴでは、午前7時の第2波で輸送された部隊が、最初に降り立ったドイツ兵となった。隊員が周辺の村の電話線切断に躍起になっている間、アンドレアス・オーバーマイヤー少尉は徴用したオートバイに跨がり、徴用乗用車1台とともに偵察に出発した。ヴォーに達したところで、偵察隊はフランス第5軽騎兵師団の先鋒

ドイツ軍空挺部隊は仏軍第5軽騎兵師団先遣隊の矢面に立たされていたが、フランス軍装甲車は撤退命令を受けて姿を消したために、空挺隊員らはすぐさま友軍の戦車師団と連絡を確立することができた。写真はウィトリを通過中の第1戦車師団所属のSdkfz.251の隊列。

ハーフトラックの隊列が通過していたN45号線。マルトランジュで国境線をまたぐ、東西間の主要街道である。

「ニヴィ作戦」に従事した隊員たちが設置した路上障害物は、自軍にとっても邪魔に過ぎないことが間もなく明らかになった。

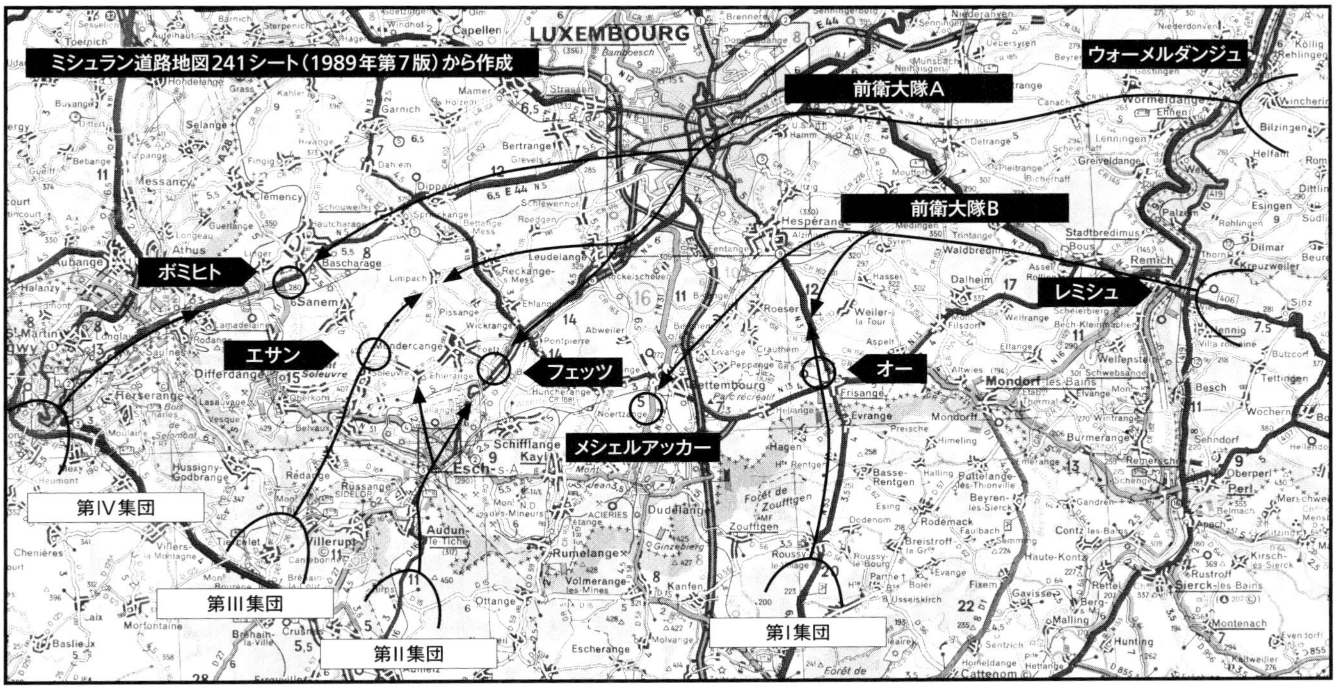

と遭遇し、銃撃を受けた。オーバーマイヤーはこの危機を何とか切り抜けると、ニヴへ向けて全速力で引き返した。フランス装甲車連隊のパナールP178装甲車が大急ぎで後を追ったが、村で待ち構えていた対戦車ライフルが先頭車の装甲を貫いた。一時怯んだフランス軍は、再び装甲車で攻撃をかけたもののこれも撃破され、以降、部隊長のツーサン少尉には監視に努めるよう命令が下された。

　続いて、わずかな歩兵を連れたT13軽戦車2両によるベルギー軍偵察隊（フェルナン・シモーヌ少尉）が姿を見せ、村のドイツ軍に探りを入れた。昼少し過ぎ、ショーモンに着陸して補給品と装備を降ろした帰りの、Ju52輸送機が飛来した。ベルギー戦車はすかさず3発を撃ち込み、輸送機を炎上させた。また、別のベルギー軍偵察隊がボワドコエで接触してきたが、こちらは4両のT13軽戦車のうち、1両を破壊されて後退した。ここでもドイツ軍に不運が続き、偵察隊の上空を飛行したJu52輸送機が、グラン=ロジエ近郊で撃墜されてしまった。暫くして、アルデンヌ猟兵第1連隊は予定通りに北上を開始したが、ニヴへの補給に向かうフィーゼラー・シュトルヒ2機を撃墜したフランス軍は攻撃を続行した。1800時、第5装甲車連隊のオチキスH39戦車3両が到着し、第15自動車化龍騎兵連隊の3両の軽戦車と合流して攻撃を開始した。対戦車砲を持たず、対戦車ライフルでは戦車には歯が立たなかったために、ドイツ軍はやむなく村を放棄した。しかし、フランス戦車は掩護の歩兵を伴っていなかったので夜闇の訪れとともに撤退し、ドイツ軍は村を再占領した。

　夜は何事も無いまま過ぎたが、翌朝、攻撃を再開したフランス軍は、予想もしなかったドイツ軍の頑強な抵抗に直面した。夜明けまでに、ドイツ第2戦車師団が進撃し、村の特殊部隊員と合流していたのである。

　攻撃に先立ち、フランス第5軽騎兵師団はフランス騎兵部隊前衛の総退却に巻き込まれており、ニヴ地域の騎兵前衛の指揮官であるエルネ・フォンタン大尉には、ヌフシャトーへ後退するよう命令が出され、正午ごろ部隊はヌフシャトーに到着した。

　「ニヴィ」作戦におけるドイツ軍の損害は、航空機要員も含め戦死30名であった。Fi156偵察機16機と、割り当てられた3機のJu52輸送機のうち2機が失われた。フェルスター少佐の航路ミスに端を発する混乱や、罠にかけるはずのアルデンヌ猟兵が後退に成功したことで作戦の価値が下がったとはいえ、この空挺作戦に対する公然たる非難の声はあまり聞かれなかった。そのため、作戦参加部隊には46個の功一級、二級鉄十字章が授けられた。しかし、不手際が上層部の不興を買ったのか騎士鉄十字章の授与は、7月19日にオイゲン・ガルスキー中佐に与えられた1個に留まった。

「ニヴィ作戦」に比べると、ヘデリッヒ空挺特殊部隊の作戦規模はかなり小さい。前者がベルギーでの作戦に100機のシュトルヒを投入していたのに対して、ルクセンブルクでの作戦は、シュトルヒ25機、兵員125名のみで実施されたからである。

戦争がはじまっているというのに、儀礼はいまだ守られていた。ルクセンブルク国境に到着したフランス第3植民地歩兵師団は、エッシュ・シュル・アルゼットでの通関手続きに時間を取られている。通過許可が得られたのは0800時で、すでにオスヴァルト突撃隊は北方からの侵入を終えていた。

ヘデリッヒ空挺特殊部隊

ルクセンブルクの南部、ドイツ第16軍の左翼では、第XXIII軍団がクライスト集団の側面をフランス軍の反撃から掩護するという重要な役割を担っていた。軍団右翼を進む第34歩兵師団は、作戦開始の初日に困難の多い任務を担うことになった。師団はモーゼル川を渡河したのち、ルクセンブルクを約40km突進して南向きに布陣するように命じられていた。最初の目標はフランス国境の向こう側、数kmの地点にあった。敵であるフランス第3軽騎兵師団も、侵攻開始時にはルクセンブルクへ南側から進入するように命令されていたので、迅速な行動が作戦の鍵を握る。ルクセンブルク南部を可及的速やかに進撃するため、第34歩兵師団はオートバイ、自転車ないしは乗馬兵を先鋒とする3個の前衛大隊を編成した。

さらに、戦車部隊の通路啓開役として、空挺特殊部隊が投入されることが決定した時点で、ヒトラーは第16軍の作戦の一環として、別の空挺特殊部隊の作戦をルクセンブルク南部のフランス国境で実施することを自ら提案した。計画立案は第16軍参謀長ヴァルター・モーデル将軍に任され、ルクセンブルク市から南に伸びる幹線道路上の5つの重要な交差点を確保することが目標とされた。

空挺特別任務への志願者は同じ第34歩兵師団内で募られ、志願者は苛酷な特別訓練を受けるために、3月初めにクライルスハイムとベブリンゲンへと送られた。そこから成績優秀な125名がベブリンゲンへ集められ、厳正な秘密統制のもとで訓練が続けられた。部隊は目標別に5つの突撃班に分けられ、「ニヴィ」作戦の参加部隊と同じく、各種の特別兵器により重武装された。各突撃班は25名をもって編成され、通常装備のライフル、短機関銃、手榴弾に加えて、機関銃5挺、対戦車ライフル1挺、対戦車地雷が与えられた。部隊の総指揮は第80歩兵連隊のヴェルナー・ヘデリッヒ中尉が執ることになり、名称も「ヘデリッヒ空挺特殊部隊」と命名された。

4月、部隊はトリーアへと移動し、実戦投入まで訓練を続けることになった。5月9日の夜、

50年近く経つのにほとんど変わっていないルクセンブルク国境の通関事務所。撮影当時はECの取り決めによる手続きが必要だった。

フランス第3軽騎兵師団を先導した第31歩兵師団偵察グループは、オスヴァルト少尉が率いる空挺部隊の先遣隊から攻撃を受けて負傷者を出した。しかし、フランス兵はすぐさま反撃に移り、駅前の主要な広場を奪取している（写真）。その直後、彼らはワインや花束、そして煙草を手に集まった住民の歓迎を受けるはめになった！

空挺特殊部隊はトリーア=オイレン飛行場で待機する25機のシュトルヒ偵察機に乗り込み、0430時に戦場へと飛び立った。長い単縦列編隊を組んで、シュトルヒはヴァッサービリッヒ付近で国境を無事に越え、ルクセンブルク市上空を通過してから目標別の5つの小編隊に分かれた。目標の交差点は、ペタンジュ近郊のボミヒト、ソリューヴル北方のエサン、エシュ北方のフェッツ、ベテムブール南方のメシェルアッカー、フリサンジュ北側のオーの5つであった。すべての交差点は平地にあり、フランス国境からの監視下にありながらも、ルクセンブルク南部の交通網の要となる理想的な配置となっていた。0500時、第16軍はA軍集団に報告し、空挺特殊部隊第1波は「目標に予定通りに到着せり。損傷機は焼却に処せり。他は第2波輸送のため基地に戻りしあり」と申し送った。

モーゼル川の諸橋梁は無傷で確保され、第34歩兵師団の先頭部隊は橋の上の障害物が除去されるや、渡河を開始した。前衛大隊Aはウォーメルダンジュ、前衛大隊Bはレミシュでモーゼル川を越えた。その間、ヘデリッヒ空挺特殊部隊は、何とも奇妙な状況に巻き込まれていた。隊員が防備作業に取りかかったところで、市民たちが集まりはじめ、観光客よろしく興味深げに、傍らでその作業を眺めていたのだ。好奇の視線のもとで、各班10名ばかりの人数でしかなかったドイツ兵は、黙々と機関銃を据え、道路障害物を置き、地雷を敷設した。

ボミヒト交差点の空挺特殊部隊は師団の前衛大隊Aにより解放され、メシェルアッカー交差点の空挺特殊部隊には、前衛大隊Bがフランス軍との交戦開始寸前に合流した。指揮官のヘデリッヒ中尉のいたエサン交差点へは、前衛大隊Aが37mm対戦車砲とともに駆けつけ、フランス第3装甲車連隊のパナールP178装甲車の攻撃開始に間に合った。フランス装甲車は先頭車が撃破され、2台目も地雷を踏んで停止した。しかし昼には、数両のオチキスH35戦車の支援を受けたフランス第4シパーヒー連隊（訳者注：アルジェリア騎兵のこと）が交差点を奪取した。ドイツ軍はこの戦闘で、戦死16名、捕虜13名の損害を出し、ヘデリッヒ中尉は残った兵4名を連れて、近くの森に退避するほか無かった。このあとアルジェリア騎兵はサネムとリムパシュを経由して北進した。しかし、レッカンジュ地域で発見したのはドイツ軍の兵士と車両の大部隊であった。ドイツ陣内に突出してしまったことで、部隊はソリューヴルに呼び戻された。

オー交差点の空挺特殊部隊はあまり幸運ではなかった。闘争心に溢れる指揮官に率いられたフランス軍の攻撃を受け、交差点に陣地を構えたドイツ軍は敗北した。突撃班指揮官ハンス・ラウアー少尉は戦死し、他に幾名が捕虜になった。しかし、勇猛なフランス軍は、北へ数km進んだところで進撃を停止してしまった。

フェッツ交差点のコマンドーは0630時に前衛大隊Bと合流した。そののち、指揮官フーベルト・オスヴァルト少尉は、南のルクセンブルク国境の検問所まで進出して前哨地点を築いた。午前7時、成り行きを見物していた市民たちが、フランス軍がやって来ると騒ぎ始めた。ドイツ軍がわずかな射撃を交わしただけで撤退してしまったことに、フランス兵は驚いた。同時に市民たちの姿もクモの子を散らすように消えていた。フランス軍はエシュの町に入り住民の大歓迎を受けた。しかし、町の外れでパナールP178装甲車が地雷を踏んで行動不能になったところで前進は停止した。戦闘は夕方まで続きフランス軍は撤退した。

最前線で戦闘が行なわれる間、フランス軍最高司令部は事態を掌握しようと右往左往していたので、警報第4段階が発令されたのは、0645時、ドイツ軍が国境を越えておよそ2時間経過してからのことだった。この遅れが、大胆不敵なヘデリッヒ空挺特殊部隊と第34歩兵師団前衛大隊群の、ルクセンブルクでの迅速な作戦の成功を可能とした。ドイツ軍はわずかな代償で勝利を収めた。犠牲は戦死者25～30名とシュトルヒ偵察機5機で済んだのである。

空挺特殊部隊は公式には5月12日に編成を解かれたが、全部隊隊員は5月13日にバシャラージュ鉄道駅に集められ、第16軍司令官エルンスト・ブッシュ将軍から表彰された。ブッシュ将軍は部隊を称賛し、全隊員に功二級鉄十字章、ヴェルナー・ヘデリッヒ中尉に功一級鉄十字章が与えられた。

しかし、歓迎も長くは続かない。町の北端に到達したフランス軍は、オスヴァルト隊が設置したバリケードに阻まれ、乗り越えようとした装甲車は地雷で損傷してしまったのである。同時に周囲に隠匿していたドイツ軍が反撃を開始した。0810時の事である。

5月10日午前、BEF（イギリス欧州遠征軍）はベルギーに進攻した。写真はルーベーの北にあるウトルロとドティニー間の国境付近をパトロールしている場面。

前進開始する連合軍

午前1時には、国防大臣からガムラン参謀総長と幕僚宛に、不穏な動きが進行中との警告が送られていたにもかかわらず、予期されたドイツの侵攻が現実化したことへのフランス軍最高司令部の対応は、慎重かつ緩慢なものであった。0430時、ドイツ軍がオランダ、ベルギー、ルクセンブルクの国境を突破したことが確認されてもなお、最高司令部は、「ディール」計画実施の初期段階である警報第1段階ないしは第2段階の発令をためらっていた。ベルギー国境への部隊移動を命じる警報第3段階が発令されたのは、0535時になってのことだった。

ベルギー政府が連合軍の軍事介入を求めてきたことが確認された上で、0645時、ベルギー領内への進軍を命じる警報第4段階が発令された。連合軍が待ち望んでいた救援要請が届いたのは、ドイツの侵攻開始から2時間が経過した0625時だった。ベルギー進軍命令は、「ディール」計画の主役を務めるフランス第1軍集団と、麾下の第3軍がルクセンブルクへの進軍の南側面を守ることになるフランス第2軍集団へと送られた。フランス北東作戦域司令官ジョルジュ将軍はガムラン将軍へ電話をかけた。

ジョルジュ：「将軍閣下、これはディール計画の発動でしょうか」

ガムラン：「そうだ、ベルギー政府から救援要請があった、どう行動すべきか判っているね」

ジョルジュ：「いいえ、明確ではありません」

ジョルジュ将軍が発した締まりのない応答の主要因は、命令下達に手間取ったことにあった。部隊への命令の届き方はばらばらで、早くも0530時に警報第3段階に置かれた部隊もあれば、いきなり0700時に警報第4段階を命じられた部隊もあった。早期に行動を開始した部隊はすでにベルギーやルクセンブルクの国境を越えていたが、フランス全軍の動員状態がようやく整ったのは3時間後のことであった。

第2の原因は、ベルギー政府が開戦の瞬間まで中立維持に固執したことにより、連合軍の下級部隊まで進軍計画の詳細が煮詰められてないことにあった。軍上層部間の接触こそ秘密裏に進められていたものの、部隊行動の一切は不明確なままだったのだ。とくにベルギー軍では、変更された命令を末端の部隊まで行き渡らせる

マスコットの子犬とともども準備を終え、ディール川の展開予定地まで120kmを行軍する輸送部隊。ルーヴァン北方からワーフェルに向かう25kmほどの街道を移動中の写真。

（左）国境をまたぐ道路を解放するために、ベルギー、フランス両軍の兵士が見守る中で路上障害物を爆破処理する王立工兵部隊。まだ緊張感が無く、どこか牧歌的な雰囲気さえ感じさせるが、それも間もなく一変する。
（右）40年以上が経過し、国境も税関も開放的に変化したが、決して変わらないものもある。レジェ・ポチエが我々のために撮影してくれたプティ・アウデナルデ通りの写真から、今も変わらずカフェ・ミシェルが営業しているのがわかる。

のに時間がかかっていた。ベルギー軍最高司令部が連合軍の進撃路上の道路障害物を撤去するよう命令を発したのは、最初のドイツ軍部隊が国境を越えて2時間半後の0700時であり、仏英軍航空機への射撃禁止が命じられたのはさらに時間が経ってからのことであった。フランス国境の部隊へと命令がどうにか届き、国防協力に真剣なベルギー市民の助けを得ても、道路障害物の撤去に時間を奪われる結果となった。この遅延の代償は、前線へ急進する騎兵部隊が贖うことになった。3月14日付けの事前命令では、「我が軍主力の主防衛線への到達と増強を掩護するため、騎兵は可及的速やかに前進して敵を捕捉し、ベルギー軍と協力してドイツ軍の進撃を遅らしむるべし」とされていた。

イギリス欧州遠征軍（BEF）

全軍警戒態勢を命じるフランス軍最高司令部からの命令は、0545時にアラスに置かれたイギリス軍総司令部に届いた。その1時間半後、今度はジョルジュ将軍の北東作戦域司令部から、ディール計画の即時実施命令が届いた。欧州遠征軍は計画通りに行動を開始し、第12王立ランサー連隊の装甲車は1300時にベルギー国境を越えた。イギリス軍の国境通過に際しては、ベルギー警備兵が越境許可を知らなかったことで、英第3歩兵師団の通過を阻止しようとする小さなトラブルもあったが、この一幕はトラッ

ブリュッセルへ！　ルーヴァンへ！　無数のベルギー市民に後押しされて前進が始まった。写真はドラゴン牽引車である。

騎兵隊が来たぞ！　第15／19キングス・ロイヤル・ユサール連隊A中隊のユニバーサル・キャリアーMk.Iが、舗装道路を噛みながらアウデナルデ通りの国境を越えてやってきた。

BEF担当地区の右翼にあたるワーヴルから30kmほど東の地点。上の写真はガイMk.I装甲車、下はベドフォード・ローリーで、ともに第12王立ランサー連隊所属車両で、ティーヌのN37号線を東に向かっている場面。左に見える鉄道は地方鉄道会社のローカル線。

クが障害物に体当たりしたことで簡単にけりがつけられた。

王立ランサー連隊の装甲車がディール防衛線に最初に到着し、これに第I軍団と第II軍団直轄の機甲偵察部隊が続いた。先遣の歩兵師団群は翌朝に到着した。第3歩兵師団はイギリス軍防御地区左翼のルーヴァン地区（第10ベルギー歩兵師団と交替）、第1歩兵師団は中央、第2歩兵師団は右翼のワーヴル北方の守りについた。司令官ゴート将軍は縦深防御を考慮して、2個師団をブリュッセル市の北と南、別の2個師団を予備、さらに2個師団を後方のエスコー川に配置した。ドイツ軍の主攻勢はこの方面に指向されていなかったので、欧州遠征軍は妨害を受けることなく進軍し、ドイツ軍との交戦に入る頃までには、十分に防備を固めていた。

仏英軍部隊はベルギー市民の温かい歓迎を受けた。市民たちの心は自信に満ち、幾千もの避難民を生み出す戦争の恐怖や混乱からはまだ遠

今日では、写真右手の建物は無くなり、リンゴ果樹園が広がっているため、撮影地点の同定には苦労した。

い気持ちにあった。鉄道によりシャルルロワ北方のルーに到着したフランス第37戦車大隊第2中隊の小隊長ルイ・ブネ少尉は、ベルギー市民の熱狂ぶりと、当時のフランス軍エリート部隊の秘められた闘志のほどを見事に描いている。

「我々が戦車を貨車から降ろし終えつつあったまさにそのとき、地平線から不吉な魔鳥とおぼしき航空機が飛来するのが見えた。戦車乗員は各自の戦車に姿を消したが、私の戦車“ジヌメール”号は側になかったので、やむなく私は近くのコンクリートブロックの陰に身を押し込め、顔だけを鉄製部品の間から覗かせた。こん畜生め！　イギリス機だった。ともかく、日が高くなれば危険は高まるばかりなので、戦車部隊は急いで停車場を離れた。

運河にかかる幅の狭い橋を渡るとき、我々のルノーB1bis戦車は橋の締結金具をいくつか砕いてしまったが、土地の住民は驚きと尊敬の入り交じった目で、この光景を見つめていた。戦車は一段高くなった果樹園沿いの狭い坂道を上り、石垣にエンジン音を重く響かせた。ガセリへの道を横切り坂を下り始めたところで、ベルギー人の歓喜が弾けた。思いもよらない歓迎に驚いた。最初は控えめだった歓迎の空気は、やがて大歓迎に変わっていった。隊列を見守るベルギー人が何かしたなと思った次の瞬間、私の膝にタバコの箱が落ちてきた。その少し向こうにはオレンジが1つ。それが合図だったかのように、彼らはチョコレートやキャンデー、小瓶やら何やらといったプレゼントを取り出した。戦車部隊は速度を緩め戦車長たちは忙しくプレゼントを受け取ると、中の戦車兵にどんどん手渡した。老婦人が私の手をしっかと握ると小さな紙包みを渡してくれた。角砂糖が2個、私は婦人の好意に深い感動を覚えた。

人々の興奮は戦車が進むにつれ高まり、どの顔も明るさに輝いていた。喜びの声があがる。フランス万歳！　ベルギー万歳！　フランス軍に栄光あれ！　彼らが私の戦車の砲塔に書かれた名を指さし騒いでいる。ジヌメール、あぁフランスのパイロットの名だよ。

歓声、微笑み、潤んだ瞳は、我々の心の奥底へと届き魂を揺り動かした。ベルギー人は我々を頼みとしている、彼らを落胆させることはできない。己を誇る気概がすべての戦車兵に生まれ、幾千の人々の歓呼を得ていやがおうにも闘

土曜日の様子を、「路上にいるすべてのベルギー人が、我々を不思議そうに眺めていた。この日の早朝、ボトルに入ったコーヒーの差し入れを受けたので、我々は停車して一息入れた。あるパン屋ではケーキやロールパンを一包み差し入れてくれた。場所を移すと、今度はタフィーキャンディやチョコレートが振る舞われたし、町の外に出ると今度はビールジョッキが待っていた。昨夜と言えば、食事も取らずにひたすら走り続けていたのに、そんなことが今は信じられない」と、BEFのある運転手は回想している。写真のトラックは第3歩兵師団所属車で、5月12日に、ルーヴァンを目指してブリュッセル北方にあるビルボールデを通過中の一葉。

フランス国境付近との比較。前線に近づくほど、歓迎の色は薄くなる。両軍はビルボールデから15kmも離れていないところで激突した。

5月10日午後、西の側面ではレストクワ集団が第１軽機械化師団の先鋒となってベルギーに進出し、夜間行軍によってオランダ国境部まで前進した。レストクワ集団には軍団直轄第2偵察グループと第5歩兵師団偵察グループが含まれていた。写真は翌朝、野営地を出発するオートバイ兵を撮影したもの。

志に火が点いた。我がルノーB1bis戦車は猛々しく、ドイツ兵もすぐにこの真価を知ることになるのだ。

ベルギー人の母親が赤ん坊を両手で抱え、私の方へ向けて精一杯高く掲げてみせた。信頼、希望、不安を振り払うべき愛しい象徴。ウィ、マダム！　あなたの息子さんを守ってみせますよ！　我々がドイツ軍の侵攻を食い止めなければ、多くのベルギーとフランスの母親が子供を抱いて逃げ惑うことになるのだ。心配は無用だ、仏英連合軍に勝るものなどあるものか」

・フランス第7軍

北方のオランダを巡る作戦では、アンリ・ジロー将軍のフランス第7軍が、作戦計画に従いゼーラント地区を確保すべく、アントワープ北東へ向けて全速力で進軍していた。第7軍の歩兵6個師団の先頭に立つのは、第1軽機械化師団の前衛部隊であり、そのさらに前方では、数多くの偵察部隊が2つの集団にまとめられ活動していた。レストクワ集団は第1軽機械化師団の先鋒としてアントワープへと向い、デボーシュスヌ集団はゼーラントと南ビヴラント半島の付け根を目指した。デボーシュスヌ集団には、先に「マラッカ」空挺作戦で予定された任務が託されていた。これはフランス落下傘兵がフリッシンゲン飛行場を奪取、続いて輸送機で歩兵部隊が運ばれ、ドイツ戦車部隊の到着前にワルヘレン島を確保するというものであった。「マラッカ」作戦は11月危機の際に発動されかけたが、そののち、計画の放棄が決まり、任務は地上を迅速に進む偵察集団に引き継がれた。興味深いことに、ドイツ軍もこのとき、ほぼ同じ内容のオランダ攻略計画を持っており、こちらはそのまま実施された。

0530時、第1軽機械化師団が戦車を貨車積みしている最中に、警報第3段階が発令された。前衛部隊である第6戦車連隊はレストクワ集団とともに、午前10時にベルギー領内に入った。両部隊は夕方にはツルヌーを通過し、0930時にオランダへ到着した。デボーシュスヌ集団の3個偵察部隊は10日午後にブレスケンで列車に載せられたのち、夕刻にはワルヘレン島のフリッシンゲンで降ろされ、カペル方面へと向かった。

5月11日の未明、デボーシュスヌ集団の先鋒部隊はローゼンダールへ到着。レストクワ集団はブレダとティールブルフに到着し、同地近郊とムールダイクでドイツ軍と接触した。第1軽機械化師団は、10日午後にメヘレンとアントワープ南方で戦車を降ろし、第25自動車化歩兵師団の第一陣も夕方には到着した。

本隊から遠く離れた、偵察隊を取り巻く状況は楽観できるものではなかった。デボーシュスヌ集団の一部としてワルヘレン島で降車した、第2歩兵師団偵察集団のパナールP178装甲車の車長であるマルセル・ベルジェール軍曹は、ギ・ドシェザル軍曹のペンネームで、「偵察隊は孤

1000時、ステーンボールデとボーベリンゲの間にあるカリカンヌでレストクワ集団はベルギーに入った。まだアルベール運河はわたっていない。写真はおそらく5月11日に撮影されたもので、大量のベルギー難民がフランス国境通過許可が発効されるのを待っている様子。

立しており、途中で出くわす友軍は、全速力で後退するベルギー部隊と空挺攻撃の噂話をするオランダ兵ばかりであった」と記していた。

軍曹の話は続く。「数え切れないほどの危機を意味する噂話が飛び交っていた。どれが真実で、どれが嘘なのか？　知る術はなかった。ムールダイク橋が奪取されたというのは、本当なのだろうか？　私がツルヌーへの道を尋ねた農夫は、とびきり流暢なフランス語で応対し、道標と違う方向を指さした。部隊はもと来た道を

第68歩兵師団のデュラン分遣隊はワルヘレン島を制圧するためにダンケルクからフリッシンゲンに向けて、フェリーで海上輸送された。このページの写真はニューヘイヴン号に乗船した第224歩兵連隊で、ウィルヘルミーナドロプの近くに展開した。

南のフランス～ベルギー国境付近に目を転じると、第2軽機械化師団がボーモンを通過してシャルルロワおよび無防備な状態のジャンブルー間隙部に向かって移動していた。この地域はブリュッセル～ナミュール間、スモワ川とムーズ川の北側に広がる開豁地となっていて自然障害地形が無いため、16世紀以来、オーストリア軍の伝統的な戦場となっていた。ワーテルローもこの地区の北端付近に位置している。第2軽機械化師団と160両の戦車、100両の装甲車に与えられた任務は、この峡谷に蓋をすることである。（上）5月10日、ボーモンのマダム通りで撮影された輸送車とオチキスH35軽戦車。1940年5月の悪夢から、ほとんど姿を変えていない。

引き返し、貴重な時間を失う羽目になった。やがて、イギリスのオートバイ兵に出会った。イギリス兵は我々が道を誤っているというので、私は彼に先刻の農夫の特徴を話した。まかせておけと言わんばかりに腰の拳銃ホルスターを叩き、イギリス兵は走り去った。再度反転して避難民の大波をかき分けながら、我々は進んだ。だが、驚くべきことに、正しいのは農夫の方だったのだ。我々をたぶらかしたオートバイ兵は何者だったのか？　本物のイギリス兵か、それとも？」

・フランス第2軍

フランス第1軍集団の南翼では、シャルル・アンツィジェ将軍の第2軍が5個師団をもって、主防衛線についていた。第2軍もやはり、ドイツ軍の進撃を遅らせるために、騎兵前衛部隊をベルギー領内に放っていた。第5軽騎兵師団、第1騎兵旅団、第2軽騎兵師団をはじめとする自動車化偵察部隊は、サンツベール近郊の第9軍との境界線からルクセンブルク国境にかけて警戒線を張るために、アルデンヌへ進出した。

セダン地区を出発した第5軽騎兵師団は、途中ベルギー工兵の爆破作業に巻き込まれて遅れを生じながらも、午前8時にブイヨンでスモア川に到達した。師団は夕刻には、リブラモン＝ヌフシャトー地区に入ったが、先鋒は爆破作業の影響でウーファリーズの手前で停止した。午後一杯を使ってベルトーニュとバストーニュ近郊で敵との接触が図られた。第2軽騎兵師団は速やかにヴィルトンを通過し、アーロンとアベイラヌーヴへと進出した。しかし、午前9時にはドイツ軍と交戦し、すぐに後退した。

予備である第1騎兵旅団は計画に従って移動を開始し、スモア川沿いのフローレンヴィル地区に陣を敷いた。

第9軍と第2軍の連携は噛み合わず、アンツィジェ将軍は、第9軍の騎兵の東進の遅れから、第5軽騎兵師団と第2軍の左側面が暴露されてしまったことに苦情を言い立てた。そのため、5月11日の午前中、第3シパーヒー旅団が投入され、第5軽騎兵師団との連絡を確立した。

・フランス第1軍

戦線の中央部を守るのは、ジョルジュ・ブランシャール将軍の第1軍であった。第1軍は8個歩兵師団を有する最強の軍であり、うち3個は自動車化師団であった。さらに、第2、第3軽機械化師団と数個の自動車化偵察部隊をもって軍の先駆けを務めるルネ・プリオー将軍の騎兵軍団も与えられていた。この第1軍こそがジャンブルー間隙部において、ドイツ戦車部隊の主力と真っ向から激突する部隊として、全軍の期待を集めていたのだった。

サンブル川に架かるル・ヴィレット橋に近いポール・パストゥール通りを通過し、シャルルロワに到着した隊列の写真。

第3軽機械化師団は、ヴァレンシエンヌ、バヴェ、モン、バンシュを経由して、ナミュール北部の作戦地域へと向かった。その先遣捜索隊は、ハッセルとマーストリヒトの間でアルベール運河まで長駆進出し、0540時にハッセルの橋に到着した。ドゥシャゾー少尉の斥候班はディーペンベークで運河を越え、夜にはゲンクまで前進した。そのさらに南方では、モンタルディ先遣捜索隊が、早朝にドイツ軍のコッホ突撃大隊が確保したヴェルトウェツェルト橋の橋頭堡を守るドイツ兵と接触していた。

第2軽機械化師団は、モブージュ、アウスナ、シャルルロワを通って、ナミュール北部の作戦地域へと向かった。師団先鋒はリエージュの西をかすめ、ムーズ川をアメイで渡り、アンジへと進んだ。ボリエ先遣捜索隊はウールト川のドゥルビイへ到達し、ドガスタンヌ先遣捜索隊はコンブランオポンへ進出した。

これら2個機械化師団の先鋒部隊が、敵空軍が我が物顔に活動する空のもと、見知らぬ土地で一日300kmの行軍を成し遂げたことは、称賛に値する一事であった。

・フランス第9軍

主攻軸となる大部隊の通過には“不適”な土地と判断されたことで、アルデンヌ地域の守りは手薄なままにおかれた。アンドレ・コラップ将軍の第9軍は、ナミュールからポンタバールまでの80kmにおよぶ地域を、わずか7個歩兵師団で防衛することになった。第9軍の右翼は早くからムーズ川沿いの陣地に入っていたが、左翼では、2個歩兵軍団を川向こうのジヴェとナミュールの中間地帯に進出させなければならなかった。第4軽騎兵師団、第1軽騎兵師団、第3シパーヒー旅団は、その他の自動車化偵察部隊とともに川を越えてアルデンヌへと進むこととされ、軍主力はムーズ川沿いに守りを固めることとされていた。

今日のシャルルロワ。歴史的にはシャルノウと呼ばれていたが、1666年に低地諸国を治めていたスペイン総督が国王カルロスII世にちなんで改名した。フランス革命戦争時に近くのフルーリュスで大規模な戦いが発生した。写真はワーテルローの戦いに際してナポレオンが司令部を置いた場所であり、またこの地は、第一次世界大戦と独仏両国が最初に砲火を交わした場所でもある。

ディール計画の進行は、アルデンヌというドイツ軍が一大突破を計画していたまさにその重要地点で遅れを生じていた。ベルギー軍はディール計画をまったく知らぬままに、独自のアルデンヌ防衛計画を立てていた。ベルギー軍の作戦立案を担当したヴァン・オーベルシュトラーテン将軍は、防衛計画の中でアルデンヌの放棄を決定しており、同地域に配備されたK集団（第1アルデンヌ軽騎兵師団、第1騎兵師団）は、リエージュ南方のウールト川沿いの中間陣地に後退する前に、サレム川沿いのトロワポン近郊からアルロン近くのフランス国境までの通信施設を破壊することとされ、そののち、ムーズ川後背のナミュールからリエージュの主防衛線へ移るものとされていた。

1940年4月、フランス軍最高司令部はベルギー軍に対して、アルデンヌ地域における爆破計画の閲覧許可を求めた。ヴァン・オーベルシュトラーテン将軍は閲覧を断ったが、その一方で、フランスの連絡武官であるオークール大佐宛に、フランス騎兵の前進には悪影響を与えないように配慮しているとの返答を送った。しかし、実態は返答からはるかにかけ離れたもので、爆破計画はベルギー軍の撤退に合わせて厳密に時刻表が組まれており、この時刻表は、フランス部隊がドイツ軍に探りを入れるために東進して、その後にムーズ西岸まで後退する予定であることを知らずに作成されたものだった。

K集団に対する命令は2月12日に発せられたが、ベルギー支援に駆けつけるフランス軍に関しては一言も触れられていなかった。5月に入ってすぐ、ジュール・ドルシオー将軍はヴァン・オーベルシュトラーテン将軍を説得して、フランス軍の活動を考慮した内容に命令を変更させようと努めたが、ベルギーの気持ちは変わらなかった。

ルクセンブルクからの警告を受けて、K集団司令官モーリス・ケヤエール将軍は5月10日0345時、優先ランク“1a”である目標90ヵ所の爆破を命じた。続いて0512時、優先ランク“1b”目標60ヵ所の爆破が命じられた。さらに西にかけての地域では、優先ランク“2・3・4”に指定された目標の爆破が、ベルギー軍の撤退に合わせて計画通りに実施された。全部で330ヵ所の爆破が実施され、これを上回る数の道路障害物が構築された。

アルデンヌ地区でのベルギー軍の撤退と爆破作業は、ドイツ軍の先頭部隊が進出するよりかなり早い段階から進められた。結局、ベルギー軍の計画は、ムーズ川を越えて東進するフランス騎兵部隊の前進を大いに阻害した。とくに第1、第4軽騎兵師団先鋒の活動は悪影響を受けた。

第4軽騎兵師団は、トレロン、フィリップヴィル、フレールを経由し、1400時にプロフォンドヴィルとアヌヴワでムーズ川を渡った。師団先鋒はドゥルビイでウールト川を越え、グランメニルまで前進したところでドイツ軍と接触した。

第1軽騎兵師団は、フィリップヴィルとジヴェを通りディナンの橋へと進んだ。ロシュフォール=マルシュ地区を目指す師団先鋒は、1300時にムーズ川を渡ったが、ウールト川をラロッシュで越えるには3時間かかり、ベリメニールに到着したときには夕方になっていた。

第3軽機械化師団の"83"号車、オチキスH39戦車が砲塔を後ろ向きにしてアニュの西方2kmにあるティーヌを走行している。5月10日の午後にもなると、戦火を逃れようと西へ向かうベルギー難民の大移動が始まった。45km東の地点までドイツ軍が迫っていたからだ。

さらに南方でムーズ川を越えた第3シパーヒー旅団の先鋒は、0830時から0900時にかけて、グルポンとサンツベールの間でロム川に到達した。

フランス軍将校は後退するベルギー部隊を引き留め、「この場へ止まり、共に戦う」よう説得に努めた。しかし、2つの軍隊はまったく別の指揮系統に属していた。ベルギー軍は命令通り、ドイツ軍の接近を待たずに道路を爆破して撤退しようとし、フランス将校は抗議に奔走した。時には、前進したフランス部隊の背後で爆破作業が実施されるのを防ぐために、実力行使によって妨げようとする場面すら見られた。

アルデンヌ猟兵は命令に忠実に着々と作業をこなし、フランス騎兵を支援しようとはしなかった。呆れたことに、K集団司令官モーリス・ケヤエール将軍は、マボージュ近郊での爆破作業実施を命ずるという、まったく理解に苦しむ行動をとった。なぜならマボージュは、将軍自らナドランへ向け東進するように申し入れたフランス分遣隊の背後にあたるのだ。事情を知った

フランス分遣隊指揮官のアンリ・ガルニエ大尉は、敢えて部下を置き去りにすることに目を瞑ってでも、ベルギー工兵を監視するために小部隊を配置しなければならなかった。ラロッシュのベルギー軍指揮所にはフランス第1装甲車連隊の将校が詰めかけ、両軍互いに口角泡を飛ばす罵り合いが始まった。フランス将校は爆破作業が計画通りに進められることに抗議し、激高のあまり拳銃が抜かれる騒ぎも起きた。衝突は指揮所だけでなく、この少しあと、第1装甲車連隊の第1集団指揮官エドゥアル・ドヴェルドロン大尉のもとには「道路に大穴を開けるなら、おまえのドタマにも大穴を開けてやる」とベルギー兵を脅してやりましたよ、という部下の報告が入るほどだった。

・フランス第3軍

東の第2軍集団地区での、シャルル=マリー・コンデ将軍の第3軍に与えられた任務は、ルクセンブルクに部隊を進めて主防衛線の背後に警戒線を張るという、控えめなものであった。第3軍は、第3軽騎兵師団、第1シパーヒー旅団、第5戦車大隊の1個中隊、様々な偵察部隊をもって4個の前衛戦闘集団を形成していた。

0655時、戦闘集団長ロベール・ペチエ将軍はルクセンブルク進軍を意味する暗号符「ファルギエール」を受け取った。

ドイツ軍に遅れること3時間、0730時にフランス軍は国境の障害物を越えてルクセンブルク領内に入った。しかし、すぐにドイツ軍のヘデリッヒ空挺特殊部隊員が設置した道路障害物に引っかかった。フランス軍の行動開始は遅かったので、ドイツ第34歩兵師団の前衛大隊が先に到着し、弱体な空挺特殊部隊と合流して、橋頭堡を強化し終えていたのだ。

そのとき、フランス軍騎兵軍団は目標——オフェリスム=ユイ街道——までわずか数kmのところまで迫っていた。フランス第1軍の主力がジャンブルー渓谷まで進出して強力な防衛線を敷くまでの間、2個軽機械化師団は渓谷から30kmほど敵に向かって前進したこの街道の応急陣地で、ドイツ軍の進撃を食い止める手はずになっていた。(下)ティーヌを走行中の、第3軽機械化師団所属の"93"号車。

第3軍の左翼では、軍団直轄第25偵察集団を母体とする第4集団が、国境を越えて直ぐのロダンジュでドイツ軍の抵抗に遭遇し、立ち往生していた。同じ頃、強化された第1シパーヒー旅団からなる第3集団は、ランパシュ地区への快進撃ののちに、ソリューヴルまでの後退を強いられていた。また、第3軽騎兵師団第13旅団と第31歩兵師団偵察集団で編成された第3軍最強の第2集団は、エシュ＝シュル＝アルゼットの北縁で行く手を阻まれていた。それでも第2集団は戦隊の1つをモンデールカンジュへと進めたが、これも夕刻には後退させざるを得なかった。右翼では、第3軽騎兵師団第5旅団を主力に軍団直轄第22偵察集団、第39、第63歩兵師団偵察集団で強化された第1集団が、ハンス・ラウアー少尉の空挺特殊部隊をオーから撃退したものの、国境から5kmしか前進できずにいた。

0900時、サネム近郊で、ドイツ軍のA前衛大隊が第1シパーヒー旅団の先鋒と衝突した。A前衛大隊指揮官テオドール・フォン・ウント・ツー・アウフゼス少佐は、この戦闘で負傷したがかろうじて捕虜になるのは免れた。2時間後、さらなる非常事態が第34歩兵師団を襲った。師団長ハンス・ベーレンドルフ中将が重傷を負ったのである。中将の乗った指揮官車は、サネムとバシャラージュの間の踏み切りに置かれた第6シパーヒー連隊の前哨にさしかかった。車はバリケードの直前で停止し、味方の前哨と勘違いしたベーレンドルフは、立ち上がると通路を開くように命じた。そこへ1発の銃声が響き、将軍は頭部に弾丸を受けて車内に昏倒したのだ。運転手は野原へと逃れ、副官のマンフレート・フォン・シェリハ少佐は、近くにあった自転車に飛び乗ると、バシャラージュを目指してペダルを踏んだ。仏軍下士官はベーレンドルフの身体を改め、頭部の傷を見てもう助からないと判断すると、地元民のアルベール・オプに後処置を託した。ベーレンドルフの指揮官車をよく調べないまま立ち去った下士官は、貴重な戦利品

5月10日午後、モン北方15km、ソワニェのヌーヴ街道を走行中の第3軽機械化師団オートバイ兵。N7号線はブリュッセル方面に向かって伸びているが、機械化師団は通りを東に折れて、ジャンブルー渓谷の所定の位置に向かった。写真は戦後、ソワニェの個人所蔵アルバムから発見された。ナチ新派のレックス党指導者、レオン・デグレールを撮影した写真をはじめ、無数に撮影された市民の手による一葉である。

ソミュアS35戦車。現在はルノーやシトロエンの自動車が所狭しと駐車されている駅前通り。

自動車化歩兵師団。自動車化——とはいえ、輸送支援や補給にはいまだに多くを馬匹牽引に拠っていた。フランス第7軍担当地区では、第9自動車化歩兵師団の馬匹が、大型トラックによってオランダ国境付近の師団展開予定地点まで長距離輸送されている。写真は、デンデルモンデの南、サン=ジルを通過中の馬匹輸送トラック。ヘントからちょうど30km東の位置にあたる。

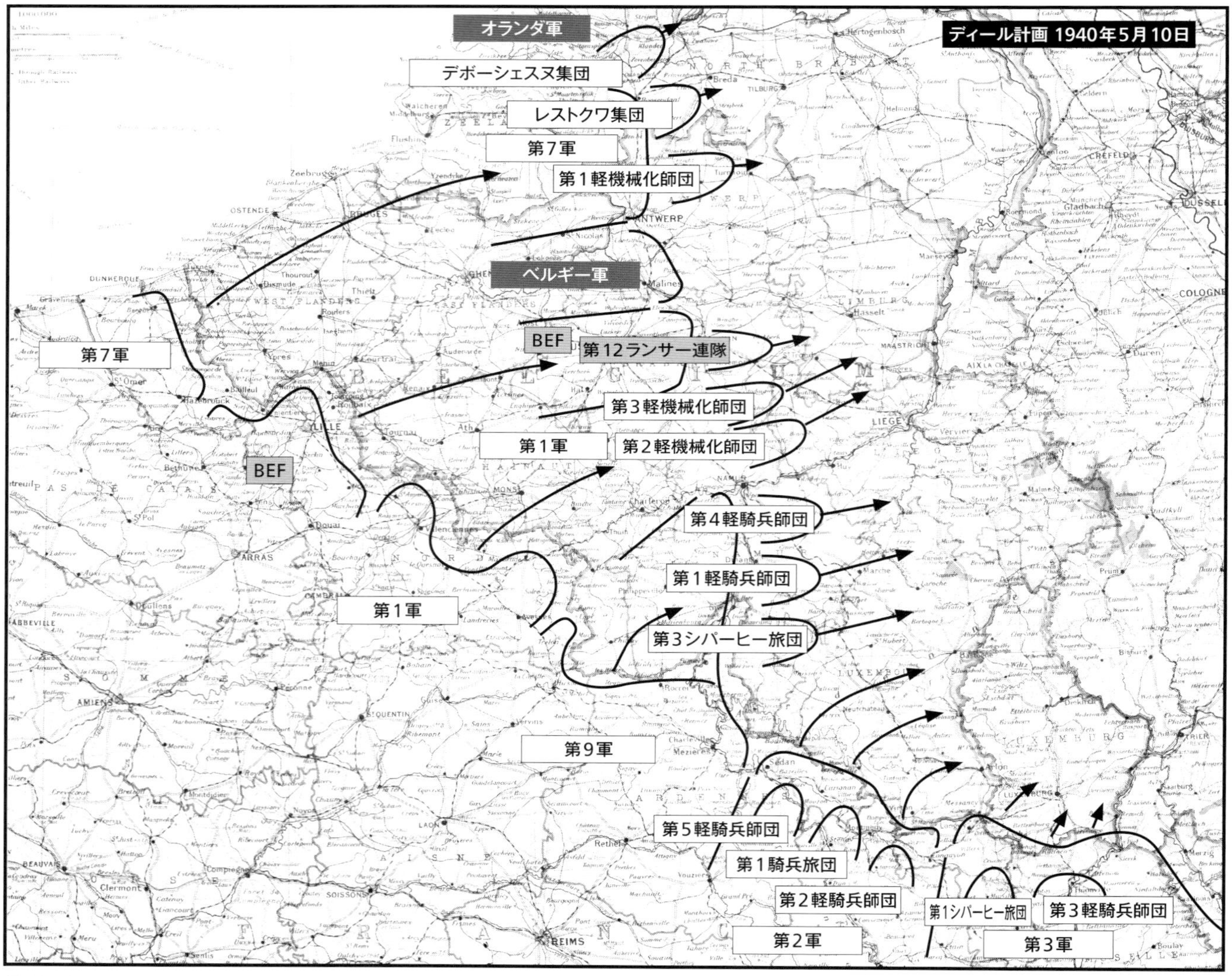

機動力を有する先遣隊が最前線を形成するために東進する一方、連合軍主力部隊、すなわちフランスの3個軍とBEFは、アントワープからナミュール、ムーズ川に設定した防衛ラインに向かって移動を開始した。

5月10日早朝、出撃準備を整えた第2自動車化龍騎兵連隊。第3軍の第II集団先遣隊に任じられていた同連隊は、0730時にはルクセンブルク国境のエッシュ=シュル=アルゼットに到着した。

を見逃してしまった。そこには、第34歩兵師団への命令書だけでなく、両隣の師団への命令書も残されていたのである（筆者注：ベーレンドルフは一命を取り留め、のちに現役復帰、1955年に死去）。

5月10日の終わりには、ディール計画はフル回転で機能していた。歩兵師団は移動を開始し、東方では騎兵部隊が敵との接触を保っていた。ベルギー軍最高司令部付き連絡武官オークール大佐の、エベン・エマール要塞で「ゆゆしき事態」が進行中との報告は別として、連合軍最高司令部がこの日の活動に下した評価は「作戦は順調なり」というものであった。北部の第7軍、欧州遠征軍、第1軍に関しても、まずまずの出来との評価がなされた。連合軍最高司令部は、作戦の進展に自信をもっていたのである。

第9軍と第2軍の地区では、アンツィジェ将軍の騎兵警戒線がスモア方面に撃退されたことで、危険な兆候が認められていたが、アルデンヌ地区は「異常なし」と評価されていた。連合軍最高司令部は、第2軍の騎兵部隊の北に敵が回り込んだことを戦術的危機としては認識していたが、それがクライスト集団の主攻軸の戦略機動であることには、まったく気づいていなかった。連合軍最高司令部は第9軍に夜を徹して騎兵部隊を東に進出させるように命じた。結局のところ、最高司令部の関心は、主決戦場として期待された北部におかれていたのである。

とはいえ、ドイツ軍の態勢も万全というわけではなかった。ドイツ国防軍最高司令部の作戦

先遣オートバイ部隊は、写真にあるD16号線高架橋沿いで、出撃命令が出されるまで待機していた。

ルクセンブルク国境から南に2km地点、第2自動車化龍騎兵連隊のオートバイ兵は写真のオーダン=ル=ティッシュにあるフランスの検問所に到着した。兵士たちはドイツ兵がまさかここからほんの5km地点まで進出しているとは想像さえしていなかった。

状況の掌握は、後手に回り混乱していた。10日の夜遅く、参謀総長フランツ・ハルダーは、陸軍総司令部の情報局第4課（OQu4）から「敵はベルギーへ進軍したのか、移動は開始されたのか?」と確認を求められたと戦時日誌に記していた。

エッシュにて、部隊の士官がフランス軍によるルクセンブルク国境通過の手続きについて詰めている間（92ページ参照）、オートバイ兵は国境バリケードの背後で無為に時間をもてあましていた。ノーム・ローンサイドカーの側車に立っている中尉は、後方の部隊の様子を注視していた。

ついに出撃だ！ 第5戦車大隊第2中隊のルノーR35戦車“シモーヌ”号が、エッシュを通過して北に向かう。町の北縁では、ヘルベルト・オスヴァルト少尉が率いる空挺コマンド部隊との間で、すでに銃撃戦が発生していた。

祖国の守りに赴く兵士たちを見送るオランダのヴィルヘルミナ女王。

オランダを巡る戦い

1914年の第一次世界大戦勃発時、ドイツ帝国軍はオランダ領へは一歩も踏み入らなかった。戦後、当時の参謀総長であったヘルムート・フォン・モルトケ上級大将は、ドイツ軍事界の批判の矢面に立たされた。批判の対象となったのは、参謀本部がマーストリヒト"虫垂部"と呼ばれるリムブルフ州を横切る攻撃を実施しなかったことで、ドイツ部隊はオランダ南部国境沿いに西へ向けて、密集して進まざるを得なかった不手際にあった。結果、オランダ侵攻の必要は戦訓として学び取られたが、《作戦名：黄色》の第1案で示された考えは、オランダ全土の侵攻ではなく、第6軍により"虫垂部"を攻撃するという限定されたものであった。しかし、オランダが仏英の地上・航空戦力を自国領内に招き入れるのではないかという危惧から、1940年1月30日に交付された《作戦名：黄色》第4案では、作戦をオランダ全土の侵攻へと拡大させることになった。これで百年以上におよぶ希有な平和を享受してきたオランダは、中立尊重を常に口にしてきたヒトラーによって、戦争の嵐へと巻き込まれることになったのである。

・オランダの防衛計画

オランダは国防予算が少なく、国防への姿勢もベルギーのように熱心なものではなかった。その結果、第二次世界大戦が始まった1939年9月時点でのオランダ軍兵力は10個師団と小規模であり、訓練度も低くて装備は旧式だった。政治的には中立を堅持することで、他国との軍事的提携を努めて避けており、このことは、1940年1月にベルギーにてドイツの攻撃意図を示す

中立政策に固執したオランダ軍は、手持ちの陸軍を東のドイツ国境だけでなく、南のベルギー国境を含む、すべての国境にまんべんなく配置していた。これには沿岸守備隊も含む。写真のスケヴェニンゲン沿岸守備隊の様子から分かるように、オランダ軍は海からの侵略にも備えていたのだ。

重要河川、特にイーゼル河、ワール川、マース川の渡河点には小規模な守備隊が配置されていた。写真はナイメーヘン道路橋の南側ランプに設けられていた封鎖壁で、実に印象深い1枚である。同じような封鎖壁が、道路の左側車線用にも用意されている。すでに見たように（75ページ参照）、無傷でこの橋を奪取するというドイツ軍の試みは、オランダ軍の爆破工作により失敗に終わっている。

計画書を携えたドイツ空軍将校の搭乗した航空機が不時着したメヘレン事件で、脅威が現実化した後でも変わらなかった。

軍事的に見ても、オランダ防衛は極度に困難である。オランダ軍の実力からすれば、全土の防衛が不可能なことは明白であり、その結果、最北部の4つの州と最南部のリムブルフ州は事実上、無防備なままにおかれることになった。オランダ軍最高司令部は、中央部の3つの州、北ホラント、南ホラント、ユトレヒトを守ることを決めていた。ハーグ、ロッテルダム、アムステルダム、ユトレヒトといった大都市を含み、

オランダ陸軍防空コマンド司令官ペトルス・ベスト少将は、1938年になると防空組織の近代化を推進し、ボフォース、シュコダ、エリコン、ヴィッカーズなどの高射砲製造メーカーから装備の調達を急いだ。将軍の努力の結果、1940年5月にオランダ軍は75mm砲、40mm砲、20m砲など各種、合計275門の最新式高射砲のほか、450挺の対空機銃を保有していた。オランダ軍では"4 tl."と呼ばれていたボフォース製高射砲はポーランドのライセンス兵器を購入したものである。写真は1939年冬に撮影されたもので、一面が雪に覆われた情景からはオランダという印象は薄く、工業国という印象を強くする。

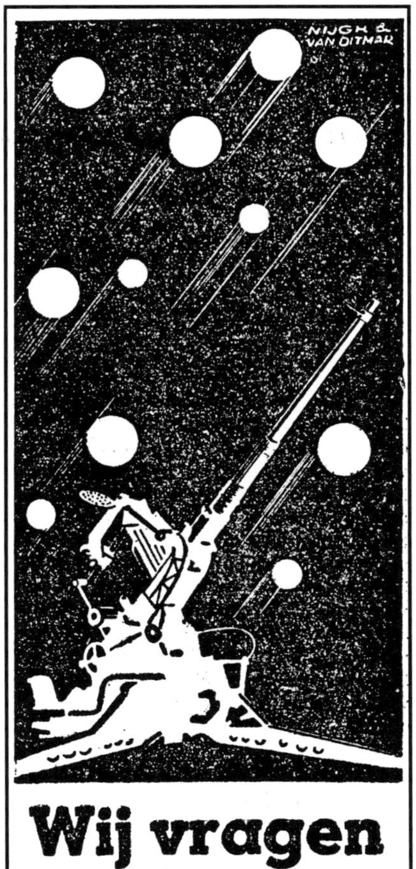
„zilveren kogels"
voor de bescherming van uw stad
Ieder profiteert er van, als zijn stad beschermd wordt door méér luchtafweergeschut!
Maar heeft ook ieder het zijne er toe bijgedragen om die veiligheid mogelijk te maken? Tot nu toe nog niet!
Stuurt ons uw „zilveren kogels"— per girobiljet! Er is nog f 500.000 noodig!
Stort uw bijdrage op de postgiro-rekening no. 357284 van de „Stichting Luchtafweer Rotterdam en Omstreken".

特定の町や工場が高射砲を購入する場合もあった。例えばこの広告は、「我々は貴方の町を守る《銀の弾丸》を求めている。もっとたくさんの高射砲が町が守れば、皆がそれだけ幸せになれるのだ！　だが、その安全を保証するのにいったい誰なのか？　もはや時間はない！　貴方の《銀の弾丸》を郵便振替で送って欲しい！　50万フローリンが必要なのだ！　郵便振替先は357 284「ロッテルダム防空基金」と訴えている。

オランダ経済と政治の心臓部であるこの地域は、"ホラント要塞(Vesting Holland)"と呼ばれ、軍は最後の一兵まで戦う覚悟であった。実のところホラント要塞とは、作戦の一環として洪水を起こすことで生まれる1つの島であり、その外郭はアイセル湖のムイデン(アムステルダム東方)から、ユトレヒトの東を通り、ワールのゴリンヘールのメルウェデ運河に沿いに延び、西へ折れて、ニウェ・メルウェデ、ホランツ・ディプ、ハリンヴリトといった運河を経て、北海にたどり着くものであった。このホラント要塞のほかに、オランダ軍はゼーラント州を守る決意を固めていた。ゼーラント州はドイツ軍侵攻の際に、仏英軍によるオランダ支援の出撃拠点となるはずであった。

オランダ中央部、ホラント要塞の東側防衛線であるNHW(新ホランツェ水路)防衛線の前面約30kmの地点には、アイセル湖のバールンからワールのレネンにかけての旧防衛線が走っていた。この旧防衛線はグレッベ防衛線と呼ばれるもので、1939年時点では壊れかけていた。しかし、オランダ軍最高司令部はこれにホラント要塞の防備を固めるまでの時間稼ぎ役の価値を見いだし、防衛線の再編成と強化を決めて、さっそく2個軍団を部署した。有事に際してこの2個軍団は、ホラント要塞前面地域での部隊の撤収、洪水化作業、爆破作業が完了するまで戦闘を継続し、その後は最高司令官の命令を待ってホラント要塞内へと後退し、要塞東部地域の防御に就くとされた。当然、グレッベ防衛線の守備隊が適時にホラント要塞内に後退することの無理が指摘され、オランダ政府と陸軍総司令官イザーク・レインデルス将軍との間に意見の衝突が起こった。この対立は、レインデルス将軍が1940年2月初旬に、最高司令官の職を辞する騒動にまで発展した。

その間も、グレッベ防衛線の改修は着々と進み、11月には予定の洪水化作業が実施された。1940年1月、グレッベ防衛線の点検が行なわれ、その防御はホラント要塞に比肩しうるレベルに達しているという判定がなされた。すると今度は、グレッベ防衛線を主防衛線の基礎にしようとの考えが生まれ、新任の最高司令官ヘンリ・ヴィンケルマン将軍は、グレッベ防衛線をホラント要塞の東側面とみなす方向に舵を切った。この決断により、より多くの国土が"要塞"の範囲に含まれることになり、最前線がユトレヒトのような大都市から遠ざかる反面、要塞の外郭総延長は40km延びることになったのである。

オランダ南部では、最高司令部は当初、ペール=ラーム防衛線に沿って、3個師団相当の1個軍団と補助部隊を配置することにしていた。ここでも守備隊の任務は、しばらくドイツ軍をくい止めたのち、ホラント要塞に後退するというものであった。しかし、協同防衛計画を企図してベルギーに打診を繰り返したものの、断固とした拒絶にあったことで、この地区でのオランダとベルギー間の共同防衛計画の立案は棚上げになっていた。ヴィンケルマン将軍は、ベルギーとの連携が無ければペール地区守備隊は重大な危機にさらされ、また水路の北側に後退する時間的猶予も失うことを理解していた。そこで果断にも将軍は、ペール=ラーム防衛線で戦う構想を一切放棄し、守備隊の大半を水路の北側、ホラント要塞内に移して戦わせる決意した。そして、この意図を悟られないよう、移動命令はドイツ軍の侵攻開始直後に発せられるものとされた。

ホラント要塞東側の防衛は洪水化措置を基礎としていたが、実際に洪水化に着手してから溢水地帯ができあがるまでに時間がかかるので、防衛手段としての効果は疑わしかった。洪水化

開戦時のオランダ軍は、同軍参謀総長ヘンリ・ヴィンケルマン将軍が立案した戦略に沿って部隊配置をしていた。グレッベ防衛線は、〈オランダ要塞〉の東側面部分と、各2個師団からなる第II軍団と第IV軍団が配置につくアイセル湖～レック川の防衛線で構成されている。水路の守備には2個旅団があたっていて、A旅団はレック川～ワール川を、B旅団はワール川からマース川を守備していた。以上の水路帯の南側に伸びるペール防衛線の背後には2個師団と1個軽師団からなる第III軍団が布陣していて、ドイツ軍の攻撃に直面したら、北西方向に撤退しながら水路帯で防衛線を再構築する予定になっていた。第1師団、第3師団で編成された第I軍団は、オランダ中心部を守る予備部隊となっていた。すべての国境線、特に東側には重点的に、大隊規模の守備隊が広く薄く配置についていて、敵軍侵攻の警報と同時に、主力が後方で防御線を固めるまで、河川防御による時間稼ぎに努めることになっていた。

イザーク・レインダース将軍の辞任に伴い、1940年2月、オランダ軍参謀総長に就任したヴィンケルマン将軍。戦場で対峙したのは、オランダ侵攻の任を負ったドイツ第18軍司令官ゲオルク・フォン・キュヒラー砲兵大将である。

措置が農耕地域に与える損害を思うと、侵攻開始のはるか以前の時点で洪水化の命令を発することもためらわれた。しかし、水位が上がって通行不能帯が形成されるには、早くて数日、遅いところでは数週間が必要であり、事実、5月10日の侵攻開始時点で、通行不能帯として役立った溢水地域はほとんどなかったのである。地方によっては住民が、耕地や家屋が水に浸かるのを嫌って水門を塞ぐ実力行使に出たところもあった。また、林の伐採や納屋の爆破を厭う住民も多かったため、銃砲の射界がひどく制限される事態もしばしば生じていた。

1940年5月、オランダ第IV軍団および第II軍団は各々2個師団をもって、アイセル湖からレクまでのグレッベ防衛線の守りに就いていた。水路地区の防備には2個旅団があてられ、A旅団がライン（下部ライン川）からワール川まで、B旅団がワール川からマース（ムーズ）川までを守っていた。水路地区の南部には第III軍団が配されペール防衛線のやや後方に位置していた。第III軍団は2個歩兵師団と1個自動車化軽師団で編成され、侵攻開始の報とともに即座に北へ移動し、水路後背の守備陣地に入るものとされていた。さらに、2個師団を持つ第I軍団が、戦略予備兵力としてホラント要塞の中央部に置かれていた。

海岸部からマーストリヒト地区までの東部国境には、全部で約25個大隊の軽部隊が置かれた。その大半は国境大隊（Grens Bataljon）と呼ばれるもので、任務は侵攻時に警報を発することと、渡河施設の管理統制にあった。とりわけ、マース川のような幅の広い河川では、フェリーや橋梁を侵略者の眼前で爆破して進出を遅らせ、西へ退却する計画となっていた。その後方、中央部にはアイセル川とパンネルデンス運河に沿って第2防衛線が敷かれ、7個大隊が配置されていた。また南部ではペール防衛線を16個大隊が守っていた。その一方で、中立を唱えながら国境防備の比重が偏っているのではないかという非難を避けるために、オランダ軍はわざわざ3個大隊をベルギー国境、9個大隊をゼーラントに送り、また、多くの海岸防備部隊を配置したのである。

ガムラン将軍はすでにパリ駐在のオランダ武官に対し、オランダ支援のためにベルギーを経由して、フランス軍の最良部隊である第7軍を北上させる用意があることを申し送っていた。しかし、オランダ軍最高司令官ヴィンケルマン将軍はこの計画の存在を知らず、中立の姿勢を堅く守って、自己の国防計画の立案に連合軍の支援の可能性を採り入れなかったのである。

ドイツのオランダ侵攻計画

オランダ全土を覆う数多くの水路の1つ1つが、わずかな兵力の守備隊が配されるだけで、ドイツ軍の進撃を数日間食い止めうる防衛線に早変わりすることを考慮して、ドイツの作戦立案者は、大胆な空挺作戦により各所の重要な橋梁群を奪取し、地上部隊の進撃速度を確保しようと決意した。オランダ領内奥深くへと空挺部隊を投入し、マース川とライン川三角州を横切ってムールダイクからロッテルダム、さらに北のハーグまで延びる、空挺カーペットを広げようというのだ。この空挺作戦が成功すれば、重要な橋梁と通信中枢を失ったオランダ軍の抵抗は麻痺し、予備部隊の移動も困難になるのである。空挺作戦の着想はヒトラー発案によるものと思われるが、作戦の細部は第7空挺師団長のクルト・シュトゥデント中将によって描き上げられた。

オランダ侵攻は、ゲオルグ・フォン・キュヒラー将軍の第18軍が担当することになり、攻撃は3つの矛先に分けられることになった。

北部の矛は第1騎兵師団によるもので、グロニンゲン州とドレンテ州を貫いてフリースラントへと達し、遮断堤防沿いに前進してアイセル湖を横切りホラント要塞を北側から攻略する。

中央の矛は第X軍団が担当し、2個師団と武装SSの2個連隊をもってアルンヘムの北方を攻撃し、グレッベ防衛線を制圧してユトレヒトを目指す。

南部では第XXVI軍団が矛先となり、当初は2個師団をもってマース川を越えてペール防衛線を突破、北ブラバント州を進撃してホラント要塞を南側から攻撃するのと同時に、支援のフランス軍を阻止するというものであった。第18軍の主攻軸は南部に置かれており、突破が成功した時点で、軍予備である第9戦車師団を投入することが決まっていた。予定では、第9戦車師団の先鋒部隊は作戦第3日目にはロッテルダム地区に進出し、拠点を確保する空挺部隊を次々と救援しながら、ホラント要塞の心臓部へ向けて突進するものとされていた。

第7空挺師団の落下傘兵と第22歩兵師団のグライダー降下兵は、旧式化は隠せないものの、いまだ信頼性では揺るぎない三発輸送機ユンカースJu52を使った作戦に投入された。 Ju52は1機あたり18名の兵士を空輸できた。

ドイツの空挺突撃

オランダを攻撃目標とする空挺作戦の総指揮は、アルベルト・ケッセルリンク将軍の第2航空艦隊に委ねられることになり、大規模で複雑な作戦を成功へと導くために専任の作戦本部が設けられた。新たに設けられた空挺軍団(Luftlande Korps)の司令官にはシュトゥデント中将が任命され、実戦指揮を執ることになった。また、空挺作戦本部は第2航空艦隊の直属とされた。空挺軍団は、ホラント要塞の心臓部へ落下傘強襲攻撃をかけるシュトゥデント将軍の第7空挺師団から抽出した3500名の降下猟兵と、空輸されて降下猟兵を支援する第22(空輸)歩兵師団の将兵1万2000名により構成された。

空輸部隊の司令官にはヴィルヘルム・シュパイデル将軍が任命され、430機のJu52輸送機が集められた。輸送機は各々4個飛行隊を持つ2個航空団に分けられ、フリードリヒ=ヴィルヘルム・モルツィク中佐の第1特別任務爆撃航空団(KG.z.b.V.1)の第1～第4飛行隊と、ゲルハルト・コンラート中佐の第2特別任務爆撃航空団(KG.z.b.V.2)の第9、第11、第12、第172特別任務爆撃飛行隊(KGr.z.b.V)が編成された。各グループは53機の輸送機を持ち、1回の飛行で1個大隊相当の兵力を輸送することができた。

空挺作戦用に編成された特別任務航空軍団(Flieger Korps z.b.V.)の司令官にはリヒャルト・プッチアー少将が任命され、戦闘機隊と爆撃機隊を運用して作戦支援にあたるものとされた。特別任務航空軍団は、250機の戦闘機を保有する10個戦闘機隊と、1個スツーカ急降下爆撃機隊を含む6個爆撃機隊を指揮下に置いていた。しかし、第2航空艦隊はB軍集団の全般支援にあたる必要がある以上、総数170機の爆撃機の大半は一時的に指揮下に置かれたものでしかなかった。

攻撃第1波である第7空挺師団の降下猟兵の目標は、ムールダイクとロッテルダムの間にかかる重要な橋梁群の確保と、ロッテルダムとハーグ郊外の飛行場の奪取であった。4つの飛行場が降下猟兵により確保されたのち、Ju52輸送機が第22(空輸)歩兵師団の中隊群を運びこむ手筈になっていた。

降下地点にMG34軽機関銃を据える降下猟兵。訓練を撮影したもの。

ハーグ近郊で捕虜になった降下猟兵のカメラに写っていた別の機関銃班。風車はオランダの象徴的風景だが、写真の風車の特徴は、北ドイツに一般的な風車に類似しているので、おそらくは5月10日に先立ち、プロパガンダ用に撮影された写真だろう。

作戦地域北部では、第2降下猟兵連隊の1個強化大隊が、ハーグを取り巻く3つの飛行場、ファンケンブルフ（第1降下地点）、オッケンブルフ（第2降下地点）、イペンブルフ（第3降下地点）を占領することになっており、事後の空輸展開用に第22（空輸）歩兵師団の2個連隊が割り当てられていた。第22（空輸）歩兵師団長のハンス・フォン・シュポネック中将がこの北部地域の総責任者であり、同地域とハーグのオランダ政府省庁、軍最高司令部の制圧および、政府高官とオランダ王室の身柄拘束を命じられていた。

作戦地域南部のロッテルダム地区では、第1降下猟兵連隊の将兵がムールダイク、ドルトレヒト近郊、ワールハーフェンに降下することになっていた。飛行場の占領後は第22（空輸）歩兵師団の1個連隊がワールハーフェン（第4降下地点）に空輸され、降下猟兵の確保した橋梁群と重要拠点を引き継ぐことになっていた。南部地域はシュトゥデント将軍自らが指揮を執り、司令部はワールハーフェンに設立される予定であった。

オランダ侵攻空挺作戦は、当時の軍事界の常識を越えるスケールの大きなものであったが、オランダ軍は、1ヵ月前のデンマークとノルウェー侵攻でドイツが空挺強襲を実施したことで、同種の作戦の実施をある程度予期していた。「ヴェーゼル演習」と呼ばれた北欧侵攻作戦の成功に、オランダ軍最高司令部は強い衝撃を受けており、オランダの飛行場を狙う空挺強襲に備えて対抗策を講じたのだ。各滑走路は機関銃の火線下に置かれ、軽師団から抽出された装甲車部隊がイペンブルフとスキポール飛行場に各2個小隊ずつ配置されていた。この備えは実戦で大いに効果を発揮し、ドイツ軍に甚大な損害を与えることになる。

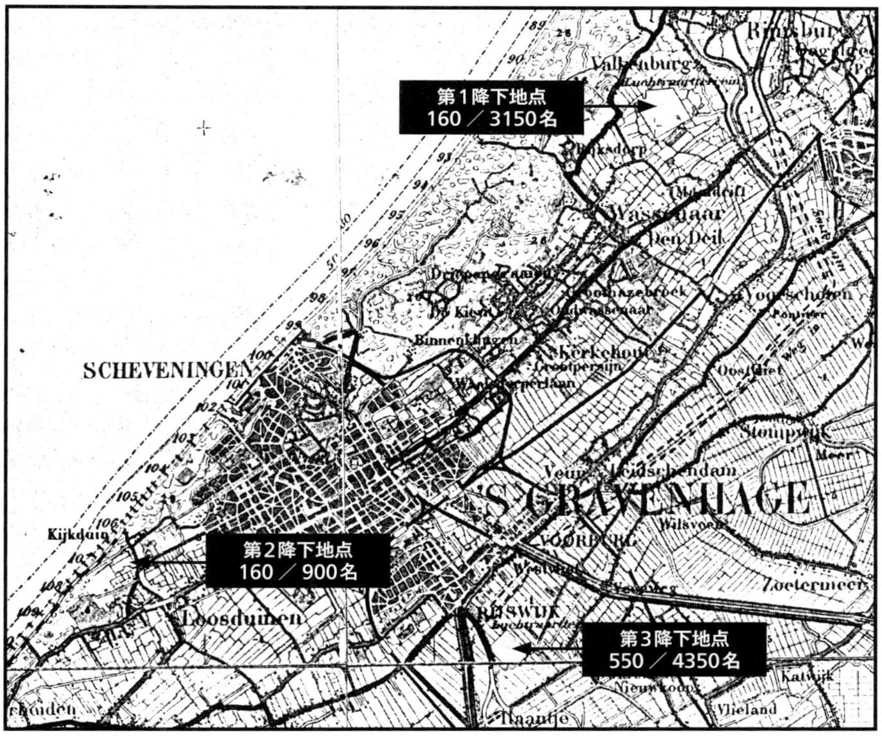

フォン・シュポネック中将は9300名の配下部隊を3つの部隊に分けて、ハーグを包囲した。2つ並んだ数字のうち、左は攻撃部隊第1波の戦力、右は飛行場の安全が確保された後にJu52輸送機で運ばれる後続部隊の戦力である。

・北部空挺集団のハーグ近郊の戦闘

作戦計画によれば、ハーグを攻撃する北部空挺集団長フォン・シュポネック中将の9300名の将兵は、3つのグループに分かれ、5月10日の夕刻にはハーグの包囲を完了することになっていた。計画の概要は次の通り。

a）第172特別任務爆撃飛行隊の1個飛行中隊（Ju52輸送機12機）は、第2降下猟兵連隊第6中隊の160名の将兵を第1降下地点ファルケンブルフへ運び、落下傘降下を実施する。飛行場占領後、空輸第1波である第11特別任務爆撃飛行隊の約50機を送り、第47歩兵連隊の司令部と将兵を展開する。攻撃第1日目は計5波の空輸を実施し、3150名の将兵を落下傘部隊支援のために輸送する。

b）第1特別任務爆撃航空団第4飛行隊の1個中隊は、第2降下猟兵連隊第3中隊の160名を第2降下地点オッケンブルク上空で落下傘降下させる。飛行場の占領後、第12特別任務爆撃飛行隊の空輸第1波15機を送り、第65歩兵連隊第II大隊を展開する。攻撃第1日目は計6波の空輸を実施し900名の将兵を輸送する。

c）第1特別任務爆撃航空団第4飛行隊は40機のJu52輸送機により、第2降下猟兵連隊第1、第2、第4中隊の計550名を、第3降下地点イペンブルフ上空で落下傘降下させる。飛行場の占領後、第12特別任務爆撃飛行隊の空輸第1波38機により第65歩兵連隊の将兵、第2波により第22歩兵師団司令部を展開する。攻撃第1日目は計8波の空輸を実施し4350名の将兵を輸送する。

5月10日未明、オランダ侵攻が開始された。第126爆撃飛行隊のHe111爆撃機は、フリッシンゲン、アイムイデン、デン・ヘルダーの各港湾外と、フーク・ファン・ホラント岬近くのニウェ・ワーテルウェヘ（新水路）に機雷を敷設。また、ドイツ空軍は降下目標地域の飛行場と橋梁の周辺地域を爆撃した。爆撃の主目標となった各飛行場の損害は甚大であり、この先制攻撃でオランダ空軍は約130機あった稼働機のうち、早くも半数を失なった。第2航空連隊（LVR：Luchtvaart Regiment）の偵察機中隊は全機かろうじて難を逃れたものの、第1、第2航空連隊を合わせても、62機あった戦闘機（フォッカーG1AおよびフォッカーD21戦闘機）のうち、残った稼働機は13機だけという有様だった。

しかし、落下傘強襲作戦は最初からつまづいた。フォン・シュポネックの降下猟兵たちの降下開始時間は、ドイツ時間の0610時から0630時の間と計画されていたが、輸送機がオランダ軍の高射砲火により編隊を崩したため、降下猟

平和の最後の時。第1特別任務爆撃航空団第III飛行隊の搭乗員が、おそらくは乗機のユンカース輸送機を前にして、飛行場でくつろいでいる。撮影日は5月9日。翌日、彼らには第16歩兵連隊の兵士を、ワールハーフェンまで空輸する任務が降されるが、撮影時点ではそのようなことは一切知らされていない。

兵は目標から遠くへ降下する羽目になってしまったのである。事態はとくにイペンブルフとオッケンブルクでひどかった。これに加えて、0700時に増援部隊を乗せた輸送第1波が計画通りに飛行場へ到着したために、各降下地点の混乱は収拾のつかないものとなったのである。

西方戦役で、オランダ空軍はすこぶる健闘して、ドイツ軍機60機を撃墜していた。とりわけ鈍重なJu52輸送機は、戦闘機、高射砲のどちらから見ても格好の獲物である。写真は、オランダ第1航空連隊所属機、双胴が印象的なフォッカーG1A戦闘機が、炎を吹き上げながら墜落するJu52と交差した瞬間をとらえた印象的な一枚である。犠牲となったJu52は、搭乗していた降下猟兵を空港に届け終えた直後を襲われた。

・第1降下地点：ファルケンブルフ

ファルケンブルフでは、降下猟兵による飛行場の占領は成功したものの、滑走路の表面が柔らかくJu52輸送機の重量に耐え得ないことが直に判明した。それでも、空輸第1波の50機は着陸を強行し、主脚のタイヤが地面に埋もれた結果、滑走路から離れられなくなってしまった。これだけなら混乱するだけで済んだかも知れないが、イペンブルフに着陸不能となりファルケンブルフへ振り向けられた第12特別任務爆撃飛行隊の7機が飛来したことで、状況は最悪となった。すでに荒れ切った路面に脚をとられた輸送機があちこちに停止して滑走路を塞ぎ、飛行場は発着不能となったからだ。0930時、ファルケンブルフ上空に到着した空輸第2波、第1特別任務爆撃航空団第1飛行隊の40機は、近くに新たな着陸地点を求めなければならなかった。一部はハーグ北辺のカトワイクとスケヴェニンゲンの間の海岸に着陸したが、他は増援部隊を積んだままヴェアルまで引き返さなければならなかった。海岸に降りた輸送機のほとんどは再離陸不可能であった。午後になって攻撃初日最後の空輸部隊が送り出され、第9特別任務爆撃飛行隊の6機がファルケンブルフに向かった。これも、どうにか1機がオッケンブルクに強行着陸しただけで、残りの5機はリップスプリンゲの基地へと帰還した。

ファルケンブルフへの先制爆撃に呼応し、オランダ空軍は5機のフォッカーCX戦闘機を送り、この部隊はカトワイク海岸のドイツ部隊に対し機関銃掃射を加えた。さらに、駆逐戦闘機大隊（Jachtvliegtuig Afdeling）のフォッカーD21戦闘機5機がこれに続いた。

地上では、飛行場周辺に陣取るドイツ軍に対して、オランダ軍が反撃を開始し、砲兵もこれに加わった。ドイツ第47歩兵連隊長クルト・ヘイザー大佐は負傷し、ドイツ部隊は北東のファルケンブルフへと後退を強いられた。ここで点呼が行なわれ、部隊は将兵600名の兵力を掌握するに過ぎないことが確認された。飛行場の西側数km、ワッセンナール近郊では、同連隊第5中隊長ハンス・フォイクト中尉の350名が集結し、塹壕を掘って敵に備えていた。オランダ軍は5個大隊を投入し、フォイクト部隊に強力な反撃をしかけたが失敗に終わり、36名の戦死者と多数の捕虜を出していた。

・第2降下地点：オッケンブルク

オッケンブルクの状況もひどかった。降下猟兵を乗せた輸送機の編隊は散開してしまい、目標上空で落下傘降下できたのは第3中隊の4分の1だけであった。5機は遥か西のス＝グラーヴェン＝ヴァンデに部隊を降下させ、他の3機はフック・ファン・ホラント岬近くのスタールデュインゼ・ボスに兵を落とした。ス＝グラーヴェン＝ヴァンデに降りた70名は首尾良くオッケンブルクの部隊に合流できたが、スタールデュインゼ・ボスに降りた約40名は森に入り、後にイペンブルフからの100名と合流して、5月14日火曜日の戦闘終了までそこに留まった。

空輸第1波の第12特別任務爆撃飛行隊のJu52輸送機17機は、とくにトラブルもなく午前7時にオッケンブルクへと着陸した。しかし、数機が地面に脚をとられ、ファルケンブルフと同じ

（左）ドイツ軍空挺部隊を率いたクルト・シュトゥデント陸軍中将。1944年に撮影した写真で彼が帯びている騎士鉄十字章は、オランダ侵攻を成功に導いた功績を評価したもの。

（右）第7空挺師団の約3,500名の兵士が、オランダ上空で降下作戦を行なった。写真は5月10日早朝、作戦中に撮影したと思われる1枚。

状況になった。空輸第2波の1番機は0745時に着陸し、滑走路を塞いでしまった。その場面でイペンブルフから、第9特別任務爆撃飛行隊の3機の輸送機が、オッケンブルクでの状況好転を期待して飛来したことで、混乱に拍車がかかった。ついに強行着陸を実施することになり、フォン・シュポネック中将の搭乗機を含む数機はやや西へ降り、他は海岸かカイクデュインもしくはテル・ヘアイデ近郊の砂丘の東側に広がる草地に着陸した。このうちの何機かは、離陸不能になった輸送機の乗員を乗せ再離陸した。0925時、空輸第3波の12機が飛来したが、オッケンブルク飛行場が使用不能であることは明らかであった。このうちの2機は北へ飛び、ワッセンナール近くの海岸へ強行着陸した。残りの輸送機はワールハーフェンへと進路を取った。

オッケンブルクへの反撃は、オランダ空軍爆撃機大隊(BomVA=Bombardeer-vliegtuig Afdeling)フォッカーTV爆撃機による空爆に始まり、夕方にはイギリス空軍第110、第600飛行中隊のブレニム爆撃機が、カイクデュインに着陸した輸送機を襲い4機を破壊したと報告した。

地上では午後になって、オランダ砲兵が飛行場への砲撃を開始した。オランダ軍は夕刻には飛行場を奪還、130名のドイツ兵を捕虜とし、捕まっていた30名のオランダ兵を解放した。ドイツ軍は少し離れたオッケンローデの荘園へと撃退され、フォン・シュポネック中将は数百の兵をもって防備を組織した。

地上では、ドイツ軍の空挺作戦をプロ写真家のヘンク・ラーメ氏が望遠レンズを用いて撮影していた。写真は金曜日の朝、第2降下猟兵連隊がイペンブルフ上空で降下作戦を実施している場面で、ラーメ氏が自宅ベランダより撮影した。左の塔には"BOSBAD"水泳プールの看板が、右にはV.U.C.スタジアムの夜間照明灯が確認できる。

・第3降下地点：イペンブルフ

イペンブルフの状況は最悪であった。降下猟兵を乗せた輸送機は第三降下地点に接近する前に、オランダ軍の高射砲火に遭って編隊がばらばらになり、ドイツ兵は降下地域から遥か遠くに舞い降りることになった。状況を知らなかった空輸第1波の第12特別任務爆撃飛行隊の38機の輸送機は、いまだオランダ軍の手中にあるイペンブルフ飛行場への着陸進入コースをとった。およそ12機が撃墜され、わずか10分で増援部隊は200名の将兵を失った。空輸第1波は混乱に陥り、ファルケンブルフへ進路をとった数機の他は、ブライスワイクに2機、ベルケルに1機、デルフト南側のデン・ハーグ=ロッテルダム自動車道と周辺の草地に10機と、てんでに強行着陸した。再離陸できたものはほとんど無く、第1波は全滅同然であり、第12特別任務爆撃飛行隊に残った輸送機は2機だけとなった。

空輸第2波、第9特別任務爆撃飛行隊の40機も第1波と同じく、待ち構えていたオランダ高射砲火へと突っ込み、数機が撃墜され、残りはオッケンブルクやデルフト南側の自動車道へと向かった。

師団の軍医将校ヴェルナー・ヴィッシュフーゼン准尉は、0715時に自動車道へと着陸すると、辺り一帯の部隊をまとめあげた。空輸第2波のうち、イペンブルフで辛くも撃墜を免れた12機あまりはオッケンブルクへと向かった。ハーグ上空を飛行した別の2機は高射砲火により撃墜された。この2機には第22(空輸)歩兵師団の司令部要員が搭乗しており、全員が戦死したが、オランダ軍は残骸から侵攻作戦計画の全容を示す書類を発見した。他の書類と合わせ、ドイツ軍が政府高官他の有力者とオランダ王室を捕虜にしようとしていることが判明した。

イペンブルフの混乱は、1000時に空輸第3波である第1特別任務爆撃航空団第4飛行隊の30機が到着したことで極みに達した。その場で着陸を強行したものもあれば、ワールハーフェンへ向かったものもいた。また、一部はニウェ・

ハーグ上空でイペンブルフからオッケンブルグに行き先を変更した2機のJu52は、濃密なオランダ軍の高射砲火の中に飛び込む形となった。

2機とも撃墜された。1機はツイーデ・アーデルハイド通りに墜落していた。

ワーテルウェへの両岸へ着陸。運河の南側のローゼンブルク島へは3機、北側のマースダイク近郊には6機が着陸した。第12特別任務爆撃飛行隊が空輸第1波で壊滅したことで、第4波の空輸任務は第172特別任務爆撃飛行隊に託されることになった。空輸第4波は1110時にイペンブルフ上空へ到着したが、ワールハーフェンへの変更を余儀なくされた。

以上の様に悲劇的な作戦第一幕にもかかわらず、イペンブルフの降下猟兵はかろうじて飛行場の占領に成功した。しかし、午後になってオランダ砲兵がドイツ軍陣地を叩き始めると状況は悪化した。オランダ軍はドイツ陣地に圧力をかけ、ついには飛行場の奪還に成功した。だが、この吉報はイギリス空軍第40爆撃中隊の爆撃開始には間に合わなかった。12機のブレニム爆撃機は1630時に飛来し、地上で移動不能のJu52輸送機を目標に爆弾を投下した。格納庫一棟を破壊したものの、ドイツ戦闘機の迎撃で、3機の爆撃機が飛行場付近で撃墜された。この爆撃により降下猟兵は飛行場の南縁まで後退したが、連合軍内部の連絡が上手くいっていなかったために、オランダ軍も部隊を飛行場の北縁まで下げてしまった。降下猟兵の各陣地は互いの連絡を絶たれたために、飛行場北側のヨハンナフーヴェの陣地はオランダ軍に降伏を余儀なくされ、降下猟兵30名が捕虜となった。

イペンブルフに駐屯していたオランダ軍装甲車2個小隊は、ドイツ軍の攻撃を挫くのに大きな貢献を果たした。装甲車(PAW)602号車の車長G.モンマース伍長が当時を振り返る。

「とにかく戦争のはじまりは無茶苦茶だった。すぐ側のコンクリート造りの大きな格納庫に爆弾が落ちて、装甲車は瓦礫に埋まっちまったんだ」モンマースは続ける、「それでもな、次の攻撃が来るのは判ってたんで大急ぎで瓦礫を片付けた。わしが主砲を撃っている横で、フィッカース(前部操縦手アレ・フィッカース)は猿真似で砲塔機関銃の操作を覚えたのさ。急降下爆撃機が格納庫を潰したんで、やつらに狙いを付けるのは随分とたやすくなった。じきに1発食らわしたんで、部下はみんな、俄然やる気になったもんだ。そのうち、格納庫の燃える熱と中の飛行機の燃料タンクの爆発がひどくなったもんで、わしは装甲車を移動させることにした。ヴァン・ブリューゲル(後部操縦手)は腰が抜けちまったもんで、代わってフンメル(副操縦手カレル・フンメル)が装甲車をダート(未舗装路)に引っ張り出した。それから滑走路まで行って、急降下爆撃機に1発撃ってはそこから逃げ出すのを繰り返した。その度に、装甲車の後ろにショックを感じたけれど、そいつが墜落した敵機なのか爆弾なのかなんてことは、かまっちゃいられなかったね。クールス(機関銃手ヨピ・クールス)は"ヒット&ラン"戦法の間に1機墜としたっていってたな」

ドイツ軍の爆撃が続く最中、降下猟兵は落下傘降下を開始し、装甲車602号車のオランダ兵は空中に漂うドイツ兵を撃ちまくった。少ししてJu52輸送機が飛来した。「ありゃあ、ごきげんな標的だったなぁ」、モンマースは語る。「目の前で重たげに着地してスピードを緩めるんだ。わしたちは1機ごとに鉛と鉄の嵐をぶちこんでやった。ほとんど途切れ目なしに撃ち続けたもんで銃が過熱しかけたけれども、フンメルが器用にやってすぐに直しちまった。射程が短かったもんで、最初に徹甲弾を撃って、次には榴弾を使った。最後の5発は、爆撃された格納庫の前まで来たJu52に撃ち込むことになった。とにかく近かったもんで照準器には視差が出るから、わしがこんな風に、薬室をのぞき込んで狙いをつけたんだ。2発当たったっけな」

弾薬を使い切った装甲車は格納庫の裏に下がり、モンマース伍長は弾薬を求めて外へ飛び出し、補給トラックを探しに走った。モンマースが補給トラックを運転して戻ると、まず近くの装甲車601号車に弾薬ケースを運び始めた。

「5mばかり向こうにいて弾薬補給を手伝ってた兵隊が致命傷を負ってね、わしも死んだ振りをした。弾丸はデルフトへの自動車道路の向こう側から飛んでくる。じきにドイツ降下猟兵の一団が道路を渡って来て、ヴァン・デル・ホルスト軍曹の601号車を降伏させた。今度はデルフトの方向から、オランダ兵が撃つな！　撃つな！　と喚きながらやってきた。畜生め、オランダ兵の後ろにはドイツ野郎がいて、背中に銃を突き付けてやがったんだ。道路わきの斜面に突っ伏してると、わしの602号車が近づくのが目に入った。装甲車の部下は、ここいらがドイツ兵で溢れ返っているなんて思ってもいやしねぇ。わしは装甲車の方へ注意深く、止まるなと合図したんだ。部下が装甲車を止めて、わしを拾いあげようとすれば一巻の終わりだからね」

装甲車602号車はドイツ兵の前に出て頭上に弾丸を撃ちまくったので、ドイツ兵は掩護物を求めて逃げ出した。捕虜になっていたオランダ兵はこの機会を利用した脱出した(モンマース伍長も難を逃れイペンブルフへとたどり着き、後に602号車へと戻った)。

5月10日の夕刻にまとめられた北部空挺集団

墜落機に搭乗していた17名(16名という報告もあり)は全員死亡した。炎上した残骸から押収した書類を精査したオランダ軍情報部は、撃墜した機に第22歩兵師団の参謀らが搭乗していた事を知った。

機体の残骸からドイツ軍の作戦計画書を押収したことは、オランダ軍の大金星となった。書類からオランダ軍最高司令部および王族の捕獲計画の存在が明らかになったからだ。この類の作戦には正確な情報が不可欠だが、ドイツ軍情報部は作戦成功の鍵となる人物の居場所や、オランダ軍守備隊の戦力に関する豊富な情報を得ていた。4月9日付けの報告書には、二人の王位継承者、ベルンハルト王子とユリアナ王女がハーグのノールドアインデ王宮に居住している事を掴んでいたが、ヴィンケルマン参謀総長の所在確認には失敗した事を伝えている。焼け焦げた書類の中から発見された作戦計画は、フォン・シュポネック将軍配下の部隊を、地図左下の"プラッツII"(オッケンブルク)からラーン・ファン・メールデルヴォールトを経由して、ワルデク・ピルモント・カデに入り、ノールトワル通りを通過して王宮に導くための道順が詳細に描かれている。

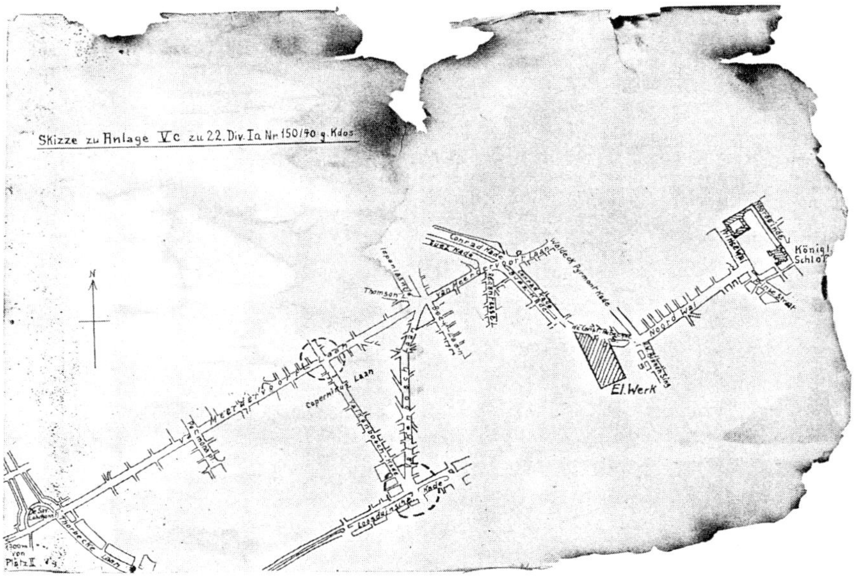

問題のJu52輸送機が墜落したツイーデ・アーデルハイド通りは、今日ではほぼ完全に区画整理されている。コーニンギン・マリアラーン通りがかつて"BOSBAD"水泳プールがあった場所であり、ヘンク・ラーメが写真を撮った自宅付近はヘレナ通りとなっている。1945年3月、RAFの第2戦術空軍は、ミッチェル爆撃機、ボストン爆撃機の混成部隊を送り込んで、ハーグセ森一帯を爆撃した。ここにV2ロケットの発射基地があると信じられていたからである。しかし爆撃部隊は通りの反対側を爆撃するというミスを犯し、猛火に包まれたベザイテンハウト地区の住民511名が死亡、344名が負傷するという大惨事となった。

イペンブルフに展開中のM36装甲車装備の2個小隊の装甲車が、ドイツ軍の襲撃を挫く貴重な戦力となった。写真は1936年にブラバントで撮影されたもので、この"猛獣"は37mm砲と3挺の機銃で武装していた。

の現状報告は惨状を呈していた。作戦地域に到着した兵員数は、離陸不能になった輸送機の搭乗員を含めても約3800名で、計画の3分の1にも満たなかった。ファルケンブルフでは計画の3300名に対しわずか1400名、オッケンブルクでは計画1050名中、約600名が到着したに過ぎなかった。イペンブルフでは、第一陣の4900名のうち、1550名だけが地上に降り、ほとんどは飛行場から離れた場所にいた。オランダ軍が3つの飛行場を取り戻したために、ドイツ軍はすべての目標の奪取に失敗したのである。しかも、作戦地域に到着した兵員のうち2000名は既に犠牲者の勘定に入っており、1500名以上が捕虜となり、他はハーグ周辺に点々と散らばっていた。

いまだ戦闘行動中の1650名内外の将兵でもっとも大きな集団は、ファルケンブルフの第47歩兵連隊長クルト・ヘイザー大佐の率いる600名の部隊であった。ワッセンナールには第1降下地点からの350名がハンス・フォイクト中尉のもとに集まっていた。集団長フォン・シュポネック中将は第2降下地点に送り込まれた残余360名とともに、オッケンブルク南方の森の中に閉じ込められたままとなっていた。また、フック・ファン・ホラント岬の東の森には第3降下地点からの140名が、デルフトの南ではヴェルナー・ヴィッシュフーゼン軍医准尉のもとに約200名があった。

フォン・シュポネック部隊の唯一の成功は、オランダ軍をホラント要塞の心臓部へと引きずり込んだことにあった。オランダ軍最高司令部は空挺攻撃に過敏に反応し、第I軍団の全部を移動させていたのだ。この決断は、戦略予備である第I軍団の過早投入となり、後の大きな失策の原因となった。また、最高司令部はホラント要塞の東側面からも部隊を移動させた。結局、オランダ軍が侵攻初日にドイツ空挺部隊に差し向けた兵力は、歩兵9個大隊と砲兵部隊だけであった。

・南部空挺集団のロッテルダム攻略

作戦計画によれば、南部空挺集団の指揮官シュトゥデント中将のもとには、5月10日の作戦開始時に4,600名の将兵が集められていた。

攻撃第一陣は、第1特別任務爆撃航空団第1飛行隊の50機のJu52輸送機に分乗する、第1降下猟兵連隊第II大隊の700名で、ムールダイクに落下傘降下し町の北と南の橋を奪取。第二陣の第172特別任務爆撃飛行隊の輸送機30機には、同連隊第I大隊と連隊本部要員の計400名が乗りこみドルトレヒト南方に降下を予定。同時に第二陣の一部はドルトレヒトの橋の両端を確保するために、降下猟兵第3中隊170名を降下させ、最終部隊である同航空団第2飛行隊の50機は、同連隊第III大隊の700名を第4降下地点であるワールハーフェンに降下させる予定になっていた。これに続いて、空輸第1波である同航空団第3飛行隊の20機が、第16歩兵連隊第III大隊の将兵を乗せ到着。空輸第2波としては第7空挺師団の司令部要員の輸送が予定された。ワールハーフェンへの空輸はこのあとも続く予

激しい高射砲火でちりぢりになった北部空挺集団のJu52部隊は、混乱状態のままでの着陸を強いられたり、一部の機体はファルケンブルフまたはオッケンブルクに向きを変えた。まだ確保が済んでいないイペンブルフ飛行場に不時着を試みた機体は、多数が撃墜されている(上)。一部の機体は無事に着陸成功したが、中には海岸や空き地に不時着したり、デルフト〜ロッテルダム間の道路に不時着した機体もあった(下)。

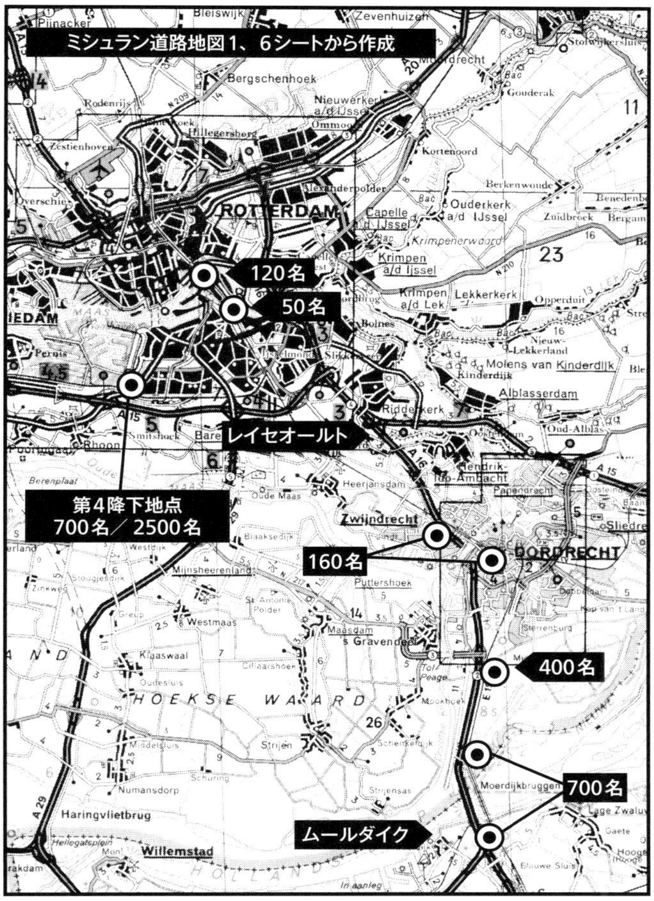

（左）南部空挺集団はムールダイクからロッテルダムにかけてのマース川畔からライン河口付近一帯に空挺部隊のカーペットを敷き詰める予定であり、夕刻までにクルト・シュトゥデント中将の手元には6000名の部隊があった。（地図上の700／2500は、700名が第IV降下地点に落下傘降下し、別の2500名が後続として輸送機で運ばれて来たことを意味する）。（右）推測ではあるが、5月10日、オランダ上空から降下する場面を撮影した写真。高度200フィート（約60m）という信じられない超低空から降下したと伝えられる。

定で、作戦第1日目には計6波による2500名の増強が見込まれていた。

南部空挺集団の地上作戦の中核は、空輸第1波で到着した第16歩兵連隊先遣隊であり、ロッテルダム中心部への進撃路を切り開くように求められていた。戦場の地形からすれば任務達成は容易でなく、決意を固めた一握りのオランダ兵がいれば、前進が阻害されることは明らかであった。それゆえ、部隊の進撃を早めて、ロッテルダム市内の重要な橋の奪取を確実なものとするため、シュトゥデント中将は極めて大胆な攻撃計画を立てた。それは、50名の降下猟兵を直接ロッテルダム市内に降下させ、同時に第22歩兵師団の突撃隊120名を、10機あまりの水上機を使って市中心部を流れるマース川へ着水させるというものであった。

具体的には、降下猟兵第11中隊長ホルスト・ケルフィン中尉に率いられた降下突撃隊は、第1特別任務爆撃航空団第2飛行隊の3機のJu52輸送機により運ばれ、ロッテルダムの南側にあり市中心部へと延びる幹線道路に面した、フェイエノールト・サッカー競技場へと降下。同時に、第108特別任務爆撃飛行隊から派遣されたシュヴィルデン飛行中隊の12機のハインケルHe59水上機はマース川へと着水し、第16歩兵連隊第11中隊と第22工兵大隊から選抜された突撃隊を展開。突撃隊の指揮官は歩兵第11中隊長のヘルマン・シュラーダー中尉であった。

・ロッテルダム南部

5月10日0600時から0640時（ドイツ時間）にかけて、ドイツ降下猟兵は予定通りにロッテルダム地域の6つの地点で輸送機からジャンプした。

ムールダイクでは700名の降下猟兵が落下傘の花を咲かせ、町の北と南にかかる橋を目指した。南では強襲は順調に進み、橋はすぐにドイツ軍の手に落ちた。しかし北では、降下猟兵は橋へと進む前に、まずこの地区のオランダ守備隊（砲兵1個大隊と歩兵3個分隊）を片付けなければならなかった。捕らえたオランダ兵を先頭に押し立てながらドイツ降下猟兵は橋へと進んだ。攻撃開始から時間があったにもかかわらず、

“貨物”——50名の降下猟兵——を盛大にばらまくユンカースJu52のケッテ（3機編隊）。積み荷が目指すのは、ムールダイク橋の北端である。背後に見える橋が目標だ。写真の彩度が低い事から、5月10日早朝に撮影されたものと信じられているが、プロパガンダ狙いで翌月に“撮り直し”された写真と考える方が、整合性が高い。

（左）ムールダイク道路橋の南端で防御配置につく第1降下猟兵連隊の兵士。オランダ軍の反撃はもちろん、フランス軍からの攻撃の可能性にも備えて、PzB38対戦車ライフルを構えて西方を警戒していた。（右）橋の側の指揮所にブルーノ・ブロイエア連隊長が立っている。後ろに腰掛けているのはヴォルフ=ヴェルナー・フォン・デア・シューレンベルク少尉、右に立っているのはエーベルハルト・ラウ大尉である。

（上）明らかに戦いが終わってから撮影された写真だが、14径間を持つ両方の鉄道橋が確認できて興味深い。掩体に入っているのは2cm高射機関砲Flak30 。写真の橋は1944年11月にドイツ軍の撤退に伴って爆破されたが、（下）1970年代には新しい橋が完成した。

オランダ軍はまだ橋を爆破していなかった。爆薬は設置済みであったものの、起爆装置が無かったために、爆破できなかったのだ。これで全長1.2kmの道路橋と全長1.4kmの鉄道橋は、ドイツ軍の制するところとなった。午後になって、オランダ空軍のフォッカーCX爆撃機4機が飛来し、橋の両端のドイツ陣地へと爆弾を投下した。

ドルトレヒトでは、予定通りに町の南側へ降下猟兵400名が舞いおりた。降下猟兵はオランダ軍砲兵大隊の陣地を襲い、これを制圧した。その間、第3中隊の170名はドルトレヒト橋を目標に12機のユンカース輸送機から飛び出し、50名は橋の北端のヅヴァインドレヒト、120名は対岸のドルトレヒトへと降りた。落下傘降下中、猟兵はオランダ軍の対空機関銃に撃たれ、第3中隊長ヘニング・フォン・ブランディス中尉が戦死した。着地した降下猟兵はすぐさま橋へと向かい、奪取に成功。降下猟兵の苦境を知っ

ロッテルダムに向かう中間点のドルトレヒトにある道路橋も重要な占領目標であった。（上左）ヤヌショースキー上等兵が撮影した写真は、空軍広報誌「デア・アドラー」の1940年8月号に掲載された。

た第1降下猟兵連隊長ブルーノ・ブロイエア大佐は、予備である第I大隊の過半をドルトレヒトへと差し向けた。

ワールハーフェンでは、700名の降下猟兵が飛行場の南側と東側を目標に降下した。港の海面に落ち溺れる者、炎上中の建物に吸い込まれる者と、地獄絵図が繰り広げられたが、降下猟兵は短時間の激しい戦闘の末に、輸送機の着陸を可能にするだけの区域を制圧した。その直後、第16歩兵連隊第III大隊を乗せた空輸第1波の輸送機が姿を見せ、0700時には着陸を開始した。しかし、降下猟兵指揮官カール＝ローター・シュルツ大尉が第III大隊長ディートリヒ・フォン・コルティッツ中佐に歓迎の挨拶を述べ始めたところで、まだ完全に制圧されていなかったオランダ軍の対空陣地が火を吐き、瞬く間に数機の輸送機を撃墜した。地上は混乱し、滑走退避する輸送機が衝突するなどして、空輸された将兵に死傷者が生じた。

降下猟兵がオランダ軍の最後の陣地を潰し、ようやく飛行場はドイツ軍の占領する所となっ

宣伝中隊付きの戦争画家リヒャルト・ヘッスが描いたイラストも同じ「デア・アドラー」に掲載されている。

（左）5月12日、オランダ軍軽師団はドルトレヒト奪回を目指して、東側から攻撃を開始し、2日間にわたって混沌とした市街戦となった。橋の南端から撮影した写真にあるように、一面に散らばっている薬莢が、戦闘の激しさを物語っている。（右）今日では約100mほど南のウーで・マース川に国道A16号線の自動車トンネルが建設されたので、橋の重要性はかつてほどではない。

「オランダで作戦中の降下猟兵」としか説明文が用意されていないので、宣伝中隊のカメラマン、ウィーデマンの写真撮影場所を特定するのは、道路標識をたどっても困難だ。しかし、ジャク・ヴァン・ダイクの調査によって、ワールハーフェンであることが判明した。

当時のシュルプ道路とハンガー通りの交差点は、現在では拡張され、ワールハーフェンの工場地帯につながる道路は、コルバー街道と改称されている。

た。この朝だけでも50機の輸送機により、フォン・コルティッツの第III大隊の3個中隊570名の将兵および、同大隊と第7空挺師団の司令部要員、自動2輪小隊の120名が運び込まれた。昼過ぎからは、ロッテルダム市内のマース川の北にあるクラリングス・ボス公園に陣取るオランダ軍の2個砲兵中隊が砲撃を開始し、飛行場は極めて居心地の悪い場所となった。

砲撃が始まった直後、イギリス空軍第600飛行中隊の6機のブレニム爆撃機が来襲したが、10数機のメッサーシュミットBf110型双発戦闘機に追撃され、マンストンの基地に帰還できたのはたったの1機だけだった。続いて、第15飛行中隊の9機のブレニム爆撃機が飛行場を襲った。この爆撃隊は全機無事にワイトンの基地へと帰還し、地上撃破16機を報告した。今度は、オランダ空軍の5機のフォッカーCX爆撃機が攻撃に現れ、地上の輸送機数機に損傷を与えたが、これはメッサーシュミットBf109戦闘機に迎撃され、2機が強制着陸させられた。夜に入ると2330時から0300時にかけて、翌5月11日のオランダ軍の反撃を支援する英空軍のウェリントン爆撃機計36機による空襲があった。これも全機無事に帰投し、建物、格納庫、航空機への命中弾を報告した。

・ロッテルダム市街戦

5月10日早朝、シュヴィルデン飛行中隊の12機のハインケルHe59型水上機は、オルデンブルク近くのツヴィシェンナーン湖を飛び立ち、0630時（オランダ時間午前4時50分）にマース川の橋梁群の近くへ着水した。あまりにも大胆な作戦だったためか、計画第1段階の奇襲は完全に成功し、川面を航走して橋へゆっくりと近づく水上機に、オランダ兵は1発の弾丸も発射しなかった。こうして、第16歩兵連隊の120名の将兵は、易々とロッテルダムの中心部へと侵入したのだった。

4機のHe59水上機は橋梁群の下流へと降りたために、北岸の上陸地点を目指して川を逆上った。橋梁群の上流に降りた8機は、一部は北岸のマース鉄道駅前の船着き場で兵を上陸させ、他はマース川南岸のコーニングスハーフェンへと向かい、ナッサウ着船場で兵を陸に上げた。

オランダ人が呆然とこの光景を見守る中で、ドイツ兵はゴムボートを膨らませると船着き場へ向けて櫂を操り始めた。オースター着船場では、ナチのシンパであるNSB（国家社会主義運動）党員が上陸を手伝った。オランダ警察のベン・ラエス巡査が船着き場に駆けつけNSB党員を逮捕しようとしたのだが、巡査は殺害されてしまい、この日最初の犠牲者となった。

コーニングスハーフェンに上陸した部隊はコーニンギンネ橋へと走り、橋を渡ると大きな中州になっているノールデルアイラントへと入った。部隊は島の北側の守りを固めるとウィレム橋を渡り、北岸へ上陸していた部隊に合流した。重要な橋梁群を確保して、ドイツ軍はオランダ軍の反撃を待ったが、最初に姿を現したのは落下傘降下したケルフィン中尉の降下猟兵たちであった。

ワールハーフェンは間もなくドイツ軍の占領下となり、後続部隊を乗せた輸送機の離発着が可能になった。しかし昼までにはオランダ軍の野砲が飛行場を射程に収めただけでなく、午後にはRAFとオランダ空軍が飛来して攻撃を加えている。

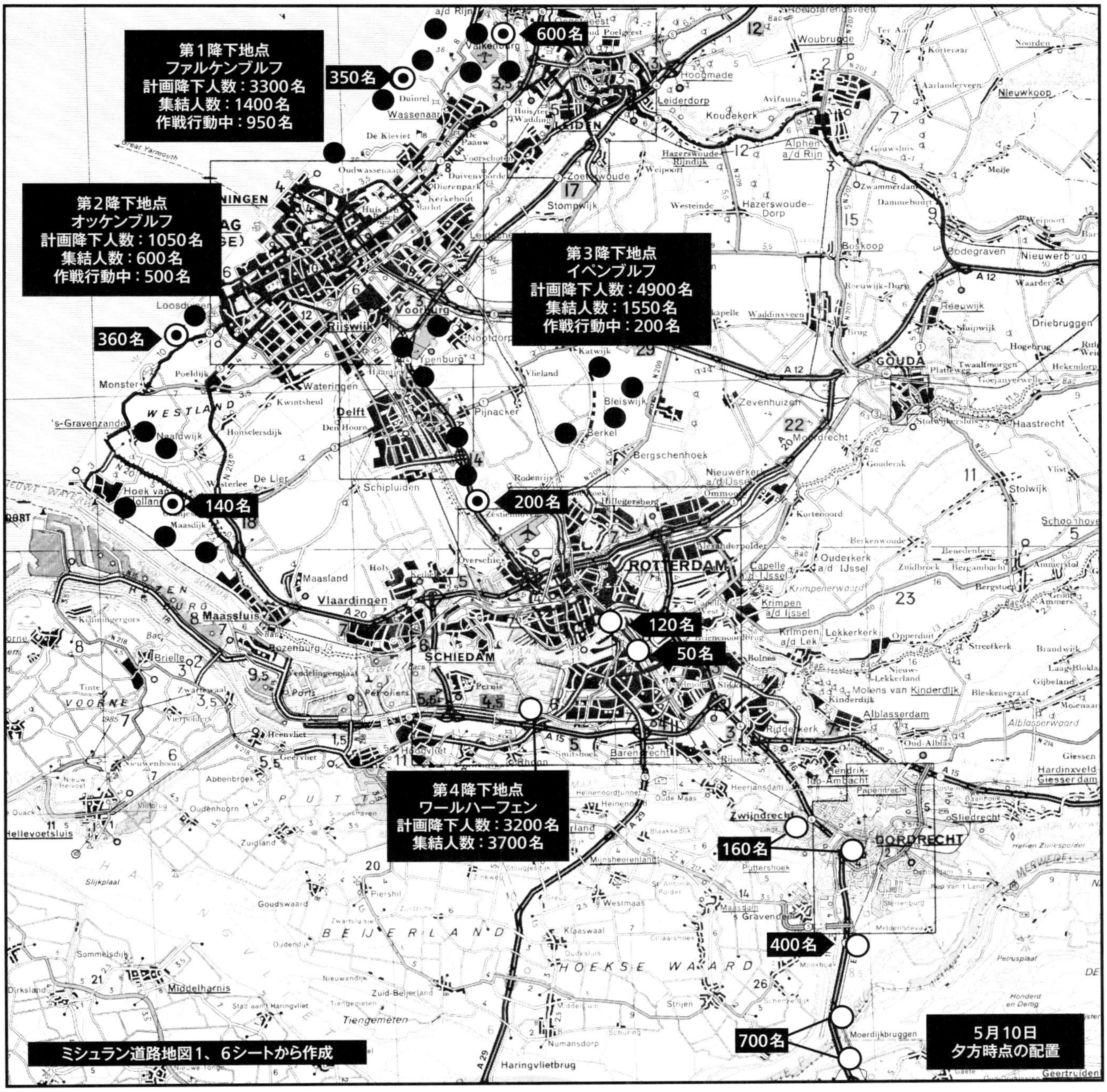

事前に想定していた以上に、オランダでの金曜日はドイツ軍にとって過酷な、とりわけ北部グループにとっては不運が連続した一日となった。同グループの兵士は、降下作戦時に広く分散してしまったからだ（地図上の●）。夕刻までに兵員の半分以上が死傷していたにもかかわらず、オランダ軍はまだ3ヵ所の飛行場を保持していた。1650名前後の兵士はいまだ5つの小集団での戦闘を強いられている（地図上の◉）。ロッテルダム南部の地区では、予定通りに降下できたために状況はまだ良好だった（地図上の○）。250機のJu52がワールハーフェンに増援を輸送していた。

一方、フェイエノールト・サッカー競技場の上空では、定刻の0630時に降下猟兵たちが乗機から飛びだした。競技場に降り立った部隊は、市電を停めて驚く乗客を追い出すと、全員が狭い車内に乗り込んだ。部隊は、この装備表に定めのない輸送車で、橋梁群までの1kmの道程を、何の抵抗も受けずに進んでいった。

互いの連携を欠いてはいたものの、現場にいたオランダ兵の初動対応は上手くいっていた。上からの明確な命令を待たずして、ジャン・ファン・ライン大尉は第39歩兵連隊の1個中隊を率い、橋梁群北端にあたる橋頭堡左側面の手薄な守りを打ち破った。

別の場所では、オランダ海兵隊の1個小隊がマースホテルへと進出し、屋根の上から手榴弾を投げてドイツ軍の機関銃座をいくつか潰した。ホテルはドイツ軍の迫撃砲火により火に包まれたので、夕闇とともに海兵隊は撤収した。その後も、オランダ海兵隊はマース川右岸のドイツ軍と小競り合いを続け、北のボーアス鉄道駅への橋頭堡拡大の目論みを阻止し、ドイツ兵が橋梁群の端の狭い橋頭堡から出ることを許さなかった。

ヴィンケルマン将軍はオランダ海軍の支援を要請し、海軍はフーク・ファン・ホラント岬から砲艦「Z5」号の派遣を決定した。0800時、「Z5」号は至近距離から2門の7.5cm砲で砲撃を開始して4機の水上機を破壊し、ドイツ兵は橋の陰へと逃げ込んだ。ドイツ軍の射撃で乗組員に負傷者が出たので、「Z5」号は暫し退避した。再び戻って来た「Z5」号は今度は魚雷艇「TM51」号を伴っていた。ここでは魚雷の出番はなかったので、代わりに魚雷艇は二門の20mmカノンを撃ちまくった。しかし、昼過ぎには弾薬を撃ち尽くし、2隻のオランダ艇は後退せざるを得なかった。このころには、2隻とも船体がドイツ軍の銃撃で穴だらけになっていた。「TM51」号はスキーダムの海軍工廠に停泊し、「Z5」号はさらに川を下ってフークを目指した。結局、この2隻は5月14日にイギリスへと脱出することになる。

「Z5」号と「TM51」号の成功に気を良くしたヨ

ロッテルダム中心部の4本の橋——ノールデルアイラントの南北2本ずつ——の占領は、シュラーダー戦闘団に委ねられた。120名からなる強襲部隊はハインケルHe59水上機を使って目標のすぐ側に着水した。

ハンネス・フルストナー副提督は、さらに3隻をロッテルダムに派遣するよう命じた。砲撃により北端の橋頭堡への南側からのドイツ兵の渡河合流を阻止しようというのだ。午後になってフークでは、駆逐艦「ファン・ガレン」が舫綱を解き、新水路を溯上し始めた。フリッシンゲンでは、砲艦「ヨハン・マウリッツ・ファン・ナッソウ」と「フロアス」が、ロッテルダムへと出港した。命令ではワールハーフェンを遠距離から砲撃すべしとされていたが、「ファン・ガレン」艦長のアルバート・ピンケ少佐は、ドイツ陣地に肉迫し至近距離から四門の12cm砲で叩いた方が、より効果的であると判断していた。しかし、駆逐艦はヴラーディンゲンを過ぎた地点で、スツーカ急降下爆撃機の攻撃を受けたために、ワールハーフェンには到着できなかった。「ファン・ガレン」は爆弾を避けようと狭い水路で回避運動を取ったものの、至近弾でも破壊力は十分であり、速力を失った駆逐艦はマーウェーデ停泊地に逃げ込んだ直後に沈んでしまった。その頃、2隻の砲艦は新水路の入口に差しかかっていたが、命令により呼び戻されフリッシンゲンへと帰還した。

ドイツ軍は作戦当初のロッテルダム中心部への突入には成功したものの、その後の進展のまずさに苛立っていた。増援の第III大隊は川の南岸まで血路を開いたものの、そこから渡河して、北岸で孤立しオランダ軍の繰り返す反撃を一手に引き受けているシュラーダーとケルフィンの部隊を解放できずにいた。

5月10日の晩、第2航空艦隊司令部はB軍集団に対して、オランダにおける空挺作戦に関する悲観に満ちた報告を送り、第22歩兵師団の空挺作戦は失敗し、輸送機が多数失われたことを報告した。

戦場では、シュトゥデント中将が司令部要員とともに、計画通りにワールハーフェンに降り立ったものの、北部空挺集団とは完全に連絡が途絶していたために、空挺軍団司令官として指揮を執れずにいた。日暮れ時になっても、北部空挺集団の戦況は憂慮されるのみに止まっていたが、南部空挺集団に関してシュトゥデントは、今後数日はドイツ側に有利に進展するとの確信を抱いていた。作戦初日、ハーグ地区へと向かったが状況困難により引き返したものも含め、約250機のJu52輸送機がワールハーフェンに着陸しており、シュトゥデントは各作戦地域に合わせて5000名の兵力を掌握していた。ロッテルダム南部の"島々"はドイツ軍の手中にあり、ロッテルダム、ドルトレヒト、ムールダイクの橋梁群も奪取していた。しかし、飛行場は依然として空襲とオランダ軍の砲撃にさらされており、楽観視ばかりしてはいられなかった。空輸増強は困難で、ドルトレヒト地区の部隊とは連絡が絶えがちであり、ムールダイク橋頭堡は、橋梁群の奪回を命じられたオランダ第6国境大隊による南からの攻撃を受けていた。

(左)金曜日の早朝、マース川の中央で位置取りを確保するためにエンジンをかけっぱなしのハインケル水上機から川岸に上陸するドイツ兵の様子を、フォールワールトスのカメラマン、ジャン・ファン・デル・ホーフェンはスクープできた。ドイツ兵は、カメラマンが立っている、川の北岸のオーステルカデを目指してオールを漕いでいる。続くロッテルダム空襲でネガは消失してしまったが、幸い、現像は終わっていた。この写真は複製である。(右)今日では新しく架けられた橋の脇に、ヘフブルクの古い跳ね上げ橋の2本の塔が残っている。

シュトゥデントは同日遅く、ロッテルダムとドルトレヒトの中間にあるライソートに司令部を移動させた。

・北部空挺集団の敗北

作戦第1日目の晩には、第22歩兵師団のハーグ攻略が失敗したことが明らかとなっていた。空輸部隊と歩兵部隊は甚大な損害を被った。オランダ軍はさまざまな方向からドイツ軍に反撃をかけており、ハーグへの接近経路はまだ確保されていない状況だった。成果に過度な期待は抱いていなかったものの、5月10日の夜になって、第2航空艦隊司令部はフォン・シュポネックに対し部隊の"集結"を命じ、手持ちの全部隊をもって南方へ移動して、ロッテルダムの北の入口で部隊をまとめるように命じた。しかし、連絡状況が良くなかったために命令の受領が遅れ、フォン・シュポネックは同日夜に部隊を動かすことができず、命令の実行を翌晩へと延期した。

連絡状況の不備は、連合国側にとっても同様であった。ドイツ軍の占領した飛行場に対する航空攻撃の要請は、5月10日の一日中引っ切りなしに届いていたが、オランダ軍の反撃でどの飛行場を奪還していたのか掌握できていなかった。1700時、イギリス空軍の戦闘機隊総司令部が第32飛行中隊のハリケーン戦闘機を飛行場襲撃に送った時には、オッケンブルクはオランダ軍の手に戻っていた。ハリケーン中隊は地上のJu52輸送機16機を攻撃したことを報告した。この攻撃時、オッケンブルクのドイツ空挺部隊は飛行場の南側の森に集結していた。フォン・シュポネックに指揮により、360名の部隊は40名のオランダ軍捕虜を連れて、夕刻に移動を開始した。部隊は南へ向かって行軍し、5月12日の早朝、ワーテリンゲンで部隊を包囲しようとするオランダ軍と交戦状態に入った。後衛に80名を残して、本隊は捕獲した数台のバスに乗り、デルフトを通過して西へ向かった。5月13日、部隊はロッテルダム北方のオーバースキーに到着。ここで、前日にヴィシュフーゼン上級軍医に率いられていた、イペンブルフからの部隊と合流した。

劣悪な連絡状況が災いして、ファルケンブルフのドイツ軍部隊には南への移動命令が届かなかった。5月11日一杯、オランダ軍の反撃を退けたあとで、降下猟兵と第47歩兵連隊の兵士はハーグの東側へと移動し、5月12日にはファルケンブルフとワッセンナールの2か所に陣地を設定した。

ノールデルアイラント北岸のマースカーデから、驚きの表情で見つめるオランダ人監視のなか、ウィレム橋に向かって遡行するハインケル水上機。

背後に見える町並みの一部は、続く爆撃で破壊されたが、今日では大規模な開発を終えている。

・ロッテルダム南郊の戦闘

5月11日の朝、空挺軍団司令部はフォン・シュポネックの北部空挺集団の状況を憂慮して、暗い雰囲気に包まれていた。しかも、シュトゥデントの南部空挺集団の戦況も雲行きが怪しく

ロッテルダム市街地に近づくにつれ、陸軍と空軍の各部隊が合流するようになった。右の建物は、ワールハーフェンに降下した直後、レイスオールトに移動するまで、クルト・シュトゥデント中将が指揮所を構えたツェーゲン通りの学校である。

コーニングスハーフェン上空で物資コンテナを投下している場面をとらえた写真。撮影時期はおそらく金曜日の午後で、このとき、橋を守っていた160名の兵士にも同様の支援が行なわれている。5月22日のUFAニュース映画で使用された。

なっていた。

さらに南のムールダイクでは、オランダ第6国境大隊がドイツ軍橋頭堡を一掃しようと攻撃を続けていた。午後にはフランス軍が南側からムールダイクに迫っていたが、この動きはドイツ空軍がかろうじて阻止していた。

より憂慮すべき脅威は東側面で発生していた。ペール防衛線から後退してきたオランダ軽師団が、ドルトレヒトの北と東に集結していたからだ。シュトゥデントは東側面の守りを固めるために部隊をかき集め、ノールト川沿いに2個中隊を配置した。5月11日の朝、オランダ軍はアルブラッセルダムでノールト川を越えようとしたが、ドイツ空軍の攻撃に士気阻喪したこともあって退却した。オランダ軍はこの日一日中、ドルトレヒトへ向けて押しまくったが、攻撃部隊の調整がまずく、すべて失敗に終わった。

マース川の中州を形成するノールデルアイラントの南岸、プリンス・ヘンドリクスカデから撮影された写真（124ページ）。左側の大きな建物は、スティールトチェス通りにある有名なポールトゲボウ住宅。

中心市街地で戦う地上部隊への空中からの補給は、川が近い事もあって極めて困難だった。もし写真が本物であっても、どれだけのコンテナが回収できたのか、実際は疑わしい。写真は、コーニンギネ道路橋とヘフブルクの鉄道橋の間の波止場に落ちたコンテナ。

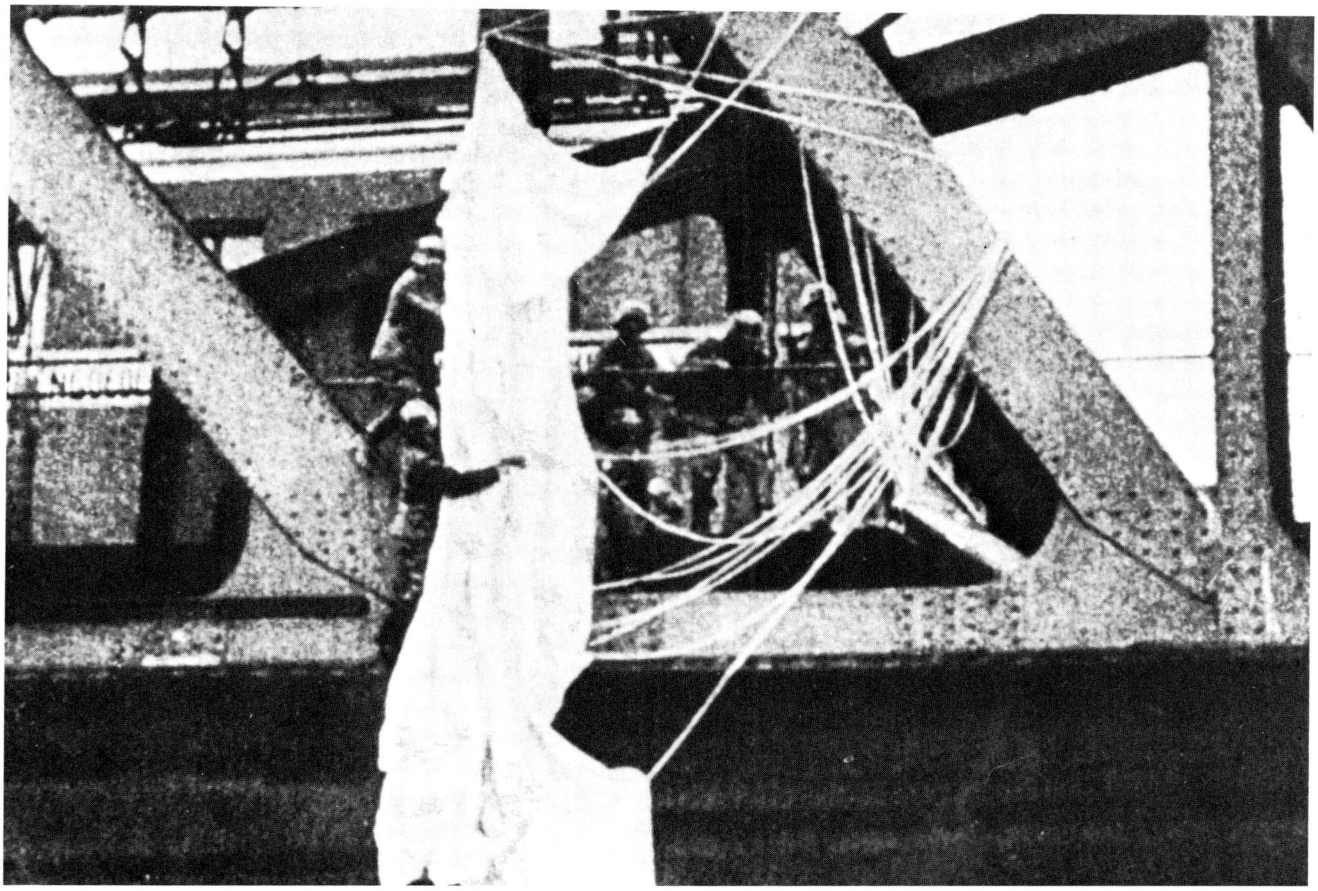

ヘフブルクの鉄道橋に引っかかったコンテナを回収しているところ。戦後、ロッテルダム市は鉄道用の地下トンネルを新たに建造したので、1996年にはこの鉄道橋は使用されなくなる予定である。撤去される計画となっているが、歴史的建造物として保存を求める運動も起こっている。

11日の朝は南側面でも新たな脅威が生じていた。オランダ軍最高司令部はアルブラッセルダムでのオランダ軽師団の攻撃に連携して、第3国境大隊にバレントレフト橋を奪取し、ロッテルダムの南でマース川旧流を越えるよう命じた。前日午後にホランツ・ディープをウィルヘルムスタートで越えた大隊は、オート・バイアーラントの東で攻撃準備を整え、0600時（オランダ時間）に3つの矛先で分進して攻撃を開始した。攻撃軸の両翼の部隊は順調に川を越えたものの、その場に留まり前進を継続しなかった。中央の主攻部隊は橋の北側の接近経路を守るドイツ軍に前進を阻まれた。オランダ軍の野砲と迫撃砲は、橋近くの工場にあったドイツ軍火点の1つを潰したが、状況は変わらなかった。最後の突破の試みも失敗してオランダ軍の攻撃は尻すぼみとなり、両翼の部隊は南へと撤退した。

北側面のロッテルダム市内では、フォン・コルティッツの第III大隊が市中心部を流れる川の南岸を制圧していたが、降下猟兵が確保した北岸の小さな橋頭堡は、徐々に狭められていった。ドイツ兵にとって幸いだったのは、北岸へ到着したオランダ軍の増援部隊が各個に戦闘参加していたことにあった。部隊間の調整がほとんど

図られていなかったことに加え、ロッテルダムの防衛司令官ペーター・スキャロー大佐には、市内で戦う海軍、空軍部隊の指揮権がなかった。1030時（オランダ時間）、オランダ空軍は2機のフォッカーTV爆撃機に3機のフォッカーDXXI戦闘機の護衛を付け、ロッテルダムの橋の爆撃に送ったが、爆弾の大半は川に落ちた。爆撃編隊はスキポールに戻り、爆弾を積み直して午後に再出撃したが、結果は同じであった。午後の爆撃行で編隊は10機ばかりのBf110双発戦闘機に迎撃された。オランダ軍は空中戦で、爆撃機1機と戦闘機2機の喪失と引き換えに、ドイツ戦闘機4機を撃墜したと発表した。

5月11日の午後、シュトゥデントのもとに待ち望んだ増援部隊が到着した。第9特別任務爆撃飛行隊の36機のJu52輸送機は、ムールダイク＝ドルトレヒト幹線道路に着陸し、第65歩兵連隊第9中隊と第72歩兵連隊の1個中隊を運び込んだ。第72歩兵連隊は陸軍総司令部予備から出されたものであった。

5月12日、オランダ軍はドルトレヒト島のドイツ軍を一掃すべく総反撃を開始した。オランダ軽師団はメルウェーデを渡り、南西方向へと打って出た。シュトゥデントは、午後になって新たにワールハーフェンから100台のトラックで到着した部隊も含め、持てる兵力のすべてを投入した。空軍の支援もあって、ドイツ軍は占領地を守り通すことができた。

シュトゥデントは午後にもう1度、増援部隊を受け取った。第9特別任務爆撃飛行隊の40数機の輸送機がドルトレヒト幹線道路に降り、第47歩兵連隊の将兵と第22歩兵師団第22砲兵連隊の一部を送り込んだのだ。夜近くになって、イギリス空軍沿岸航空軍団は開戦後初の爆撃作戦を実施した。第22飛行中隊のボーフォート爆撃機6機は海軍航空隊第815飛行中隊のソードフィッシュ9機の支援を受けて、ワールハーフェンを攻撃したが、戦果は挙がらなかった。連合軍の反撃はもはや手遅れであった。ドイツ軍の輸送機は続々と自動車専用道に舞い降り、ロッテルダムの南部空挺集団は、第7空挺師団の2800名、第22歩兵師団の4200名、第72歩兵連隊の100名を合わせて、いまや7100名の兵力を擁していたのである。

オランダ軍も可能な限りの兵力を集め、市街から南にかけて強力な反撃を実施しようと努めていた。しかし、南方からドイツ戦車部隊が接近しつつあることを知ったヴィンケルマン将軍は、マース川北岸の守りを固めることが重要であると判断し、手持ちの部隊をもってロッテルダムの橋梁群を守るドイツ軍部隊を撃滅しようと決意した。このとき、マース川北岸のドイツ橋頭堡は兵力50名にまで減少し、いまや風前の灯火の状態にあった。

5月13日、オランダ海兵隊は必勝を期して攻撃を開始した。海兵隊はドイツ軍をあと一歩の瀬戸際まで追い詰めながらも、またも作戦調整に不備があったために、迫撃砲火の中を後退せざるを得なかった。弾痕だらけの保険会社のビルに20名余りの降下猟兵とともに立て籠もっていたケルフィン中尉は、これが最期かと白旗の準備までしていたと言われている。

対岸では5月13日の早朝、シュトゥデントはロッテルダム西方のパーニスにある製油所の奪取を目指して、フークヴリートから攻撃を開始した。しかし、施設の破壊を危惧して砲兵の射撃を禁じたために、攻撃は昼には行き詰まってしまった。結局、精製施設はオランダ工兵に支援されたイギリス軍の爆破処理班により破壊され、守備隊は夕暮れを待って新マース川を越えて北へと後退した。

5月12日の午後も遅くになって、待ち焦がれた第9戦車師団の先遣隊がムールダイク橋頭堡に到着した。シュトゥデントがドルトレヒトで第9戦車師団の一少尉を出迎えたのは1830時のことであったが、師団本隊の到着は翌日の午後を待たなければならなかったので、先遣隊はその場に止まり橋頭堡の強化に努めた。オランダ軍は、ムールダイクに砲弾の雨を降らせていたが、橋頭堡の敵が対処しきれない程に強化されていることは直に明らかになった。翌5月13日、ドルトレヒト近郊での反撃を最後に、オランダ軍は総退却を開始した。

ヴィンケルマン将軍の火急の要請により、魚雷艇「TM51」（上）と、砲艦「Z5」（下）はロッテルダム中心地の市街戦に投入され、橋を急襲したドイツ軍に零距離から砲撃を加えている。もっとも、「TM51」は20mm機関砲しか搭載していなかったのだが。

・地上戦の展開

ドイツ第XVIII軍団の最右翼では、3つの攻撃軸に別れたうちの第1騎兵師団が、無人の野を行くがごとくフリースラントを進撃していた。オランダ北部3州の抵抗はほとんど無く、あっても微弱なものでしかなかった。同地区（"TBフリースラント"）の防衛司令官ヤコブ・フェンバース大佐の手元にあったのは5個大隊だけで、内2個は国境部隊であり、橋梁群の破壊により敵進撃を遅延させる任務が与えられていた。しかし、爆薬が不足していたために、部隊は斧と石油で木製の橋を焼き落とすしかなく、いくつかの重要な橋が破壊されずに残ってしまった。

侵略者は5月11日になって、洪水化地帯に守られたアフスルイトダイク（遮断堤防）の東端にあるウォンス防衛線で、初めてオランダ軍の本格的な抵抗に遭遇した。しかし、地下水面の位置が高くて塹壕を掘ることができず、抵抗は大したものではなかった。オランダ守備隊はすぐにウォンスの北へと追われ、5月12日にはホラ

土曜日（11日）の朝、フォッカーDXXI戦闘機3機に護衛された2機のフォッカーTV爆撃機が市内のドイツ軍橋頭堡を襲う。同日午後にも爆撃は繰り返された。しかし、大半の爆弾は川に落ちて効果が得られなかった。

ント要塞へ向けて堤防沿いに退却した。アイセル湖を海と隔てるこの遮断堤防が建設されたときから、これがホラント要塞への進入路になることは分かっており、敵の横断を阻止するために2つの要塞が建設されていた。堤防の東端のものはコルンウェルデルザント要塞、西端のものはデン・ウヴェア要塞であった。コルンウェルデルザント要塞には、5cm砲と機関銃を装備する独力戦闘の可能な16基の砲台があり、クリスチアーン・ブーアス大尉の指揮下に220名の将兵が守りについていた。

5月13日、レウワーデンから引き揚げた要塞守備隊が、高射砲でドイツ軍機を撃墜したことで戦闘が始まった。午後になってドイツ砲兵は要塞を叩いたが、続く歩兵の突撃は失敗に終わった。難関にぶつかったことで、ドイツ軍はアイセル湖を小ボートで渡る計画も立てたが、オランダ軍のアイセル艦隊——旧式の掃海艇、砲

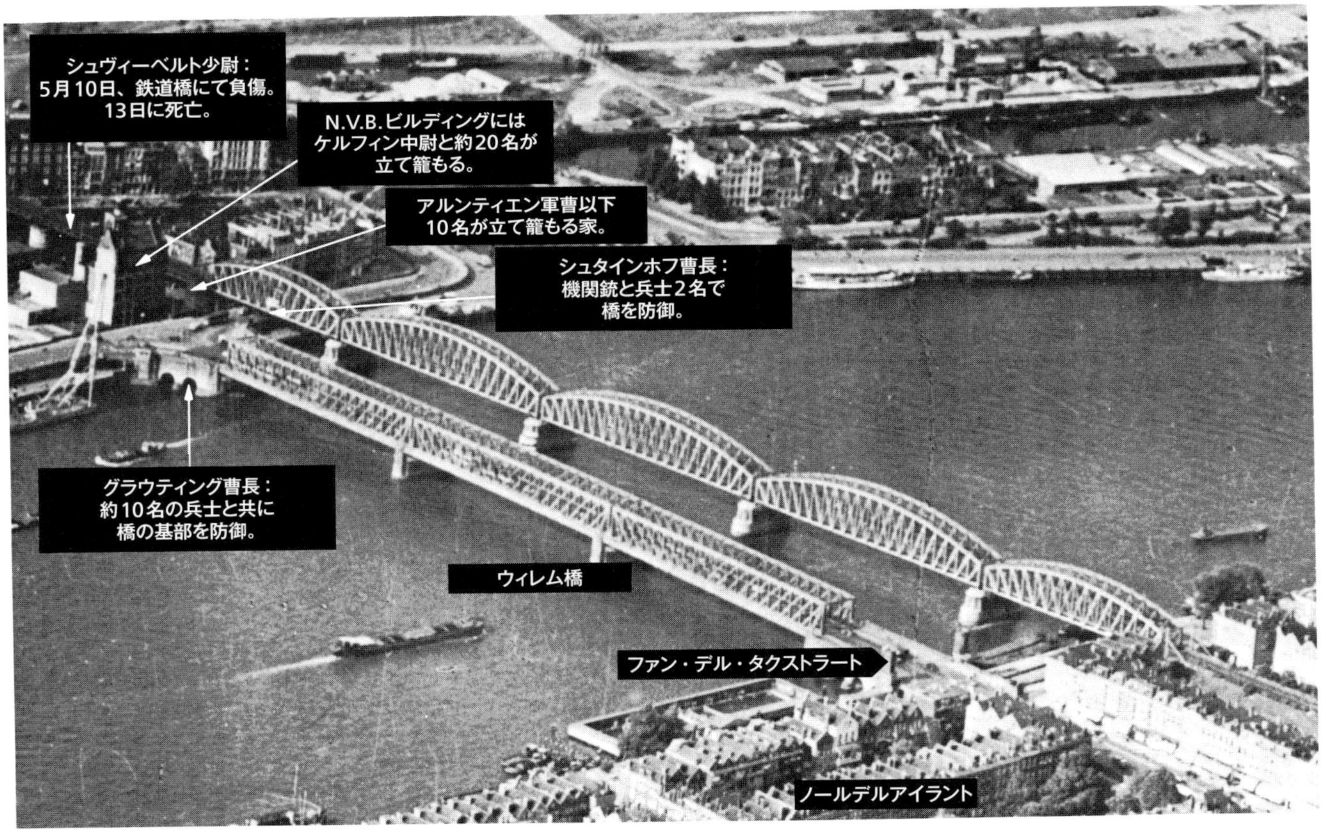

シュヴィーベルト少尉：
5月10日、鉄道橋にて負傷。
13日に死亡。
N.V.B.ビルディングには
ケルフィン中尉と約20名が
立て籠もる。
アルンティエン軍曹以下
10名が立て籠もる家。
シュタインホフ曹長：
機関銃と兵士2名で
橋を防御。
グラウティング曹長：
約10名の兵士と共に
橋の基部を防御。
ウィレム橋
ファン・デル・タクストラート
ノールデルアイラント

マース川南岸とノールデルアイラントはフォン・コルティッツの第III大隊が確保していたが、北岸に展開した50人ほどのドイツ軍部隊は、次第に厳しい状況に追い込まれていた。

日曜日（12日）午後、第9戦車師団の前衛部隊がムールダイクの橋頭堡に到達し、疲れ果てた空挺兵から歓迎を受けている。（左）ドイツの映画カメラマンがニュース用映像にするために、救援の瞬間を撮影していた。（右）ムールダイクの橋は取り壊されて、同じ場所に複線の道路橋が建造された。橋を通るA27号新線は20km東でベルグセ・マース川に架けられた。

艦、警備艇計6隻、および徴用した民間小汽船8隻で編成——はいまだに健在であった。前日のドイツ軍機の爆撃で砲艦「フリソ」と「ブリニオ」は損害を被り、痛手の大きな「フリソ」は自沈処分された。5月14日の朝には、ワッデン海から砲艦「ヨハン・マウリッツ・ファン・ナッサウ」がドイツ砲兵陣地に砲弾を見舞った。同艦はデン・ヘルダーに帰投すると、夕刻にはイギリスへ向けて出港した。

ドイツ軍はコルンウェルデルザント要塞を突破できず、ホラント要塞への北からの侵入は足止めされた形となったが、オランダの全面降伏が早かったために、危険の大きな渡海攻撃は実施されずに終わった。

中央部では、ドイツ第X軍団にアイセルの突破とグレッベ防衛線の攻撃が命じられていた。軍団右翼には第227歩兵師団がヴゥオレとヅト

かなり誇張された表現をよしとする当時のイラスト。

8輪装甲車Sdkfz232と4輪装甲車Sdkfz221、2両の装甲車が先導して川を渡り、数km前進して第1降下猟兵連隊の司令部と連絡を付けた。左から順にラウ大尉、連隊長ブロイエア大佐、フォン・デア・シューレンベルク少尉。写真の装甲車は停止せず、ドルトレヒト、ロッテルダムを目指して北上した。

抵抗らしい抵抗を受けなかったので北部空挺集団の作戦は順調だった。そして24時間のうちに第1騎兵師団がアイセル湖方面から到達した。写真の騎兵からは急いでいるような印象を受けない。写真から場所を特定する手がかりはほとんどなかったが、1989年8月、ついにヨハン・ウィッテフェーンがヘーレンフェーンにで、現在は遊歩道になっているドラハト通りを見つけてくれた。

フェンの間に配置され、武装親衛隊の「ライプシュタンダルテSSアドルフ・ヒトラー（親衛旗SSアドルフ・ヒトラー）」連隊の2個大隊が増強されていた（同連隊第III大隊は軍団予備とされた）。この攻撃は3つの攻勢軸で実施するものとされた。攻撃の南と中央の鉾先はヅトフェンでアイセル川を越えるものとされ、中央の部隊には第3装甲列車隊が支援として与えられた。また、ヴゥオレとデヴェンターでアイセル川を越える北の鉾先には、第4装甲列車隊が与えられた。軍団左翼であるヅトフェンとアルンヘムの間には、第207歩兵師団と「SSデア・フューラー

第1騎兵師団は"ウォンス防衛線"──アイセル湖北岸の溢水地帯──にて、初めてオランダ軍の抵抗に直面した。写真はマックムを通過中の騎兵。

(総統)」連隊があった。

これに対抗するオランダ軍のアイセル地区防衛司令官(TBオヴェアアイセル)は、東部国境に5個大隊と、アイセル防衛線の背後に爆破作業を主任務とする5個大隊を持っていたに過ぎなかった。

第227歩兵師団の先頭部隊は、ヴゥオレに1000時少し前に到着したが、橋梁群はすでに爆破されていた。デヴェンターに向かった部隊も橋の破壊に直面することになったが、このとき、「ヴゥオレの橋は健在」との虚報が舞い込み、部隊は北へ向けて行軍を開始した。結局、アイセル川東岸の行軍は一日がかりとなり、晩遅くになってヴゥオレに到達した部隊は、橋が落とされている事実をようやく知ったのである。

第227歩兵師団の中央部隊も、ヅトフェンの町に入ったところで橋を爆破されてしまった。しかもオランダ軍の抵抗は激しく、アイセル川を渡河できたのは午後になってからのことであった。ポンツーン架橋が組み立てられ、師団本隊は翌日になって川を越えることとなった。

もっとも北側では、第4装甲列車隊に運ばれた第328歩兵連隊が、オルスト近郊でアイセル川を越えるのに成功した。しかし、架橋機材が無かったために、師団長フリードリヒ・ツィックヴォルフ少将は、師団右翼の全部隊に対し、南へ転じてヅトフェンで渡河するよう命令した。

第X軍団の左翼、ヅトフェンとアルンヘムの間では、事態の進展はややましだったと言える。ここでも、ウェスターブールトとドゥースブルクの橋梁群は爆破されてしまったが、ポンツーン架橋は午後には完成していた。SSデア・フューラー連隊がまずこれを渡り、グレッベ防衛線の攻撃に備えて、アルンヘムの西10kmのレンクムに、部隊を集結させていた。これに第207歩兵師団が続行した。

5月11日の早朝、砲兵の準備射撃ののち、デア・フューラー連隊の2個大隊が、防衛線の南端

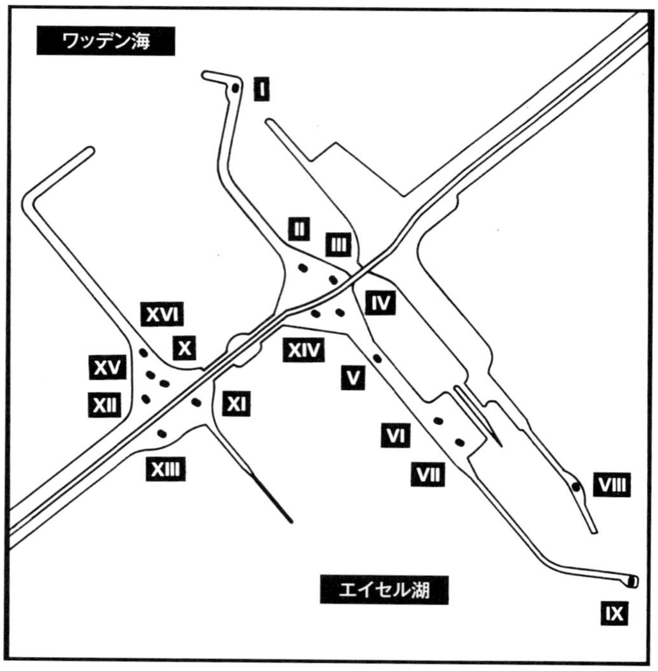

1920年第、オランダ政府はそれまで長年の間、計画だけに留まっていたゾイデル海(南海)の湾口をまたぐ巨大堤防建造を決断した。30kmにおよぶ堤防(アフスルイトダイク)の建造は、1927年から32年にかけて行なわれ、ゾイデル海は外海のワッデン海と内海のアイセル湖に切り分けられた。戦略的な観点からは、堤防に沿って走る道路が裏口からの脆弱な侵入路になってしまうために、堤防の両端に防御拠点を設ける必要が生じた。堤防北端のコルンウェルデルザントには16基の穹窖堡塁が設置され、全体で7.9mm機銃21挺、5cm砲4門、対戦車砲1門が守りを固めていた。1940年5月には、クリスティアーン・ボアス大尉のもと、200名が守備についていた。

にあるグレッベベルクの丘を攻撃した。日没時になって、オランダ第8歩兵連隊の守る第一線が突破された。同連隊第III大隊は大きく押され、大隊長のクリストッフェル・ヴォイフト少佐は捕虜になった。オランダ軍は日が暮れてから反撃に出たが、部隊が夜戦に習熟していなかったために失敗した。それでも、ドイツ軍の夜間作戦の実施を阻むことだけはできた。

アペルドーンシュ運河の全橋梁が落とされたことで、第227歩兵師団が受け持つこの地区で、5月11日の午後までにグレッベ防衛線に到達することができたのは、自転車を使用する軽偵察部隊だけであった。夕刻にはこれに、ライプシュタンダルテSSアドルフ・ヒトラー連隊の第一陣が追及した。

午前中一杯、砲撃を続けた後で、5月12日の午後に戦闘が始まり、オランダ軍の主防衛線は突破された。オランダ第8歩兵連隊第II大隊による反撃は失敗し、大隊長ヨハンネス・ヤコメッティ少佐は戦死した。この状況を見たオランダ第II軍団は、B旅団から抽出した3個大隊による強力な反撃を計画し、翌朝の攻撃実施を命じた。

その夜、グレッベベルクのオランダ軍が反撃準備のためにあたふたとしている混乱に乗じて、SSデア・フューラー連隊第III大隊長ヒルマー・ヴェッカーレSS中佐は、百名ばかりの兵を率いてレネン近くで敵陣を突破。オランダ兵を捕虜にしながら鉄道線路まで前進したが、反撃に遭い近くの工場へと逃げ込んだ。翌朝、孤立した武装親衛隊の一部の兵士は、下着姿にされた捕虜のオランダ兵の陰に隠れ、突破を試みたが失敗した。昼になって、今度はオランダ兵の軍服を着用した親衛隊兵士が姿を現したが、履いていたブーツで正体を見破られてしまった。

5月13日の早朝、オランダ第1航空連隊の10機余りが、ワゲニンゲン近くのドイツ砲兵陣地を攻撃した。この支援攻撃にオランダ将兵は大

(上)ドイツ兵は要塞攻略用に野砲(7.5cm軽榴弾砲 leFk18)を押し立てたが、オランダ軍は砲艦「ヨハン・マウリッツ・ファン・ナッサウ」(下)を投入して反撃を加えた。

ドイツ軍は要塞を砲撃したが、効果的な損害を与えられず、コルンウェルデルザントは最後まで持ちこたえていた。戦後、要塞はしばらく機能していたが、1985年からは博物館になっている。写真はワッデン海の突堤に配されたブロックIである。ブロックIIIとブロックIV間の一部穹窖堡塁は、記念碑として再建されている。1940年当時、ボアス大尉の指揮所はブロックIVに設けられていた。

（左）オランダ政府が降伏した5月15日には、まだコルンウェルデルザントの守備隊はドイツ軍を食い止めていた。写真は同日の水曜日、要塞群の東側に設けられた対戦車障害物をかいくぐって、守備隊の元に向かう軍使。（右）翌日、第1騎兵師団は堤防道路を使って南に向かった。

いに奮い立ったが反撃は頓挫し、昼からのドイツ軍の攻撃は撃退できなかった。急降下爆撃機がレネン近くのオランダ軍陣地を叩き、午後の戦闘でオランダ部隊は鉄道線の東側に包囲された。この戦闘で、オランダ第8歩兵連隊第I大隊長ウィレム・ラントザート少佐が戦死した。

北方では午後になって、第227歩兵師団が2個連隊をもって、スケアペンゼールでグレッベ防衛線に攻撃を開始した。オランダ軍は奮闘し防衛線の突破を許さなかった。

しかし、グレッベベルク陣地の喪失は明白となり、1615時にオランダ軍最高司令部はNHW防衛線への総退却を命じた。行動開始時は2000時（オランダ時間）とされた。

この同じ頃、SSデア・フューラー連隊の主力はアフテアベルクの町に入ったが、南では第332歩兵連隊が鉄道線路を越えるのにてこずり、レネンに入ったのは2130時のことだった。

夜のうちにグレッベ防衛線の撤収は完了し、オランダ軍はホラント要塞内に入った。その最中に、オランダ軍左翼の第IV軍団——将兵はいまだ砲火を交えていないことに落胆していた——と右翼の第III軍団の撤退は整然と進められたのだが、中央の第II軍団の撤退は壊乱状態に陥ってしまった。グレッベ防衛線の戦闘指揮にも見るべきものは無かった、第II軍団長ヤコプ・ハーベルツ少将は、"新陣地の検分"のために部下を捨てて大慌てで西へ出発していたのだ。この咎で同軍団長は解任された。

撤退したオランダ部隊が新陣地に入ってみると、NHW防衛線はほとんどもぬけの殻の状態にあった。当初から陣地にあった部隊は、オランダ軍最高司令部にかき集められ、ホラント要塞心臓部を急襲したドイツ空挺隊と戦っていた。5月14日午前、各軍団は防衛線の守りについたが、オランダの降伏により部隊はそのまま戦争を終えることになった。

南方では、ドイツ第18軍左翼の第XXVI軍団に対して、少数のオランダ軍が手当として配備されたマース川の渡河とペール防衛線への攻撃任務が与えられていた。奇襲部隊が確保したマース川のヘネプ橋を越えて、装甲列車隊1編成を含む第256歩兵師団の将兵を乗せた2本の軍用列車が、オランダを目指して鉄路を驀進して

（上）主要堤防道路が爆破されていたために、ドイツ騎兵は水門橋を使わなければならなかった。カモフラージュされたブロックVに海側から近づく騎兵部隊。（下）今日も残る同じ堡塁。アイセル湖とブロックIVを望む反対側の方角からの眺め。

いた。車上にあったのは、第481歩兵連隊の3個中隊、1個重機関銃中隊、1個対戦車砲小隊、火焔放射器4基を装備する1個工兵小隊であった。川から12km進んだミルには、ペール防衛線守備隊の一部として運河を監視するオランダ部隊がいた。しかし、ヘネプ橋が奪取されたことを知らなかったオランダ兵は、2本の列車がドイツ軍であるとは気づかず、そのまま通過させた。ミルから3km進んだところでドイツ軍用列車は停止し、降車した部隊はオランダ軍陣地を背後から攻撃した。2本の軍用列車はゼーラント駅へと進み、後続の輸送列車が待避線に入ると、先導の装甲列車はミルにとって返して、搭載砲で歩兵攻撃を支援した。攻撃が始まってようやくオランダ軍は非常事態の発生を理解し、線路上に障害物を置いて運河にかかる橋の上で列車を脱線させた。ミルでペール防衛線が突破されたことと、ベルギー軍の後退でドイツ軍が南へ迂回したことを受けて、ヴィンケルマン将軍はオランダ第III軍団と軽師団に、作戦通りに北ブラバント州からホラント要塞へ後退するよう命じた。移動開始は5月10日正午とされた。

ドイツ第6軍はオランダ侵攻の第1波には加えられていなかったが、その右翼部隊はマース川を越えオランダ南部のリムブルフ州を進撃し、ベルギー領内へ入った。ヴェルノ地区には第IX軍団の3個師団、レールモンからボルンにかけては第XI軍団の3個師団、ボルンからマー

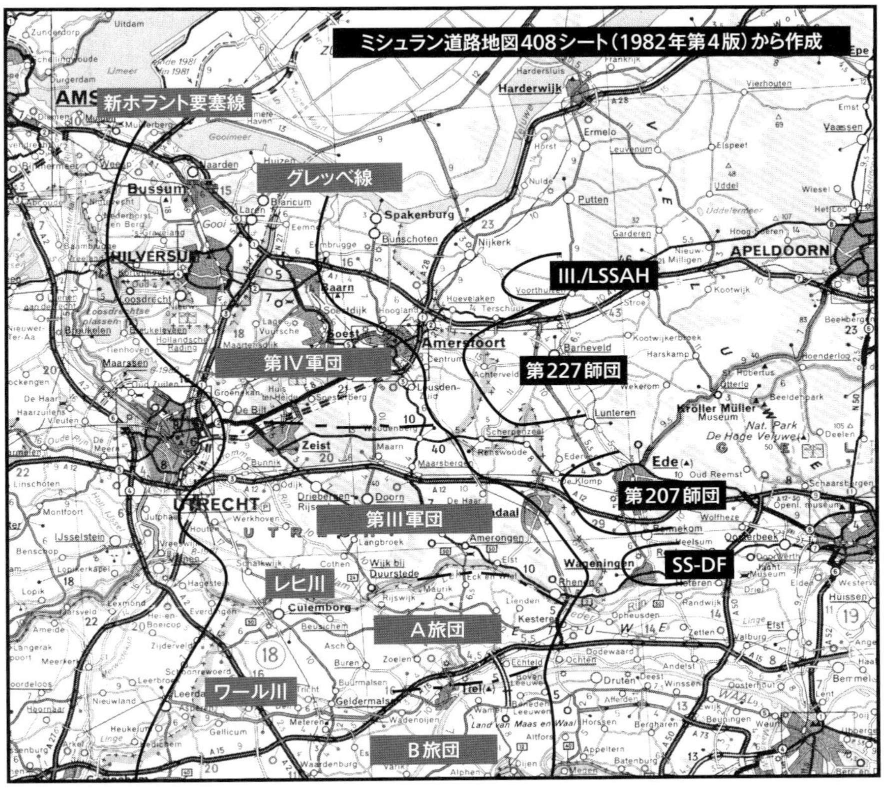

オランダの主防衛線は国土の中央を南北に延びるグレッベ防衛線と、退却した部隊を収容する背後の溢水地帯に依存していた。

レーネンの東側、グレッベ防衛線南端にグレッベベルク指揮所が設けられている。高さは150フィートほどしかないが、ホールンウェルクを一望できた。ホールンウェルクは旧式化した堡塁だが、グリフト川を扼する同堡塁は「30年代」に近代化改修工事を受けていた。今日、隣接する丘は1940年の戦いで斃れたオランダ軍兵士の戦没者墓地になっている。

（左）オランダ第8連隊第I大隊長ウィレム・ラントザート少佐のポートレート。5月13日午後、グレッベベルクのアウエハンツ動物園に設けられていた彼の指揮所はドイツ軍に包囲され、少佐は降伏を拒んで戦死した。彼が倒れた地には、夫人によって記念碑（左）が建立されている。

ストリヒトにかけては第IV軍団の3個師団と第XVI軍団の戦車2個師団が展開した。

オランダ第III軍団の3個師団が撤退したことで、ドイツ第XXVI軍団の北ブラバント州の進撃は容易となった。第256歩兵師団のすぐ後ろには、第254歩兵師団の主力が続行し、5月11日に両師団はペール防衛線を通過した。歩兵師団に続いて、第9戦車師団はヘネプとモオクの間でマース川を渡り、師団先鋒の戦車部隊は、ムールダイクで橋を確保する降下猟兵を救うために、履帯の軋みを雷鳴のように轟かせながら西へと突進した。5月11日の午後、ドイツ戦車はウェクヘルで南ウィレム運河に達し、翌朝早くにはティールブルフの北に姿を現した。

戦車部隊は、ティールブルフとブレダの周辺でフランス軍の先遣部隊と衝突したが、軽武装の偵察部隊は簡単に一掃された。第18軍はフランス軍は同地区に強力な部隊を送り込まなかったと、安心したように記していた。ムールダイクまでは、あとわずか40kmであった。

5月12日の午後遅くになって、ついに第XXVI軍団の先頭部隊はムールダイクへ到着し、降下猟兵とがっちりと手を握りあった。5月13日の昼に再編成が実施され、ムールダイクを経てロッテルダムの南郊に集結していた第9戦車師団主力は、第7空挺師団、第22歩兵師団の諸部隊とともに第XXXIX軍団の指揮下に置かれ、ホラント要塞を南から攻略する任務を与えられた。この間に、ティールブルフの東でウィルヘルミナ運河に橋が架けられ、5月13日午後、運河の南にあった第9戦車師団の残りの部隊がムールダイク橋頭堡に合流した。翌朝、シュトゥデントは、第9戦車師団長アルフレート・フォン・フービッキ少将と第XXXIX軍団長ルドルフ・シュミット中将を、ライゾールトの司令部に迎え、作戦は新段階に入ったのである。

・フランス第7軍

オランダへ北上するフランス第7軍の前衛と

戦い終えて。アメルスフォールトから10km、、スヘルペンゼールの南にあるグレッベ防衛線の一部。1940年夏、オランダ軍第15歩兵連隊のA.H.ファン・デル・ヘーク軍曹が撮影した。5月13日、ドイツ軍はこの地区で大攻勢に出たが、突破はできなかった。運河の土手に堡塁が確認できる。

ミルに残るペール防衛線の残骸。この場所でペール防衛線は運河と並行していた。ヴィンケルマン将軍は、この地の防衛は不可能だと考えていたので、敵の侵攻が始まったら、守備隊がなるべく速やかに北西方向に退却できるように配慮していた。写真は第534号トーチカで、写真のずっと後方を走る線路用防御施設の一部である。

して、第1軽機械化師団に先行するレストクワ集団は、軍団直轄第2偵察集団と第5歩兵師団偵察集団から編成されていた。また、シェルト川河口を横断したド・ボーシュスヌ集団は、第2、第12、第27の各歩兵師団偵察集団により構成されていた。

0530時（フランス時間）に発令された警報第3段階を受けて、2つの偵察集団は5月10日早朝に国境を越えた。レストクワ集団は、午後にはアントワープの東でアルベール運河を渡って夜通し東進し、ついにツルノーを通過した。ド・ボーシュスヌ集団の第2歩兵師団偵察集団は、ブレスケンからフリッシンゲンまでフェリーで運ばれ、1900時に上陸してワルヘレン島のオランダ部隊と連絡を取りつけた。続いて夜間に第12歩兵師団偵察集団が運ばれた。第27歩兵師団偵察集団は午後にテルノーゼンから南ベヴェラントへ渡り、東のウーンスドレフトへと行軍を開始した。

第1軽機械化師団の第4戦車連隊と第18龍騎兵連隊の戦車は、貨車に載せられアントワープまで鉄道輸送されたが、師団の残りの部隊はレストクワ集団の後ろを進んだ。師団の先導役は師団偵察連隊である、第6戦車連隊であった。

第6戦車連隊の一中隊長であるジョルジュ・ミションは、1000時にステーンヴールデで国境を越えた後、作戦第1日目の進撃がいかに順調であったかを、以下のように語っている。「午後になって、我々はヘントの東15kmのオヴェーアメーレで1時間ほど停止し、遅れた車両が追いつくのを待って隊列を整えました。それから日没まで進撃を続け、リールの北のエムブレムで停止すると、そこでダリオ大佐がベルギー第18歩兵師団長と会見したのです。燃料を補給しなければならなかったのですが、ベルギー軍は燃料を渡すのを渋ったので、ずいぶんと待たされました。真夜中になって進撃を再開したものの、ツルノーの橋が爆破されたのは知っていたので、町は迂回することにしました。オランダ国境にはベルギー軍が設置した道路障害物があったのでこれを排除して、ティールブルフに着

ヘネプにあるマース川の橋を無傷で奪取したドイツ軍は、ミルのオランダ軍守備隊より1枚上手だった。装甲列車を使って彼らを出し抜いてしまったからだ。それでもこの地区を預かるオランダ軍の第3歩兵連隊第I大隊の兵士たちは、どうにか体制を立て直し、戻ってくる途中の敵軍装甲列車を脱線させる事に成功した。

ドイツのゴッホとオランダのウーデンを結ぶ鉄道は、現在、廃止されている。地元有志の努力でミルの歴史を偲ばせる景観は残っているが、残念な事に脱線地点は同定できなかった。写真の場所については、遠くに確認できる橋から見てもう少し西でなければ、比較写真と同じ構図にはならない。

いたのは5月11日の夜明けでしたよ。ティールブルフまでの265kmを一気に走ったのですが、途中ドイツ軍の攻撃はまったく受けませんでした。空にはたくさんのドイツ軍機が飛んでいたのですが、どれも襲ってこなかった。友軍機はまるっきり見かけませんでしたね」

ドイツ空軍は作戦第1日目、地上攻撃の実施を考慮していなかった。特別航空軍団司令部はオランダの空挺作戦の支援に没頭しており、投入可能な戦闘機と爆撃機はすべてホラント要塞への空挺突撃の支援に差し向けられていた。翌日になって、プッツィアー少将は空挺堡の南側面に出現したフランス軍の脅威に対処するために、かなりの航空戦力を地上攻撃に派遣することを決意した。このため5月11日の早朝、仏第1軽機械化師団が進撃を再開したところで、先頭部隊はドイツ軍による激しい地上攻撃を受けたのである。第2歩兵師団偵察集団のパナールP178装甲車の車長マルセル・ベルジェールは、地上攻撃の熾烈さをこう語る。「午前7時頃、わしたちは見事な並木道を進んでいた。そしたら突然、2分もしないうちに、空は飛行機で一杯になったんだ。爆撃機は高度1500m付近を飛んでいた。やつらは10mほどの間を空けた、6機ずつの編隊で襲いかかってきた。道路上で目立つ目標になってたわしらを狙ったんだ。そりゃあ、もの凄い金切り声を上げながら急降下してきたんで、爆撃機は310mm砲弾よりもどう猛な空とぶ怪物に思えたな。わしらは鋼鉄の箱の中に収まっていたんで、爆弾の破裂で怪我することはなかった。爆弾がいくつも続けて破裂するさまは凄かったから、かえって外が見えなくて助かったね」

「訓練どおりに、わしらは道路を外れることにした。道路わきの浅い側溝を越えて野原に散開した。幸運だったよ、2、3km手前だったら、道路のどっち側も運河だったんだ。敵の数はどんどん増えて、攻撃はさらに続いた。やつらは6機ずつの編隊をやめて、25機と50機の横一列の編隊を組んだ。まるで、ばかでっかい翼が陰を落としながら、何度も何度も頭の上を通り過ぎていく、そんな感じだったね。やつらは45度の角度でダイブを繰り返して、あたりは例の金切り声と絶え間の無い爆発で一杯だったよ」

「わしの近くにも1発落ちて、破片の嵐が装甲車にぶち当たった。何とか無事でいられて、わ

土曜日の午後までに、第9戦車師団の前衛部隊はウェフヘル近郊のザイト＝ウィレム運河に到達した。移動距離は40kmになる。2両の3.7cm対空自走砲Sdkfz6／2が教会の前に駐車していた。

(下左)作戦初日の夕刻、クルト・シュトゥデント中将は幕僚とともにワールハーフェンに降下して、ロッテルダムとドルトレヒトの中間にあたる写真のカフェに司令部を設置した。3日後、第39軍団長のルドルフ・シュミット中将と、第9戦車師団長アルフレート・フォン・ハインリーチ少将を出迎えた。それから間もなく、オランダ軍捕虜の縦列が前を通過したカフェは、今も変わらず残っている(右)。

カメラマンに喝采で応じる第68歩兵師団第224歩兵連隊の兵士たち。ダンケルクを出航した輸送船は、土曜日にワルヘレン島のフリッシンゲンに到着した。護衛に付いているのはフランス海軍駆逐艦「ラ・コードリエ」である。

しらは幸運に感謝したもんだ。だがな、命取りの1発が今にも空から降ってくるような気がして、恐ろしくて息がつまった。わしらをぐるりと囲む装甲板は、爆撃機の雄叫びと爆弾の唸り声を何倍にも大きくした。爆発に次ぐ爆発で、勇気も魂もどっかに吹っ飛んだ。それがどれ位続いたか……、4時間、いや5、6時間だったか。とにかく、友軍機が助けに来ることを、みんなで望んでいた。しかし、1機も来やしない。連中どこにいやがったんだ」

ドイツ機の攻撃で損害を出しながらも、フランス軍は目的地へ到着した。ド・ボーシュスヌ集団は続いてローセンダールへと進出した。指揮下の軍団直轄第2偵察集団をブレダへ、第5歩兵師団偵察集団をティールブルフに進出させていたレストクワ集団は、間もなくドイツ軍と接触した。ティールブルフからベルギー第18歩兵師団が確保しているツルノー東の交差点までの線で東に面した第1軽機械化師団は、前衛部隊をルーセル川、第6戦車連隊をティールブルフ地区、第4自動車化龍騎兵連隊をその南に置いていた。午後になって、メヘレンに師団の戦車が到着し、貨車から降ろされるとアントワープの南辺に集結した。ソミュアS35戦車を装備する2個中隊は予備とされ、オチキスH35戦車を装備する1個中隊が、ベルギー第18歩兵師団を支援するために派遣された。午後遅くになって、ベルギー部隊はアルベール運河に後退を始めたので、第1軽機械化師団の右側面は重大な危機にさらされた。晩になると増援部隊が到着しはじめ、第25自動車化歩兵師団の先遣部隊がブレダ地区のマーク川の線に、第9自動車化歩兵師団の先遣部隊がヘレンタルスでアルベール運河

笑顔は長くは続かなかった。ベルギー沖にさしかかると、早速ルフトヴァッフェの攻撃が始まったからだ。幸い、大きな損害は発生せず、オランダへの増援を満載した船団は航行を続けた。

軍需物資はフリッシンゲンの港の集荷場に送られた。ここからなら狭い地峡を通じて本土のベルゲン・オプ・ゾームまで運搬できるからだ。NV海運会社の倉庫（上）はなくなっているが、同様の建物は残されている（下）。

に到達した。

一方では日中、第6戦車連隊と第5歩兵師団偵察集団の主力がムールダイクに接近していた。ドイツ空軍機がこれを襲った。ミション中隊長は語る。「中隊の前衛はゼヴェンベアクセンフークの北の鉄道踏み切りに何の抵抗も受けずに到達し、その間に本隊は村へと入りました。そこへ突然、ドイツ機が現れ、分遣隊は延々と続く猛爆撃を受けたのです。爆撃で村はめちゃくちゃになって、無線車に乗っていたアンドレ・マルタン中尉の前衛小隊と中隊主力の間の道路は通行不能になりました。それと我々の背後では、マーク川の橋が爆弾で吹き飛ばされ、テアハイデンとブレダの間の交通は遮断されたのです。これでムールダイクの橋への攻撃は維持できなくなり、私は中隊主力をまとめると、ゼヴェンベルゲンとウーデンボシュを経てブレダまで後退しました。爆撃で孤立したマルタン中尉は、ドイツ軍の銃撃を受けながらも何とか部隊を救い出し、オーステアフートを経て後退してきました」

第2歩兵師団偵察集団の分遣隊もベルゲン・オプ・ゾームを出発し、翌朝遅くにムールダイクの橋梁群に接近していた。道路が障害物で塞がれていたために分遣隊が停止したところへ、状況不利によりゼヴェンベルゲンまで後退せよとの命令が届いた。ツルノーの北では、レストクワ集団も同様に後退を命じられ、オチキスH35戦車の2個小隊が脅威を受けている南側面を掩護するために送られた。日が暮れるころ、軍は第1軽機械化師団と第25自動車化歩兵師団に対し後退命令を出し、両師団は夜間にウーストウェゼル～ウォアテル＝ツルノーを結ぶ線まで移動した。

フランス軍の先頭にあった偵察集団は四面楚歌に陥っていた。5月13日0800時、いまやブレダのフランス軍の最北端の部隊となった第2歩兵師団偵察集団は猛爆撃を受け、命令により、南へ回り込もうとしたドイツ戦車を払いのけ

戦場を特定できる情報、参加している作戦内容などの説明が見当たらないのは返すがえすも残念だが、任務の重圧にさらされている前線部隊が、写真の扱いをおざなりにしてしまうのも無理はないだろう。戦場で撮影された写真は勝者側の手によるものがほとんどだが、(上)のように、後にフランスで撮影されたパナールP178装甲車であることがマルセル・ベルジュ軍曹によって立証された素晴らしい写真もある。彼はムールダイクに到達したが、そこにはすでにドイツ軍降下猟兵が設置した路上障害物が置かれていた。

ながら後退した。午後になって、ドイツ第9戦車師団は1個戦車大隊をブレダの西に進出させた。第501戦術航空偵察中隊の偵察機がこれを発見し、1715時、ベルゲン・オプ・ゾームの東20km、アフトマール近郊の道路脇の林に、20両のドイツ戦車が潜んでいるのを発見したと報告した。

シェルト川北岸の保持とアントワープから海までの通路の確保というはかない望みを抱いて、ド・ボーシュスヌ大佐はミション集団——第6戦車連隊と第4自動車化龍騎兵連隊の一部を加えて増強された第12歩兵師団偵察集団——に、ベルゲン・オプ・ゾーム周辺の確保を命じた。また、第2および第27歩兵師団偵察集団には、南西へ数km下ったフイベルゲン地区の防衛が命じられた。

5月14日、ドイツ第XXVI軍団はアントワープの西で強力な攻撃を実施した。第25自動車化歩兵師団は、ウーストウェゼル付近で激戦に巻き込まれた。同師団は反撃で失地を奪い返したが、その北では、ド・ボーシュスヌ集団の偵察部隊は大損害を受け、後退を強いられた。また、ミション集団とその増強部隊はベルゲン・オプ・ゾームで包囲されてしまった。

14日の午後、フランス第7軍は指揮下の各師団にアントワープの防衛線まで下がるように命じた。夕刻になって、メヘレンの西のブームとプーアスで、第1軽機械化師団はソミュアS35戦車の2個中隊を貨車に載せ、フランスへと送り返した。

・ロッテルダム空襲

ロッテルダム市内を流れる川の両岸は、橋梁群を巡る戦闘と、砲艦「Z5」号および「Z51」号の砲撃で荒れ果てていた。オランダ空軍と砲兵は翌日も攻撃を続け、町を破壊した。このときウィルヘルミナカデに停泊していた汽船「スターテンダム」号と「ボシュダイク」号に砲弾が命中し炎上した。5月12日に入ると、オランダ軍の砲撃はますます激しくなった。燃え上がる建物とマース川の船から立ち昇る煙が、ロッテルダムの空を覆った。「スターテンダム」号はさらに4日間も燃え続けた。5月13日には、イギリス軍の爆破作業班が、ロッテルダムの西外れのペアニスにある燃料貯蔵タンクを爆破したので、黒煙は一層濃くなった。

5月14日、ヒトラーは総統命令第11号に、「オランダ軍は事前の予測よりも激しい抗戦能力を有することを示した」と記し、「政治および軍事的理由に基づき、この抵抗は速やかに排除されなければならない」ことを示唆した。ドイツ第9戦車師団はムールダイクを通って、ロッテルダムの南に集結していた。5月13日の昼、第9戦車師団、第7空挺師団、第22歩兵師団といった、これらロッテルダムを南側面から攻略する部隊は第XXXIX軍団に統括された。

軍団司令部はロッテルダム市内に突入すべ

(左)ブレダの真西、プリンセンハーフェに遺棄されたパナール装甲車は、土曜日にムールダイクに急行した第1軽機械化師団第6戦車連隊の所属車両と思われる。ルフトヴァッフェの空襲を受けた同部隊は、ブレダまで退却を強いられた。(右)ジャック・ファン・ダイクはドレーフ通りに写真の場所を発見した。

(左)レストクワ集団はティールブルフ付近でドイツ軍と接触したが、その間に、第1軽機械化師団はかなり南方でレウセル川に到達していた。写真はディーセン川で破壊された第1軽機械化師団第4自動車化龍騎兵連隊のAMR35。(右)ジャック・ファン・ダイクはユリアン通りに撮影場所を発見した。ここから約10km北方にティールブルフがある。

く、強力な攻撃準備に着手した。5月14日の午後、マース橋梁群のすぐ南にあるフェイエノールトには、A集団と命名された、第33戦車連隊と第16歩兵連隊第III大隊のフォン・コルティッツの率いる将兵が、2個砲兵部隊と2個工兵中隊とともに集結していた。第9戦車師団長ヴィルヘルム・フォン・アペル大佐の指揮により、A集団は橋を渡りシュラーダーとケルフィンの両部隊がかろうじて確保している北岸の小橋頭堡から出撃し、アムステルダムへ向けて進撃することになっていた。その東のアイセルモンデには、第16歩兵連隊の3個中隊と1個工兵中隊から成るB集団が展開していた。指揮官は第16歩兵連隊長ハンス・フォン・クレイジング大佐であり、マース川を艀(はしけ)で渡り、クラリンゲンへ上陸する予定だった。ロッテルダムの南辺には、第33戦車連隊の戦車とSSライプシュタンダルテ・アドルフ・ヒトラー連隊の主力で構成されたC集団があった。C集団はA集団に続行し、オヴェールスキーに孤立している百数十名の降下猟兵を、オランダ軍に殲滅される前に解放する任務を負っていた。そののち、C集団はハーグへ向けて進撃するものとされていた。攻撃開始はドイツ時間の1530時(オランダ時間1350時)。砲兵の攻撃準備射撃と、1440時(同1300時)には爆撃が予定されていた。

ちょうどこのとき、オランダ軍は3個大隊による攻撃で、ロッテルダムの北のオヴェールスキーのドイツ空挺隊を一掃しようと目論んでいた。ヘンドリク・スケルペンフイーゼン大佐を指揮官とするオランダ軍は3つに分かれ、5月14日の朝にデルフト地区を出発した。主攻撃は街道沿いに進む中央の部隊であった。しかし、前進は歩兵の足の速度に従ったゆっくりとしたもので、ドイツ軍と接触し交戦が始まったときには、すでに午後になっていた。

同じ5月14日の朝、ライソールトに司令部を置く第XXXIX軍団司令官ルドルフ・シュミット中将は、空襲開始50分前の1410時(オランダ時間1230時)を交渉期限とする、降伏要求の最後通牒をスキャルロー大佐に送った。ドイツ時間1040時(同0900時)、降伏勧告の使者である

戦友を結ぶ兄弟愛。第68歩兵師団の前衛部隊、デュラン分遣隊の兵士がゼーラント州警備隊のオランダ兵と煙草を分け合っている。数日後にオランダに迫る運命も、間もなく起こる事件で分遣隊がせっかく守っていた土地を明け渡さなければならないことを、彼らはまだ知らない。

草の根レベルでの部隊間交流は親密だったかもしれないが、フランス軍とオランダ軍の将官の関係はうまくいっていなかった。ゼーラント州オランダ軍司令官ヘンドリック・ファン・デル・スタッド海軍少将は、自らの指揮権に固執するフランス軍のマリー・デュラン将軍との関係調整に苦しみ、デュラン将軍は、オランダが設定した防衛線を拒否していた。5月15日に、デュラン将軍がフランス軍が撤退する考えを明らかにした際には、部隊間の統合を守る必要から、第60歩兵師団のマルセル・デスロロン将軍が任務を引き継いでいる。オランダ軍はすでに降伏していたが、相当数のフランス軍がまだオランダ国内に展開していたので、ゼーラント州は休戦の申し入れから除外されていた。5月17日、ドイツ軍はアルネマイデン、ミデルブルフ、フェーレ、フリッシンゲンに容赦ない攻撃を加え、ミデルブルフの歴史的市街地は大損害を受けた。（上）至近弾で損壊したスヘルデ=ブレスケンス・フェリー会社の社屋が損壊している。フリッシンゲンの埠頭で撮られた写真。（下）現在は州の汽船局建物として建て替えられ、地元の港湾ラジオ局になっている。

月曜日の午後、第XXXIX歩兵軍団は南側からロッテルダム攻略を命じられ、翌日から空軍との協同作戦が始まった。攻撃準備を整えた後、シュミット中将はロッテルダム防衛隊司令のペテル・スキャルロー大佐に降伏を促す最後通牒を発した。この降伏勧告は、指揮所をファン・デル・タク通りに移していたフォン・コルティッツ中佐を介して、スターテン道路147にあるスキャルロー大佐の司令部に届けられた。火曜日の10時30分、3名の代表団が白旗を掲げてウィレム橋を渡り、30分後に守備隊司令部に到着した。ドイツ軍使は第9戦車師団のレイモント・ヘルスト大尉、通訳のフリードリヒ・ブルットザール中尉、宣伝中隊のベッセンドルファー大尉で、彼らはオランダ軍は降伏するものと信じ切って、ノールデルアイランドに戻ってきたのである。

三人のドイツ軍使はフォン・コルティッツの指揮所を出発、ウィレム橋を渡って、1210時（同1030時）にスタテンウェク147番地のスキャルロー大佐の指揮所に到着、10分後に大佐の事務室に招き入れられた。スキャルロー大佐は別室の電話でこの件をヴィンケルマン将軍に報告した。しかし、おそらくオヴェールスキーでの反撃の時間稼ぎを望んでいたであろう将軍は、降伏勧告文書の署名の不備を指摘して、ドイツ軍司令官の姓名と階級が正確に記された文書を再度発行するように要求せよと命じた。スキャルローは、ロッテルダム市長ペテル・オウトの進言を無視して、ヤン・バッケル大尉にメッセージを持たせドイツ軍に遣わした。1330時（同1150時）、交渉場として用意されたプリンス・ヘンドリクカデ66番地のアイスクリーム・パーラーに戻った三人のドイツ軍使は、オランダ軍はまもなく降伏しそうな印象を受けたと軍団長に伝えた。シュミット中将は攻撃準備射撃の延期を決め、また、1415時（同1235時）に第2航空艦隊司令部宛に爆撃隊の途中帰還を要請する連絡をした。

オランダ軍のバッケル大尉は1355時（ドイツ時間）にフォン・コルティッツの指揮所に到着、ドイツ側の三人の将軍シュミット、シュトゥデント、フォン・フービッキも20分後の1415時（オランダ時間1235時）に集合した。スキャルロー大佐の返答書を読んだシュミットは、返答書の裏に新たな降伏勧告を書き、市街北部へのドイツ軍の進出を認めること、オランダ軍は武装を解除すること、ただし将校の護身用武器の携帯は認めることを要件として盛り込んだ。

新しい最後通牒には明確に「シュミット、中将・軍団司令官」と署名がなされ、交渉期限は1800時（同0420時）と定められていた。これには空襲のことは一切記されておらず、また、それを匂わせる記述も無かった。しかし、最後通牒に書かれていようがいまいが進行中の事態に変わりはなく、1500時（同1320時）にバッケル大尉がドイツ兵二人を護衛に付けられて指揮所を離れた時には、ドイツ爆撃機はロッテルダムに接近しつつあった。ロッテルダムと第2航空艦隊との連絡状態が悪く、シュミットの爆撃中止要請が長い命令系統の末端の部隊にまで届くには、時間が足りなかったのだ。

第54爆撃航空団のHe111爆撃機の攻撃目標は、マース川北岸のドイツ陣地に対する三角形の地域であった。爆撃機のパイロットは友軍への誤爆を避けるために、地上の発光信号に十分な注意を払うよう警告されていた。赤色の信号を認めた場合には、任務は中止、第2目標に向かうよう指示がなされていた。

2つの編隊に分かれ、爆撃機は東と南東からロッテルダムへと接近した。54機からなる東か

1983年に旧橋が取り壊され、上流に新しい橋が架けられたので、現在のファン・デル・タク通りは閑静な袋小路になっている。

スキャルロー大佐の司令部があった国道147号線は、1940年往事の記憶を強く残していた。火曜日の午後、この場所でシュトゥデント中将が頭部に銃弾を受けて重傷を負ったという事実への言及はない（147ページ）。今日でも建物の壁には弾痕が残っている。

スキャルロー大佐が電話で参謀総長のヴィンケルマン将軍と相談をしているとき、参謀総長は周囲を敵に包囲されていたので、最後通牒となる降伏勧告の文面が明瞭ではないことを理由に、これを拒絶して、信頼性に足る文書を要求した。降伏を受け入れて、町を流血と破壊の惨事から守るようにと訴えた市長からの誓願を無視したのだ。ヤン・バッカー大尉は白旗を掲げて、オランダ側からの詳細な意図を携えていた。（左）フォン・コルティッツ中佐はプリンス・ヘンドリクカデ66番のアイスクノーム・バーラーに設けられた臨時会議室でオランダ側と交渉を開始したが、彼らが降伏を受け入れるに違いないという予想を疑っていなかった。

らの編隊はヴィルヘルム・ラックナー大佐、南東からの36機の編隊はオットー・ヘーネ中佐が指揮していた。地上からは赤色の発光信号が打ち上げられていた。編隊長のヘーネは先頭の3機が爆弾を落としたところでこれに気づき、慌てて全機に爆撃中止と反転を命じた。ところが、ラックナー編隊はこの信号をすっかり見落とし、全弾を投下してしまった。57機のHe111爆撃機が落とした爆弾は、合計97トンにもおよんだ。見落としの結末は惨たらしく、ロッテルダム市街の中央部は一瞬にして猛火に包まれたのである。

ハーグのヴィンケルマン将軍に合流しようという試みに失敗したスキャルロー大佐は、遂にロッテルダムの開城を決意した。大佐はA集団の指揮官たちが見守る中をウィレム橋を渡り、1730時（同1550時）に、プリンス・ヘンドリクカデの指揮所でシュミット中将と会見した。爆撃に対して強く抗議を行なった後に、大佐は降伏文書にサインした。シュミットは空軍の行動に関し何ら責任を負う立場にないことを述べ、自

かつてアイスクリーム・バーラーだった銀行右手の建物は、今は個人宅になっている。

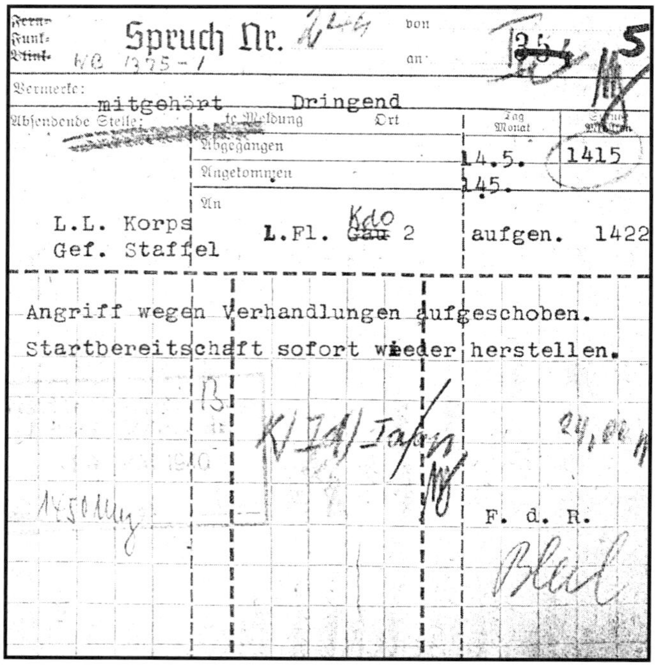

Fern-
Funk-
Blink-
Spruch Nr. 244
von
an
Vermerke:
mitgehört Dringend
Absendende Stelle:
Ort
Tag Monat
Abgegangen
Angekommen
14.5.
14.5.
1415
An
L.L. Korps
Gef. Staffel
L.Fl. Kdo 2
aufgen. 1422
Angriff wegen Verhandlungen aufgeschoben.
Startbereitschaft sofort wieder herstellen.
F. d. R.

（左）クルト・シュトゥデン中将（左）とシュミット中将。シュミットの参謀長ハインリーチ・トレットトナー少佐を伴っている（右）。指揮所に到着した直後、彼らは最後通牒へのオランダの同意を疑ってはいなかった。スキャルロー大佐の返答を読んだシュミット中将は、同じ紙に新たな通告文を裏書きし、返答期限を1800時に延長した上で、自分の名前と階級、所属を明記した。（右）オランダ軍の返答に楽観的な見通しを立てていたシュミットは、第2航空艦隊に作戦中止命令を送っていた。「交渉中につき攻撃を延期されたし。出撃準備は即応を可能とすること」。この命令文は1415時に出されているが、すでに攻撃部隊は飛び立ったあとだった。（オランダに展開したドイツ軍は、ドイツ標準時をもとに行動していた。したがって3月半ばからドイツの標準時はGMT+2時間となっていた。イギリス、フランス、ベルギーはGMT+1時間だが、オランダは1920年代からGMT+20分を採用していたので、オランダ人が使用する時計はグリニッジ標準時に対して正確には19分32秒、感覚としても20分ほどずれていた。したがって、1940年5月にはドイツとオランダの間には1時間40分の時差があり、この説明だけでもややこしいのだから、当日の現場の混乱は推して知るべしだろう）。

らは遺憾の意を表した。

1725時（同1545時）、A集団は攻撃を開始すべく橋を渡り始めた。先頭に立つのはフォン・コルティッツの大隊であった。これに続いてSSライプシュタンダルテ・アドルフ・ヒトラー連隊のオートバイ部隊が、オヴェールスキーのシュポネックの部隊を救援すべく北への道を急いだ。オヴェールスキーでは、午後になってオランダ軍からの締め付けが強くなり、降下猟兵の置かれた状況は厳しくなっていた。右側面から攻撃するオランダ軍は、自動車道を見下ろす工場と製粉所の拠点から降下猟兵を追い出した。そののち、左を進む部隊はスキーブルークに進出し、右を行く部隊はスキー川の橋へと達したところで、オランダ部隊は停戦命令を受け取り、晩になって到着したSSライプシュタンダルテ・アドルフ・ヒトラー部隊に降伏した。

オヴェールスキーで孤軍奮闘する降下猟兵を心配したゲーリングは、ロッテルダムへの夜間の第2次空襲を計画するよう命じた。しかし、午後のうちにシュミット中将は第2航空艦隊宛に、ロッテルダム市街北部を占領したこと（実際にはまだ一部だけであった）を申し送っており、爆撃は一切必要ないことも知らせていた。今度の命令は間に合い、爆撃は中止された。次の都市爆撃の目標となることが予想された大都市ユトレヒトは、ロッテルダムの二の舞いになることを避けるために、第207歩兵師団長カール・フォン・チーデマン中将に降伏した。

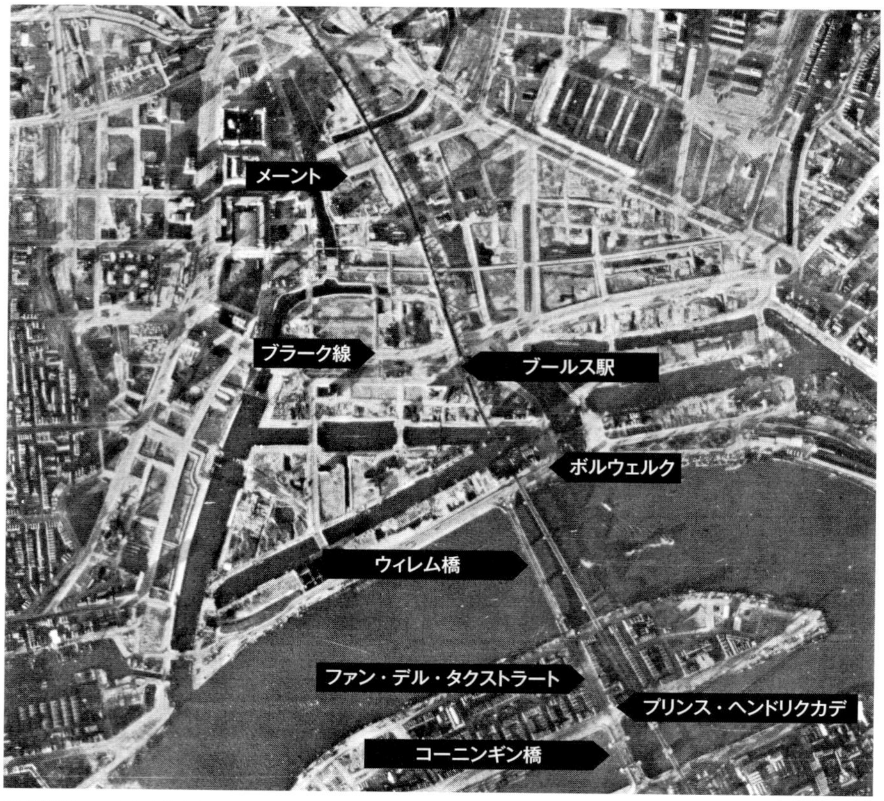

爆撃機隊はマース川を挟んだノールデルアイラントの北岸に面した三角州を攻撃目標としていた。写真は1943年にRAFが撮影したもので、橋の北側には空襲で破壊された市街地が確認できる。

空襲にショックを受けたスキャルロー大佐は、ハーグ行政府にいるヴィンケルマン将軍との連絡も取れず、市の降伏を決意した。(左)降伏文書に調印後、ウィレム橋を渡って戻ってくる途中のスキャルロー大佐。(右)すでにA集団は北岸に前進を開始していた。橋の南橋で、けたたましいエンジン音を立てながら北上するドイツ軍戦車を、困惑した面持ちで見守る市民の一団。

ロッテルダム空襲の目的に関しては、総統命令第11号に従ったオランダ軍の最後の抵抗の意志を挫くための"テロ"爆撃であったのか、もしくは、市街突破を図るドイツ軍への近接航空支援であったのか、いまだに議論が割れている。エリート部隊であるフォン・シュポネックの北部空挺集団の降下猟兵の生き残りが全滅の瀬戸際に立たされていることに、ドイツ軍首脳部が憂慮していたことは事実である。それゆえ、攻撃部隊のロッテルダム市街の突破は、最優先の課題であった。また、ドイツ軍首脳部に爆撃は当然とする空気があったことは、ユトレヒトに対しても同じ脅しがかけられたことを思えば、疑いは無い。ともかく、通信状況が悪いうえ、シュミットから第54爆撃航空団宛に送られたメッセージは、第2航空艦隊とプッツィアー航空軍団を経由しなければならなかった。また、オランダ軍が降伏の決定を引き延ばしたことも、間接的にはロッテルダムの命運に影響したといえる。

確実なのは、ロッテルダム空襲はまったく不必要であったということである。オランダ軍はすでに降伏を決意していたのであり、この空襲はドイツ軍のオランダ戦役の勝利に汚点を残す結果となった。連合国の反ドイツ宣伝は、オランダの中立が踏みにじられたことを非難する中で、とりわけロッテルダムが払った犠牲を大きく取り上げた。オランダ政府はこの惨劇の死者が3万名に達した(「1分毎に4000名もの無抵抗の男性、女性、子供が死んだ」)と騒ぎ立てたが、事実はどう見積もっても死者900名ほどである。

その日の午後遅く、シュトゥデントとフォン・コルティッツがスターテンウェク147番地のスキャルロー大佐の指揮所でバッケル大尉(スキャルロー大佐は町の惨状にショックを受け帰宅していた)と協議していると、突然、表に小火器の射撃音がこだました。道を進んできたSSの1個分隊がオランダ兵に撃たれ、反撃したのであった。シュトゥデントは騒ぎの様子を見ようと窓辺に歩み寄ったが、そこで頭部に1弾を受けてしまった。皮肉なことに、史上初の大規模な空挺突撃作戦を立案し指揮した将軍は、自軍の銃弾に倒れたのである。しかし、重傷を負ったシュトゥデントは病床から復帰して、クレタ侵攻作戦を成功させた。シュトゥデントが倒れたのち、怒り狂った武装SSは、報復としてオランダ軍捕虜と市民を虐殺しようとしたが、この危機はフォン・コルティッツ中佐の必死の説得で回避されたのだった。

・オランダの降伏

ホラント要塞の司令官ヤコプ・ファン・アンデル中将をはじめとする高級将校の助言を受けて、ヴィンケルマン将軍は降伏を決意した。1830時(オランダ時間1650時)、将軍は自身の指揮下にあるオランダ軍主力部隊、とりわけ沿岸砲兵部隊を中心に、武器および装備の破壊を命じる指令書を発した。しかしながら、支援のフランス軍が多数いたこともあって、ゼーラントのオランダ部隊は降伏の対象外とされ、このことは地区司令官である海軍少将(Schout-bij-Nacht)ヘンドリク・ファン・デル・スタートに

(下左)煙と炎の中を前進するフォン・コルティッツ大隊の兵士たち。北岸のボルウェルクにたどり着いたとき、ウーデンハーフェンに停泊していたフェリーは炎上中だった。(下右)炎上中のロッテルダムを前進するA集団に着想を得た、戦争画家アルフレート・シュテッフマンのイラストレーション。

（左）（現在ではブラーク街道と改称した）ウーゲンドルプスプライン通りを進むドイツ軍戦車。（右）左が湾建物は今日も残っている。道路を渡って撮影した写真には、ザドキネ作「破壊された町」——自ら胸を裂く男の像が立っている。

申し送られた。降伏指令は、オランダ軍の野戦指揮官たちに大きなショックをもって迎えられた。野戦指揮官たちのほとんどは、いまだ敵と銃火を交えておらず、敗北したという実感は微塵も持っていなかったのだ。

翌日1145時（同1005時）、シュトゥデントが指揮所を置いていたレイソールトの学校で、ドイツのフォン・キュヒラー将軍とヴィンケルマン将軍の間に休戦の取り決めの署名が交わされた。オランダは1週間を経ずして大戦の舞台から去り、ドイツ軍はオランダに投入した第18軍を、ベルギーとフランスに対して自由に使えるようになったのである。

オランダ政府と王室は、イギリスの駆逐艦に乗って亡命した。駆逐艦「コドリングトン」は皇太子妃一家を乗せて5月12日にアイムイデンを出航し、翌日、駆逐艦「ヒアウォード」はウィルヘルミナ女王と随員、イギリス公使サー・ネヴィル・ブランドをイギリスまで運んだ。同日午後遅くになって、オランダ政府首脳と連合国の公使館員も駆逐艦「ウィンザー」でオランダを離れた。ウィルヘルミナ女王は、国民を置き去りにすることに苦しんでいた。「ヒアウォード」に乗艦したとき、女王は艦長にフリッシンゲンに向かうよう請うたが、艦長は海上で直接イングランドのハリッジに向かうべしとの命令を受け取っていた。上陸後、女王は説得され、失意を胸にロンドンへと向かったのである。

・ゼーラント州での終幕

オランダの降伏で、ディール計画の“ブレダ”オプション案は無効となり、フランス第7軍は後退を命じられた。第1軽機械化師団はブリュッセルの西20kmにあるアロへの後退命令を受け、第9および第25自動車化歩兵師団はアントワープの西に集められると、第1軍への配属替えと南への移動を命じられた。前衛部隊であったド・ボーシュスヌ集団とレストクワ集団は5月15日に編制を解かれ、各偵察部隊は元々の所属師団へと復帰した。

5月15日、第XXXIX軍団の第9戦車師団と「SSライプシュタンダルテ・アドルフ・ヒトラー」連隊が、ホラント要塞の陥落を祝ってアムステルダムで戦勝パレードを行なっていた頃、第XXIX軍団はゼーラント占領のための、最後の攻撃を準備していた。5月14日、ドイツ軍は即時降伏を要求する文書をファン・デル・スタート海軍少将に送った。最後通牒には、ドイツ軍

爆撃にまつわる実施時刻や中止命令の真偽について、50年以上続いている歴史研究者の議論とは別に、犠牲者の数はひどく誇張されたままだった。1940年、空襲への恐怖は1937年に爆撃で破壊されたゲルニカや、1939年9月のワルシャワの実例報道を引き合いに誇張されていたが、ロッテルダムの実害は600～900名とかなり小さいのが実態だった。にも関わらず、ロッテルダム空襲は異なる理由から別格の扱いを受けている。——都市への爆撃を2～3ヵ所実施することで、オランダの即時降伏を促そうとした行為は——5年後に日本を降伏に追い込むまで、空襲によって国家が継戦意欲を喪失した唯一の例となったからだ。ただし、日本の場合は14万人を焼死させた1945年3月の東京大空襲だけでは足らず、2発の原子爆弾をも必要とした。引き替え、1940年5月のオランダは97トンほどの爆弾で降伏に追い込まれている。写真はロッテルダムの視察に訪れた空軍元帥ヘルマン・ゲーリングをウィレム橋の北端付近で撮影したもので、ケルフィンと兵士たちが抵抗拠点とした国立生命保険銀行の建物が見える。

ホワイトハウス（ロッテルダムに建てられたヨーロッパ初の高層ビル）の屋上から北向きの風景――往事と今。ブールス駅とラウレンス教会がとりわけ目を引く。

(左)水曜日の朝、随行するヘルマン・ファン・フォースト少将とともに、レイスオールト通りの小学校に設けられたシュトゥデント将軍の指揮所に向かうヴィンケルマン将軍。ドイツ第18軍司令官フォン・キュヒラー将軍他、6名のドイツ軍将官が待っていた。(右)今日のレイクストラート通り101番地にあるデ・ポールト・インスティテュート・ビルディング。

はオランダ軍とフランス軍陣地を打ち砕くために、21個砲兵部隊と6個スツーカ航空団および5個爆撃航空団を投入できることが、脅しとして記してあった。ゼーラント地区の防衛の実権は今ではフランス軍が掌握し、若干の偵察部隊と砲兵隊の支援を受けた、第60歩兵師団と第68歩兵師団の各1個連隊が、第7軍の撤退した穴を埋めていた。ブレスケンスとテルヌーゼンからの補給・撤退航路を確保するために、フランス軍の掃海艇はドイツ空軍がウェステルスヘルデに敷設した機雷除去作業に忙殺された。それでも、5月15日には、AD16「デュケスヌ」とAD17「アンリ・ゲガン」の2隻が、磁気感応機雷に触れて沈没した。

5月16日の朝、スツーカの猛爆撃と砲兵の集中射撃を皮切りに、SSドイッチュラント連隊は運河を渡り攻撃を開始した。SS部隊は昼にはカペレ、続いてグースへと進出した。第68歩兵師団の1個大隊が南ベヴェラントで罠に落ちたほかは、フランス軍の撤退は整然と進められ、アルネムイデン地峡部に新たな防衛線を設けようとした。ゼーラント守備隊の殿を務めた第68歩兵師団の師団長マリー・デュラン将軍は精神的動揺が隠せなかったことから、敗北主義を理由に解任された。第60歩兵師団長マルセル・ドローレン将軍は5月16日遅くになってワルヘレン島へ到着し、守備隊の指揮を執り始めた。しかし、陣地を準備するにはまったく爆薬が足らず、フランス軍は島の放棄を決定した。

5月17日は、一日中激戦が続き、フランス海軍はフリッシンゲンから可能な限り多くの将兵を収容した。最後の一隻は2215時に島を離れたが、ドローレン将軍はその日の午前、後衛部隊の指揮中に戦死したために、その中に含まれていなかった。師団主力は島北部のヴェーレに追い込まれ、翌日の昼近くまで持ちこたえてから降伏した。

ドイツ第18軍は、攻撃準備のための再編成の時間も惜しんで、アントワープ前面の陣地へ攻撃をかけ、5月18日にはアントワープを陥落

「1940年5月15日、この建物において、優勢なるドイツ軍に敗れたオランダ軍総司令官ヴィンケルマン将軍が、降伏文書に署名をした」

シュトゥデント将軍は重傷を負っていたので、ドイツ軍側代表はキュヒラー将軍が務め、1145時に降伏の調印がなされた。(左)数分後、オランダ軍の二人の将軍が建物をあとにする。(右)35年が過ぎた現在、オランダ史の屈辱の日を記録した記念碑が校外の敷地に建っている。オランダの歴史家ルイス・デ・ヨンク博士の「祖国防衛の努めを怠る国民は、自らの自由を危険にさらす」という追記もある。

させた。アントワープ周辺の戦場では戦いは終わったが、さらに西のウェステルスヘルデの南海岸に沿った地域では、フランス第60および第68歩兵師団、オランダ第2騎兵師団が5月25日まで抵抗を続けた。

フランス第7軍は計画通りに作戦を遂行した。ベルギー、オランダへと迅速に進出し、ベルギー軍の左翼を固め、シェルト湾の湾口を守るオランダ軍に手を差しのべた。しかし、オランダの敗北という結末を変えることはできなかったのである。

ディール計画によるフランス第7軍の展開ほど、連合国が出し抜かれた事実を示す好例はない。ドイツの攻勢重心がアントワープとナミュールの間に指向されていたにもかかわらず、第7軍ははるか北へと送られてしまった。そのため、ドイツ軍の総攻撃が始まったときには、軍は主決戦場から遠く隔たった地点で、負けの決まった戦いに身を投じなければならなかったのである。フランス軍の最良の部隊の1つが、実りの無い冒険へと駆り出されたことの損失は、単に戦闘で受けた損害だけに止まらない。ベルギーからオランダへと1度は駆け抜けた片道250kmにおよぶ道程の往復を強いられたことで、貴重な時間が失われた。もし、第7軍が援軍を必要としたセダン地区に突進していたならば、両軍の兵力バランスには大きな変化が生じ、結果は違ったものになったかも知れないのである。

ムールダイクの西15km、ホラント・ディープ川の玄関口に当たるウィレムスタットに到着した第9戦車師団。5月14日、ベネデンカデにてオランダ軍大尉に居丈高に接する士官の姿を、カメラマンは撮影した。

・オランダ戦役の損害

5月18日までのオランダ軍の損害は全体で戦死2157名であり、そのうち、陸軍が1957名、空軍が75名、海軍が125名であった。捕虜になった者は2700名。民間人の死者は2559名に達した。

ドイツ軍側では、予想に反して空挺作戦に困難を生じ、とくに北部空挺集団に関しては惨敗となったために、損害も大きかった。オヴェールスキーに包囲されていた部隊は、5月14日の夜に第XXXIX軍団の先遣部隊によって解放されたが、この時点で北部空挺集団の戦力は1100名にまで落ちていた。500名はファルケンブルフとワッセンナールでなおも戦闘を継続し、ホラント岬近くのスタールデュンセの森では100名ばかりがゲリラ戦同然の戦いを演じ、さらに500名がオヴェールスキーにあった。総括すれば、オランダに送り込まれた北部空挺集団の3800名の降下猟兵のうち、1100名が戦死傷者となり、また1600名が捕虜になっていた。捕虜のうち400名は5月15日に釈放されたが、残りの1200名はイギリスへと移送済みであり、5月13日に汽船「フロンティス」号が900名、5月14日には汽船「テヘルストローム」が300名を運んでいた。

2日後、ハーグの北、スヘヴェニンゲンの海岸沿いの道で、自転車とともに立つ警官を、いかにも象徴的にとらえた1枚。後方の車両は、ドイツ第9戦車師団の無線装甲車(Sdkfz263)である。

作戦としては失敗であったものの、オランダ戦役のもっとも肝要な時期に、フォン・シュポネックの1000名ばかりの将兵が、オランダ軍の予備兵力である2個師団を擁する第I軍団を拘置し続けたことは、ある意味では勝利として評価できた。

南部空挺集団は、北部空挺集団の失敗が逆に

オランダの崩壊が明らかになるや、ヒトラーはアムステルダム市内において戦勝パレードの実施を命じ、5月15日、シュミット中将が執り行なった。参加部隊は第9戦車師団とライプシュ

タンダルテSSアドルフ・ヒトラー連隊で、ダム広場の王宮が背後に見える写真のSdkfz231は親衛隊の所属車両である。

幸いして、7100名という計画よりも多くの兵力を受け取っていた。それでも、死傷・行方不明者は1200名を数え、戦死者は250名であった。

オランダ戦役に投入された1000機のドイツ空軍機のうち330機が失われたが、その3分の2はオランダ軍の防空火器によるものであった。被害は低空を低速で飛ぶ輸送機部隊に集中し、作戦参加の430機のJu52輸送機の実に半数を越える220機が、損害として計上された。第1特別任務爆撃航空団の63機の損耗機のうち、第2飛行中隊の損耗は8機であったが、残りの飛行中隊は各々18機前後の損害を出していた。第2特別任務爆撃航空団はハーグ地区で157機、また、第172特別任務爆撃飛行隊は12機、第9特別任務爆撃飛行隊は39機を損耗した。第11と第12特別任務爆撃飛行隊は各々50機ずつが作戦不能となり、ほぼ全滅状態にあったので、後に両部隊とも解隊された。

しかし、損耗機を調べた結果、53機が修理可能と判断されたことで、部品取り用に解体処分された47機を含めて、オランダ戦役での損失機は167機と記録されることになった。もしも、オッケンブルクとファルケンブルフで飛行場を奪回したオランダ軍が輸送機を破壊していたならば、さらに損失統計に50機が加算されたであろう。しかし、オランダ兵は輸送機からバッテリーを外す処置しかとらなかったのだ。

パレードを見物する市民の数は多く、ドイツのカメラマンは勝利に意気上がるSS兵士の姿を見逃すまいと、シャッターチャンスをうかがっていた。ダム広場を背景に、ロキン付近で撮影された。

5月30日、ロッテルダムのクロースウェイクにてドイツ軍の戦死者葬儀が執り行なわれた。ドイツ軍戦死者の他にも、115名のオランダ軍戦死者もこの場所に眠っている。脇には空襲で死亡した550名の市民が葬られている。

今日のクロースウェイク。ドイツ兵の墓所は撤去されて、ヘルモント～フェンロー間のエイセルスタインに移設されている。

第二次世界大戦で生じた3万1000名の死者には、第16歩兵連隊のハインリッヒ・シュヴィーベルト少尉も含まれている。

5月10日早朝、オランダのリムブルフ州を疾駆する第4戦車師団第36戦車連隊のIII号戦車。

ドイツ第6軍のベルギー侵攻：陽動作戦

ドイツ第6軍の攻勢は、可能な限り長く、これこそが主攻勢であると連合軍に信じさせることに狙いがあった。作戦成功の鍵は、ドイツとベルギーの間に垂れ下がる「マーストリヒト虫垂部」をいかに迅速に軍主力が通過するかにかかっていた。虫垂部の向こう、ワーブルとナミュールの間には、穏やかにうねる丘と見通しのよい平野が織りなすジャンブルー渓谷が広がっていた。それはまさに戦車師団にとって理想の戦場であった。

作戦開始のゼロアワーが刻一刻と迫るなか、アルベール運河沿いに拡がるベルギー軍陣地の主攻部隊の突破を手助けするために、すでに特殊部隊の活動が始まっていた。ムーズ川にかかるマーストリヒトの重要な橋梁群を奪取するために、オランダ憲兵の制服に身を包んだ第100特別任務歩兵大隊の兵士たちは、自転車にまたがって行動を開始した。同じ時刻には、グライダーに搭乗したコッホ突撃大隊が、町の西側の重要な橋を奪い、難攻不落のエベン・エマール要塞へと空中から迫っていた。

これらの特殊部隊に続行し渡河点を速やかに確保すべく、攻撃先鋒として第4戦車師団が国境近くに配置されていた。エリッヒ・ヘープナー将軍の第16軍の計画では、作戦第2日目に第4戦車師団の右翼に第3戦車師団を投入し、西への装甲突撃を発起する予定になっていた。

オランダの虫垂部領土を守る兵力は、わずかな警戒部隊だけであった。オランダ軍は最初から南部州は防衛不能であると判断しており、具体的な防衛計画を立てていなかった。マーストリヒトに司令部を置く、南リムブルフ地域防衛司令官A・ゴーヴェルス大佐のもとには国境警備5個大隊しかなく、装備する対戦車兵器は対戦車砲7門と対戦車ライフル4挺だけであった。

ベルギー領内を流れるアルベール運河のうち虫垂部に面する部分は、第4および第7歩兵師団により構成されるベルギー第I軍団の統制下にあった。軍団の左側はベルギー第1歩兵師団、右側の北東のリエージュにかけては第3歩兵師団が守っていた。彼らは、ドイツ軍の侵攻開始とともに発動されるディール計画により、ベルギー領内に突進するフランス部隊によって支援されることになっており、ベルギー第Iおよび第

ルールモントの南方に広がり、ベルギーとドイツの間にくさび状に突出したマーストリヒト回廊の中心に、ファルケンブルフがある。いわゆる"虫垂部"はもっとも広いところで東西が30kmしかなく、ドイツの攻撃から守る手段はない。ファルケンブルフを通過する道に設定された「黄色街道」を西に10kmほど向かうと、ムーズ川に面するマーストリヒトに到達する。

第4戦車師団の前衛部隊は0600時にはマーストリヒトに到着していたが、ムーズ川の橋は目の前で破壊されてしまった。部隊を対岸に渡すべく、工兵がポンツーンを架橋している間に、師団の後続部隊が続々と市内に到着して、道路には軍用車が溢れていた。写真は1940年(左)と1986年(右)のホーフブルク通り。

III軍団の地区には、フランス第1軍の先遣部隊である軍直轄騎兵軍団が展開することになっていた。

マーストリヒト橋梁群の奪取を命じられた第100特別任務歩兵大隊は、ブランデンブルク部隊ではなく、防諜局ブレスラウ支局から派遣された部隊であった。しかし、所属は違いこそすれ、装備と戦術は同一だった。"オランダ憲兵"に化けた一隊は0320時に出発。しかし、マーストリヒトへ向けて10kmほど進んだところで、コッホ突撃大隊のグライダーを迎撃するマーストリヒトの防空部隊による、闇にこだまするただならぬ砲声を耳にして、早くも警戒配置についたオランダ軍に遭遇してしまった。撃ち合いがはじまり隊長が敵弾に倒れた。そこで正規のドイツ軍服を着用した第100特別任務歩兵大隊のオートバイ部隊が取って代わり、第4戦車師団第7捜索大隊の主力とともに突進した。0600時にマーストリヒトに到着したときには、すでに奇襲効果は失われており、目前で橋梁群は爆破されてしまった。B軍集団は「マーストリヒト橋梁群は第4戦車師団の目と鼻の先で宙へと舞った」と苦渋に満ちた報告した。

0830時、架橋の組立作業が進められるのと並行して、第4戦車師団の工兵は人員・装備のフェリー輸送を開始した。作業は架橋工兵6個部隊が担当。最初に8トン級ポンツーン架橋1基が完成すると、昼から重量物用フェリーとして用いられ、1時間のうちにさらに2基の4トン級ポンツーンが完成した。第4戦車師団長ヨハン・シュテーヴァー少将は、ヴローエンホーフェンとヴェルトウェツェルトで橋を確保している降下猟兵を救援するため2個戦闘団を編成する一方で、第51工兵大隊をカネへ送り出した。アルベール運河の橋を奪取したコッホ突撃大隊との連絡は間もなく繋がり、マーストリヒトとカネの

ホーフブルク通りの外れではII号戦車——第4戦車師団第36戦車連隊第1中隊所属の"142号車"——が、食料雑貨店の前に待機していた。

(左)通りの向かい側で待機中の、砲塔に判別しにくい文字を描き込んだIII号戦車は、車体番号の最後に小さいがはっきりとピリオドが打たれているので、同じく第4戦車師団の第35戦車連隊ではなく、第36戦車連隊の所属車両である事が分かる。"156"の意味するところは、第1中隊第5小隊の6号車である。(右)ムーズ川東岸のマーストリヒト市街地は戦争の破壊を逃れる事ができた。

最初に架けられたポンツーンはSdkfz10装甲車のような重装備が使用し、兵員やオートバイなどの軽装部隊はゴムボートを使ってムーズ川を渡った。写真は破壊されてしまったマーストリヒトの道路橋から数百メートル上流のムーズ東岸から撮影したもの。

橋は破壊されたものの、攻撃初日は成功に終わった。また、この日の朝早く、B軍集団司令官フェドーア・フォン・ボック大将はマーストリヒトを訪れ、前線司令官たちと状況を検討した。

5月11日、土曜日

マーストリヒトでの橋の破壊はベルギー第I軍団に一日の時間的猶予をもたらしはした。しかし、5月11日0330時には、第4戦車師団の最初の戦車がフェリーで対岸に渡され、その1時間後には16トン架橋が完成した。第XVI軍団司令部は昼には進撃する第4戦車師団に追いついたが、司令官ヘープナー将軍は、0530時に最初の戦車を渡河させた第3戦車師団が追及してくるのを待たなければならなかった。

5月11日、ベルギー空軍はアルベール運河の3つの重要地点、ブリートゲン、ヴェルトウェツェルト、ヴローエンホーフェンを爆撃するために、保有する16機の爆撃機のうち9機を投入した。第3航空連隊第III大隊第5中隊に所属する9機のバトル爆撃機は、ヘントの西20kmのアルテルを0530時に離陸、第1波の3機はヴェルトウェツェルト、第2波はヴローエンホーフェン、第3波はブリートゲンを目指した。しかし、バトル爆撃機は強襲攻撃には不向きな、鈍速で脆弱な機体であり、爆撃行は自殺行為に等しか

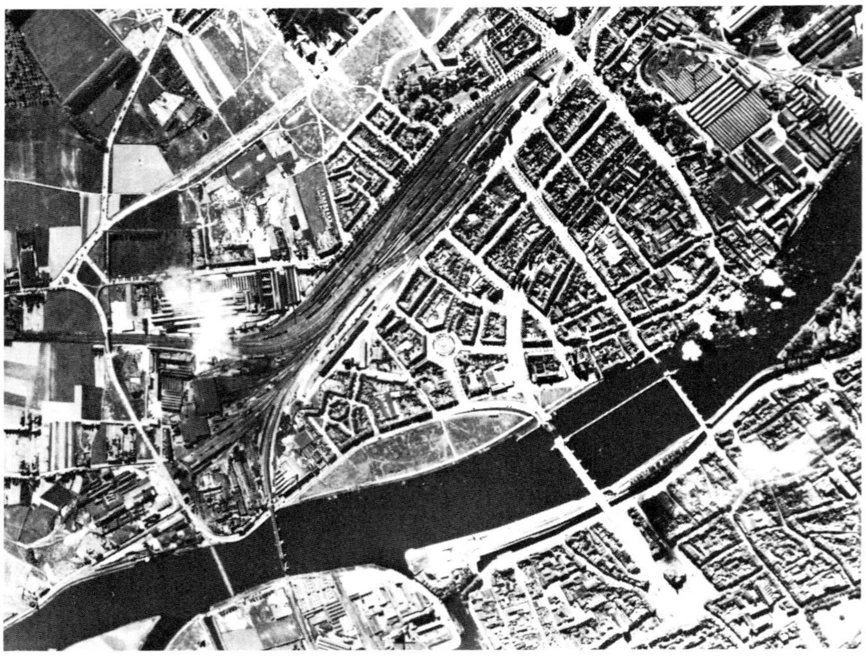

土曜日(5月11日)、第110爆撃飛行中隊所属のブレンハイム爆撃機が、マーストリヒトの渡河点を爆撃した。写真の爆発が集中している場所は、ちょうど上の写真で艀やゴムボートが集結していた地点に一致する。写真の左下破壊された鉄道橋の下流に、16トン級のポンツーン橋が完成しているのが確認できる。

(左)同じ頃、マーストリヒト市街では工兵がゴムボートに乗り込んで、破壊された道路橋の橋脚に厚板を渡していた。橋脚の一部は坂道になっていたので、川に滑り落ちないように一部ではロープや梯子を使わなければならなかった。(右)破壊された橋は1947年12月に再建された。

マーストリヒト周辺では、アルベール運河にかかるブリートヘンの北西、ヴェルトウェツェルトの西、フルーンホーフェンの南西、以上3本の橋が無傷で残った。（左）5月11日、ベルギー空軍第5飛行中隊（第3飛行連隊所属）のバトル9機が出撃し、3機ずつになって3本の橋を攻撃した。58、60、73号機がヴェルトウェツェルト、61、64、70号機がヴローエンホーフェン、62、68、71号機がブリートヘンを目標とした。6機が未帰還機となり、副隊長アンドレ・グローリエ大尉（右）を含む5名が戦死した。

った。各機は計400kgの爆弾を搭載していたが、中身は小型の50kg爆弾ばかりであり、コンクリート製の頑丈な橋が目標では、せいぜい傷をつけるくらいの破壊力しかなかった。決死の操縦で熾烈な高射砲火の嵐をくぐり、それでも6機の爆撃機が攻撃をかけた。しかし、投弾装置に欠陥があったのだろうか。パイロットが投弾ボタンを押しても爆弾の落ちないものがほとんどだった。

ヴローエンホーフェンでは、アンドレ・グロリエ大尉とフラン・ドルヴィーニュ特務曹長の操縦する爆撃機が爆撃のやり直しを試みて、2機とも撃墜されてしまった。ブリートゲン攻撃のあと、バトル68号機を操縦していたギュスターヴ・ウィスレール特務曹長は、ひどく損傷した爆撃機をやむなく胴体着陸させることにしたが、8個の爆弾がいまだぶら下がったままであることに気づいていなかった。それでも、乗員たちはよほどの幸運に恵まれていたのか、爆弾の安全装置のお陰で全員が命拾いをした。結局、3つの飛行隊はそれぞれ2機ずつを失い、搭乗員5名が戦死、5名が負傷したが、橋はまったくの無傷のままであった。

ベルギー軍がマーストリヒト地区にあった仏英の両空軍に応援を要請してきたので、イギリス空軍は午後になってブレニム爆撃機の2個中

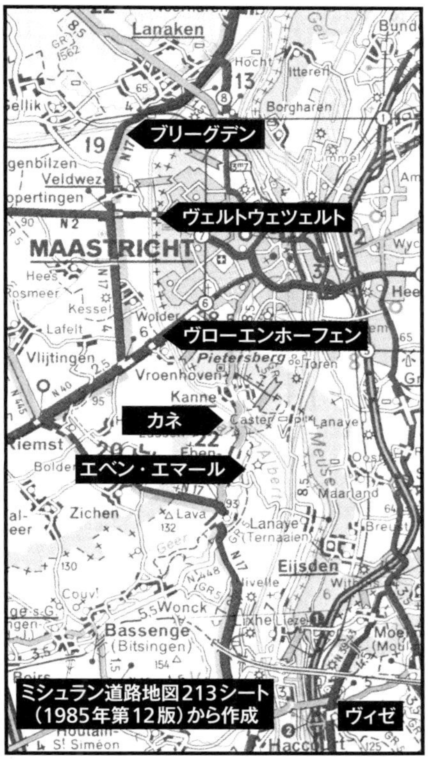

隊の投入を決めた。23機のブレニム爆撃機が参加し、第110飛行中隊はマーストリヒト地区の橋梁群、第21飛行中隊はマーストリヒトとトンゲレン間を進むドイツ軍縦隊を爆撃した。この攻撃で第110飛行中隊の2機が失われた。イギリス空軍と共同して、1830時にはフランス軍機も爆撃を実施した。第12飛行群の13機のLeO451爆撃機がマーストリヒトのポンツーン架橋を攻撃したが、猛然と火を吹く軽対空火器の迎撃で3機が撃墜された。基地に戻った爆撃機はどれも蜂の巣のように穴だらけで、翌日も作戦可能なのは1機だけであった。

ドイツ軍攻勢の初動はゆっくりとしたものであったにもかかわらず、アルベール運河を基軸として遅滞作戦を実施するというベルギー軍の防衛計画は、ヴローエンホーフェンとヴェルトウェツェルトの橋梁群が奪われ、これを射圧可能なエベン・エマール要塞が陥落したことで、完全に崩れ去った。第4戦車師団の先遣隊に押されて、朝のうちにベルギー第7歩兵師団は壊滅し、ドイツ戦車は早くもサン・トロンとリエージュを結ぶ主街道上にあるグランヴィルへ進出した。ベルギー軍総司令部は、アルベール運河の防衛線が5、6日間は持ちこたえるものと計算していたのだが、48時間を経ずしてこれが崩壊した事実に作戦の抜本的な練り直しを余儀な

（左）翌日から攻撃はイギリスに引き継がれた。日曜日、6機のバトル爆撃機（1機は飛行中止）ドナルド・ガーランド空軍中尉（偵察員トーマス・グレイ兵曹）が率いる第153飛行中隊は、ヴェルトウェツェルトおよびヴローエンホーフェンに目指して出撃した。同日午前9時、ガーランドは攻撃を開始したが、5機のうち帰還できたのは1機だけという惨憺たる結果に終わった。ガーランド機も撃墜されて、グレイ兵曹ともに戦死し、ヴィクトリア十字章を授与されている。（右）同日、撃墜されたバトル爆撃機、機体番号P2332、機長のH.M.トーマス中尉のほか、D.T.カーリー兵曹、T.S.カンピオン兵曹が搭乗。

フランス戦役で最大の戦車戦は、ジャンブルー間隙路（ブリュッセル～ナミュール間）にて第XVI戦車軍団とフランス騎兵軍団の間で発生した。写真は第4戦車師団のIV号戦車（上）と、フランス第3装甲師団のオチキスH39戦車（下）。部隊規模は不釣り合いだったが、この時点で、フランス軍は強力な戦力を有していた。

くされ、ディール川防衛線に夜間総退却することを、昼には決定していた。総退却は実施されたものの、第7歩兵師団の損害は大きく、7307名（将校32名を含む）がドイツ第4戦車師団の捕虜になったものとみられた。午後になって第3戦車師団はムーズ川を越えて軍団右翼に集結した。また、晩になって2つ目の架橋がマーストリヒトに完成した。

連合軍で当初の計画通りに前進できたのは、ルネ・プリオー将軍の騎兵軍団だけで、リエージュ地区には、潰走するベルギー軍と入れ違いに第2、第3軽機械化師団が到着した。そしてこれが、計画通りに進撃した連合軍が、ドイツ戦車を阻止するのに十分な部隊を予定の地点と時刻に送り込んだ、ただ1度の例となった。これで、西方電撃戦で最大の戦車戦が繰り広げられるための舞台と役者が整った。この場に限っては、戦車部隊の優位はドイツ軍の専売特許では無く、フランス軍も相当数の戦車を伴っていたのだ。確かに、戦車と将兵の数についてドイツ第XVI軍団は約2倍の兵力を有しており、結局はフランス騎兵軍団など敵ではなかったのかもしれない。それでもフランス軍には戦車戦を演じるのに十分な戦車があった。ジャンブルー間隙部での師団規模の戦車部隊の激突は、ドイツ戦車兵にとってもはじめての本格的な戦車戦となったのである。

5月12日、日曜日

ベルギー軍はマーストリヒト地区と町の西の橋梁群への緊急航空支援を、繰り返し要請していた。12日最初の航空攻撃は、夜明け直後にイギリス空軍第139飛行中隊の9機のブレニム爆

5月12日、ヴィゼにてムーズ川を渡る第XXVII軍団第253歩兵師団の兵員と馬匹。演習のような雰囲気を漂わせている。1940年当時の静寂は、今日も変わらない(下)。

撃機によって行なわれた。目標はマーストリヒトトンゲレン街道上のドイツ軍縦隊だったが、ドイツ戦闘機の掩護が厳重で7機のブレニムが撃墜された。その数時間後、今度はイギリス空軍第12飛行中隊の6機のバトル爆撃機が、マーストリヒトに送られることになった。中隊は各3機の爆撃機をもって、ヴローエンホーフェンとヴェルトウェツェルトの橋を叩く任務にあたった。しかし、出撃間際になって爆弾投下装置の故障が見つかり、中隊は5機の爆撃機で攻撃に向かった。0915時、全員志願の乗員に操縦され、爆撃機は高射砲火と小火器の弾雨の中へと突っ込んだ。結局、大破した1機がどうにか帰還したが、ヴェルトウェツェルトの橋にわずかな損害を与えた他は、確たる戦果は無かった。この勇敢な攻撃を称えて、攻撃先導機に搭乗し戦死したD・E・ガーランド中尉とT・グレイ軍曹にヴィクトリア十字勲章が追叙された。こ

マーストリヒトの西を流れる2番目の地形障害——アルベール運河——の橋は、ドイツ軍が奪取する前にベルギー軍工兵の手で落とされていた。

れが第二次世界大戦でイギリス空軍に与えられた、最初のヴィクトリア十字勲章であった。

この攻撃に呼応して、第15飛行中隊と第107飛行中隊のブレニム爆撃機による、マーストリヒト爆撃も実施された。攻撃は0920時から0930時にかけて行なわれ、24機出撃したうち、帰還できたのは15機だけだった。続いて、第12飛行群の10機のLeO451爆撃機と第54飛行隊の20機のブレゲー693爆撃機が、マーストリヒト西の街道を進むドイツ軍に機関銃掃射と爆撃を加えた。フランス軍はこの攻撃で8機を失った。

連合軍の爆撃は無駄では無かったが、進撃を続けるドイツ第XVI軍団にとってはうっとうしい刺のようなものでしかなかった。第XVI軍団の戦時日誌によれば、攻撃縦隊の前進は「敵爆撃機の空襲により少なからぬ遅れを生じた」とされている。この空襲と、さらにはマーストリヒトの渡河点で発生した大渋滞を主たる原因として、ムーズ川西岸にある軍団先鋒への補給は大きな困難に直面した。このため、第4戦車師団司令官は空中投下による補給を要請し、5月12日の午前にはレンサンレミの近くに2万リッターの燃料が落下傘で落とされた。

後退するベルギー軍は厳しい殿戦を展開していたが、ドイツ軍の攻撃軸が北西から南西へと変わり、フランス騎兵軍団がその重圧を真正面から受けたことで、ベルギー軍主力は危機を脱した。イギリス欧州遠征軍とベルギー軍の守るディール防衛線の北端を破るかわりに、連合軍からみればディール計画の想定にまんまとはまる形で、第XVI軍団はジャンブルー間隙部を指向したのだ。交戦状態にあったフランス騎兵軍団の前衛部隊には撤退が命じられ、各隊は午後にはティレルモン=ユイ間の防衛線の後方に下がった。防衛線のティレルモンからアニュまでは第3軽機械化師団、アニュからユイまでは第2軽機械化師団が展開していた。防衛線の地形は、緩やかな起伏をもつ丘陵地帯にわずかな森や村がまばらに点在するだけであり、戦車にとっては申し分のない戦場であった。

「路上ではまだ銃撃戦が行なわれているが、分遣隊は交代を待ちながら小休止している」と題が付けられた写真は続きものになっていて、「5月13日、グルアン（Grehen）」という撮影場所がメモされているが、ベルギーにそのような名前の村落は存在しない。可能性の高そうな集落について範囲を広げて捜索したところ、アニュの南西1kmほどにあるクルアン（Crehen）に目星を付け、さらなる調査でさらに西方4kmにあるメルドールを探し当てる事ができた。

両軍の偵察部隊は前日から各所で小競り合いをしていたが、5月12日0800時、ついにアヴヌスでフランス騎兵軍団と第4戦車師団が衝突した。

午後には、フランス軍陣地を叩くために急降下爆撃機が飛来し、ワレンムに達していた第4戦車師団は、防衛線の弱点を探るべく行動を開

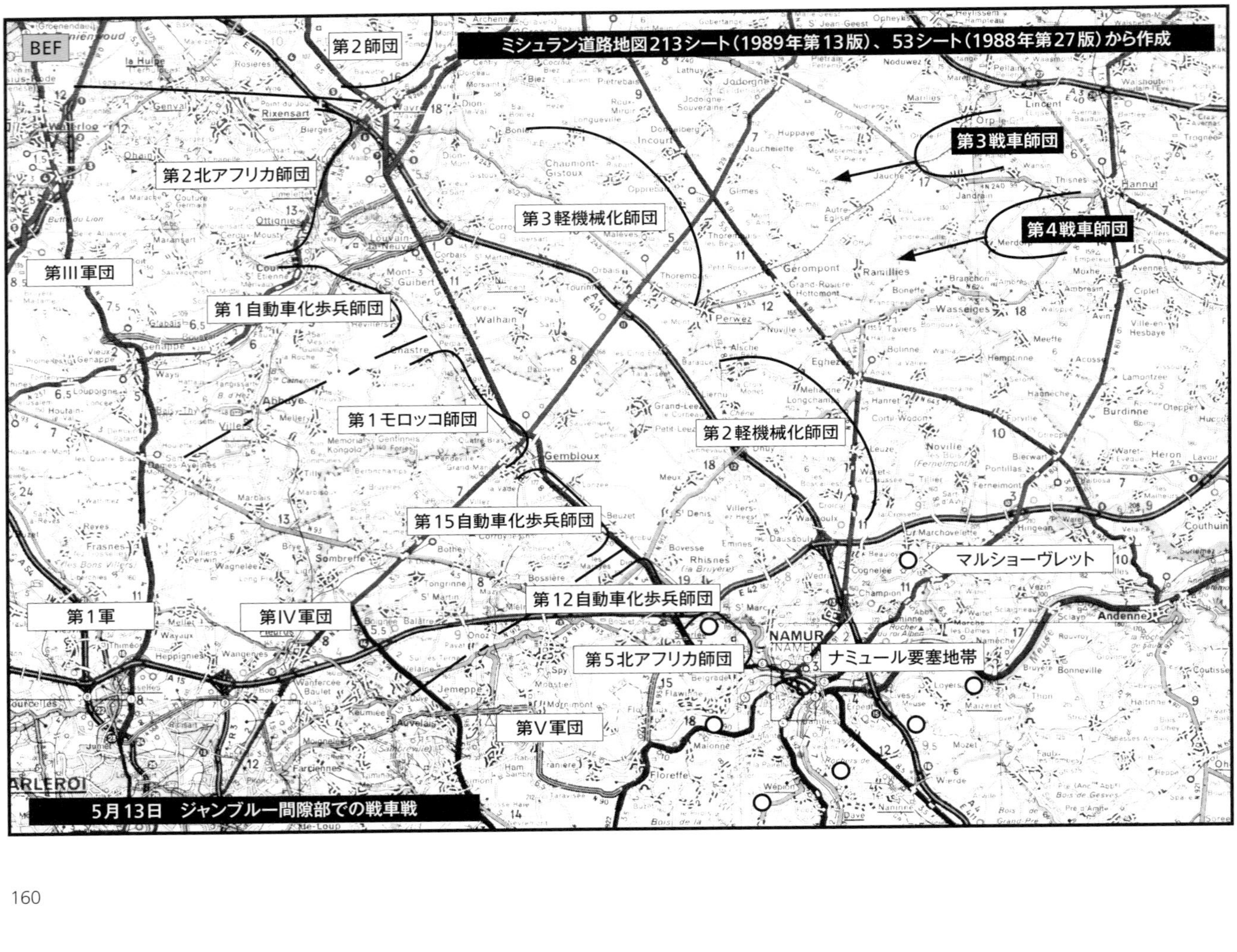

月曜日（5月13日）午後、メルドールに到着した第4戦車師団の前衛、第33自動車化歩兵連隊は、この地でフランス軍第2軽機械化師団と激突した。写真は1630時前後に到着した、

増援の第3大隊に所属するクルップ・プロッツ輸送車である。

始した。フランス第3軽機械化師団第11自動車化龍騎兵連隊のロベール・ルベル中尉は、ジャンドラン郊外で警戒配置についたオチキスH39戦車の砲塔から見た情景を次のように述べている。

「私は後進を命じ、リンゴの木のもとで戦車を止めました。私は開いた砲塔後部ドアに腰掛けて双眼鏡で、たった3時間前にオートバイで迷ったばかりの平原を観察しました。3kmばかり向こうでは素晴らしい見世物が繰り広げられていました。そこではドイツの1個戦車師団が攻撃隊形を整えていたのです。堂々たる鋼鉄の艦隊が集合し、隊列を整える姿は忘れようがありません。その数はどんどん増え続け、双眼鏡越しでも私は身震いを覚えました。いったい敵戦車の数はどれほどだろう。あの距離では判定しようもありませんが、とにかく無数の強力な兵器が息をひそめているのがひしひしと感じられたのです」

「おそらくは将校らしい、何人かの男が戦車の前を行き来しては、身振りで何かを示していました。たぶん、戦闘開始直前の指示を戦車長たちに与えていたのでしょう。車長キューポラの小さな開口部からは、将校の一人の肩から上が見えていました。突然、魔法の杖でも振り払われたかのように、彼らの姿が消えました。攻撃開始時間がやってきたのです。すぐに地平線に土埃が立ちのぼり敵の姿を包み隠しました。私は戦車の中に入るとハッチを閉め、外部視察装置をのぞき込みました」

間もなく、両軍の戦車部隊は衝突し、戦闘は午後の間、ずっと続いた。クルアンとティヌスの周辺では、第2戦車連隊のオチキスH39戦車2個中隊が激戦に巻き込まれ、夜になってようやく撤退を命じられた。第2戦車連隊第4中隊のジョルジュ・イリオン特務曹長はこう語っている。

「午後8時10分のことだ。2両の敵戦車が物陰から現れたもんで俺は頭に血が上った。やつらはクルアンの村に東から入ろうと、俺の方へ向かってゆっくりと近づいて来やがる。野郎にゃ、こっちが見えていねえようだった。俺はじっくりと狙いをつけた。こんな上物は逃しちゃならねえ、何しろはじめての獲物だぁ！ それで主砲をぶっ放したら初弾命中さ。ドイツ戦車が止まって、中からまぶしい光と煙が吹き出すのが見えた。俺はもう1両の戦車に狙いをつけた。初弾は砲塔に弾かれちまった。今度は少し下狙って2発目を撃った。砲弾は砲塔の下んとこに命中して、敵戦車はストップよ」

「ざまぁみやがれ。敵をやっつけたってのに、こっちはちっとも撃たれちゃいねえ。装甲板をカンカン叩く音がしたけど、ありゃ機関銃の弾丸が当たってたんだろう。砲塔の左の視察装置からは十人ばかりの敵兵が見えた。それに、さっきやっつけた2両の右っかわにドイツ戦車が4両現れやがった。俺は砲塔をそいつらに向けて回したが、盾にしていた木の枝が邪魔しちまって、ちゃんと照準がつけられねえ。戦車は土手道の陰に隠しといたんで、俺は操縦手のフィー伍長に土手沿いに進めと命令した。戦車が土手の縁の生け垣を押し潰しながら越えるときに、俺はさっきの歩兵どもに機関銃をぶっ放してやった。たったの一連射でたっぷり弾倉の半分も使ってな。撃たれるか伏せるかしたんだろう、そいつらは二度と見えなくなっちまった」

「戦車が土手の上に乗るや否や、敵の野郎は応射してきた。戦車の後ろんとこに最初の1発が命中して、それでにっちもさっちもいかなくなった。操縦手はエンジンをもう一度かけようとしたけど、うまくいかねえ。敵の真ん前300mで身動きできなくなっちまったのさ。そしたら砲塔を敵の弾がぶち抜きやがった。俺は顔と左腕に怪我して、血まみれになったんで左目が効かねえ。それでも俺はこっちにすたこらやって

（左）村落にしぶとく立てこもるフランス軍の一団を掃討するために、第35戦車連隊が投入された。写真は同連隊のII号戦車。（右）短いながらも戦火に見舞われたメルドールは、いまだ1940年当時の姿を色濃く残していた。

「砲火をかいくぐり任務に向かう衛生兵」兵士はドイツ軍の標準的な7.9mmボルトアクション式歩兵銃、モーゼルGew.98を装備していた。Gew.98の導入は1898年だが、第一次世界大戦後に改良を受けた。

来る敵目がけて機関銃の狙いをつけた。距離は200mほどになってたね。よし、ぶっ放してやれって時に、背中んとこにドカンときやがった。背中にゃとんでもねぇ痛みだし、顔の左半分は焼かれるように痛え。戦車ん中は煙で一杯だ。くそっと、引き金引いたが、当たったかどうかなんてわかるもんかい。もう、煙でむせちまって息ができねえ。俺はスカーフで口と顔を覆ってやろうとかがみこんだ。機関銃の台尻から肩を外した途端に、砲塔にまた1発ガツンとくらって、主砲が左にぐいっと捻られた。立ち上がって最後の1発を撃ってから開けっ放しの装填口をのぞくと、47mm砲の筒っ先がおしゃかになってるのが見えた。照準装置も駄目だ。まともにいけそうなのは機関銃だけになっちまった」

「いっちょう外に出て戦ってやろうと覚悟を決めて、俺は機関銃を外しにかかった。そいでもって、フィー、俺は機関銃抱えて出るから、おめぇは弾倉持ってさっきまで戦車隠してた木の陰までついてこいと言ってやった。そしたら畜生、また2発の砲弾が戦車をめちゃくちゃにどつきやがった。戦車ん中の空気はもう吸えたもんじゃねえ。窒息しちまいそうだし、左目は塞がっちまいやがって、何だか力が抜けてきちまった。俺が機関銃を抱えたまま、どうにか砲塔から這い出た途端、またもドカンと1発きて、ヘルメットを吹っ飛ばされて俺は戦車の横に落っこっちまった。残った力を振り絞って何とか木まで這ってったところで、気が遠くなりやがった。どれっくらい気ぃ失ってたのか知らねぇが、脚がとてつもなく痛むんで目が覚めた。右目開けると、何てこった、両脚の上を敵の戦車が乗り越えてやがる。履帯の端っこはちょうど膝の下んとこだった。ドイツの戦車長がキューポラにすっくと立って、第1小隊のいる辺りを見ていた。お慈悲にとどめの1発を見舞われるんじゃないかと怖くって、俺は歯ぁ食いしばって我慢した。戦車は進んで生け垣んとこで止まった。そしたら、急に砲弾がばらばら目の前の畑に降ってきて、何mかんとこで吹き飛んだ土くれが俺の体に降り注いだもんで、幾分土に埋もれたようになっちまったのさ。それに、左腕にゃ破片が2個食い込んで、俺はどうにも疲れてまた気ぃ失っちまった」

「つぎに目が覚めたときにゃ、日はとっくに暮れてたのさ。フィーを呼んだけれども返事がねえ。奴を探そうと思ったけれど、体がこの有り様だぁ、たいして遠くにゃいけそうもなかった。右足はぐしゃぐしゃになっちまって、まるっきし言うこときかねえ。だがぁ、左足はひどく痛むが何とかなった。俺はどうにかして腹這いになって、そこらを這いずり回ったんだが、フィーは見つからねえ。俺は土手道を村の方に這ってった。50mも行ったところで、生け垣のうしろから短機関銃で武装したドイツ野郎が二人出て来て、俺にフランス兵かイギリス兵かと問いただしやがった。そいつらは俺の体をあらためると、ドイツ語で何やらしゃべくって、俺を担いでいくことにした。足があんまり痛むんで、そいつらに引きずっていってくれるように頼んだら、近くの家まで引っ張ってってくれた。午後11時半位のことだったぁね」

数両のオチキス戦車は警戒配置から戻ることができたが、他は罠にはまってしまった。さらに、孤立した部隊の救援に向かった第1中隊も、4両のソミュアS35戦車を撃破されてしまった。第2戦車連隊の損害は大きく、クルアンでは11両、ティスヌでは13両のオチキスH39戦車が失われ、第3中隊長ベルナール・サン・マリー・ペルラン大尉がクレエンで戦死していた。

ドイツ戦車はクルアン近郊で突破を試みた

フランス第2軽機械化師団のソミュアS35戦車に対抗するため、ストオー通りにPak35／36を配置した。しかし、この対戦車砲は威力不足でフランス軍戦車の装甲を貫通できなかった。

ずっと南方では、ドイツ軍戦車がすでにムーズ川に到達していたために、フランス第1軍はシャルルロワ運河の線まで退却するように命じられていた。写真は5月16日の午前、ニヴェル近郊で馬匹牽引される155mm Mle1917カノン砲。

が、これはフランス軍の素早い反撃にあって失敗した。また、夜に入ってのティスヌでの突破もくい止められた。

その日の終わりには、両軍の損害は共に少なからざるものに達した。戦闘は決着がつかない殴り合いの様相を呈していたが、ドイツ戦車は辛くも戦場を制し、2つの村を占領。夜までにはアニュもドイツ軍のものとなった。また、ようやく第3戦車師団も第4戦車師団とくつわを並べ、翌朝には揃って攻撃を実施することになった。

5月10日の開戦時から、ベルギー軍、イギリス欧州遠征軍、フランス第1、第9軍の作戦に調整が必要なことははっきりしていたが、5月12日の午後になってようやく、モンの近くのシャトー・キャストーで会議が開かれた。出席者は、ヴァン・オーベルシュトレーテン将軍を伴ったベルギーのレオポルト国王、英遠征軍参謀長H・P・ポーンオール中将とJ・G・R・スウェイン准将、フランス軍からはジョルジュ、ビヨットの両将軍とダラディエであった。フランス第1軍集団司令官のビヨット将軍がベルギー領内にある連合軍部隊の作戦を"調整"することには、その場の全員が同意した。しかし、これはあくまで"調整"であって"指揮"ではなく、不満が残る決定となった。またこれでビヨットはオランダからロンギュヨンに至るまでの広範な地域に責任を負うことになったが、あまりにも荷が重すぎることは明らかであった。

5月13日、月曜日

ドイツ軍が翌日に決戦を仕掛けてくることは疑いがないので、フランス軍はまんじりともせず一夜を明かした。午前中、ドイツ軍の動静は比較的穏やかであった。しかし、1130時、突如としてスツーカ急降下爆撃機が姿を現すと、それに呼応した砲兵の弾幕射撃が始まった。

ドイツ空軍が制空権を握っていたことを忘れて、第35戦車連隊第II大隊長エルンスト・フォン・ユンゲンフェルト大尉は、『ベルリナー・イルストリールテ・ツァイトゥング』新聞の記者に、こう語った。「スツーカはスズメ蜂のようにぶんぶんと敵の上空を飛び回り、獲物はどこかと辺りを調べ、必殺の荷物の落とし場所探しに躍起になっていた。スツーカが目標を外すことは滅多になく、爆弾は狙いどおりにドンピシャリと命中した」

爆撃が1時間以上も続いたあとで、いよいよ戦車部隊が攻撃を開始した。ドイツ戦車はメルドロップへと迫り、歩兵がこれに続行した。しかし、フランス戦車部隊は容易に村を手放そうとせず、ドイツ軍をくい止めた。続く戦闘では両者とも決定打を欠き、ついにドイツ戦車は村を迂回することを決心し、進撃を再開した。この状況を見たフランス戦車はメルドロップから打って出て、取り残されたドイツ歩兵へと襲いかかった。

両軍入り乱れての戦闘は乱戦の様相を呈しはじめ、大隊長フォン・ユンゲンフェルトはこの戦闘の激烈さを、「魔女の大釜にほうり込まれたようだ」と表現し、ドイツ戦車兵は「フランス

第3軽機械化師団のソミュアS35とオチキスH39戦車が、ニヴェルの10km南方にあるスヌッフを通過して南に向かう場面。運河までは西に向かってあと数kmほどである。

ラチ兵員輸送車を従えたオチキス戦車が町を通過中の場面。第3軽機械化師団の一部である。スヌッフを通過する同部隊の様子は、5月29日の週刊ニュース映像に使用された。

戦車をやっつけるために、忙しく立ち働かなければならなかった」と漏らしていた。魔女の大釜は一日中煮えたぎり、第4戦車師団の先鋒がアニュの西10kmのラミリに到着したのは、夜に入ってからのことだった。ドイツ軍の損害も大きかったが、フランス第2戦車連隊は大出血して、11両のS35戦車と4両のH39戦車とを失った。メルドロップにあった第1中隊第1小隊は、敵兵を蹴散らし、対戦車砲と機関銃をキャタピラで踏みにじって奮戦したが、ドイツ軍の包囲環を突破できたのは1両だけであった。第1小隊長ルイ・ジャクノー・ド・プレステル少尉は戦場に斃れた。

北では、ドイツ第3戦車師団が、村落を巡る激しい白兵戦の後に、オルプルプチでジェット川を越え、ジョシュに達していた。第1戦車連隊は「撤退をよしとせず奮戦すべし」との連隊命令を受けて、反撃に向かった。フランス戦車は頑強に戦い、午後になって撤退許可が下りたときには、陣地に侵入したドイツ兵に各戦車は取り囲まれ、小隊間の連絡も失われていた。撤退は困難ではあったが、ジャンドルヌーイユに進出したジャン=ポール・パストゥール少尉率いる第2中隊第3小隊の3両のS35戦車のような自己犠牲的な献身もあって、ほとんどの戦車が退路を啓くことができた。ともかく、第1戦車連隊にとっては最悪の一日であり、25両の戦車が失われた。対するドイツ側では、第6戦車連隊第8中隊の中隊長ブルーノ・ノルデ中尉が5月20日付けの陸軍広報に名を記す栄誉を賜り、「続く数日間の戦車戦において、極めて沈着冷静であった」と表彰された。

ティレルモン=ユイ間の防衛線が破られたことで、プリオー将軍は麾下の軍団に対し、第1軍が集結中のワーヴル=ナミュール間の主防衛線の東8kmに設定された新防衛線まで後退するよう命じた。新防衛線では、ベルギー軍の設けた対戦車バリケード帯がフランス騎兵軍団の役に立つと思われたのだが、配置が雑で間隙も多かったために、有効性は疑問視された。困難のさなか、撤退は夜間に実施され、第3軽機械化師団はボーヴシェンとペルウェズの間に陣地を占め、第2軽機械化師団はペルウェズとマルショーヴレット間に陣取った。

フランス騎兵軍団とドイツ第XVI軍団の間に戦車の激突が続き、連合軍が東から押されるなか、フランス第1軍は6個歩兵師団をもって、ワーヴル=ナミュール防衛線の象徴である鉄道線後背の陣地の守りについた。第1軍は、北に2個

新旧、入り交じって。第3軽機械化師団の190軸馬力のソミュア戦車が、騎兵とともに西を目指してファミユールーを通過中の場面。

師団を有する第III軍団、ワーヴルからシャスルまでにイギリス第I軍団、中央部のアルナージュからブーゼ間に2個師団を有する第IV軍団、その南のブーゼからムーズ地区には2個師団を有する第V軍団を配置した。ここから先は、ベルギー軍のナミュール要塞地帯に接続しており、町の南には第9軍の北翼部隊が展開していた。5月13日は緒軍の活動が精力的に進められ、ドイツ空軍の絶え間のない脅威のもとで、部隊の進出と防衛線の整備が進められた。

5月14日、火曜日

5月14日0500時、ドイツ軍砲兵がフランス軍陣地を粉砕し始めたのと同時に、工兵は突撃路を開くために鋼鉄製の対戦車バリケードに取り付き、次から次へと爆破処分していった。4時間におよぶ砲撃ののち、ドイツ戦車は啓開路を伝って前進を開始し、ボーデゼとソヴニエールへ到達した。さらに5kmを進撃して、昼にはフランス軍の主防衛線にぶつかった。第3軽機械化師団の戦車が反撃に出てドイツ戦車を押し止めたが、この反撃でフランス騎兵軍団は、オチキス戦車の半数とソミュア戦車の3分の1を失い、最後の戦力を使い尽くしてしまった。騎兵軍団には再編成が命じられ、2個軽機械化師団はドイツ戦車に追われながら後退を開始した。1000時、第2軽機械化師団の戦車を追跡してきた数両のドイツ戦車が、フランス第IV軍団の陣内であるエルナージュ近郊に姿を現したことで混乱が生じた。急ぎ呼び寄せられた第1モロッコ師団の対戦車砲がドイツ戦車を撃破し、第35戦車大隊に支援されたモロッコ兵によって迅速な反撃が行なわれたことで、状況は回復された。さらに、ドイツ戦車の突撃阻止のためにフランス砲兵も砲門を開いたことで、第1軍主防衛線後背への騎兵軍団の後退は1700時に完了した。

ジャンブルー間隙部の大戦車戦はこれで幕を閉じ、ドイツ戦車は防衛線の突破を果たせずにいた。ドイツ戦車は堅牢な陣地に拠るフランス歩兵に対面しており、現状はフランス第1軍にとってはまさに、堅陣によってドイツ戦車を跳ね返し、鍛え抜かれた精兵の実力の程をドイツ兵に見せつける好機の到来であった。ディール計画は、ここジャンブルーの戦場においては連合軍の想定通りに推移したといえる。フランス軍の騎兵前衛はドイツ軍の行き足を止めて、主力の歩兵師団群が主防衛線へと進出するまでの時間を稼ぎ、陣地を固めた歩兵はドイツ戦車の攻撃に耐え得ることを示した。しかし、皮肉なことに、ドイツの作戦立案者たちがフランス軍の精鋭部隊をおびき出して罠に捕らえようと企んでいたのも、まさにここジャンブルーの平野部だったのである。

確たる戦果もないまま圧力をかけ続けた末に、ドイツ第XVI軍団は1950時に進軍を停止した。これは、翌0900時の砲兵支援も交えた総攻撃に備えるためのものであった。

イギリス空軍はこの日、さらに2波の爆撃をムーズ川の橋梁群に実施した。5月13日の夜には第58飛行中隊の6機のホイットレー爆撃機がマーストリヒトとマースアイクを襲い、5月14日には第99飛行中隊の6機のウェリントン爆撃機がマーストリヒトを爆撃した。

5月15日、水曜日

ジャンブルー間隙部では、フランス軍と同様にドイツ軍も戦力を疲弊させていたので、ナミュール北側の戦線は静かだった。ドイツ軍はフランス第1軍に攻撃を集中しており、イギリス欧州遠征軍やベルギー軍に対する大規模な攻撃は行なわれていなかった。5月14日、ルーヴァンの欧州遠征軍前面で、ドイツ軍に何か活発な動きが見られ、それは翌日も続いたが、具体的な進展はなかった。また、5月15日にはワーヴルで部隊の動きが見られたが失敗に終わった。ベルギー軍の前面ではドイツ軍は斥候を繰り出すのみに止まっていた。

ジャンブルー間隙部では、翌早朝、厳密な射撃計画に従ってドイツ砲兵がフランス軍陣地を叩きはじめ、予定通りの総攻撃が開始された。0800時には、スツーカ急降下爆撃機が姿を現し、1時間半にわたってフランス軍陣地を攻撃した。続いてドイツ戦車が、ジャンブルーとペルベの狭い正面から攻勢に出て、第3戦車師団がエルナージュの北、第4戦車師団が同じく町の南を衝いた。戦車の支援を受けたドイツ歩兵は、頑強なフランス軍の防衛線の数ヵ所で、ようやく小さな突破口を開いていた。とくにエルナージュとジャンブルーの北では成功を収め、第2モロッコ連隊の陣地は蹂躙された。しかし、間隙部に布陣したフランス軍はよく戦い、孤立しながらも陣地から下がりはせずに奮戦し、ドイツ軍に損害を与え突破を許さなかった。このため、昼近くになって、エリッヒ・ヘープナー将軍は戦車に攻撃発起線に戻るよう命じた。しかし、命令の理解に混乱が生じ、歩兵も後退せよと受け取られたことで、第12歩兵連隊の一部が後退し始めたのに続き、第4歩兵師団の大半も後退を開始してしまった。事態を収拾すべく第4戦車師団長ヨハン・シュテーバー中将が前線へ

モンからそれほど遠くないこの地は、1914年8月22日、イギリス欧州遠征軍の「いまいましい雑兵ども」がドイツ第1軍と激戦を繰り広げた記憶を持つ古戦場でもある。四半世紀を経て、今度はその息子たちが対峙することになる。しかし、1989年になっても建物の様子は変わっていない。

戦利品。ジャンブルー間隙路の戦いは両軍に高く付いたが、ドイツ軍がどうにか勝利をおさめた。野戦に勝利して手にした賞品を検分するドイツ兵。第3軽機械化師団のオチキス戦車は新式の37mm長身砲を搭載していた。

と赴いたが、砲弾の炸裂により負傷した。不意の混乱に驚いた第XVI軍団司令部は、1430時に、次段作戦の実施を翌朝まで延期すると決定した。翌日の攻撃には増援として、ムーズ川の渡河後に集結を終えたばかりの第35歩兵師団と第20自動車化歩兵師団が投入されることになった。1700時、フランス第4軍はドイツ軍の混乱に乗じて、第2モロッコ連隊の1個大隊に第35戦車大隊の支援をつけて決然と反撃を実施し、奪われた陣地のいくらかを取り戻した。

しかし、この日一日、ドイツ軍にとって戦果がない訳ではなかった。南では、フランス第9軍の置かれた状況が不安定になっており、突出した第1軍はドイツ軍に迂回包囲される危機に直面していた。ビヨット将軍は午前のうちから、第1軍に総退却の準備が必要であると警告しており、結局、夕闇の迫る頃になって、第1軍は麾下の3個軍団にワーテルローからシャルルロアの線に向けての後退命令を発することになった。ドイツ軍はこの動きを即座に察知した。観測気球に乗って弾着観測をしていた第XXX軍団砲兵隊司令官ジークフリート・ハインリーキ

ワンサンの近郊で遺棄された第2戦車連隊（第3軽機械化師団）の2両のソミュアS35戦車を検分するドイツ兵の様子。写真の説明から、5月13日の戦闘直後に撮影されたものと分かる。

激戦の最中に大きな故障を起こした戦車を修理している余裕はない。第2軽機械化師団所属の2両のH35戦車は、戦場に残されるままとなった。周辺一帯を担当地区としていた第1軍が去った後、ソワニェのジュ・ド・バリュに遺棄されたこれらの戦車は、1980年代までその場に放置されていた。

5月18日の遅くになって、第XVI戦車軍団は配下の2個戦車師団とともに第6軍から第4軍の所属に移った。写真は、翌朝、第4戦車師団の一部がシャルルロワ南端のモンティニーで、第62工兵大隊が修復した架橋を使ってサンブル川を渡る場面。(左)III号戦車が安全に渡れるだけの幅が確保されていた。(右)今日でも川沿いにはガス製造所が建っている。

少将は、1810時、フランス軍の長大な車両縦隊が南西方向へ向かっていることを確認し、報告した。

後退は秩序を維持していたが、追及してくるドイツ軍を振り切るために身軽になりたかったので、野砲や対戦車兵器といった重装備は放棄された。すでに大打撃を受けていた第1軍としてみれば、いずれも掛け替えのない装備ばかりではあったのだが。

5月16日、木曜日

迂回包囲されそうなのはなにも第1軍だけではなく、ベルギー領内の全連合軍に危機が拡大しつつあった。5月16日の朝、連合軍の調整役であるビヨット将軍は、全軍をエスコー川の線まで後退させることに関する指令書を公布した。計画では後退は3段階で実施され、開始日は本日16日の夜とされていた。作戦第1段階はフランス第1軍をシャルルロワ運河の西側へ戻すというものであった。しかし、この動きにはドイツ第XVI軍団が追及し、5月17日と18日には攻撃を続ける中で強行渡河さえ実施した。このとき、ベルギー南部での戦況は、まさにドイツ軍が望んでいた通りであり、奇襲の効果が決定打になりつつあった。罠の囮仕掛けとしてのジャンブルー間隙部に対する戦車部隊の配置は大成功を収め、陽動としての役割は終わりへと近づいていたのである。

5月18日夜半になって、第XVI軍団司令部は麾下の2個戦車師団と第20自動車化歩兵師団に対し、交戦を中止したのち、南へ転じてサンブル川をシャルルロワ近郊で越えるよう命じた。運河沿いの担当地区は第XXVII軍団によって引き継がれ、第XVI軍団は麾下の3個師団ともども第4軍へ転属し、最後の締め上げとなる《ジッヘルシュニット(大鎌の一閃)》に一役買うよう求められたのである。その生け贄となるのは、第16軍自らが第6軍と協力してベルギー領内深くのジャンブルー間隙部へと誘い込んだ、フランス軍の華ともいうべき精鋭部隊だった。

III号戦車(上左)、I号戦車(上)、ともに第36戦車連隊の所属車両である。

サンブル川はムーズ川と合流するナミュールからシャルルロワにかけての区間が運河化されていて、フランス北西部のランドルシーではサンブル=オワズ運河を通じてオアズ川とつながっている。モンティニーの道路橋はシャルルロワの南西街区にあるデヴェルソワール通りにつながっている。

ドイツ第4軍の先鋒は、第7戦車師団が属する第XV戦車軍団である。写真はベルギーだが……

ムーズ川のドイツ第4軍

アンドレ・コラップ将軍の第9軍左翼の2個軍団は、集結を終えると、ムーズ川に陣を敷くためにベルギー領内へと入った。第II軍団はナミュールの南からアネまで、第XI軍団はアネからジヴェまでを受け持っていた。また、すでにフランス領内で陣地に入っていた第9軍右翼の第XXXXI軍団がジヴェへと進出し、そこからセダン近郊の第2軍との境界線までを守った。フランス陸軍総司令部は、第9軍左翼の進出には最短でも5日、恐らくは6、7日が必要であろうと見積もっていた。

午後遅くに、第1軍集団司令部からコラップに対して、騎兵前哨をさらに前進させるように要求する命令が届いた。第2軍の騎兵前哨は第9軍のものよりずっと先まで進出していたのだ。翌日午前1時、コラップの騎兵前哨がムーズ川を越えた。5月11日の明け方、第3シパーヒー(アルジェリア騎兵)旅団は、第2軍第5軽騎兵師団

写真のIII号戦車は、第5戦車師団の所属車両。ドイツ国境から10kmほどしか離れていないアルデンヌ地区のベルギー都市、サン=ヴィトで5月10日に撮影された写真。この地区は1918年までドイツ領になっていたが、ヴェルサイユ講和条約にも関わらず、住民の意識は国境の東側に属していた――侵略者を出迎えるナチの党旗が、その事実を物語る。(右)1944年12月、サン=ヴィトはひどい砲撃を受けたので、グラン・リュ周辺の建物は新しくなっている。

曲がりくねった国道23号戦を20kmほど北上するとマルメディがある。1944年12月には、この町で多数のアメリカ軍捕虜が殺害された事から、一躍有名になる。この町もひどい砲撃を受けているが、写真を見る限り、1940年と1987年の間に目立った違いはない。この町にも親ドイツ勢力がいて、彼らから見れば敵とは呼べないドイツに支配されている間は、兵士と住民の間で「ジーク・ハイル」と奇妙な挨拶を交わす光景も見られた。

カヴァン通り沿いに西進した第267歩兵師団の兵士はローム広場に到着した。（上）7.5cm歩兵砲IG18の防盾のデザインに興味を引かれた若い女性の様子が際立っている。左の日よけがある商店にはヒトラーの肖像が掲げられていて、部隊を見下ろしていた。

との接触を取り付けた。第1および第4軽騎兵師団は、前哨部隊を追って前進していた。しかしながら、第9軍はこのとき、目立たない危機を抱え込んでいた。自動車化部隊はムーズ川を後にして出発するように命じられたにもかかわらず、空家になった陣地を固めるべき第9軍主力の歩兵部隊は、いまだ徒歩でムーズ川へと向かっている最中だったのだ。ムーズ川の防衛線は無防備な状態だったのである。

第9軍の幕僚たちがムーズ川の東側の状況を把握できていないことが、さらに状況を難しくしていた。偵察のために先発した騎兵前哨部隊は、行く手や時には背後で実施されるベルギー軍の爆破作業により行動を阻まれていた。フランス騎兵は猛烈な抗議を繰り返すばかりで、ドイツ軍の動静を掴めぬまま退かざるをえなかった。

第9軍に対峙するドイツ第4軍は予定通り配置につき、ほとんど抵抗を受けずに進撃していた。ベルギー軍のK集団は、命令に従ってアルデンヌから撤退した。彼らの爆破作業はドイツ

（左）師団の主力はワルシェ川の南岸に沿って西に向かったが、写真の騎兵小隊は川を渡って北を目指した。（上）ウルトボンに向かう橋は、1944年にヒトラーの軍隊が再びアルデンヌの森に押し寄せた際に、アメリカ軍工兵部隊が破壊しなかったので、今日も残っている。

トロワ=ボンに到着した師団司令部要員は鉄道橋（比較写真の左側に確認できる）をくぐると、アンブレーヴ橋を目指して左に折れたが、そこには写真のような道路障害物しか置かれていなかった。

第3アルデンヌ猟兵連隊の一部は、金曜日にサルム渓谷でドイツ軍の斥候と戦闘状態となり、撤退したが、一部の兵士が捕虜となった。トロワ=ボン近郊の堡塁で配置についていた写真のベルギー兵は、翌朝に降伏し、アンブレーヴ橋の側にある家屋の前で尋問を受けた。

トロワ=ボンの南、ロシュランヴァル周辺では、アルデンヌ猟兵が粘り強く戦った。写真のスピニューでは、ドイツ軍カメラマンが負傷兵を運び出す両軍の兵士を撮影していた。写真はおそらく5月11日のものだろう。

（左）トロワ＝ポンの道路橋と鉄道橋は共に爆破されてしまったので、カメラマンのヒンツは鉄道橋の盛り土によじ登ってこの写真を撮影した。ドイツ軍は時間を無駄にせず、第48戦闘工兵大隊はすでに架橋に着手していた。（右）戦争中に、壊れた橋は再建された。しかし1944年12月、全軍の先頭に立ってムーズ川を目指すパイパー戦闘団の前進を阻止するために、今度はアメリカ軍の手によって爆破されている。今日では、どちらもより堅牢な橋に掛け替えられた。

（上）下流のトロワ＝ポンの北縁にあたるアンブレーヴでは、第28歩兵師団の一部が浅瀬を渡っていた。最高の撮影ポイントを確保した従軍カメラマンの苦労は、5月15日のUFAニュースによって報われた。（下）47年後、同じ場所からの眺め。

困難に直面することもなく、渡河作戦は順調に進んだ。馬匹牽引車が渡っていく様子は、まるでリオ・グランデに挑む西部開拓民のようだ。車両の後部左側にはマルタ十字をあしらった師団記号が確認できる。ところが突然、渡河中の部隊をパニックが襲う。

崩落した橋の上流部にたまっていた水が決壊し、渡河中の部隊を飲み込んだのである。可哀想な馬はなんとか引き上げられ、土手の上に倒れ伏していた。懸命の努力で台車は救えたが、軽乗用車は水没してしまい、運転手が脱出できたかどうか写真では判断できない。

ベルギー軍の快速部隊は、ムーズ川の南東に警戒線を設置しようと試みた。その間に、軍主力が主防衛陣地に集結する段取りだ。アルデンヌ森林地帯では、アンブレーヴ渓谷からフランス国境にかけての管区を、第1アルデンヌ猟兵師団と第1騎兵師団で構成されるK集団が担当する。また、アンブレーヴ渓谷からオランダにかけての管区を守る部隊は様々で、第2騎兵師団第1槍騎兵連隊や自転車装備の国境守備隊などが含まれている。トロワ=ポンの北部に遺棄された、写真のT13戦車、エドモンド・ヤコブ軍曹の指揮車両は、第2自転車連隊第8中隊の所属車両であり、ドイツ軍の侵攻時にはスタヴロ一に駐屯していた。

軍の進撃を一時的には遅らせはしたものの、渡河点の多くは砲兵の火線下になく歩兵も配置されていなかったので、突破は容易であった。しかし、シャブレーでは第3アルデンヌ軽騎兵連隊第3中隊が決然と防戦を演じ、午後9時に最後の一兵が降伏するまで、ドイツ第7戦車師団に数時間の足止めを強いた。エルヴィン・ロンメル少将はこの遅延に怒り、積極性に欠けるとして部下の将校を叱責した。

夜には、ドイツ歩兵4個師団がアンブレーヴ川とサルム川に到達、第32歩兵師団はウーファリーズへ進出した。ドイツ第XV軍団の二人の戦車師団長はバラクドフラチュールの南西にあって、西への進撃の準備を進めた。南では、第12軍の第3歩兵師団がベルトーニュに入り、第23歩兵師団はバストーニュを占領した。

ムーラン=デュ=リュイユのM.マチュー氏の敷地に遺棄されたヤコブ軍曹のT13を、珍しそうにのぞき込む第251歩兵師団の兵士たち。5月1日に撮影された写真だろう。

(左)「君たちの戦争は終わった!」トロワ=ポンの北方、10kmほどにある小径で捕虜になった二人のベルギー兵士は、雰囲気を和らげ、扱いを良くしてもらおうと懸命なようだ。ドイツ側は第251歩兵師団だと思われる。(右)背後に見える家屋は今風に建て直されてるが、左側の納屋は壊されて、新しい家屋になっている。

ベルギー軍工兵による破壊活動がドイツ軍の進撃を止めることはできなかったが、アルデンヌでの破壊箇所は数えきれず、ドイツ軍を大いに悩ませることになった。写真はアンブレーヴ渓谷での破壊の様子。（左）ストゥーモンに至る道路が爆破されたため、第251歩兵師団の車両は地面に空いた大穴を迂回しなければならなかった。これは指揮車も例外ではない。（右）ラ＝グルエーズを東に見る今日の道路には、破壊の痕跡はもはや微塵も残っていない。

5月11日、土曜日

フランス第9軍の第IIおよび第XI軍団の歩兵師団群がムーズ川の防衛線に急ぐなか、先に進出した第1、第4軽騎兵師団の前衛部隊は、ドイツ第XV軍団の先遣隊と衝突した。午後には、第4装甲車連隊がマルシュの市街と周辺でドイツ第7戦車師団と戦闘になり、また第1装甲車連隊もロシュフォールで遭遇戦に突入した。

南へ下った地点では、フランス第2軍の騎兵部隊がクライスト集団の前衛と衝突していた。騎兵にはスモワへの後退命令が出された。1500時、第9軍司令部は第3シパーヒー旅団に対し、第1軽騎兵師団と連接する左翼はそのままとするが、右翼は第2軍第5軽騎兵師団の撤退に合わせて下がる用意があることを知らせた。その2時間後、司令部はアルジェリア騎兵に対して第2軍の騎兵が南へ撤退を始めたことを報じ、第3シパーヒー連隊の撤退開始を許可した。撤退は深夜に予定されていたが、2230時、騎兵部隊が孤立する危険を見てとったコラップ将軍は、ムーズ川後背への撤退を命じた。

トロワ＝ポンの近くの道路にできた爆破孔を慎重に進む、第28歩兵師団所属のトラック（後部パネルに識別マークが確認できる）。道路脇に遺棄されているT13戦車（527号車）は、第3アルデンヌ猟兵連隊第11中隊の所属車両。事前に準備されていた爆薬による破壊の効果は、深さ8m、幅10～20mに及んだと、爆破を実施したベルギー工兵は報告している。

33号線は川の北側で、堤防と併走している。もしこの幹線道路が切断されると、ドイツ軍は東西を繋ぐ重要な連絡線を失うことになる。（左）危惧したとおり、ストゥーモンの西のもっとも路肩が弱そうな場所が爆破されたが、完全に破壊し尽くすことはできなかった。（右）大した損傷では無かったが、完全に修復されるまでにはかなり時間がかかっている。この場所は、今日でも「爆破地点」として知られている。

実に興味深い場面をとらえた、素晴らしい写真。（上）トロワ=ポンとは「三つの橋」という意味だが、その名の由来となった橋の1つ、グレイン橋はアンブレーヴ川に流れ込むサルム川に架かっている。この橋を破壊したことで（写真には残骸が確認できる）、ヴィールサルムを繋ぐ南北の道路が寸断されたが、上の写真が撮影されるまでには、ドイツ軍工兵が周辺の木を切り倒して仮設橋を渡していて、すでに次の橋の設置に着手していた。（下）道路橋は1944年までに再建されていて、バルジの戦いではパイパー戦闘団が同じ道を進撃しようとしていたが、わずかの差でアメリカ第51工兵大隊が先着した。そして、ドイツ軍の斥候が橋の上にいる瞬間を見計らって、導火線に火が着けられたのだ。今日では100mほど下流に新たな道路橋がかかっていて、往事の記憶をわずかしか留めていない。

（上）約25kmほど西にはウールト川が横たわっていて、ムーズ川に向かう道を扼していた。リエージュの南30kmにあるアモワールでは、高射砲教導連隊が川の東岸に2cm高射機関砲Flak30を設置して、第48工兵大隊の架橋作業（写真後方）を妨げようとする連合軍の空襲に備えていた。（下）時が止まったような場所であっても、50年もの時間が経過すれば、電撃戦が行なわれた日々の記憶も彼方に消え去ってしまう。

対岸から東側を見る。技術的観点からすると、第8歩兵師団は架橋装備Bを用いていた。強襲渡河用の舟艇は第48工兵大隊の装備である。

5月12日、第251歩兵師団第251偵察大隊がアンブレーヴ川の合流点の北にあるシャンクに到達した。無傷であって欲しいという期待に反して、現地の橋は完全に破壊されていたために、フェリーを使って兵士と装備を渡さなければならなかった。

数時間後、工兵は構脚橋（トレッスル橋）を渡して後続部隊の渡河を補助した。しばしの間、人間と動物が手に手を取って助け合うことになる。（下）時代を超えての比較写真。1986年4月、ジャン・ポールが撮影。

ドイツ第XV軍団麾下の2個戦車師団のうち、第5戦車師団はオットン、第7戦車師団はベフ、マルクールおよびラロシュで、ウールト川を渡った。しかし、そのまま進撃を続けずに偵察を実施するだけに留め、師団主力の渡河を待った。昼近くになって、軍団司令部は麾下部隊に停止を命じ、マルシュ地区での部隊の再編成を開始した。これはアルデンヌ地区での活発な作戦はフランス軍に側背への警戒心を抱かせることになり、ベルギー領内へと誘い込んだフランス軍主力を、クライスト集団のセダン突破により一網打尽の罠にかけようとするドイツ軍の作戦意図を損なうものになると危惧されたからだ。

5月12日、日曜日

フランス騎兵は午前2時をもって撤退を開始したが、午前中はドイツ軍からこれといった妨害は受けなかった。もっぱら障害となったのは、ベルギー軍の実施した爆破作業であった。クルペでは、第31龍騎兵連隊の中隊が通過中の鉄道

30km南では、第5戦車師団がオットンにたどり着いたが、ウールト川の橋はすでに落とされていた。Ⅳ号戦車なら渡れそうな深さだが、その他の装備は人力を使って渡さなければならなかった。1940年夏にはドイツの手によって木造の橋が架けられたが、1944年の撤退戦で破壊されてしまった。アメリカ軍によって再建された橋はバルジの戦いを生き延びて(第116戦車師団がオットンに突入したが)、現在の橋が完成する1953年まで使われていた。

5月12日補給部隊をはるか後方に置き去りにしていたために、師団司令部は空中投下による補給を要請した。各々が3個の物資コンテナを積載したJu52輸送機が飛来し、町の北側に物資コンテナを投下した。

上／南に向かって10kmほど前進した第7戦車師団。マルクール橋はすでに破壊されていたが、川は渡れる状態だった。SdKfz.223無線軽装甲車（左）に続き、SdKfz.251／3ハーフトラック（通信）が渡河している場面。

橋が爆破される事故まで発生し、負傷者が出ていた。フランス軍各部隊は相次いでムーズ川を西へと渡った。第4軽騎兵師団はプロフォンドヴィル、アヌボワ、イボワール、第1軽騎兵師団はディナン、アンスレンム、アスティエール、南部の3個偵察集団はエールとジヴェ、第3シパーヒー旅団はシャルルヴィルで川を越えた。撤退は計画表に従って進められた。それまで先頭にあった部隊が後衛役をつとめ、最後の部隊の通過を待って自らも撤退した。第1軽騎兵師団を例に取れば、第1装甲車連隊がロシュフォール地区でドイツ軍を押し止める間に師団主力が

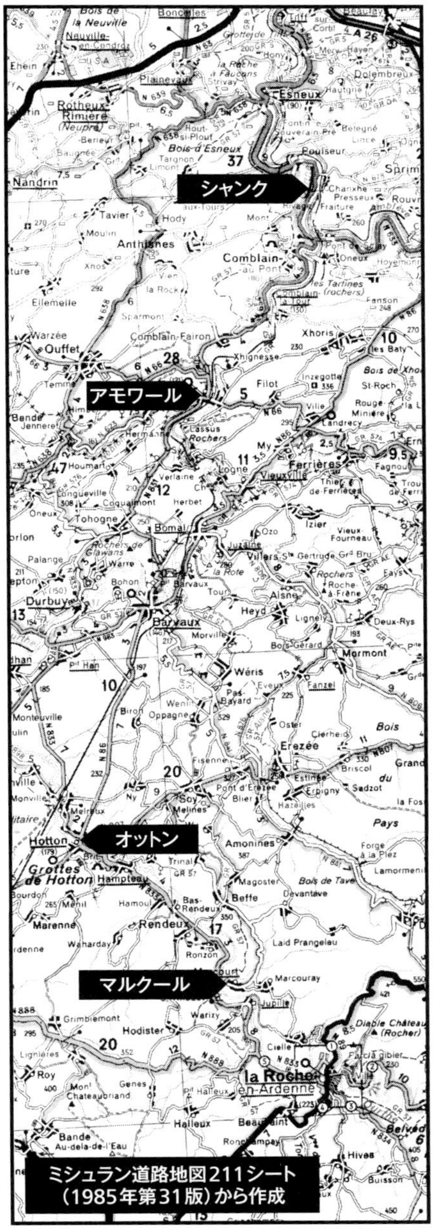

同時に、ドイツ軍の工兵は残った橋脚の残骸を使って徒渉用の架橋を設置していた。

戦争が終わり、1947年には同じ場所に永久橋が架けられた。

後退し、同日朝に最東端のシャルニョンにいた師団長ジャック・ダラース将軍は、幕僚とともに午後1時にディナンでムーズ川を渡った。見事に殿役を務めきった第1装甲車連隊がムーズ川を越えたのは、午後4時のことであった。夕方になってようやく、騎兵部隊のムーズ西岸への撤退は完了した。東岸での戦闘は苦戦だったが、各騎兵部隊は戦力を維持していた。

アルデンヌの電撃戦……現場はいったいどこにあるのか？忍耐強い調査の結果、出所不明のII号戦車の写真は、オットンから10kmほどの小村フォルジュ・ア・ラ・ブレを通過する第5戦車師団のものであることが判明した。

ひとたびウールト川を超えてしまえば、戦車の脚ならムーズ川までは一息である。しかしベルギー軍は道標や案内板を周到に根こそぎにしていた。（左）現在地点を確認できないように道標に塗りたくられていたペンキをはがして現在地を確認している。レニョン川の西の国道38号線交差点であることが分かった。ディナンまであと12kmだ。（右）住宅は無くなってしまったが、道路の特徴的なカーブは見過ごしようがない。

ドイツ第XV軍団は攻撃を再開し、2つの戦車師団には相互に支援しながら併進できる進撃路が指定された。第5戦車師団のヴェルナー戦闘団は、第7戦車師団の側面を固めながら進撃したが、リッペ戦闘団はかなり遅れたため、進撃路のすぐ南にあった第7戦車師団に貸し出される形となった。0914時、ムーズ川に到達したところで、ヴェルナー戦闘団は第7戦車師団の指揮下を離れた。ウーにかかる鉄道橋は1445時に爆破され、1630時にはイボワールの道路橋も、ヴェルナー戦闘団のハインツ・ツォーベル少尉の前衛部隊が接近したところで爆破された。ベルギー工兵は先頭を行くドイツ軍の装甲車が橋に乗ったころで、爆破をやってのけた。橋が落とされたことで、将兵を西岸に残して騎兵部隊と連絡を付けるために対岸へと渡っていた、フランス第129歩兵連隊の連隊長ジャン・タシュ・ド・コーンブ大佐は東岸に取り残された。大佐は部隊へ戻ろうと川に入ったが銃撃により戦死した。

ディナンでも似たような状況にあった。ホルスト・シュテッフェン大尉の第7戦車師団先遣隊が街に近づいたところで、1620時に橋が爆破され、10分もたたないうちにブーヴィーニュの橋も爆破された。シュテッフェン大尉自身も、搭乗する戦車が対岸からのフランス第77歩兵連隊の25mm対戦車砲の砲弾を受けて、車上で戦死

シネイから4kmほどの場所で、第5戦車師団の斥候は、5月12日以来撤退を続けている第4軽騎兵師団の後衛と戦闘状態に入った。1944年には、この場所がヒトラーの賭けの最大進出点となる……

……だが、1940年のドイツ軍は、イギリス海峡まで突進したのだ。ヴェルナー戦闘団の車両がシネイ市庁舎の前を通過していた。前日まで、ポール・バルベ将軍のフランス第4軽騎兵師団が司令部を構えていた建物だ。

（左）ディナンの北、ブヴィニュで破壊されたムーズ川にかかる道路橋を前に、第7戦車師団第78砲兵連隊の10.5cm榴弾砲leFH18が、ムーズ西岸のフランス軍陣地を砲撃していた。5月13日撮影で、撮影者は師団長のエルヴィン・ロンメル少将本人である。橋は前日の1630時前後に爆破された。（右）橋は再建されなかった。橋台にわずかに痕跡が残るのみである。

した。

アンスレンムの鉄道橋は1620時、プロフォンドヴィルの橋は1840時、ゴディンヌの橋は1924時、アスティエールの橋は2100時に、それぞれ爆破された。

コラップ将軍が、最短でも5日は必要と踏んでいたムーズ川沿いの防衛線の確立は、実際には2日で成し遂げなければならなかった。この現実に直面して、フランス第9軍司令部は、ジャン・ブーフェ将軍の第II軍団とジュリアン・マルタン将軍の第11軍に行軍を急がせた。しかし、この命令も効果はなく、両軍団の大半はムーズ川の戦闘に間に合わず、どうにかたどり着いた部隊は準備を整える間もなく戦闘に巻き込まれた。ドイツ軍の攻撃を受けたときに、第5自動車化歩兵師団はダヴェからアネーへの移動途中であった。その南では、第XI軍団の2個歩兵師団（B級）は困難な状況にあった。ムーズ川をアネーからアスティエール――ドイツ第XV軍団の2個戦車師団の攻撃地域――で守ることになっていた第18歩兵師団は、5月12日の遅くになっても麾下の9個大隊のうち5個大隊しか掌握しておらず、到着した兵士たちは徒歩による強行軍で消耗がひどかった。アスティエールからジヴェの南、ヴィロー～モランまでを任された第22歩兵師団も同様だった。ようやく、5月13日の朝になって、夜を徹しての強行軍の末に5個大隊が顔をそろえた。しかし、兵士たちは疲れ果てて、東岸を目指しての長距離の強行軍のために、隊列がばらばらになっていた。こうした混乱の中を後退してきた第1軽騎兵師団と第4軽騎兵師団の各部隊は、順次、ムーズ川防衛線に収容された。

5月13日、月曜日

フランス軍最高司令部は、ドイツ軍の主攻勢がジャンブルー間隙部とアルデンヌのどちらで発起されるかとの議論にいまだ揺れ続けていたが、5月12日の晩になっても、フランス第9軍が所定の第2防衛線に配置できていない現実は明白であった。第1軍集団に増援を要請した上で、コラップの第9軍司令部は13日の朝、一般命令第20号を発した。「ムーズ左岸に進出したドイツ軍に対し、可及的速やかにこれらすべてを撃破ないしは対岸へと押し戻す」ことが「肝要

炎上中のブヴィニュ――ロンメルが個人的に撮影した写真。ロンメルは写真愛好家として知られ、1940年の戦いをはじめ、彼が撮影した写真の焼き増しはロンドンやワシントンに所蔵されているが、注釈は添えられていない。彼がフランスを縦断した経路に沿って入念に調査した結果、ようやくかなりの撮影地点が明らかになった。

ロンメルは次のように述懐している「私はムーズ川沿いに車を走らせてレッフェ（ディナン校外の村落）に向かい、そこで渡河点を探そうと考えた。すでに一部のIII号戦車やIV号戦車、砲兵部隊には渡河予定地に集結するように命じてある。車両にはとりあえず川岸から東に500メートルほど離れた場所に待機するように命じて、我々はムーズ川に向かい静まりかえった農場を徒歩で横切った。レッフェにはかなりの数のゴムボートが届いていたが、どれもこれも、敵の攻撃で何らかの損傷を受けた状態であり、兵士たちは通りに遺棄していたのだ。とどめとばかりに友軍機が町を爆撃したのを見届けつつ、我々は川に到達した。レッフェの堤防への道は敵が設置した鉄製の移動障害物でふさがれている。ムーズ川を挟んでの砲撃がしばし止んだ隙を突いて、渡河点にふさわしい場所を目指し、民家が何軒かある右手を目指した。……現時点で第7狙撃兵連隊第II大隊が手元にあったので、当面、私が直接指揮することにした。モスト少尉を伴い、私は第一陣となるボートを率いてムーズを渡り、すでに早朝のうちから対岸に渡っていた中隊と合流した。中隊指揮所からはエンケフォルトとリヒターの中隊が急進する様子が確認できる。私は深い渓谷に沿ってエンケフォルトの中隊がいる北に向かった。『正面に敵戦車!』　到着すると同時に、警告が響く。中隊には対戦車兵器がなく、仕方がないので私は小火器による応射部隊を組織して投入した。やがて敵戦車がレッフェから約1000ヤードほど北西方向にあるくぼ地に退いてゆくのが見えた。落後した敵兵が、相当数、藪を抜けて姿を現し、のろのろとした仕草で武器を地面に置いた」

である」と命令は強調した。

同日早朝、ドイツ第5戦車師団はイヴォワールの南でムーズ川を越えようとしたが、西岸で陣地に入っていた第129歩兵連隊が、これを撃退した。戦車師団長マックス・フォン・ハートリープ将軍は前線に赴き督戦に努めたが、突撃用舟艇の大半が沈められ対岸に渡った兵もわずかとあっては、攻撃失敗を認めざるを得なかった。

ほぼ同じ頃、第5戦車師団の第8捜索大隊の一部が、数km南のウーの水門で、ムーズ川を越えるのに成功した。師団前衛部隊の指揮官パウル・ヴェルナー大佐は、すかさず3個大隊を送り、橋頭堡の強化を図った。幸運はドイツ軍に味方した。水門のある位置はちょうど、防衛線についたばかりのフランス2個軍団の境界線上にあたっていた。さらに、ここを守るべき第18歩兵師団第39歩兵連隊第II大隊は、到着待ちの残る4個大隊のうちの1つであった。

さらに南のウーとディナンの間で攻撃を開始したドイツ第7戦車師団は、すぐにフランス第18歩兵師団の陣地と相対していることを確認した。西岸へ足場を築こうとする試みは困難で、0200時にロンメルが第6歩兵連隊の強行渡河地点を訪れたときには、少将の言葉によれば「愉

（左）橋が使えるようになるまでの間、渡河には台船がフル回転していた。写真のSdKfz.221装甲車はレッフェで渡河した第5偵察大隊の装備車両である。（右）ブヴィニュのユースホステルは今でも営業していた。

（上／最下）ムーズ川で発生した交通渋滞。第25戦車連隊第1、第2中隊の兵士がフェリーに乗る順番を待ちながら装備の点検をしていた。写真の戦車は38（t）戦車。

快というには程遠い」状況になっていた。

「側面からのフランス軍の射撃で、突撃用舟艇は次から次へと沈んでいった」とロンメルは記していた。「渡河作戦は完全に行き詰まった。敵歩兵は巧みに擬装しているので、双眼鏡越しにつぶさに調べても敵を見つけることはできなかった。ムーズ渓谷に煙幕を展張すれば、そのような敵の活動を妨害できたのだが、我々の手元には煙幕部隊がなかった。そこで、私は渓谷の何軒かの家に放火して、煙を発生させるよう命じた」

「刻一刻と、敵の砲火は耐え難いものとなってきた。川上からは破損したゴムボートが流れて来て、重傷の兵士が痛みに呻き、溺れかけながら、助けを求める叫びをあげていた。しかし、誰も助けには出られなかった。敵の砲火があま

（右）写真は、対岸の敵が掃討されたあとで撮影されたものに違いない。第25戦車連隊第I大隊所属に所属する偵察小隊のII号戦車。

フェリーで対岸に渡り終えると、2両の15cm sIG 33自走砲（I号戦車の車台にsIG33歩兵砲を搭載した自走砲）はムーズ川の左岸に沿って走る国道17号線を北上し、渡河点から約1kmほどのアネーの郊外で停止した。第705中隊がベルギー王立自動車クラブの会費を払っているとは思えないが、トゥルヌ=ブリドの自動車修理工場敷地は待機場所として役に立った。

りに激しすぎたのだ」

「副官のパウル・シュレプラー大尉とともに、私はIV号戦車に乗って第7歩兵連隊の状況を視察するために、渓谷沿いの道路を南へ下った。その途中も、幾度か西岸からの砲撃にさらされ、シュレプラー大尉は破片で腕を負傷した。また、フランス兵1名が投降してきた」、ロンメルは続ける。「我々が到着したときには、第7歩兵連隊はすでに1個中隊を西岸に渡していた。しかし、そののち、激しさを増す砲撃で渡河機材が破壊されたために、後続が渡河できなくなっていた。吹き飛んだ橋の側の一軒家では、かなりの数の負傷兵が手当を受けていた。北側の渡河点では、渡河を阻止する敵の姿ははっきりとは見られなかったが、敵陣地を叩く強力な砲兵と戦車による支援がなければ、もはや一兵たりとも対岸へ送れないことは明白であった。私が師団司令部へ取って返すと、そこには軍司令官のフォン・クリューゲ上級大将と軍団長ホート将軍がいた」

「師団作戦参謀（Ia）ハイトケンパーとともに状況を検討し必要措置を講じた上で、私は渡河作業が続くレッフェへと車を飛ばした」

「ここでも、あまりの損害の大きさに動揺した指揮官の判断で渡河は中止されていた。対岸には、先行渡河した中隊の兵士の姿が見えたが、その多くは負傷し、その傍らに破壊された突撃

第7戦車師団の工兵がB型架橋装備を使って16トンの荷重に耐える橋を設置している場面。この地点の川幅は約80mほどである。

写真撮影地点はムーズ西岸であった。仮設橋は、鉄道が走る土手に穿たれたトンネルと連結するように、慎重に設置された。仮設橋が完成したのは5月14日火曜日の1900時である。

西岸に向けて渡ってくる師団のホルヒ・スタッフカー（車両番号WH55575）がちょうど橋を渡り終えるところ。分遣隊のオートバイ兵は東岸に戻る順番を待っている。

（左）橋が使えるようになってからの翌日も、東岸の渋滞は解消していなかった——西側連合軍が制空権を握っていれば、格好のターゲットになっただろう。（右）古い橋は一新されたが、堰は今も残されている。

第7戦車師団のオートバイ兵が、ディナンを目指してN36号線を走行中の場面。撮影地点はジェムシャンヌにほど近いムーズ川東岸で、ベルギー軍はこの位置でコンクリート障害物による道路の寸断を試みていた。

渡河を終えた輸送車が丘を登ってくる一方で、別の分遣隊のオートバイ兵が橋に戻ってゆく。この道は現在も国道36号線として使われている。(右)町から西に抜ける主要道路。フィリップヴィルまでは30kmほどだ。

用舟艇とゴムボートが数多く転がっていた。将校の報告によれば、敵は人影を認め次第、射撃してくるので、兵は掩護物から出ようとしないという」

「集落の東側の土手にはいくつかの戦車と重火器があったが、すでに全弾を撃ち尽くしたようだった。間もなく、私が先に呼び寄せた戦車部隊が渡河点へと到着し、クラーゼマン大隊からの榴弾砲2門が後続した」

「敵兵の隠れていそうな西岸のポイントは、これですべて直接射撃を受けることになり、各種口径の砲弾が岩の合間や構築物に撃ち込まれた。ハンケ少尉は数発の砲弾で橋の袂のトーチカ砲台を破壊した。一方で、戦車部隊は砲塔を左に向け、対岸の戦況を注視しながら、車間50mをとりつつムーズ渓谷沿いにゆっくりと北上した」

「支援射撃のもとで、渡河作業がようやく再開

ディナン市内の国道36号線道路橋は破壊されたが、川への接近は困難であり、同じ場所にポンツーン橋を設置するのは不可能と判断された結果、1kmほど北に架橋することになった。西から飛来する連合軍機に備えて橋脚部には実に巧みに2cm高射機関砲が設置された。

ディナンの北方8kmにあるイヴォワールにて、ムーズ川を見下ろす高地に到着した第5戦車師団の斥候は、まだフランス軍部隊が西岸に渡り終えていなかったために無傷の橋を発見した。ドイツ軍は直ちに攻撃を開始。まず爆破のタイミングを待っていると思われる敵工兵を駆逐するために、戦車が対岸の橋脚基部周辺に攻撃を加え、その間に装甲車が橋を奪取すべく強襲した。ベルギー工兵のレネ・ド・ヴィスペラーレ少尉は仕掛けてある爆薬に点火しようと持ち場に向かう際に射撃されたが、直後、橋は大音響とともに爆発し、立ちこめる煙が消えたあとには、崩れ落ちた橋だけが残っていた。装甲車は川の中に姿を消していた。（上）ドイツ軍工兵が損害の大きさを見積もっている。カメラマンは川の東岸から撮影した。（下）戦後、元の橋より約100メートル上流に新しい橋が架けられた。（右）旧橋の東側の橋壁跡には、対岸で死を賭して爆破に従事した少尉をたたえる記念プレートがはめ込まれている。

第5戦車師団の渡河点は土手への接近がずっと容易なウーの南に設けられた。決められた手はず通り、まず軽装甲車がゴムボートで対岸に渡され、ポンツーン用の浮き台がこれに続くのだ。（左）空荷状態の艀が並んでいる。（右）ムーズ川西岸に到達したIII号戦車。（下）1985年の写真と比較すると、背後に見える建物はあらかた姿を消してしまっている。

した。数隻の大型ポンツーンを使ったフェリーがケーブル伝いに輸送を始めた。手漕ぎのゴムボートが行き来して、西岸の負傷兵を連れ戻していた」

ロンメルのムーズ渡河の描写は劇的であるが、一面で、自身の活躍を常に話の中心に置こうとする傾向があるロンメルが、彼より先に渡河を果たした第5戦車師団に関して一切触れていないことは、実に興味深い。

ムーズ渡河という大きな利益に比べれば、損害はわずかなものですんだと言えるかも知れないが、2個戦車師団にとってその数は容易に甘受できるものではなかった。第XV軍団の記録では、5月13日の損害は戦死84名、負傷332名となっているが、その3分の2は第7戦車師団から発生していた。戦死者には第25戦車連隊のホルスト・シュテッフェン大尉、第58工兵大隊長のハンス・ビンカウ少佐。負傷者には第7オートバイ大隊長のフリードリヒ・フォン・シュタインケラー少佐が含まれていた。

夕刻になって、フランス第12飛行隊のLeO451爆撃機7機がディナンの橋と街の東の縦隊を爆撃し、夜に入ってからは、第38飛行隊のアミオー143爆撃機5機がマルシュとディナンの中間の部隊野営地を爆撃した。

5月14日、火曜日

14日に入って間もなく、フランス軍はオールワスティアのドイツ第14歩兵連隊第II大隊に対して反撃に出た。反撃部隊は、第129歩兵連隊の2個中隊と第14自動車化龍騎兵連隊の第II大隊で、第1歩兵師団偵察集団の8両の装甲車が支援していた。ドイツ軍は一旦は町から追われ

架橋工事に着手した5月13日の時点では、架橋設営部隊は8トン級架橋の資材しか用意していなかった。しかし、師団の先遣隊を率いていたハインツ・ゾベル少尉はIV号戦車での渡河を試みている。設計上は100％以上の重量超過である。案の定、浮き台は壊れてしまい、戦車も転覆した。そして乗員の死体は行方不明となってしまった。

たものの、救援に駆けつけた第31戦車連隊の8両の戦車とともに逆襲に出て、フランス軍を撃退した。

夜が明けるまでには、第7戦車師団はムーズ川に橋を完成させていた。ロンメルの先遣部隊からの通信が届いたときには、夜間にフェリーを使ったものも含めて、西岸にはすでに約30両の戦車があった。通信文の「eingeschlossen（包囲された）」を「eingetroffen（到着した）」と誤解したことで、ロンメルは戦車部隊に前進を命じて、川から5kmのオナイユを占領させた。この誤解は何の支障ももたらさなかったものの、もしも予定通りにフランス軍が配備されていたならば、橋頭堡のドイツ軍は危機に陥っただろう。結局、これまでと同様に第XV軍団の参謀が特にすることもないまま作戦は進展し、成功を収めたのである。ロンメルはヒトラーのお気に入りとして面目を施すところとなった。

その間に第VIII軍団の2個歩兵師団（第8、第28）は、アヌヴォワ付近でムーズ川を渡河していた。

フランス軍最高司令部は、この段階で橋頭堡拡大によって、ムーズ川西岸への大規模な突破が発生しうる危険を認識し、手当のために、第1軍の指揮下にあったフランス第1装甲師団が、危機に瀕する第9軍の支援に回されることになった。この朝、コラップ将軍はフローレンヌの第XI軍団司令部を訪ね、軍団長のジュリアン・マルタン将軍に新たに第1装甲師団と軍予備の第4北アフリカ歩兵師団が軍団に増強されたことを告げ、ディナンへの反撃の準備を命じた。また、現在シャルルロワ地区にある第1装甲師団には、ディナンの西15kmのエルムトン、フラヴィオン、コレンヌ、スターヴ周辺で再集結が命じられていることを伝えた。しかし間もなく軍団司令部へ、第4北アフリカ歩兵師団長シャルル・サンセルム将軍が出頭し、師団はコラップ将軍から伝えられているような「無傷」の部隊ではなく、最後の数日をドイツ空軍の攻撃に見舞われた長距離の行軍により、将兵は疲弊しきっていることを報告した。

ウーの橋から北東6kmにあるクルペの村で、このカメラマンは遺棄されたフランス軍のAMR33全軌式装甲車に興味を引かれたようだ。この2両はおそらく第4軽騎兵師団第14自動車化龍騎兵連隊の車両だろう。5月12日にムーズ川からの長距離偵察に出た彼らは、プロフォンドヴィルの橋を目指して撤退中だったと思われる。同日1900時、橋は爆破された。

同じ場所を探し出すのに苦労したが、その甲斐あって素晴らしい対比写真だ。ピエリ・ゴセ氏がクルペで撮影地点を突き止めた。

（左）フランス第18歩兵師団第77連隊の兵士が捕虜となった。ムーズ川の戦いは終わった。（右）この写真の撮影場所である、クルペ南東のスポンタン駅は、比較的簡単に見つかった。

イヴォワールへの道路は第VIII軍団の右側面、第XV軍団との境界線に指定されていた。

（左）第VIII軍団は第XV軍団の右側を並進していた。5月15日には、ディナンの12kmほど北、ゴダンヌに8トン級のポンツーン橋が架けられ、第28歩兵師団がこの橋から渡河を開始していた。撮影時点にはすでに別の場所にB型架橋装備を用いた架橋が行なわれていて、指揮車やオートバイ、輓馬が渡り始めていた。（右）今日の物静かな風景からは、48年前にここがムーズ川渡河作戦の最前線だったことを想像するのは難しい。

（左）イヴォワールまで南に3kmほどの渡河点にも、第48工兵大隊によって8トン級のポンツーン橋が架けられた。第VIII軍団の最左翼を占めて、第28歩兵師団と並進していた第8歩兵師団が、このポンツーン橋を使用していた。橋が完成したのは5月19日で、写真の輸送車列はベルギー軍捕虜を後送したのち、補給品を積んでまた前線に戻ることになる。（右）戦後、町の南側につながる場所に新しい道路橋が建設された。当時のポンツーン橋はそのすぐ下流に架かっていた。

ソヴェの町に遺棄された、第4軽騎兵師団第4装甲車連隊のオチキスH39戦車。この部隊は、5月10日1400時にゴダンヌでムーズ川を渡り、東進してグランメニル付近でドイツ軍と接触した。しかし、後退命令を受けた後の5月12日には背後のムーズ川を目指していた。

（下）ディナン市内を流れるムーズ川の東10kmにあたりソヴェの町並は、今もほとんど変わりはない。

部隊集結。イヴォワールの踏切を通過する、第8歩兵師団の6輪輸送トラック。橋までは残り数百メートルほどだ。

橋頭堡の安全が確保されると、重装備が次々に前線に運ばれていった。写真の88mm高射砲Flak.36を牽引しているSdKfz.8は、ディナンまで50kmほどのナソーニュの町を通過中である。

（左）ブヴィニュ橋頭堡まで約6km地点にあるティーヌにて。写真の建物は野戦病院に指定され、独仏両軍の負傷兵が運び込まれていた。（右）ピエリ・ゴセの尽力によって、撮影地点が発見できた。

ムーズ川突破作戦は、決してドイツ軍優勢のワンサイドゲームだったわけではない。写真は第5戦車師団のⅣ号戦車で、5月11日にマルシェ付近で第4軽騎兵師団のオチキス戦車と砲火を交わし、完全に吹き飛ばされて停止したものである。

残骸の傍ら、道路の脇には戦車兵の一人、第15戦車連隊第7中隊のアルトゥール・ゲルマン一等兵が埋葬されている。もちろん爆発の激しさから見て、戦死者が彼一人とは考えにくい。

彼の遺体は野戦墓地から移され、現在はベルギー北部のロンメルと、オランダ国境にほど近い、巨大なドイツ兵戦没者墓地に4万名の仲間とともに埋葬されている。（第7ブロック、133番墓地）。

ルクセンブルクは占領された！ SdKfz.7ハーフトラックに牽引された88mm高射砲Flak18がヴァッサービリヒ通りを行軍している。

ムーズ川のドイツ第12軍

フランス第9軍の右翼では、第XXXXI軍団がジヴェからセダンの西までを守り、バーという小川を境として第2軍と接していた。2個師団を持つ第XXXXI軍団は、ベルギーに進出した連合軍の動きを車輪の旋回運動に例えるなら、ちょうど車軸にあたる位置を守っていた。また、隣の第2軍の左翼では、ピエール・グランシャール将軍の第X軍団がポンタバールからの40kmの戦線の守りについていた。

第XXXXI軍団地区では、第61歩兵師団がジヴェからルヴァンの線、第102要塞歩兵師団がルヴァンからポンタバールの線を固めていた。両師団とも、数週間におよぶ駐屯で戦場地理には十分通じていた。しかし、どちらの師団も部隊の質は最良という訳ではなく、第61歩兵師団

ヴァッサービリヒはルクセンブルク国内にあってモーゼル川とザウアー川が合流する地点にある要衝である。第16軍はルクセンブルクの南部に侵攻し、第12軍の側面を守る位置についていた。

フランス軍上層部は"アルデンヌ森林地帯"を敵の攻撃軍が侵攻するのは不可能という思い込みに陥り、この地区のマジノ線——実質的にはマジノ線の北部延長線——は、ムーズ川に沿って点在するトーチカに頼る程度だった。このMOM型トーチカ砲台はセダン西方のドンシュリーにて川を見下ろすように配置されている。現在も往事の姿を留め、ドイツ第2戦車師団の橋頭堡となった片田舎を見守っているのだ。

はB級師団であり、第102要塞歩兵師団は、1月にアルデンヌ防御地区で新編成されたばかりの部隊であった。アルデンヌ地区の地形は常々"通過不能"と言われ続けてきただけに、唯一建設された要塞は、第102要塞歩兵師団の名を冠した、川沿いに築かれたまばらなトーチカだけであった。

第X軍団は、左翼に第55歩兵師団、右翼に第3北アフリカ歩兵師団を置き、中間部には、4月に再訓練で引き抜かれていた第71歩兵師団が、5月10日に復帰命令を受け、12日の夜から到着しはじめていた。第3北アフリカ歩兵師団はA級の優秀師団であったが、第55師団と第71師団はB級の劣った部隊であった。この地域は、モンメディ要塞化地帯の左翼と呼ばれてはいたものの、国境線のこの部分は"通過不能"のアルデンヌの背後地域と見なされており、要塞の実態は川の南の高台に設けられたトーチカ砲台で守られているだけであった。

第2軍正面のベルギー領アルデンヌでは、アンツィジェ将軍の騎兵部隊である、第5軽騎兵師団、第1騎兵旅団、第2軽騎兵師団が、サンツベールからルクセンブルク国境までの地域をカバーすべく、左翼の第9軍の騎兵部隊と連絡を

クライスト集団の主力はセダンの守備にあたる第55歩兵師団を猛攻した。ムーズ川を挟んで栄えるセダンはベルギー南東部に面した町である。このB級師団はムーズ川に沿って大急ぎで配置についたものの、刻々と届く情報から、主要陣地はほぼ迂回され、すでに敵主力はずっと西方で渡河していたことにようやく気づく有様だった。オチキス機関銃を構える分隊の姿。フランス第2軍の従軍カメラマンが撮影した写真である。

(左) 前進！前進！　移動命令を受けた第2戦車師団の先遣部隊はルクセンブルクの北東部にあるオウル渓谷へと突進した。(右) ビットブルクから発する最北の戦車部隊進撃予定路はブリミンゲンで標高1400フィート（約420メートル）の峠を越えてオウル川を渡った後にディーキルヒに到達する。調査の結果、撮影ポイントはロートにある国境検問にへと下る途中、ドイツ領側1kmほどであることが判明した。

取りながら、前進していた。

対するドイツ側では、クライスト集団の司令官エヴァルト・フォン・クライスト将軍が、アルデンヌを突破したのち、ムーズ川を渡河してスモワとセダンの中間地点に進出すべく、攻勢第1波である第XIX軍団の3個師団を翼形に配していた。第XIX軍団のために4本の戦車進撃道が選ばれ、もっとも北のものは第2戦車師団、次のものが第1戦車師団、南寄りの2本が第10戦車師団に割り当てられた。後続には2個戦車師団を持つ第XXXXI軍団があてられ、アルデンヌ突破が完成された時点で集団の右翼にシフトし、ムーズ川をモンテルメで越えることとされていた。

5月10日、金曜日

ドイツ戦車は、敵の破壊作業を阻止するブランデンブルク部隊の作戦が成功したこともあって、さしたる抵抗に遭うこともなく早朝にルクセンブルク国境を越えた。この状況を、第1戦車師団の兵站参謀（Ib）フリードリヒ・フォン・キールマンゼック大尉は、「ルクセンブルク住民は、寝ぼけ眼をこする暇も無かった」と評して

写真のII号戦車は予備の燃料が入ったジェリ缶を積載していた。通常の航続距離は200km（125マイル）で、路上走行時の燃費は1ガロンにつき4マイル、これが登り坂や不整地になると2マイル程度まで低下する。

よく目立つ白い十字と、写真では乗員の長靴で隠れてしまっている"K"の文字は、クライスト集団の所属であることを示している。司令官の名前を部隊や戦闘団の名前に流用するのは、ドイツ軍では一般的だった。戦車兵たちが検問所を通過する際には、けたたましいエンジン音とは別に、わざわざ名乗りをあげることはなかっただろう。1987年にドイツ側の検問所でこの写真を見せたときには、逆に写真はアメリカ軍の戦車かと聞き返されてしまった（信じがたいことだが）。

（左）大公国領に侵入したIII号戦車がヴィアンデンを抜ける坂を登っている場面。手前で目立つ"K"の文字が描かれた車両は、野戦工廠で修理されたI号戦車B型で、車体から上部構造と砲塔を撤去していた。（右）ヴィアンデンの該当場所は第2戦車師団が侵入したときとほとんど変わらない姿で残っている。

（左）第16軍右翼の第VII軍団は、エヒテルナハ～シュール川を渡ると、南に向かっていた。橋は無傷のまま残り、道路を塞いでいた障害物は爆破処理された。（右）エヒテルナハの町はヒトラーが1940年の再現を夢見て4年後にアルデンヌで発動した反攻作戦の際に甚大な損害を受けた。写真の中で当時の姿を留めているのは、右に写る検問所だけである。

第16軍の最南部で、第XIII軍団がモーゼル川南岸沿いに西に向かっている様子。ここはまだドイツ国内だが、彼らは国境から5kmほどにあるイーゲルを目指していた。2cm高射機関砲を搭載している手前の車両はSdKfz.10／4である。

5月10日の午後、第1戦車師団第73砲兵連隊のSdKfz.11牽引車を撮影。だが、いったいどこで？　砲は10.5cm榴弾砲leFH18であり、師団徽章でもある識別記号のオークの葉は、第1中隊であることを示している。写真のキャプションには「アルザス目指して前進中」と書かれているが、アルザスはルクセンブルクよりも100kmも南なので、明らかにおかしい！　しかし、右のハーフトラックの部隊記号と、現在も服飾店を営んでいる"ARTHUR WOLFF"という看板から、エテルブリュックの街路を突き止めることができた。

第１戦車師団とその右を並進する第２戦車師団は、作戦第１日の午後にはルクセンブルクを抜けて、国境に近いベルギーのタンタンジュに迫っていた。このIII号指揮戦車D型は国境から10kmほどのバヴィニュで撮影された。敵からの集中砲火を浴びないように、III号戦車に類似した形になってはいるが、実際は武装はなく、主砲はダミーである。"K"は言うまでもなくクライスト集団の識別符号で、その他に戦車部隊の記号である偏菱の下の２個の点描は、第２戦車師団を表している。

いる。0630時、第1戦車師団の前衛部隊はマルトランジュでベルギー国境に達したが、シュール川にかかる橋はすでに落とされていた。師団所属の第37工兵大隊は新たな橋の建設にかかり、午後には完成させた。この日の昼少し前には、地上のフランス第2軽騎兵師団のために偵察任務に出た第2／520戦術偵察飛行隊のポテ63／11偵察機1機が、ドイツ軍の第23捜索集団の第2(H)中隊のヘンシェルHs126偵察機2機とマルトランジュ近郊で空中戦を演じ、ドイツ機1機が撃墜される一幕もあった。

そのころ、第1戦車師団の先頭部隊は、ボダンジュの外れでベルギー軍のアルデンヌ軽騎兵連隊第5中隊と交戦中であった。この地区のベルギー軍部隊は予定の爆破作業の完了後、後退するよう決められていたが、電話線がすべて「ニヴィ」作戦の特殊部隊により切断されたため後退命令が届かず、同地に踏みとどまっていたのだった。数時間の戦闘ののち、中隊の3名の将校のうち、2名が戦死したところで、中隊の残余は1800時に降伏した。続いて、第1戦車師団の戦闘部隊は、「ニヴィ」作戦の部隊とウィトリーで連絡を付けた。その北側では、第2戦車師団がストランシャンに達していたものの、道路

の爆破が広範囲で行なわれていたため、両師団とも迅速にベルギー領奥深くへ進撃することはできなかった。結局、ドイツ軍は夜間の障害排除作業を待つことになった。

ドイツ軍の進撃の遅れは、第5軽騎兵師団に戦闘に巻き込まれることなく5月10日分の任務を完了させる余裕を与えた。遭遇戦は午後遅くになって、第2軽騎兵師団がアルロンの西の開豁地でドイツ第10機甲師団の先頭部隊と衝突したことで生じ、フランス騎兵がスモア川まで撃退されたことで決した。スモア川はフランス国境の前に残る、南アルデンヌの最後の天然要害であった。

5月10日も終わりに近づき、ドイツ戦車師団は進撃してはいたものの、クライスト集団としては、作戦第1日目の目標であるリブラモン～ヌフシャトー～ヴィルトンの線に達することができなかった。時を同じくして、装甲車両を含む強力なフランス軍部隊がムゾンでムーズ川を越えたことが、航空偵察により報告され、ロンウィとモンメディでも敵軍活動の徴候が報告された。これらの報告はその夜、ドイツ軍司令部に、戦車集団の左側面に対する深刻な脅威として受け止められ、強力な対抗手段が求められた。

その同じ夜、フランス軍最高司令部は、第2軽騎兵師団がスモワ川に押し戻されたことを不満としていたが、アルデンヌの状況がいかに戦争全体にとって重要なものとなるか見抜けずにいた。ドイツ軍の動きは、単にフランス第2軍の騎兵が北から迂回されるという、戦術的な危機として受け止められ、第9軍に対して、可能な限り迅速に騎兵部隊をムーズ川の東へと進出させ、第2軍の側面をマルシュ～ロシュフォールの線で援護するよう命じられた。これに応じて、コラップの騎兵部隊は夜を徹してムーズ川を越え、5月11日の朝には第3シパーヒー旅団がアンツィジェの第5軽騎兵師団と連絡をつけた。その間に、第1軽騎兵師団と第4軽騎兵師団はサンツベールの東へと移動し、ウールト川に達していた。

ロッテルダムとマーストリヒトの名が公式発表に踊り、フランス軍最高司令部の注意がそこへと引き付けられている間に、アルデンヌにおいて本当の危機が気づかれぬままに進行していたのである。

国境付近に仕掛けられていた爆弾や路上障害物は、夜のうちに撤去されて、土曜の朝には第2戦車師団は西への進撃を再開した。2cm高射機関砲Flak30を積載したクルップ・プロッツ砲牽引車の横をIII号戦車が通過中の1枚。

当時の写真との比較は一見容易に見えるかも知れないが、元の写真に説明書きがない場合、該当場所の調査にはかなりの時間がかかる。それゆえに戦闘経過の文脈の中で写真説明ができる意味は大きい。とりわけ、教会はしばしば決定的な手がかりとなる。教会の形から撮影ポイントが特定できるからだ。例えばこのページの上の写真はバストーニュの南に延びる国道4号線の西側、ステレンシャンが撮影場所だろう。(下)爆破された橋を工兵が修復している場所は、さらに20km西のリブラモン近郊、ヌーヴィルである。

ドイツ兵が“ロールバーン”と呼んでいた、ディーキルヒ、エテルブリュックを抜けてルクセンブルクを西に横断して行く道を、第1戦車師団はほんの数時間で通過し、ベルギー国境のマルトランジュに到着した。師団参謀のキールマンゼック大尉が「住民には寝ぼけ眼をこする暇もなかった」と評するほどの進撃だった。しかしボダンジュでベルギー内に侵入すると、アルデンヌ猟兵の妨害工作が威力を見せ、ドイツ軍を丸一日釘付けにしてしまう。写真は「ニヴィ作戦」に従事した空挺部隊を収容した地点から、N45号線を10kmほど進んだ場所にあるヴィトリを通過中のIII号戦車。

5月11日、土曜日

10日から11日にかけての夜、予期される左側面へのフランス軍の反撃に応じて、クライスト集団司令部は第10戦車師団に、攻撃正面を南へ転換するように命じた。ハインツ・グデーリアン将軍はこの命令の撤回を主張し、代わりに攻撃準備として、第10戦車師団に指定進撃路の北の道路を進むように命じた。命令は結果として第10戦車師団を、第1戦車師団の作戦地域に食い込ませることになり、さらには第2戦車師団の指定進撃路も阻害することになった。これにともない、押し出された格好の第2戦車師団は、第6戦車師団ともつれてしまっていた。

この交通渋滞をフランス空軍機が叩いていたならば、結果は劇的なものとなっていただろうが、この日、地区上空を飛んだのは偵察機は1機だけだった。クライスト集団司令部はグデーリアンの主張に従ったが、結局、側面への脅威は現実のものとはならなかった。ドイツ軍偵察機は、フランス第2軍の3個騎兵部隊を、より強力な装甲部隊と見誤っていたのである。

事前に決められたとおりの妨害と破壊工作によって、アルデンヌ猟兵部隊はドイツ軍の足止めに十分に成功した。写真はII号戦車がベルギー兵による道路障害を除去している場面だが、このような作業に開戦日の午後を丸々費やしてしまい、クライスト集団は、初日の作戦到達予定を大幅に下回る進撃しかできなかった。

ヴィトリに降下した空挺兵たちは第1戦車師団のカメラマンが到達する前に持ち場を離れていたので、被写体になるチャンスを逃してしまった。第73砲兵連隊がヌフシャトーを目指して前進中の1枚。1944年12月の“ラインの護り”においても、ヴィトリは焦点の1つとなっていた。今日、ここにはドイツ軍(第5空挺師団)の最大進出点を示す石碑が建てられている。

ヌフシャトーより17km西方、ベルトリの西側を走るN45号線で路面に空いた爆破孔に落ち込んで惨めな姿をさらすII号戦車。撮影日は5月12日だが、車体はぴったりと泥の中にはまり込んでいる。写真からは詳細な車両番号は判別できないが、II01というキャプションから、戦車連隊第II大隊の本部中隊に所属するのがわかる。車長にとっては最悪の気分から始まった土曜日の朝だろう。

町の中心部で小休止を取る第2戦車中隊のII号戦車。

土曜日（5月11日）、クライスト集団はセダンへの進撃路となる渡河点を確保するために、スモワ川へと急いでいた。写真は日曜日の朝、川まであと10kmほどを残すのみとなったノルヴォーを通過中のオートバイ部隊。

国境沿いに敷設された爆薬と地雷原は一掃され、昼には戦車部隊は行動を開始した。進撃路上には、後退中のベルギー軍アルデンヌ騎兵部隊、第3シパーヒー旅団と第5軽騎兵師団の主力があり、ドイツ第1戦車師団はヌフシャトーとベルトリへの道を切り開かねばならなかった。フランス部隊は絶え間の無いスツーカの波状攻撃にさらされていた。ゾルダン中佐によれば、先頭部隊が破壊された道路の通過に手間取り貴重な時間を失ったこの時にあって、ドイツ空軍の働きは「最高の称賛に値する」ものであった。「上空から戦況を見守る偵察機は、適宜に支援を必要とする地点を見つけ出した。急降下爆撃機は翼を翻して敵を叩き、凄まじいエンジン音を轟かせながら森林に覆われた丘陵地帯を難儀して進む無数の車両のために道を開いた」

乱戦は数時間続き、集中攻撃を受けた第5軽騎兵師団はスモア川へと撃退された。孤立を避けるため第9軍の第3シパーヒー旅団も共に後退を強いられ、1730時、両部隊は川の南岸へとたどり着き、退路の橋を爆破した。ドイツ第1戦車師団はベルトリを占領し、ファイルヴェヌールまで西進して、30km離れたセダンへ向けて南に折れた。夕暮れ時にはブイヨンに到着したが、スモア橋はすでに爆破されていた。数km西のフラーンの橋も落とされ、さらに西のムゼーブでやっと浅瀬が見つかった。ヴェルナー・デュルケス少尉の率いる捜索大隊の主力が、闇を利して対岸に橋頭堡を確保した。

土曜日の夕方には先遣隊がブイヨンにてスモワ川に到達していた。III号指揮戦車とともに写っているのは第1戦車師団第1戦車連隊長のヨハンネス・ネトヴィッヒ大佐（当然、車両番号はR01だ）である。大佐は日曜日に町に入った。

スモワ川への架橋が終わるまで、師団の輸送部隊は丸一日、町中の街道沿いに待機していた。フランス軍の砲撃によって炎上した家屋からの煙が迫っている。

（下）架橋工事の進捗を渡河点から確認するグデーリアン将軍。日曜日に撮影されたこの写真には、第4装甲偵察大隊のフォス少尉とムンク少尉（黒色の戦車兵ユニフォームを着用）と、偵察大隊長アレクサンダー・フォン・シェーレ少佐が写っている。（上左）東側に残った橋脚跡に置かれた2cm高射機関砲Flak38が200m下流で架橋工事中の工兵を守っている（下）。事実、この日の午後にRAFはブイヨンの渡河点を攻撃するため、3機のバトル爆撃機を投入していることから、実に適切な措置であった。

1940年の戦いを通じてもっとも印象的な1枚。日曜日の朝、ルシアン・サン＝ジェニ中尉がブイヨン上空2600mから撮影したもの。第2軍所属の偵察飛行中隊、G.R.II／22のポテ63／11偵察機で、機長はフーシェ大尉、機銃手はテブ軍曹である。彼らは0930時に町の上空に到達した。ドイツ軍の輸送車が川の東岸に列をなし、破壊された道路橋の西側、数百mの場所で戦車数両が渡河している様子がわかる。

その夜、ドイツ軍の参謀たちは満足感に浸っていた。クライスト集団は攻勢スケジュールに追いつき、第2日目の目標をすべて奪取した上、遭遇したフランス騎兵部隊を撃退したのだ。

フランス軍の状況は悪化していた。予定よりもはるかに早くムーズ川の背後の線まで騎兵を退かせたコラップ将軍は、ビヨット将軍に増援を要請した。フランス軍最高司令部はアルデンヌに生じた脅威に対応措置を取ったが、自軍の補給能力を尺度としてドイツ軍の進撃度合いを測っていたので、むしろ冷静な空気が支配していた。最高司令部は事態の重大性を一切理解し

背後に見えるように、この日、工兵は必死になって橋脚橋を設置していた。日曜日の1800時になってようやく橋は完成したが、それは軽車両しか通過できない8トン級仮設橋であり、戦車は（上）I号戦車、（右）III号戦車のように、自分で渡河点を探さなければならなかった。ややあってようやく第531架橋工兵大隊が到着し、戦車も通過可能な16トン級仮設橋を設置するが、すでに師団主力は西に向かって出発を終えていた。（下）50年後——再建された橋は仮設橋の場所と一致している。

ておらず、第2軍と第9軍の報告を受けても、ディール計画遂行の方針を変えなかった。

確かに、5月11日の時点でドイツ軍の意図を見抜くことは無理だったろう。アルデンヌ地区だけが困難に直面していた訳ではなかったのだ。ドイツ軍はオランダ国内の飛行場と橋梁群を奪取し、エベン・エマール要塞を陥落させ、第3軍地区でマジノ要塞線に取り付いていた。フランス予備軍の北への移動を牽制するために実施された、マジノ線への陽動攻撃は4日間続き、主力のアルデンヌの突破に貢献した。オランダ

からアルザスにかけての戦線は、程度の差こそあれどこも戦闘に湧き立っていたのだ。

加えて、ドイツ軍の主攻勢は北部ベルギーで発起されるものと信じられていたので、フランス軍最高司令部は“副次的”な戦線の1つで発生した事態など顧みようとはしなかったのである。しかも、戦争の進行テンポを第一次世界大戦時の経験をもとに判断していたので、危機がいかに差し迫ったものであるかを理解できずにいたのだ。そのような訳で、セダン地区に増援部隊の先遣隊が到着したのはようやく5月14日のことで、本隊の到着は5月15日から16日と見積もられていた。

ずっと西のムゼーヴでは、同じく日曜日に第2戦車師団がスモワ川の渡河に挑んでいた。写真のIII号戦車には車両番号142番が確認できる。

橋のすぐ上流を渡る騎兵部隊（橋から撮影）。右に見えるのがムゼーヴの村。

ムゼーヴの石橋は、1940年と1944年の戦火を免れたという点で、西ヨーロッパでは実に珍しい橋だが、理由はごく簡単。幅がたった1mしかないので、せいぜい騎兵くらいしか使えなかったからだ。写真のSdKfz.11はマギラスM206工兵トラックを牽引して、その力を見せつけている。月曜日の時点ですでに、先遣の戦車部隊は15km南のセダンに到達していた。

5月12日、日曜日

ドイツ第XIX軍団の3個師団は、後方から躍進して右翼へ展開する第XXXXI軍団が使用する予定の、ルクセンブルクとベルギーの道路を

スモワ川における第2戦車師団の主要渡河点は数kmほど西のヴレスで、第2偵察大隊のヴェルナー・デューケス少尉が率いる小隊がこの場所に浅瀬を発見した。（上）土曜日、渡河点を目指しホテル・ア・ラ・グリシネの前を通過中のIV号戦車の隊列。先頭はIV号戦車D型、後者はC型である。前面装甲の左側、戦車部隊を表す黄色い偏菱の下にある2個の点描は、第2戦車師団を表している。"5"の数字は第5中隊を指す。（下）今日のヴレスは快適で牧歌的な村であり、ホテルもやや拡張しつつ営業を続けている。ホテル名の由来となった美しい藤棚は、今や下の階を覆い尽くしていた。

空けるために、セダン寄りに南へ移動した。第XXXXI軍団の2個戦車師団は、第2戦車師団の進撃経路をたどってパリスール地区へ進出し、グデーリアンの戦車部隊が南へ転じても、西へと進み続けた。モンテルメ地区でムーズ東岸に残る最後のフランス軍部隊は前夜のうちに後退し、5月12日の早朝、橋梁群——モンテルメの自動車橋は0615時、シャトー＝ルノーは0700時——は爆破された。しかし、モンテルメの南の鉄道橋だけは、午後にジヴェから到着する最終列車の通過を待ってから爆破するものとされた。

南では、第3シパーヒー旅団がムーズ川の背後に下がり、最後の部隊がメジエールで川を越えたのは、5月13日の払暁時であった。5月12日の遅く、ドイツ第II軍団第32歩兵師団の前衛部隊はジヴェの近くでムーズ川に達し、第6戦車師団は川を見下ろすモンテルメの東の高地へ進出した。

グデーリアンはヌフシャトーで一夜を過ごし、スモワ制圧のため0645時に総攻撃を開始した第1歩兵連隊の状況を視察するため、12日の朝にはブイヨンまで車を走らせた。町の占領には成功したものの、橋は落とされたため、すぐに工兵が架橋作業を開始した。しかし、フランス砲兵の妨害で作業は難行していた。

(右) 第92高射砲大隊 (空軍所属) の側車付オートバイが水しぶきを跳ね上げながら前進する間に、(下) 第5偵察大隊のSdKfz.263が仮設橋を使っている。パイプフレームは長距離無線アンテナの役割を果たしていた。

ヴレスでは、第521架橋工兵大隊がすでに設置した8トン級仮設橋に続き、K型架橋装備を使った16トン級仮設橋の2本の仮設橋を渡していた。これは第2戦車師団がスモワ川を渡河する場面をとらえた見事なパノラマ写真である。左から右に向かって、破壊された道路橋、8トン級仮設橋、16トン級仮設橋、そして浅瀬が確認できる。補給任務を終えたマギラス製トラックが8トン仮設橋を使って北に退く一方、2両のSdKfz.263装輪装甲車が16トン仮設橋で対岸に向かい、手前ではII号戦車が浅瀬に乗り入れようとしていた。その後ろは渡河の順番待ちをしているIII号指揮戦車である。この指揮戦車は200ページの写真と同一車両である。8トン級仮設橋で独兵の一群が馬と馬車を渡そうと悪戦苦闘している姿が見て取れる。さらに奥の河原には、おそらくフランス兵と思われる捕虜が一ヵ所に集められている。（左）3.7cm高射砲Flak36を搭載したSdKfz.6 ／ 2ハーフトラックの一群。第92高射砲大隊が到着して渡河点の防衛についたことで、仏英空軍の反撃機会は完全に失われた。（右）ドイツ陸軍部隊の猛威は、書物の中で語り継がれるのみになり、人と自然の営みがやがて静けさを奪い返す。

第2戦車師団の車列がセダンを目指して驀進中の傍ら、写真のオートバイ部隊はフレニューの北側を通過するD6号線を扼する「要塞」家屋で足を止めた。この建物はトーチカをカモフラージュしていて、平時には2階が兵員宿舎になっていた。1階の四隅にはそれぞれ銃丸がしつらえてあり、中央部には25mm対戦車砲が据えられていた。この特異なトーチカは強力な攻撃を受けることになった。

このとき、侵攻が始まって以来、初めて連合国空軍機が戦場に姿を現した。イギリス空軍の先遣航空攻撃部隊の3機のバトル爆撃機が、午後にブイヨンの橋を攻撃し全機無事に帰投した。しかし、その後でブイヨンとヌフシャトー間の道路上のドイツ軍縦隊を狙った各6機、都合2波のバトル爆撃機による攻撃は、軽高射砲の迎撃で6機が撃墜されてしまった。

ブイヨンでは、ドイツ軍の前衛部隊が破壊された橋の下流50mの地点に浅瀬を発見したので、さっそく歩兵が渡河し、戦車と兵員輸送車がそれに続いた。フランス軍の正確な砲撃は依然として続いていたが、1800時に架橋が完成した。フランス軍の抵抗は道路障害物を盾にした散発的なものに留まり、スモワ川は占領された。西ではドイツ第2戦車師団がヴレスに進出し、東では第10戦車師団がエルブモンに進んでいた。フランス領内へ弾けるように突進した第1、第10戦車師団の先遣隊は、夕刻にはフライノー、サン=マンジュ、ラシャペルにまで達した。しかしセダンでは、すべての橋が午後8時頃に爆破されてしまっていた。

その夜、ドイツ軍最高司令部は2つの選択肢を突きつけられていた。それは、前衛部隊を停止させ、後方に取り残された歩兵と砲兵を追及させることで、伸び切った補給線を縮めて兵站部隊の負担を軽くすると同時に、師団の戦力回復を図るべきか、もしくは、このまま休養も再編成を行なわずに進撃を続け、奇襲効果を最大限に生かすべきか、というものだ。《作戦名：黄色》の主旨は前進し続けることにあるので、取るべき道は明白であった。結果として進撃継続の判断は正しかった。

午後8時にA・S・バーラット空軍元帥から送られた報告によれば、フランス軍最高司令部は「マーストリヒト〜ジャンブルー地区での攻撃と、マジノ線を迂回しようとメジエール方面を目指すアルデンヌ地区での攻撃との、どちらが

ジャン・ポールはフランスとベルギーの国境から南に6kmほどの場所にまだトーチカと機銃座が残っているのを発見した。長い間放置されて、深い下生えに覆われてしまっているので、単純な比較は困難であるが、写真からは道路側に向けて軽機関銃用の銃眼が空いているように見える。

今や、セダンまでは国道77号線を下って5kmほどの場所まで迫り、渋滞の車列はジヴォンヌの村でも確認できるほどだった。後部プレートにクライスト集団の"K"がペイントされたトラックは、民間車用のナンバープレートを付けている。兵科記号からは第1砲兵大隊の所属車両であることがわかる。

（上）道路をさらに進み、セダンの外縁に達したあたりで、同じカメラマンが延々と続くBMWオートバイの隊列を撮影した。
（下）撮影時期は不詳だが、1940年と比べて路面のタール膜が剥がれて、下地の玉石がかなり露出している。

主攻勢であるのかをいまだに判断できず」にいた。連合軍は、"ブリッツクリーク（電撃戦）"という概念を知らなかったので、フランス軍は前夜に発せられた同地区への増援派遣を急ぐ気配すら見せていなかった。実際には戦車1個師団と歩兵3個師団が移動を開始していたが、先遣隊の到着が始まるのは5月14日のことで、後続の到着はさらに一日遅れる見込みだった。

5月13日、月曜日、セダン

セダンでのドイツ軍の主攻勢は、セダンに到着直後、ムーズ川沿いの未完成の陣地に急いで入ったばかりの、フランス第55歩兵師団に向けられた。この師団もB級師団であり、兵員の大半は年配の予備役兵で占められていた。将校のわずか4パーセントだけが現役であり、訓練状態も装備もまったく不足していた。

クライスト集団の先鋒は12日の夜を攻撃準備に費やした。主攻撃は第1戦車師団が担うことになり、「グロス・ドイッチュラント」歩兵連隊と、他の2個戦車師団の師団砲兵を含む全砲兵部隊が、増援として付け加えられていた。第10戦車師団はすでにセダンの東でムーズ川に達していたが、第2戦車師団はムーズを目指して西進中であり、捜索大隊とオートバイ大隊だけが攻撃開始に間に合いそうだった。

前日の夜、第1戦車師団の作戦将校ヴァルター・ヴェンク少佐は、実際の作戦推移が事前の図上演習と驚くほど同じものであることに気づいていた。そこで、少佐は2月14日のコブレンツでの図上演習で配られた命令書を引っ張り出してくると、日付だけを書き換えてそのまま師団に交付した。

5月12日、9個のスツーカ急降下爆撃機部隊のうち、6個までを指揮下におき、戦術航空部隊の要となっている第VIII航空軍団は、第2航空艦隊（オランダ侵攻、マーストリヒト、ジャンブルー間隙部で航空支援を実施）から第3航空艦隊に所属を変更された。北部地区での陽動攻撃は成功を収め、いまやセダン地区で主攻勢の大槌が振り下ろされようとしていたので、急降下爆撃機もクライスト集団のムーズ渡河と、それ

5月12日、日曜日、第VIII航空軍団が第3航空艦隊の下に入り、クライスト集団の支援についた。写真は第76急降下爆撃航空団第I飛行隊（の編隊）

月曜日の朝、空軍はムーズ川のフランス軍陣地を5時間にわたり叩き続けた。写真はオチキス製の8mm連装対空機銃と操作員だが、フランス軍の対空装備はあまりにも非力で、猛爆の矢面に立たされた第55歩兵師団の兵士たちの士気崩壊は防げなかった。

セダンではすでにガーレ橋の爆破を終えて、対戦車障害物が道路を塞いでいた。写真は橋の東側に到着したI号戦車。（最下）新しい橋は1957年に落成した。写真は両方とも背後にサン=レジェール教会が見える。

（左）土手を走行中に、誤って路肩から滑落した第10戦車師団第8戦車連隊のIII号戦車。

（右）幸運にも戦車兵の腕の下から教会の尖塔が確認できるたので、撮影場所の特定が可能だった。

（左）第1戦車師団はセダン市街北西のフロアン～グレール間でムーズ川を渡った。同戦車師団第4戦車中隊のII号戦車が慎重に浅瀬に乗り入れる場面。エンジンデッキを覆うハーケンクロイツの旗は空からの識別を容易にするためのもの。（右）調査によって、撮影地点はドラベリー・セダニーズ工場内の敷地であることが判明した。同工場は50年を経た今でもムーズ川の東側で操業を続けている。対岸はグレールの村落。

に続く西への進撃を支援するために、配置転換されたのだった。

5月13日、ムーズ川南岸のフランス軍陣地を弱体化すべく、一大航空攻撃が始まった。攻撃第一波は忽然とムーズ渓谷に姿を現し、5時間にわたって200回以上もの出撃飛行が記録された。スツーカは、ムーズ川沿いのフランス軍陣地やトーチカ砲台と、その後方の砲兵陣地を潰していった。第2航空軍団のドルニエDo17、ハインケルHe111爆撃機も地上攻撃に参加し、こちらも310回の出撃を記録した。

第1戦車師団のシュルツェ伍長は『ミリテア・ボッヒェンブラット』誌に一文を寄せ、この時の状況を語っている。「突如としてスツーカは急降下を開始した。サイレンのスイッチが入れられ、爆撃機はさらに急角度を取った。3、4個の爆弾が投下され、恐怖心を煽るサイレン音が金切り声を上げる。命中、そして耳を聾する爆発が起こった。敵の陣地があった辺りには土煙だけが漂っていた。スツーカは機首を引き起こして飛び去り、任務は完了した。また別のスツーカの一隊が爆音とともに近づいて来た。セダ

「ムーズ川でのボート遊びは禁じられております！」第1狙撃兵連隊長ヘルマン・バルク中佐は大声で報告する。ムーズ川の対岸で、グデーリアン将軍は軽妙な冗談交じりの歓声で迎えられた。この写真ではバルク中佐（略帽を着用した姿でカメラを見ている）はポンツーン橋に繋がるスロープを降りてくる兵士たちを注意深く見守っている。手前は東岸に連行されたフランス捕虜の一群。

ポンツーン橋の西側の様子。ハーグ条約では敵軍捕虜を戦場で労役に就かせることを禁じているが、写真のフランス軍兵士たちは明らかに渡河点の整備に従事させられている（ハーグ条約の条文第3項には「戦時捕虜の労役は……軍事作戦の範囲下で行なわれてはならないし、その作業が軍事作戦に連結することも認められない」と明記されている）。SdKfz.251が徐行しながら渡ってくるのにあわせて、小休止をとっている場面だろう。現在と比較すると、1970年代に煙突が撤去されているものの、ドラベリー・セダニーズ工場の姿はほとんど変わっていない。

月曜日の朝、渡河の順番待ちに苛立ちを隠せないII号戦車の車長。

ン上空には60機から100機のスツーカが飛び回り、勝利を決定づける歩兵の攻撃のために道を開こうとしていた」

フランス軍最高司令部は、思いもかけぬセダン地区での攻撃に慌てふためいた。その日の朝、幕僚と現状を分析したグランシャール将軍は、ここ数日はドイツ軍は何らの行動も取れないという見解に達し、これで「野戦重砲と弾薬を前線に送る時間」が得られたと話したばかりだった。

スツーカが雄叫びをあげ、南岸のフランス軍を無力化していく一方で、ゴムボートと筏が渡河部隊に送られて、岸辺の近くに隠されていた。砲兵と戦車が川岸まで進出し、1500時ちょうどに、零距離射撃で対岸のトーチカ砲台と機関銃座を叩き始めた。

ドイツ軍のムーズ川渡河は、数百人の兵士が岸を駆け、川面にボートを押し出し、必死に櫂を漕ぐことで始まった。いくらかの損害はあったものの、ほとんどは無事に対岸に上がった。1600時、第1戦車師団はグレールで渡河を開始し、第10戦車師団は東のワダランクールでムーズを越えた。しかし、第2戦車師団の突進は勢いが弱く、ドンシェリーで敵の猛砲撃に阻止されてしまった。

グデーリアン自身も渡河第2波の突撃用舟艇でムーズを渡り、グレールの対岸で、「閣下、ムーズでの川遊びは禁止ですぞ!」と冗談を飛ばす、第1歩兵連隊長バルク中佐の快活な出迎えを受けた。この憎まれ口は、数ヵ月前の演習で一部の若い将校たちが訓練に身を入れていないことを感じたグデーリアンが、皮肉としてしばしば口にしていた言葉を、中佐が真似て冷やかしたものであった。なお、バルク中佐は数日後の陸軍広報で、「たゆまぬ献身により、配下部隊とともにセダン南東で優れた功績を示した」と称えられた。

1530時、グレールの橋頭堡が確保され、工兵は16トン級ポンツーン架橋の架設作業を開始した。1時間後には最初のポンツーンを利用したフェリーが完成し、戦車、装甲車、高射砲のピストン輸送を開始した。オートバイや軽量のPak.35／36 3.7cm対戦車砲は、ゴムボートのフェリーで輸送された。2つ目のポンツーン・フェリーも間もなく組み上がり、ポンツーン架橋は真夜中頃になってようやく完成した。

5月13日、フロアンでの渋滞の様子。当時、まだ30両しか投入されていないIII号突撃砲A型の貴重な写真。確認できる二人の突撃砲兵は、戦車兵のデザインを踏襲しながらも緑色の生地を使用した特注の制服を着用しているはずだ。

1940年5月の記憶は遙か彼方に——今日のD5線の同一場所。

フランス砲兵の砲撃は、前進観測班を欠いていたので着弾点の修正ができず、渡河作業を妨害するには至らなかった。将兵の疲労にかかわらず、グデーリアンは次から次へと部隊にムーズを渡河させた。先程のシュルツ伍長によれば、「戦闘で疲れ切った兵士たちが、草むらに倒れ込んで眠りに落ちると、まだ戦闘に投入されていない兵士たちが、車両から降りて追撃に加わる」ような戦闘の様子だったという。

ドンシェリーの制圧により橋頭堡は西へと拡張されたが、東方向への進出はワダランクールでもたついていた。夕方になってドイツ歩兵はラマルフェー森林に忍び込み、高台に集中していたフランス砲兵陣地に夜襲をかけ、橋頭堡に対する最大の脅威を排除した。

その夜、グデーリアンは、ベルリンでの会議でヒトラーからグデーリアンのムーズ渡河の成

否について質されていた第16軍司令官エルンスト・ブッシュ将軍に、作戦が成功したことを報告した。

(上) 第2戦車師団の渡河地点はドンシュリーから西に数kmの場所に設けられた。この地区の道路橋はフランス工兵の手で見事なまでに破壊され尽くされたからだ。(下) 北岸からジャン=ポール・パリュが撮影した比較写真。だが、対岸の工場は撮影時にはすでに閉鎖していて、取り壊しが決まっていたので、この風景はもう変わってしまっている。

ドンシュリーでの架橋作業は度重なるフランス軍の砲撃ではかどらず、B型架橋装備の設置が終わったのは火曜日のことだった。最終的にはムーズ川本流（上）と並行する運河（最下）の2本の仮設橋が作られた。

月曜日は終日、フランス軍からの砲撃にさらされていたので、師団の前衛部隊は第1戦車師団の橋を使って渡河していた。写真の15cm自走榴弾砲——"エーディト"号と操作員——が所属する第703重歩兵砲中隊は、一時的に第2戦車師団に編入された。

5月14日、火曜日、セダン

第1戦車師団は夜を徹して橋頭堡の拡大に努め、間もなくシェエリーとヴェンドレスに達した。グレールでは第2戦車師団が第1戦車師団のかけた橋を渡り、ムーズ川沿いに西へと進撃した。その間、第10戦車師団は南へと進み、ブルソン南方の高地を制圧したのち、メゾンセルに進出してフランス第55歩兵師団の早朝の反撃を阻止した。

各戦車師団が使用するポンツーン架橋の架設作業は、ムーズの川幅が特にセダンで広かったために難航した。1940年4月の作戦研究では、セダンの架橋地点は3ヵ所と設定されていた。研究事例では、第21戦車師団（作戦研究上の第1戦車師団のコードネーム）用の架橋地点の川幅は60～70m、ドンシェリーの第22戦車師団（同じく第2戦車師団）用の架橋地点は80m、バランの第210戦車師団（同じく第10戦車師団）用の架橋地点は60～70mであった。

5月13日の夜になってようやく、フランス軍最高司令部はアルデンヌでの事態の深刻さを理解し、橋頭堡攻撃のために手持ちのあらゆる航空機を差し向ける決定をした。また、イギリス空軍の先遣航空攻撃部隊に、日の出とともにディナンおよびセダン地区のポンツーン架橋攻撃

88mm高射砲Flak18が兵員らの手によって仮設橋を牽かれて行く。ムーズ川本流の橋を渡り終え、続いて運河の橋（上）を一押ししたあとは、待ち構えていた牽引車の出番になる。

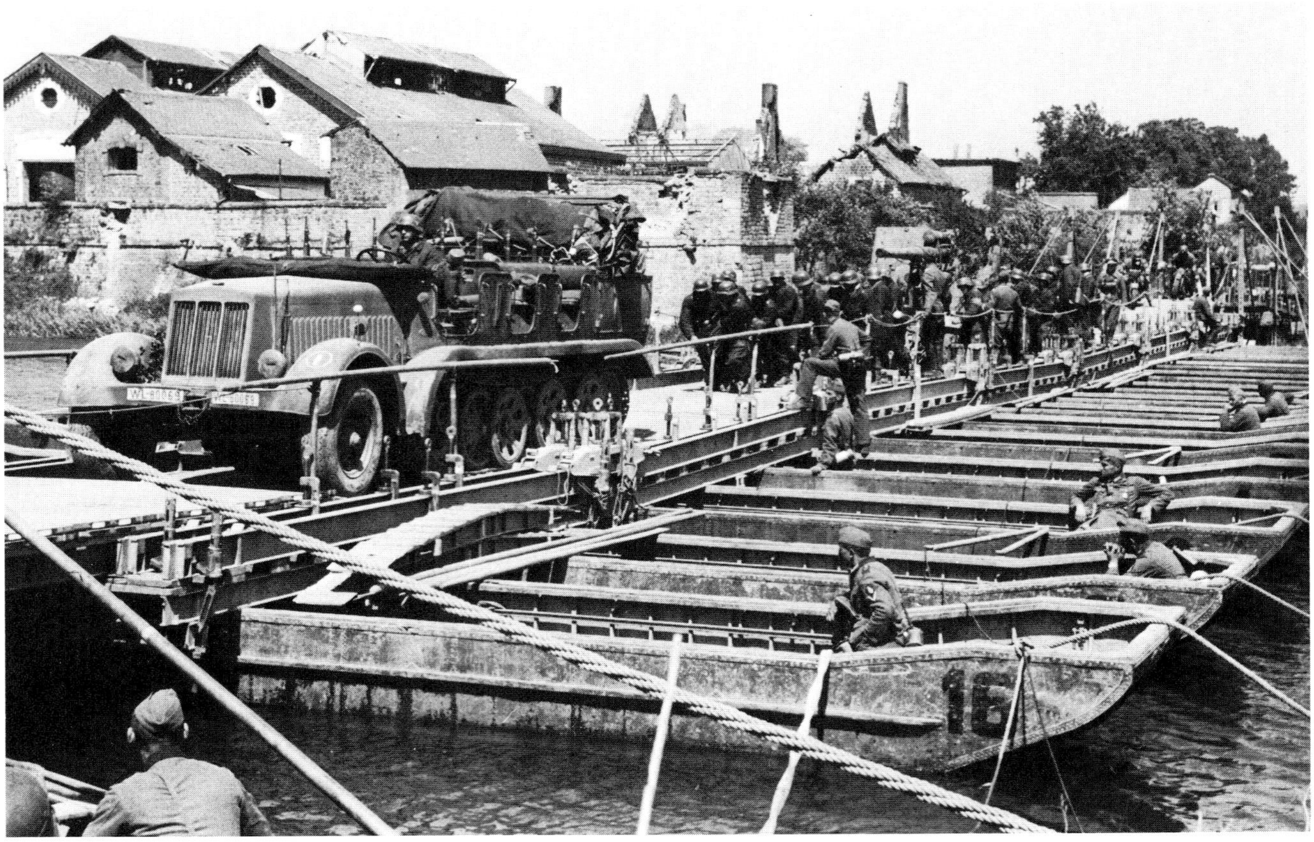

架橋工兵部隊は5トン級のC型架橋装備（235ページ）、16トン級のK型架橋装備（212ページ）などを保有していた。8トン級のB型架橋装備は箱船の数を倍にすることで、16トンの加重に耐えられる。とはいえ、不測の事故を回避する上で、重量物はなるべく分散するようにして渡すように配慮されていた（189ページのウーで発生したゾベル少尉の事故）。（下）鏡のように静かなムーズ川。一種、芸術的な対比を為していた。

月曜日、1000時、第1軍集団司令官のビヨット将軍は北部航空作戦圏を担当するフランソワ・ダスティエ・ド・ラ・ヴィジェリ空軍中将に対して、あらゆる手段を使ってセダンに架かったポンツーン橋を破壊するように要請した。「勝敗はすべてこの橋にかかっている」と、ビヨットは空軍に懇願していた。

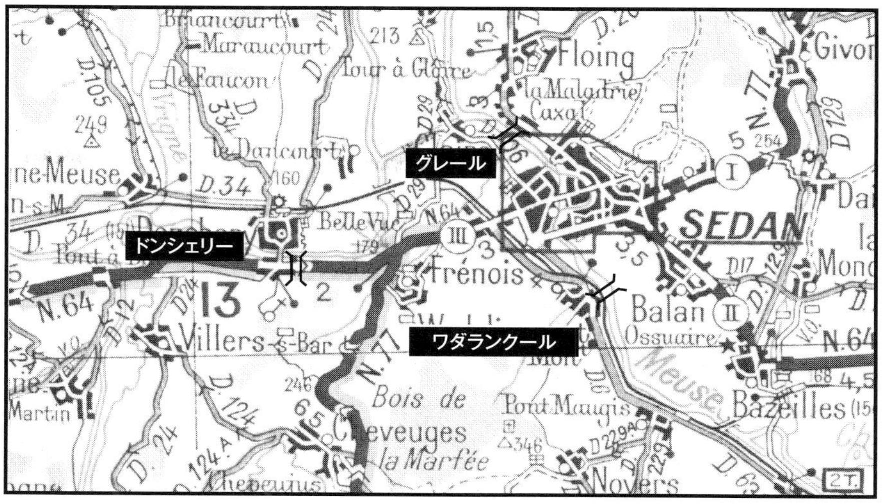

に爆撃機を出撃させるよう要請した。夜のうちに、2つの作戦が準備されたが、ディナンでの攻撃は橋がすでにフランス工兵により爆破されたとの報告が入ったため中止された。セダンへの攻撃は5月14日の日の出とともに、第103飛行中隊の6機のバトル爆撃機により始まり、0700時には第150飛行中隊の4機のバトル爆撃機がこれに続いた。1000時には、フランス空軍第54飛行隊の9機のブレゲー693爆撃機が、バズイーユ近郊の第10戦車師団とワダランクールのポンツーン架橋を攻撃した。

重要な橋を爆撃から守るために、セダンの各地に第102高射砲連隊が展開した。写真は良好な射線が得るためにアルザス=ロレーヌ広場に設置された2cm高射機関砲Flak30。

14日の朝、セダン地区からもたらされた報告は、どれも深刻なものばかりであった。ドイツ軍は橋頭堡を大きく拡大しており、ジョルジュとガムランの両将軍は、空軍元帥A・S・バーラットに最大限の航空支援を求めた。すでにディナン地区の航空作戦は中止されていたので、先遣航空攻撃部隊はセダン地区に努力を集中するよう命じられた。フランス空軍との協同作戦により、西方戦役で最大の昼間爆撃がイギリス空軍により実施されることになった。爆撃は全四波からなり、第一波はフランス空軍、続く三波は先遣航空攻撃部隊の爆撃機が担う。

攻撃第一波は昼少し過ぎに目標へ到達した。第12飛行群の5機のLeO451爆撃機が、セダン東のムーズ渡河点を1230時に爆撃した。1機がBf109戦闘機により撃墜され、搭乗員のうち2名はパラシュートで脱出したが、燃える機内で誘爆した搭載爆弾で残りの3名は戦死した。時を同じくして、今度は第34飛行群のアミオ143爆撃機が、セダン周辺のポンツーン架橋と部隊集結地の攻撃に飛来した。アミオ143爆撃機は、1940年にはもはや旧式化していて、バトル爆撃機よりも性能が悪かった。1機がBf110双発戦闘機により、さらに1機が高射砲で撃墜された。高射砲に撃墜されたのは、第34飛行群第2飛行隊長のデュドンヌ・ドロビエールの乗機で、ドンシェリーの橋の近くに墜落した。

先遣航空攻撃部隊の三波に別れた70機の爆撃機群は、45分にわたってムーズ渓谷に展開するドイツ軍縦隊と橋を叩いた。英空軍の損害は大きかった。第76飛行群は第一波に送った19機のバトル爆撃機のうち、11機が撃墜され、第71飛行軍は第二波に送った15機のバトル爆撃機と8機のブレニム爆撃機のうち、10機のバトルと5機のブレニムを失った。また、第三波に29機のバトル爆撃機を送った第75飛行軍は、14機を失ってしまった。

午後にもう一度攻撃がかけられた。強力な護衛戦闘機を伴った、第21、第107、第110飛行中隊の28機のブレニム爆撃機は、ブイヨンとセダンの東でドイツ軍縦隊を爆撃した。この爆撃では6機が撃墜された。夜間にもう一度攻撃がかけられ、フランス第15飛行群の6機のファルマンF222重爆撃機がセダンの西端を爆撃した。

火曜日はほぼ丸一日、セダンの橋頭堡に対して仏英連合軍空軍による決死の空襲が行なわれた。午前中には9機のブレゲ693支援爆撃機に続き10機のバトル爆撃機が襲来した。午後には5機のリオレ・エ・オリヴィエLeO451双発爆撃機と、4機のアミオ143多用途機が襲来したが、第2飛行大隊第34飛行中隊の長機を含む3機が撃墜された。デュドネ・ド・ロビエ少佐（左）は、ジャン・ボゼル少尉とジョルジュ・オクシ上級軍曹が操縦するアミオ56号機に搭乗して、部隊を指揮していた。3名は墜落して戦死し、フロアンの戦没者墓地に埋葬されている。

グデーリアンの回想によれば、「極めて勇敢なフランスとイギリスのパイロットたちによる攻撃も、橋を落とすには至らなかった。爆撃隊の被った損害は大きなものであった。我が軍の高射砲兵は、その能力の高さを証明して見事な戦果を上げた」とされている。セダン近くの橋梁群を守っていた第102高射砲連隊は、後に敵機150機を撃墜したと発表した。この数字は誇張であるが、連隊長ヴァルター・フォン・ヒッペル大佐には1940年7月29日付けで騎士鉄十字

セダンに集結中のドイツ軍部隊もろとも橋頭堡を叩きつぶそうと意気込んでいたRAF派遣部隊は、63機中35機のバトル、および8機中5機のブレニム爆撃機を喪失している。写真のバトルの残骸は、火曜日の戦いでセダン近郊に墜落したもの。夜になる頃、ようやく第102高射砲連隊は戦いを終えたが、この日の功績から連隊長のヴァルター・フォン・ヒッペル大佐は騎士鉄十字章を授与された。

章が授与されている。

5月14日の連合軍航空部隊の損害は甚大であり、翌日、先遣航空攻撃部隊はバトル爆撃機をセダン地区の夜間爆撃に転用したが、効果はなかった。幸い、バトルも全機無事に帰投した。

正午近く、A軍集団司令官ゲルト・フォン・ルントシュテットが、状況視察のためにセダンを訪れた。グデーリアンはフランス空軍のアミオ143爆撃機の攻撃の最中も、ドンシェリーで完成間近の橋の真ん中で、ルントシュテットに誇らしげに報告した。戦陣とはいえ軍集団司令官が「前線ではいつもこうなのか」と冷ややかに質すと、グデーリアンはそうですとでも言いたげに微笑んだ。

ドイツ軍にとっても、この日はすべて思いどおりに進んだという訳ではなく、夕刻に記された第XIX軍団の日誌には、「ドンシェリーのポンツーン架設作業は、側面からの砲兵射撃が激しく、また架橋点への爆撃が続いているために、いまだ完成をみていない。……本日一日を通じて、麾下の3個師団はとくに渡河点と架橋点において、連続する空襲に耐えねばならなかった」と記録されている。

川沿いのフランス軍陣地は容赦なく叩かれた。南岸の森の中にあるこのトーチカはムーズ川の対岸から目視射撃によって撃破されている。当然、戦闘終了後にドイツの従軍カメラマンが撮影したものである。

ワダランクールを見下ろす高地に布陣したフランス第55歩兵師団第295連隊は、絶望的なムーズ川防衛戦を強いられていた。写真は5月14日の戦闘で破壊された防御拠点。

背景に手がかりとなる建物がないため、とうもろこし畑の真ん中にこのトーチカを発見した時、ジャン=ポールには同一の物とは信じられなかった。しかし、入口周辺の弾痕の一が一致したことから、撮影場所が判明したのだ。

内部を覗き込んだとき、彼はこれまで見てきた写真のいずれとも異なる心の動きに揺さぶられた――この場所がまさに多数の死体が横たわっていた場所であることを知り、深い感慨に襲われたのだ。

四人の兵士が祖国のために尊い命を捨てた場所は、今やあまりにも空虚だったが、それが返って神聖な雰囲気を演出していた。誰がこの歴史的事実に思いを寄せるのだろうかと、疑問に思わずにはいられなかった。

火曜日の夕方までには、ムーズ川を巡る戦いにおけるフランス軍の敗北は確定した。アルデンヌを侵攻してくる敵の意図を見誤ったフランス軍最高司令部は、ヒトラーが仕掛けた罠にまんまと食いついてしまったのだ。機動力で勝る敵に裏をかかれてしまった以上、呵責ないドイツ軍の戦闘機械がイギリス海峡に向かうのを防ぐ手立ては、もう何ひとつ残っていなかった。（上）ある種の荘厳な雰囲気を醸し出す黒一色の戦車兵のユニフォームを身につけた戦車長が、ワダランクールの架橋ランプ工事の終了を待っている。

ムーズ南岸で捕虜になった砲兵の一人が、負傷したライフル兵に伴われて後送される場面。

突破！　第10戦車師団第4旅団のII号戦車A型がワダランクールの橋頭堡を出撃して、南に広がるマルフェの森に広がる丘陵地帯を目指す。オートバイは第10狙撃兵旅団の所属車両。

こうした反撃に直面しながらも工兵は辛抱強く作業を続け、午後遅くになってようやく3個の戦車師団は、各々専用のポンツーン架橋を得ることができた。第2戦車師団の橋はドンシェリーで、第10戦車師団のものはワダランクール近郊でそれぞれ完成した。

向かいの丘に広がるZ字型の生け垣は、写真撮影場所を掴む手がかりになりそうだが……。

同じように、3.7cm対戦車砲Pak36を牽引しているSdKfz.10ハーフトラックの場所も特定できそうなのだが。

橋頭堡を拡大する段階に入った。突破の瞬間は目前に迫っている。

部隊は西に向かう。月曜日に撮影された写真のシュニーはムーズ川の北、ブイヨンとシャルルヴィル＝メジエールの中間にあるベルギーの町である。SdKfz.263無線装甲車は2台とも第2戦車師団の所属車両で、南のセダンに向かっていると思われるが、第6戦車師団の所属車で、ヌゾンヴィルがある西を目指している可能性も捨てきれない。

5月13日、月曜日、モンテルメ

ムーズの守りにつくフランス第102要塞歩兵師団は、ルヴァンの東のアンシャンからバール川までの区域を受け持っていた。モンテルメでのドイツ軍の攻撃は、この師団の2個植民地機関銃大隊からなる第42准旅団に向けられた。

ドイツ第XXXXI軍団に割り当てられた狭く曲がりくねった進撃路は交通渋滞の原因となり、作戦の進行に混乱と遅延が生じたため、軍団長ゲオルグ＝ハンス・ラインハルト将軍はムーズ川を渡る主力の2個戦車師団の動静をほとんど掌握できずにいた。ようやく到着した第6戦車師団はモンテルメで、第8戦車師団は遠く南のヌゾンヴィルで渡河準備を開始した。

その日の昼前、薄いもやがムーズ渓谷を漂う中で、第4歩兵連隊第III大隊は、モンテルメを見下ろす丘陵に集結した。丘の上から状況を視察した大隊長ルドルフ・ヘーファー中佐は、破壊された橋と川沿いに広がる鉄条網バリケード、トーチカを確認した。ヘーファーの指揮下の第11中隊は橋の右側、第9中隊は橋の左側を攻め、第10中隊は予備となっていた。

岩だらけの急な斜面伝いに、突撃用のゴムボート、機関銃、迫撃砲、弾薬類を下ろしながら、第57工兵大隊と第4歩兵連隊の将兵は川へと近づいた。もやに隠されていたためか、最初、フランス兵は射撃を加えてこなかった。しかし、最後の50mを駆け始めたところで、ドイツ兵は銃火にとらえられた。ボートに飛び乗ったドイツ兵は必死に櫂を漕いだが、第9中隊は対岸に足場を築けなかった。しかし、第11中隊は渡河に成功し、ヘーファー中佐は急いで第9中隊を支援に回した。川岸での2時間におよぶ激戦ののち、第42准旅団の第5中隊（モンテルメの湾曲部の端を守っていた）は圧倒され、敵中突破を

シャルルヴィルに到達するとムーズ川は右に湾曲して真北に向きを変える。月曜日、この屈曲部から10km北方にあるモンテルメで、砲兵の支援を得た第4狙撃兵連隊は渡河作戦を強行した。(左)ゴムボートに乗り込んだ第11中隊の兵士たちが、フランス兵が守備している対岸に向かおうとする場面。彼らは対岸に橋頭堡を築き、20時間のうちにフランス第42歩兵旅団第5中隊を駆逐してしまった。

試みた中隊長ポール・バールバス中尉は戦死した。フランス軍は、数kmほど南にある湾曲部を使った第2防衛線まで後退し、第5中隊も夕方には新陣地へと入った。

その日の夕方のドイツ軍の状況は、不満を抱かせるものであった。第XXXXI軍団の2個戦車師団は渡河点からほとんど動けない状態だった。第6戦車師団はモンテルメに小さな橋頭堡を築いただけに終わり、第8戦車師団はヌゾンヴィルでフランス軍の頑強な抵抗に阻まれていた。両側面を進む歩兵軍団の状況はさらにはかばかしくない。右翼の第II軍団はジヴェ、左翼の第III軍団はメジエールとヌゾンヴィルでムーズ川に達したものの、渡河準備を整えてこの日を終えた。

水曜日、第6戦車師団の工兵がポンツーン橋を掛けようと悪戦苦闘している間に、B型架橋装備の基部を筏のように使って、戦車は対岸に向かった(写真は第3戦車中隊のIV号戦車)。車両の乗り入れを容易にするために、工兵は川の対岸にある通りの正面に合致するように橋の登り口をずらして架橋工事を行なった。

町を見下ろす高地からの撮影。日曜日の夕方には、ここから第6戦車師団の先遣隊がムーズ川対岸を偵察していた。写真では破壊された道路橋のすぐ下流にポンツーン橋が完成しているのを確認できる(左に見えているのは、このページ上の写真の橋)。

主戦場の北側、前進が急であることはすなわち、多くの町や村が戦火の被害に遭うことなく陥落していることを意味している。北東約30kmのベルギー国内、第II軍団の先頭を進む第32歩兵師団の偵察大隊は、日曜日の午後にボーレンに到達した。ロシュフォール方面から侵入した部隊は、この交差点で西に折れ、国道40号線沿いの主要都市であるジヴェを目指す。そこまで行けば、もうフランスに入ったも同然だ。

5月14日、火曜日、モンテルメ

モンテルメの第6戦車師団工兵部隊は、川に落ちた道路橋の鉄製の梁が渡河手段として利用できることを確認し、夜を徹しての作業で人道橋を渡すために、材木とゴムボートをかき集めて梁にロープで結わえていった。フランス軍は人道橋を砲撃して損傷を与えたが、戦力が減少したヘーファー部隊に増援の大隊を送り込もうとするドイツ軍を阻止できなかった。14日の午後、ホートの先導戦車が既にムーズ川の西15kmの地点を進撃していた一方で、ラインハルトの戦車部隊はムーズ渓谷に釘付けにされていた。そこで、第6戦車師団長ヴェルナー・ケンプ少将は、モンテルメのムーズ川湾曲部のたもとに敷かれたフランス防衛線を突破すべく、総攻撃命令を発した。攻撃に先立ってスツーカの爆撃が予定されていたが、2時間待ってもスツーカは姿を現さなかった。そのため、ドイツ歩兵は単独で攻撃を開始したが、橋頭堡の拡大には失敗した。

荒れた街路を進撃するドイツ軍を眺めつつ、絶望の色を隠せない避難民。

ボーレンからN40号線を西にたどると、間もなく6kmほどでフランスが北に向かってベルギー領に食い込む突出部に差しかかり、ジヴェの西側で分岐していた。したがってこの道路を使うと10kmほどの間にフランスの入出国を検問所で行なうことになる。（左）SdKfz.7——クラウス=マッファイ社で作られた初期型——は、検問破りで国境を通過した。（右）今日では、小さな検問所が残るのみである。フランスの検問所が当時の姿のままで使用されているが、驚くには当たらない。

ムーズ川をまたぎ、東西両岸を繋ぐ国道40号線と南北を繋ぐ国道51／96号線の交差点となっているジヴェは、戦略的要衝である。月曜日の午後には第32偵察大隊がプティ=ジヴェ——ムーズ川の東岸一帯を占領した。ジャン=ポールが特定した1枚目の写真の場所は、ジョリ通りにあるが、中程から先は私有地になっていた。他に道はなく、彼は門をよじ登って先に進んだが、番犬によって行方を遮られてしまった。無論、一連の行動は歴史を探究したいという情熱に突き動かされた結果である。（下左）通りを先に進むと、カフェ・デュ・コワンの焼け跡に至るのだが足跡をたどったジャン・ポールは開けた街角を見いだすにとどまった。

通りの反対側の端——シャントレーヌ通り——で、ジャン=ポールは素晴らしい比較写真を撮影できた。（左）フランス兵の狙撃に悩まされたドイツ兵は戸口を遮蔽物にして難を避けているが、手榴弾の柄をブーツに突っ込んでいる姿からは、あまり緊迫感は見られない。

（右）50年後、同じ場所に立つ著者。ジヴェに来るまでは、こんな写真が撮れるとは思いもしなかった。ジャン・ポールにとっては勝利も同然だ！

5月15日、水曜日、モンテルメ

モンテルメでは夜のうちにポンツーン架橋が完成し、第11戦車連隊の戦車数両が歩兵支援のために川を渡った。ラインハルトは是が非でも午前のうちに突破を果たさなければならなかった。軍司令官のルントシュテットは、15日正午を持ってラインハルトの軍団を予備に編入し、モンテルメ地区は第III軍団に引き継ぐことを命令していたからである。

早朝、第6戦車師団の歩兵部隊は新たな攻撃を開始した。戦車の支援を受けたこともあって攻撃は辛くも成功した。孤立したフランス部隊は反撃に出たが、ドイツ戦車は残敵掃討を歩兵の手に委ねて、西への進撃を続けた。0900時、第42准旅団長アンリ・ドパンサン中佐の指揮所が蹂躙された。モンテルメの突破成功はヌゾンヴィルの膠着状況に風穴をこじ開け、じきに橋頭堡が確立された。

午後になって、フランス第54飛行群のブレゲー693爆撃機がモンテルメの橋と路上のドイツ軍縦隊を爆撃した。1500時にはフランス戦闘機に掩護されたイギリス爆撃軍団第82爆撃中隊の12機のブレニムが襲い、その数分後には、先遣航空攻撃部隊の4機のブレニムが続いた。連続する空襲により第8戦車師団の戦車は渋滞を抜け出せずにいたが、工兵部隊の超人的な努力により、朝までに第8戦車師団用のポンツーン架橋が完成した。

各所で孤立したフランス兵の小グループは西への脱出を試みたが、大半は数日のうちに捕虜となった。夕刻までに、第102要塞歩兵師団は事実上消滅した。ドパンサン中佐は捕虜となり、翌朝には師団長のフランソワ・ポルツェール将軍も捕虜となった。

ムーズで3日間ももたついた第XXXXI軍団も、この日は遅れを取り戻す以上の快進撃を見せた。15日の終わりには、軍団の先鋒はドイツ軍の中でもっとも西へと進出した部隊となっていた。ムーズの堅陣が打ち破られたことで、第6戦車師団はフランス第9軍の背後の“無人地帯”へと突出した。戦車部隊は平時の演習でも滅多にみられない、一日60kmもの進撃を記録

(上)ムーズ西岸への攻撃が始まった。偵察部隊はシャルルモン要塞を奪取すべく丘の計測に着手した。シャルルXV世が建造した16世紀の当初から、ジヴェは戦略的価値の大きな町だったのである。要塞を最北部から撮影した写真には、渓谷に向かって破壊された道路橋と鉄道橋が見える。この時点ですでにB型架橋装備を使った工事がはじまっていた。

今日、要塞は機能してないが、フランス軍所有のもと訓練施設などに使われている。また、夏期休暇中は訪問も可能だ。

要塞は陥落し、フランス軍兵士は監視されながら行軍した。写真はフィリップヴィル門である。

（左）ジヴェの町外れを流れるウイユ川の橋が破壊された。第263工兵大隊の2個中隊が架橋支援のために第32歩兵師団の指揮下に入り、新しい構脚橋を設置した。（右）新たに近代的な道路橋が建造され、D949号線をベルギーに繋いでいる。この橋から3kmほどベルギー領内に向かうと、ボーレンに至る国道46号に切り替わる。

主要な橋の周辺には、ありったけの高射砲や対空兵器が投入された。写真の2cm高射機関砲Flak30は、破壊されたジヴェの鉄道橋東側に設置された。おそらく第61高射砲連隊第I大隊の装備だろう。

工兵隊が道路橋から300m下流に16トン級B型架橋装備を使ってポンツーン橋を設置していた。

（左）火曜日、第12歩兵師団はジヴェから約3km北のエエでムーズ川を渡った。この時の渡河手順は、ほぼ訓練通りである。まずゴムボートで対岸に兵員と軽装備を運び、次にいかだで重装備を渡してから、そのままポンツーン橋の一部としてつなぎ止められる。（右）C型架橋装備を使ったポンツーン橋はル・ソルビエと呼ばれる地点に架けられたはずである。

戦後に再建されたジヴェの鉄道橋は、需要減少と採算の悪化から閉鎖された。経済的価値を喪ったため、鉄道も廃線となり、橋の入口は鋼鉄製の扉で閉じられている。

エエには2日ほどかかって5トン級架橋装備によるポンツーン橋が設置された。東を向いての撮影。

（左）残るもう1つの国境検問所は50年を経てもさほど変化はない。シュニー（228ページ）の西、写真のピュスマンジュには、カフェ・ア・ラレ・デ・ラ・ドゥワーヌがあるが、ワイン貯蔵庫の中身はドイツ兵の渇きを癒すのに使われてしまったに違いない。（右）カメラを構えて国境を何度も行き来するジャン＝ポールの姿は、当然ながら監視員の目を牽き、白い車から終始見張られることになった。しかし、撮影が妨害されるようなことはなかった。

エーグルモンはシャルルヴィルに近いムーズ川沿いの町である。写真は町の北側で実施する渡河作戦に備え、強襲用の装備を運搬中の第23歩兵師団の兵士たちである。右端の二人の様子から撮影時には何らかの航空作戦が行なわれていたと考えられる。

さらに北側、第XVIII軍団の右翼にいた第5山岳猟兵師団は水曜日にフュメに到着した。4トン級のC型架橋装備でも、山岳猟兵と四本足の戦友を運ぶには十分だった。

した。すぐに、第XXXXI軍団の戦車部隊はグデーリアンの第XIX軍団の戦車とモンコルネで合流した。さらに、吉報が待っていた。クライスト集団の司令官エヴァルト・フォン・クライスト将軍に、騎士鉄十字章が授与されたとの報があったのだ。

ルクセンブルクとベルギーを貫く大胆な突破を果たしたドイツ軍は、いよいよフランス国境に攻撃の重点を移す段階に入った。最前線は各所で突破され、小さな突破は次の段階、すなわち包囲に移行しようとしていた。とうの昔に賽は投げられていたにもかかわらず、連合軍の高級将校らは前線から離れた司令部を出ようとはせず、何が起こっているのか掴めないでいたのだ。(上) 前線に目を転じると、シャルル・ド・ゴンサガの銅像が、1606年に彼が作った町を起源とするシャルルヴィル=メジエールの荒廃したドゥカーレ広場を見下ろしていた。今や町の住人は第6戦車師団の兵士である。写真は第65戦車連隊の35(t)戦車。

第Ⅲ章
突破

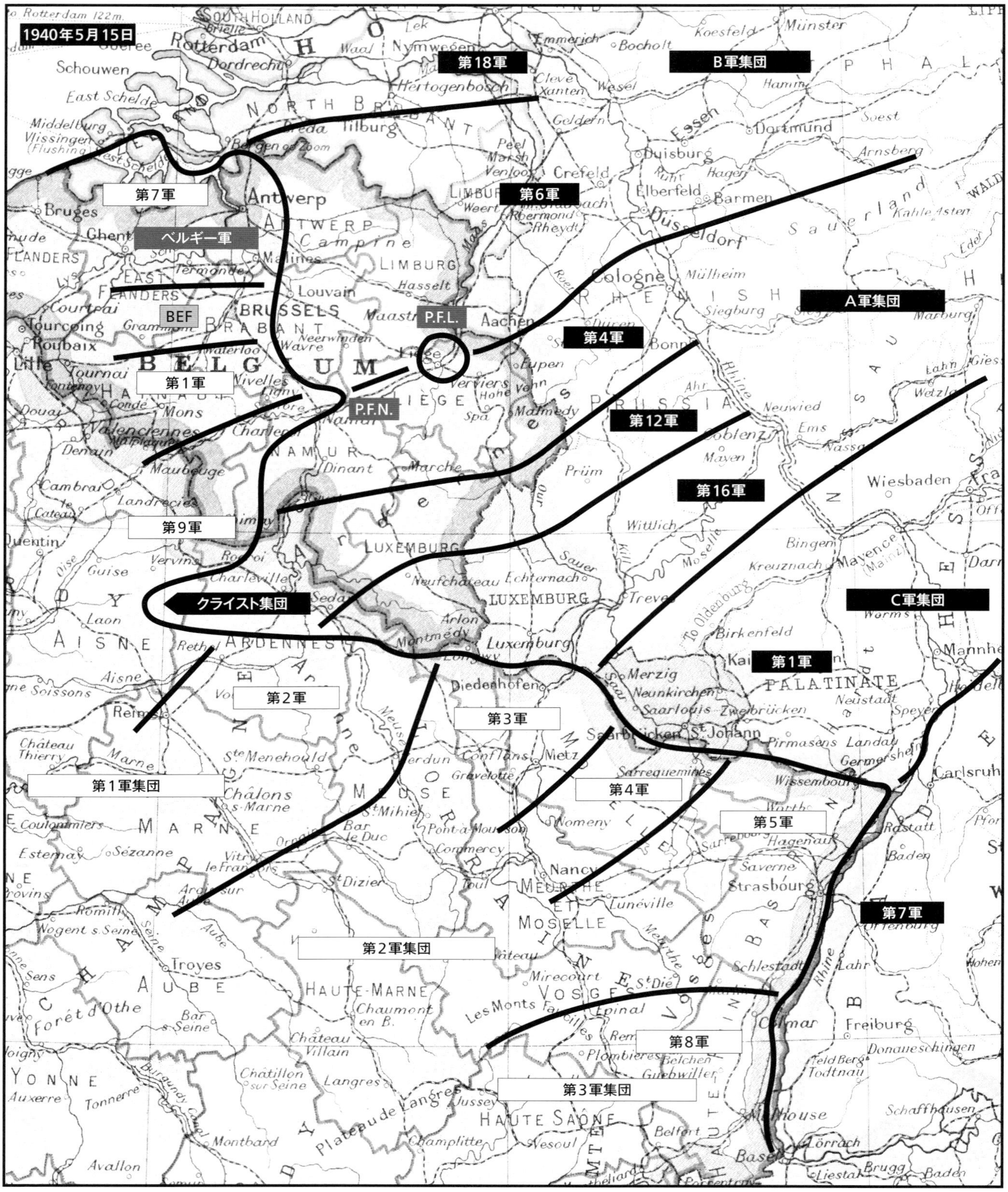

5月14日になってようやく連合軍内では、ドイツ軍が発動した〈作戦名：黄色〉の戦略的な意図をつかみ損ねたという事実が明らかになった。ヒトラーが発令した総統命令第11号には、「……A軍集団は持てる戦力でエーヌ川の北側一帯に脅威を与え、北西を指向して前進する……このような脅威は大成功をもたらすと確信する……許される限りの機械化部隊をA軍集団の作地区域に投入しなければならない」と書かれている。5月15日、オランダが降伏し、突破に成功したドイツ軍戦車部隊が西に進撃中という報告がパリの連合軍最高司令部に届いた。その日の朝、フランス首相ポール・レイノーはロンドンのチャーチルに電話をかけて、反撃がことごとく失敗したことを伝えた上で、「今やパリへの道は開け放たれたまま」であり、「戦争に敗れた」と訴えた。首相に就任してからまだ5日しか経っていないチャーチルは、一週間もしないうちから戦争に敗れるはずがないと、レイノーの言葉を信じる気になれず、フランス政府に檄を飛ばすために、自らフランスに乗り込むことを参謀総長に打ち明けた。5月16日、1730時にフランスに到着したチャーチルは、絶望にうちひしがれ、茫然自失の状態にあったレイノー、ダラディエ、ガムランなどのフランス首脳と会談した。そして瀬戸際のやりとりがひとしきり続いた後で、フランスの要請に応え、イギリスはさらなる増援を送ることに同意した。17日早朝、チャーチルはロンドンに帰ったが、崩壊寸前のフランスを思い、憂鬱な気分になっていた。

ドイツ第XV軍団とフランス第9軍

フランス第9軍地区の緊張は一気に高まった。ドイツ第XV軍団の2個戦車師団はムーズ川——第5戦車師団はオー、第7戦車師団はディナン近郊——に橋頭堡を築いていた。5月13日の朝、コラップ将軍は一般命令第20号を発し、「ムーズ左岸に上陸したドイツ軍主力を、即刻、撃滅もしくは川に追い落とすべし」と命じた。しかし、14日早朝のオー・ル・ワスチアでの反撃は失敗し、ドイツの2個戦車師団はさらに多くの増援部隊を渡河させた。その北では、ドイツ第VIII軍団の2個歩兵師団——第8歩兵師団はイヴォワール、第28歩兵師団はアヌヴォワ——がムーズ渡河を開始した。コラップ将軍は第XI軍団長ジュリアン・マルタン将軍をフロレンヌの指揮所に訪ねて、重大な事態であることを強調するとともに、ディナン方面への反撃準備に2個師団が増派されることを伝えた。新たに加わるのは第1軍からの第1装甲師団と、陸軍予備の第4北アフリカ歩兵師団であった。

5月15日の朝には、フランス軍最高司令部も第9軍の戦況を掌握し、ビヨット将軍はガムラン将軍に対し、「第9軍は危機的状況にあり、全戦線で押されている」と報告した。同時にビヨットはコラップ将軍の解任を示唆し、失意の第9軍を再起させる“適任者”としてジロー将軍の名を挙げた。

その夜、フランス第XI軍団に転属となった第1装甲師団は、ディナン～イヴォワール橋頭堡から突進するドイツ戦車を阻止するために、戦車部隊を前進させた。マリー＝ジェルマン・ブルノー将軍が指揮する師団は、各々2個戦車大隊をもつ2個准旅団と1個自動車化歩兵大隊により編制されていた。師団麾下の部隊のうち、旅団長ジャン＝マリー・テルニー大佐の第1准旅団(ルノーB1bis中戦車装備)は第28戦車大隊(大隊長ルイ・ピノー)と第37戦車大隊(同ジャン＝マリー・ド・シセ)、旅団長シャルル・マルク大佐の第3准旅団(オチキスH39軽戦車装備)は第25戦車大隊(大隊長モーリス・プルヴォスト)と第26戦車大隊(同ピエール・ボノー)とで構成され、このほかに第5自動車化軽騎兵大隊(大隊長ルイ・ペロード)があった。

資料によって数値は異なるが、第1装甲師団は160～180両の戦車を保有し、うち70両程度がルノーB1bis戦車、残り90両程度がオチキス

総統兼国防軍最高司令官発
1940年5月14日

総統命令第11号

1.今日までの攻勢の進展は、我が軍の基本的な作戦意図を、敵軍が的確に見抜けていないことを客観的に顕わにしている。彼らはいまだにナミュールからアントワープにかけての線に軍主力を投入し続け、我がA軍集団と対峙するであろう戦区には関心を示していない。
2.A軍集団は担当戦区でムーズ川を渡河したのち、まずは稼働状態にある部隊のすべてをエーヌ川の北岸に投入し、総統命令第10号ですでに述べたとおり、北西方面への攻勢に着手する。この突破は偉大な成功を約束するだろう。リエージュからナミュールを結ぶ線の北側に展開する諸部隊は、現有戦力をもって積極的な攻勢を行ないつつ、引き続き敵戦力に対する欺瞞と誘引を主任務とする。
3.戦線の北翼では、オランダ軍が当初想定していたよりも頑強な抵抗を見せている。政治的、軍事的な観点からも、彼らの抵抗は「迅速に」撃破される必要がある。陸軍は国境東側からの攻撃に呼応した南側からの攻撃を実施して、ホラント要塞を速やかに陥落せしめること。
4.稼働状態にあるすべての自動車化部隊は、可及的速やかにA軍集団の担当戦区に移動すること。
B軍集団の戦車、自動車化師団も、担当戦区において機械化部隊の能力を効果的に活用できる作戦の見通しがなく、状況が許すのであれば、可及的速やかに左翼方面へと移動すること。
5.「空軍」の任務は、地上部隊の攻勢および防御の支援が中心となる。特にA軍集団戦区では前線の増強を図る敵の動きを阻止し、A軍集団配下部隊の要請に応えて、地上部隊に強力な支援を与えること。
第6軍前衛のこれまでの作戦行動により、ホラント要塞の敵軍は弱体化しているので、迅速なる鎮圧は容易であろう。
6.「海軍」は状況が許す限り、イギリス海峡での敵海上輸送を阻止すること。
——アドルフ・ヒトラー

（上）フランス製155mmG.P.F重砲は第18歩兵師団第219砲兵連隊の装備である。砲身が割れてしまったために、ビウル付近に遺棄されたと思われるが、破損の原因はスツーカの爆撃であろうか。撮影者は空軍のカメラマンである。（下）N532号線をムーズ川から5kmほど西に進んだ地点。戦前のベルギーではよく見られた街路樹はすべて切り払われ、道路も拡張しているが、農家の様子は今も変わっていないようだ。

第34戦車大隊第2中隊のルノー戦車が、ベルギーで斃れた二人のフランス兵を見守るかのように、静かにたたずんでいる。場所はベルギーのフラヴィオン近郊。写真の"ギャル"号は5月15日に撃破されて、乗員全員が戦死した。

H39戦車とみられる。しかし、対峙するドイツ第XV軍団は、第7戦車師団が約200両、第5戦車師団が300両余りの戦車を保有しており、ドイツ軍戦車部隊の数的優勢は実に3対1に広がっていた。

5月15日、水曜日

第28戦車大隊は、ディナン～フィリップヴィル街道の北側のフラヴィオン、第25戦車大隊はコレンヌ、第26戦車大隊はフラヴィオンの北東、第37戦車大隊はエルムトンの近くの東西に伸びるもう一本の街道の南側に展開していた。このようにフランス軍は戦術的に良好な位置を占めていたが、燃料が不足がちであり、とくに大型で燃料を食うルノーB1bis戦車を装備する第1准旅団が困難に陥っていた。補給状況はまちまちで、第37戦車大隊は15日に補給を受けていたものの、第26戦車大隊はまったく受け取れずにいた。

0830時、フランス戦車兵はフラヴィオンの東3km、アンテで西進中のドイツ戦車を発見した。これは第7戦車師団第25戦車連隊の先鋒であった。フランス戦車は射撃を開始し、しばらくは敵の足を止めた。しかし、ドイツ戦車は正面切っての撃ち合い、とくにルノーB1bis戦車との戦車戦を避け、森を抜けて南へ進路を取りフランス軍を迂回しにかかった。続行する第7戦車師団の偵察部隊である第37偵察大隊は、砲兵が前進する間、第26および第28戦車大隊を牽制し続けた。フランス戦車は決意を固めて突撃に移り、ドイツ戦車と砲を破壊した。しかし、燃料不足の制約は大きく、また戦車の機動性も劣っていたために、直後に開始されたドイツ砲兵の弾幕射撃で次々と撃破された。

北では、第37戦車大隊がドイツ第5戦車師団第31戦車連隊への反撃を命じられていた。ドイツ戦車はオー橋頭堡からソミュール～ファレーンの軸に沿って西進し、第28戦車大隊を包囲する動きに入っていた。第37戦車大隊第2中隊は真っ向からドイツ軍とぶつかり、大損害を負った。"ギヌメール"号で戦った第3小隊長ルイ・ブーネ中尉は、戦いを次のように記憶している。

「左側面の装甲板を続けざまに砲弾が叩いたというのに、私には最初、敵が見つけられなかった。南東の方向に敵を探していると、操縦手

前日には第37戦車大隊第2中隊のルノーB1Bis戦車"ヴァール"号が、エルムトン近郊で機械トラブルを起こして停止してしまった。乗員は進退窮まり、車長のデュ・ラ・ロマニエール少尉は水曜日に"ベルフォールII"号に拾い上げられるまで、戦車の側にいた。（右）ドイツ兵がこの"でかぶつ"をどかそうと試みた結果、家屋がひどく損傷してしまった。現在は新しいブロックで補強されている。

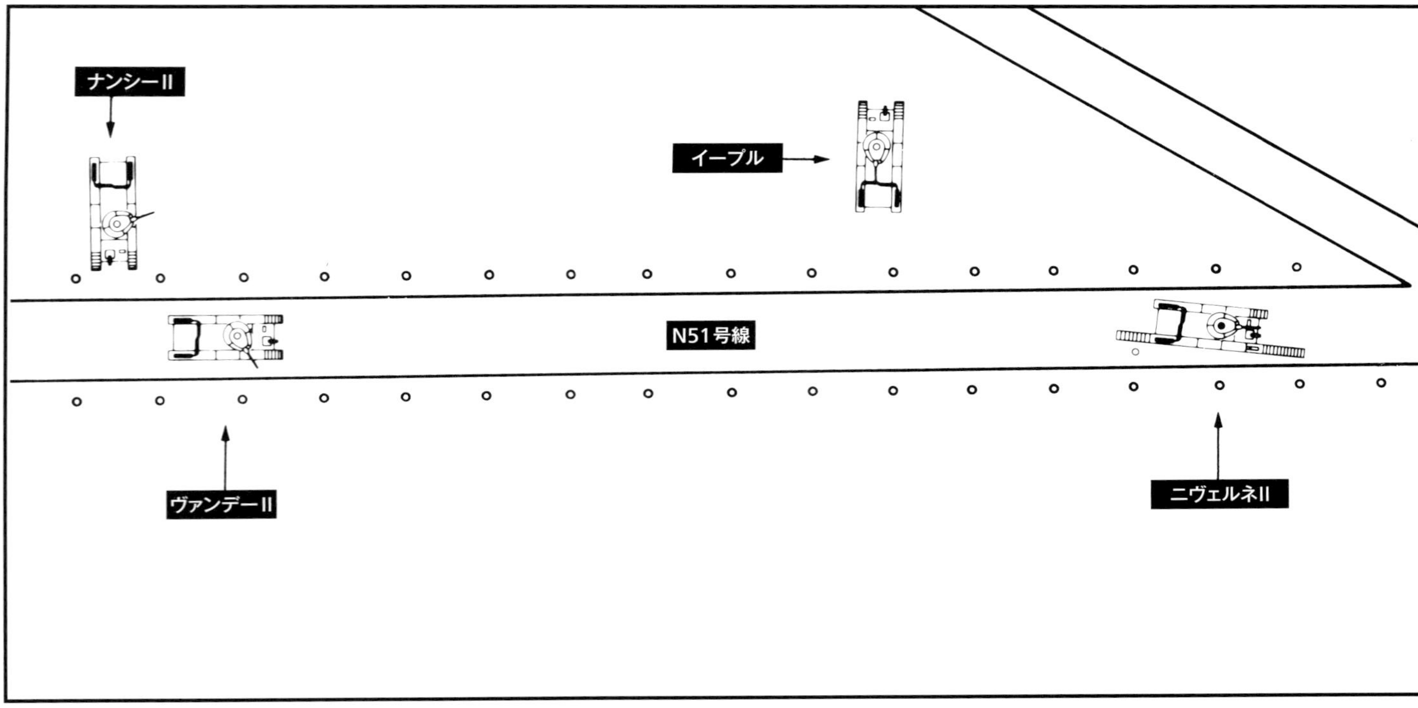

上）第8歩兵師団に追随していたハインツ・フェンデザックが撮影したドゥネでの戦場写真には「N51号線の側で直撃段を受けて炎上中の"イーブル"号」と説明がある。（下）鎮火した"イーブル"号の中からは、デュスー中尉、ギュスターヴ・デ・リディエ伍長、パウル・メルジェ伍長、以上3名の無残な遺体が発見された。

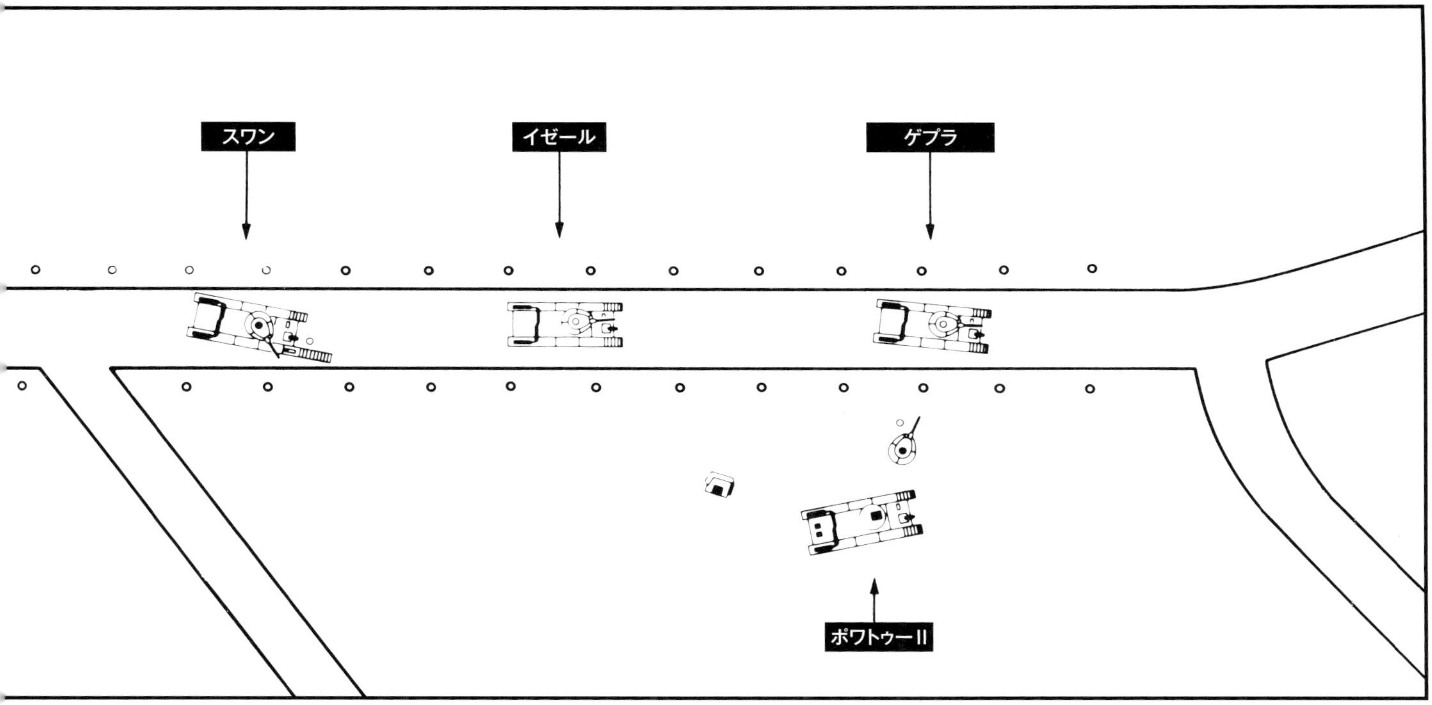

写真の“イジェ”号から10mほどの地面に横たえられた戦車兵は、おそらく同車の乗員だろう。他の4名、ジョルジュ・グロッサン少尉、ジャック・スタラン軍曹、モーリス・ジョセラン、あるいはレネ・ジキ（彼は正確にはわからない）は動きを止めた戦車とともに全員戦死した。

が森の縁に戦車1両！ と叫んだ。IV号戦車だった。75mm砲を敵に向け発射した。射程450……短い、射程500……またしても短い、射程550……やった命中！ 敵戦車の前面装甲に赤い閃光がきらめくと、二、三人の戦車兵が転がり出て、近くの草むらに隠れた。私はそのとき、左手の方向がドイツ戦車で一杯なのに気がついた。敵戦車は動かず、うまくカムフラージュされていたので、はっきりとは見えなかった」

「閃光が見えたかと思うと、装甲板に衝撃が走った。1弾が車体側面のハッチに当たり、ねじ曲がって半開きになった。ミラールがハッチに飛びつき、戦闘が終わるまでしっかりとこれを押さえていた。突然、操縦手のルヴルブリ軍曹が私に向かって、ルガックがいますと言った。砲塔のドアから身を乗り出すと、まさしくその通り、ルガックが地獄の真っ只中に突っ立っていた。彼は中隊長車の“アドゥール”号に乗り組んでいたはずだ。ルガックは中隊長のジルベール大尉が負傷したので、私に中隊の指揮を執れと叫んでいた」

「敵戦車をもう1両撃破したところで、我々はトラブルに巻き込まれた。ラジエーターに被弾したのだ！ おそらく砲弾か弾片がラジエーターを貫通していた。別の1弾が75mm砲に命中、砲身が後退し切った位置で動かなくなった。それでも47mm砲の射撃は続けた」

「少し進むと、森の縁に“ギャル”号が見えた。開いた砲塔ハッチの中に、無線手のワスル軍曹が拳銃を手にしているのが見えた。どうしたのだろう、想像を巡らすほかなかった。私の戦車は右側の履帯が気になる嫌な音を立てていたし、47mm砲は閉鎖機が閉まらなくなっていた。あまりの猛射に駐退復座機のオイルが過熱したからだ。私は乗車をゆっくりと後退させた」

1400時までには、第2中隊はほぼ全滅していた。反撃に向かった戦車7両のうち、4両が撃破され、残る3両の“ギヌメール”、“ウルック”、

第3中隊長・ジャック・レトゥー大尉の乗車"ポワトゥーII"号は、急造陣地に立てこもっていたドイツ兵との交戦で爆発炎上し、乗員全員が戦死した。残骸から装甲エンジンデッキが確認できる。路上にあるのは"ゲブラ"号。

（左）"ポワトゥーII"号は徹甲弾が砲塔を貫通した直後に爆発炎上した。（右）「フランスの為に死す」ジャック・レトゥー大尉の両親は、ドゥネにある息子の墓地をそのままにするように希望した。他の15名のフランス軍戦死者は、1949年に地元の教会墓地に改めて埋葬された。

“イゼール”号も、エンジン故障、履帯破損、燃料や弾薬欠乏などの理由で、攻撃発起線に戻ったところで乗員に破壊された。中隊長ピエール・ジルベール大尉は、他の乗員とともに“アドゥール”号を脱出した時に機関銃火に捕らえられ戦死、“アドゥール”号も野砲弾の直撃を受け四散した。

1600時、側面攻撃に参加して損害の少なかった第1、第3中隊に対し、ムト地区への北上が命じられた。第3中隊の移動先はムトの南約1kmのソムト村であった。

南では、第28戦車大隊が最期の時を迎えようとしていた。燃料失った大隊のルノーB1bis戦車はそこかしこに立ち往生し、今ではドイツ軍のカモとなってていた。1730時、同大隊がムト～フロレンヌ線への後退命令を受領したときには、稼働戦車は7両にまで減っていた。20数両のオチキスH39戦車を残すだけとなった第26戦車大隊もムトへ向け後退を開始し、損害の少なかった第25戦車大隊が殿を守った。

(最上)降伏するフランス兵を撮影した有名な写真だが、詳細に調べると後から映画用に撮影したと考えられる。直撃弾を受けた“ゲプラ”号では、まず操縦手のロジェ・レヴェル上級伍長が戦死し、他の乗員は重傷者2名を含む全員が負傷していた。以上の事実を考え合わせると、「フランス兵」はドイツの代役が演じていたものと思われる。(左)写真のB1bis戦車からは、定型化された各種マーキングの様子がはっきりとわかる。まず各車とも名前と同じ位置に車両番号が描かれる。戦車10両からなる戦車中隊は各々が幾何学的な記号で識別され(第1中隊は正方形、第2中隊は正三角形、第3中隊は円など)、3両1組の戦車小隊を表すトランプの図柄(スペード、ハート、ダイヤモンド)が、中隊記号と一緒に描かれていた。第1小隊車である“ゲプラ”号は、小隊識別記号である“T”の他に、中隊記号の円とスペードのシンボルが描かれている。野原で停止しているのは、“ボワトゥー II”号の残骸である。

“ニヴェルネII” 号は少し南のドゥネにある小さな交差路（地図の右端外）で行動不能になっていた。ドイツ軍砲兵側に暴露していた車体の右側がひどい損傷を受けていて、砲弾のうち1発は前の木に当たっている。車長のペリエ中尉は負傷したが、他の乗員は無事に逃げることができた。車体に描かれた記号は次のとおり。トランプのハート（写真ではかすれて見にくい）＝第2小隊、それを囲む円＝第3中隊、“U” 字型の記号＝小隊識別記号。“スワン”、“イゼール”、“ゲプラ” は、彼方の路上に点在している。一部の木は伐採されているが、風景は今日もほとんど変わらない。

1630時、第3中隊は北への移動を開始した。縦隊がエルムトンの南で主街道に達したところで、先頭に立つ2両の戦車、“ポワトゥーII”と“ニヴェルネーII”号は、街道の東200mから射撃をしてきた対戦車砲と撃ち合い、勝利した。縦隊はエルムトンの小川で行き詰まったため、計画通りにソムトへと西へ進む代わりに、ドネーの北で主街道に上がるために北へ進路を取った。ドネーの村の近くで、フランス戦車は敵歩兵の一団を発見し攻撃した。すぐさまドイツ軍も砲火を開き、“ゲプラ”号が被弾して、村の西側に停止、さらに北へ100mほど進んだところでは“ベルフォールII”号が被弾炎上していた。ドイツ歩兵の銃撃にさらされながらも、“ベルフォールII”号の乗員は車載消火器で火を消し止めた。中隊長のジャック・ルオー大尉は村の西に残存戦車7両を集め、ドネーへの攻撃を開始した。フランス戦車に対抗するのは、イヴォワールでムーズ川を越え橋頭堡から西へと進み出た、ドイツ第VIII軍団の先鋒、第8歩兵師団第

(上)北に数百mの地点には“スワン”号がほぼ同じ状態で撃破されている。車体の右側が破壊されている点まで一致していた。乗員一人が戦死、車長のブータル少尉をはじめ他の乗員は負傷した。ハートを囲む円と、小隊識別記号の“U”の文字が確認できる。(下)“イジェ”号では乗員4名が戦死している(車体の記号はスペードを囲む円と、小隊識別の“T”)。

28歩兵連隊第II大隊だった。このときの戦闘の様子を、フランス戦車の攻撃に生き残ったドイツ兵が記している。「左手に戦車数両が見える、敵か味方か? 戦車は大隊指揮所に近づいてきた。それは威容を誇る面構えの32トンのフランス重戦車で、側面には大きな白十字が描かれていた〈著者注：この記述は“ヴァンデーII”と“ナンシーII”号に該当する。両車は第3小隊に属し、小隊コードの“X”が描かれていた〉。敵戦車は道路に平行して右から左へと進んだ。状況は不利で、我々の3.7cm対戦車砲は敵の装甲を貫徹できなかった。先頭の3両〈著者注：“ヴァンデーII”、“ナンシーII”、“イープル”号〉が我々に近づき、しばらく停止すると、左へと動いた。困ったことに敵戦車は道路沿いにこちらを向いて一列に並んだ」

第II大隊の危機に気づいた師団砲兵が、この状況を救った。フランス軍接近の報を受け、第

交差路の南では"ナンシーII"号と"ヴァンデーII"号が破壊された。ともに第3戦車中隊第3小隊の車両で、小隊識別記号として"X"が描かれている。"ヴァンデーII"号は操縦手であるシャルル・カミュ上級伍長が戦死し、他2名が重傷を負う命中弾で戦闘不能になった。車長のバストン中尉はこれとは別の命中弾で負傷していた。"ナンシーII"号はこのとき、フラヴィオン周辺の戦闘で行動不能になった第2中隊"ウルキ"号の操縦手を務めていた戦車兵アルマン・ブランと、15日午後、ドゥネ北西での戦闘で撃破された"ベルフォールII"号の2名の乗員の、計3名を乗せていたが、命中弾を受けてこの3名も負傷した。アルマン・ブランと、車長のアレクサンドレ・レコック少尉の2名は、機銃掃射によって戦死した。

8砲兵連隊第III大隊長のフリードリヒ・フィルツィンガー少佐は、大隊指揮所へと急ぎ呼び戻された。少佐は即座に反撃を決心した。連隊の10.5cm榴弾砲、第28歩兵連隊第14中隊と第8戦車猟兵大隊の各種対戦車砲、高射教導連隊第1中隊の高射砲が、至近距離からフランス戦車を攻撃し、わずか数分でルノー戦車7両すべてが破壊された。ドネーで全滅した第3中隊の損害は、戦死16名、負傷16名、捕虜25名であった。わずかに、"ベルフォールII"号乗り組みのド・デュフールック少尉、ブリアン上級伍長、ブスー上級伍長の3名だけが、フランス部隊に合流できた。

フランス第1装甲師団にとって、5月15日は最悪の一日となった。しかし、45両のルノーB1bis戦車と15両のオチキスH39戦車の喪失と引き換えに、ドイツ軍にも第31戦車連隊を中心に30～40両の損害を与えた。この戦車戦の戦訓をドイツ軍はすぐに活用した。5月20日、第VIII軍団長ヴァルター・ハイツ将軍は麾下の4個師団に対し次のような命令を発した。「第8、第28、第87および第267の各歩兵師団へ。敵重戦車は我が対戦車砲では撃破し得ぬことが判明した。これより、各師団軽榴弾砲中隊から榴弾砲

2週間後、空軍カメラマンのステンプカ氏はドゥネの戦闘で落命した兵士の埋葬場所を撮影した。(左)ドイツ兵が一人、一時的とはいえ“ゲブラ”号の近くに埋葬された。一方、“イープル”号の乗員3名の遺体は、彼らの愛車の傍らに葬られた。(右)周辺の戦いで戦死したドイツ兵は全員、ロンメルの戦没者墓地に埋葬されている。

1門を抽出して歩兵部隊に配属せしめ、敵重戦車に対抗する切り札とする。榴弾砲は進撃する歩兵とともにあり、いついかなる戦車奇襲に対しても備えるものである」

ドネーの第28歩兵連隊を救った功績により、6月5日、フリードリヒ・フィルツィンガー少佐は騎士鉄十字章を授与された。フランス側では1943年10月12日、“ポワトゥーII”号で戦死した第3中隊長ジャック・ルオー大尉に、レジオン・ドヌール勲章が送られ、騎士の位が授けられた。

フランス第II、第XI軍団に属する、第5自動

戦場の北側には、5月15日の戦いで「フランスとベルギーのために斃れた」24名のフランス兵の慰霊碑が建立されている。

オナイユを通過中のフランス軍兵士の一群。おそらく第18歩兵師団所属と思われる。オナイユはディナンの西、フィリップヴィルに至るN36高速道路が通過している町だ。

（左）道を6kmほど下るとたどり着くアンテの西側にある交差点、破壊の現場のまさにまっただ中にオチキス製25mm軽対戦車砲Mle1934が残されている。輓馬はながえに繋がれたまま動かなくなってしまい、荷馬車は壊れて残骸となった積み荷が一面に散乱していた。（右）白線と庭のブランコ——戦場は姿を変える。

75mm野砲Mle1897——第一次世界大戦以来のフランス軍傑作野砲（通称"75" フランス語表記では60-15と表される：訳注）が、交差点の北側、ラ・フォルジュと呼ばれる地点で破壊されている。ここでも輓馬が倒れ、荷馬車の積み荷が散らばっている。（右）時の経過を感じさせない眺めが、返って恐怖の記憶を強くしていた。

今度は少し西の方角、フィリップヴィルの北東にあるフロレンヌに目を転じてみよう。交差点の側で撃破されたP178パナール装甲車の一群。氏名は不詳だがドイツの従軍カメラマンが撮影した。手前のP178のハッチにぶら下がった焼死体はあまりに恐ろしい姿なので、掲載には耐えない。

車化歩兵師団、第18歩兵師団、第4軽騎兵師団および新着の第4北アフリカ歩兵師団は、橋頭堡からのドイツ軍の出撃をくい止めようと、虚しい努力を続けていた。準備が不足の陣地で、ほとんど部隊間の連携も無いままに、スツーカの猛爆撃を受けながらの戦いとあっては、フランス軍はなすすべもなく圧倒されるほかない。撤退と固守の命令が錯綜し、命令を受領した部隊としなかった部隊が出たことで混乱が生じ、フランス部隊は各個に掃討されるか、翌日には投降する運命となった。午後5時、第4軽騎兵師団長のポール・バルブ将軍は、搭乗中の指揮車がムト近郊でドイツ軍機の襲撃を受けて戦死した。翌日には、第II軍団長ジャン・ブーフェ将軍が、ナランヌの第4軽騎兵師団の指揮所で戦死した。ヘンシェルHs126偵察機がナランヌ近郊で第4軽騎兵師団の補給部隊を発見し、2時間にわたってスツーカ急降下爆撃機が一帯を攻撃した最中の事件であった。

フラヴィオンとドネーの惨敗を受けて、第1装甲師団は残存戦車の撤収とボーモンでの部隊再編を入った。5月15日夕刻の時点で、戦闘可能な戦車は20両しか残されていなかった。しかも、残存戦車は広い地域に分散し、各車間の連絡も不十分だった。燃料補給は望めなかったので、乗員は補給部隊をせっつき回したが、どうにもならない。燃料が入手できなかったことで、第26戦車大隊第2中隊は残ったオチキスH39戦車を焼却処分せざるを得なかった。戦場のあちこちで、ドイツ軍の進撃を阻止しようとする歩兵部隊に手を貸していた戦車には、ボーモンへの撤収開始時刻が迫っていた。

5月16日、木曜日

わずか戦車7両まで減少した第37戦車大隊は、5月16日の1330時、ムト北方の陣地を離

(左) 第4軽騎兵師団第4装甲車連隊所属と見られるH35戦車。ナランヌ近郊にて急降下爆撃機の至近弾を受けて横転した。この時の襲撃では、同師団長のブフェ将軍も戦死していた。

(右) ジャン=ルイ・ローバの協力で、シャルルロワの南6kmにある小村付近に撮影地点を発見できた。

れた。師団の補給部隊は行方不明だったが、たまたまエソーで第1歩兵師団偵察集団の補給部隊と出会い、燃料の供給を受けた。7両の戦車は、司令部要員ごと隊列に加わった第1准旅団の旅団長ジャン=マリー・ラバニー大佐の"シムーン"号とともに、ボーモンへの道を進んだ。途中で大隊は燃料切れで放棄された第1装甲師団の戦車を追い越した。プリでは2両のオチキスH39と、"ヴーヴレイ"と"アルマニャック"号の2両のルノーB1bis戦車。ログネーの近くの丘では、燃料ぎれになって正面を東へ向けて放棄された、"ケルーアン"、"コナクリ"号などの数両のルノーB1bis戦車が確認された。

ムルトゥンヌに進んだところで、隊列の先頭にあったラバニー大佐の指揮官車が機関銃射撃で破壊された。すかさず"エスコー"号が前進し、指揮官車の傍らに停車して乗員を車内に収容した。さらに南へ進んだところで、大隊は主街道をボーモンに向け接近していたドイツ第5戦車師団の先鋒と衝突した。フランス戦車が射撃を開始すると、ドイツ砲兵が撃ち返してきたため、フランス軍はボーモン方向の西に転じた。ボーモンの町の近くで、"エスコー"号が1弾を受け路傍に停止した。続いて"ガロンヌ"号にも砲弾が命中し、左手の急斜面に滑り落ちた。2両の乗員は全員負傷し、その中には、指揮官車から"ガロンヌ"号に移っていた大隊長ジャン=マリー・ド・シセ少佐、第2中隊長アンリ・ラブラン大尉が含まれていた。負傷兵はモブージュに後送され、残った5両の戦車は、午後早くにボーモンの中心部で防御を固めた。

第5戦車師団のハールデ戦闘団が攻撃を開始したときには、フランス軍は主導権を失い、ドイツ戦車は町の北側に悠々と回りこんだ。ドイツ戦車に前後を押さえられたことで、フランス戦車はボーモンに閉じ込められた。再び燃料切

5月15日の夕方には完全な潰走状態に陥り、フランス第9軍は消滅した。第1装甲師団は装備車両の大半を遺棄、第6戦車大隊は第II軍団に組み込まれた。(左) 第26戦車大隊のオチキスH39戦車。(右) 爆撃によって破壊された第6戦車大隊のルノーR35戦車。

（左）燃料切れが原因で第1装甲師団は大半の戦力を喪失した。第28戦車大隊第1中隊所属のルノーB1bis、“ヴーレイ”号も同じ理由で遺棄された1両である。住民の姿が確認できることから、おそらく撮影時期は戦火も落ち着いた夏頃だろう。（右）撮影場所の特定は困難を極めたが、ベルギーでの戦いに詳しいジャン＝ルイ・ローバの協力もあって、発見に成功した。フィリップヴィルとボーモンを繋ぐN36号線の北にあるブリーの村が戦場跡地なのだが、1940年当時とは大きく様子が変わっていた。

れとなり、師団との連絡が絶たれたことで、戦車乗員は戦車を破壊して、後退することにした。“ベアルンII”号の隣に“ムーズ”号が運ばれ、東から町に入る街道を封鎖すると、1600時には5両の戦車に火が放たれた。住民はすでに町を逃げ出していたため、炎は近くの家屋へと延焼した。火事は翌日の晩まで燃え続けた。

3日間の戦闘で、第37戦車大隊は壊滅した。装備の35両のルノーB1bis戦車は全車が破壊もしくは放棄され、中隊長2名を含む31名が戦死した。大隊長以下多数も重傷を受けている。

南方では、ドイツ第7戦車師団がフランス第4北アフリカ歩兵師団を手玉に取っていた。抵抗線を確立する暇も無く、第4北アフリカ歩兵師団の司令部はフィリップヴィル南方のヌーヴィルで包囲され、師団長シャルル・サンセルム将軍と幕僚は、ラキャプルまで落ちのびたところで捕虜となった。

ロンメルは遂にフランス国境を越え、マジノ要塞線の北部へと進出した。この一帯のマジノ要塞線は全体でもっとも防御力が弱い場所の1つだった。1934年にはルピーヌに大堡塁の建設が予定されており、これはまさしく1940年の第

第37戦車大隊の最後の戦力として残っていた5両のB1bis戦車も、すべてボーモンの中心部に遺棄されている。第1中隊第1小隊の“シャール”号は、マーキングがはっきりとわかる。第1小隊のスペードの記号を、第1中隊を示す正方形が囲っている。“M”字も第1小隊の識別記号を示している。後方に確認できるのは第1中隊第3小隊の“マルヌ”号である。

指揮車が破壊された第1准旅団長ジャン＝マリー・ラバニ大佐は、第37戦車大隊の“エスコー”号に乗り継いだが、ボーモン郊外での敵砲撃で、この戦車も破壊されてしまった。撮影者は5月17日、第8歩兵師団のハインツ・シュトイナーゲルである。（右）ジャン＝ルイス・ローバ氏と、彼の仲間ジャン・レオタール氏の助力がなければ、同定は不可能だった。

ボーモンの戦い。勝機を逸した5両のルノー戦車は、町の東に延びるマダメ街道の防衛を最後の任務とした。手前の2両は"ベアルンII"号と"ムーズ"号（"O"字は第3小隊の識別記号）で、その奥には"マルヌ"、"ローヌ"、"シャール"号が確認できる。時間を惜しむドイツ軍は、邪魔な敵戦車を路肩に押しのけて、先を急いだ。

7戦車師団の進撃ルート上に当たっていたのだが、結局、要塞は作られていなかった。実際には、わずか2、3のトーチカが散在するにすぎなかった。

のちの書簡で、ロンメルはマジノ線の攻撃に触れ、5月16日夕刻の慎重な準備の様子と、戦車が対戦車バリケードとトーチカの薄い防御帯を突破した様子について、克明に述べている。「我々はかの有名なマジノ線を突破した」と、ロンメルは誇らしげに語る。「そして敵領深くへとなだれこんだ」 少なくとも、後者は真実である。ドイツ工兵はクレールフェの西の道路を扼するトーチカを占拠し、路上の鋼鉄製バリケードを爆破した。ロンメルは指揮戦車に乗り込み、第25戦車連隊長カール・ローテンブルク大佐とともに、西への道を急いだ。

戦場に夜の帳が降りようとしていた。ドイツ戦車はルピーヌを通過し、主街道を目指して北に転じた。部隊は途中で、露天で一夜を過ごすフランス人難民や兵士の集団を追い抜いた。辺り一面、路上にまで、車両や荷馬車が留められていた。ドイツ戦車が射撃されたため、ロンメルはスピードアップと進撃路の左右の掃射を命じた。進撃縦隊はサル=ポトリーとブーグニーを抜けたが、その間、銃砲は火を吐き続き通しだったので、砲身の寿命が尽きて、射撃できなくなった。ドイツ軍はアヴスヌの北で主街道に達した。ロンメルに拠れば「アヴスヌに近づくにつれ車両の衝突が増えていった。それをかい潜って、我々は道を切り開いた」とのことだった。

2230時の少し前、アヴスヌはドイツ軍の砲撃を受けた。避難しようとした住民が路上に溢れ

大隊長のジャン=マリー・ド・シセ少佐の乗車"ベアルンII"号は、乗員の手で火が放たれた。爆発の衝撃で吹き飛ばされた装甲の破片は、右に見える家屋（マダメ通り6番地、郵便局の隣）の壁を突き破り、居間を破壊していた。

最悪の壊れ方をしたのは、通りの傍らに遺棄された"ローヌ"号だろう。爆発の衝撃で砲塔がちぎれ飛び、車体から10メートルも離れた場所に転がっている。"シャール"号から発した炎は近隣の家屋にも延焼し、一帯を焼いてしまった。左下の写真は"ローヌ"号の車長、アンドレ・マルソー少尉で、第511戦車連隊に所属していた頃に撮影したもの。同連隊の第II大隊が、1939年に第37戦車大隊となった。

邪魔者は片付いた。第5戦車師団はボーモンを抜けて前進を再開する。N6号線からN36号線を撮影。

電撃戦を象徴する1枚。5月15日、水曜日、第32歩兵師団はクヴァンにあって、さらに先を急いでいた。写真は先遣部隊が西のシメイを目指している場面。ようやく布陣を終えていたフランス軍だったが、すでに彼らは最前線から10kmも置き去りにされていたのだ。

作戦の流れをとらえた別の写真。クヴァン側から道路を撮影(同じ家屋が写っている)。遺棄されたシトロエン・カブリオレをドイツ兵が検分していた。北フランスの戦いが3週間のうちに実質的に終了すると、ヒトラーはバド・ミュンスターアイフェルに設けていた野戦司令部"岩の巣"を、この撮影地点から5kmほど南にあるベルギーの小村、ブルリー=ド=ペッシュに移した。この新司令部は"狼の谷(ヴォルフスシュルヒト)"と名付けられた。

(左)翌5月16日、クヴァンに到着した別のカメラマンは、市場に集められたフランス捕虜の一群を撮影した。(右)これ以上望みようがない比較写真だ。教会や樹木をはじめ、目印となる建物のほとんどが残っている。

フランスに突入せよ！　前線配置につく途中の第4北アフリカ師団を蹴散らした第7戦車師団は、ひたすら西への道を急ぎ、5月16日には先遣部隊の戦車がシヴリーとクレールフェの間にある国境に到達していた。（上左）国境検問などなにするものぞと突き進む第25戦車連隊第3中隊の38（t）戦車。戦車相手にはあまりにも非力な道路封鎖用の拒馬が、脇にどけられている。（右）もはや使われていないが、国境検問所の建物はいまも残っている。障害物用の杭も確認できる。

たため、ドイツ軍縦隊の進撃が阻害されただけでなく、街にいたフランス兵の多くも行動不能になった。ロンメル縦隊の先頭戦車は街を迂回して、西にある高台へと進み、アヴスヌのフランス軍の包囲にかかった。

この間に、アヴスヌのフランス軍は混乱から立ち直り、深夜になると市街で戦闘が始まった。第25戦車大隊第1中隊の残存オチキスH39戦車数両がドイツ軍を攻撃すると、ロンメルは第II大隊の戦車と前衛に続行していた第7オートバイ大隊との連絡を失った。「第25戦車連隊第II大隊は、直ちに道路をふさぐ敵を排除しようとしたが、攻撃は失敗し数両の戦車を失った。アヴスヌを巡る戦闘は激しいものとなった」

戦闘は5月17日の朝まで続き、0430時、ロンメルが西からIV号戦車を差し向けてアヴスヌのフランス軽戦車を撃破し、最後の抵抗を排除して終了した。数両のオチキス戦車がかろうじて南へと脱出し、第1装甲師団長マリー＝ジェルマン・ブルノー将軍は、師団の残余部隊にアヴスヌの南に陣を敷くよう命じたが、第1装甲師団は事実上消滅していた。ブルノー将軍と幕僚、

後続する第1中隊のII号戦車。第7戦車師団の師団標識——逆Y字に3つの点描——が、車体上部に描かれたバルカンクロイツの脇、4の数字の下に確認できる。

5月17日の朝、同じ場所で撮影。18km離れたアー＝シュル＝エルプでは、第7戦車師団の先遣隊が、進路を閉ざそうともがく敵第25戦車大隊のオチキスH39戦車を粉砕した。（右）この田舎道が1940年には戦車戦の現場であった事実を信じるのは難しい。左側のD104号線はアー＝シュル＝エルプに至り、北に向かう右手のD27号線はソール＝ル＝シャトーを経て、モブージュに続いている。

「我々は名にし負うマジノ線を突破した」と、ロンメル将軍は書き残していた。しかしマジノ線延長部にあたるこの一帯は、要塞線と呼ぶよりも、むしろトーチカの合間に対戦車壕が点在するだけの応急陣地と呼ぶ方が実態に近い。（左）クレールフェの西に設けられた1940年当時の対戦車壕。（右）対戦車壕の痕跡は微塵も残っていないが、トーチカは生い茂る牧草に埋もれるように残っていて、牧歌的な風景に溶け込んでいる。

それに師団の2個准旅団の旅団長ジャン=マリー・ラバニー大佐とシャルル・マルク大佐は、5月19日にカンブレーの南15km、ヴァンデュイルの近くで第6戦車師団の捕虜となった。

5月17日、金曜日

夜明けの到来とともに戦闘は終わり、ロンメルは第2梯団との連絡を回復した。しかし、後方との無線連絡は断たれたままであり、彼の進撃継続とサンブル川の橋頭堡確保についての度重なる許可申請には、回答が与えられていなかった。そこでロンメルは、サンブル川にかかるランドルシーの橋の奪取を目指して、早朝の攻撃再開を決心すると、師団の各部隊に戦車連隊の進撃に続行するよう無線で命令を発した。0400時、一切の連絡報告を待たずしてロンメルは行動を開始した。

「夜のうちに補給は到着しなかった。我々は弾薬の節約を強いられ、照りつける太陽のもと、銃を沈黙させたまま西進した。すぐに我々は、避難民の一団と行進準備中のフランス軍が留まる場所に出た。道路といわず野原といわず、砲や戦車、各種の軍用車両に難民の荷馬車が入り交じっていて、一帯に溢れかえっていた。1弾も発射しないまま、時には装甲車に路外を走らせて、我々は難無くこの一団を追い越した。フランス兵は突然のドイツ軍の出現に驚き、打ちのめされ、武装を解かれると、我々の縦隊の脇を反対に東へと向かうことになった。敵の抵抗には遭遇しなかった。路上の敵戦車に兵士の姿は無く、我々はその傍らを通り越した。縦隊は1度も停止することなく西進した」

「我々を怒らせたのは、車両渋滞にはまっていたところを車ごと捕まえたフランス軍の中佐であった。私は彼の階級と所属を尋ねた。しかし、その両眼は憎悪と憤怒に燃えており、私には彼は頑固な烈士型の人物であるように思えた。道路は車両でごった返し、このまま停止していては部隊が連絡を喪失するおそれがあった。私は中佐を同行させることにした。彼は東へ50mほど離れたところにいて、自分の戦車に乗れと合図するローテンブルク大佐のもとに連行された。フランス軍中佐は素っ気なく同行を拒んだので、3度要求を繰り返したのち、同行を拒み

別のトーチカを検分している第7戦車師団の兵士。進撃の速さを思えば、これらのトーチカ砲台が無傷で残り、往事の姿を留めながら現在に至るのも驚くにはあたらない。写真はNo.3 ／ 152bis.のトーチカ。

フランス軍は1914～1918年の戦いで実体験した塹壕陣地の力を信じ込んでいたので、1940年に直面した機動戦の様相に強い衝撃を受けた。実際のところ、両軍ともまだ馬を使った輸送に依存していたので、新時代の戦争を象徴していたのは、攻勢の正面に立つ機械化部隊だけであったのだが。5月17日に撮影された写真には、クレールフェの西、D104号線に設けられたなんの変哲もない鉄条網が撤去されているのが確認できる。

続ける中佐をやむを得ず撃った」

ヴァランシエンヌ地区から南のオアズ川へ移動してきた第9自動車化歩兵師団の主力は、ランドルシーの近くでパニックに陥った。第7軍の目論みが失敗し、オランダから急遽引き返した師団は、第9軍の所属となりイルゾンとギズの間でオアズ川の守りを命じられていた。

道路は避難民が埋め尽くしていたので、ドイツ軍の進撃の足は止められた。ドイツ戦車はマロイーユをぬけ、0545時頃にランドルシーに到着した。サンブル川を渡り、師団主力に再集結を命じたうえで、ロンメルはルキャトーへの前進を続け、0615時には街を見下ろす東の丘へと到達した。ローテンブルク大佐に前衛を任せ、全周防御態勢を取らせたうえで、ロンメルは道を引き返して師団主力への合流を試みたが、敵対戦車砲に阻止されてしまった。指揮車に乗り込んだロンメルは、護衛のIII号戦車1両とともに、再度、突破を試みた。慎重に進んだロンメルは、フランス軍がパニックから立ち直っていたこともあって、ランドルシーを越えるまでにすっかり時間を取られてしまった。マロイーユ

もう1つの新発明、装軌式架橋戦車――1918年にイギリス軍がMk.V戦車を使って開発したのが始まりだ。第7戦車師団に配属された第58工兵大隊には、II号架橋戦車の試作車両4両が割り当てられていた。

初公開の写真だが、窮状に置かれた避難民の姿は、この戦場を通じて大きな特徴となった。戦闘に巻き込まれたり、1914年に同じような苦難を経験した両親の姿を覚えていて、必死に逃げてきたのだろう。前線はすでに写真の避難民を追い抜き、目の前を通過するドイツ軍をただ見つめている。もはや彼らに行くべき場所はない。（右）撮影ポイントを（クレールフェの西方約3kmの）レピンヌで発見した。アー＝シュル＝エルプに至る交差点の周辺には新しい建物が集まり、景色はがらっと変わっている。

少し北の戦場では、フランス国境を目指す第5戦車師団が、グランリューに至るN21号線を西進していた。これを受けてフランス軍はトゥーレ川に架かる橋を爆破し、敵が下流に渡河点を求めるのを見越して、周辺の土手に地雷を埋設していた。この策はまんまとあたり、最初に川を渡ろうとした戦車――第15戦車連隊のIII号戦車は、地雷を踏んで履帯を破損し、川岸に擱座してしまった。（上）工兵が地雷原を除去すると、88mm高射砲Flak36を牽引するSdKfz.7ハーフトラックが渡河を開始した。

に近づいたところで護衛のIII号戦車が故障した。辺りにはドイツ軍の姿は無く、道路の両脇のあちこちにはフランス兵が横になっていた。「フランス兵を捕虜にして行進させる術は無いように思えた」ロンメルは記す。「我々には護送を任せられる歩兵がいなかった。何とかしてフランス兵に重い腰を上げさせたものの、フランス兵捕虜の行進は装甲車が見張っていた間のことだけで、装甲車がスピードを上げて先へ進むと、全員、あっと言う間に薮の中へ消え去ってしまった」 全速力で、ロンメルの装甲車はマロイーユを通過し、村の東に出たところで、その日の朝早くから機械故障で立ち往生していた1両のIV号戦車と遭遇して、人心地をつけた。すぐに、自動車化歩兵1個中隊が、東からの道を飛ばしてくるのが見えた。さらに多くの部隊が続行していると考えたロンメルは、再度東に向かったが、彼の言葉によれば「無駄骨」に終わった。それでも、ロンメルの小戦隊は枝道から現れたフランス軍のトラック輸送隊を捕らえると、これをアヴスヌに向かわせた。輸送隊の先頭に立ちアヴスヌへ到着したロンメルは、ようやく第6歩兵連隊の主力と連絡をつけられたのである。

5月16日午後、ボーモンから退却中に"ヴェルダンII"号の乗員らは、原隊である第1装甲師団司令部との連絡が回復することを期待して、アー=シュル=エルプの北にある交差点に停車していた。しかし、この日の夕方に最初にやって来たのは第7戦車師団の先遣隊であり、"ヴェルダンII"号は今度は南方向への退却を強いられた。しかし、敵戦車の追撃を振り切れずに戦車戦となり(砲塔が後ろを向いているのに注意)、"ヴェルダンII"号の履帯に敵弾が命中した。(下)戦後、N2号線沿いは大幅に開発が進んだために、交戦地点の同定にはかなりの時間を要した。

5月18日、土曜日

5月17日の深夜、ロンメルは部隊にカンブレーへ向け進撃を継続するよう命じたが、午前7時に司令部に出頭した第25戦車連隊の副官シュトゥデント中尉によれば、前衛部隊が苦境に陥って入るとのことだった。シュトゥデント中尉はル・カトーから苦労の末に装甲車で脱出してきたもので、前衛部隊は、前日午後からフランス軍の戦車と装甲車により後方と遮断され、燃料と弾薬も不足しているとのことだった。敵装甲車両は北から攻撃中の第1軽機械化師団の所属部隊で、さらに、第2装甲師団の戦車が道路を脅かし、ランドルシーへ強力な反撃を加えていた。

ロンメルは、手持ちの最後の戦車大隊を救援に送ることを即決し、ル・カトーへの突破進出と補給物資の送達を命じた。しかし、ドイツ戦車はポムリュイルに近づくことができず、ロンメルは進撃を阻む第2装甲師団のルノーB1bis戦車をその目で確認するために前線へと赴いた。「路上では激戦が繰り広げられていた。敵の側面はどちらも迂回不可能であった。我が軍の砲

「前進せよ!」テューレ川に橋が架かると、燃料を満載した空軍のトラックがサール=ポトリを目指して橋を渡った。

「大砲銀座。ありとあらゆる戦車と砲が道路の周辺を埋め尽くしていた」と、ロンメルは書いている。サール=ポトリの西、D962号線沿いの写真には75mm野砲Mle1897が遺棄されている。

はどれも、フランス戦車の重装甲にまったく無力なようであった。しばらく至近距離から戦闘を注視した末、私は大隊にオルを経由して森をぬけ、南へ進出させることにした」 森の南でさらに多くのフランス戦車と遭遇したことで、ドイツ戦車は血路を切り開かなければならなかった。大隊がローテンブルク大佐の陣地にたどり着いたのは正午過ぎのことであった。

1500時、ロンメルは状況を掌握したうえで、手持ちの歩兵大隊と戦車大隊各1個と、間もなく追及してくるはずの2個戦車大隊に期待して、カンブレー攻撃の博打に打って出ることにした。行動開始は素早く、苦労の末に補給部隊が弾薬と燃料を持って到着したときには、すでに第6歩兵連隊第I大隊は、わずか数両の戦車と自

ミシュランの道路地図が無ければ、電撃戦は難しかったと言われている。事実、第25戦車連隊長カール・ローテンブルク大佐はよい実例だ。彼が手にしているのは当該地区のミシュラン道路地図に違いない——ここに引用したのは今日の地図である。

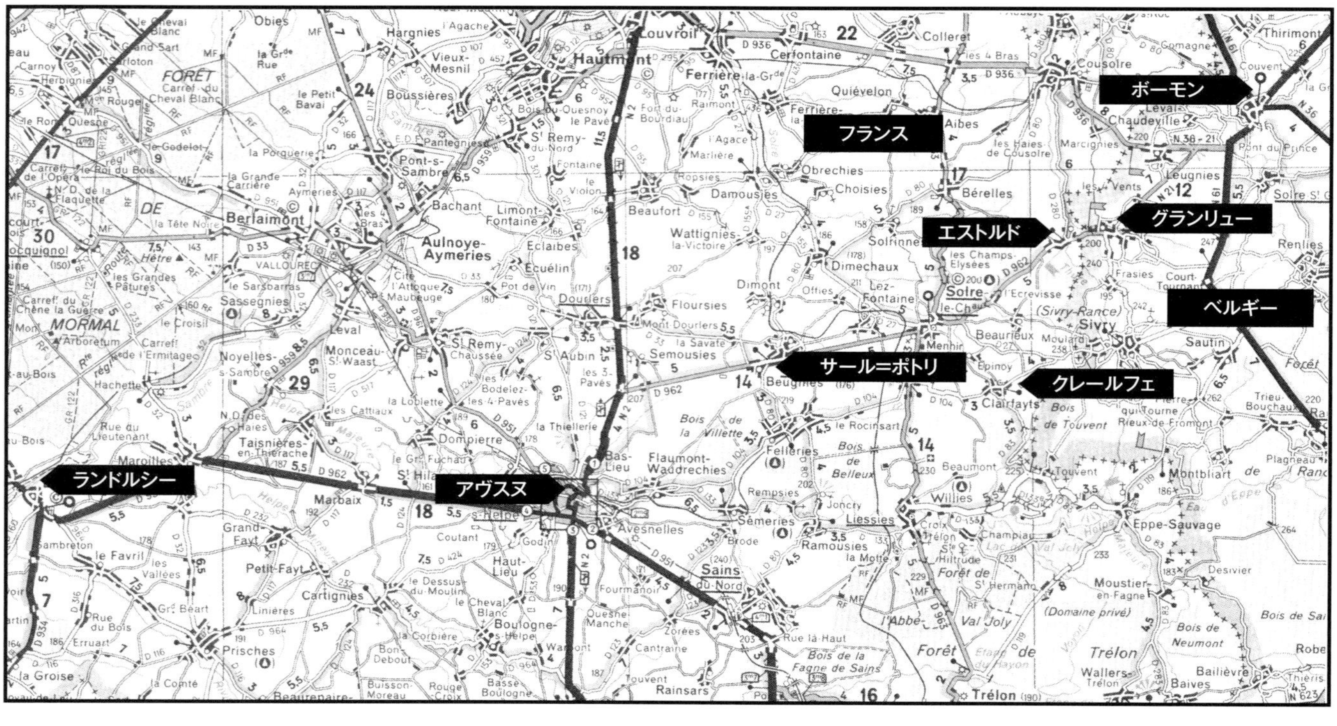

アー＝シュル＝エルプに到達した第7戦車師団は、作戦開始から7日目にしてイギリス海峡までの道のりの半分をこなしたことになる。プロパガンダの一環として、D962号線沿いに24kmほど西に進んだ次の目的地、ランドルシーを指す道路標識と並んで、SdKfz.9大型牽引ハーフトラックが停車していた。

アー＝シュル＝エルプにて、広場の角にある家屋に押し入る歩兵の一団をとらえた興味深い写真。キャプションがないので想像力を働かせるしかないが、ドイツ軍は略奪行為に対して厳しく、発覚した場合は厳罰に処するのが常だったので、このような証拠が残ること自体が珍しい。（右）往事と今、ジュス・ド・フォレ通り20番地——アンドレ・デムラン氏の邸宅。

ランドルシーのある方向、西を向いて撮影しているが、前線から戻ってくる途中の補給車が写っている。SdKfz.8は15cm野砲sFH18を牽引していた。ここから1kmほど進んだところで、このハーフトラックは、前夜の戦闘で撃破された第25戦車大隊のH39戦車の残骸を目撃したことだろう。

5月17日、金曜日の午後4時頃、第25戦車連隊の最後の戦車が撃破されたが、全貌は夜明けとともに明らかになる。到着したカメラマンは、今まさに西に向かう38(t)戦車と入れ替わるようにして、捕虜となったフランス兵の一群が町に戻される場面に遭遇したからだ。フランス戦車に描かれたスペードは第1小隊、ハートは第2小隊所属を表していた。

(上)数日後、別のカメラマンがD962号線のほぼ同じ場所で撮影した。H39戦車は脇にどけられている。(下)市街地では珍しい戦車戦が勃発した現場も、今日では痕跡さえ残っていない。

戦いは一方的な勝利ばかりで終わったわけではない——町に戻りつつある避難民の傍らでIV号戦車が擱座している。道の反対側には斃れた馬が見える。

戦闘に巻き込まれて斃れた無数の馬の死体は、すでに片付けられていて、機械化された兵器だけが回収されるのを待っている。手前のH39戦車はハートが描かれているので第2小隊、奥の車両はダイヤモンドなので第3小隊である。左下に確認できるのは105mm野砲Mle1935である。

5月17日、金曜日に、ランドルシーに到着したロンメルは、第25戦車連隊がサンブル川を渡る様子を視察していた。写真はトラックに登ったロンメル自身が撮影した38(t)戦車。(最下)残念ではあるが、我々にはロンメルと同じ視点を得ての撮影はできなかった。(下)ドイツ軍の従軍カメラマンが撮影した、後送途中のフランス捕虜。

走高射機関砲の2個小隊の支援を受けただけの戦力で、カンブレーへと迫っていた。市街地の北縁を目指して進むドイツ部隊の巻き上げる巨大な土埃の雲を見て、カンブレー守備隊は大規模な戦車部隊の攻撃と勘違いしたため、後続の2個戦車大隊がいまだ遠く離れていたにもかかわらず、町は簡単に奪取できた。

1914年8月、イギリスの「いまいましい雑兵ども」がドイツ軍の前進を食い止め、貴重な時間を奪ったラ・カトーの町は、第一次世界大戦における最初の戦場の一つであった。ドイツ軍の進撃を止めることまでは失敗し、ラ・カトーは1918年8月までドイツ軍の占領下に置かれている。1940年、今度はロンメルがやってきたが、彼は東の郊外で撃破されたフランス戦車の撮影を楽しんでいた。

第1軽機械化師団のパナールP178装甲車と、第2装甲師団第15戦車連隊のルノーB1bis"インドシーヌ"号。

第25戦車連隊長マックス・イルゲン中佐の指揮車に同乗したロンメルは、主街道沿いを撮影した。第一次世界大戦ではドイツ軍が大損害を受けたこの場所も、今回は軽微な損害で突破できた。1940年5月に戦火を逃れた建物の多くが、今日も残っている。

ラ・カトーからはN39号線がカンブレーまで一直線に伸びている。カンブレーは先の大戦で屈指の激戦地として記憶されていた。再び侵入者の手に落ちた町を、ロンメルは東風のように通り抜けていった。写真はロンメルが撮影したもの。

クライスト集団とフランス第2軍

5月10日、セダン地区はもともと危険視されていなかったので、フランス第2軍は第2防衛線用の予備部隊を、この地区に残していなかった。しかし、開戦から2日で事態は意外な展開となり、第2軍は編成されてから2か月もない第3装甲師団を、第3自動車化歩兵師団とともに、ライム近郊に予備として配置した。その翌日、ドイツ第XIX軍団の戦車がセダンでムーズ川を渡ったことで、軍司令官のアンツィジェ将軍は、第3自動車化歩兵師団に対し夜間行軍により、ストンヌの両側の高地に第2防衛線を固めるように命じた。アンツィジェ将軍は、ストンヌを発起点とする第3自動車化歩兵師団と、ルシュスヌの西にルノーB1bis戦車60両、オチキスH39戦車70両を擁して集結している第3装甲師団とをもって北へ反撃を繰り出せば、セダン地区の戦況を回復できるとすると考えていた。

しかし、5月14日、フランス第2軍の第1防衛線が突破され、第55歩兵師団は壊滅、第71歩兵師団が敗走した結果、、第2軍の騎兵部隊が急遽第2防衛線へと投入され、来援の歩兵師団群が到着するまで、車両を降りた歩兵として戦うこととなった。総予備からの派遣が決定したのは第XXI軍団であり、新着の第3装甲師団、第3自動車化歩兵師団とともに、ドイツ軍の突破を阻止すべく投入された第2軍の騎兵部隊——第2軽騎兵師団、第5軽騎兵師団、第1騎兵旅団との交替が予定されていた。

アンツィジェ将軍は5月14日未明の反撃開始を予定していたが、創設されたばかりで編成途中の第3装甲師団は、装備と輸送手段に乏しく、短時日のうちの攻撃発起点への集結は不可能と判断された。師団長のジョルジュ・ブロカール将軍は、なんとかして反撃開始時間の延期許可を得たが、それでも「1100時以降はいつでも反撃を開始できること」を求められていた。この日の早朝、第2軍司令部は第7戦車大隊に対して、北進してドイツ第1戦車師団を撃退するよう命令した。しかし、ドイツ戦車の数は多く、大隊は稼働する39両のFCM36戦車のほとんどを失う結果となった。

セダンの戦いは、5月14日の夕方までにはフランス第2軍の敗北で決着した。ドイツの戦車部隊がムーズ西岸の橋頭堡から次々に突破していくと、ベルギーに閉じ込められたフランス軍騎兵部隊には降伏以外の選択肢が無くなっていた。上の写真は第10戦車師団のII号戦車と、その後に続く指揮戦車。下は第5軽騎兵師団の捕虜——皮肉な事に、この2枚の写真のネガフィルムは、1945年にフランス軍が接収したものである。

まさにドイツ軍が決定的な突破を果たす瞬間、フランス第2軍は新たな部隊――第3装甲師団と第3自動車化歩兵師団――を投入しようと躍起になっていた。その間に工兵は橋を爆破し、路上に障害物を設置し、道標を撤去した。写真はセダン南方40km、ヴェルダンに向かうN64号線上のストゥネ。1940年5月に破壊された道標は、結局、修復されなかったようだ。また道路もD964号線に付け替えられている。

午後には、第3自動車化歩兵師団と第3装甲師団は主力の集結をほぼ終えたので、ブロカール将軍と幕僚は、強力な反撃が実施可能だと確信した。第3装甲師団は、モンデューの北のルシュスヌ～セダン街道上に第41戦車大隊と後方に第42戦車大隊を部署し、ストンヌには集結中の第49戦車大隊を従えた第45戦車大隊を、モンデューには師団の自動車化歩兵部隊である第16猟兵大隊を置いていた。第3自動車化歩兵師団も、すでに2個歩兵連隊は配置につき、残りの1個連隊も到着中であった。

しかし、夜に入った時点で、第2防衛線の守りについた第XXI軍団長ジャン・フラヴィニー将軍が、さらなる防備強化のために第3装甲師団の戦車の分散を決定したことで、反撃の機会は失われた。部隊の再配置は2100時に完了したが、これにより貴重な装甲師団の戦車は幅20kmの防衛線にばらまかれてしまったのである。

5月15日、水曜日

ドイツ第1戦車師団司令部では、師団の全部隊をもって西へ方向転換すべきか、あるいは南を向いた側面掩護部隊を残すべきかで、議論が分かれていた。グデーリアンはこのとき、第XIX軍団司令官の考えを伝える師団主席参謀のヴァルター・ヴェンク少佐の言葉を耳にした。「ケチケチせずに、ガツンと1発食らわせろ(Klotzen, nicht Kleckern)」 兵力を分散せずに全力をもって攻撃せよ、ということである。これで議論は決着した。第1戦車師団と第2戦車師団は、師団全部隊をもっての迅速な攻撃方向の転換と、アルデンヌ運河を越えて西方への進出を命じられた。ストンヌ周辺の高地の確保は、第10戦車師団と「グロス・ドイッチュラント」歩兵連隊に委ねられた。

この間、フランス第2軍の左翼では第1騎兵旅団と第3シパーヒー旅団が、クライスト集団の西方への突破を食い止めようとしていたが、兵力的には極めて頼りなかった。アルジェリア騎兵はラオルニュで交戦状態に入り、5月15日に第1戦車師団との10時間におよぶ激戦で兵力の3割を失った。旅団長オリヴィエ・マルク大佐は瀕死の重傷を負い捕虜となった。旅団の二人の連隊長、エマニュエル・ブルノール大佐とエドゥアル・ジョフロイ大佐は戦死した。夜を利用して、兵力が3分の1にまで減少していた第1騎兵旅団に、エーヌ川の南への撤退命令が出され、第3シパーヒー旅団と第5軽騎兵師団の残余もこれに倣った。ドイツ第XIX軍団は西進してフランス第9軍の右翼を圧迫し、東へ方向転換中の第53歩兵師団を叩いた。

進撃中の第XIX軍団の左側面の不安の種を取り除くため、いまだストンヌ近郊にあった第10戦車師団と「グロス・ドイッチュラント」歩兵連隊は、軍団麾下の部隊が追及してきて部署を交

5月14日の朝、第2軍は第7戦車大隊を投入して反撃に出たが、FCM36軽戦車はあまりにも非力で、数も少なすぎた結果、39両のうち29両が撃破されて反撃は失敗した。セダンの南方15km、シメリーの近郊の写真には、このうち3両の残骸が写っている。(下)戦後、フランスの多くの道路で街路樹が切られているので、D27号線の風景は当時とは大きく変わっている。

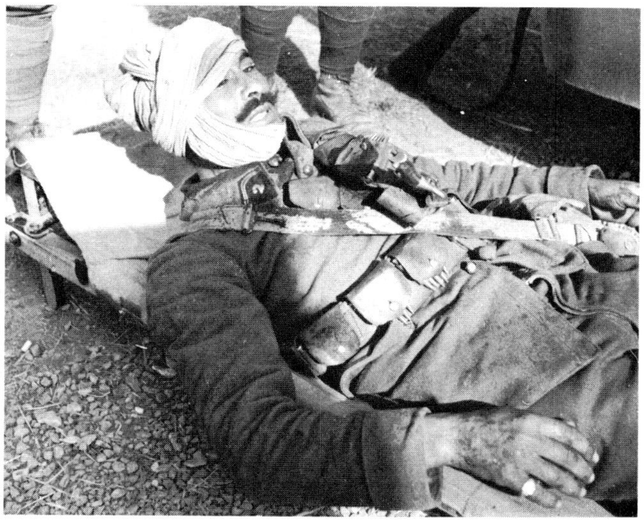

同日、第3シパーヒー旅団は第53歩兵師団の側面を固めるために、ムーズ川渡河点の15kmほど南にあるヴォンドゥレス地区に投入された。しかし北アフリカの戦士(シパーヒー)の装いがいかに精悍で、10時間もの激戦を戦い抜いたとしても、第1戦車師団に敵うはずもなく、ラ・オルニュの小村付近で兵力の3割を失って敗退した。写真の騎兵は戦闘で負傷したものの、捕虜にはならず南方で友軍に収容してもらえたのだから、幸運だったかも知れない。

セダン橋頭堡から南に向かう途中、フォレ=デランのメゾン・シュミット交差点で撮影されたオートバイ兵。地名は実質的に無意味なのだが、背後に道標が写っている戦場写真は、カメラマンに人気がある。しかし、まだ第一次世界大戦の記憶も生々しい1940年には、アメリカの派遣軍が担当していた地区での写真に需要が見込めたとしても不思議ではない。実際、この写真の場所は1918年11月の休戦時に米仏軍が保持していたムーズ=アルゴンヌ戦線に一致するのだ。

替するまで、第XIV軍団の指揮下に組み入れられた。

早朝のうちに「グロス・ドイッチュラント」歩兵連隊は攻撃を開始し、ストンヌを占領した。フランス軍は反撃に出て、戦車は幾度も村に突入してドイツ兵を駆逐したが、戦車が去ると村にはドイツ兵が舞い戻っていた。1000時、第51歩兵連隊第1中隊は断固たる反撃を行ない、ドイツ兵を一掃した。熾烈な阻止砲撃にもかかわらず日没まで村は確保されていた。しかし、フランス戦車が後退するやいなや、ドイツ軍が強襲をかけたため、村を追われたフランス兵は南東へ400m退がったところに塹壕線を敷いた。

この夜、イギリス先遣航空攻撃部隊のバトル爆撃機は、初の夜間爆撃を実施した。20機の爆撃機が発進して、2200時から0100時にかけて、ブイヨン、セダン、モンテルメの各地に点在する部隊集結地を爆撃するよう時間調整がなされた。結局、目標確認が困難で、戦果は取るに足らないものでしかなかったが、全機、無事に帰投することはできた。

5月16日、木曜日

早朝から、フランス軍はストンヌを砲撃し、0050時には第41戦車大隊のルノーB1bis戦車を装備する2個中隊を前面に押し立てての反撃が始まった。大隊長ミッシェル・マラグチ少佐は第45戦車大隊のオチキスH39戦車の1個中隊と第51歩兵連隊の2個歩兵中隊を率いて、自ら攻撃の先頭に立った。フランス軍はストンヌに突入し、村にあった第10戦車師団の戦車を撃破して、エリート部隊「グロス・ドイッチュラント」歩兵連隊を一掃した。"ユール"号に搭乗する第41戦車大隊第1中隊長ピエール・ビヨット大尉は状況をこう語る。

「私は村の中央を目がけて戦車を走らせました。南側から中央広場に入ったところで、村の北端からドイツ軍の戦車縦隊が接近してくるのが目に入ったのです。互いの距離はたった50m

1918年の敗北の記憶も、今回は色鮮やかに塗り替えられてゆく。交差点を射界におさめるべく、2cm高射機関砲Flak30の配置場所を調査中のドイツ工兵。操作員の一人が測距儀を使って遠くに見えるメゾン・シュミットの建物まで計測しているが、おそらくはカメラマンの要請に応えてのポーズだろう。

でした。そのとき、砲塔バイザーはすべて戦闘で壊れていたので、私は主砲用のバイザーから外を覗いていました。主砲の47mm砲が装填済みなのは承知していたので、照準を修正せずに即座に先頭のIV号戦車に射撃しました。後続の戦車は、規則正しく車間距離を取って200mの坂を上がってくるところで、後ろの戦車は前の戦車の陰に隠れていました。私の戦車は坂の上にいたので、ドイツ戦車を見下ろすように撃つことができました。射撃戦は激しく、あとで装甲板に140個の命中痕を数えたほどです。我々が10分間で縦隊先頭のドイツ戦車を次々に討ち取ったので、後衛のドイツ戦車が大慌てで逃げ出すのが見えました。我々は前進し、75mm砲で破壊した敵の対戦車砲の前へと出ました……」

ストンヌはフランス軍の手に戻ったが、以後、ドイツ軍の凄まじい砲爆撃にさらされた。

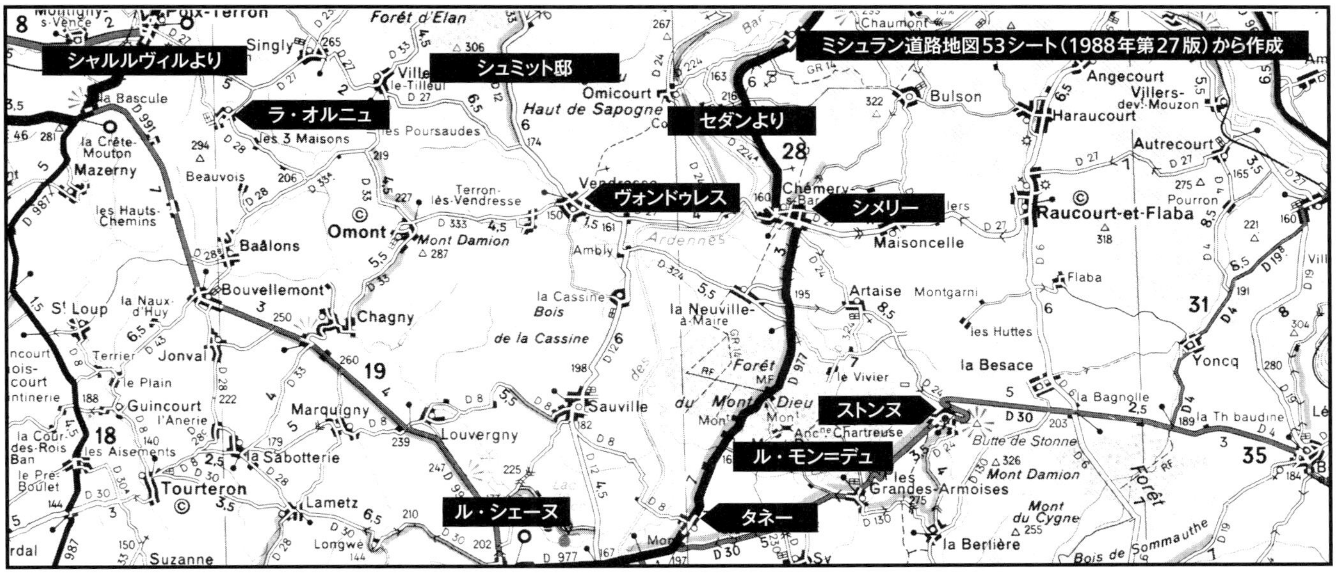

（最上）スツーカは容赦なく誤爆ももたらした。写真は5月14日にセダンの南15km、シメリーで爆撃された第1戦車師団の隊列。（10両しか製造されていない）珍しい88mm高射砲Flak18搭載12トン牽引車の残骸が、II号戦車とIII号戦車に並んで、左に確認できる。この誤爆によって、ヨハンネス・ハラック中尉、ハルトムート・フォン・フリッシェン少尉、ヨセフ・フォン・フェルステンベルク中尉らが戦死し、第2戦車連隊は大損害を被った。（下）今日のシメリーの様子。D977号線沿いに、北の方、D27号線との交差点を見る。

5月17日、金曜日

16日夜になって、第2歩兵師団（自動車化）が、第10戦車師団と「グロス・ドイッチュラント」歩兵連隊と交替し、ストンヌ地区を引き継いだ。夜が明けて、交替した2個部隊は西への進撃を再開し、一方の第2歩兵師団はその日一杯を総攻撃に費やした。夕刻になって、第49戦車大隊のルノーB1bis戦車3両が最後の反撃に出たところで戦闘は終了した。戦いはドイツ軍のやや優勢に終わり、ストンヌはドイツ軍の占領下となった。しかし、ドイツ軍の損害は大きく、フランス第3自動車化歩兵師団長ポール・ベルタン=ブッス将軍は、100名を越える捕虜を獲得したと報じた。これは西方戦役では滅多にないことであった。

5月18日、第49戦車大隊と第45戦車大隊の11両の戦車が、第51歩兵大隊とともに反撃を開始し、午後にはストンヌへと入った。ドイツ

軍の熾烈な砲撃が始まり、フランス軍は夕刻までに耐え切れずに後退し、村はまたしてもドイツ軍の支配下となった。新たにドイツ第VI軍団が3個歩兵師団を投入したことで、モン～デュー～ストンヌ地域の戦闘はフランス軍が撤退するまで続いた。5月24日の夜、第3自動車化歩兵師団と支援部隊に撤退命令が下り、同部隊は第35歩兵師団の用意した南の新防衛線へと後退した。

《作戦名：黄色》の第1段階が予定通りに進展したことを受けて、5月14日、ヒトラーは総統命令第11号を発表した。

「本日までの作戦の進行状況は、敵が我が作戦の根幹的意図を読み損なったことを示した。連合軍はナミュール～アントワープの線に強力な部隊の投入を継続し、A軍集団地区を軽視している観がある。この事実とA軍集団地区におけるムーズ川の迅速な渡河は、総統命令第10号に示した通り、エーヌ川北岸において、北西方向への投入可能な全力による一大打撃の発起条件を整えた。この一撃は、大勝利を我々にもたらすであろう。リエージュ～ナミュール線の北にある部隊は独力で攻撃を実施し、最大限多くの敵を欺き、同地に拘束しなければならない……。すべての機械化師団はA軍集団の作地区域に配属される」

連合軍の作戦計画が大きな過ちを犯している最初の徴は、5月14日、フランス政府が、「敵はリエージュからムーズ川に達し、ナミュールおよびセダンを目指していた。これらの都市では避難が始まった」と簡潔に声明を発表したことではっきりとした。新聞社は凶報の細部を報じようと取材に努めたが、肝心のフランス軍最高司令部自身、燎原の火のように広がる大災厄の到来に、ようやく気づき始めた段階であったのだ。

5月14日、それまで戦線のはるか後方で予備とされていたフランス第6軍は、何とかして戦線の綻びを繕おうとするフランス軍最高司令部

(上と最下)5月16日、反撃に出た第41戦車大隊のルノーB1bis戦車に撃破された2両のIV号戦車。

50年後の風景。ストンヌから東方に延びるD30号線。激しい戦車戦で村の建物は大半が失われたが、もっとも端に見える建物は当時のまま残っている。

ストンヌ攻防戦でフランス軍戦車部隊が見せた奮戦は、無敵とも思えるドイツ軍との抵抗を強いられた者にとって一筋の光明となった。しかし、この成功の影には第3装甲師団の犠牲があった。最終的に同師団が退却を強いられたとき、後には多数のルノーB1bis戦車が残されていた。（左）ストンヌで撃破された第49戦車大隊所属の"オーティヴィエ"号。（右）第41戦車大隊の"フロリー"号はタネーの近くで撃破された。牽引を試みたもののうまくいかず、車長のレミ・クライン少尉は廃棄するほかなかった。

の判断で、前線へ投入されることになった。しかし、ヴァンセンヌの最高司令部では、いまだにスイスを経由するドイツ軍の攻撃を恐れていた。第2軍と第9軍の境界をドイツ軍が大突破した事実が明らかになっても、フランス軍最高司令部はマジノ線からの大胆な撤退を決心できず、さらに東部フランスから要塞に数個師団を送り込む始末であった。予備から新たに投入された師団群と、ベルギーでのディール計画作戦から外された部隊を元手に、軍司令官のロベール・ツーション将軍には、第2軍と第9軍の中間の戦線を立て直す難題が与えられた。

そうこうしているうちに、フランス軍最高司令部は、西へ進むドイツ軍の左側面を脅かす位置にある無傷の第3軍を使って、綿密に計画された《作戦名：黄色》を突き崩すという千載一隅のチャンスを逸してしまった。第3軍は何の行動を起こすこともなく、戦局逆転の機会はフランス軍の手から滑り落ちていったのである。

当初、シャルル=マリー・コンデ将軍と幕僚は、ロンウィ地区でのドイツ軍の活動に悩まされていた。5月15日にはドイツ軍がムーズ川を目指

ストンヌには1940年5月の戦いの記憶を残すモニュメントがいくつもある。教会広場には第3自動車化歩兵師団のアンドレ・サリが戦死した時に操作していた47mm対戦車砲Me1937が置かれている。

（左）5月15日の戦いで、車長のイーヴ・ルオー少尉をはじめ乗員4名が戦死した、第49戦車大隊の"シノン"号撃破地点にあたる村はずれにも、記念碑が建立されている。（右）ストンヌの教会壁面に埋め込まれた飾り板は、第3自動車化歩兵師団、第3装甲師団を顕彰して取り付けられた。

していることは確実だったが、コンデ将軍は北へ攻撃に出てルクセンブルクおよび南ベルギーへと進み、A軍集団の側面を衝こうとする意志を見せなかったし、上層部からの命令もなかった。A軍集団の部隊は、コンデの第3軍の目の前、わずか数km先を進んでいたのにである。将軍は攻撃の代わりに、ムーズ川で発生した事態により脅かされている自軍の左翼を強化するために、部隊を西へシフトすることを選んだ。

憂鬱な報告が続々とパリへ届き、5月16日0700時を少し過ぎて、レイノー首相はイギリスのチャーチルに電話を入れた。フランス首相はやや興奮気味であり、イギリス首相にセダンでの反撃は失敗し、「パリへの道は敵に開かれており」、そして「敗北は決まった」と告げた。チャーチルは、その回想録に記しているところによれば、「先の大戦に始まる、集中運用された高速機動の重装甲部隊の強襲がもたらす、戦争の様相の大変革の凄まじさがわからなかった」し、また、わずか数日で勝敗が決してしまったという、驚愕すべき事態を受け入れられなかった。チャーチルは午後にはパリへ飛び、1730時にケドルセーのレイノー首相の執務室に到着した。ダラディエとガムランもその場に居合わせたが、いずれの顔も「悲しみと絶望に濃く彩られていた」

イズメイ将軍の得た印象では、「フランス軍最高司令部はすでに打ちのめされていた」のである。

ガムランがドイツ軍の突破状況と戦力を説明することから会議が始まった。しばらくの沈黙ののち、チャーチルが「戦略予備はどこにあるのか」と、自身のつたないフランス語で尋ねた。すでにフランス軍が「兵力に劣り、装備に劣り、作戦に劣っている」ことを説いていたガムラン将軍は、この問いかけに対して首を振り、「まったくない」と短く答えるのみだった。

橋頭堡から扇状に突破口を押し広げつつあるクライスト集団をさえぎる敵はもはやいなかった。戦車部隊は常に予測より西に進んでいて、フランス軍の防御線を置き去りにしていた。セダンの南西50kmにあるフェソーでは、第1戦車師団の急襲で、写真の2両のルノーUE歩兵軌道車が抵抗らしい抵抗もできずに鹵確されてしまった。

我々は戦車の足跡――いや、正しくは軌跡を追った。ルテルまであと15kmに迫るN51号線の1枚。

フェソーから西に7km、ノヴィヨン=ポルシアンのD985号線で遺棄されていたUE歩兵軌道車。多数の歩兵軌道車を鹵確したドイツ軍は、"UE630(f)歩兵牽引車"として重宝した。

5月16日——運命の火曜日、午後5時30分——イギリスのチャーチル首相率いる代表団は、ドイツの攻撃開始以来初となる、パリでのフランス首脳部との会合を持った。同席者の言葉を借りれば、「チャーチルは事態の成り行きを知ろうと激しく詰め寄ったが、レイノーやガムランをはじめとするフランス代表団は、事態をほとんど把握できていなかった」と伝えている。（上）時にひどい道路渋滞に苦しめられたものの、クライスト集団は目指すべき先を心得ていた。写真はノヴィヨン=ポルシアンの西2kmにあるメスモンでの様子。

第1装甲師団の最後の戦車のうちの1両、"ブルガリ"号も、5月16日にはベルグ=シュル=サンブルで遺棄された。

フランス第9軍の最期

5月15日の昼を少し廻った頃、同日朝のビヨット将軍の提案により、第7軍司令官アンリ・ジロー将軍は、1600時にアンドレ・コラップ将軍から第9軍の指揮を交替するよう命令を受けた。1時間後、コラップは第7軍へ向けて出発したが、その4日後にはムーズ川の敗北の張本人とされ更迭された。

ジローは時間を経るごとに悪化してゆく戦況を立て直すように命じられた。しかし、彼に与えられた第9軍の実態は、東をムーズ川、南をエーヌ川、北西をサンブル川により囲まれた三角地帯に残る、分散した雑多な部隊でしかなかった。かろうじて2ヵ所で東に面した抵抗線が形成されていたが、ドイツ第XV軍団の戦車はその間を突進していった。大きく広がる南側面には抵抗線がなく、クライスト集団は戦闘らしい戦闘も無く、西へとスピードを上げていた。

続々とドイツ軍が突破している最中、ドイツ第1戦車師団と第6戦車師団の先頭部隊が、モンコルネに姿を見せた。モンコルネは第9軍の司令部が置かれたヴルヴァンの南20kmの地点にあった。ジローは増援到着まで待つのを諦め、手持ちの全兵力による5月17日実施予定の反撃計画を即座に作成した。しかし、事態は彼の予想を越えて悪く、将軍が使用できたのは、反撃兵力として送られていた第2装甲師団だけであった。

5月13日、第2装甲師団は、第1軍司令部のあるシャルルロワを目指して、一部は鉄道輸送、他は道路移動により移動を開始した。しかし、

第9軍司令官のアンドレ・コラップ将軍の名は、同軍壊滅を象徴する代名詞にもなっている。彼は更迭され、アンリ・ジロー将軍が後任となった。

ランドルシーの12km南、オワジーにて、オワズ=サンブル運河の橋梁爆破に着手していたフランス軍であるが、破壊に成功したのは一本だけだった。写真は無傷のままドイツ軍の手に落ちた橋の1つ。"ブルガリ"号が撃破されたベルグ=シュル=サンブルは、ここから東にわずか1kmほどの場所である。

ドイツ軍の目が醒めるような突破成功により派遣計画は中止となり、師団は第9軍の配属となって、シニー・ラベイでの集結を命じられた。5月14日の午後、師団の第一陣が到着する間、師団長アルベール・ブリュシェ将軍は、ヴルヴァンの第9軍司令部に出頭した。ブリュシェはシニー・ラベイの混乱した状況下では、装甲1個師団を再集結させるのは不可能であると説き、代わりの集結地点をヴルヴァンの南に求めた。分散して互いの連絡を欠いていたものの、第2装甲師団は軍の背後に殺到しつつあるドイツ戦車に対抗し得る唯一の組織化された部隊であるため、この提案は不適切と受け取られた。要求は無視され、遅くとも5月17日には攻撃に出て、ドイツ軍を阻止するよう命じられた。しかし5月15日の夜になっても、師団は麾下部隊を掌握しきれず、戦闘部隊としての統一を失っていた。主力はヌーヴィオン、それ以外はまだエーヌ川のはるか南のイルゾンにあった。第2装甲師団の諸隊は各個にドイツ軍との衝突を開始し、短時間は食い止めたが、協調を欠いた作戦行動が災いして大損害を被ってしまった。第14戦車大隊長のマルセル・コルニク少佐はリルで戦死している。

5月16日、木曜日

ドイツ戦車の鮮やか過ぎる大突破は、返ってドイツ軍首脳部に脆弱な南側面に神経をとがらせる原因にもなった。5月16日の早朝、ルントシュテットの命令により、第2軍は全力をもって速やかに進出して南側面の安全を確保し、第4軍および第12軍は、続く進撃に備えるためにこれに追及するものとされた。

ベルギーでの大損害で戦力としての実体を失いかけていたフランス第1装甲師団は、第2装甲師団の移動を掩護するために、まず南のイル

(左) サン=カンタンに至るN30号線沿いに散在する焼け焦げた残骸が、第9軍の崩壊を物語っている。(上) マダメ自動車修理工場は今もメリス広場で営業していた。

ゾン、さらに下ってオアズ川にむけての攻撃を命じられた。第1装甲師団長のブルノー将軍は命令の遂行に躍起になったが、ラカペルを目指した数両の残存オチキス戦車は、ドイツ第6戦車師団の攻撃で、翌朝には撃破されてしまった。

オワズ＝サンブル運河にかかる小橋梁群を守るために、小戦隊に分割され広い地域に分散された第2装甲師団は、このとき、ほぼ全滅状態にあった。この部隊配置こそ、まさにフランス軍の戦車用兵ドクトリンの誤りを示す典型例だろう。橋の守備などは純粋に固定的な任務であり、機甲戦の2つの基本原則である、兵力の集中と機動運用に反するものであった。5月20日、急ぎ再編成された同師団の指揮を執ったジャン＝ポール・プーレ大佐は、このことに関して次のように述懐している。

「ソンム川からエーヌ川にかけての戦線では、橋の守備に一切の支援を与えずに戦車だけを置くという奇妙な判断が、将軍たちに為されたのです。そこでは、装甲師団は健全で明瞭な計画に基づいて集中運用されるのではなく、分散配置されてしまいました。これが、我々がドイツ軍と同数の戦車と装甲車を保有していたのに、その効果が、まったく何というか……違うものになってしまった原因なのです」

「橋ごとに戦車を小分けにして配置するという奇妙なアイディアに、多くの将軍が賛同した……」　ギーズの路上で動きを止めた2両のルノーB1bis戦車。

ウラガン号（最上）と、“ラピーダ”号（上）は第1中隊所属車両で、5月17日、敵の渡河を阻止しようとして撃破された。“ラピーダ”号は橋のたもとの土手で破壊されている。

5月17日～19日

第9軍の反撃計画は中止となった。第2装甲師団は集結できず、師団の戦力は、どこまでも広がる第9軍後方地域でドイツ戦車と交戦を繰り返すうちに、戦車がどんどん失われて崩壊した。ギーズ、ロンシャン、モワ＝ド＝レーヌと、劣勢を逆転するにしても、戦車は分散し過ぎていたが、それでもフランス戦車部隊の実力は、5月17日と18日、第1軽機械化師団の反撃支援のために、第2装甲師団の数両の戦車がワシニィから北へ出撃した際に示された。第1軽機械化師団は、第7軍から転用された師団群の1つで、ヴァランシエンヌから南へ進出する途中であった。フランス戦車はドイツ第7戦車師団の指揮官の後方の道路を制圧して、本隊との連絡を遮断した。そして状況を回復しようとするロンメルに対し、猛然と攻撃を加えたのである。“ミストラル”、“チュニジー”、“インドシーヌ”と名付けられた、第15戦車大隊の3両のルノーB1bis戦車は、数百両の敵車輛の存在が報告されたラ

このページの写真を入手した当初は撮影地点の手がかりがまったくなかった。しかし菓子店の扉に描かれた“Buridant”を手がかりにフランス電信電話総局のコンピュータ検索にあたったところ、ギーズのカミーユ・デムラン通りにたどり着いた。

第8戦車大隊のルノーB1bis戦車。ギーズ南西でN30号線の橋となっているオリニー=サント=ブノワットに投入された。(上)写真のB1bisは運河の東側、町の中心近くで撃破された。“トゥールーズ”号である。車両は「バポームの通りにて」とメモ書きされているだけで、ドイツ軍の宣伝に使われたが、実際のバポームはずっと北西にあり、写真とは無関係である。

ンドルシーへ出撃した。“インドシーヌ”はランドルシーにたどり着けなかったが、“ミストラル”と“チュニジー”は街へと入り、大混乱を巻き起こして、道路を埋めるドイツ軍の車両と装備をさんざんに破壊した。“チュニジー”は両脇に車両がびっしりと駐車していた路地に入り、左右に交互に発砲して火の海を生み、数ダースの車両を破壊した。

ル・カトー地区で全滅した第15戦車大隊第3中隊の戦車と同様、“インドシーヌ”はランドルシーから戻れなかった。“チュニジー”と“ミストラル”は無傷でワシニィへ帰還したが、5月18日にはルカトルで破壊された。第1軽機械化師団の反撃は何の結果も生まなかった。師団はオランダから急行する途中で分散状態になり、一部の戦車はルケスノイで貨車から下ろされていたことで、再編成は困難になっていた。ようやくのこと、師団は5月18日の晩に反撃に出たも

オワズ＝サンブル運河の橋梁防衛という絶望的な試みに、次々と戦車を小出しにした結果、第9軍は予備戦力を使い尽くしてしまい、5月20日時点では、第2装甲師団は書類上の存在となっていた。強力だったはずのルノー戦車は、ピカルディの豊かな平野に、文字通りばらまかれてしまったのである。“アクィターニア”号（左）、“マルティニグ”号（中央）はともに第15戦車大隊の車両で、エリュー＝ラ＝ヴィエヴィルで撮影された。第8戦車大隊の“ティフォー”号はギーズでの撮影。

のの、師団の2つの戦隊は強力な抵抗に遭遇して、撤退を強いられた。

5月18日の夜までに、第9軍はすべてを失いかけていた。南との連絡は絶たれ、後背はクライスト集団の戦車に蹂躙され、第XV軍団の突破によって北側とも遮断されかけていた。全方向からの攻撃にさらされたことで、指揮官から末端の兵士に至るまで、将兵は絶望に打ちのめされていた。どこに向かおうとも、もはや戦線は存在せず、ドイツ軍ははるか西へと進んでしまっていたのである。

第7軍から南へ転用された第9自動車化歩兵師団司令部は、5月18日にボーアンの近くで奇襲攻撃を受けた。損害が続出し、師団長のアンリ・ディドル将軍は負傷者を連れて逃走したが、翌朝には捕虜となった。

ジロー将軍はワシニィにあった司令部をルカトルに移した。しかし、将軍の小輸送隊は行く先々の十字路でドイツ装甲車に出くわしたので、結局、5月18日の遅くにはルカトルの近くで車両の放棄を強いられた。一行は夜間に徒歩で街へと入り、ドイツ兵と銃火を交えさえした。

5月19日、第9軍司令官アンリ・ジロー将軍が捕虜となった結果、第9軍は実質的に消滅した。写真には「西方の勝利」との名前が付けられて、ドイツ国内でプロパガンダ用に盛んに売り出された。しかし、撮影場所の明記がない。

（左）写真の第8戦車第隊所属、ルノーB1bis“グロリーユ”号は、運河橋を巡る戦いの最中、モワ＝デーヌ（サン＝カンタン南西）で撃破された。直撃弾によって炎上した同車では、3名の戦死者を出した。（右）調査の結果、“グロリーユ”号は橋のたもとで撃破されたことが判明した。

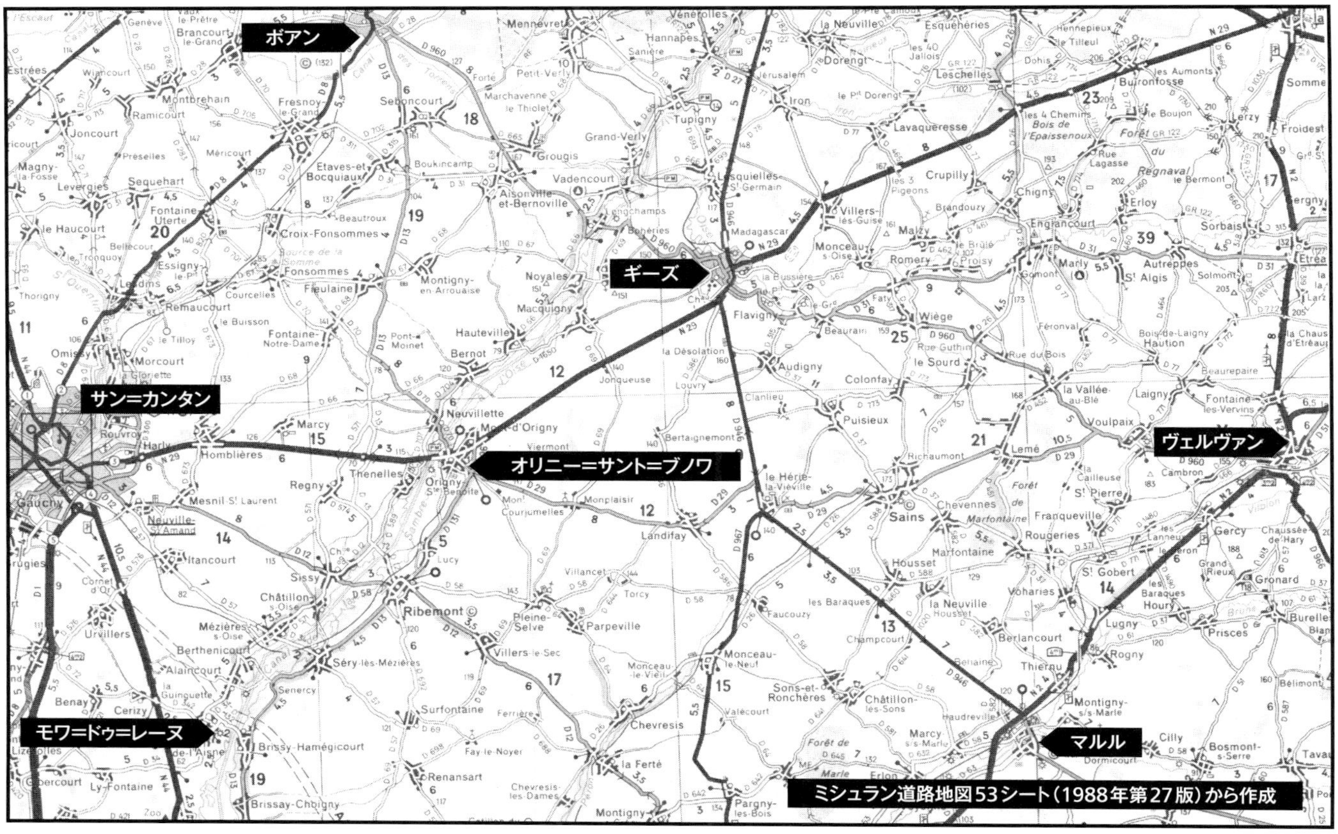

しかし、夜明けまでにばらばらになってしまい、ジロー将軍は道行くフランス軍の小戦隊に拾われた。将軍は野砲牽引車へと乗り込んだが、すぐに戦闘へと巻き込まれてしまった。部隊はドイツ戦車の先頭車両をどうにか葬ったが、さらに3両の戦車が姿を現したことで、農園へ逃げ込むしか無くなった。ドイツ第6戦車師団第11戦車連隊に属する、数両の戦車が農園を囲んだ。ドイツ歩兵が捜索し、第9軍司令官は囚われの身となった。翌日、第6戦車師団は誇らしげに、ジロー将軍と参謀長を含む50名の将校の名を記した、"高級将官"捕虜のリストを上級司令部に送った。

5月19日に明らかになったジロー将軍の投降は、第9軍の全滅を公式に示すことに他ならない。第9軍の一部はエーヌ川を渡って南へ逃れることに成功し、また別の部隊は北へ向かって第1軍に合流した。しかし、主力はクライスト集団に粉砕され、降伏を強いられた。5月20日の時点で、稼動戦車がルノーB1bis戦車10両とオチキスH39戦車12両にまで減少していた第2装甲師団も、事実上、戦力としての価値を失っていた。

第9軍の後方を突破したクライスト集団の前途を阻むものはなく、部隊は海峡を目指してしゃにむに前進した（第1戦車師団所属車両は、例外なく、クライスト集団を表す"K"の識別記号が描かれていた。写真のSdKfz.221は第4偵察大隊の車両である）。

「海峡を目指して!」(上)西に向かってばく進する第1戦車師団の装甲兵員輸送車両。(下)第XXXXI戦車軍団長、ゲオルク=ハンス・ラインハルト将軍。ギーズの西、エゾンヴィル近郊にて停止中を撮影。

大釜の一閃

フランス軍防衛線を食い破ったドイツ戦車部隊が、奔流のようにフランス第9軍の後方へとなだれ込んだために、退却中のフランス軍将兵は浮足立っていた。5月15日の晩、ヴァンセンヌの最高司令部では1件の報告がパニックを引き起こした。それはドイツ軍がルテルに達し、エーヌ川の渡河準備に入ったという内容であった。エーヌ川からパリ間での途上には、ドイツ軍を食い止める手立てが無いことを理解していたガムラン将軍は、ドイツ軍に裏をかかれたことを認めざるを得なかった。フランス国防省に居合わせた駐仏アメリカ大使ウィリアム・C・ブリットは、国防大臣エドゥアル・ダラディエがガムランからの敗北を知らせる電話報告を受け取った現場に居合わせ、一部始終を目にした。自分は「ラオンとパリの間に」使用し得る「歩兵軍団の1つすら持っていないのであります」というガムランの言葉を聞いたダラディエは、彼の悲観主義にすっかり打ちのめされ、叫びにも似た声を上げた。「それは、フランス軍が崩壊したということなのか?」 ガムランはこれにゆっく

コラップ将軍の第9軍が無力化している間に、フランス第6軍はエーヌ川——南に向かう道をさえぎる次の河川——に沿って、急ぎ防衛線構築に着手していた。橋は爆破されるか、地雷が置かれるかし、間に合わないときには障害物で応急処置された。

りと応えた。「そうであります……。我がフランス軍は崩壊しました」

5月16日の朝、トゥールへの政府の移転計画が作成された。一部の職員は不安に駆られ、外務省の中庭では機密文書の焼却処分が行なわれる場面も見られた。しかし、ドイツ兵が姿を見せなかったことで、間もなく落ち着きを取り戻した。パリ政府が心配していたとおり、ドイツ軍はルテルに到達していた。ガムランのもとには、ドイツ軍の主攻勢軸が西にあるドーヴァー海峡を目指しているとの、今となっては意味のない報告がもたらされていた。実際はルテルのドイツ軍は主攻側面を掩護する部隊であり、強固なフランス軍防衛線に対峙していた。この5日間というもの、ドイツ軍は川の北側にひろがる街の一部すら占領できずにいた。事態は沈静化し、移転計画も取りやめとなった。その晩、ラジオに出演したレイノー首相は、「馬鹿げた噂」の存在を非難し、「政府はパリにあり、これからもパリに止まり続ける」と表明した。

北へと追われた第9軍の残余部隊と、エーヌ川のパリ寄りにあって左翼をラオン近郊でエレット川に置こうとしている第6軍との間には、大きな間隙が形成されていた。パリへの接近路を塞ぐために、総司令部は第7軍を“新たに”創設することを決め、消滅した第9軍の残した穴にこの軍をはめ込んで、西はソンムまで守らせようと考えていた。新設軍はオベール・フレール将軍の指揮下に置かれ、5月17日、ガムランとジョルジュの両将軍は、ラ・フェルテ＝ス＝ジュアルのジョルジュ将軍の司令部に第7軍司令官を召還して、任務を説明した。5月15日付で第7軍司令官に転出され、オランダから南へと移動中であったコラップ将軍には、5月18日に解任が言い渡された。

今や、クライスト集団の南と西には新たなフ

恐るべき機械化部隊が海峡に向かって侵攻中も、ずっと東のフランス第2軍地区の前線は比較的安定していた。写真は5月20日、ストゥネ付近で作戦中の第6歩兵師団が保有していた、シュナイダー社製155mm野砲Mle1917である。

勝者と敗者。(左)戦車の集中運用に裏付けられた快速部隊を用いて電撃戦の立役者となった第XIX戦車軍団長ハインツ・グデーリアン(左側)と、第1戦車師団長フリードリヒ・キルヒナー将軍。(右)戦車の集中投入によって、前大戦とはまったく様相を異にした戦争の矢面に立たされた、連合軍粗相司令官のモーリス・ガムラン将軍。彼は5月18日付で解任された。

ランス軍の防衛線が敷かれ、第6軍と第7軍には、完全編成ではないにせよ、連日のように増援部隊が到着していた。防衛線は縦深が浅く、5月16日には、第6軍はわずか6個師団で約100kmの戦線を守る状態だった。しかも、西を目指して進むドイツ戦車部隊には何の影響も与えることがなかった。防衛線はエーヌ川の南側を守ろうとしているのであり、ドイツ戦車はその北側を進んでいるのだから。

フランス軍の移動はルフトヴァッフェの猛攻にさらされていた。5月13日以来、ドイツ空軍は攻撃を交通機関に集中しており、フランス北東部および当部の鉄道と街がその主目標であった。シャロン＝シュル＝マルヌ、イルゾン、エペルネ、ルテル、ヴジェール、トロワ、リューネヴィル、ヴィトリ＝ル＝フランソワのほか、ルフトヴァッフェは、第6軍と第7軍への兵力移動の阻止に力を注いでいたので、戦線のはるか後方からも被害報告が届き始めていた。フランス空軍はこれに対抗する術を持たなかった。フランス政府だけでなく、空軍のバーラット中将やゴート将軍といった在フランスのイギリス将官も、5月13日からひっきりなしにロンドンに戦闘機隊の増派を求めていた。この陳情は実を結び、午後に32機のハリケーン戦闘機の増派が決まり、在フランスの戦闘機隊に分配されることになった。

翌日、イギリス戦時内閣に対し、レイノー首相はさらに多くの部隊の派遣を迫った。「約束の数を上回る、4個戦闘飛行中隊の派遣に感謝いたします。しかしながら、戦争の趨勢に決定的影響を及ぼすこの一戦に勝利するためには、本日可能でありますならば、さらに10個戦闘飛行中隊を一時に送っていただくことが必要であります」 しかし、大陸へのさらなる戦闘機の派遣はイギリスの国防そのものを危うくするものであり、イギリス戦時内閣は、「当面の間、フランスへの戦闘機の派遣は行なわない」との決定を下した。しかし、5月16日の朝、フランスから戻ったバーラット中将の再度の要求に動かされ、戦時内閣は4個飛行中隊相当の部隊の緊急派遣を決定した。政府の部内調整が行なわれる間、チャーチルはフランスへと出発し、5月16日の遅くになって、約束の4個中隊に加えて6個中隊の増派を要求する電報を送ってよこした。チャーチルはさらに、フランスの飛行場にはイギリスの増派部隊に対応する能力がないことを

マルルを通過するN2号高速線は、パリに続いている。N46号線との交差点に設けられた、土嚢を積んだだけの機関銃陣地は、第1戦車師団によって鎧袖一触で撃破された。

ドイツ戦車兵と空軍高射砲部隊の軍医に伴われてマルル市街地を行く第102要塞歩兵師団の兵士。疲れ果てているのがわかる。同師団はモンテルメ周辺でムーズ川防衛にあたっていたが、5月15日の戦いで撃破された。残余部隊は急いで退却したものの、80kmほど西の地点で再びドイツの戦車部隊に蹂躙されてしまったのだ。

指摘し、ハリケーンの6個中隊をまずイングランド南部に集め、午前中に3個中隊、午後に残りの3個中隊を発進させるように提案していた。徹夜で調整作業はが行なわれ、5月17日の朝には全中隊が作戦準備を完了していた。

レイノー首相は5月15～16日の危機がもたらした不安から立ち直った。しかし、戦線北部での連合軍主力包囲が現実味を帯びていた。レイノーはすでに内閣改造とフランス軍最高司令官の交替を決意していた。5月18日に発表された新人事では、レイノーが国防大臣を兼務することになり、ガムラン将軍の擁護者であり、レイノーの前の首相であったエドゥアル・ダラディエは、国防大臣から外務大臣へと追いやられた。動揺している民心を安定させるため、かつてクレマンソーの右腕と呼ばれたジョルジュ・マンデルが植民地担当から内務大臣に抜擢された。また、マドリードのフランコ総統のもとに遣わされていた大使も、国務大臣兼副首相として招聘された。"ヴェルダンの英雄"フィリップ・ペタン元帥はこれに応え、御国に我が身を捧げるために帰国した。ガムランは解任され、先の大戦ではフォッシュの参謀長であったマキシム・ウェイガン将軍が、ルヴァンからパリに召還され、新しいフランス軍最高司令官に任命された。

ウェイガンは5月20日にヴァンセンヌのガムランを訪ね、指揮を引き継いだ。これによりガムランの名は、彼自身はその一部を担ったに過ぎないフランスの敗北を一身に背負う象徴となった。ヒトラーに対抗する上で、さまざまな弱点を抱えていた戦前のフランス政治システムの格好の生け贄となって、ガムランは司令部を去ったのである。

現在のN46号線との交差点の姿。

・海峡への突進

戦車部隊が予想を超える成功を収めすぎたせいで、A軍集団司令部は返って不安を募らせていた。マンシュタインの大胆な構想に承認を与えたヒトラー自身も、同じ不安に苛まれた。まもなく、戦車部隊の進撃を停止する命令が発せられ、5月15日の遅くには、命令の撤回を要求するグデーリアンが、司令官のフォン・クライストと激しい議論を戦わせることになった。結局、フォン・クライストは24時間の前進継続を承知したが、これには、続行する歩兵軍団の活動地域を確保するだけのものという条件がつけられた。

こうして5月16日も進撃は続けられた。クライスト集団司令部は、グデーリアンとラインハルトの部隊の間に進出境界線を設定していなかったので、グデーリアンは第6戦車師団長ヴェルナー・ケンプ少将と打ち合わせる必要が生じた。二人はモンコルネの広場で鉢合わせしたので、その場で、これ以後に街を通過する3個師団への道路の割り当てを決めた。グデーリアンは燃料の最後の一滴まで前進を続けろという、極めて簡潔な命令を出した。5月17日早朝、クライスト集団司令部からの即時停止命令と、グデーリアンに対する集団司令官への報告命令が届いたときには、戦車部隊はセル川のクレシィとオアズ川のリブモンにまで到達していた。グデーリアンは司令部に出頭したが、フォン・クライストは彼の部隊の功績を称える代わりに、命令不服従のかどで叱責の言葉を浴びせた。そこで、グデーリアンは辞任を申し出た。その日のうちに、A軍集団は第12軍司令官のリスト上級大将を事態収拾のために派遣し、グデーリアンは辞意は撤回させられた。

国防軍最高司令部は、南側面に対峙するフランス軍の作戦方針は明らかに攻撃ではなく防御にあるとの判断を下していた。これを受けて、ルントシュテットはクライストに対し、5月18日に、オアズ川に主力を前進させる一方で、"強力な先遣部隊"をカンブレーおよびサン＝カンタン地区に進撃させるよう命じた。ヒトラーは南側面に対する敵の反撃を憂慮しており、ハルダーの5月18日付の日記によれば、「総統は南側面に関して尋常ではない不安を示して」おり、ルントシュテットの司令部を訪れた際には、勝利を決定的にするものは「海峡への迅速な突進ではなく、ラオン地区のエーヌ川に早急に揺るぎない防衛線を確保することにある」と説いた。その傍らで、クライスト集団の進撃命令を了承したのだが。

5月18日、オアズ川の橋頭堡を発進した第2戦車師団は、午前9時にサン＝カンタンに到達した。その左側では、第1戦車師団がソンム川を渡りペロンヌへ向けて進撃していた。夕方には、クライスト集団の先遣部隊はドゥノール水道を見渡す海岸に達し、右翼では第XV軍団の第7戦車師団がカンブレーに進出した。翌日の軍団命令において、グデーリアンは将兵に対して、クライスト集団にさらなる進撃が許可されたと告げた。

突進するドイツ軍の南側面はさらに拡大を続け、これまで側面掩護に役立っていたエーヌ、セル、ソンムの各河川を守るのは、偵察部隊と工兵部隊だけであった。この開かれた南側面がはらむ危険は無視し得るものではなく、第1、第2戦車師団が海岸へ向けて前進する一方で、第10戦車師団が呼び寄せられ、側面掩護を任された。

北側面にも若干の心配があったので、第XV軍団は続行する歩兵師団群が追いつくまで足止めされた。ホートの2個戦車師団は5月19日を再編成と補給にあてたが、ロンメルはこれに我慢できず、行動を再開して夜のうちにアラス南東の高地を占領しようと焦った。ロンメルには軍団長のホートを説得する必要があったが、午後になってホートがロンメルの指揮所を訪れた

第1戦車師団はマルルの西10km、デルシーで一旦停止した。写真で確認できるのは、第73砲兵連隊の牽引車のほか、第1狙撃兵連隊の装甲兵員輸送車とオートバイ、そしてウェストファリア州のナンバープレート付きメルセデス170V乗用車である。

5月19日の午後、第XV装甲軍団長のヘルマン・ホート将軍（右）が、ロンメルの野戦指揮所に現れた。ロンメルの司令部と部隊は、夜間を厭わずいつでも出撃可能であり、まさに後に「砂漠の狐」として知られる男たちの面目躍如である。

5月17日の朝、ヒトラーはバストーニュに置かれたルントシュテット将軍のA軍集団司令部を訪ねるために、"岩の巣"を出た。120kmの移動中、沿道から沸き上がる歓声と称賛は、急に過ぎるクライストの進撃を不安視し、側面を速やかに強化しなければならない焦りに駆られていたヒトラーの気持ちを、いくぶん前向きにした。ルントシュテットは、敵軍の足並みが乱れている今こそ、主導権を手放してはならないと主張したので、ヒトラーはクライストの前進に伴い膨らみ続ける側面への危機感を押し隠して、遂に戦車集団の前進継続を認めたのである。

ことで、好機が到来した。軍団長は進撃を継続するには部隊の疲労が激しいと指摘したが、ロンメルは現在地に20時間以上も留まっているのだし、夜間攻撃は損害を減らすことになると反駁した。ホートは結論を留保したが、ロンメルは行動の準備に入った。

ギャレ通り3番地の司令部をあとにするヒトラー。

ヒトラーが胸中にいかなる不安を抱えていたとしても、神にも等しい指導者の存在は、兵士にとって何よりも誇りとなっていた。

突破口の拡大

1939年9月、要塞地区および防御地区が設定された1ヵ月後に、海峡の海岸からルクセンブルクの南にあるラ・クルスヌ要塞地区まで伸びるベルギー国境線沿いに、「新戦線」の設置が決まった。海岸からリス川までにはフランドル防御地区（1940年1月に要塞地区に改称）、続いてリス川からモールドまでのリール防御地区（1940年3月に要塞地区に改称）、モールドからワルニーまでの小堡塁1基とトーチカ14基、急造の防塞を多数備えたエスコー要塞地区、ワルニーからアヴスヌの東のエルプ川までのモブージュ要塞地区が続いた。さらに、"通過不能"のアルデンヌの背後にひろがるエルプ川からポンタバールまでの国境線を、アルデンヌ防御地区（1940年1月に第102要塞師団に改称）が支え、最後にモンメディ要塞地区が、ラ・クルスヌ要塞地区とヴローヌ近郊で境界を接していた。各要塞地区には小堡塁があったが、残る4つの防御地区には要塞は無く、わずかなトーチカと急造陣地があるにすぎなかった。

マジノ線延長部――いわゆる「新前線」は、1933年以前に建造された要塞よりもずっと貧弱な設備だった。銃眼に据えられた47mm対戦車砲。

ドイツ戦車部隊が突破口から続々と進撃を続ける間、歩兵師団群は、その両翼に展開すると、突破口の拡大を阻んでいる要塞地区の制圧にかかった。ドイツ第VII軍団は突破口の左側面を攻め、シェール渓谷を制するモンメディ要塞地区の要塞とトーチカ砲台の制圧を命じられていた。その北側の突破口右側面では、第VIII軍団がモブージュ要塞地区の攻略の任にあたった。

モンメディ要塞地区の最西部にあるラ・フェルテ要塞は、ヴィリーとフェルテの間にあるシェール渓谷を見下ろす丘の上に建っている。要塞のすぐ側でこの丘をかすめる街道と渓谷は、トーチカ砲台の75mm砲の射程内にある。西のトーチカ砲台はヴィリー方向に、東のトーチカ砲台はラ・フェルテに、それぞれ面していた。

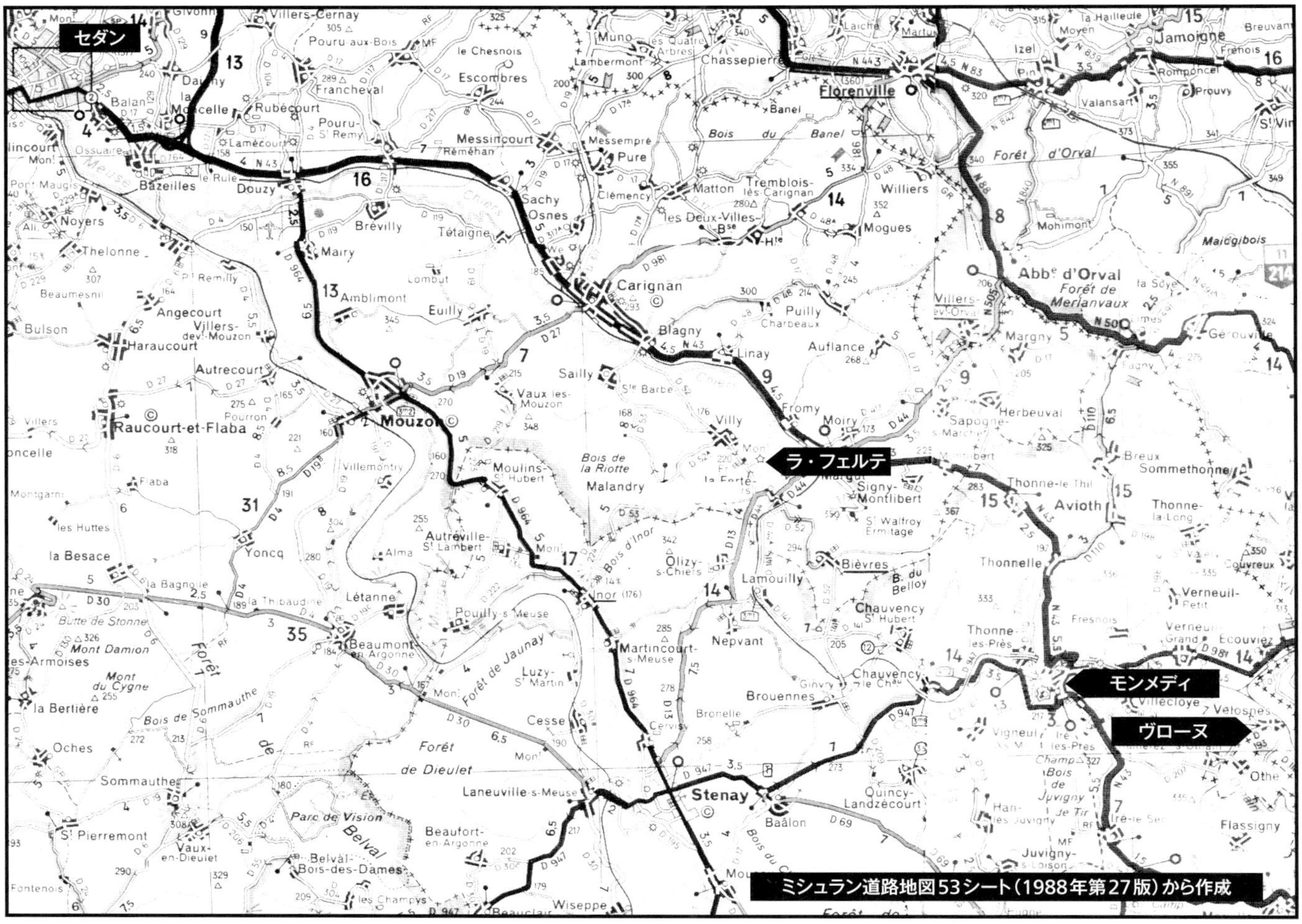

モンメディ要塞地区

モンメディ要塞地区は、国境地区の、セダンの西7kmのポンタバーから、モンメディの東6kmのヴェロスヌまでの守備を受け持っていた。要塞は、2個の大堡塁、2個の小堡塁、12基のトーチカ砲台で構成され、西のラ・フェルテから東のヴローヌの大堡塁まで広がっていた。同要塞が比較的に弱体であることは、とくに要塞地区の両側面、西のアルデンヌ防御地区と、東のマルヴィル地域には、わずかなトーチカ砲台しか設けられていないことで明らかであった。

ラ・フェルテ要塞には、2基の戦闘ブロックがあった。

ブロック1：47mmAT／レイベル併用JM胸壁1基、レイベルJM胸壁1基、GFM型キューポラ2基、AM型キューポラ2基。
ブロック2：AM型砲塔1基、GFM型キューポラ1基、AM型キューポラ1基、観測キューポラ1基。

要塞の近くには、2基のトーチカ砲台があり、尾根の両側の道路を制していた。西トーチカ砲台はヴィリの方向、東トーチカ砲台はラ・フェルテの方向に面していた。

要塞はモーリス・ブールギニョン中尉を中隊長とする、 第155要塞歩兵連隊第4中隊の将校3名、下士官兵101名が、また2基のトーチカ砲台には第169要塞砲兵連隊の将兵が守りについていた。

この防御地区の西端――ラ・フェルテ――は貧弱な防備しかなかった。2つの戦闘ブロックを繋ぐ回廊は、相互支援にも不適切で、退避路としても問題があった。ブロック間の相互支援は不可能で、トーチカ砲台に対してはさらに不適切な配置で、特に東トーチカ砲台とブロック2にはひどい死角が残されていた。さらに悪いことに、要塞内の指揮も一本化されていなかったのだ。

第171工兵大隊のアルフレート・ゲルマー中尉は、ラ・フェルテ要塞攻略部隊の指揮を執った。1940年5月26日、彼は騎士鉄十字章を授与されたが、1944年8月、ロシア戦線で戦死した。

1940年5月の時点で、モンメディ地区の左翼は第2軍第XVIII軍団の指揮下に置かれていた。5月14日、セダンでドイツ軍が突破したあと、シェール川を守っていた第3北アフリカ歩兵師団は撤退し、すぐにドイツ第71歩兵師団が要塞線の左翼に取り付いた。シェール川に臨む要塞の存在は、ドイツ第VII軍団の進出拡大を阻み、その側面への脅威となったので、除去する必要が生じた。第VII軍団砲兵が前進し、第71歩兵師団は攻撃を続行した。16日、ドイツ軍の圧力はさらに強まり、第23植民地歩兵連隊が守備するヴィリ村が戦闘の焦点となった。5月17日、2基のトーチカ砲台が撤退を命じられた。翌日、ヴィリ村に残る第23植民地歩兵連隊の残兵は一掃され、ラ・フェルテ要塞（ドイツ軍呼称は装甲施設第505号）は孤立した。

第VII軍団砲兵司令官は、軍団砲兵のほぼ全力を進出させていた（210mm榴弾砲の3個大隊、150mm榴弾砲の7個大隊、105mm榴弾砲の9個大隊、100mm榴弾砲の3個大隊、88mm高射砲1個中隊）。要塞を叩く砲撃は熾烈を極めた。88mm砲が銃塔や銃眼を直射する間、21cm砲をはじめとする大口径砲が鉄条網に通路を啓き、工兵が敵に気づかれずに要塞に忍び寄れるようにするため、大地に深い砲弾孔を穿ってい

ラ・フェルテ要塞の攻略を終えて、シェール渓谷を眺めながらしばしの休息を楽しむドイツ軍兵士。開口した状態で動かなくなったAM型砲塔は、要塞地帯を切り分けるように攻め上がるドイツ軍戦闘工兵の手でいとも簡単に爆破されてしまった。

た。ブロック2のAM型キューポラは311高地の敵兵を射撃する間に被弾したらしく、5月18日に射撃姿勢のままで故障し、要塞の火力が弱体化していた。近在のラシュノワ要塞の75mm砲塔は、数日にわたってラ・フェルテへの支援射撃を続け、要塞とその周囲を目がけて4000発以上の砲弾を放った。しかし、有効射程ぎりぎりでの砲撃であったために、砲弾は狙いどおりには着弾していなかった。

5月18日、要塞への圧力を軽減すべく、第41戦車大隊のルノーＢ1bis戦車数両の支援とともに、第6歩兵師団の2個大隊による反撃が実施されたが、これは失敗に終わった。“シャルンテ”号はドイツ軍の対戦車砲により撃破、“ムスカデー”号はドイツ戦車と誤認され味方により撃破、“ターン”号はシェール川に転落して全乗員が溺死。都合、戦車3両が失われるという悲惨な結末であった。

ドイツ歩兵はいまや要塞の背後に回り込み、2日前に砲兵が放棄したのち、若干の歩兵が守っていた西トーチカ砲台を占拠した。要塞攻撃用に編成されたゲルマー突撃隊は、ヴィリの端まで進出し、砲撃の止むのを待っていた。夕刻になって砲撃が終わると、部隊はシェール渓谷に予定時刻に下った。ゲルマー突撃隊の工兵はさっそくブロック2の攻撃を開始した。弾痕から弾痕へと飛び移りながら、堡塁上部へと取り付き、さっそく銃塔と砲塔の爆破作業を開始した。砲撃が再開された間に、工兵は補充の爆薬を受取り、夜に入ってからブロック1への攻撃

基部周辺から土が取り除かれた隠顕式砲塔が、ほぼ当時の姿のまま残っている。比較写真を撮影した1987年には、あたりに人影はなく、吹き付ける強い風と、揺れる鉄条網の音だけが鮮明に聞こえていた。分厚い鋼鉄製円蓋に残る跳弾痕がはっきりわかるが、写真では迷彩塗装が残っている様子までは見分けられないかも知れない。

ラ・フェルテ要塞地区ブロック2の側にできた砲弾孔で休息するドイツ軍兵士。5月18日、ゲルマー突撃隊の工兵は、砲塔やキューポラを爆薬で粉砕しながら、ブロック2に到達した。

この攻撃でAM型砲塔は傾き、守備兵は駆逐された。今日でも良好な保存状態を維持している、右側のGFM型砲塔内では、5月18日の攻撃で、3名の守備兵が戦死していた。

に着手した。4基のキューポラは次々と爆破され、最後の1基が爆破されたのは5月19日の払暁時であった。

5月18日0615時、ブロック2のGFM型キューポラが戦闘によって破壊され、3名が戦死した。しかし、砲撃の最終弾着と工兵の第1回目の爆破との間に時間的な開きがさほど無かったために、要塞守備兵は一連の爆発音を砲撃によるものと思い込み、配置を急がなかった。結果、ブロック2の全兵器が破壊されるという信じがたい事態に当惑し、守備兵たちはブロック1へと後退したが、そこも瞬く間に破壊されてしまった。理由は不明であるが、その後、守備兵全員は回廊へと退避し、来るはずの無い命令を待ち続けた。しかし、換気装置が戦闘で破損し、堡塁の火災で生じた煙と煤が回廊へと流れ込んだため、全員窒息して果てたのである。

6月8日、第16軍から埋葬部隊が派遣され、3日間にわたる作業で、いまだ有毒ガスの残る地下壕から戦死者が引き上げられた。損傷のひどい遺体は処置が施された上で、共同墓地に埋葬された(その多くは戦後に移葬されたが、要塞司令官モーリス・ブギニョン中尉を含む、行方不明者17名の遺体がブロック2の前で発見された

静けさをたたえた外見に興味をそそられたドイツ軍兵士も、内部を覗き込めば、そんな気持ちになったことを後悔しただろう。ゲルマー突撃隊が攻撃命令を待っている間に、窒息でもがきながら死んでいったフランス兵で埋め尽くされた要塞内は、地獄絵図の様相を呈していたからだ。敢えて内部に入る勇気のある兵士が撮影した。

(左)戦闘終了後、ブロック2の頂上から渓谷を見渡す。自然の営みは戦争の傷跡を覆い隠してしまうが、陥落したAM型砲塔やキューポラ群(左がAM型砲塔、右がGFM型砲塔)は、物も言わず、今日まで当時の姿を留めている(右)。

モーリス・ブギニョン中尉が指揮する第155要塞歩兵連隊第4中隊は、約100名ほどの兵員でラ・フェルテを守っていた。5月19日の攻撃で、中尉は部下とともに要塞内で戦死したが、彼の遺体はブロック2付近に1940年に設けられた共同墓地に埋葬されていたこともあり、1973年7月まで確認できないでいた。現在、彼は要塞戦の悲劇を伝える記念碑の向かい側、D52号線沿いの小さな墓地で、戦友たちと一緒に静かに眠っている。

のは、1973年のことであった)。

ドイツ軍はこのマジノ線の要塞攻略を積極的にプロパガンダに利用し、「マジノ線：防衛戦士の共同墓地」と題する宣伝ビラを散布し、ラ・フェルテの「戦友の遺体が千切れ、焼け爛れていた」惨状を描写してみせた。5月19日、ラ・フェルテ攻略を指揮した第171工兵大隊長アルフレート・ゲルマー中尉は、「強力な装甲施設第505号を奪取」と誇らしげにうたった陸軍広報にその名が記載され、5月26日には騎士鉄十字章を授与された。

要塞線からの総退却が命じられた時点で、孤立していたモンメディ地域の残る3要塞、ルシュノワ、トネーユ、ヴロスヌにも爆破処置が命じられ、6月13日と14日にフランス守備隊は要塞を放棄した。

モブージュ要塞地区

モブージュは数世紀にわたって要塞の町として知られていたが、この一帯は、1920年代のマジノ線の要塞システム構想には含まれていなかった。、1930年代半ばの「新戦線」構想においても、軍事予算の削減により要塞設置は大幅な規模縮小を迫られることになり、ヴァランシエンヌ～トレロン間で予定されていた5基の大堡塁および数基の小堡塁とトーチカ砲台の建設のうち、大堡塁の建設は一切取りやめとなった。もしも、大堡塁のうち、2基が建設されていれば、それは1940年のドイツ軍の突破路に立ちはだかり、カトルブラ要塞は第5戦車師団、ルパン要塞は第7戦車師団を阻止しただろう。

モブージュ要塞地区は、バヴェの東10kmのワルニーから、アヴスヌの東を流れるエルプ川までの国境線の守備に当たっていた。この延長50kmの戦線は、4基の小堡塁と20基のトーチカ砲台で守られ、小堡塁は西のル＝サールから

(上) ブロック2の正面に建てられた記念碑には、第71歩兵師団の古参兵が敵を讃えて作成した飾り板があるのを確認できる。(右) ラ・フェルテに設けられた鉄条網は、長い間放置されている。ドイツ軍の砲撃によって吹き飛ばされた渓谷の一帯も、風雪にさらされ、自然の姿を取り戻そうとしていた。

（上）5月23日、午前11時、フォート・ル=サールの陥落をもって、モブージュ要塞地区の戦闘は終結した。写真は戦闘終了直後のブロック1の様子。ブロックには2つのキューポラ（GFMタイプとAMタイプ）と、2つの銃眼付きトーチカ（47mm対戦車砲とライベルJM、ないしライベルJMのみ）があるが、写真にはそれぞれ1つずつ確認できる。（下）新たに植えられた木のおかげで、今日のル=サールは穏やかな空気に包まれている。N2号線から数百メートル離れているだけのトーチカ砲台の存在は見逃しようがないが、鋼鉄製の設備はすべて撤去されている。

東はブッソワまで置かれていた。

4基の小堡塁は1880年～1890年に造られた古い要塞の基礎上に建設された。モブージュの北、モンの道路脇にはル=サール要塞があり、東側のベルジリー堡塁は2基の戦闘ブロック、さらに東のラ・サルマーニュ堡塁も2基の戦闘ブロックを有していた。モブージュの東側には最強のブッソワ要塞があり、3基の戦闘ブロックを有していた。サンブル渓谷の守りは20基のトーチカ砲台のうち、7基で固められ、北岸の要塞に3基、南岸のモブージュの東側に4基が置かれた。珍しくも、4基のトーチカ砲台には最新の要塞設計を代表する、AM+Mo砲塔が採用されていた。

4要塞で最強のブッソワ要塞は3基の戦闘ブロックで構成された。

ブロック1：47mmAT／レイベルJM型キューポラ1基、レイベルJM型キューポラ1基、GFM型キューポラ1基、AM型キューポラ1基。
ブロック2：AM型砲塔1基、GFM型キューポラ1基、
ブロック3：47mmAT／レイベルJM型キューポラ1基、レイベルJM型キューポラ1基、AM+Mo砲塔1基、GFM型キューポラ x 2基。

1940年5月の時点で要塞は、モーリス・ベルタン大尉を長とする、第84要塞歩兵連隊の将校5名、下士官・兵195名が守りについていた。

他の3要塞の守備は第87要塞歩兵連隊が担当

（上と最下）5月21日、日曜日の朝、要塞の前にあるN2号線では、第28歩兵師団の兵士たちが、ラ＝バンリューの家屋を捜索していた。間もなく、1kmほど南のモブージュに拠っていたフランス軍守備隊は撃破される。

団との連絡のためにサンブル川南岸地区からの撤収を命じられた。

5月16日、ドイツ第7戦車師団の前衛部隊はシヴリ近郊でフランス国境を越え、第84要塞歩兵連隊の兵が守る弱体なトーチカ砲台防衛線を、いとも簡単に突破してしまった。夕刻には、サンブル南岸の状況は絶望的なものとなり、第84要塞歩兵連隊は北岸への撤退を命じられた。しかし、南岸のロック、マルペンノール、マルペンズートのトーチカ砲台を守るために、1個中隊だけは留め置かれることになった。

5月17日、金曜日

モブージュ地域でサンブル北岸にあった第101要塞歩兵師団の2個連隊は、さまざまな部隊により増強されていた。同地には、マリオージュ集団の第6モロッコ歩兵連隊の1個大隊、第39戦車大隊のルノーR35軽戦車小隊に加え、第5自動車化歩兵師団の一部と第26、第6戦車大隊のオチキスH39軽戦車とルノーR35軽戦車数両があった。一見すれば大規模な兵力のように思えるが、実際はそうではなかった。ディー

（左）モブージュの下町では残余の守備隊が次々と投降し、勝利したドイツ軍兵士はヴォーバン式堡塁のたもとで休息していた。（右）町の北端に位置するカシミア・フォルニエ通り（左）と、ヴォーバン通り（右）の交差点は、今日もほとんど変わっていない。

し、各々70～100名の守備隊があった。各要塞は、47mmAT／レイベルJM型キューポラ1基、レイベルJM型キューポラ1基、AM砲塔1基、GFM型キューポラ3基（ル＝サールは2基）、AM型キューポラ2基、LG型キューポラ1基（ル＝サールは無し）を備えていた。

1940年3月15日、モブージュ要塞地区は第101要塞歩兵師団に昇格した。5月10日のディール計画発動により、モブージュ地域にあった第V軍団の各部隊は第1軍とともにベルギーへと進み、サンブル地区の防衛は第101要塞歩兵師団の第84、第87要塞歩兵連隊に任された。第1軍の右翼にあって、軍団司令部は第5北アフリカ歩兵師団に対して、1個歩兵大隊、1個軽戦車中隊、1個オートバイ偵察団から成るマリオージュ集団（第6モロッコ歩兵連隊長ユジーヌ・マリオージュ中佐）の分遣を命じ、サンブル川の南で第9軍左翼の第II軍団との連携を試みた。第5自動車化歩兵師団との連絡は5月15日に完成し、マリオージュ集団はその日の午後、同師

石畳と路面電車がなくなってしまった今日のラ＝バンリュー。N2号線はブリュッセルとパリを南北に結び、途中でモンス（ベルギー）、モブージュ、ランを通過する。フォート・デ＝サールはこの村の北方6kmにある国境付近に点在していた。

（上）日曜日、モブージュの北門にあたる「モンス門」の前で休む第28歩兵師団の兵士。長い間、モブージュは「要塞の町」として知られ、1940年にも町の周囲は、いわゆるヴォーバン式堡塁に囲まれていた。（下）戦後の改修工事の際には、歴史的建造物の保護にあまり注意が払われず、壮麗な「パリ門」も撤去されてしまった。もっとも、町の北側にある「モンス門」は運良く生き残り、侵略者たちの背景と同じ建物が確認できる。

セバスチャン・ル・プレストル・デュ・ヴォーバンは、野戦に火砲を巧みに持ち込むことで、要塞防衛と攻囲戦、とりわけ要塞設計に革新をもたらしたフランスの軍人・技術者である。彼が活躍したのは17世紀後半、ルイXIV世が引き起こした諸戦争の時代だが、300年を経てもなお、彼の業績は役立っていた。戦後、急速に開発が進む中で、ヴォーバンが建造した要塞は次々と破壊されたが、写真のように往事の姿を留めている場所もあるのは、著者にとって幸運だった。（下）最初、同定は不可能かと思われたが、ヴォーバン広場の近くであることが判明した。

ル計画に基づく初動のベルギー進出の失敗により、将兵の疲労がひどく、弾薬、燃料、その他の補給品も欠乏していたからだ。

5月17日早朝、ビヨット将軍は、オランダからの急速撤退後にヴァランシエンヌで再編成中の第1軽機械化師団に対し、第9軍への配属と、突進するドイツ戦車部隊の背後を衝いて包囲撃滅する、南への決定的攻撃の実施を命じた。2つの戦闘団が組織され、その各々に2個戦車中隊、1個自動車化歩兵大隊、1個砲兵集団が与えられた。ボーシュスヌ集団はル・カトー、コーサン集団にはランドルシーへの前進が命じられた。しかし、ドイツ軍がル・ケノワに進出したばかりのフランス第XI軍団司令部を脅かしたために、軍団長ジュリアン・マルタン将軍はこれに怯えてしまい、第1軽機械化師団のソミュアS35戦車1個中隊に東進して、モブージュとランドルシーの中間にあるモーマル森林の東のサンブル川橋梁群を奪回するように命じた。フランス戦車は前進し、第4戦車連隊のソミュア戦車とドイツ第7戦車師団の歩兵、第5戦車師団の戦車との間で、ブアレモンで午後の数時間にわたって激戦が繰り広げられた。

5月18日、土曜日

モブージュでは、ルヴロワルの橋をはじめ、

ヴォーバン広場で撮影された写真だけならくつろいだ雰囲気しか感じられないが、町の北にある要塞ではまだ抵抗が続いていた。写真は南の郊外、ルヴロワルを抜けて北に向かう準備中の88mm高射砲Flak18だ。町を貫流するサンブル川の南岸にあったトーチカ砲台との交戦を終えた高射砲が、今度は北で続いている抵抗を排除しようという場面だ。

捕虜となったモブージュの守備隊は、一旦、町の南に集められた後で、ドイツ国内の捕虜収容所に送られた。写真にはフランス軍歩兵（大半は第43歩兵師団）と、マリオージュ集団の戦車兵が写っている。日曜日の朝、フェリエール通りにて撮影。

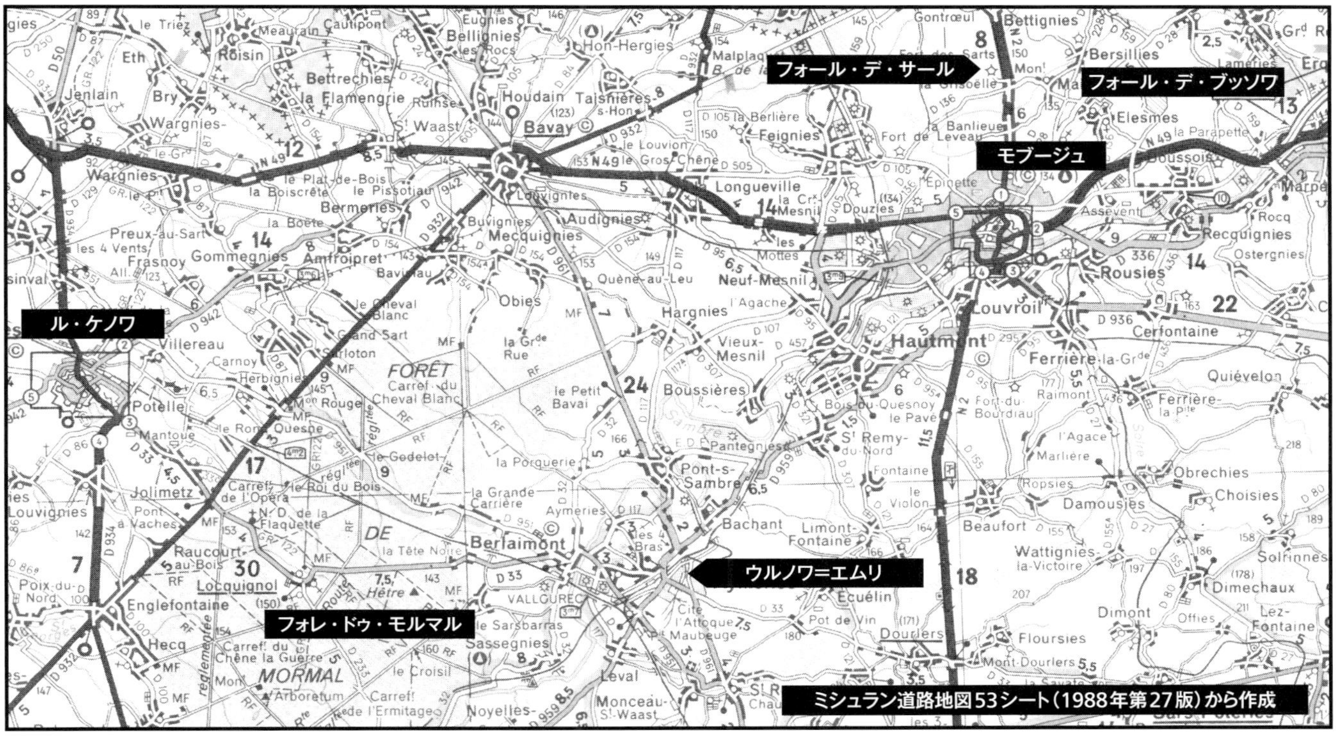

戦況が混沌としていたこともあり、第5自動車化歩兵師団第6モロッコ歩兵連隊長のウジェーヌ・マリオージュ中佐が、自分たちの連隊がモブージュ地区の焦点になっていることに気づいた時にはもはや手遅れだった。写真は中佐が捕虜となった直後のもので、ルヴロワルのドイツ軍指揮所に向かうため、フェリエール通りを丁重に連行されている場面。

（上と最下）ベルギーから戦車4両しか脱出させられなかった第26戦車大隊長ピエール・ボネ少佐はモブージュの防戦に参加した。12両のルノーR35の増援――第6戦車大隊から4両、第39戦車大隊から8両――を得た少佐は、5月21日の午後に撃退されるまでの3日間、ドイツ軍をサンブル川の南岸に釘付けにしていた。写真の6両のルノー戦車はブッソワのボンソー通りで鹵確された。

動物に対する感傷もむなしいだけ。斃れた母親の傍らで不安そうに鼻を鳴らす仔馬の様子に胸がしめつけられる。モブージュのヴァランシエンヌ通りが悲しみの現場。

(上)まだ要塞は陥落していない。トーチカやキューポラを直接叩くために砲兵が投入された。写真は第28歩兵師団第28砲兵連隊の兵士がル=サール要塞を背後から目視できるラ・グリゾエル交差点に10.5cm野砲leFH18を据え付けている場面。(下)今日の風景、1792年にこの地で戦死したジャン=バプティスト・グヴィヨンの記念碑がN2号線の反対側に見える。

いくつかの橋が健在であったため、第5戦車師団の先遣部隊は、夜間にサンブル川の北岸へと到達していた。夜が明けて、マリオージュ集団のオチキスH39軽戦車とルノーR35軽戦車は、終日、第31戦車連隊に反撃を加えたが、ドイツ軍の北岸橋頭堡の拡大は阻止できなかった。第VIII軍団の第28歩兵師団が地区を引継ぎ、夕刻にはドイツ戦車は西への進撃を再開した。第28歩兵師団は即座に要塞攻略に取り掛かり、南岸の4基のトーチカ砲台の周囲に陣地を占め、ブッソワへの砲撃を開始した。

その南のモーマル森林でも、ジョリムッツの西端で第1軽機械化師団のソミュアS35戦車と第5戦車師団のドイツ戦車との間で、戦闘が始まっていた。フランス歩兵は森の東端に取り付こうとしたが、守りを固めていたドイツ軍に手ひどく叩かれ、第27アルジェリア歩兵連隊の1個大隊が壊滅した。さらに南に下った地点では、コーサン集団の先鋒部隊が、ランドルシーへの道を啓くのに成功したが、午後になると、その西のル・ケノワ近郊で第5戦車師団の砲兵と対戦車砲を相手に短時間ながらも激しい遭遇戦が発生し、第4戦車連隊のオチキスH39軽戦車のほとんどが失われた。

5月19日、日曜日

急いでかき集めた部隊でモブージュ地域の守備を組織していたマリオージュ中佐は、第43歩兵師団が右翼となる町の北と西側に布陣するのを確認した。モブージュ北端とアスヴァンの戦

（左）ずっと東にあるガブリエル・ペリ通りの路上（とはいえ、まだブッソワ市内だが）にも、要塞を背後から砲撃するために10.5cm野砲leFH18が配置についた。防盾の左側の遠方にブロック1が確認できる。（右）leFH18（独陸軍の標準的な榴弾砲）の砲弾と装薬は分離式になっている。leFH18の射程は10kmほどで、約14.5kgの砲弾を発射できる。

闘は終日続き、ドイツ軍は要塞方向へとフランス軍を圧迫した。ブッソワでは、戦闘ブロックの背面を狙った、砲兵の直接照準射撃が始まっていた。サンブル南岸に孤立した4基のトーチカ砲台を指揮する第101中隊長イヴォン・カリウー大尉からの火力支援要請で、最終突撃に備えてトーチカ砲台へとにじり寄るドイツ兵を撃退するために、ブロック3の砲兵はトーチカ砲台周辺を射撃した。しかし、ドイツ軍はすぐに戦列を立て直したので、1700時に第101中隊は降伏した。ブッソワの第102中隊の将兵には、マルペン・トーチカ砲台からは、一人また一人と投降する戦友の姿が見えた。

モブージュの市街では、ドイツ兵が伏兵による突然の射撃に脅かされていた。ドイツ兵は敵が潜伏していそうな建物に手榴弾を投げ込み、モン通り、レスプラナード通り、ラグリスール広場の多くの建物が炎に包まれた。

モブージュ地域を第28歩兵師団に任せて、第5戦車師団は西へと押し進み、第84要塞歩兵連隊と第5モロッコ歩兵連隊がバリケードを築いて守りを固める、伝統的な城塞都市ル・ケノワ

これは約400mほどの距離での射撃。

（左）マジノ線攻略成功のプロパガンダ的価値は計り知れない。野砲から約20m背後に離れたジャン・ジャール交差点付近にある納屋の前で撮影機材を準備中の映画カメラマン。写真撮影者ともども空軍所属である。（右）著者ジャン・ポールも同じ場所を撮影して歴史を再現する。

ガブリエル・ペリ通りは再開発がかなり進んでいるが、右の古い建物が残っていたので、写真の三人のフランス兵が降伏した地点を確認できた。カメラマンが待ち望んでいた被写体だろう。

を包囲した。フランス軍とともに、オランダ、ベルギー、フランスの避難民が町へ閉じ込められていた。ビヨット将軍の企図した強力な反撃は、第1軽機械化師団が逐次投入で戦力を減らしていたために、失敗に終わった。同師団は後方に退き、モーマル森林の奪回は第5北アフリカ歩兵師団の任務となった。師団長のオーギュスト・アグリアニ将軍は、ブラルニーの第V軍団司令部に召喚され、ベルギーから後退する第1軍の退路を啓くために、同日夕刻までに森林を奪回するよう命じられた。アグリアニ将軍はこの作戦に麾下の第6モロッコ歩兵連隊と第24

（左）5月22日、午前11時、ブッソワは陥落した。捕虜が集められている間に、第28歩兵師団長のハンス・フォン・オブストフェルダー将軍は15名の兵士に鉄十字章を授与した。ブロック3の前で二人の兵士が授かったばかりの勲章を胸にして休息している。（右）キューポラの外を覆っていた鉄製の装具などがすべて剥がされていることもあり、コンクリート部の破壊がかなり進んでいる。下生えの撤去作業を手伝った著者の二人の息子ジョアンとミシェルが、兵士たちと同じ場所で一休みしていた。

チュニジア歩兵連隊を投入し、さらに第43歩兵師団第3モロッコ歩兵連隊の2個大隊も投入された。歩兵部隊の支援には、第2軽機械化師団の4個戦車中隊、第39戦車大隊のルノーR35軽戦車2個小隊（3個目の小隊はモブージュのマリオージュ中佐のもとにあった）が充てられた。反撃は計画どおり始まったが、出撃時刻に間に合ったのは支援の戦車部隊だけであった。歩兵の支援を欠いたことで、森林に進んだ戦車部隊は大きな損害を出した。

5月20日、月曜日

ここにいたって、モブージュ地区の防備状況は絶望的となった。ブッソワとラ・サルマーニュの両要塞は、アスヴァンとブッソワのサンブル川渡河点、南岸のレキニー、セルフォンターニュの街道に砲撃を続けていた。1100時、スツーカ急降下爆撃機がブッソワを爆撃し、要塞を土台から揺るがせたが、決定的な損害とはならなかった。スツーカが飛び去るや否や、要塞砲はドイツ砲兵相手に対砲兵射撃を再開したが、ドイツ軍はこの間に接近に成功していたので、要塞砲は俯角がとれず、一部の目標しか狙えなかった。2300時、マリオージュ中佐はブッソワ要塞の指揮官、モーリス・バルタン大尉にアスヴァン要塞が失われたことを報告した。ブッソワ守備隊は夜を徹して損傷部の修理に取りかかり、爆弾孔の埋め戻しや、ブロック1の大破した出入口とアンテナの修理にあたった。作業の騒音はドイツ砲兵を警戒させたようで、作業班が要塞内に戻った直後に、要塞は一斉射撃を受けた。

ずっと西のモルマル森林では、第5北アフリカ歩兵師団が夜間にようやく遅れを取り戻し、第29龍騎兵連隊と第39戦車大隊の支援を得て、ドイツ軍の強力な陣地線を攻撃した。森には、北側には第8歩兵師団、中央と東側に第4戦車師団、西側に第5戦車師団、南側に第20歩兵師団（自動車化）の前衛部隊があった。フランス軍の進撃は森の中で阻止され、一日中、激戦が繰り返された。両軍共に損害は大きく、第4戦車師団に付属するヘルマン・ゲーリング高射砲連隊第I大隊の88mm高射砲の攻撃で、フランス戦車は大きな損害を出した。

5月21日、火曜日

モルマル森林の戦闘にフランス軍は敗れ、疲弊した第5北アフリカ歩兵師団の残余部隊は、森林の南西端から包囲脱出を試みた。アングルフォンテーヌ近郊では、第24チュニジア歩兵連隊のモスレム（回教徒）兵たちが、ドイツ戦車と

ブロック3から這い出てきた約180名の守備兵はトーチカ砲台の前に武器を捨てていくように命令された。ドイツの砲撃はかなりの命中弾を出し、無線用のアンテナや47mm対戦車砲などを吹き飛ばした。右手にはJM式の銃眼が確認できる。

モブージュの戦いは終わり、フランス兵捕虜の隊列がドイツの捕虜収容所に向けて出発した。（上と最下）ベルギー国境から6km、D936号線上の集結地に到着した捕虜の一群。

（左）ルヴロワルにあるカフェ・デュ・ラ・バスクレの前を行く捕虜。カフェは現在も営業中。

（右）ダヴェスネー通りにある。

5月20日、第4戦車師団はモーマルの森を巡る戦いに突入した。（上）II号戦車の車体には師団の識別マークが確認できる。"216" の右の点描は、第36戦車連隊を表す（第35戦車連隊も同一師団）。（下）撮影地点は、D959号線上、ノイエルにあるペルペ川の橋の手前であることが判明した。同師団の戦闘団は森の南側を迂回したのである。

砲兵陣地に突撃して、手酷く叩かれ、第III大隊は文字どおりに最後の一兵までが地獄の劫火に倒れた。脱出に成功した者はごくわずかで、ほとんどが戦死するか捕虜となり、捕虜は8000名を数えた。第29龍騎兵連隊と第39戦車大隊はほぼすべての戦車を失ったが、ほとんどは燃料切れで遺棄されたものであった。午後にはル・ケノワの守備隊が、町を包囲する第5戦車師団長のパウル・ヴェルナー大佐に降伏した。

モブージュでも、フランス軍は圧倒されつつあり、マリオージュ中佐も捕虜となった。しかし、要塞は頑強に抵抗を続け、この日の朝、ブッソワ第3戦闘ブロックの守備兵は、捕虜を伴って要塞まで後退してきた第8歩兵連隊の疲れきった18名の兵士に、食料と補給品を与えた。

この小部隊は原隊へ復帰しようと出発したが、いくらも行かないうちに捕虜となってしまった。ブッソワ要塞への砲撃は早朝から始まったが、やがて弾着間隔が短くなり、3基のブロックすべてが砲撃にさらされた。弾幕射撃は終日続き、その間に、ドイツ軍第28工兵大隊と第83歩兵連隊の突撃部隊が、要塞の南側に布陣した。2020時、砲撃は忽然と止み、守備兵は次に来る敵の突撃に身構えた。2045時に攻撃が始まった。第83歩兵連隊を先導して、鉄条網に通路を啓こうと肉薄するドイツ工兵に、フランス兵はありとあらゆる兵器で射撃を加えた。フランス軍は勇戦奮闘した。守備兵の一人は、懸命に友軍を鼓舞していたラッパ手が、敵弾に倒れてもまだトランペットを口にあてがっていたと回想している。ラ・サルマーニュ要塞に対し要塞直上への砲兵支援射撃要請を意味する、赤色の信号弾がブッソワ要塞から上がった。奇しくも、このフランス軍の信号弾の色は、ドイツ突撃部隊が

5月18日、森林地帯において絶望的な戦いに身を投じた第1軽機械化師団は、第5戦車師団との交戦で大損害を受けた。写真の第18龍騎兵連隊のS35戦車は、森の南西、アングフォンテーヌで撃破された。

5月21日、森を巡る戦いの最終盤、「ヘルマン・ゲーリング高射砲連隊」の砲手は、狭い道で機動の余地がないフランス戦車を至近距離から狙い撃った。（上左）ジョリメッツの東側にある交差点に据えられた2cm高射機関砲が、この小径を縦射した。第39戦車大隊のR35戦車2両が命中弾を受けた。（右）勇敢な兵士が命を賭けて戦った痕跡はまったく残っていない。

事前に砲兵と打ち合わせていた、要塞からの撤退支援のための砲撃要請と同じ色であった。仏独両軍の砲弾の只中に置かれてしまっては、突撃部隊は後退せざるをえなかった。

夜になると、作業班は再び要塞の修理を開始した。北西およそ2キロのルピネットでは、守備隊が命令どおりに爆破処理作業をしてから、トーチカ砲台をあとにした。その2日後に、ルピネット守備隊は捕虜となった。

5月22日早朝、ドイツ砲兵が砲撃を開始すると、要塞の武装は順次破壊され、換気装置も使用できなくなった。0900時にはスツーカも破壊に加わったが、A軍集団の記録によれば、「下手な誘導」により友軍誤爆が生じ、多くの死傷者が出た。

スツーカの爆撃に続いて総攻撃が始まり、1015時にベルジリーが陥落した。ブッソワ要塞も風前の灯火となった。要塞内の空気は汚染され、兵器の大半は使用不能になっていた。これ以上の抵抗は不可能であり、1100時、ブロック3に白旗が掲げられた。地下から這い出たおよそ180名の守備兵は、砲爆撃で鋤き返された要

森の東、隣接するベルレモンで撃破された第1軽機械化師団のS35戦車。車体側面にジャンヌ=ダルクの部隊章が見えるので、第4戦車連隊であることがわかる。

アングフォンテーヌの町は森の西側に位置する。写真のキャプションに従えば「ヘルマン・ゲーリング」高射砲連隊の88mm高射砲Flak18は、第4戦車師団司令部の守備に着いていた」とのことだ。（右）高射砲が据えられていたのは村の交差点であり、敵戦車部隊からの攻撃が予想されるル・カトーに繋がるD932号線を射界に入れていた。D934号線——ランドルシー＝ル・ケノワ街道——に、フランス軍は道路障害物を応急設置したものの、ドイツ軍の妨げにはならなかった。

塞に、数百名のドイツ兵が群がっている様を見た。捕虜が整列させられている間に、第28歩兵師団長ハンス・フォン・オプストフェルダー将軍が幕僚を連れて到着し、廃虚のあちこちで威儀を正す兵士を前に、勝利を祝う簡単な演説をした。師団長はその場で15名の将兵に鉄十字章を授与したあと、フランス将校と話し、ベルタン大尉には彼の部下の勇気を称えた。

ル＝サールへの砲撃は終日続き、故障したAM型砲塔——修理は夜間に完了——のあるブロック1が集中的に狙われた。ラ・サルマーニュは2030時に包囲され、エロンフォンテーヌのトーチカ砲台は、すべての兵器を破壊したのちに、陣地を放棄するように命じられた。5月23日、ル＝サールへの砲撃が再開し、ブロック1の砲塔は永久に沈黙させられた。砲撃が終わると、歩兵の突撃が始まり、1100時に要塞は陥落した。

第28歩兵師団の二人の将校、第49歩兵連隊長ハンス・ヨルダン大佐、第28工兵大隊の一中隊長エルンスト・ランゲンシュトラーセ中佐（訳者註：原文ママ）の名が、5月25日付けの国防軍広報に記載され、「モブージュ近郊で発生した数日来の戦闘での、極めて冷静な戦闘指揮ぶり」が称揚された。6月5日、二人の将校には騎

本書を飾る写真を語る上で、決して欠かせない勇敢な戦場カメラマンの一人、ダイルマン氏の姿。5月21日、アングフォンテーヌにて第4戦車師団のII号戦車の上で仕事をしている彼を、仲間が撮影したもの。数日後、ハイルマン氏は同車で撮影中に重傷を負ってしまった。

国家や時代、土地に関係なく、侵攻軍を映したニュース映画ではおなじみのシーン。前進する兵器や兵士の隊列の脇を、どこまでも続く捕虜の隊列が反対方向に歩いて行くという構図だ。5月21日、火曜日の午後、アングフォンテーヌにてル・ケノワに続くD934号線を撮影。右手の道はバヴェに続くD932号線。

フランス軍の敗北を象徴する1枚。遺棄された155mm重砲G.P.F.T。……だが、場所はどこか？　道標には“Place de la Gare”すなわち駅前広場とあるが、フランスには同じ地名が数百か所はある。しかしレストランに掲げられた看板の文字が手がかりになりそうだ。フランス自慢の電信電話総局のサービスにパソコンを繋ぎ、検索した結果、ウルノワ=エムリに該当する店舗を発見した。ここはモーマルの森の東に位置する町であり、前線の動きとも一致する。すぐさま電話を入れて。確認をとった成果がこの比較写真だ。

1940年5月、降伏の景色。5月21日、ル・ケソワのクロワ通りに近い牧草地で数百名のフランス兵が武装解除された。転がるにまかせたヘルメットが非常に印象的だ。

（左）狂乱の1週間が終わり、落ち着きを取り戻した難民は、故郷を目指してのろのろと東に向かっている。（右）1940年にはヌーヴィルを指す道標があったが、現在はせいぜい農道と同じ扱いになっている。

士鉄十字章が授与された。

エトに小堡塁1基、旧要塞の構造物上にSTG型砲塔を新設したモールド要塞と、14基のトーチカ砲台を持つ、北方のエスコー要塞地区では、第54要塞歩兵連隊の守備兵が、ドイツ軍の攻撃を連日阻止していたが、5月26日に陥落した。5月の末には、モンメディ要塞地区から海岸にわたって築かれた、「新戦線」と呼ばれるマジノ線の延長部は消滅した。しかし、東では「旧戦線」への攻撃は無く、モンメディ要塞地区の西端となったルシュノワのトーチカ砲台からスイス国境に至るまで、マジノ線は泰然と横たわっていた。

ル・ケソワの西10kmほど、ロメリーの郊外1kmをかすめるN342号線(現在はD942号線)の路上に遺棄された第4戦車連隊(第1軽機械化師団)のオチキスH35戦車。

(上)上の写真を取ったカメラマンは道路脇にフランス戦車兵とドイツ軍歩兵が埋葬されている現場を発見した。(下)戦場に埋葬された遺体は、後になってすべて掘り出され、戦没者墓地に移されている。しかしながら、何らかの理由で墓標が抜かれたり、壊されてしまえば、戦死者の存在は「失われて」しまう。それでも、写真で場所が特定できる場合には、往時を偲ぶこともできる。著者の息子ジョアンは我が国の現代史の一側面に、今まさに触れているのだ。

3.7cm高射砲Flak36を搭載した高射自走砲（SdKfz.6 ／ 2）。この車両を操作していた第77高射砲大隊第１中隊の９名の兵士は、全員戦死した。おそらくは21日、ル・ケソワに近いルヴィニーで第１軽機械化師団の戦車と交戦中に破壊されたのだろう。乗員の墓地が背後に見える。

（左）戦死者は、とりあえず戦場に設けられた共同墓地に埋葬されたが、９名は後に掘り出されて、アッスヴァンの第一次大戦ドイツ軍戦没者墓地に仮埋葬された。（右）1956年にはブルドンに設けられたドイツ軍戦没者墓地のブロック28に移設され、個別に埋葬されている。ゲルハルト・ハンケ（558番墓地）、フランツ・ティッペルト（621番）、フランツ・シュテファン（615番）、フリードリヒ・ビュンティンク（645番——写真）、エリッヒ・ヒュスゲン（665番）、フランツ・ラストフカ（657番）、アントン・ナッケ（659番）、ロベルト・キュール（651番）である。九人目となるザポウスチェックは綴りが間違えているのだろうか、遂に発見できなかった。

トゥランはモンスとヴァランシエンヌの中間にある小村で、N22号線の北に位置していた。5月23日木曜日、ピエール・ピュクシネリ大佐が率いるフランス第158歩兵連隊は、この地域のドイツ軍小部隊を蹴散らすと、村に突入した。彼らは食料と弾薬不足に直面していたのだ。しかし、トゥランを奪取したフランス軍の動きにドイツ軍第269歩兵師団が対応を開始していた。フランス軍をこのままにしておくと、村の南西で作戦中の第469歩兵連隊が危険にさらされてしまう。ルドルフ・フォン・テューディ大佐は、先を急いでいた大隊を呼び戻して、トゥラン奪回を命じたのである。

トゥランの戦い

5月13日までエペルネー近郊で予備となっていた第43歩兵師団は、第1軍の指揮下に入ると、ドイツ軍のサンブル川渡河を防ぐために、モブージュ地区に展開した。5月17日に第5戦車師団の先鋒と交戦状態になったが、翌日には、第43歩兵師団は後退してバヴェ付近に新たな防衛線を構築するよう命じられた。しかし、同師団の中核となる第158歩兵連隊、第10戦車大隊、第12砲兵連隊は、モブージュ北方で抜き差しならない状況に陥っていた。第12砲兵連隊長シルヴァン・アンドレ大佐の指揮下で、彼らはマリオージュ集団の担当地区で懸命に抵抗を続けていたが、4日後の5月21日には状況は絶望的となり、北西方向に突破してヴェレンシエンヌ周辺の友軍と合流する以外に選択肢を失ってしま

前進中のドイツ兵。フランキエ通り（319ページの地図）の側にある平地である。建物はケルティモンのガソリンスタンド。

敵の攻撃が村の中心にまで迫る頃、フランス軍の弾薬は底を突きかけていた。

現在は新しい道がトゥランを迂回するように西に延びているので、1940年には小径同然だったカナディアン通りは、主要道の枝道となって村へのアクセスを助けている。

フランス軍最後の拠点を叩くべく、3.7cm対戦車砲Pak35／36が前進する。

良好な射点を求めて、ポール・パストゥール通りを砲兵が進む。

北からは第269偵察大隊が迫り、ロー通りに到達した。残念な事に、右に写っている壁は壊され、背後に見えるアルシェ通りも果樹園に変わっているので、比較写真の意義は薄い。

発砲した直後に、ポール・パストゥール通り沿いの家屋を捜索するドイツ兵の写真は、現在でも比較写真の素材として秀逸だ。

何度も使われてきた、胸が痛む写真。トゥラン中心部に向かい、大通りを慎重に進むドイツ兵。歩道に横たわるフランスの負傷兵の傍らを通過する刹那、一人は敵を気遣って振り返り、もう一人は狙撃兵を警戒していた。

有名な写真なので、何度も目にしていたにもかかわらず、撮影場所と時期はほとんど触れられていない。カメラマンは宣伝中隊のエーリヒ・ボーシェルト氏で、彼が1944年に出版した『決定的瞬間』という本で、連続写真の一部として収録されている。ボーシェルトのネガフィルムは、1945年にストラスブールに侵攻したフランス軍の手に渡っていて、現在はパリのECPで請求できる。

左の続き。後ろの兵士が負傷兵の側に残り、ヘルメットやオーバーコート、装備品を脱がせている。他の兵士は大広場に向かった。

ったのだ。マリオージュ集団と第156歩兵連隊の2個大隊は友軍との合流に失敗し、ドイツ軍に蹂躙されてしまうが、第10歩兵大隊と第12砲兵連隊、第158歩兵連隊第III大隊は、どうにかケヴィーに集結できた。

5月22日には、数台の馬車に補給と武器弾薬を積んだだけで、さらに北上しなければならなかった。この退却行では第158歩兵連隊の残余が先導し、第10歩兵大隊と第12砲兵連隊のほか、雑多な生き残りが後続した。その日の夕方、脱出部隊はドイツ軍占領下のブラルニーで激しい戦闘となり、どうにか村一帯に突破口を穿つことができたが、殿が敵に捕捉されてしまった。彼らは夜どおし抵抗を続けたが、5月23日には万策が尽きた。歩兵とともに戦っていたアンドレ大佐は戦死し、第10歩兵大隊のジャン・カリエ大尉も重傷を負ってしまう。突破を強いられた部隊の中では、第158歩兵連隊第III大隊と第10歩兵大隊の第3中隊だけが、翌朝、トゥランにたどり着いた。

トゥランの村はもぬけの殻だった。ありった

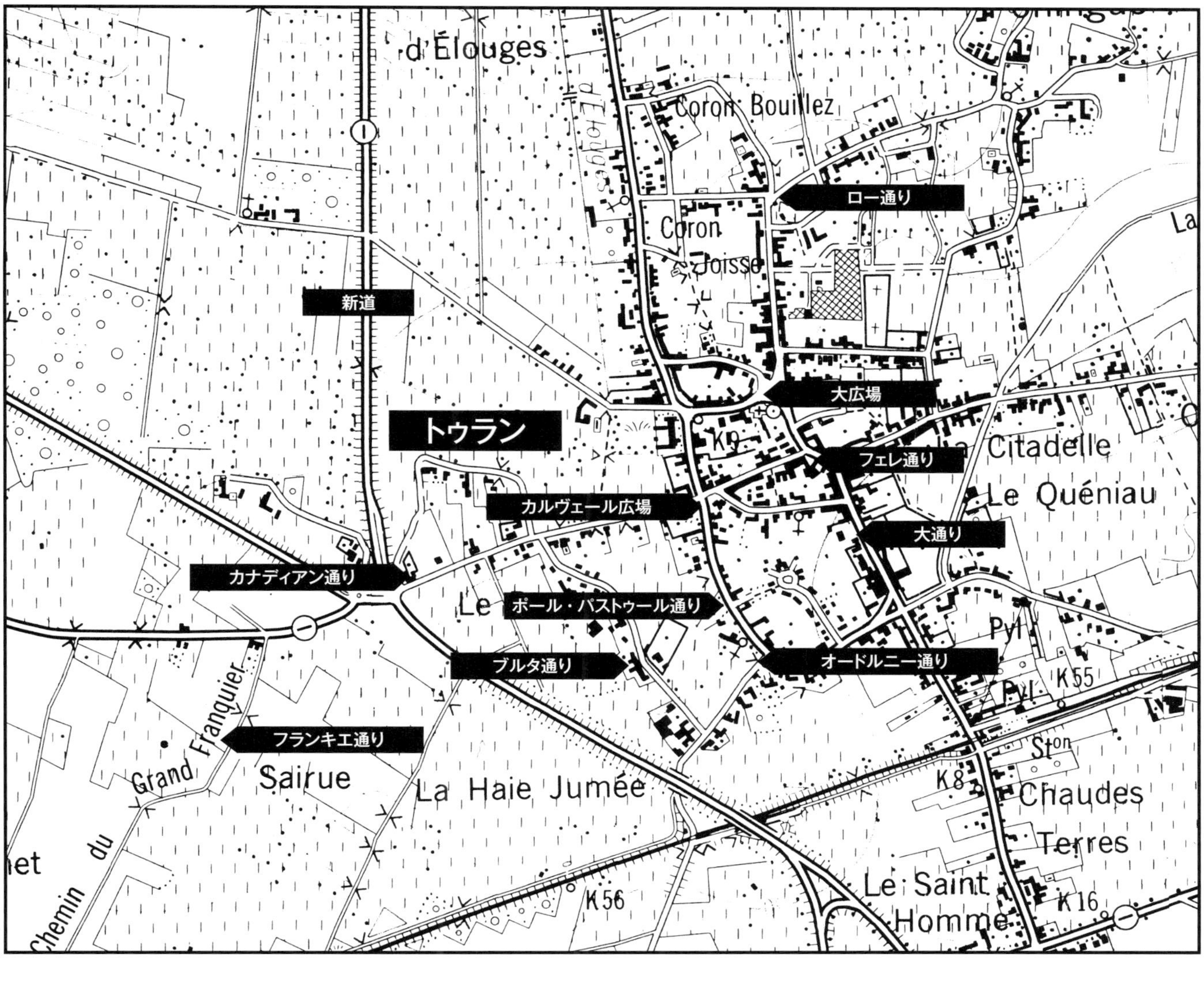

彼はトランペットを吹いた！　火曜日、トゥランのフェレーエ通りに見事なトランペットが鳴り響いた――これ以上の説明がないのだが、カメラマンにとってはどんな価値がある写真なのだろう？　ボーシェルトはこの無名のトランペット手である伍長の姿を大量に撮影し、3週間後の〈ベルリン写真ニュース〉にはストーリー解説と一緒に掲載されている（翌年には彼の個人出版物にも転載）。そこには、この凄腕のトランペット兵が、フランス軍の音色をそっくりまねて吹いたので、勘違いして鼓舞されたフランス兵が隠れ家から飛び出してきたところを一網打尽にしたとある。ユニークな話だが、当然、創作に過ぎない。背後の兵士たちは関心がないようだし、出版向けにあらかじめ筋立てが考えられていて、演出に沿って多数の写真が撮られたというのが真相だろう。

Berliner Illustrirte Zeitung

„Dorf Ch... ist zu nehmen!"

Berliner Illustrirte Zeitung

Der Dorfeingang ist erreicht

Im Innern des Dorfes

トゥランの戦いの物語は、6月13日発行のベルリン写真ニュースに大々的に掲載された。我々は戦場での出来事を知っているが、巧みに写真を配置した見事なプロパガンダとなっている。防諜への配慮から舞台となった村の名前は伏せられ、「――の村を奪取せよ！」と、いかにも思わせぶりなタイトルが付けられている。だが、5月23日の時点で、すでに信じがたい突破を果たしていたドイツ軍を表現するのに、誇張しすぎということもないだろう。「オランダを蹂躙し、ベルギーの8割を支配した。フランス軍はパリに向かってまるで雪崩を打つように潰走し、仏英両軍の百万の精鋭部隊は包囲の罠に掛かって、海峡に押し込まれてしまったようだ」と、アメリカの有名な歴史家、ウィリアム・シャイラーは、5月24日の日記に書き残していた。

トゥランでの散発的戦闘は、北西ヨーロッパを舞台とした大戦役全般の中でさほど大きな意味を持ってはいない。しかし、ボーシェルトが撮影した写真は、量が豊富で、内容も素晴らしいので、戦闘の規模とは不釣り合いなほど本書で大きなスペースを与えるのに心理的な抵抗はなかった。幸運なことに、トゥランは当時からあまり姿が変わっていないので、ジャン・ボールの仕事にも役立った。捕虜の一群が通過しているのは、ポール・パストゥール通りとオードルニー通りの交差点である。角の家屋は、1940年には71番地だったが、現在は3番地に変わっている。

カルヴェール通りに広がるおぞましい光景。犠牲になった哀れな馬の向こうに見えるのは、ヴィクトール・デルボルト通り。

ブルタ通りを行軍する別の隊列。トゥラン周辺の戦闘ではフランス兵約300名が捕虜になった。

負傷した戦友を担いでカルヴェール広場を渡る。広場の過度には防盾と架尾が破損したオチキス製25mm対戦車砲が遺棄されている。

けの荷物を抱えて西に向かおうとする難民で溢れかえっていたた村の南の道路を、ルフトヴァッフェは5月15日から17日にかけて容赦なく機銃掃射していた。おそらく難民は無敵を信じて疑わないマジノ線背後の安全地帯に逃げ込もうとしていたのだろう。トゥランの住民もフランス中心へ向かう難民に加わっていたのだ。戦闘で打ちのめされた部隊を含むフランス軍が、村の側を撤退して行く姿が見える。郷土防衛隊がフランドル地方への撤退命令を受けると、迫り来るドイツ軍から逃れようとした地域住民の間に、瞬く間にパニックが広がった。5月19日には最後のフランス軍と避難民の一団が、アンジーに向かっている。このようなことが起こり、トゥランの住民は一割も残っていない有様になっていたのだ。

翌日早朝、最初のドイツ兵がトゥランに姿を現した。第269歩兵師団のオートバイ兵で、エルージュへの道を尋ねるために、トゥランに寄ったのだ。午後には歩兵の大部隊が到着すると、住民が立ち去った家屋のうち見た目のいいものから接収し、司令部は役場を使用した。

5月23日の朝、トゥランの南、サン＝オム交差点を警戒していた第269偵察大隊の歩哨6、7名は、エルージュ方面から近づいてくる敵オートバイ兵の姿に驚かされた。オートバイ兵に策略があると思い込んでしまったのか、とっさの判断を迫られたドイツ兵は、即座に両手を挙げて降伏してしまった。その数分後、近くの家の2階から短機関銃の発射音が聞こえてきた。捕虜となったドイツ兵はとっさに身を伏せ、ジュール・レヴレス大尉とリシャール・クルー伍長の二人のフランス兵も近くの溝に転がり込んだ。オートバイは穴だらけになり、壊れた燃料タンクが炎を吹き出していた。この騒ぎが第158歩兵連隊のピエール・ピュクシネリ大佐の

右に向きを変えると、村の中心に向かう別の捕虜の一団が小径を歩いていた。

トゥランでは10名の士官が捕虜となった。地図ケースと拳銃を携えた一人の士官が見える。捕虜の集合場所に指定された大広場に連行される場面。

注意を引いた。偵察に出した2名の兵士に何らかの異変が起こったと察したピュクシネリ大佐は、すぐさま部隊を投入してサン=オム周辺を制圧し、一帯のドイツ兵を捕虜としたのである。

トゥランで食料と武器弾薬を補給できると期待したピュクシネリ大佐は、即座に攻撃計画を立てて、連隊の残余を村の占領に投入した。道路は容易に占領できた。ドイツ軍は、この道路に沿って北600mほどを併走する鉄道に守備の重点を置いていたからだ。突破に成功したフランス軍主力は、駅舎と線路に到達し、右翼部隊もカニューの村落に至る開墾地を攻撃して、銃

守備兵は彼からまず7.65mm "Ruby" セミオートマチック拳銃を取り上げた。ブローニング1903をコピーしたスペイン製の拳銃で、第一次世界大戦のフランス軍が採用していた。

剣突撃をともなう激戦の末に占領した。左翼では大広場とカルヴェール通りを目標に、トゥランの大通り沿いに攻撃を仕掛けた。

0615時、バヴェを出て北上した強力なフランス軍がトゥランを攻撃中との報告が、第269偵察大隊から第269歩兵師団司令部に届いた。第469歩兵連隊が村の南西で戦闘状態に入ったのだ。0630時、師団砲兵がトゥランを砲撃した。第269偵察大隊はトゥランの北を流れる運河の線まで退却を強いられ、村が敵の手に落ちたことが明らかになった。これを受けて第469歩兵連隊長ルドルフ・フォン・テューディ大佐は、

5月23日、トゥランで戦死した第158歩兵連隊の14名の兵士のうち、4名はナミュールの北西25km、シャストル〜ヴィルルー間に設けられたフランス軍戦没者墓地のB地区に埋葬された。ポール・レベル（89番墓地）、アンリ・ミショー（90番）、ギヨーム・ギュプネ（91番）、リシャール・シュミット（92番）で、ともに並んで眠っている。

第I大隊に村の奪回を命じている。

こうなるとフランス軍には分が悪い。モントロワユ、キヴェ方面から第469連隊第I大隊が来襲し、第490歩兵連隊の基幹部隊も背後から攻撃を開始した。ヴィレ=ポンメラウユからは第59砲兵連隊第III大隊がトゥランを包囲しようと迫って来た。フランス軍は不退転の決意で戦ったが、ドイツ軍の増援が次々に到着するにともない、数で圧倒されてしまった。サン＝オム付近で負傷したピュクシネリ大佐も捕虜となった。

トゥランの北側、サルドン付近で最後まで抵抗を続けていた部隊も、小銃、迫撃砲の弾薬を使い果たしてしまい、1000時までには降伏以外打つ手が無くなっていた。ただし、全員が捕虜になることに同意したわけではなく、クレバー・レベル二等兵は手近にあったオートバイに飛び乗ると、あらん限りの叫びを上げながら敵陣に飛び込み、機関銃掃射で打ち倒された。

ドイツ兵捕虜は解放され、今度はフランス兵

トゥランでは、かつてのカルヴェール広場をフランス広場に改称するとともに、フランス軍戦没者を顕彰して、住民の手で記念碑が建立されている。

この地で斃れたドイツ兵の墓地を、ロンメルにあるドイツ兵戦没者墓地で発見した。アルトゥール・シェーレンベルク二等兵（ブロック61-270番）、クリステル・レンネベック上等兵（56-547番）、ハインリヒ・ヴィントホルスト上等兵（56-548番）である。

がカルヴェール通りに整列させられた。1050時、第269歩兵師団はトゥラン奪還を確認し、午後のうちに士官10名、兵士300名の捕虜がポンメラウユに移送された。

この日、トゥランの戦闘における犠牲者の数は正確には掴めないが、フランス兵14名、ドイツ兵12名がこの村に埋葬されている。また第269歩兵師団の戦闘報告では、5月23日、トゥランの戦いで第490歩兵連隊のハインゾーン少尉、第269偵察大隊のシュタインホフ少尉の士官2名の戦死が報告されている。

また戦いの最中に捕虜となっていたドイツ兵によると、友軍砲火によって2名が戦死したとのことだ。捕虜を適切な保護下に置かなかったことで、ドイツ軍はフランス第158歩兵連隊のレヴェス大尉を軍事裁判により死刑に処したが、後日、懲役15年に減刑されている。

戦いが終わると、エーリヒ・ボーシェルトは軍に帯同して西に向かった。4kmほどの距離にあるフランス～ベルギー国境のアンジーのヴィレ通りで、彼は寝こけているドイツ兵を撮影した。自転車を使った電撃戦は重労働なのだ!

(左)それから北に向かったボーシェルトは、ボムルエルとアンジーを結ぶ運河橋を渡ろうとする第570戦車猟兵大隊に遭遇した。写真は4.7cm対戦車砲Pak(t)をI号戦車の車体に搭載した対戦車自走砲である。(右)あっけなく発見できてしまい拍子抜けだが、運河の一部は使用停止となってE10自動車道で埋め立てられ、旧道は拡幅工事されてアインヌ橋も建て替えられた。右側の家は当時のまま残っている(315ページの地図参照)。

フランス第4装甲師団：南からの脅威

5月11日に編成途上の第4装甲師団の指揮権を与えられたシャルル・ド・ゴール大佐は、5月15日早朝、ジョルジュ将軍の司令部に召喚され、第6軍への部隊配属を告げられた。命令は、第4装甲師団をもってラン地区に展開、ドイツ戦車師団の進撃を阻止し、トゥション将軍が新たな戦線を築くまでの時間を稼ぐというものであった。ド・ゴールは迅速にランに進出すると、ブリュイエールに指揮所を設けた。部隊の到着を待つ間に周辺を視察し、同地にあるフランス軍が脆弱で、陣地が離れすぎていることに気づいた。師団は単独で戦うことになる。部隊の到着時期の見当も付かなかったし、たとえ計画どおりに到着しても、それは訓練不十分の雑多な部隊を寄せ集めただけの、装甲師団の名には程遠いものでしかないことを、ド・ゴールは自覚していた。

師団の第一陣は5月16日に到着した。それはヴェルサイユからの第345戦車中隊で、朝方にソワソンとクルイで列車から降車してきた部隊だった。夕方には第24戦車大隊と第46戦車大隊、第2戦車大隊の1個中隊が到着した。手元に集まった兵力は少なかったが、ドイツ戦車がフランス陣地を脅かす位置まで進出していたので、翌朝には攻撃を実施しなければならなかった。5月17日の反撃にド・ゴールが投入できるのは、88両の戦車に加えて、目下前進中の2個戦車大隊である。しかし、第44戦車大隊と第47戦車大隊は、攻撃発起時間までに到着できず、あてにしていた4個戦車中隊と砲兵部隊、2個騎兵連隊、1個支援歩兵連隊のいずれも間に合わなかった。かろうじて到着した第4猟兵大隊は、輸送列車からそのまま戦場へ投入された。第46

第4装甲師団の部隊訓練は1940年春に始まった。第19戦車大隊のルノーD2戦車（最上）と、第24戦車大隊のR35戦車（上）。第4装甲師団は1940年5月に、シャルル・ド・ゴール大佐のもとで編成された。（右）おそらく彼は、機甲部隊の戦争という概念において、グデーリアン将軍に対抗できる唯一の将官だっただろう。写真は1939年10月、第5軍の戦車部隊を指揮していたときのもの。

エーヌ周辺での出来事を整理するために、話をドイツ軍の攻勢開始直後にまで戻さなければならない。この地区の話は291ページで中断しているが、今度はド・ゴール大佐の部隊が敵に接触するために北に向かう場面から始める。5月16日にラン付近で撮影された第345戦車中隊のルノーD2戦車は、集結地点であるサムシィの北東地域に移動中である。

戦車大隊第1中隊長ルネ・ビブ中尉は夜間の行軍の困難について「敗走する兵士と避難民の列の間を割って進まねばならなかった」と回想する。

5月16日の夜、攻撃実施部隊はサムシィの森の北縁に集結し、翌朝のモンコルネ総攻撃に備えた。エメ・スードル大佐の第6准旅団がラン～モンコルネ方面に道沿いに進む主攻軸を努め、その支援には第46戦車大隊の33両のルノーB1bis戦車と第345戦車中隊の14両のルノーD2戦車が投入された。ルノーD2戦車は旅団の左側面を援護し、ルノーB1bis戦車は攻撃の先頭に立った。第1中隊は道路の両側を前進し、第2中隊はそのすぐ後方で路上を進んだ。第3中隊は到着しておらず、攻撃に参加しなかった。また、レオン・シモニン大佐の第8准旅団が、第2戦車大隊と第24戦車大隊の40両のルノーR35戦車の支援を受けて、主攻軸右側面の掩護にあたった。

5月17日、金曜日：ド・ゴールの戦車攻撃

攻撃は予定通り、0345時に開始された。ルノーB1bis戦車がリース南方で泥濘に足を取られたものの、作戦は順調に進展した。泥濘にはまった6両のルノー戦車は1両を除いて、夕刻には支援中隊に回収された。シヴルの近くで、フランス戦車はドイツ軍の自動車化部隊を攻撃し、村の南側の橋で1時間以上も道路を塞いでいたトラック部隊を撃破した。路上を清掃するために、第46戦車大隊長ジャン・ベコン少佐は乗車の“ベリィ・オー・バク”号を、炎上するトラックの50m手前まで前進させて、75mm榴弾を数発撃ち込んで残骸を吹き飛ばし、炎の中へと戦車を進めた。数両のルノーD2戦車がそれに続き、足の遅い少佐のルノーB1bis戦車を追い抜いて、先頭に出た。戦車はシヴルを抜けて進撃を続け、途中で遭遇するドイツ軍車両を破壊し、燃料車の追及を待ってブシィの手前で停車した。補給部隊は計画どおりに現れたが、それはロレーヌ・トラクターを銃撃してくるドイツ敗残兵と、シブルで銃火を交わした末の到着であった。ルノーD2戦車の先鋒はモンコルネに到達し、南と西に延びる主街道上のドイツ軍輸送縦列を砲撃した。

南側では、第8准旅団が、抵抗を受けることなくシソンヌを通過し、モンコルネに接近しつ

逃亡中の兵士や避難民をかき分けて集結地点を目指すのは、戦車にとってとりわけ困難な仕事だった。写真は上とは別の第345戦車中隊のD2戦車が集結地点に急いでいる場面。この火の夕方までにド・ゴールが掌握できた戦車の数は、わずか88両に過ぎなかった。それでも彼は翌朝を賭して攻撃に出る決意でいた。今や時間はドイツ軍の味方であり、連合軍の好機が失われつつあることに気づいていたからだ。

一方、第1戦車師団の輸送段列はマルル（ランから20km北方）を通過し終え、10kmほど南のデルシー郊外にあるカフェ前で小休止していた。ほんの数分前に"ブラスク"号がドイツ軍の隊列を奇襲し、前進中の補給部隊をめちゃくちゃにしたばかりであった。

つあった。第24戦車大隊第1中隊のルノーR35戦車は、昼近くにモンコルネに入ったが、先頭の4両は地雷と対戦車砲により停止させられた。その間に、戦車第2中隊がリスルに到着し、第2戦車大隊第2中隊はディジ=ル=グロに近づいていた。

1500時、主攻部隊は給油を完了し、東進を再開した。クレルモンを通過した部隊はモンコルネに到着し、町の南と西の道路上で狼狽しているドイツ軍輸送隊を撃破した。ドイツ軍もどうにか立ち直ると、進撃する戦車への対抗策を打つべく戦車を呼び寄せる一方で、対戦車砲と砲

5月17日の午後、（マルルの東20kmにある）モンコルネへの攻撃が失敗に終わるまでに、第4装甲師団はルノーR35戦車20両、B1bis戦車十数両のほか、かなりのD2戦車を失った。（左）第66戦車大隊所属のB1bis戦車はモンコルネの南西10kmにあるビシュー＝レ＝ピエルポン市街地で撃破された。（右）手がかりは乏しかったが、エーヌ地区の教会建築に詳しい郷土史家の協力を得て、正しい場所を突き止められた。

兵も急いで戦闘に投入された。リスルとディジ＝ル＝グロで数両のフランス戦車が行動不能になったが、その中には機械故障で走行不能になった“ベリィ・オー・バク”号も含まれていた。ベコン少佐は別のルノーB1bis戦車である“サムピエロ・コルソ”号に、一部の乗員とともに乗り移った。しかし、直後にこの戦車はクレルモン近郊で被弾爆発し、乗っていた8名全員が戦死した。数の少ない支援歩兵部隊は戦車に追及できず、はるか後方のシヴルの残敵掃討に忙殺されていた。そのため、ド・ゴールは進出した戦車をシソンヌからシヴルまで広がる沼地の背後へと下げざるを得なかった。後退するフランス戦車を、スツーカを筆頭にドイツ空軍機が次々に襲った。夜も近くなって、第4装甲師団が新しい陣地へ入った時点での損害は、ルノーB1bis戦車12両、若干のルノーD2戦車、ルノーR35戦車約20両と大きかったが、これに見合うだけのドイツ軍の装備や車両を、フランス軍は攻撃中に撃破していた。

5月19日、日曜日：ド・ゴールの第2次攻撃

5月18日の夕刻時点で、それまでの2日間に新たな部隊（第2戦車大隊の2個中隊、第46戦車大隊第3中隊、第3戦車連隊のソミュアS35戦車2個中隊、パナールP178装甲車装備の第10戦車連隊）が合流したことで、ド・ゴールの第4装甲師団は155両の戦車を保有していた。翌日ラン北東部のセル川で実施されるドイツ戦車師団への反撃に備え、ド・ゴールは、西から東へと3個の戦闘団を並べた。第3戦車連隊のソミュアS35戦車は左翼、第8准旅団のルノーR35戦車は中央、第6准旅団の重戦車群は右翼に展開し、第10戦車連隊の装甲車が側面援護にあたった。

第4装甲師団は、ラン北西の集結地点に移動し、5月19日0400時に北方へ攻撃を開始した。事態の推移は2日前のモンコルネの時とほぼ同じであった。フランス戦車は突破に成功したが、勝利を決定的なものとするには、数も支援兵力

（左）同日夕方、モンコルネから撤退中を砲撃された第46戦車大隊のB1Bis戦車。シヴル＝アン＝ラオノワの外縁を走る道路の軟弱な路肩にできた砲弾孔にはまり、身動き取れなくなった。（右）モンコルネとランの中間にあるシヴルの周辺は、手に負えない湿地帯で知られていた。

ラン近郊で撃破された第4装甲師団の戦車。全面装甲にステンシル塗装された車体識別番号"15"と、中央の製造番号"2068"から、328ページに登場した、5月16日に攻撃開始地点に赴く途中の戦車と同一であることがわかる。乗員の運命はどうなったのか？　6月末、ヒトラー自身の戦場視察時において、この写真はまた別の意味で重要になる。

も少なかった。モルシエールに達した第6准旅団の戦車は、橋を守る2門の対戦車砲を討ち取ったが、自らも各2両のルノーB1bis戦車とルノーD2戦車を失った。しかも、ドイツ軍が橋を爆破したことで、セル川渡河は不可能となった。

西では、第2戦車大隊のルノーR35戦車がクレシィに到達したが、村の守りは堅かった。突破攻撃をかけたものの、戦車4両が撃破されてフランス軍は後退した。モルシエールから進出した第345中隊のルノーD2戦車は、ドイツ砲兵の弾幕射撃の中を進んで、砲数門を破壊したが、結局はこれも村の外縁までの後退を余儀なくされた。

左翼では、ソミュアS35戦車の2個中隊が、ま

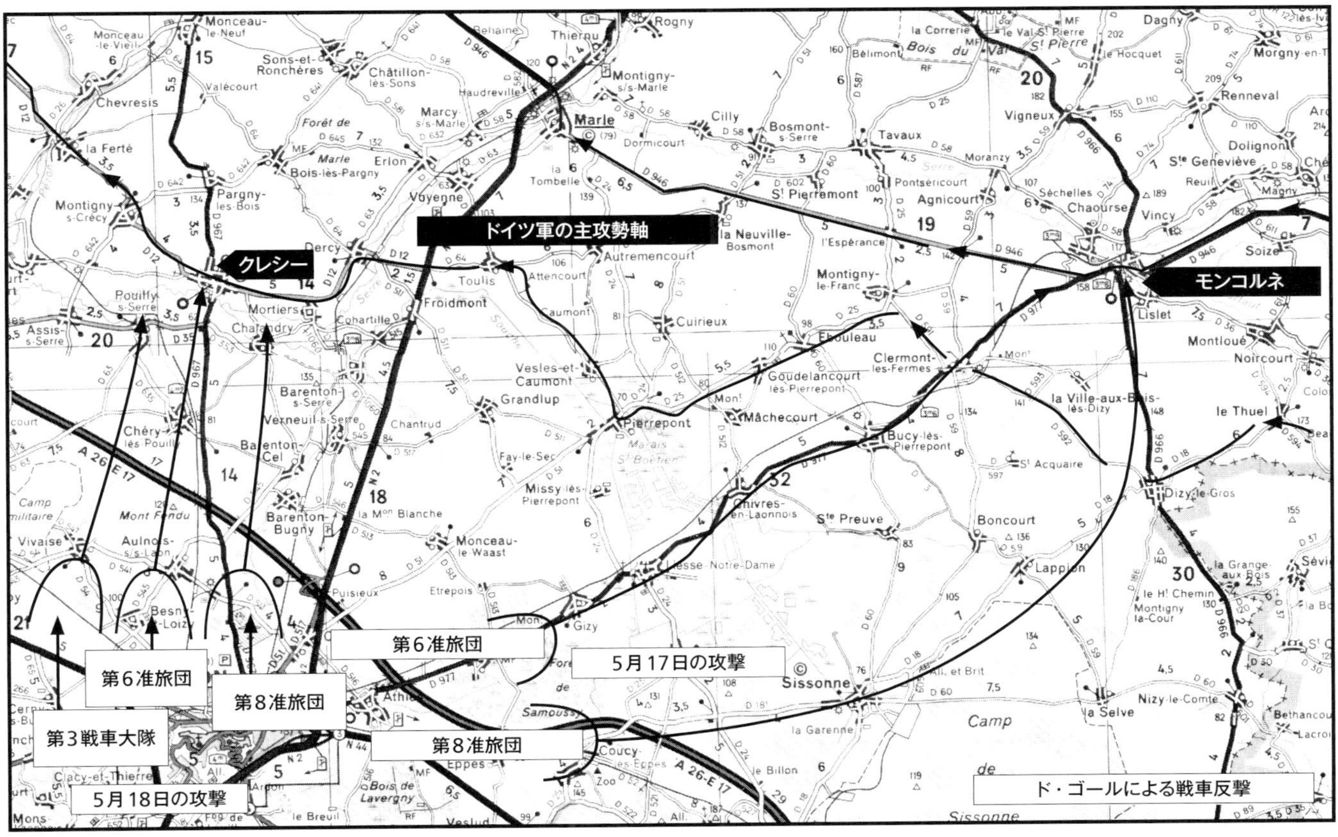

ド・ゴールの右翼部隊——第24戦車大隊第1中隊のルノーR35戦車——は、金曜日の昼過ぎにコンコメに到着した。しかし、先頭を進む4両は地雷原につかまり、町に向かってまっすぐに伸びる路上に照準を合わせていた対戦車砲の餌食となって、たちまち撃破された。第4小隊のルノー戦車（50059番）は手前、ずっと向こうには第1小隊の（50135番）が確認できる。327ページの写真と同一の戦車である。

ずシェリ、続いてブイリ=シュル=セルへと進撃した。混戦の中で、ドイツ軍車両を追い払ったソミュアS35戦車が、遠方に現れた第46戦車大隊のルノーB1bis戦車を誤認して、同士討ちが生じた。混乱はすぐに収まったが、致命傷を負ったミッシェル・ゴーワン少尉は帰らぬ人となった。

フランス戦車は、まさに「2cm高射機関砲を構えるのみ」のドイツ第XIX軍団司令部に、あとほんの数kmにまで迫った。グデーリアンは「結局、強面のお客さんたちが別の方角へ行ってくれるまで、不愉快な数時間を過ごすことになった」と、当時を述懐している。

この日の午後は4時間に渡って、スツーカが空からド・ゴール部隊を目の敵のように叩き続けた。第345戦車中隊長ジャン・シャルル・イデー大尉は、「ドイツ空軍機は100機くらい飛んでいて、あたり一帯を爆撃したり、機銃掃射し

ていた。目におよぶ限りの森林と同じくらいの広さ、20kmはある先の村まで、すべてが爆撃目標となっていた」と回想する。ドイツ軍はシャンブリ近郊で反撃を開始し、フランス軍の退却経路を脅かしたので、1800時にド・ゴールに撤退命令が出された。

第4装甲師団は南進してエーヌ川の背後に渡ったが、ドイツ軍の撹乱攻撃で戦車と将兵を失った。セル川への第2次攻撃と続く戦場離脱のための戦闘で、第4装甲師団は10数両のパナール装甲車と10両のルノーB1bis戦車、約20両のソミュアS35戦車、50両近くのルノーR35戦車を喪失した。ド・ゴールが機甲戦術を熟知していたおかげで、第4装甲師団は第2装甲師団のような大損害を免れた。歩兵と航空機の支援を欠いていただけでなく、スツーカの猛爆を受け続けながらも、ド・ゴールは手持ちの兵力だけで2度のドイツ軍側面の突破を成し遂げたのである。敗北が避けられなくなる中で、それは輝かしい成功であったが、戦争全体の流れの中では小さな出来事に過ぎなかった。

5月20日：ドイツ軍、海岸部へ進出

ドーヴァー海峡沿岸を目指して進むドイツ第XIX軍団は、5月20日、第1戦車師団にアミアンへの進撃を命ずると同時に、アブヴィルの第2戦車師団にはソンムでの橋頭堡確立を命じた。5月19日の夜、側面を確保している第1戦車師団と交替するために、第10戦車師団が進出した。だが、交替は順調ではなく、第4戦車旅団が到着した時には、交替予定の第1戦車師団第4狙撃兵連隊は、翌朝のアミアン攻撃に遅れまいとしてすでに出発していた。苛立つフランツ・ラントグラーフ大佐を慰めようと、ヘルマン・バルク中佐は「敵に奪われていたところで、大佐ならまたすぐに奪い返せますよ」と軽く口にしたが、怒りが収まらない大佐は「真っ先に奪い返さねばならなかった、そうじゃないのかね」とやり返した。

第2戦車師団の先鋒は、5月20日午後8時、ノイエル=シュル=メールに到着し、ドイツ軍で最初に海岸に到達した部隊となった。陸軍総司令部は、この成功をにわかに信じられず、重要な成功を収めたにもかかわらず、夕刻になって

（上と下）ランの側からD977号線を見る。手前のルノー戦車は第4小隊の（50040番）。車長のアルベール・モウシェ少尉は戦死した。

（左）戦場での記念撮影！　このルノー戦車（50194番）の撃破に写真の兵士がどのような役割を演じたのか興味をそそられるが、もしかするとたまたま通りがかって記念撮影に応じただけかも知れない。このルノー戦車は第1戦車中隊長、アンドレ・ペネ大尉の乗車であるが、砲塔と車体に37mm砲弾の命中痕が確認できる。（右）比較写真の撮影に期待しすぎると失望するが、戦後50年を経てもなお当時と同じ木造家屋が残っていたことを知ったジャン=ポールの驚きは、想像するにあまりある。

第4装甲師団所属ではないが、写真の第2装甲師団第15戦車大隊の"ブラスク"号は、金曜日の早朝、セッレ川を巡る戦いに巻き込まれて撃破された。ヴェルヴァン地区からの撤退途中に、デルシーの近くで第1戦車師団の補給段列に突っ込む形になったこの戦車は、車列の右側を突き進みながら、無数のトラックや乗用車、オートバイを撃ちまくった。しかし、全弾撃ち尽くすと動きを止め、乗員は捕虜になってしまったのである。

もフォン・クライスト集団は、爾後の作戦指導に関する指示を得られず、また自らも命令を発しなかった。結局、この日は第1戦車師団長フリードリヒ・キルヒナー中将の功績が認められ、5月20日付で騎士鉄十字章が授与されたことで締めくくられた。

5月21～22日：港湾への進撃

ドイツ第XXXXI軍団はグデーリアン集団の右翼側を進み、その第6戦車師団はオティー川のル・ボワルに達し、第8戦車師団はエダンに進出した。しかし、第XIX軍団にとって5月21日は命令を待つことだけで無為に過ぎていった。ようやく届いた命令は、北進を継続し、沿岸の諸港を占領せよというものであった。

ジャン=ポールは"ブラスク"号が停止していた場所をD2号線で発見した。この道路はデルシーでN2号線と接続する。戦車の背後にあった家屋は今も残るが、1960年代に起こした火事で廃屋となっている。

第46戦車大隊長ジャン・ベスコンも、同じ日にB1bis戦車“サンピエロ=コルソ”号搭乗中に戦死した。本来の乗車である“ベリー・オー・バック”号が撃破されたために、乗り換えた先での出来事である。戦死者は全員、モンコルネの南5km、ヴィル=オ=ボワの共同墓地に埋葬された。

グデーリアンは3個部隊を矛先とする北への進撃を計画したが、5月22日にフォン・クライスト集団から第10戦車師団を予備として控えるよう命令が出された。グデーリアンの第10師団投入の要請は却下され、作戦に投入できる戦車師団は2個だけとなった。そこで、第1戦車師団はカレー、第2戦車師団は海岸沿いに進撃してブローニュを目指すこととなった。しかし、両師団ともソンム橋頭堡の確保のために兵力を割かなければならず、第XIV軍団の交替部隊が到着するまで、師団全力を挙げての攻撃は実施できなかった。

ヴィル=オ=ボワとクレルモン=レ=フェルムを結ぶ道路の脇に慰霊碑が建っている。まさに“サンピエロ=コルソ”号が撃破された場所である。

海岸に向かって突進！　第1戦車師団は18日の土曜日にペロンヌを通過したのち、アルベールを経て、アミアンを目指していた。遅れること数日、カメラマンは市街地の東にあるN17号線とD917号線の交差点に散乱している残骸を撮影した。フランス軍がかき集めた路上障害物をドイツ軍が押しのけて進んだ跡地である。ソンムの北方においては、状況は流動的かつ混沌としていて、連合軍の組織的な抵抗努力は常に後手を踏んでいた。ドイツ軍が予測よりもずっと西にいる事態が頻発していたからだ。（右）奔流のような敵の勢いにあらがう努力も、今日ではほとんど残っていない。あまりにも整然としている様子が、返って深い感銘を呼ぶ。

戦車部隊が海に到達した！　驚くべき突破――10日間で400km――を成し遂げ、第2戦車師団第5偵察大隊所属のSdkfz.221の乗員たちは、オー（Ault）の海岸で清々しい潮風を受けながら、見事な景観を楽しんでいたことだろう。5月21日、哨戒部隊はソンム川を渡り、さらに30kmも南にあるブルレ川まで足を伸ばした。ここで再び、軍事的な焦点が切り替わる。ベルギー南部に閉じ込められた仏英連合軍は、退却を繰り返しているうちに支離滅裂になり、間もなく大きな壁に直面することになるのだ。

5月14日に目線を戻す。中央広場に避難民が集まり始めたルーヴァンをあとにして、前線へと急ぐイギリス軍のキャリア牽引車。

撤退に傾くゴート卿

5月19日の早朝、ゴート卿の司令部を訪れたビヨット将軍は、ドイツ軍の突破状況などに関して把握している限りの説明を行なったが、その突破口を塞ぎ、後方を断つ見込みにまでは言及しなかった。ただ、5月17日と18日に、第4装甲師団が南側から敵左側面を突いた攻勢が失敗に終わったことを報告していた。

ゴート卿にとって、選択肢は2つしかないことが明らかだった。突破口の北側の連合軍がベルギーを放棄して、ソンムの南側でフランス軍本隊と合流するか、あるいは海上へ脱出するかだ。祖国を捨てるという決断をベルギー軍ができるはずがないという問題を考慮するまでもなく、最初の選択肢は非現実的に過ぎる。すでにドイツ軍戦車部隊の先鋒はソンム渓谷を抜き、アブヴィルを目指して進撃中だったからだ。従ってゴート卿には海からの脱出しか選択肢はなかった。それとても不可能とまでは言わないが、極めて困難な作戦である。

この時点ではゴート、ビヨットともなんの決断も下してはいないが、フランスやベルギーの意図がどうであれ、イギリス軍司令官としてBEFを救うには脱出しかない。ゴートの腹は決まっていた。

同日午後、BEFの参謀長、H・R・パウナル中将は、事後策の打ち合わせのために本国の陸軍省に電話をかけ、その中で遠征軍は撤退を視野に入れつつ北海沿岸に向けて後退中である旨を報告した。このような決定手続きのためには、ロンドンにいる軍上層部が判断を終えるまで数日かかるのが通例なのだが、この情報はすぐに海軍省に伝えられた。

ディール川に到達してから4日間は何事も無かったが、5月14日になると突然、BEFは全域で交戦状態に陥った。(上)ルーヴァンを流れる川の東岸に砲撃や爆撃の傷跡が残っている。

第3歩兵師団の兵士が、南東のティーネンにいたる道路をパトロールしている。

(上)さらに通りを進むと、工兵が鉄道橋の爆破に取りかかっていた。この部隊は空き家から拝借した家具でくつろぎながら、爆破命令が届くのを待っていた。担当地区の偵察の結果から、第XI軍団は爆破を急ぐ必要はないと判断していたのだ(下)。

嵐の前の静けさ。ルーヴァンからブリュッセルに至る街道を約16kmほど進んだ場所での撮影。ドイツ軍の攻撃がはじまってから一週間もしないうちに、BEFは退却命令を受け、ベルギーの首都の西、エスコー川の線まで退いた。

アラス：フランク集成部隊

5月20日の朝、イギリス陸軍参謀総長エドモンド・アイアンサイド将軍が、政府決定を携えてゴートの司令部に飛んできた。この政府決定は、フランス軍最高司令部付きのイギリス武官からの情報に基づいているために、いくぶん楽観的に過ぎる。「遭遇する敵を排除しつつアミアンを目指して南下し、フランス軍主力の左翼を固めること」とBEFに命じているからだ。エスコー川の線までようやく後退したBEF麾下7個師団は、現在もなお強い圧迫を受けている。ゴートは命令に対して強い不満を顕わにしていた。アミアンに移動するには、まずエスコー川の戦線を放棄して、ソンム川まで後退しなければならないが、敵が追撃してくるのは火を見るより明らかだ。南方への攻勢に関しては「すでに腹案がある」と従順な姿勢を見せたが、実のところ、彼はまったくの反対方向を目指そうとしていた。当然、参謀本部に対して本心は隠していた。最終的に、アイアンサイドが実施を求めた強力な攻撃は、アラスの防衛を強化するため、H・E・フランクリン少将のもとに編成されたフランク集成部隊による小規模な反攻作戦に留められた。この作戦のために、第1機甲師団と第5歩兵師団は、ヴィミー地区の第50歩兵師団に合流するように命じられた。ところがこのとき、フランク集成部隊は「アラス守備隊を支援して同市南方の道路を封鎖する」という、当初の任務の次に控えている大きな役割について何も指

5月16日に退却を開始したBEFは、センヌ川とデンドル川を渡り、3日後にはエスコー川に到着した。困難をともなう退却ではあったものの、19日の深夜には完了していた。そして翌日の夜には反撃作戦の戦力として期待された第51歩兵師団には、アラス北方への集結命令が出されている。すぐさまこれに第5歩兵師団と第1機甲旅団が合流し、臨時編成された攻撃部隊は指揮官ハロルド・フランクリン少将の名前から「フランク集成部隊」と呼ばれるようになった。1941年に中将に昇進したときの写真。

クライスト集団の先鋒、第XVI軍団の2個戦車師団は、ソンムに突進していたが、ここでは成功に終わったジャンブルー間隙部での陽動作戦（167ページ）のその後を見ていこう。「大鎌の一閃」構想の第2段階として、今やベルギーの戦車師団も西への進撃を始めていた。（上）アヴェーヌとランドルシー間の路上、マロイユでの渋滞の様子。

示を受けていなかったのだ。

敵の突破口を塞がなければ破滅は必至であるという点では、ゴートはアイアンサイドと同意見だったが、BEFには十分な力がなく、そのような解決はもっぱらフランス軍が主導すべきものであると力説した。アイアンサイドとパウナルはランスに置かれたビヨットの司令部に赴いた。二人はビヨットに対して、アラス近郊にて5月21日に2個師団による攻勢計画があることを明かし、フランス軍にも、これに呼応する攻勢の準備を促した。ビヨットは不承不承ながらも、同日、カンブレー付近で2個師団による攻勢を実施すると約束した。

一方、5月20日夕方の時点で、ドイツ軍の第1戦車師団はアミアンにあり、第2戦車師団はアブヴィル、第6戦車師団はル・ボワルにそれぞれ展開していた。また第7戦車師団とSS自動車化師団“トーテン・コップフ”はアラスの南に、第5戦車師団は同市南東に展開していた。

ところが、21日に攻撃可能になるというビヨットの見通しは楽観的に過ぎ、フランス軍には何の準備もできていなかった。第25自動車化歩兵師団はオランダから戻ったばかりで再編の時間がなく、同様にベルギーから戻った騎兵軍団所属の各師団も混乱が続いている。同日夕方、第1軍司令官のブランシャール将軍はゴートに対して22日以前のカンブレー攻撃は不可能であると伝達した。この間にフランクリン少将は騎兵軍団長のプリオー将軍と面会し、プリオーは第3軽機械化師団の一部をフランク集成部隊の西側に配置して、5月21日の攻撃に参加させる旨を約束した。

ゴートは、南からの攻撃が実際に行なわれる

とは信じていなかったが、ロンドンからの指示に妥協する意味合いから、本来はアラス防衛を支援しているだけのフランク集成部隊による大規模な掃討作戦を実施する運びとなった。BEF司令部ではこの掃討作戦を「反撃」と呼んでいた。フランク集成部隊の攻勢は突破口南部のフランス第1軍による大規模反攻の烽火となるはずだが、2つの作戦を効果的に統合するための命令はついに出されなかった。フランス軍の支援どころか、彼らの作戦参加さえ前提にしていない攻撃でありながら、ゴートはこれを改善しようともしなかった。つまり、フランクリン少将はフランス軍との協同作戦について何の指示も受けていなかったのだ。フランクリン自身、プリオーから提示された以上の協同作戦は計画していなかった。

攻撃部隊の前線指揮は第50歩兵師団長G・Q・マーテル准将に委ねられた。5月21日、0200時に始まった攻撃は、まず初日はコジュル川を

一連の写真には場所や部隊の手がかりになるキャプションがなかった。しかし、一番上の写真のIII号戦車の背後に確認できる不鮮明な道標を丹念に調べた結果、ジャン=ポールはアヴェーヌ周辺にまで絞ることができた。それから周辺の道路を走り回り、D959号線とD962号線の交差点に、当時のままの建物と墓地を発見したのである。場所の特定ができたので、電撃戦におけるこの写真の位置づけが明らかになった。

確保し、次にソンセ川まで前進して、バポームとカンブレーの突破を目指す。2個師団と機甲1個旅団を投入するはずだったゴートの最初の計画はすでに骨抜きにされ、攻撃は第50歩兵師団から抽出された第151旅団と第1軍戦車旅団だけで実施された。第50歩兵師団の第1旅団(つまり第150旅団)はアラスで、同市の東を流れるスカル川の守備に当たっており、第5歩兵師団の2個旅団はそれぞれスカル川の守備と、攻撃第2波用の予備として残されていた。第1軍戦車旅団は200kmにもおよぶ路上行軍で多くの車両を失い、終結点のヴィミーに到着するまでには、Mk.I戦車58両、Mk.II戦車16両、Mk.IV戦車7両にまで戦力が低下していた。

マーテルは部隊を2つの梯団に分けてアラスの西側から前進した。各梯団は1個戦車大隊と第151歩兵旅団の1個歩兵大隊、野砲兵中隊、対戦車砲中隊、オートバイ偵察中隊からなり、梯

撮影場所の特定によって写真の価値は飛躍的に高まる。写真の第3戦車師団は、カンブレーの南を通過している場面だが、当時、第4戦車師団が同じようにカンブレーの北を迂回していたという要素と合わせ、視覚的な証拠となる。写真はカンブレーの南8kmにあるマルコアンのホール前広場であることを突き止めたが、実はこれは偶然がもたらした産物であった。

団はそれぞれ1kmの間隔を置いていた。プリオーの増援も、約束通り第3軽機械化師団の一部のほか、いくつかの軽戦車中隊がフランク集成部隊の右翼に配置し、第2軽機械化師団もイギリス軍のソンセ川到着に呼応して、アラス東部から攻撃する段取りになっていた。計画には十分な時間が得られず、偵察も不足していた。さらに部隊の一部が集結に遅れたこともあり、攻撃は30分ほど延期になっているが、それでもドイツ軍は完全に不意を突かれ、攻撃はドイツ第7戦車師団とSS自動車化師団“トーテン・コップフ”を側面から襲う形となった。第7戦車師団の第9、第7自動車化狙撃兵連隊とSS第3歩兵連隊は夜のうちに再集結を済ませ、前進を再開しようとした矢先に、イギリス軍の反撃を受けたのである。

右梯団は、前進開始の直後からデュイザンを巡る戦闘に巻き込まれ、その間に右翼を進むフランス軍戦車部隊からは、はるか西に敵戦車が

電撃戦の痕跡を探して各地を走り回っていたジャン=ポールは、ある時、アヌー近郊で高速道に乗り損ね、マルコアンに入ってしまった。このとき、彼は街頭写真を持ち合わせていなかったが、教会の尖塔を見たときに胸騒ぎがした。帰宅すると、ジャン=ポールは直感が正しかったことに歓喜した。その後、写真を撮りに、再度マルコアンを訪ねる羽目になったのだが。

いるという報告があった。ダーラム軽歩兵連隊の2個中隊がデュイザンの保持に残って捕虜を整理している間に、梯団はワルースを目指した。村を守備していたドイツ兵は駆逐されるか捕虜となり、梯団はベルヌヴィルを抜けて前進した。

西に目を転じるとアネ北方でドイツ軍の輸送車列を撃破したフランス軍部隊が、シマンクールに到達していた。イギリス軍先遣隊は主街道からワイイに到着したが、重迫撃砲と機関銃を伴った激しい阻止砲火で先に進めなくなった。歩兵の進出を督戦するために、たまたまワイイ付近にいたロンメル自身が、この北から不意に現れたイギリス軍の攻撃について書いている。ロンメルと副官のヨアキム・モスト中尉は自動車に飛び乗るとワイイの北に展開していた第78砲兵連隊の陣地を目指して突っ走った。「砲兵

（左）それでも、この写真は難しかった。ジャン=ポールは戦場となった場所を東西南北、1000km近く走り回っていたが、それでも写真の手がかりが見つからなかったからだ。そこで彼は地元紙《北国の声》で情報提供を呼びかけたところ、カンブレーの北の郊外にあるエスコードゥーヴルであるという15通の回答を得た。（右）今日、その風景は様変わりしていた。写真は第4戦車師団のII号戦車A型である。

武装親衛隊（武装SS）は、（第三帝国ならびに総統を警護するという特別な目的から組織された）親衛隊内部に武装部隊を組織するという戦前の構想をもとに誕生した。武装SSはナチスの理想のために戦おうとする志願兵で構成され、SS長官ハインリヒ・ヒムラーの命令のもとで、呵責ない激戦に身を投じた。このうち3番目の師団は各地の強制収容所所員から構成されたSS髑髏（トーテン・コップフ）部隊を前身とした経緯から、部隊章に髑髏の図柄をあしらっている。5月19日までに、SS自動車化師団"トーテン・コップフ"はカンブレーに入り、第1SS歩兵連隊長マックス・シモンSS少佐は、幕僚とともにアラス地区への前進について打ち合わせていた。

なら敵戦車を撃破できると判断した。砲手は敵の反撃にひるむことなく、沈着に命中弾を与え続ける。砲列に沿って走りながら、私はワイイに到着した。敵戦車の砲撃によって混乱が生じ、兵士たちは迫り来る敵に武器を取って立ち向かうどころではない状態だった。道路に飛びだしては見たものの、右往左往するばかりの兵士の姿も見られた。我が軍は秩序を取り戻さなければならない。まずワイイ周辺の混乱を師団司令部に報告し、村の西方1kmほどにある丘陵に陣地を据えていた軽高射砲部隊に向かうと、そこにちょうど窪地や藪でうまく隠蔽された対戦車砲を発見した。野砲操作員は、後退してくる歩兵の集団の波に揉まれつつも、どうにか砲にかじり付いていた。モスト中尉の助けを借りつつ、まず我々は使えそうな砲をすべて投入し、これ以上はないという速さで敵戦車を攻撃した。対戦車砲だけでなく高射砲もまた、装填速度の限界で敵戦車を攻撃した。私も砲撃目標を直接指揮するために、各砲の間を走り回った。危険なほど接近してきた敵戦車に対しては、とにかく集中砲火を浴びせる以外に有効な手段はなかった。走り回る中で、戦車への有効打を期待するには射程が遠すぎると訴える者もいたが、すべて却下した。我々はバク＝デュ＝ノール方面から現れた敵戦車の一群に狙いを変えた。そして彼らの接近を許さず、猛砲火でその一部を撃破し、これを見た残りの敵は退却した。もちろん交戦中は、我々も激しい攻撃を受けている。友軍砲兵の勇敢な働きを言葉で表すのは難しい。

カンブレーの25km東、バズールのカティヨン通りにあるカフェ。

オートバイ（BMW R35）の消灯カバーに髑髏のマーキングがはっきり確認できる。アラスの南15km、小村アダンフェールで撮影。背後に見えるのは第7戦車師団の38（t）戦車。

最悪の事態は回避され、敵の攻撃は失敗した。すると突然モスト中尉が傍らにあった高射砲の後ろで倒れた。口から血を吹き出すほどの致命傷を受けていたのだ」

もう1つの連合軍の梯団は、デンヴィル、アニー、ボーレンでドイツ軍を奇襲し、突破を続けていた。このうちの一部がワンクールに到着した時のことも、ロンメルは記録していた。

「我々が急いで配置した対戦車砲は、イギリスの重戦車には非力に過ぎ、逆に敵の砲火で沈黙させられた。操作員もろとも蹂躙されてしまったのだ。多数の車両が焼かれ、敵戦車に威圧さ

（上下）次の村を目指して道を進むと、ランサールの交差点で空軍の兵士が任務中だった。戦車部隊に続く高射砲部隊を前線に導くための交通整理だろう。

れたSS隊員たちは南方向に逃亡した。最終的には師団砲兵と高射砲の奮戦で、どうにかボーレンからアニーの線で敵戦車の前進をくい止めるのに成功した」この地区の戦いで、野砲が28両、対戦車砲が8両の敵戦車を仕留めたとロンメルは述べている。

第7王立戦車連隊／B中隊のMk.I戦車“ギニバー”号の車長、T・ヘップル軍曹は、この戦闘を次のように振り返っている。

「デンヴィルの交差点は封鎖されていたので、我々は半マイルも全速力で走って、強行突破しなければならなかった。とうもろこし畑に逃げ込もうとする敵兵二人が見えたので、彼らを追って.303ヴィッカース機銃を撃ち込んだ。結果、一人は戦死し、残る一人は投降した。彼を戦車の後部に乗せると、私は拳銃で彼を警戒しつつも、道路に戻って先を急いだ。壊れた車が3両と市民の死体もあった。1マイルほど進むとドイツ軍に占拠された村があって、そこからライフル弾が飛んできた。私はいったん引き返してM・W・フィッシャー大尉に戦況報告をすると、

アラス西方、N39号線の脇でルエに対する砲撃を観測するSSの将兵。5月22日撮影と思われる。

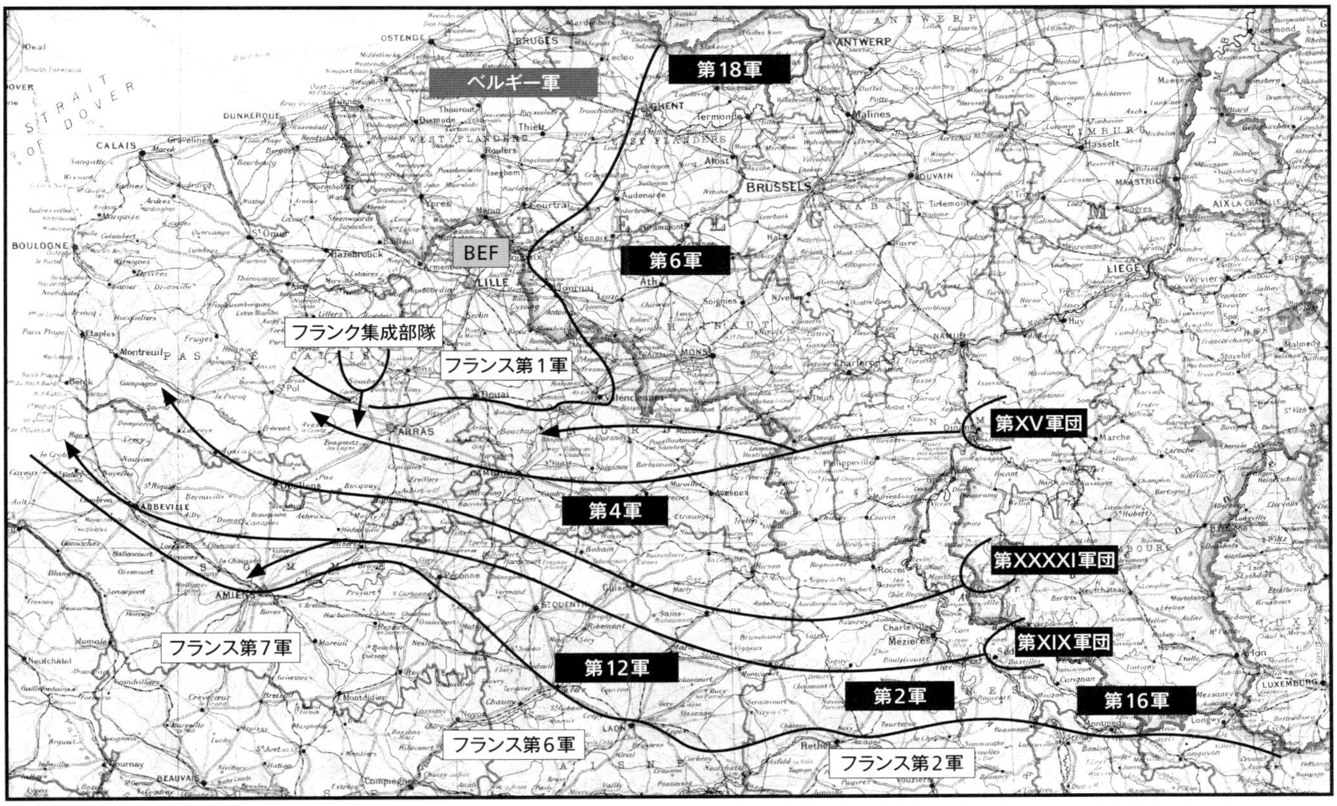

5月21日までに「大鎌の一閃」の作戦構想はほぼ完璧に達成された。前夜のうちに第XIX軍団の先鋒がノイエルの海岸に到達し、並行する形で第XXXXI軍団もエスダンを占領した。突出部の右翼では、第XV軍団がやや遅れて続き、先鋒はアラスの南西を通過中だった。以上の有利な状況の中で発生したフランク集成部隊によるアラスの反撃は、ドイツ軍に衝撃を与えた。初めてまともな反撃に直面したドイツ軍は、敵の戦力を過剰に見積もってしまったのである。反撃は軍事的成果にまで結びつかなかったが、心理面では成功した。グデーリアンの言葉を借りれば、「クライスト集団の幕僚に強烈な印象」を与えたからだ。

炎上するマチルダ戦車。ドイツ軍突出部に対するフランク集成部隊の攻撃は不首尾に終わった。第7王立戦車連隊の"グローセスター"号と"グラントン"号の乗員は、圧倒的不利な状況下で勇敢に戦い、命を散らした。

アラスの戦場。第7王立戦車連隊のマチルダII戦車、"グッド・ラック"号が、幸運を使い果たしてワイイの外れにうずくまっている。ロンメルの手記から車両番号T6751は21日に激しい砲火を交わした車両であることが判明している。

そのままデンヴィルでダーラム軽歩兵連隊の大尉に捕虜を引き渡した。兵士たちは捕虜に対する憎悪を隠そうとしなかったので、今度は拳銃を振りかざして友軍兵士を威嚇しなければならなかった」

「次に私は同じB中隊の2両のMk.II戦車に帯同して、Mk.I戦車の車列に追いつこうとした。このとき、敵の小部隊に遭遇したが、アシクール西近郊の主街道にて対戦車砲火に遭遇し、直撃3発を受けて停止してしまった。衝撃で車体は大きく損傷し、右履帯が前方1～2mの辺りまでちぎれて飛んでしまった。さらに2発の命中弾のあとで、反撃が成功してようやく敵対戦車砲が沈黙した。他のMk.I戦車は我々を顧みもせず、先に行ってしまった」

「数分の間、激しい銃撃に晒されて孤立していたこともあり、我々は全滅を覚悟するしかなかった。5分から10分ほど経っただろうか、30～40人のドイツ兵が右手の路上に集結し始めた。距離を大まかに見積もると、我々はこれを一斉射撃した。多くの敵兵が倒れたが、伏せただけの者も少なくないだろう。放棄されていた対戦車砲に取り付いた敵兵もいたが、そこを砲撃すると誰もいなくなった。間もなくMk.IとMk.IIからなる戦車の一団が姿を見せたので、砲声が止むと、今度は歩兵が到着したのがわかった」

「私は車体の損傷具合を確かめた。5枚の履帯が破損し、履帯止めのピンも壊れている。右側のスプロケットには2インチほどの大きさの穴が空いて、歯も2本ほど欠けていた。ラジエーターは壊れて開かなくなり、液漏れもしていた。それでもエンジンは動きそうだったが、焼け焦げるようなひどい臭いがした」

「夕暮れになると、ほとんどの歩兵は後退したが、いずれ敵の反撃があるのは間違いない。私は手の施しようがない戦車を遺棄する覚悟を固めた。砲や無線機などの取り外し可能な装備品をブレン・ガンキャリアーに積むと、戦車に可

ワイイの北西5kmにはN25号線が通過するベルヌヴィルがある。第1軽機械化師団第4戦車連隊所属のソミュアS35戦車は、村の南東の外れで撃破された。

(上と中)戦車がもっとも激しい表情を除かせた戦場。現在もまばらな耕作地が広がるノートルダム・デ・ロレット付近の荒涼とした景色の中を進むホルヒ乗用車。空軍スタッフが同乗していた。マチルダ戦車が遺棄されているが、一帯はフランク集成部隊の集結予定地だった。1915年の戦いでは、教会尖塔付近はフランス軍の最東端突出部となっていた。戦後、周囲一帯はフランスの国立戦没者墓地に選ばれる。2万の兵士のほか数千の身元不明者が再建された礼拝堂に眠っている(左のドーム)。右に建っているのは灯台兼観光見学用の尖塔である。

燃性のピレン剤を散布して火を放った。戦車は瞬く間に激しい炎に包まれた」

右翼側では、諸兵科の協調を欠いた攻撃がいかに脆いかという実例を、フランス軍戦車部隊が示していた。第13戦車大隊のオチキス戦車はシマンクールに到着したものの、そこにイギリス兵の姿は見えなかったので、やむを得ず1630時にデュイザンまで赴いて、新情報を得ようとした。村に近づくと、第2中隊長アシル・ペンテル大尉が搭乗していた先頭車両が対戦車砲の直撃弾で炎上した。さらに命中弾が続いたために、ペンテル大尉は戦車から飛びだした。「イギリス兵だっ!」という叫び声が聞こえた。地図を広げて確認すると、大尉は慎重に砲火をかいくぐりながら進み、誤射をしてきたイギリス兵との接触に成功した。彼らの言い分では、戦車の白い四角形の識別記号が明瞭でなかったために友軍車両だとわからなかったというのだ。フランス兵は国旗をあしらったラウンデルで判別できたはずだと講義したが、いずれにしてもこの誤射でオチキス戦車1両が撃破、3両が損傷し、2名が戦死した。

第13戦車大隊長のモーリス・ル・メレ少佐はイギリス軍が前進を拒む理由が理解できず、彼らの戦意の乏しさを罵りつつ、プリオー将軍に歩兵の増派を要請した。そして第3軽機械化師団から龍騎兵小隊をまわしてもらう約束を取り付けると、1830時にはオチキス戦車部隊を率いてシマンクールに帰還した。ところが2130時に、今度は補給部隊がアネ方面への路上でドイツ軍戦車に前進を阻まれてしまった。戦車大隊はどうやら敵に包囲されていることが判明し、とうてい増援など望めない状況にあった。最終的に戦車大隊には後退命令が出され、大半は無事脱出に成功した。しかし、第3中隊の兵士は誰もシマンクールに帰還できず、中隊長のマルセル・ラウール大尉ともども捕虜となってしまったのである。

民間車用ナンバー(HML573)を帯びたままのマークVI軽戦車。

生者と……死者。アラス周辺で撮影、彼らは国王と祖国のために戦い、銃弾に斃れた。

5月21日の戦闘で斃れた2名の兵士。第7王立戦車連隊のジェラード・ヘッダーウィック少佐は、戦闘中行方不明と報告されている。（アラス南方にある）ボーレン共同墓地に設けられた美しいレリーフの墓石には「Believed to be：きっと生きている」と刻まれている。ロンメルの副官だったヨアヒム・モスト中尉（死後昇進で大尉となった）は、ワイイ近郊での戦闘中、ロンメルの傍らで戦死した。彼の墓地はアミアンの西方20km、ブルドンのドイツ軍戦没者墓地にある。

ソンセ川まで到達できないうちに、フランク集成部隊は現有占領地の確保さえ難しい状況に陥った。攻撃作戦は中止となり、アラス東方での攻撃第2波に投入される予定のフランス軍第2軽機械化師団にも中止命令が出された。夕方までにはイギリス軍の2個梯団も中止命令を受け取っている。しかし、移動を開始した直後に、左梯団はボーレンとデュイザンを目標としたルフトヴァッフェの爆撃に、20分間も晒される羽目になった。ドイツ軍はイギリスの退却にともなう空白を巧みに利用して、混乱を承知で暗夜の追撃戦を行ない、戦果をあげたのだ。第25戦車連隊を呼び戻したロンメルは、厄介な事態の原因となった側面の敵を目標に、ただちにアラス西方で反撃するよう命令した。アネの南で発生した激しい野戦の様子を、ロンメルは「激しい戦車戦によって、我が連隊は敵重戦車7両、対戦車砲6門を撃破し、敵隊列を崩壊させた。しかし、引き替えに3両のⅣ号戦車と、6両のⅢ号戦車を失い、少なからぬ軽戦車も犠牲になっている」と記述している。戦場の位置関係から判断するに、対戦車砲はイギリス軍所属、戦車はフランス軍の装備と見て間違いないだろう。

ワルースを確保していた第8ダーラム軽騎兵連隊はいまや包囲下にあり、これを救出できるのはその日の夜に到着したばかりのソミュアS35戦車6両と、歩兵を搭載した2両の装甲兵員輸送車だけだった。彼らの攻撃により、ドイツ兵が占めていたデュイザンへの道が開いた。このような慌ただしい戦況の末に、その日の午後までにはどうにかスカル川――攻撃発起点――の線まで後退できた。

この戦闘において、ロンメルは再び宣伝の才能を発揮して、偉大なる勝者として自身を演出することになる。彼は自分が撮影した写真を使い、この戦闘でいかにして指揮を執ったか説明

異国の地は永遠にイングランドに。（左）1927年、ヴィズン＝アルトワに完成した大英帝国戦没者墓地を、ドイツ軍カメラマンが撮影。この墓地には1918年8月の戦闘で斃れた2300名のほか、ピカルディの戦場に命を落とした1万名と、その他の不明者も合葬されている。（右）50年後、長い間忘れ去られていた兵士たちの前に、著者の小さな娘、セリーヌが立っている。

イギリス軍の反撃が失敗に終わると、アラス北部の高地一帯の保持が不可能になったことを認めたゴート卿は、23日午後からフランク集成部隊の残余をまとめてベチューヌ=ラ=バセ運河の線まで後退した。ドイツ軍はすぐさまアラスを占領した。1914年には、この町を奪うまでに6週間もかかっている。写真のホルヒ乗用車は5月24日、カーディナル通りで撮影された。サン=バプティスト教会は今も変わらず残っている。

を加えた。「数百両」の敵戦車に襲われる中で、退却したのはSS自動車化師団“トーテン・コップフ”だけだったという印象も受ける。確かにSS師団の兵士たちは慌てふためいて戦場を放棄したが、それはロンメルの第7戦車師団も同様であった。また第7戦車師団がイギリス戦車と死闘を繰り広げたの事実だが、SS自動車化師団“トーテン・コップフ”も戦線に復帰すると、37mm対戦車砲を押し立てて勇敢に戦っている。

一方、イギリス軍の損害は大きく、Mk.II戦車16両と、Mk.I戦車39両を失った。第4王立戦車連隊長ジェイムス・フィッツモーリス中佐と、第7王立歩兵連隊長ヘクター・ヘイランド中佐、そして第7王立戦車連隊のマチルダ装備中隊長のジェラルド・ヘダーウィック少佐も戦死した。また第4王立戦車連隊の指揮を引き継いだJ・S・ファルニー少佐は捕虜となった。第6ダーラム軽歩兵連隊は実質的に壊滅し、同第8軽歩兵連隊も被害甚大だった。また第4王立ノーザンバーランド・フュージリア連隊は偵察部隊を喪失した。

全体的に見て、5月21日の反撃は大成功と呼べるものではない。作戦初日の目標であるコジュル川には一ヵ所でしか到達できず、それも作戦が中止されるまでの短時間に限られていた。「主要街道の連結点を占める優勢な敵に対して、深刻な作戦的遅延を強いることに成功した」と、作戦終了後にゴート将軍は作戦の意義を正当化したが、この作戦は攻勢の一環として陸軍省が

ボッシュが帰ってきた。人生において2度も軍靴が響いた通りの様子を、カフェ・シェ・ポールはすべて目の当たりにしていた。今日、アラスの町は様変わりし、駅舎も建て替えられている。

1914年のドイツ軍は、たった2週間しかアラスを占領できなかったが、今回の占領は4年にもおよぶ。（上）この写真は5月24日、市庁舎前で撮影。（下）市庁舎の歩廊には、アラスでの抵抗運動参加者の顕彰プレートがはめ込まれている。

「アラスの危機」が勃発すると、ドイツ軍の西進は一時的に中断した。写真はアラスの西に8km、N39号線上のポン=ド=ギイに到達した輸送車列。5月23日、SS自動車化師団"トーテン・コップフ"は住民23名を射殺し、家屋を焼いたため、この小村は甚大な被害を受けた。

実施を要求したものであり、防勢を企図したのではない。陸軍省はまずもって敵戦車部隊が穿った突出部を切断し、南側のフランス軍と合流することを求めたのであり、アラスを固守して敵の攻撃スケジュールを遅らせただけでは、とても期待の埋め合わせにはならなかった。

しかし、ドイツ軍の被害も甚大ではあった。戦車20両をはじめ、多数の車両が撃破され、死者300名、捕虜400名を数えている。

だが作戦が与えた心理面での影響という点では、イギリスは一定の成功を収めたと言える。この予期せぬ反撃を、ドイツ軍は実態よりも過大に評価したからだ。グデーリアンの言葉を借りれば、「イギリス軍は突破こそ果たせなかったが、その攻撃はクライスト集団にとって心理的圧力となり、司令部はにわかに慎重な態度になった」という効果を生んだ。陸軍総参謀長フランツ・ハルダー上級大将は、5月23日の日記の中で、稼働戦車は定数の半分まで低下しているので、アラスでの敵反撃を凌ぐまでは全部隊を停止させるべきとの、クライストの報告について記述した。フォン・ルントシュテットもまた、この反撃に驚き、戦後になって「短時間ではあるが、歩兵師団が追随してくるよりも先に、戦車部隊が孤立するのではないかと危惧した」と言及している。「アラスの危機」は前線部隊よりもむしろ上級司令部に対する心理的打撃とな

今や消滅した第9軍の捕虜の一群。先鋒部隊が先を急ぐ一方で、ドイツに送る準備のため、捕虜は後方に集められていた。写真はカンブレーの兵舎に集められたフランス軍捕虜。

ったのだ。戦況図の上では表面的にはすべてもとの姿になったが、この奇襲が、5月24日の戦車部隊停止命令へと繋がっていくのである。

今日、施設からフランス軍は立ち退いていて、文化センターに衣替えしていた。

第XI軍団はルーヴァン周辺に陣地を設けたイギリス軍に対して、3日間攻撃をかけ続けた。そして5月17日の朝、彼らはいかなる抵抗を受けずに市内に侵入した。

ウェイガン計画

5月15日の第9軍地区の状況は既述のようなものであり、5月12日の命令以来「調整役」として働いていたビヨット将軍は、ディール防衛線からエスコー川の線への、連合軍の左翼全域の総退却を指揮する立場となった。撤退作戦は3段階で実施される。第1段階はセンヌ川、第2段階はデンドル川、そして最終的には5月18日夕刻にエスコー川に下がるというものであった。これで、6ヵ月前の「エスコー計画」の策定は無駄にならずに済む。ドイツ軍首脳部がA軍集団の突破戦に没頭し、また、B軍集団麾下部隊もフランドル地方で追撃戦に熱心な姿勢を示さな

ベルギー南部でのドイツ軍突破が明らかになるに至り、5月15日、ベルギー北部に展開した連合軍に退却命令が出された。彼らは事前の計画にしたがい、河川ごとに設けていた応急陣地をたどるように西に向かって後退した。5月16日の夜にはイギリス軍がブリュッセル東方の最後の大都市、ルーヴァンを後にしていた。写真は翌朝ドイツ軍が侵入してきたボントゲントンラーンである——背後には第一次世界大戦時の軍人・民間人慰霊碑が見える。

（左）北方からルーヴァンの操車場に入ってきた対戦車部隊の兵士たち。先頭の兵士はポーランド製の7.92mm対戦車銃PzB35（p）を担いでいる。（ɔ）はポーランドからの鹵確兵器を表すドイツ軍の記号。（右）駅舎の大半は移転され、線路も大幅に減らされている。

かったこともあって、退却は混乱もなく完了した。部隊がすべて新陣地へと入ると、戦線は、北にベルギー軍、中央にBEF、南にフランス第1軍を置く、連続した配置となった。

しかしながら、仏英両軍の総司令部では、ベルギー軍が戦意喪失寸前であることを懸念していた。5月13日に、ベルギー軍総司令部に派遣されていた「ニーダム使節団」からは、「本気で戦う意志があるとは思えない」との報告が寄せられていた。H・ニーダム少将は、「ベルギー軍参謀総長は、小心者で、風見鶏的な性格を持つ典型的なイエスマンであり、戦意に欠ける軍隊を戦いへと駆り立てるだけの将才は持ち合わせていない。仏英両軍の強力な支援が得られない限り、ベルギー軍は信を置くにはあたらないと断言する」とコメントした。

こうして、北はエスコー川の河口から南はアラス周辺までの、東に向いた戦線が形成されたが、ドイツ戦車が海峡に向かって拡大しつつある突出部から、さらに西のソンムまでは、がら空きの状態であった。そこで、昨日までは後方地域であったところに、急遽、ドイツ軍の突破方向に沿うように南に面した戦線を作り上げる必要が生じた。この時点では、北の連合軍と在フランスの連合軍との間隙はせいぜい30kmと、そう広くはなっていなかったので、連合軍最高司令部はまだ突出部を塞ぐという希望を失ってはいなかった。

（上）BEFは退却時に駅周辺に地雷を埋設していた。地雷撤去を終えた場所に印を付けている第16歩兵師団の兵士。（下左）なんの説明もなければ、読者は爆煙に注意を奪われてしまうだろう。しかしカメラマンが居合わせている状況を考えれば、事前に計画されていた爆破だったと考えるのが自然だ。おそらく駅周辺の地雷原をまとめて爆破処理したときのものだろう。

次はブリュッセルだ！ 17日、連合軍はベルギー首都を無防備のまま明け渡し、デンドル川まで後退した。同日夕方、第14歩兵師団は軍靴の響きも誇らしげに入城した――写真は翌朝にされた。（上）レイネ大通りにて。ウィッレブルーク運河に架かる写真の運河橋は、爆破が試みられたものの、失敗してドイツ軍に奪われた。

5月21日、火曜日：イープル会議

新任の最高司令官であるマキシム・ウェイガン将軍は、5月21日の戦場訪問を決心した時点で北部の連合軍の状況が悪化していることを十分に承知していた。ソンム地区の道路は封鎖、もしくはそれに近い状態にあったので、ウェイガンは空路を利用しなければならず、将軍の一行は2機のアミオー354輸送機に分乗し、第3連隊第2戦闘機中隊の8機のブロック152戦闘機に護衛されて、午前9時にル・ブールジェ飛行場を出発した。北へ向かった飛行機はすぐにソンム渓谷からアブヴィルへと達し、高度約100mの低空飛行をしていたので、ドイツ戦車がすでにこの地域に達していることを確認した。飛行機の側で炸裂する高射砲弾に混じって、

運河の壁面に残る旧橋の痕跡から、戦後に架け替えられた橋が、元の橋より少しずらされているのがわかる。

別の運河橋はほぼ完全に破壊された。サントレット広場が爆破時の破片で埋め尽くされている。

17日、1800時30分、第XI軍団長ヨアヒム・フォン・コルツフライシュ中将は、ブリュッセル市長と会談し、30分後、市庁舎にドイツ国旗が掲げられた。(上)運河の対岸ウィッレブルーク通りのシトロエン修理工場前に停車中の輸送車列。

ボクステル広場に到着した第14偵察大隊のオートバイ兵たち。ラーケン王宮はここから北に1kmほど。

続いて自転車兵の一群が到着。ロワ通りのパルク劇場を前にペダルを踏む音が響く。

解任されたガムランに替わり、5月20日にフランス軍最高司令官に就任したマクシム・ウェイガン元帥がシリアから戻ってきた。ウェイガンは直ちに状況把握に努め、翌日には北東作戦域の諸将官との面会に向かった。連絡状況は混沌としていて、彼の乗機はどうにかペチューヌ北西にあるノラン=フォント飛行場にたどり着くという有様で、かろうじてグデーリアンを退けていたアブヴィルに使者を送る手配をするにとどまった。ウェイガンには移動の足が無く、再び彼は飛行機に乗ってカレーに飛んだが、そこではベルギー国王レオポルトがイープルで待っているということのみを知らされた。73歳になる精悍な老人をとらえたこの写真は、午後7時、ダンケルクにある第32稜堡に置かれたダンケルク地区司令官ジャン・アブリアル提督の司令部（戸口の背後）に到着したときのものである（445ページ参照）。

あちこちに爆発や火災、黒煙の立ち昇るのを見ることができた。ウェイガン自身は機内にあって外を見られなかったが、パイロットのアンリ・ラフィット中尉が逐一、眼下の惨状を口頭で報告した。

飛行機はノラン=フォントの無人となった飛行場に降り、燃料給油の間にウェイガンは古いトラックに乗って、電話を捜し求めた。しばらくして、村内の郵便局に機能している電話を発見し、第1軍集団総司令部との連絡を取り付けた。将軍は飛行場に戻り、昼近くに離陸したが、胴体着陸したブロックMB152戦闘機1機は残置された。約1時間後、カンブレーの戦場上空を越えたのち、飛行機はサン＝タングルヴェールに着陸した。ウェイガンはカレーへ出発し、市庁舎でベルギー軍総司令部に派遣していたフランス軍事使節団長ピエール・シャンポン将軍を引見した。ラフィッテ中尉と戦闘機隊長ヴィクトール・ヴニール大尉は、1900時までにウェイガンが戻らなければ、基地に帰投するようにと命じられていた。戦闘機隊は命令に従い離陸したが、2機のアミオー輸送機は夜間も待機し、翌朝離陸してル・ブールジェに無事に帰還した。

この間にウェイガンは、連合国首脳間の軍事会議のためにイープルへ車を走らせた。午後の会議で、ウェイガンはシャンポン将軍とロジャー・キース英海軍大将を伴って、レオポルト国王と軍事顧問官のヴァン・オーベルシュトラーテンと会った。第2回の会議には、ビヨット将軍とファルガド将軍も加わった。

議題の中心は、ウェイガンの提案した敵突破口を塞ぐための反撃作戦で、北からBEFと第1軍主力が、南からは第7軍が出撃して、挟撃作戦を実施するというものであった。ウェイガンはベルギー軍に対して、反撃を支援し、イギリス軍の左側面を守るよう要請した。これを実現するためには、ベルギー軍はエスコー川からイーゼル川の線まで下がらなければならず、この日の会議でベルギー側の代表発言者となっていたヴァン・オーベルシュトラーテン将軍は、この提案に深い難色を示した。これ以上の撤退はベルギー将兵に回復不可能な士気阻喪の波紋を広げる危険があり、それ以上に、この撤退が国土の大半をドイツ軍にみすみす譲り渡す結果となることの重大性について、将軍は説明した。そして、「連夜の撤退により各師団は綻びはじめており、次の撤退はなんとしても先に延ばさなくてはならない」と主張し、その結果、ベルギー軍が他の連合国軍から引き離されることになろうとも、ベルギー軍は現状地点に止まると宣言した。ウェイガンはこれを手厳しく反駁し、連合国の統一を問い、ベルギー支援のために仏英は駆けつけたのだから、今度はベルギーが連合軍を手助けする番であることを指摘した。ところが、ベルギーの抗議を別として、第2回の会議に参加したビヨット将軍が、フランス第1軍は混乱状況下にあり、反撃の実施など不可能であると説明したことで、計画はあらたな難問にぶつかった。

午後3時、避難民や軍の輸送車両でごった返していた道路をかき分けて、ウェイガンはイープルに到着した。しかし、ビヨットもゴート卿も会見場の市庁舎には到着していなかったので、彼ら不在のままレオポルト国王との会談が始まった。午後になってビヨットが到着したが、ウェイガンが去った夜の7時になっても、ゴート卿は姿を現わさなかった。

大臣たちを会談の場から退去させた後で（彼らは1階の会議室に控えた）、レオポルト国王は、側面の戦線を短縮して、BEFを南方に向けての反撃戦力として捻出するために、ベルギー軍がイーゼル川の線まで撤退するというウェイガンの作戦計画を拒否した。この作戦に呼応して、ウェイガンは南からフランス軍が攻撃に出てBEFと手を繋ぎ、ドイツ軍を分断しようと考えていたのだ。ビヨット将軍が到着したのち、再び同じ提案が出たが、遂に結論には至らなかった。すでにウェイガンが不在になってからゴート卿が到着したことが、事態をさらに悪化させた。なぜなら、連合軍の協同歩調が最大の効果を発揮する瞬間をすでに逸してしまったからだ。

この間、レオポルト国王は、ゴート将軍抜きでは何事も決せられないのだから、この場に将軍を呼ぶべきであると訴えたが、ゴート将軍への電話連絡の試みはどれも失敗に終わった。かわってキース海軍大将が、ゴートを捜すために車で出発した。

ついに合意点を見出せず、ほとんど何も決められないまま、イープルでの会議は非常に気まずい空気だけを残して散会となった。ウェイガンはダンケルクへ向かい、宵口に駆逐艦「ラフロール」に乗り出発したが、港を離れてまもなくドイツ空軍の爆撃にさらされた。

キース海軍大将はプルムスクでゴート将軍を発見したが、イギリス軍司令官はこの日一日、ウェイガン到着の報せを待っていたのだった。ゴートとポーンオールはイープルへと急いだが、到着した時には、もうウェイガンの姿はなかった。仕方なく、ゴート、ポーンオール、ビヨット、レオポルト国王、ヴァン・オーベルシュトラーテンだけで3度目の会合が持たれたが、とくに合意に達した事項は無かった。

のちにウェイガンは「唯一可能な説明として、まさに前者（ゴート）はイープル会議への出席を故意に忌避したのだ、という結論に傾きつつある」と語っているが、実際、この混乱は偶然の産物に過ぎなかった。会議を巡るいざこざは、図らずも連合国首脳部間の不信感を露呈し、協調の大儀がもっとも必要とされたその時に、和を乱す原因となったのである。仏英の司令官同士の相互信頼は損なわれたが、それでも彼らが降伏を意識しているかのようなベルギー首脳に抱いた不信に比べれば、まだ良好であった。

イープル会議が終わったあとで、協調を妨げる凶事が連合軍を襲った。ビヨット将軍の乗った車が夜間に交通事故に巻き込まれ、致命傷を負ったのである。将軍は2日後に死亡した。この困難なときに連合国を繋ぎ止めていた重要人物がこの世を去ったのだ。第1軍司令官のブランシャール将軍が第1軍集団の指揮を引継ぎ、第1軍司令官の後任には、ルネ・プリウー将軍が就いた。

5月22日午前5時にシェルブールに上陸したウェイガンは、昼にはパリに戻り、ヴァンセンヌの陸軍総司令部で連合国最高戦争会議に出席した。特別に空路でやってきたチャーチルと、フランス首相が出席していた。すべての目は、ベルギーで戦場を直接視察し、野戦軍司令官たちと意見を交わしてきたウェイガンに注がれた。ウェイガンは会議の報告をレオポルト国王への接見の場面から始め、南北からの同時挟撃作戦という自らの反撃計画を披露した。それはイープル会議のときと同じ内容であったが、レオポルト国王やビヨット将軍の反論には触れられていなかった。そのため、計画は極めて楽観的なままであり、間隙部の南北にある部隊は反撃実施が可能であるかのような印象を参加者に与えた。チャーチルはこの提案に積極的な興味を示し、ウェイガンが要請したイギリス空軍の全力を挙げての反撃支援が了承されたのちに、この計画は可決された。チャーチルは、ゴートに次のような合意内容を伝達させた。

1.）ベルギー軍はイーゼル川の線まで下がり、徹底抗戦する。水門はすべて開放する。

2.）イギリス軍とフランス第1軍は、バポームとカンブレーへ向かって南進攻撃を実施する。攻撃開始は可能なかぎり早期、明日中に約8個師団をもって行なう。ベルギー騎兵軍団はイギリス軍の右側を占位する。

3.）この一戦は両軍にとって重要であり、イギリス軍の兵站機能はアミアンの解放にかかっている。イギリス空軍は、昼間および夜間の双方において、可能な限り最大限の支援を実施する。

4.）アミアンへ向けて進撃し、ソンム川沿いに陣を張るフランスの新編軍集団は、北に攻勢をかけて、バポームに南進するイギリス師団群との連携を完成する。

パリでの会議ののち、ウェイガンは作戦命令第1号を発し、その中で「ドイツ軍を食い止め、撃滅する方法は反撃以外には無い」と述べた。そして「ドイツ戦車師団群はさんざん突破前進してきたあげくに、闘技場に囲い込まれるべきであり、2度とそこから出してはならない」と締めくくっている。

夜通しでドーヴァーとシェルブールを訪れたウェイガンは、チャーチルとの会見のためにパリに戻ったチャーチルは1週間の間で2度目の訪仏である。会談はシャドー・デュ・ヴァンセンヌにある。パヴィヨン・デュ・ロワ庭園地下に儲けられた総司令部で行なわれた。現在、この建物はフランス軍歴史編纂所になっていて、かつての総司令部は書庫として使われている。

5月23日、木曜日：反撃開始に躓く

5月23日、反撃開始予定日の朝になっても、ゴートは一通の確たる命令書も指示書も受取っていなかった。将軍は国防大臣に電報を送り、「本戦線においては、3つの別の国に属する軍の協調こそが重要である」と伝えた。午前中にはブランシャールがゴートの指揮所を訪れ、イギリス軍とフランス軍のどちらがより適切にウェイガン計画の北の攻撃役を果たしうるかについて議論した。これにより、南進攻撃はイギリス軍2個師団、フランス軍4個師団により実施される合意がなされ、その中には、フランス騎兵軍団の3個軽機械化師団が含まれることになった。ゴートはイギリス軍に関して、移動と攻撃準備に時間を要することから、攻撃は5月26日以前には実施し得ない点を伝えた。両将軍とも、この合意の時期が果たして南からの助攻とうまく連動させられるかどうか、作戦内容を知らされていなかったために判断できなかった。しかし、ゴートの観点からすれば、北からの単独攻撃では作戦の効果は十分でなく、ドイツ軍を包囲に追い込むには、南からの一大攻勢が必要であることは明らかであった。ブランシャールは、この合意案を総司令部に送り、南からの攻撃計画と連動できるかどうか照会することを約束した。

かくして、計画された反撃に代わり、5月23日にはレイノー、チャーチル、ウェイガンらの間に電報が飛び交った。チャーチルはレイノーにメッセージを送り、ウェイガン計画の全面支援を表明し、フランスとベルギーが計画の成功のために全力を投じることを、強く望んでいると伝えた。ウェイガンは、ゴートへの電報で、会談の場を持てなかったことに後悔の念を表明し、南からの攻撃は「順調に準備中」であると告げた。ウェイガンの誤った信念は、チャーチルの激励や、レイノーとの電話で一層拍車がかけられた。しかしながら、裏腹にロンドンでのウェイガン計画への評価は下がる一方で、国防大臣からゴートへのメッセージには、「遺憾ながらも、現地の兵站状況により作戦実施が不能となった場合には、貴官は当方へ連絡を取られた

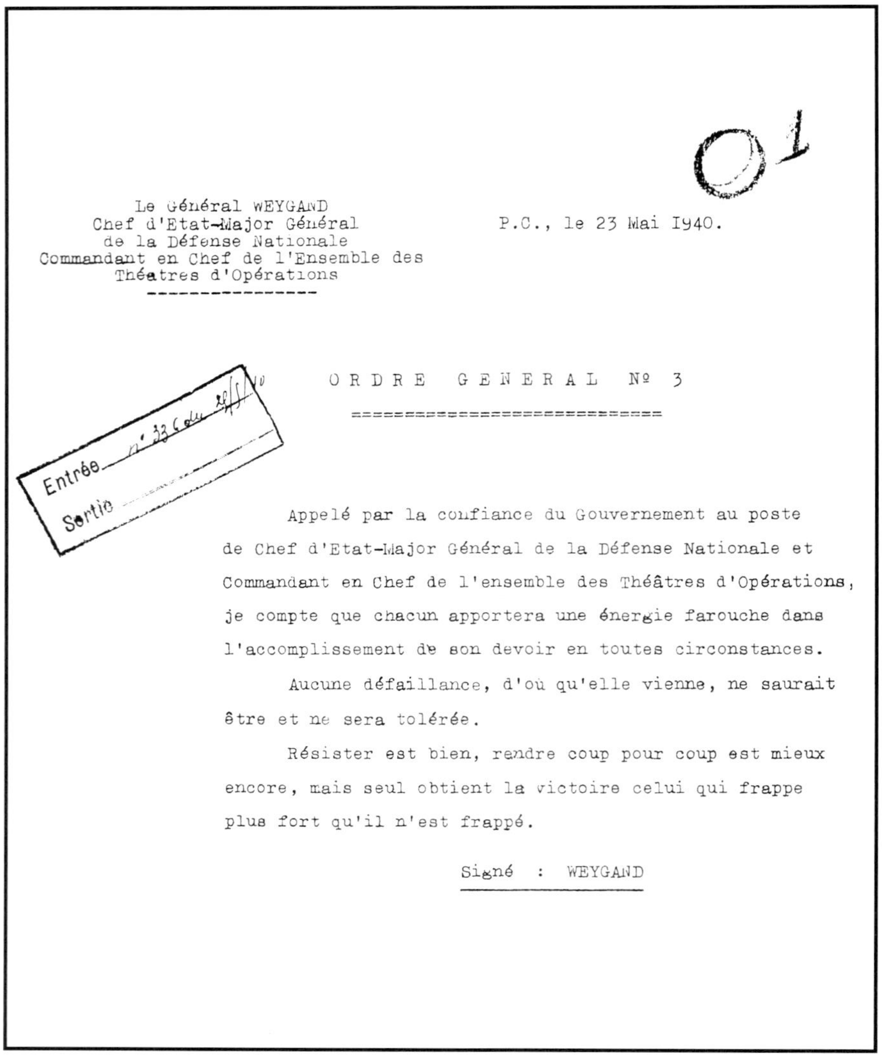

Le Général WEYGAND
Chef d'Etat-Major Général
de la Défense Nationale
Commandant en Chef de l'Ensemble des
Théatres d'Opérations

P.C., le 23 Mai 1940.

O1

Entrée
Sortie

ORDRE GENERAL Nº 3

Appelé par la confiance du Gouvernement au poste de Chef d'Etat-Major Général de la Défense Nationale et Commandant en Chef de l'ensemble des Théâtres d'Opérations, je compte que chacun apportera une énergie farouche dans l'accomplissement de son devoir en toutes circonstances.

Aucune défaillance, d'où qu'elle vienne, ne saurait être et ne sera tolérée.

Résister est bien, rendre coup pour coup est mieux encore, mais seul obtient la victoire celui qui frappe plus fort qu'il n'est frappé.

Signé : WEYGAND

2日後、フランス軍最高司令官は一般命令第3号を通達し、「強烈な戦意」をもって戦うことを強調。「抵抗は正しく、撃退することはより正しい行為で、自分が殴られたよりも強く殴り返す者だけが勝利をつかみ取る」と、激しい語調で兵士たちを鼓舞していた。

力強い言葉も、日増しに混乱の度合いを強める前線にあっては虚しい響きであり、連日連夜の西への退却を強いられた後では、南北から敵突出部を挟撃するなどと言う作戦構想は、はなから実現できるはずもなかった。事実、ウェイガン計画は着手さえされずに終わっている。特に24日に第6軍がリス川でベルギー軍を突破したことで、ベルギーの脱落と降伏は不可避となった。（左）ヘントの西20km、ダインゼにて突破を急ぐ第IX軍団を撮影。（右）SdKfz.6が左折しているのは、コルトライク通り末端の交差点である。

スヒップドンク運河の橋を奪取しようと前進中にルートヴィヒ・ヴォルフ中佐は重傷を負ってしまった。第56歩兵師団の兵士は市民の一群を彼らの前に立たせて盾のようにしながら前進した。マーケット広場に置き去りにされた市民のうち多数が、おそらくドイツ軍の誤射によって殺されている。

い。その際には、当方よりフランス当局へその旨連絡を行ない、同時に、北方海岸への撤退の必要が生じた場合には、海軍派遣の調整を開始する」と書かれていた。

こうした事態の中で、ゴートはアラス周辺の危機的な状況に専念することを強いられた。ドイツ軍が町の東と西へと回り込み、第11狙撃兵旅団が強力な航空支援のもと、三方から町へ突入しようとしていたからだ。1900時、ゴートはフランクリン少将に、「最後の一兵が倒れ、最後の銃弾を撃ち尽くす」までアラスを守るべしとの主旨の命令を送った。しかし夜までには守備隊が町と運命を共にすることの無益を悟り、より安全なベチューヌ～ラ・バセ運河の防衛線への撤退発令を決心した。フランクリンは、アラス守備のピーター集成部隊を含む、全部隊の運河後背への撤退を命じられ、夜間、ドイツ軍の追撃を受けることなく、作戦は遂行された。

ウェイガン計画の問題点や実現可能性がどうであれ、BEFが撤退を開始した結果、反撃による敵突出部切断の可能性は無くなった。これは、フランス軍最高司令部に、計画失敗の格好の口実となった。5月24日、レイノー首相はチャーチル首相に怒りも顕わな書簡を送り、チャーチルが計画を熱心に指示していたことを指摘し、ウェイガンが「今朝方、確認された公式命令に反して、イギリス軍が港へ向けての40kmの撤退を決心し実施したこと」を知り、驚いていると訴えた。

5月24日、ヒトラーは総統命令第13号を発し、その中で爾後の戦争指導に関する戦略的意図を明らかにした。それは、

「我々の作戦の次の目標は、アルトワおよびフ

コルトライク通りを進んだところで、カメラマンは南に向かう部隊と遭遇した。通りは拡幅され、多くの家屋が再建されている。例外は右側の37番地がチャイニーズ・レストランになっていることくらいだ。

5月4日の朝、ヒトラーはシャルルヴィル＝メジエールにルントシュトットを訪ねた。A軍集団司令部はジョルジュ・コルノー通りのブライロン邸（現在のメゾン・ド・アルデンヌ）に置かれていた。

ランドルに包囲されたフランス、イギリス、ベルギー軍を、我が軍北翼による集中攻撃と、同地区の仏英海峡沿岸部を制圧することにより、速やかに殲滅することにある。ルフトヴァッフェは、包囲下にある敵のすべての抵抗を粉砕し、イギリス軍が仏英海峡を渡って脱出するのを阻止し、同時にA軍集団の南翼を援護する……。そののち、フランスに残る敵兵力を一掃するために、陸軍は最短時間をもって次の攻撃準備を完了すべし」という内容であった。

ルントシュテットにとって、命令の最初の部分にある、北フランスに孤立した連合軍の殲滅は、単なる修辞くらいにしか思えず、目下の最大の関心事は、近い将来の《作戦名：赤色》に備えて、疲弊した戦車部隊を温存し、休養を取らせることにあった。そこで5月23日の晩、A軍集団は第IV軍団に対して、「ホート集団は明日中にも停止、クライスト集団も停止する。これにより状況の確認につとめ、後続の追及を待つべし」と命じた。

ヒトラーは5月24日の午前、シャルルヴィルのA軍集団司令部にルントシュテットを訪ねたが、A軍集団の戦時日誌は総統が示した同意について、「快速部隊が現在地のランス～ベチューヌ～エール～サン＝オマル～グラヴランの線で停止し、B軍集団に押し出された敵の迎撃にあたる件について了承。総統はまた、いずれにせよ次段作戦に備えて機械化部隊を温存することが必要であり、このまま地上軍が包囲環を圧縮することは、ルフトヴァッフェの活動を制限するという、極めて好ましからざる結果につながると力説して、この命令を後押しした」ことを明らかにしている。

この時の会談で、いわゆる「停止命令」が出されたと言われているが、ランス、ベチューヌ、エール、サン＝オマール、グラヴリンの線で戦車を一時停止させるというルントシュタットの計画にヒトラーが承認を与えたというのが事実である。

ヒトラーは司令部を去ると、ルントシュテットは、「総統の命令により、ランス～ベチューヌ～エール～サン＝オマル～グラヴランの線を越えることは不可」と訓令した。これがのちに「停止」命令として知られることになるもので、連合

ヒトラーはシャルルヴィルを後にしていたが、戦車部隊の停止命令は彼の名前で通達された。同日に出された総統命令第13号と混同されることはなかった。（左）憲兵隊兵舎の脇を通過中のヒトラーの車列。兵舎はシャルル・ド・ゴール通りに現在も残っている。

総統兼国防軍最高司令官発
1940年5月24日

総統命令第13号

1.次なる我が軍の作戦目標は、アルトワとフランダース周辺にて包囲下にある英仏およびベルギー軍の壊滅である。我が軍の北翼に展開する部隊は集中攻撃により包囲下の敵軍を撃破し、速やかに海峡に面する海岸を確保すべし。
空軍の任務は、包囲下にある敵軍の抵抗排除と、海峡経由でのイギリス軍部隊の撤退の阻止、そしてA軍集団の南翼の防御である。
敵空軍部隊とは、あらゆる場面で遭遇戦が発生すると想定される。

2.この間に、陸軍はフランスに残る敵軍をなるべく短期のうちに撃破する準備を進めること。この作戦は以下の三段階から構成される：

第一段階：海峡からオワズ川にかけての一帯で発し、パリ北側のセーヌ川下流部への突破を図る。この方面に投入される部隊の規模は小さいので、この部隊の安全を確保する目的から、右翼側に作戦の重点を置く。
アルトワおよびフランダースでの戦闘の終了を待たずとも、予備部隊の配置状況が許す限り、モンティディエ方向への集中攻撃により、ソンム川からオワズ川の間の地区を占領すること。後続するセーヌ川下流方面への攻撃の足場を築くためである。

第二段階：強力な機械化部隊を含む陸軍主力の攻撃は、ランスの両側から南東方面を指向する。パリ、メッツ、ベルフォール間のフランス軍主力を撃破し、マジノ線を崩壊させることが最終目標である。

第三段階：主攻を援護する狙いから、頃合いを見計らってマジノ線に対する攻撃を実施する。比較的規模の小さな軍によって行なわれる攻撃なので、サン＝タヴォルからサルグミーヌ間にてナンシー、リューネヴィルを指向しつつ、抵抗の弱い部分を突いて行なうべきこと。
状況が許す限り、上ライン地域への攻撃を意図すべきである。これには8～10個師団を投入するのが限界であろう。

3.空軍の任務：

(a)フランスでの作戦とは別に、空軍は可能な限り速やかに充分な戦力を持って、イギリス本国に対する最大限の攻撃を実施することになる。この攻撃はルール地方に対するイギリス空軍の報復の可能性を奪う狙いもある。
空軍総司令官は、総統命令第9号以降に国防軍最高司令部が発した命令内容に原則的に即しながら、攻撃目標を選定する。攻撃計画の内容と日時については、私に報告すべきこと。
イギリス本国への攻撃は、地上作戦開始後も継続される。

(b)ランス方面への陸軍の主作戦に関して、空軍は制空権の確保とは別に、陸軍を直接支援し、敵増援の集中を阻止して戦力の再編成を妨げる任を負う。とりわけ、我が主攻軸の西側面の守備強化に努めること。

(c)空軍総司令官は、敵が主戦線以外の戦区から集めた戦力の再編によって攻撃力を強化しつつある現状に鑑みて、当該戦区の防空にどの程度の戦力を必要とするか熟慮すべきこと。
海軍に関しては、上記の作戦の変化に備え、海軍総司令官も計画立案に参加すべきこと。

4.海軍の任務：

イギリス海峡における海軍の制限はすべて解除し、以後、作戦の自由を与える。当該海域における制限解除は、来るべき包囲作戦の実施に向けた布石の一つであることを、海軍総司令官は銘記すべきこと。
この決定はまだ私の手元に留保されている。この命令を発したのちは、海上封鎖について公表される。

5.上記の命令に関する意見がある場合、私は三軍の総司令官に対し、口頭ないし書面による情報提供を要求する。

——アドルフ・ヒトラー

軍の組織的撤退とBEFの渡洋撤退を許すきっかけを作ったことで、計り知れない重大性を持つ結果となった。この命令はドイツ軍の野戦軍指揮官たちに多大な混乱を巻き起こし、多くの陣中日誌に、この「総統命令」に落胆したさまが綴られている。しかし誤解を解く必要があるだろう。ヒトラーは、A軍集団司令部を訪れる2日前にルントシュテットが下した決定に、ただ同意を与えただけにすぎないという事実をはっきりさせておきたい。

すべての現実的な判断において、5月24日にはウェイガン計画は実行不能となっていたのだが、それでも、ブランシャールとその参謀長は、来るべき仏英共同の南進攻撃について協議するため、その朝ゴートの司令部を訪れた。しかし、誰もアラスからの撤退で作戦実施が不可能になった事実には注意を払わず、英第III軍団長サー・ロナルド・アダム中将と仏第V軍団長ルネ・アルマイユ将軍には、5月26日のフランス軍3個師団とイギリス軍2個師団による攻撃計画の完成が求められた。

ゴートとブランシャールに、実際に攻撃を実施する意図があったのか否かは、ドイツ軍が再

ベルギー国王レオポルト3世と軍事顧問のヴァン・オーベルシュトラーテン将軍。戦前の撮影。彼らはベルギーが戦争から身を引く覚悟を決めていた。

5月25日、土曜日、第6軍司令官ヴァルター・フォン・ライヒェナウ上級大将はトゥルネーの北東10kmにあるシャトー・ダルデンヌを司令部として接収したが、ここがベルギーを巡るドラマの最後の舞台となった。2日後、ベルギー軍参謀次長のジュール・ドゥルソー将軍は第6軍司令部に停戦交渉にやってきたが、突きつけられたのは「無条件降伏」だけだった。

び先手をとったことで、わからずじまいとなった。5月24日、ドイツ第6軍はベルギー軍とイギリス軍の境界地点であるリスでベルギー軍陣地を襲い、クールトレとムナンに橋頭堡を獲得した。翌日も橋頭堡の拡大は続き、ベルギー軍最高司令部に派遣されていたニーダム使節団は、25日の晩に「本日午後5時のドイツ軍の攻撃はベルギー軍右翼をゲルーウェに撃退。ゲルーウェとリス間に、独力では閉塞不能の間隙部が形成。最後の予備部隊も投入され……」と逼迫する状況を知らせる警報を発した。

1800時、フランス軍上官の承認を待たず、ゴートは南進攻撃の準備中止を独断し、ただちにベルギー軍とイギリス軍との間に生じた危険な間隙部を塞ぐために、第5歩兵師団と第50師団に移動を命じた。ムナンとイープル間の隙間はかろうじて塞がれたが、この展開に耐えかねたレオポルト国王は、遂に休戦を決意したのである。5月25日1730時に、ウイネンデール宮で国王に拝謁した一部の閣僚は、国王にベルギー軍の指揮権を放棄して、彼らとともに英仏いずれかに亡命するよう懇願したが、レオポルト国王はそれを断わると「何が起ころうとも、余は軍と運命を共にする」と陸軍に通達した。

その翌朝、ブランシャールの司令部へ赴いたゴートとポーンオールは、南部からの攻撃を中止する命令が夜間に出されていたことを知った。ウェイガン計画は公式に死の宣告を下されていたのである。ベルギー戦線からの報告は慌ただしいもので、リスの背後への撤退が検討されたが、ベルギー降伏に関する討議はなく、彼らは全員その後に起こる事態を直視するのを避けた。海路による撤退の考えは常に心を離れなかったが、それはブランシャールにとっては口にするのも恐ろしく、また、先週の行動でその意図を明らかにしていたゴートにしてみれば、改めて口にするのは腹立たしいことであった。

事態の重圧下で、連合国の各国はこれまでになく、自国中心主義的な考えを顕わにするようになった。BEFの救出を思案するゴートは、ベルギー軍にイーゼル川の線まで大きく下がることを説得しようと努めたが、希望の無い戦いに終止符を打つことに専心していたレオポルト国王は、逆にリス川とエスコー川の間で攻撃に出ることを提案した。どちらの要求も聞き入れられるものではなかった。フランス軍にとっては、ウェイガン将軍がエーヌ川とソンム川の間に強力な防御戦を築く時間を稼ぐため、どれだけ長くベルギー軍とイギリス軍とともに抗戦を続けられるのか、それだけが唯一の関心事であった。

ドイツ軍はベルギー軍を圧迫し続けた。そして5月26日正午、ベルギー軍最高司令部はフランス軍事使節団長シャンポン将軍に、「我が軍は耐えうる限界に近づきつつある」と報せた。同日、オスカー・ミヒェリス将軍はゴートへの書簡の中で「ベルギー軍はもはやイープルまでの道を閉ざす戦力となり得なくなったことを、無念ながらも告げざるを得ない」との事態に至ったことを明かした。翌朝、ゴートはキース海軍大将からの連絡を受取り、レオポルト国王が「軍の壊滅以前に降伏の道を選ぶほか無くなったことを、貴官に理解して欲しいと望んでいる」ことを知らされた。

ベルギー降伏

こうした警告にもかかわらず、5月27日を通じて、ウェイガン、ブランシャール、ゴートは、ベルギーが限界に達し、レオポルト国王が降伏を決意しつつあることを理解している様子ではなかった。1530時、国王は休戦の申し入れを決意し、1700時、休戦交渉の特使に任命されたジュール・ドゥルソー少将が出発した。少将がドイツ第XI軍団の戦線に到着したのとほぼ時を同じくして、休戦のニュースはロンドンとパリに届いた。ロンドンには1800時の少し前、ヴァンセンヌのウェイガンのもとには同時刻を少し過ぎた頃のことであった。2230時、ドゥルソー少将はドイツ側が突きつけてきた「無条件降伏」の要求を携えて帰還した。30分後に、レオポルト国王はこの条件を受諾し、翌朝0400時に発効する停戦が軍に命じられた。5月28日、トゥルネーの東10キロ、シャトー・ダルデンヌに置かれたドイツ第6軍司令部で、ベルギー側代表のドゥルソー少将とドイツ側代表のヴァルター・フォン・ライヒェナウ上級大将の間で、休戦条約が調印された。翌日、ペパンステ要塞のアベル・デヴォ大尉が降伏して、ベルギー軍の最後の抵抗は終わったのである。

ベルギーの降伏は十分に予想されていたことではあったが、その降伏方法が仏英両国を狼狽させた。心痛と苦悩もあらわなレイノーは感情の昂ぶりにまかせた演説の中で、ベルギー軍は「激戦を共に戦うフランスとイギリスに何も知らせること無く、国王の命により突然、無条件降伏を行ない、ドイツ軍のためにダンケルクへの道を開いたのだ」と断定した。確かに仏英への通告は最後の決断の数時間前であったが、この災いの前兆は数日前から見いだせていたはずである。

ベルギー降伏の衝撃は、フランス民衆の目を覚まさせることになった。それまでフランス国民は、セダン突破とオランダ敗北を戦争の一場面として受け止め、ベルギーでの撤退は作戦機動と理解し、海へ向けてのドイツ軍の突破は、

今日、シャトー・ダルデンヌは周辺ともどもほとんど変わっていない……。おそらく祖国の恥辱の記憶が消え去ることに抵抗しているのだろう。

UN FRANC (32 pages)

LE PATRIOTE ILLUSTRÉ

REVUE HEBDOMADAIRE

Le Roi remet la Coupe-Challenge de l'Infanterie.

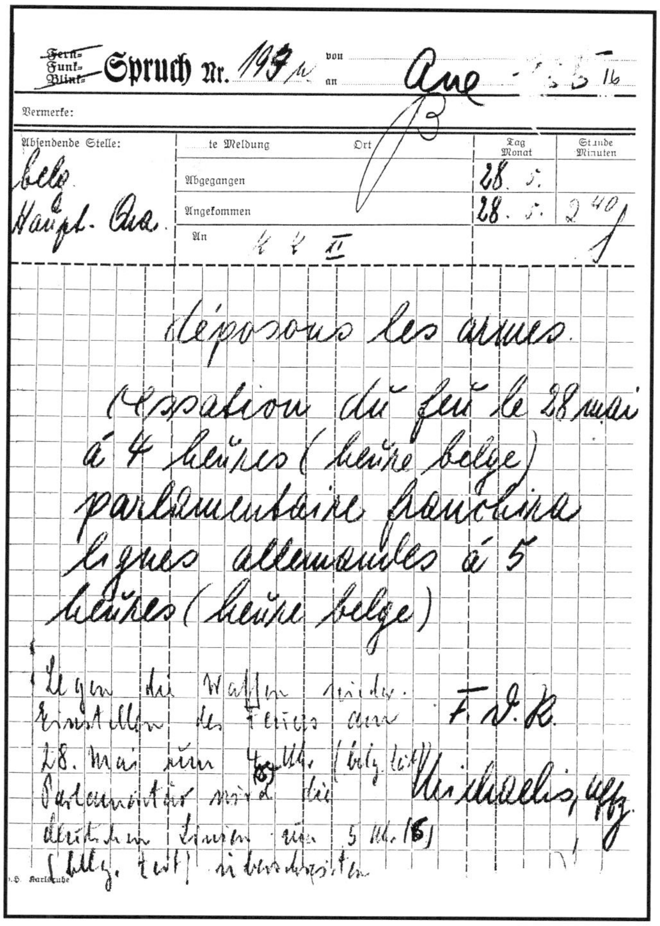

Spruch Nr.

Vermerke:

Absendende Stelle: belg. Haupt-Qu.

Abgegangen 28. 5.

Angekommen 28. 5. 2 40

déposons les armes.
cessation du feu le 28 mai
à 4 heures (heure belge)
parlementaire franchira
lignes allemandes à 5
heures (heure belge)

1カ月前、この写真が発行されたとき、国王は4年前に発した中立宣言に基づくベルギーの安全と中立について疑いを抱いておらず、連合軍に対するのと同様の信頼をヒトラーに寄せていた。そして5月28日、すべては水泡に帰した。国王は首相らの懇願を拒絶して、国民とともに残り、ドイツの保護下に入ることに同意した。写真はベルギー側の反応を記したメモ。「ベルギー時間、5月28日を午前4時をもって武器を置き、戦闘行為を停止する。休戦交渉の使節団はベルギー時間午前5時にドイツ軍との交渉に赴く」と書かれている。

両側面からドイツ軍に痛撃を与えるチャンスと見ていた。それはいまや一変して、連合軍がなぜ真っ先にベルギーへ進んだのかを疑いはじめ、より大きな災厄が忍び寄りつつあることを感じ取っていたのである。

「戦いは終わった!――」ブラッヘの南5km、ゼデルヘムにて、5月28日朝、休戦の事実を伝えに来た車を、ベルギー兵が取り囲んでいる。そしてドイツ軍士官が聴衆の中に立ち、国王が降伏に同意し、ベルギーの戦いが終わったことを告げた。

ベルギー降伏は、数日の間を置いて公表されたが、反応は悲痛だった。ベルギー首相ヒューデルト・ピエロは、その日の朝、パリの放送局を使って国民に語りかけた。「ベルギー国民の皆さん！　政府の公式見解、そして満場一致の議会を無視して、国王は独自の外交交渉を始め、敵と和平を結んでしまいました。あきれかえるばかりの愚行にベルギーは直面しましたが、一人の罪をベルギー国民に負わせることはできません。軍はこのような辱めを受けるような戦いをしたわけではないのです。我々が直面した悲哀は、なんら公的な承認がないところから発しているのです。それは祖国を結びつけているものではありません。国王が遵守を誓ったベルギー国憲法に従えば、祖国の行方を決めるのは国民の意思なのです。彼らの行ないは憲法によって否定されています。内閣の承認がなければ国王の国事行為には何の実権も伴わないのです。国民との絆を自ら断った国王は、今やその身を侵略者に委ねています。今後、彼は統治者の立場にはありません。国家元首たる者、外国の支配下においてその地位を保つことはできないからです。それゆえ、官吏、役人は彼らの命令に対する服従義務から解放されます。憲法は政府にこのような権限を認めているのです……そして政府は存続を諦めていません。上下両院議長ともども、政府はパリに身を置き、国民の意思の代弁者である政府は、祖国ベルギーの自由と解放のために努力を続けます！　ベルギーの皆さん、我々は、史上もっとも過酷な試練に直面しようとしているのです」

イープル——第一次世界大戦の残忍な激戦地の象徴である町——は陥落した。チャーチルは近郊のポペリンゲに、他には見られない規模の戦勝記念墓地を建立していた。間断のない激戦の中で、25万ものイギリス兵が散った同国の戦場を、墓地は見つめ続けているのだ。墓地の設計は計算され尽くされている。墓参者は古い門を通過する以外にない。1923年から、今度はベルギーが5年をかけて廃墟の上に戦勝記念アーチを造った。石版には5万4000名の戦死者名が刻まれている。1927年、ベルギー国王も参列の元で完成式典が行なわれた。そして13年の後、息子の代に王位が引き継がれると、より激しさを増した戦争の中で、ベルギーはいっそう苦しい立場に追い込まれた。レオポルト王自身はブリュッセルの王宮で1944年まで軟禁状態にあり、その後、オーストリアに移送された。政府のようにロンドンに亡命せず、彼がとった降伏という判断は、戦後、彼の復位をめぐる国論において激しい対立を生み出した。そして1950年には、彼は王位を息子のボーディアンに譲ることを宣言するのである。

ベルギーを離れてしまう前に、東部国境付近における電撃戦の推移については、ぜひとも触れておきたい。リエージュおよびナミュール要塞は敵主力に迂回され、主戦場がずっと西に移ってしまったとは言え、その守備隊はほぼ3週間も抵抗を続けていた。そのうちの1つ——ペパンステ要塞——は、文字通り、ベルギー軍の中で最後まで抵抗を続けていた拠点だった。この一帯には合計21ヶ所の要塞構造物がある。12ヶ所がリエージュ近郊にあり(P.F.L.:リエージュ要塞地区と呼ばれた)、9つがナミュール付近にあった(P.F.N.:ナミュール要塞地区)。これらはすべて第一次世界大戦前の建設であり、同じ型の入口を持っている。写真はP.F.L.に属するアンブールの要塞。

ベルギーの要塞群

1871年5月、フランクフルト・アム・マインで(フランスがドイツに大敗した普仏戦争の)和平条約が結ばれたのち、フランスとドイツは新国境線での要塞建設に躍起になった。1874年には早くもフランスが強力な要塞システムの建設に取り掛かり、ヴェルダン、トゥール、エピナル、ベルフォールに大堡塁を築き、ドイツはティオンヴィル、メッツ、シュトラスブルク(ストラスブール)、イシュタインに名高い「フェステン(城塞)」を築いた。

ベルギーは、フランスとドイツの双方とも要塞地帯を突破しての攻勢に勝利を収め得ないことを看破し、将来に起こる両国の戦争における攻撃軸は、北のベルギーか南のスイスを通ることになる危険を理解した。1882年、アンリ=アレクシ・ブリアルモン将軍は、ムーズ渓谷の守りの必要性を訴え、ベルギー東部国境を要塞化すべしという提案が支持された。1887年6月、ムーズ渓谷のナミュールとリエージュに「要塞」を建設する計画が承認され、国家防衛の要とみなされていたアントワープ要塞の強化も認められた。要塞建設は将軍に一任された。

ブリアルモン将軍は、リエージュを取り囲む12基の要塞を計画した。それらは町から8km離れた地点に、各々4kmの間隔で配置され、6基の大堡塁と6基の小堡塁とが交互に組み合わされていた。さらに、リエージュの北方、ヴィゼ近郊のリクセにも要塞が計画された。ナミュールでは、町の中心部から5～8kmの地点に9基の要塞が計画され、こちらは4基の大堡塁と5基の小堡塁が組み合わされていた。

リエージュ要塞地区(P.F.L.)の12基とナミュール要塞地区(P.F.N.)の9基の要塞は、1888年から1892年にかけて建設されたが、リクセの要塞は予算削減の結果、建設が見送られた。

1914年8月4日の早朝、ドイツ軍はベルギーに侵攻し、リエージュ攻囲用の部隊を残すと、西進を続けた。強力な砲兵部隊が要塞に砲弾を

リエージュ～ナミュール要塞地区は1871年に終わった普仏戦争の結果を受けて建設された。いずれも中央部に"massif"と呼ばれる砲郭を持った三角形状になっていて、幅10m、深さ5mほどの壕で囲まれている。砲郭には210mm榴弾砲や、120mmカノン砲、連装120mm砲ないし150mm砲を配備したキューポラが据えられている。規模に応じて、各々の要塞には150mm砲キューポラ1基、210mmキューポラ1～2基、120mm砲キューポラ2基が据えられている。要塞の直接防御用には3～4基の57mm隠顕式砲塔があって、この他に通常は要塞の隅に設けられたトーチカ砲台に穿たれた銃眼からは、57mm砲が、あらゆる角度から壕を縦射できるようになっている。写真は陥落後にドイツ人が撮影したP.F.N.のマルーン要塞の壕の中の様子。

浴びせ、8月8日にバルション、11日にエヴネー、13日にはポンティス、アンブール、クロードフォンテーヌが陥落し、残る要塞も次々とドイツ軍の手に落ちた。最後の2つ、フレマールとオローニュが降伏したのは8月16日であった。ドイツ軍は続いてナミュール要塞へと攻城砲兵を移動させた。5日後に重砲は射撃を開始し、要塞を破壊した。メズレは8月22日に放棄、コニュレーとマルショヴレットは23日に降伏、翌日にはさらに4基の要塞が降伏し、残る2つのダヴとスアルレーは8月25日に陥落した。

戦間期の再建

1922年に東部国境の防衛策を検討する委員会を設立したフランスに倣い、ベルギーも1926年に同様の検討委員会を設立した。防衛要塞の建設はベルギーの絶対中立主義政策と軌を一にするものであり、当初から、第一線の抵抗陣地として、敵のいかなる攻撃をも食い止めることで、ベルギー軍の動員に必要な時間的猶予を稼ぎ出すことを目標としていた。委員会がアントワープ、リエージュ、ナミュールの各要塞の近代化を答申したことで、要塞線の配置設計を検討するための第2の委員会が、1927年12月に設立された。この委員会は3ヵ月の時間をかけて要塞の問題点を洗い出し、翌年4月には新要塞の設計案を提出した。これは3本の要塞線から構成されるものであった。

第一線となる「前衛陣地」は、アントワープの北からアルロンにかけてのドイツとの国境沿いに敷かれ、道路と鉄道を射圧可能な小型トーチカ群により形成されていた。守備には国境部隊とアルデンヌ猟兵があたった。

続く「掩護陣地」は、アルベール運河沿いにアントワープから近代化されたリエージュ要塞地区まで連なり、2挺以上の機関銃を有する小型トーチカが運河沿いに多数配置された。アントワープでは、旧要塞の一部は武装変更を受けて歩兵陣地となり、対戦車水濠や溢水化準備によって強化されていた。すべてのムーズ川の橋梁には爆薬の装着が予定され、ナミュール要塞地区(P.F.N.)とリエージュ要塞地区を結ぶ川沿いには防塞が列をなしていた。

「中央陣地」は、アントワープからリール～ルーヴァン～ディール川～ワーヴルを経由して、近代化されたナミュール要塞地区(P.F.N.)に至るもので、防塞、対戦車障害物、塹壕、機関銃および47mm対戦車砲用の掩蔽壕により構成されていた。「K.W.」防衛線として知られるこの防衛線は、1940年5月のドイツ軍侵攻時には北部分が完成していたが、南部分はまだ配置設計も完了していなかった。

この計画では、新要塞は「阻止要塞」とは認識されておらず、歩兵部隊の支援陣地と考えられていた。リエージュ要塞地区とナミュール要塞地区にはムーズ川南部で、「前衛陣地」から後退する将兵を収容するための橋頭堡としての機能が与えられ、同時にベルギー軍の計画では反撃部隊の出撃拠点と目されていた。

新しくなったリエージュ要塞地区は、改修された8基の旧要塞(6基はムーズ川左岸、2基は右岸)と4基の新要塞で構成され、新要塞はさらに東のエベン・エマール、オーバン=ヌフシャトー、バティス、ペパンステに建設された。ロンサンを除くすべての大堡塁は、3基の小堡塁とともに近代化改修を済ませていた。改修されなかったリール、ランタン、オローニュ小堡塁は弾薬庫として使われた。ロンサンは1914年の戦いに斃れ、いまだ内部に眠る300名の戦没者を弔う慰霊碑となった。

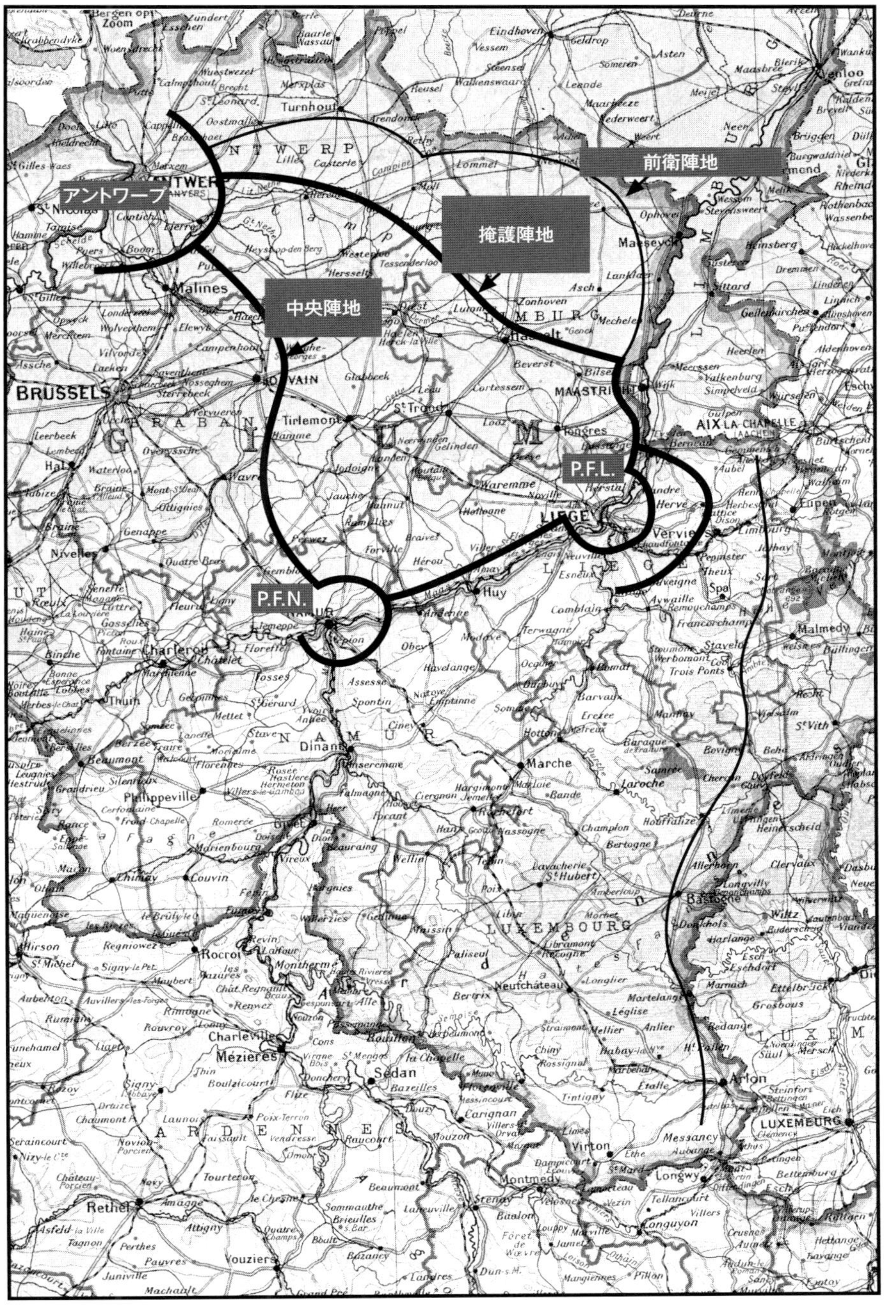

1922年、諮問会議の答申により設定されたベルギーの要塞線。要塞化地域——リエージュ要塞地区とナミュール要塞地区——は、よりシンプルに、P.F.L.、P.F.N.と表記される。

同じく刷新されたナミュール要塞地区は、改修された7基の旧要塞からなり、3基はムーズ川右岸、2基は左岸、残り2基はムーズ川とサンブル川の間に置かれた。コニュレー大堡塁とエミーヌ小堡塁は改修されず、弾薬庫とされた。

要塞の近代化

第一次世界大戦中、ドイツ軍は1914年に占領したベルギー要塞の大半を修復し、守備隊を配置していたが、1917年になると破壊する方針に転じた。そのため、ベルギー軍の要塞近代化は、装備火器と施設の再点検から始まった。1914年の戦訓により、ガス攻撃に備えて換気装置が追加され、天井と壁はコンクリートを盛って補強された。また、安全な深さまで新たに地下室が掘られたが、水準点の高いボンセルではこれは実施できなかった。

装備火器の変更は1928年から1934年にかけて、ドイツ軍の遺棄した兵器を使って進められた。破壊された部位を補うため、銃塔、砲塔他の施設は改修予定が無かったアントワープ要塞から運ばれ、不足分は要塞間で融通し合ったが、この結果、要塞によって装備火器が異なるという混乱が生じてしまった。

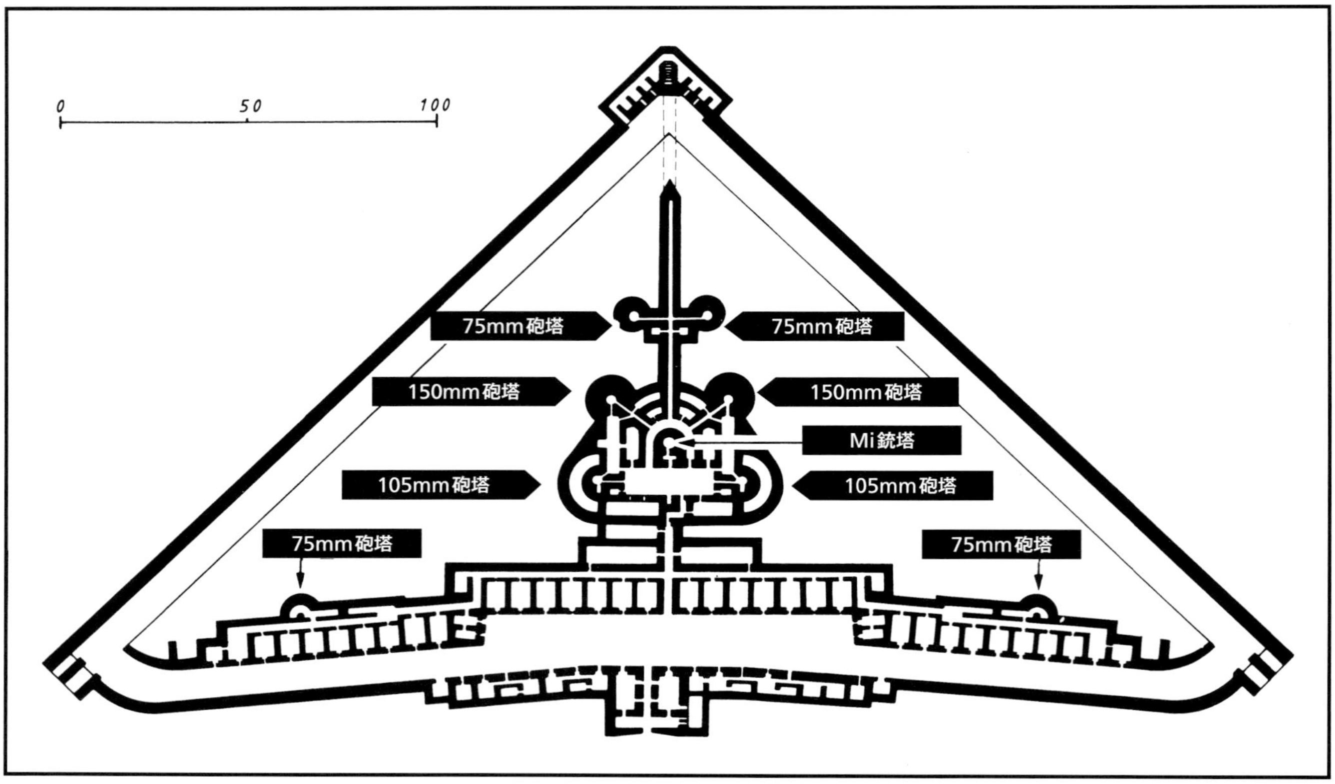

リエージュ要塞地区とナミュール要塞地区で唯一共通する火器は、時代遅れの57mm砲塔から改修された75mm砲塔だけだった。この他はまったく異なり、ナミュール要塞地区では、旧式の150mm連装砲塔が75mm連装砲塔に改修された(メズレでは105mm連装砲塔に改修)。一方の、リエージュ要塞地区では、150mm砲塔は機関銃と擲弾発射器を装備するMi=LG型砲塔となった。

また、リエージュ要塞地区では210mm砲塔が150mmカノン砲に換装されたが、ナミュール要塞地区では210mm砲塔は撤去され、据え付け部はコンクリートで塞がれた。また、リエージュ要塞地区では120mmキューポラ(単装および連装)は、105mmカノン砲に換装されたが、ナミュール要塞地区では120mm砲塔は改修され、Mi銃塔(機関銃装備)かLG銃塔(擲弾発射器装備)に変更された。

壕を縦射する銃眼のうち、57ミリ砲銃眼は機関銃を装備するように改修されたが、これもリエージュ要塞地区ではFM30機関銃、ナミュール要塞地区では第一次世界大戦の遺物の7.65mmマキシム機関銃と、かくもばらばらのありさまであった。

対空装備は唯一、旧式の7.65mmマキシム機関銃を装備する中隊が、要塞近くの露天の塹壕に置かれているだけであった。

概して、要塞の装備火器更新の実施は一部に限られ、大半は前大戦時にも及ばぬ弱体なものに成り下がった。一例を挙げれば、ボンセルとアンブールでは4基の砲塔が改修されただけで、150mm砲塔1基、120mm砲塔2基、210mm砲塔2基は撤去され、コンクリートで潰された。両要塞に残った攻撃火器は、最大射程5.2kmの75mm砲だけとなったのである。

装備火器の貧弱さだけでなく、要塞砲兵は設計上の欠陥にも直面させられた。実戦では、LG銃塔の擲弾発射器は砲爆撃などで飛散するコンクリートの瓦礫で発射不能になりやすく、さらに、150mm砲塔の動力式旋回装置は数時間も使用すれば故障してしまい、そうなると手動で旋回させなければならなかった。換装に用いられた砲の多くは、1918年に戦利品として鹵獲したドイツ製兵器で、数発射撃しただけで使用不能になるものもあり、砲兵は砲身交換に奔走する破目となった。フレロンでは、5月14日に交換したばかりの150mm砲の砲身を、翌日またも交換しなければならなかった。エヴネーで

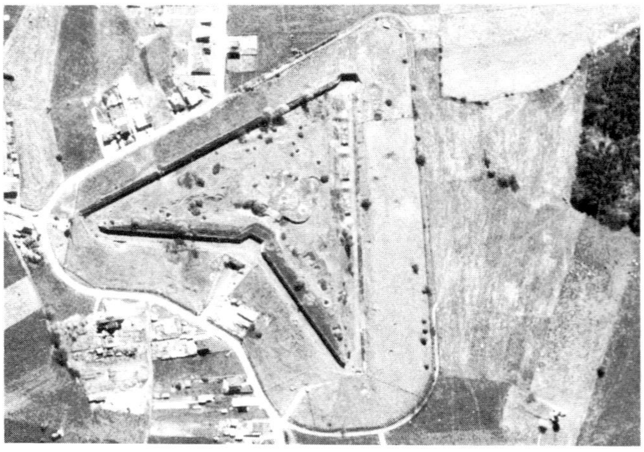

基本的に個々の要塞は真上から見て三角形になっている。(上)は1940年のバルションの様子。ボンセル要塞(左)も基本的には同じ形を踏襲しているが、地形の制約で完全な三角形にできなかった。ボンチセは頂点付近が削られて台形となっている。これらの撮影時期は

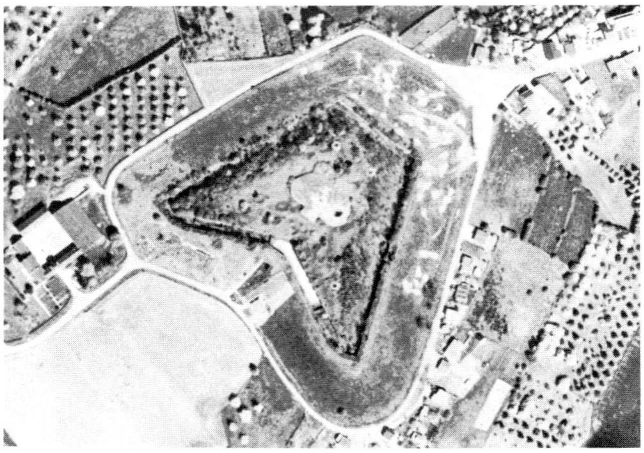

1970年代で(フランシス・トリティエ氏に感謝)、砲塔やキューポラは撤去されて、跡には穴が空いている。今日、ボンセル要塞は宅地造成されて、完全に姿を消していた。

第一次世界大戦後い始まった近代化改修は、急場しのぎと修理にとどまる中途半端なものだった。もっぱらドイツ軍からの鹵確兵器が使用されていたが、口径や種類にまとまりが無く、規格統一などは一切考慮されていなかった。フレマル堡塁（P.F.L.）の105mm連装砲搭載キューポラ。陥落後にドイツ軍が撮影した。

は5月18日に開始した砲身交換作業が、28日のベルギー降伏の際にも終わっていなかった。75mm砲にも故障があり、バルションとフレロンでは、5月11日に腔発事故が発生した。

装備火器

改修時に導入された火砲の性能仕様は、以下の通りである。

・75mm砲塔：旧型で直径1.65mある57mm隠顕旋回式砲塔に、75mm砲1門を装備したもの。砲の出処は不明だが、第一次世界大戦時にベルギー軍が装備したシュナイダー75mmカノン砲の改造型と思われる。弾重5kgの砲弾を最大射程5.2kmまで飛ばした。リエージュ要塞地区とナミュール要塞地区に57基が据えられた。

・75mm砲塔：旧型の直径4.8mの150mm旋回式砲塔に、75mm砲2門を装備したもの。ベルギー野砲の改良型で、弾重5.5kgの砲弾の最大射程は11kmであった。ナミュール要塞地区にのみ6基が置かれた。

・105mm砲塔：旧型の120mm旋回式砲塔に、105mmカノン砲を装備したもの（メズルでは150mm砲塔を使用）。砲塔は直径は4.2mで砲2門を装備していたが、エヴネーとショードフォンテーヌでは、直径4.5mの砲塔に、砲が1門だけ装備された。砲はドイツ軍からの戦利品であり、弾重17.5kgの砲弾の最大射程は13.3kmであった。リエージュ要塞地区には、単装4基と連装7基が配備され、メズルにも1基が置かれた。

・150mm砲塔：旧型の直径3.6mの210mm旋回式砲塔に、150mm砲1門を装備したもの。戦利品のドイツ製の砲は、弾重40kgの砲弾を最大射程19.9kmまで飛ばすことができた。リエージュ要塞地区にのみ、7基が配備された。

・Mi銃塔：旧型の120mm砲塔に、7.65mmマキシム機関銃を装備したもの。銃塔直径4.2mのものは機関銃1挺、直径4.8mのものは機関銃2挺を装備した。6基が存在したといわれ、すべてナミュール要塞地区に設置された。

・LG銃塔：旧型の直径4.2mの120mm砲塔に、120mm擲弾発射器2門を装備したもの。近接防御兵器であり、2kmの榴弾を使用して最大射程は350m。ナミュール要塞地区にのみ、8基が設置された。

・Mi／LG銃塔：リエージュ要塞地区において、旧型の150mm砲塔を改修して、7.65mmマキシム機関銃と120mm擲弾発射器を装備したもの。銃塔の直径は4.8mで、設置場所の要求に応じて、機関銃1～2挺と擲弾発射器2～4門とが組み合わせられた。5基が設置された。

・観測キューポラ：各要塞の旧型装甲サーチライト1基を改修して、装甲観測ポスト（POC）としたもの。第一次世界大戦の終戦時にすべての装甲建造物をドイツ軍によって破壊されていたボンセルでは、フレマールから運ばれた装甲サーチライトから装甲観測ポスト（POC）が改修された。フレマール要塞の改修時には、装甲観測ポスト（POC）用のキューポラ1基が特設された。

新要塞

1930年代にリエージュの東のエベン・エマール、オーバン=ヌフシャトー、バティス、ペパンステに建設された4基の新要塞は、装備火器と防御が強化され、指揮所、発電所、兵舎、弾薬庫が、地下30mに設けられていた。

オーバン=ヌフシャトー、ペパンステ（タンクレモンと呼ばれることが多い）要塞は、楔型になっていて施設の配置は旧要塞と同じであった。中央方形堡は幅15m、深さ6mの堀に囲まれ、堡塁上には2門の75mm砲を装備する隠顕式砲塔2基が、長射程火器として設置されていた。要塞の近距離防御用としては、3門の81mm迫撃砲と7.65mm機関銃塔数基が配されていた。また近接防御用の47mm対戦車砲が、ペパンステに3門、オーバン=ヌフシャトーに2門備えられ、さらに、堀の隅には7.65mm機関銃を銃眼に装備するトーチカが設けられていた。オーバン=ヌフシャトーには、47mm対戦車砲1門を装備する2基の銃塔が設けられた。堀のトーチカには、サーチライト用開口部と手榴弾を堀に投下するためのチューブも追加されていた。

エベン・エマール、バティスは大型で一層強力な要塞で、形状や施設配置も独特だった。他と同じく、長射程火器は中央の方形堡に置かれていたが、防御火器は主として、多角形の堀に面した防塞に集中していた。

バティスでは、第1砲兵中隊が各々2門の75mm砲を装備する隠顕式砲塔1基を備えた「北A」、「ブロックIV」、「ブロックVI」堡塁と、各々に2門の120mmカノン砲を装備する旋回式砲塔1基を備えた「北B」、「南B」堡塁を担当していた。第2砲兵中隊は要塞の近距離防御を担当で、銃眼から発射する60mm対戦車砲と機関銃と機関銃塔を備えた8基の防塞を守っていた。

新要塞でも最強のエベン・エマールは、巨大

1914年8月16日と、1940年5月16日の二度、この要塞は敵の包囲に屈した。瓦礫に半ば埋もれて使用できなくなった150mm砲のキューポラ。5月15日のスツーカによる攻撃でフレマル要塞はキューポラ3基、砲台4基が使用不能になった。パイロットたちは爆撃の成果を自らの目で確認に来たのだ。

前面防御力を高める狙いで、戦間期にはリエージュ要塞群の中にオーバン=ヌフシャトー、バティス、エベン・エマール、ペパンステの堡塁が追加建造された。写真はペパンステ（しばしばタンクレモンと書かれる）の壕の様子。左側が砲郭である。3つの銃眼を備えたトーチカ砲台IVが奥正面に見える。内訳は、左からサーチライト、47mm対戦車砲、7.65mm機銃の順である。

な水濠障害物であるアルベール運河がその一辺を形成しているところに特徴があった。運河と「ブロックII」堡塁の間には水濠が造られ、「ブロックI」堡塁からは要塞の残りの部分を取り囲むように、4mの障壁を持つ対戦車壕が掘られていた。第1砲兵中隊は3連装75mm砲を備えたトーチカ砲台4基、北のマーストリヒトに砲口を向けた「マーストリヒト1」、「マーストリヒト2」と、南のヴィゼに射界を広げる「ヴィゼ1」、「ヴィゼ2」の守りに就いていた。同中隊は各々に2門の75mm砲を装備する隠顕式砲塔2基を備えた、要塞頂部の「北砲台」と「ブロックV」上の「南砲台」も管理下に置いていた。要塞のほぼ中央には、2門の120mmカノン砲を装備する旋回式砲塔である「120砲台」があった。

要塞自体の防御に当たっていた第2砲兵中隊は、要塞頂部の「北Mi」、「南Mi」銃塔と対戦車障壁に設けられた7基のトーチカ砲台を管理していた。これらは、「ブロックI」、「ブロックII」、「ブロックIV」「ブロックV」、「ブロックVI」と呼ばれ、アルベール運河に面した「運河北」と「運河南」はほぼ水面と同じ高さに設けられていた。これら9基のトーチカ砲台はそれぞれ、機関銃数挺、60mm対戦車砲1ないし2門と、観測銃塔とサーチライトを備えていた。

装備火器

新要塞の基本装備火器は、以下の通りである。

・75mm砲塔：直径3.5mの隠顕旋回式砲塔に、2門の75mm砲を装備したもの。砲はボフォース社の設計によるベルギー製の「M1934 75mm」砲で、弾重6kgの砲弾の最大射程は10kmだった。4つの新要塞に、合計9基が配備されていた。
・120mm砲塔：直径6mの旋回式砲塔に、2門の120mmカノン砲を装備したもの。1931年製のベルギー製120mm野砲を改造したこの砲は、弾重20kgの砲弾を最大16.9kmで射撃する能力があった。バティスに2基、エベン・エマールに1基配備されていた。
・47mm砲塔：直径2.5mの固定式砲塔に、1門の47mm対戦車砲を装備したもの。オーバン=ヌフシャトーに2基が設置された。
・Mi銃塔：直径2.5mの固定式銃塔に、2挺の7.65mmマキシム機関銃を装備したもの。エベン・エマールを除く3要塞に26基が設置された。
・75mm砲銃眼：ベルギー製75mm野砲の改造型各3門を、4基のトーチカ砲台に備えたもので、エベン・エマール要塞だけに設置された。この砲は、弾重6kmの砲弾の最大射程は11kmであった。
・81mm砲銃眼：要塞中央部のコンクリート製トーチカ砲台に、3門の81mm迫撃砲を備えたもの。オーバン=ヌフシャトーとペパンステ要塞に設置された。
・60mm砲銃眼：60mm対戦車砲を備えた防塞。バティスとエベン・エマール要塞に16基が設置されたといわれる。
・47mm砲銃眼：47mm対戦車砲を備えたトーチカ砲台。オーバン=ヌフシャトーとペパンステ要塞に7基が設置された。
・機関銃眼：7.65mm機関銃を備えたトーチカで、4つの要塞に44基が設置された。
・観測キューポラ：観測専用だが、開口部から軽機関銃の射撃もできた。4つの要塞に22基が設置された。

新要塞は、強力な対空防御火器を欠いていて、経空攻撃への唯一の対抗手段は6挺の旧式機関銃（第一次世界大戦の7.65mmマキシム機関銃）を装備する1個中隊だけで、要塞近くの塹壕陣

昇降装置が付いた隠顕式の装甲砲塔（左）ペパンステ堡塁にある75mm隠顕式連装砲等の1つ。1940年にドイツ軍が撮影した。（右）ブロックIIの75mm隠顕式装甲砲塔。ジャン・ポールが撮影した！

地か、バティスとエベン・エマール要塞では要塞施設の頂部に陣取った。

リエージュ要塞地区（P.F.L.）

大戦勃発前のベルギー国防計画の中軸であったリエージュ要塞地区は、4本の防衛線により構成されていた。東から西へと数えて第一防衛線となる「P.F.L.1」は、エベン・エマール、オーバン=ヌフシャトー、バティス、ペパンステの4基の新要塞を基礎としていた。北のエバン・エマール要塞からペパンステ要塞南部のウールト渓谷にかけては、機関銃と47mm対戦車砲を装備する179基のトーチカ砲台が一線上に点在していた。予算削減により、計画されていたスーニェ=ルムーシャンとグランルシャン要塞の建設は中止された。その幻の防衛箇所はまさに、1940年5月にドイツ第251歩兵師団がリエージュ要塞地区攻撃を実施した、アンブレーヴ渓谷であった。

第二線となる「P.F.L.2」は、ムーズ川右岸の6基の近代改修された要塞を基礎としており、要塞間には前面に対戦車障害物を配した、61基の観測所兼機銃トーチカが築かれていた。

「P.F.L.3」は、ムーズ川のジュピーユからリエージュの南でウールト川のアングルールに至るリエージュ東側の道を防備するための、8基の強力なトーチカ砲台による防衛線であった。これらのトーチカ砲台は主街道沿いにリエージュに迫る攻撃を阻止するためのもので、機関銃と47mm対戦車砲を備え、さらに対戦車障害物を配していた。

「P.F.L.4」はムーズ川左岸に敷かれ、近代改修されたポンチセとフレマールの2要塞を基礎として、10基の機関銃防塞を配したものであった。リエージュの北にはムーズ川沿いに31基のトーチカ砲台が、アルベール運河沿いには9基のトーチカ砲台があった。

リエージュ要塞地区の要塞群は、1928年に設立されたリエージュ要塞連隊によって守られ、第二次世界大戦の勃発時には、モーリス・モダール大佐の指揮下に5個のグループを形成していた。

バティス堡塁の120mm連装砲塔、戦闘終了後に撮影。

第1グループ：エベン・エマール要塞の2個砲兵中隊。
第2グループ：ポンチセ、バルション、オーバン=ヌフシャトー要塞の3個砲兵中隊。
第3グループ：エヴネーとフレロン要塞の2個砲兵中隊。
第4グループ：ショウドフォンテーヌ、アンブール、ボンセル、フレマール、ペパンステ要塞の5個砲兵中隊。
第5グループ：バティス要塞の2個砲兵中隊。

新要塞の装備

	75mm 砲塔	120mm 砲塔	47mm 砲塔	Mi 銃塔	観測 キューポラ	81mm 砲銃眼	75mm 砲銃眼	60mm 砲銃眼	47mm 砲銃眼	機関銃眼
エベン・エマール	2	1			11		12	12		24
バティス	3	2		11	4			4		10
ヌフシャトー	2		2	7	4	3			3	5
ペパンステ	2			8	3	3			4	5

バティスの「新要塞」。今日では戦時の姿をとどめる公園になっている。写真はブロックIVの75mm隠顕式砲塔、収容時の状態。同じブロックには他に2つのMIキューポラがある。

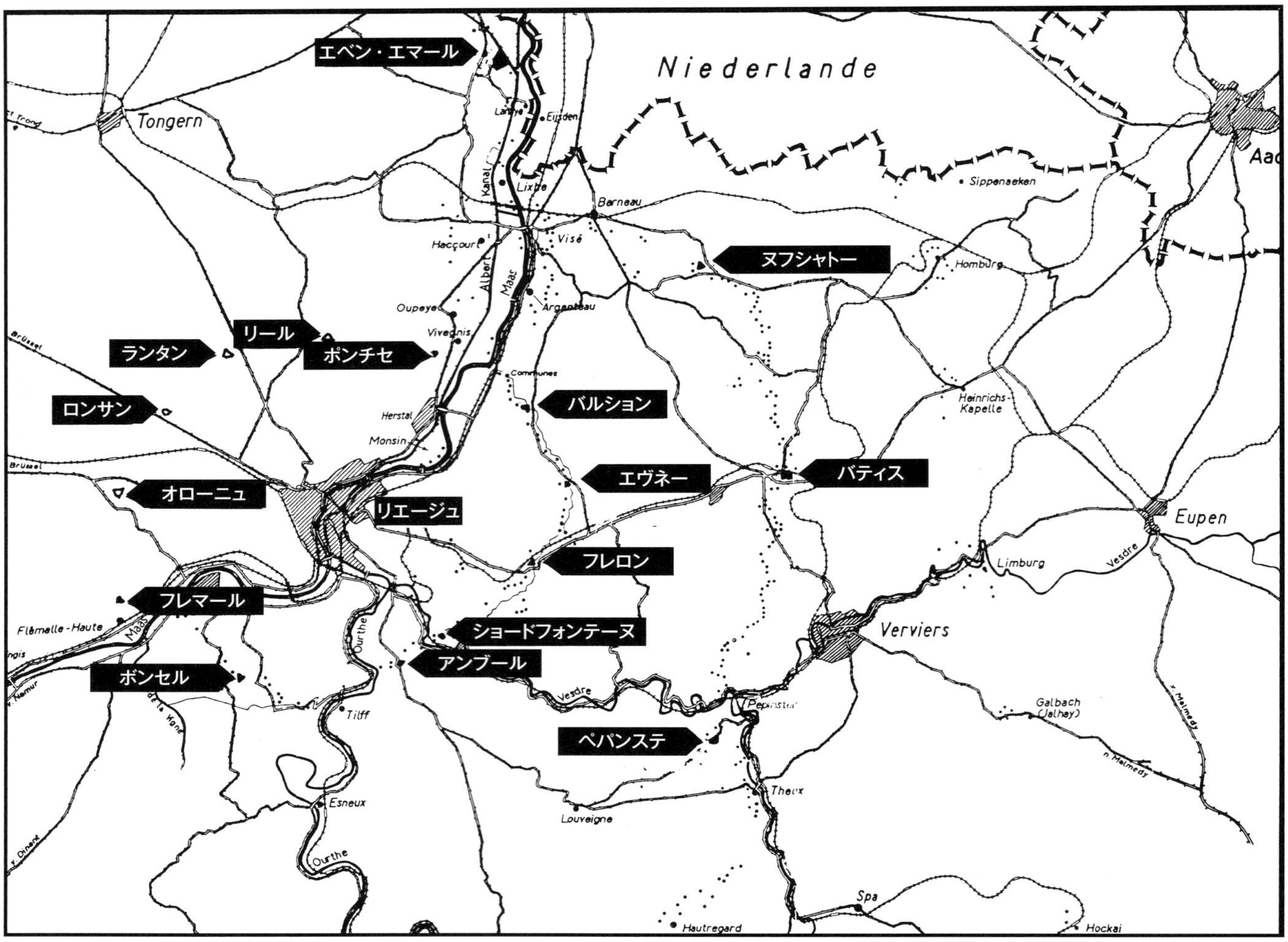

《ベルギー諸要塞に関する報告書》において「リエージュ要塞」と解説された地図。エベン・エマール〜ペパンステに設定された東の線がP.F.L.1、バルション〜ボンセルがP.F.L.2である。

リエージュ要塞連隊は、リエージュに司令部を置くジョセフ・ドクレー将軍の第III軍団直属であった。1939年11月にエベン・エマール要塞の第1グループは、第I軍団に配属された。

ナミュール要塞地区

ナミュール要塞地区の要塞群は、1932年に設立されたナミュール要塞連隊によって守られていた。設立がリエージュ要塞連隊に4年遅れたという事実は、そのままナミュール要塞連隊の優先度が示唆していた。開戦直前の時点で、ナミュール要塞連隊はアドルフ・ドリオン中佐の指揮下に、2個のグループを形成していた。

第1グループ：マルショーヴレット、メズル、アンドワ、ダヴ要塞の4個砲兵中隊。

第2グループ：サン・タリベール、マロンヌ、スアーレー要塞の3個砲兵中隊。

ナミュール要塞連隊は、ナミュールに司令部を置くジョルジュ・ドフォンテーヌ将軍の第VII軍団直属であった。

第二次世界大戦

ドイツ軍の《作戦名：黄色》は、リエージュ要塞地区の北のジャンブルー峡谷で、第XVI軍団が陽動攻撃に出る一方で、攻勢重心となるフォン・クライスト集団の攻撃を、ナミュール要塞地区の南にあたるアルデンヌに指向し、フランス領のセダン周辺でムーズ川を渡ることを企図していた。ドイツ軍の進撃路は射程外だったので、ナミュール要塞地区にはフォン・クライスト集団を阻む術は無かった。だが、第XVI軍団の作戦地区にあるムーズ川とアルベール運河の渡河点は、エベン・エマール要塞の砲の射程内にあった。しかし1914年の時とは違って、ドイツ軍はエベン・エマール要塞の目と鼻の先に横たわるオランダ領土への侵攻に躊躇せず、ムーズ川を渡河するための行動の自由を得ていた。そのため、リエージュ要塞は1914年の時ほどの価値を失ってしまった。

こうして軍事的焦点としてベルギー唯一の要塞となったエベン・エマール要塞とアルベール運河の橋梁の奪取には、コッホ空挺大隊による空挺突撃が計画された。リエージュとナミュールの要塞は、B軍集団第6軍とA軍集団第4軍の連接点に位置しており、この2つの軍集団の境界線は、リエージュとナミュールの中間、ヴェードルに沿ってマース川を横切り、サンブル川まで延びていた。つまり、川のどちらの岸に要塞があるのかで、要塞攻略の担当が決定されたのだ。

第6軍の左翼では、第XVI軍団の戦車部隊が

リエージュ要塞地区の主装備

	150mm 単装砲塔	105mm 連装砲塔	105mm 単装砲塔	機関銃砲	75mm 単装砲塔
ポンチセ		1			4
バルション	2	2		1	4
エヴネー	1		2	1	3
フレロン	2	2		1	4
ショードフォンテーヌ	1		2	1	4
アンブール					4
ボンセル					4
フレマール	1	1		1	4

ムーズ渡河を終えジャンブルー峡谷への進撃を始めた時点で、第XXVII軍団がリエージュ東側で防衛線を打ち破り、そののち、ムーズ川の北を進んでナミュールを目指す予定となっていた。

第4軍の右翼に当たるリエージュの南側とムーズ川では、ディナンでのムーズ渡河を目指す第XV軍団の戦車部隊に続いて、第V軍団がアンブレーヴ渓谷に沿って進み、ウールト川を渡ってリエージュ南翼の防御戦を突破した後に、ムーズ南岸をナミュールへと進む予定となっていた。

ナシュール要塞地区の主装備

	150mm 単装砲塔	75mm 連装砲塔	Mi 銃砲	LG 銃砲	75mm 単装砲塔
マルショーヴレット		1		2	3
メザル	1			2	4
アンドワ		1	1	1	4
ダヴ		1	1	1	3
サン・タリベール		1	2		4
マロンヌ		1		2	4
スアーレー		1	2		4

1941年、OKHが作製した報告書にあるベルギーの要塞整備計画。近代化改修された「ナミュール要塞」は黒で塗られ、従来型の要塞は白抜きで、また個々のトーチカ砲台やトーチカは黒点で描かれている。

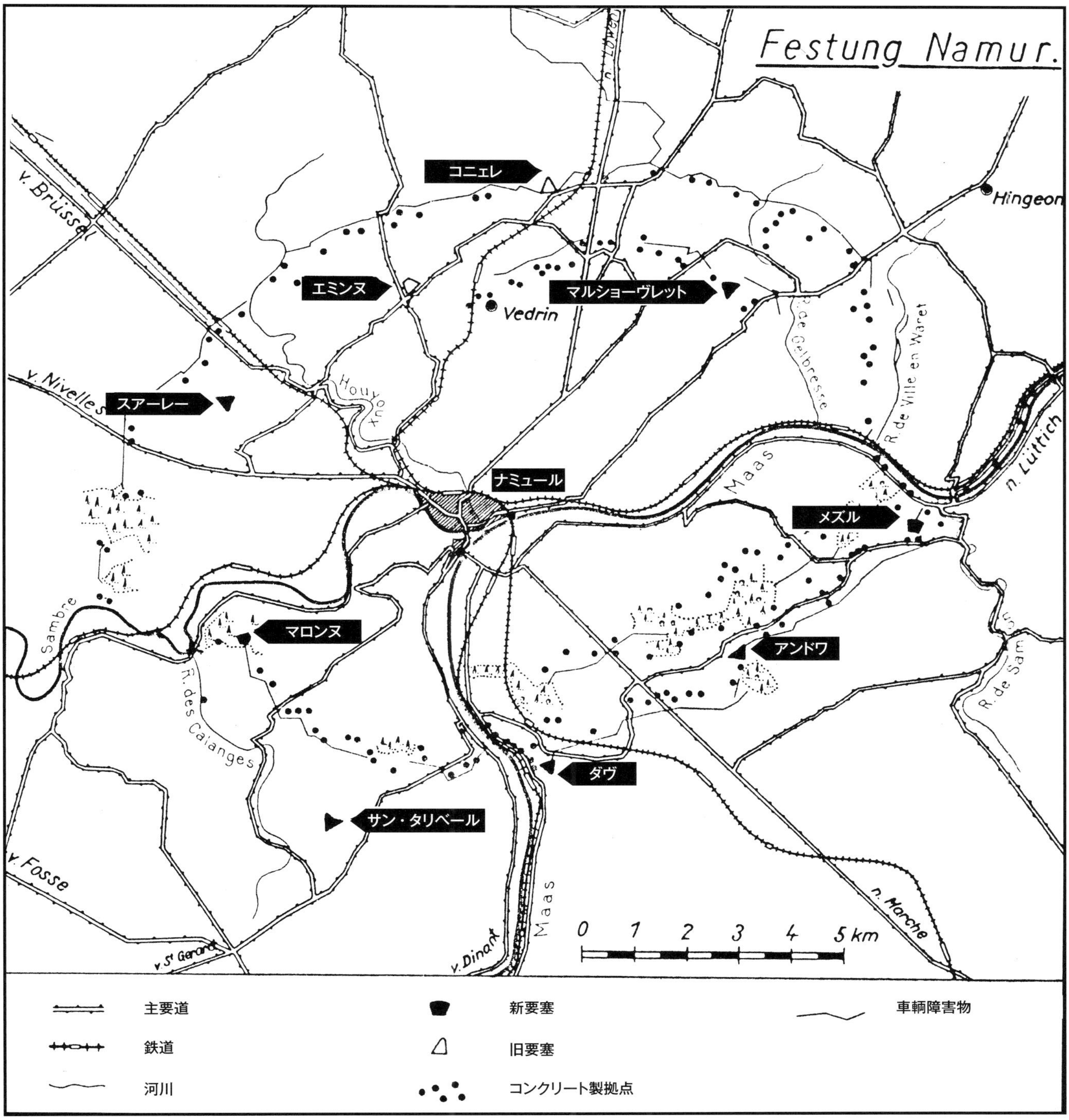

アルベール運河にかかる橋をいくつか奪い、エベン・エマールの新要塞（78ページ）の占領にも成功した第6軍は、リエージュを無視して、その北側を西進した。第6軍の右翼、第XXVII軍団はP.F.L.の北側面を警戒していた。5月16日、1230時、第251歩兵師団の兵士がポンセル堡塁の入口に仕掛けた爆薬の効果を確かめている場面。

リエージュ要塞地区の戦い

コッホ突撃大隊のエベン・エマール要塞の空挺奇襲を除けば、リエージュ要塞地区にとって5月10日は比較的に平穏であった。早朝、各守備隊は戦闘配置につき、バティス要塞では、リエージュで入院中の要塞司令のアンリ・ボヴィ少佐が急いで退院し、0430時に帰着していた。その1時間後、要塞砲兵に第一斉射を命じた直後に、少佐は心臓発作で死亡した。要塞の指揮は副官であったジョルジュ・グエリ少佐が引き継いだ。

ポンティス、バルション、エヴネーに続いて、オーバン=ヌフシャトーとフレロン要塞が、事前に選定されていたエベン・エマール要塞の各目標への砲撃を開始した。しかし、ペパンステ要塞の砲撃は夕方まで遅れた。

その夜、第III軍団がムーズ川を越えて撤退したため、川の南の要塞群は丸裸となった。翌朝早く、リエージュ要塞連隊長モダール大佐はフレマール要塞に現れ、2名の参謀とともに連隊本部を設置した。

5月11日、土曜日

朝からバルションとポンティスはエベン・エマール要塞への砲撃を開始した。ポンチセはアイスデンのムーズ川渡河点を目標に、フレロンはバティスへの支援砲撃を、バティスとバルションはオーバン=ヌフシャトーの支援砲撃をそれぞれ実施した。早朝にオーバン=ヌフシャトーはドイツ空軍による空襲の第一報を発し、ほどなく、バルションとフレロンは対空機関銃により敵機1機を撃墜したと報告した（おそらくは同一機）。フレロンは75mm砲の数斉射をもって、3km南のサン=アドゥランに不時着した航空機を破壊した。

5月12日、日曜日

バルションは早朝にドイツ歩兵の攻撃を受けたが、要塞は奮戦し、ポンチセからの支援もあって敵の撃退に成功した。夕刻にはペパンステも攻撃にさらされたが、こちらの攻撃はさほどでもなく簡単に撃退された。翌朝の攻撃準備を妨害するため、夜間にショードフォンテーヌ、フレロン、バティス要塞は、ペパンステ北のマズール森に砲撃を加えた。フレロン、ポンチセ、ペパンステの各要塞は軽度の砲撃を受けたことを報告した。

1986年に訪れてみると、壕は埋まり始めていた。そして現在は宅地造成されて跡形もない。

P.F.L.とP.F.N.のそれぞれを守備していた兵士たちは、要塞が難攻不落であると信じて疑わなかった。しかし、中世の要塞が新時代の戦争で無力だったのと同じように、20世紀に入って形を為した鋼鉄とコンクリートの要塞は、機械化された戦争には適っていなかった。対空偽装は不適切で、兵士たちは頭上を暴露した状態で空襲を受けながら、時代遅れのマキシム機関銃で対抗するしかなかったのだ。グライダー降下を阻む工夫は何もなく、対空機銃が口火を切る前にドイツ兵の着地を許すことになる。

この間に、第6軍はリエージュを北に迂回し、麾下部隊はロンサンとランタン要塞の「占領」を報告したが、実際はこれらの要塞には守備隊が置かれていなかった。第XXVII軍団はリエージュ要塞地区の各要塞は、徹底抗戦の決意を固めていると報告した。

5月13日、月曜日

ドイツ戦車師団はいまやリエージュのベルギー軍を取り残して、さらに西へと進撃してしまった。北では第XVI軍団の先鋒がアニュの西に達し、南では第XV軍団がディナンでムーズ川を越えていた。リエージュ要塞地区の全要塞は現在砲撃下にあることを報告し、ドイツ空軍機はエヴネーとフレロン要塞を爆撃していた。

ヴェドルの南では、第V軍団主力が夜間にアンブール要塞に取りつき、要塞は終日、大小様々な口径の砲を投入した砲撃にさらされた。2200時、ドイツ軍は要塞への突撃を敢行したが、ショードフォンテーヌ要塞の助けも得てこれは撃退された。夜間に、ショードフォンテーヌは斉射を繰り返して、アンブール砕石場に据えられたドイツ軍の37mm砲を破壊しようと努めた。

5月14日、火曜日

要塞の対空防御の弱さを補うため、急降下爆撃が始まったら、各要塞は空中爆発する時限信管付きの砲弾を使って相互支援することが決まっていた。しかし、14日の朝にバルション要塞がドイツ機に襲われた際にさっそく実施されたが、効果はほとんど無く、逆に要塞が被害を受けてしまった。

ドイツ軍の砲撃はますます強化され、正午頃、スツーカがポンチセを襲い、2基の75mm砲塔に損傷を与えた。午後にはフレマールが爆撃を受け、銃塔や砲塔への直撃は無かったものの、大損害を出した。

5月15日、水曜日

ムーズ川両岸をナミュールへと進む第XXVII軍団と第V軍団は、各1個師団をリエージュ要塞地区攻略のために分遣した。第XXVII軍団第223歩兵師団はリエージュの北と東から要塞を攻め、第251師団は南翼へと回り込もうとした。この日もスツーカが姿を現し、まずエヴネーとフレマール、続いてアンブール、ボンセル、ショードフォンテーヌを叩いた。損害は大きく、アンブールとショードフォンテーヌでは75mm砲塔各1基が破壊された。フレマールでは、フレロンとショードフォンテーヌからの時限信管付き砲弾による高射砲撃にもかかわらず、75mm砲塔4基、150mm砲塔、105mm砲塔、Mi+LG銃塔各1基が使用不能となり、要塞は抗戦能力を失った。

ボンセルも激戦の焦点となった。夜間に村内に据え付けられた88mm高射砲が、ドイツ軍の150mm砲を狙うために地表へと迫り上がった要塞の各砲塔に直接照準射撃を加えた。数分のうちに、4基あった75mm砲塔のうち3基が使用不能となり、すかさずドイツ歩兵が攻撃にかかったが、機関銃に撃退された。夜間攻撃を粉砕しようと、ボンセル要塞司令のヌマ・シャルリエール少佐は、隣接するフレロン、エヴネーに砲撃支援を要請した。シャルリエール少佐は志願者とともに、ただ1つ稼働していた「2番砲塔」の操作を助け、夜を徹して砲撃を続けた。

5月16日、火曜日

スツーカは午前と午後に姿を現し、オーバン＝ヌフシャトー、ボンセル、フレロン、アンブール、ショードフォンテーヌを爆撃し損害を与えた。ボンセルでは1機のスツーカが急降下からの引き起こしに失敗して、要塞入口付近に激突した。

午前中、レオポルト国王からの激励のメッセージが孤立したリエージュ要塞地区経由で各要塞へと伝えられた。「リエージュ要塞地区のモダール大佐、将校、下士官、兵士諸君。祖国の最期の時まで共に戦おう。余は諸君らを誇りに思う」

1020時、ボンセル要塞司令シャリエ少佐は会議を招集したが、出席した全将校は異口同音に、要塞は戦闘能力を失ったのだから降伏すべきであると訴えた。少佐は、砲塔1基がまだ使用可能であり、換気装置が稼働している以上、戦いを続けるべきだとし、志願者を募った。25名が

新時代の大砲――急降下爆撃機。5月13日以来、リエージュ要塞地区に対してスツーカは猛威をふるっていた。正確な爆撃は壕を無力化し、砲塔とキューポラを作動不良にした上で、換気システムまで破壊した。写真はドイツの偵察機が、おそらく5月16日に撮影したバルションの配置状況。この2日後に同要塞は陥落する。中央部の4つのキューポラは無傷のように見えるが、5つ目は2発の至近弾で使い物にならなくなっている。

前へ進み出て、残る全員には退去が許された。何とかして換気塔から脱出した将兵は、数百メートル進んで森の縁まで来たところでドイツ軍の捕虜となった。

1100時、急降下爆撃の後に、第251歩兵師団第451歩兵連隊は、爆弾でできた漏斗孔を遮蔽に利用して突撃を開始した。ドイツ兵は間もなく中央要塞に到達した。各所の砲塔の破口から手榴弾が次々と投げ落とされ、要塞入口では大型梱包爆薬が炸裂した。シャリエ少佐はこの攻撃で戦死し、1230時に守備隊の生き残りは地下から狩り出された。ボンセルは1940年のベルギーの戦いで、唯一、降伏を潔しとしなかった要塞となったのである。

フレマールは、前夜の爆撃により抗戦不能となっていたが、要塞司令フェルナン・バルビユー少佐は、リエージュ要塞地区を救いにくるはずのフランス軍を待って、戦いを続けることにした。第III軍団からの命令に従い、モダール大佐は昼頃に換気塔から脱出しベルギー戦線を目指した。それには失敗したものの、捕虜とならずにリエージュへたどり着いた。午後になるとスツーカがまたも飛来し砲撃も再開された。砲弾は換気塔を狙い、砕けたコンクリートの埃が要塞内に満ちた。時ここにいたって、要塞防衛委員会は降伏を決心し、1430時に白旗が掲げられ、1520時に第223歩兵師団第223偵察大隊の兵士が要塞内に入った。ドイツ軍は捕虜206名の獲得を報じた。

オーバン=ヌフシャトーでは、1145時にドイツ兵3名が、ベルギー市民3名を人質に要塞入口へと現れ、要塞司令との会見を求めた。要塞司令オスカー・ダルデンヌ少佐は人質の解放を条件に会見を承諾した。オーバン=ヌフシャトーを包囲していたドイツ軍の第二線級部隊である、第46国境監視連隊の連隊長ジークフリート・ルンゲ中佐が一人で現れ、「名誉ある降伏」を進めたが、ダルデンヌ少佐はこれを拒否した。

5月17日、金曜日

ドイツ空軍は朝から爆撃を開始、バルション、ショードフォンテーヌ、アンブール、フレロン、エヴネーを叩き、壕を埋め、砲塔や銃塔を破壊し、通信線を切断して換気装置に損害を与えた。フレロンも散々な状況で、150mm砲塔、75mm

ボンセルでは大規模な爆破によって要塞指揮官ヌーマ・シャリエ少佐が戦死し、守備隊は戦意喪失して降伏した。（上）ドイツ兵に伴われたベルギー軍医アルフォンソ・ムズニー中尉が、仲間に武器を捨てて投降するように呼びかけている。（下）1986年、ジャン=ポールが撮影に訪れたときは、まさか自分が最後の目撃者になるとは思ってもいなかった。今や、すべて失われているからだ。

両手を高く掲げて、生存者が穴蔵から飛び出してきた。数秒後、写真の一番右に見えるジョルジュ・ジョアサン二等兵は射殺された。同じくジョセフ・レイダー二等兵とアンリ・ボドソン

二等兵は負傷だけで済んだので、運が良かったのだろう。入口を塞ぐ対戦車障害物の間をすり抜けるように、慎重に歩いている。

重武装に身を固めた突撃兵が入口に群がっている間に、基部から吹き飛ばされた第V砲塔を、別の兵士が検分していた。

1986年時点では、ファサード正面入口の破壊状況や砲座の跡をはっきりと確認できた。しかし現在、ボンセルの痕跡は背後に見える換気塔のみになり、激戦の記憶をとどめたその他の要塞構造物はすべて失われている。

ドイツ砲兵からみてうってつけの観測対象になっていた換気塔から逃れたベルギー兵もいた。背後にはセランの郊外、レ・コミューンの家屋が見える。

砲塔各2基が破壊され、残る105mm砲塔は健在であったが砲弾が底を尽き、わずかに75mm砲塔2基が戦闘力を維持していただけだった。午後になって、要塞司令アルマン・グランヌ少佐は防衛会議を招集し、要塞からの撤退を決心した。1700時、第223歩兵師団第425歩兵連隊が、空き家になった要塞に入った。翌日、B軍集団は直接歩兵を投入することなく、要塞は降伏したと発表した。

ショードフォンテーヌでは、最後の頼みの「第3砲塔」が、1010時に爆撃により戦闘不能となった。スツーカが去ったあと、すぐさまドイツ歩兵が攻撃に移り、観測施設の破口から手榴弾を投げ込んでだめ押しをした。午後になって防衛会議が開かれ、1825時に降伏が決定した。アンブールも運命は同じで、スツーカが75mm砲塔3基を破壊したところで、2000時ちょうどに白旗が掲げられた。両要塞は共に第251歩兵師団第471歩兵連隊によって占領され、ショードフォンテーヌでは183名、アンブールでは168名の捕虜の獲得を報告した。

この間も、バティス要塞は近隣要塞への支援砲撃を続けたが、もっとも遠いオーバン=ヌフシャトー、フレロン、ショードフォンテーヌを支援するために、最大装薬での連続砲撃を続けたことで、75mm砲身は危険なまでに焼け爛れてしまった。

第251歩兵師団長ハンス・クラツェールトは、5月16日午後にボンセルに赴き、兵たちを慰労した。共に写っているのは第451歩兵連隊長ジークフリート・フォン・シュトゥルプナーゲル大佐。

5月18日、土曜日

ボンセル、ショードフォンテーヌ、アンブールが陥落したことで、第251歩兵師団のリエージュ地区の作戦は終了し、同師団はナミュール方面に西進した。しかし、その北の第6軍地区では、リエージュ要塞地区の7基の要塞がまだ残ったいた。さっそく攻城砲兵が集中投入され、5月18日早朝、第223歩兵師団は抵抗を続ける4要塞に全力砲撃を開始した。4個グループに分かれた師団所属第223砲兵連隊の12個砲兵中隊に加え、第820砲兵中隊の420mm臼砲が攻撃に加わった。0500時、バルションに420mm砲と2個砲兵中隊、ポンチセに7個砲兵中隊、エヴネーに2個砲兵中隊、バティスに1個砲兵中隊が攻撃を開始した。バルションとポンチセには、

(左)「降伏する」 アルフォンソ・ムズニー中尉の写真は、カメラマンの要請で第I突出部の側で撮られたもの。ドイツ国内では「要塞指揮官」としてプロパガンダに用いられた。(右)まったくもって驚くべきことに、戦後に建てられた守備兵を讃える記念碑は、設計者が比較写真に使われるのを予想していたかのような場所に建っているが、まさに見知らぬ設計者の思うつぼとなってしまった。

空軍は戦果を独自調査した。フレマール要塞への急降下爆撃は効果てきめんで、5月15日の攻撃で4基の砲塔と3基のキューポラをすべて破壊していた。（上）500kg爆弾によって粉砕された、要塞入口近くの壕の側壁。（右）今も残る破壊の跡のおかげで、ジャン・ポールは完璧な比較撮影ができた。

ドイツ空軍も攻撃を行なった。

残るは「第4砲塔」だけとなったポンチセでは、1130時に第223歩兵師団第425歩兵連隊が攻撃を開始した。ドイツ兵はまもなく中央要塞に達し、戦闘工兵が銃眼を爆破して、火焰放射を内部へ注ぎ込んだ。バルションはポンチセへの支援砲撃を続けていたが、昼には自らがスツーカの爆撃にさらされて砲撃を中止した。要塞司令フェルナン・ピレ少佐は降伏を決意し、白旗が持ち出されて1345時にポンチセ要塞は陥落した。第223歩兵師団は214名の捕虜を得た。

バルションでは、150mm砲塔ただ1基を残して、全砲門が戦闘不能となった。しかし、要塞司令エメ・プールバー少佐は、昼頃もたらされたドイツ軍の降伏勧告を拒絶した。これに応えて、1700時に第223歩兵師団第344歩兵連隊が突撃を開始し、銃眼を爆破して火焰放射攻撃を加えた。もはや抗戦は無意味であり、プールバー少佐は止む無く1900時に降伏を決意した。第223歩兵師団は297名の捕虜を得た。

右が著者、フランシス・トリティエ氏とともに、フレマール要塞の第IV砲塔跡の側に立つ。

リエージュ南東、ショードフォンテーヌにて。5月17日夕方、稼働する砲塔が無くなった結果、守備兵は降伏した。（上）要塞から出てきた守備兵は丘を降り、付近のカジノの前に集められた。（下）レイモン・クロバー少佐は撮影を拒み、顔を下に向けた。

5月19日、日曜日

リエージュ周辺に環状に配置された要塞のうち、いまだ健在なのはエヴネーだけとなった。エヴネーはさらに一日持ちこたえたが、翌朝のドイツ軍の攻撃は一層強化され、午後に入って間もなく砲火は止んだ。第344歩兵連隊からの軍使が降伏勧告に訪れ、要塞司令のローラン・ヴァンダレーガン少佐と会見した。少佐は防衛委員会を招集し、1430時に降伏を決議した。

ナミュール要塞地区の戦い

戦争勃発からの数日間、地区内に降下したドイツ降下猟兵の捜索を行なった以外に、ナミュール要塞地区は比較的平穏だった。エベン・エマール要塞の戦訓が早くも学びとられ、一部の要塞では兵員を中央要塞の屋上に配置して、空からの突撃に備えていた。

戦いは5月14日のドイツ空軍によるマロンヌ要塞爆撃で始まり、75mm砲塔1基が失われるなど、要塞側が損害を出した。同日、メズル、アンドワ、ダヴ要塞の各砲塔は活発な働きを見せ、ウー地区でムーズ川を越えたドイツ第XV軍団の兵士に猛射を加えた。5月15日、ベルギー第VII軍団は撤退し、掩護を失った要塞にドイツ軍は本格的な攻撃を行なった。夕刻、アンドワの換気塔に敵が取りつき、続いてマルショーヴレットが襲われたため、メズルとアンドワに支援射撃命令が出された。第VII軍団の命令に基づき、ドリオン中佐はナミュール要塞連隊の幕僚とともにナミュールを離れ、エスタンヌオーヴァルへと退いた。

5月16～18日

ムーズ川の北では、ドイツ第XXVII軍団がナミュールへと迫っていた。夜のうちに、砲兵がマルショーヴレットに呼び寄せられ、0700時に換気塔を狙った砲撃が始まった。これに呼応し

アンブールも陥落した。交差する砲をあしらったリエージュ要塞守備連隊の部隊章が、比較を容易にしてくれる。

荷物をまとめていた副隊長のジャン＝シフィ中尉は敗北を認め、どのような運命も受け入れる覚悟ができているようだ。

て、要塞の75mm砲塔も、スアーレーとメズレの要塞砲とともに反撃の砲撃を行ない、数門のドイツ重砲を破壊した。

その西のサンブル川の北岸にあるスアーレーからは、連絡役となる最後のフランス軍が撤退したことと、ドイツ空軍の攻撃開始、2つの報が同時にもたらされた。その晩には、要塞の弱点である換気塔を攻撃してきた第269歩兵師団の突撃を、2度にわたって撃退した。

5月17日、リエージュ要塞連隊の一将校がメズレ要塞を訪れ、リエージュでの戦いで判明したドイツ軍の攻撃戦術について解説した。情報はすぐさま各要塞に伝達され、メズレ要塞司令官のレオン・ハムバンヌ少佐は、各要塞から抽出した兵力で、ナミュールに確認されたドイツ軍に対する急襲を提案した。しかし、これは実現性が低いとして、却下された。

ナミュールの南では、第V軍団第211歩兵師団が要塞を取り囲むようにして接近し、休戦の軍使をダヴとサン・タリベールに送ったが、何の応答も無かった。

5月18日、ドイツ空軍はスアーレーを爆撃し、2基の砲塔と1基のキューポラを破壊、外壁の一部を崩壊させた。0930時、マルショーヴレットでは第469歩兵連隊第III大隊長オットー・ブロイシュテット少佐のメッセージを携えて、3名の市民が要塞を訪れた。稚拙なフランス語で書かれた文書は、(ベルギー時間)正午を期しての降伏を要求していた。要求を受け入れるならば守備隊員は名誉ある降伏を認められ、「戦時捕虜として丁重に遇する」ことを約束するが、これを拒むならば、要塞はスツーカの爆撃で粉砕されるとしていた。ベルギー軍は何の反応も示さず、正午過ぎに砲撃が再開された。

午後になると、ナミュール要塞地区各将兵へ、「我が祖国のために最後まで」力を尽くすよう唱えた国王の激励の言葉が伝えられた。

メズレとアンドワはマルショーヴレットへ支援砲撃を続けていたが、効果は弱かった。アンドワの75mm砲は有効射程のぎりぎりで砲撃しており、メズレは105mm砲だけが支援に使えたが、砲弾は残り少なくなっていた。マルショーヴレットでは間もなく「第2砲塔」と「第3砲塔」が破壊され、突撃を開始したドイツ歩兵は中央要塞上へと到達した。ドイツ兵は次々とLG砲塔や銃眼を破壊、爆破し、壕内の防御施設を火焔放射器で焼いた。要塞司令ジョルジュ・ドロムベール少佐は防衛会議を招集し、2000時にマルショーヴレットは降伏した。第269歩兵師団は捕虜221名の獲得を報告した。

5月19～21日

スアーレーでは爆撃で受けた損害の修理に守備隊が奔走し、「第3砲塔」を砲撃可能な状態に戻した。しかし、要塞は沈黙を守っていたので、夜のうちに守備隊が撤退したと見なしたのか、1000時頃にドイツ将校が兵2名を連れて要塞

入口脇の壕にある写真の場所がほとんど変わっていないことにジャン・ポールは興奮を抑えられなかった。アンブール攻防戦の戦死者氏名を刻んだプレートがかけられているくらいか。「祖国のために死んだ者たち」との比較写真。

5月12日、ナミュールは激しい空襲にさらされた。ルフトヴァッフェが去って安全になると、フランス第9軍のカメラマンは被害の様子を撮影した。写真はレオポルト広場で炎上中のガレージ。

へと近づいてきた。1発の銃声も聞かれぬまま、ドイツ将兵は中央要塞にたどり着き、ベルギー兵がいまだ篭もっているのを発見すると、彼は降伏を要求した。要塞司令フェルディナン・ティスレール少佐は要求を拒絶したものの、積極的な反応は見せず、要塞はさらに2時間沈黙を続けた。午後になると、先刻と同じ第269歩兵師団第469連隊の将校が、今度は大勢を引き連れて、白旗を降りながら現れた。降伏要求文書を手渡した一行は、ティスレール少佐を騙して、要塞全体に爆薬を設置済みであると信じ込ませるのに成功した。1515時、少佐は降伏文書に署名した。この失態がもとで、戦後に設けられた要塞の降伏理由を吟味するベルギー軍事委員会によって、ティスレール少佐は有罪を宣告されることになる。

5月20日、第V軍団は攻城砲兵を前進させ、150mm榴弾砲を装備する第667重砲兵大隊第1中隊と、88mm高射砲の3個中隊、第19高射砲連隊第I大隊の20mm機関砲装備の1個中隊が到着した。

5月21日、第211歩兵師団はサン・タリベールとマロンヌへ進撃した。熾烈な砲撃ののち、第211歩兵師団第317歩兵連隊の将兵は、0800時にサン・タリベールへと煙幕の背後を進んだ。要塞はアンドワとダヴとともに砲撃を始め、この攻撃とすぐ後に発起された攻撃を撃退した。0900時少し前には、前進した88mm高射砲が、砲塔と銃塔への直接照準射撃を開始し、最後の「第4砲塔」まですべてを破壊した。換気装置が故障したことをきっかけに防衛委員会が招集され、要塞司令レオン・ラントレー少佐は正午に降伏することを決意した。要塞の将兵はすべての書類、機材を棄損し、いまだ稼働中の通信装置と電源装置を破壊した。第211歩兵師団長クルト・レンナー少将は、「要塞守備隊の奮戦を称え」てラントレー少佐の個人武器携帯を許可する文書を手渡した。

2日後、マロンヌ堡塁への急降下爆撃を皮切りに、9つの堡塁からなるP.F.N.への攻撃が始まった。アンドアとダヴの要塞も、12kmほど南のウー(Houx)でムーズを渡河しようとする敵に対し、キューポラの75mm砲の最大射程で攻撃を開始した。

マロンヌでは、第211歩兵師団第365歩兵連隊の将兵が、日の出前の暗さと早朝の霧に紛れつつ、爆弾で巻き上げられた土砂やコンクリートの瓦礫に半ば埋もれた壕を渡り、中央要塞へとたどり着いた。守備隊の機関銃火は敵を追い落とせなかったが、アンドワとダヴの砲火がドイツ兵を追い払った。1330時、ドイツ軍は88mm高射砲を前進させ、「第1砲塔」と「第3砲塔」、さらにLG銃塔を破壊した。次いで砲口は換気塔へと向けられ、呼吸困難を引き起こす煤煙が要塞内に充満した。要塞は戦闘力を喪失し、防衛委員会の助言を受け入れたマロンヌ要塞司令エドジェール・ドマル少佐は、5月21日1415時に降伏を決断した。

5月22～24日

メズレでは的確な防御戦闘により、ドイツ軍の攻撃は頓挫し、ダヴの砲撃も敵に出血を強いていたが、ドイツ軍の砲撃によって損害も発生していた。

アンドワでは、夜のうちに88mm高射砲と37mm対戦車砲が進出し、隠顕式砲塔が地表に迫り上がって来るたびに直接射撃を加えた。要塞砲はドイツ軍に反撃を加え、これにダヴの砲も支援に加わったことで、ドイツ砲兵は沈黙した。ドイツ軍は白旗に守られながら負傷者の捜索と収容を行なった。

翌朝の曙光の訪れとともに、ドイツ軍は一層力を入れた砲撃でアンドワを叩き、砲塔と銃塔を使用不能に追い込んだ。しかし、それに続く歩兵突撃は無く、1600時に降伏勧告の軍使が訪れ、サン・タリベールおよびマロンヌの降伏とナミュール占領の事実を告げた。降伏文書は「要塞司令閣下ならびに貴官の部下は、立派に使命を果たされた」と丁重だったが、オーギュスト・デジェ大尉に対して降伏までの時間は30分しか与えられなかった。大尉は防衛委員会に諮るために1時間が必要だと訴え、これは認められた。要塞に残る稼働75mm砲塔はただ1基、しかも弾薬も底を突いている現実に直面しては、降伏以外に取りうる道はなかった。降伏は1730時に効力を発することになったが、それまでにすべての兵器と機材は破壊され、弾薬庫は水浸しにされた。

メズレにおいても、5月23日の払暁と同時に砲撃が始まり、いまや常套手段となった88mm高射砲による要塞防備施設への直射が行なわれた。アンドワは自衛に懸命であり、ダヴからは射程外にあったことで、メズレはどこからの支援も無いまま戦わなければならなかった。砲塔や銃塔は次々に破壊され、やがて使えるのは「第1砲塔」ただ1基となった。要塞司令官レオン・ハムバンヌ少佐は全要塞の爆破を提案したが、退避所となる換気廊は守備兵全員を収容するには小さ過ぎたので、爆破は取り止めとなった。換気廊からの脱出はドイツ軍に阻止され、万策尽きた守備隊はすべての兵器機材を破壊してから、1900時に降伏した。アンドワとメズレの占領は第211歩兵師団第317連隊が遂行した。
ダヴも一日中砲撃にさらされ続け、夕暮れまでには砲塔の大半が稼働できない損傷を受けていた。残った砲塔にも弾薬はほとんど無く、糧秣も1日分しか残っていなかった。ドイツ軍使が携えて来た降伏勧告文書は、数時間前にアンドワで渡されたのと同じ文面であったが、降伏した要塞のリストには新たにメズレとアンドワの名が書き込まれていた。軍使の到着は2045時だったが、ベルギー軍はこれに回答する前に、スアーレーとマルショーヴレットがいつ降伏したのか知らせるよう文書で求めていた。
夜間に第317歩兵連隊は攻撃を再開し、5月24日の朝には要塞へと迫った。換気装置が故障がちになったことで、フェルディナン・ノエル大尉は兵器機材を破壊した後に降伏することを決心した。こうして1000時、ナミュール要塞地区に残る最後の要塞は抵抗を終えたのである。

最後の戦い

リエージュの東では、バティスとヌフシャトーの連絡が5月17日に途絶え、ヌフシャトーは第2集団から切り離されてしまった。ヌフシャトー要塞司令官のオスカル・ダルデンヌ少佐は、第3集団への要塞所属変更を要求し、これはエヴネーの集団司令部により5月18日に認可された。
5月18日の朝、ドイツ軍の軍使が前日に投降したアンブールとショードフォンテーヌの司令官、ウベール・ジャコとレイモン・クロベール両少佐を伴って、ペパンステの出入口傾斜路に姿を現した。ブロック1の機関銃が火を吐き、軍使一行はほうほうの体で引き返したが、この射撃でクロベール少佐が負傷した。
5月19日、エヴネーのP.F.L.2に所属する最後の要塞が降伏し、残るはリエージュ東部のP.F.L.1の3つの要塞だけとなった。第223歩兵師団はこれに対して、強力な砲兵部隊を投入し、要塞の命運は風前の灯火となった。

5月20日、月曜日

早朝、今度は近くのヴァル・デュー僧院のオーストリア人修道士を連れて、ルング中佐がオバン=ヌフシャトーの入口へと現れた。ダルデンヌ少佐は差し出された文書の受取り拒絶し、止む無く二人の軍使は去った。威力を増したドイツ軍の砲撃が始まり、1500時には総攻撃となった。工兵が壕の壁をよじ登り始めると、要塞側は使用可能な全火器で反撃し、バティスには支援を要請する緊急暗号「Tz-Inf」が送信され、120mm砲と75mm砲がオバン=ヌフシャトーに砲弾の雨を降らせた。この反撃が成功してドイツ軍は撃退されたが、スツーカの爆撃が終わったあと、1530時と1620時に攻撃が再開した。1730時、ブロックC2へのドイツ兵突入の報が伝えられると、ダルデンヌ少佐は即座にブロックの爆破を命じた。
午前を通して、バティスも砲爆撃にさらされた。夕刻、B軍集団は第223歩兵師団によるオバン=ヌフシャトーとバティス攻略が失敗したことを報告した。軍集団は報告書に、現在の戦術状況を考慮するとこれ以上の要塞攻撃は「無意味」であると明言した。

5月21日、火曜日

オーバン=ヌフシャトーに対する砲撃は夜を徹して続き、朝には一層激しさを増した。1030時にはドイツ空軍も攻撃に加わって、要塞を激しく爆撃した。ブロック2の砲台は修理不能なところまで破壊され、ベルギー兵の手で爆破処分された。ブロックMでは迫撃砲の砲口周辺が瓦礫で塞がれてしまい、ブロック1の砲塔1基と同様に、1430時に爆破された。
ドイツ歩兵の攻撃は緩まず、ブロックC1と出入口ブロックを火焔放射器で攻撃した。再びバティスに砲撃支援が要請されたが、緊急暗号「Tz-Inf」への応答は無かった。そこでバティスには感謝と告別のメッセージが送信された。
1500時、ダルデンヌ少佐は防衛委員会を招集した。すでに状況の深刻さは皆の知るところであったにも関わらず、出入口を確保している間は射撃を続けることが決まった。残っていた糧秣、紙巻煙草、被服が守備隊員に分配され、ダルデンヌ少佐はいまだ闘志を残している守備兵を激励した。しかし、1645時には出入口を守る榴弾が底をつき、白旗が要塞内から突き出されたのち、ダルデンヌ少佐が姿を現した。少佐は瓦礫の山を登り、ドイツ将校の手を借りて、反対側に下りた。時刻はちょうど1700時になるところだった。
ルング中佐に続いて、第223歩兵師団長のパウル=ヴィリ・ケルナー中将が到着した。ケルナー中将は、防塞の前に整列した第344歩兵連隊の勝利を称賛し、ダルデンヌ少佐に対しては守備隊の断固たる奮戦ぶりを心から称えた。それを受けて、少佐は捕虜収容所へ出発する前に、要塞守備隊員に24時間の休養を取らせる許可を願い出て、ドイツ軍はこれを了承した。
バティスでは0500時に猛砲撃が始まり、その間に88mm高射砲が前進して砲塔と銃塔に直接射撃を加えた。午後にはドイツ空軍も姿を現し、1発の爆弾がブロック1の上面を貫徹して要塞内部で爆発、誘発によってブロック全体が火に包まれ、26名が戦死した。
1645時、オーバン=ヌフシャトー降伏の報

5月21日未明、第211歩兵師団がサン・タリベールを強襲した。的確な砲撃により、要塞の備砲は次々に沈黙する。すべての砲が死に絶え、換気口がふさがれるに至り、指揮官レオン・レントリは降伏を決意した。翌日、師団の調査班が損害状況を検分した。写真はMI砲塔を調べているところ。左には観測キューポラがあり、右の75mm連装砲塔と連動していた。

マロンヌが降伏したのは21日の午後だが、写真は両軍が立ち去った数日後に撮られた。（左）入口のずっと向こう、地平線に観測キューポラとLG銃砲2基が見える。（右）砲塁は完全に忘れ去られ、荒れ放題になっている。

せが無線で届いた。執拗な砲撃にもかかわらず、夜になってもバティスは戦闘力を維持していた。砲塔旋回が稼働できなくなった方向が発生していたが、3基の75mm砲塔が健在で、120mm砲塔もブロックB北で1基が稼働中だった。ブロックB南でも1門だけだが、稼働する砲が残っていた。しかし、要塞の第2砲兵中隊の損害がひどく、ブロック1は全滅し、コンクリートの瓦礫と土砂で、壕を火線下に置く各銃砲は射界をはなはだしく制限していた。

2100時、疲れを知らぬルンゲ中佐は、通訳としてオーバン=ヌフシャトー要塞司令官のダルデンヌ少佐を伴って要塞入口へと現れた。防衛委員会はルンゲ中佐との会見を受け入れ、要塞司令官のグエリィ少佐がドイツ語を話せたこともあって、ダルデンヌ少佐の臨席は無用となった。ルンゲ中佐は翌朝0600時までの休戦を申し入れ、これは了承された。このため夜間はブロック1の生存者救出に当てられ、重傷者4名が要塞内へと収容されたが、2名が後に死亡した。

その晩、オーバン=ヌフシャトー占領を報告する中で、B軍集団司令官フェドゥーア・フォン・ボック上級大将は、「これ以上の犠牲を防ぐ」ために、なおも抵抗を続けるバティスとペパンステへの攻撃中止を命じた。以後、ドイツ将兵は、もはや不可避となった要塞陥落を、ただ待ち続けることになったのである。

5月22日～28日

バティスの降伏は間もなく現実となった。0100時に防衛委員会が招集され、賛成16票、反対3票で降伏が決まった。設備の爆破作業が完了したのち、バティスは0645時に降伏、第223歩兵師団第385連隊が占領を遂行した。

しかし、ペパンステはドイツ軍が期待したようには降伏せず、すでに戦術的意義が失われていたにもかかわらず、孤立した同要塞は戦闘を継続した。第223歩兵師団は、包囲を二線級部隊である第251歩兵師団第7機関銃大隊に任せ

（左）壕の中の、入口に面した壁面にはマロンヌ要塞を陥落させた部隊名、第365歩兵連隊第III大隊と連隊長ヒューレ中佐が顕示されている。（右）おそらく1944年に連合軍に奪回された後、壁の落書きはかなり乱暴に削り取られた様子だが、驚くべきことにスワスチカ（ハーケンクロイツ）の痕跡は残っている。

て、西へと移動を開始した。
5月12日に軽度の攻撃を受けて以降、ペパンステは歩兵により攻撃を受けていなかった。小規模な砲爆撃が続いていただけだったので、要塞の損害は少なく、全火器が仕様可能であった。
要塞を取り残したまま、何事も無く日々は過ぎていった。5月28日の正午、要塞司令官アベル・デヴォ少佐は、ベルギー軍総司令部に今後の行動の指示を求めた。通信が不能となる前に届いた回答は、「1200時、貴官よりの通信を受信した」というだけのものであった。その晩、防衛委員会が招集され、翌朝をもって降伏することが決まった。

5月29日、水曜日

デヴォ少佐は、タンクレモンの廃屋でドイツ軍使カール・シュパング中将と会見した。シュパング中将は開口一番にデヴォを叱責し、ドイツ軍は要塞の抗戦継続をレオポルト国王によって署名された休戦協定への違反行為とみなしていると非難した。デヴォ少佐はこれをドイツ軍の奸計と感じ、粘り強い態度を崩さなかったので、シュパング中将は、国王がベルギー全軍の降伏を認めたことは神に誓って真実であると説き、書面でそれを提示することに同意した。爆破作業は一切実施されぬまま、5月29日1100時、ベルギー軍最後の戦闘部隊は降伏した。
決戦場からは遠く離れた地点でベルギー要塞は後衛戦闘を続け、わずかな例外を除いて、いずれも戦闘不能になるまで抵抗を続けた。5月29日の午後、第6軍司令官ヴァルター・フォン・ライヒェナウ上級大将は、レオポルト国王にブルージュの宮殿で拝謁する機会を得たが、そのとき上級大将は「要塞守備隊の殊勲の敢闘ぶり」をとりわけ称賛したのであった。

(新要塞の1つ)バティスの壕は北の一部が鉄道線に面していて、平らに露出した状態になっている。露出部は障害物でふさがれていたものの、壕に比べれば明らかにもろい。西端のブロックIからドイツ軍が撮影——左のブロックは入口に繋がっている。

5月22日、午前6時45分まで持ちこたえたバティス要塞は、防衛委員会の投票の結果、16対3で降伏が決まった。指揮官のギュエリ少佐は第385歩兵師団に投降した。(上)鉄道線に命中した爆撃痕。鉄道線による切削部分を写真のブロックIIがカバーしていた。(下)鉄道が単線になって残っているが、使われている形跡はない。

オーバン=ヌフシャトー要塞の指揮官、オスカル・ダルデンヌ少佐が破壊された入口の前でジークフリート・ルンゲ中佐と握手を交わしていた。5月21日、降伏直後に撮影した1枚。

国もとで待つ恋人たちへ。占領した入口ブロックの上に群がる第344歩兵連隊の将兵。

再びオーバン=ヌフシャトー要塞を占領した著者が記念撮影——当然、この本の写真用に。

指揮官の命令で整列する兵士たち。もちろん、やりとげた任務を称賛するためだ。

(左)師団長のパウル=ヴィリ・ケルナー中将が、敵指揮官ダルデンヌ少佐(右)の健闘を称えている。左側のプール・ル・メリット勲章を付けた人物は、交渉にあたったルンゲ中佐である。

整列する兵士をカメラは南向きにとらえている。比較写真を見てのとおり、今日、農地の拡大が大きく進み、生け垣もかなり少なくなっている。

要塞視察ツアー――（新要塞の1つ）最後まで抵抗を続けていたペパンステを検分するドイツ軍士官。ドイツ軍は5月12日にこの要塞をほぼ手つかずのまま迂回すると、第7機関銃大隊に監視を託して、主力は西に向かった。タンクレモンとも呼ばれるペパンステ要塞は5月29日まで持ちこたえた。ベルギーが降伏してからも、24時間ほど抵抗していたのである。

ペパンステでは実質的に戦闘はほとんど行なわれていない。写真は主な換気口が集中するブロックPで、「戦争」はここから要塞内部に入り込んだ。ブロックPには観測キューポラと防御用の機関銃用銃眼2カ所が設けられている。

（左）ブロックIIIのカモフラージュされた機関銃砲3基も検分対象となった。（右）幸運にも、1940年5月の運命的な20日間、このMI銃塔で戦っていたリエージュの要塞連隊の元兵士だったジョセフ・ナタリ氏と出会うことができた。今日、彼は一般公開されているペパンステ要塞の保全管理に携わっている。

「ソンムを目指して北へ！」わずかな時間を再編成に充てた第2、第3、第5軽騎兵師団は、第7軍の増強に向かった。

ソンム戦線のフランス第7軍

5月17日に新しく編成されたフランス第7軍は、北方から撤収してきた部隊と、フランス南東部から転換された部隊による寄せ集めの軍に過ぎなかったが、第6軍が必死に保持しているエーヌ川の背後の戦線がこれ以上西方向に押し広げられるのを阻止するために、前線に投入された。当初、第7軍にはフレール将軍と一握りの幕僚、司令部要員しか配属されていない状態だったが、間もなく第23歩兵師団と第3軽師団が割り当てられ、次いで5個師団が編制に加えられた。軍司令部はアミアンに置かれ、ロンウィーからは第XXIV軍団長のフランシス・フージェル将軍と軍団参謀が、ベルギーからは第I軍団長のテオドール・スキアール将軍がそれぞれ到着した。5月19日の時点で、第7軍は2個師団を有し、第19歩兵師団の先遣隊がロワに、第4植民地歩兵師団がブルタイユに向けて、それぞれ列車で運ばれていた。第7北アフリカ師団もモンディディエル地区への集結を急いでいた。

一方、この時ドイツ軍は南進を控え目にして、まずは海峡への突破を優先したので、南東に展開している第6軍と同様に、第7軍にも若干の準備時間が与えられた。ドイツ軍一流の「電撃戦」により、戦車師団は随時、後方を自動車化歩兵師団に託して西進を続け、同様に自動車化歩兵師団は歩兵師団が追いついてくるのを待って、西に進んでいる友軍戦車を追った。まるで戦争機械が西に向かって転がって行くような動きが、幾度となく繰り返されていたのだ。フランス軍がソンム、エーヌ川南岸に防衛線を構築できたのは、ドイツ軍側に積極的に渡河する意思がなかったからであり、実際は、将来の南進

（最上）写真のようなルノー・トラックや47mm対戦車砲Mle1937などを装備した機械化部隊は350kmを1～2日で走破できたが、（上）このような輓馬に拠る部隊の動きはのろかった。

河口から75kmほど遡上した位置にあるアミアンは、ソンムに至る要衝の1つで、5月20日に陥落した。5月23日には、第7植民地歩兵師団が南方から反撃に出たものの、激しい抵抗に遭い、第7機甲連隊のS35戦車に損害が目立ち始めた結果、攻撃停止命令が出された。

（左）郷土史家兼カメラマンのピエール・ヴァッセル氏はデュリーの近郊、N1号線の西に停止していたソミュア戦車を撮影した。（右）手がかりはわずかだったが、幸運にも小さな家屋が残っていた。

作戦に備えて確保しておくべき数ヵ所の橋頭堡を巡っては、激しい交戦があった。

5月19日、比較的平穏な情勢下にあった戦線最右翼の第3軍集団が、第6軍と第7軍を指揮してエーヌ川からソンム川の線を防衛することになった。第8軍は第2軍集団の指揮下に入ることが決定した。5月20日、ウェイガン将軍は第3軍集団司令官アントワーヌ・ベッソン将軍と面会して、作戦方針を確認しあった。

5月20日～22日

第7軍は北西方向へと順次、防衛線を延ばしていったが、状況は加速度的に困難の度を増していた。5月20日に、第7植民地師団の兵員機材を満載した列車がアミアンに到着したときには、すでにドイツ第1戦車師団によるアミアン攻略が始まる寸前だったのだ。結果として、師団は予定よりも西の地点で降車し、北向きの布陣を急がなければならなかった。第4植民地師団は右翼側に配置されていたが、左翼でドイツ軍が活発に動き始めた結果、第5植民地師団は軍の左翼側に移され、これも予定よりずっと南で列車から降りなければならなかった。しかし、この時にドイツ軍がソンム川を渡っていたことは把握していても、その兵力規模や具体的な進出地点までは判然としていなかった。事実、第2戦車師団は当時、アブヴィルにいて、その先遣部隊は同日午後にはソンム川の河口付近にまで達していたのだ。

第7植民地歩兵師団は、4日後に再び同じ場所から反撃に出た。この時は第19戦車大隊のルノーD2戦車や、第7機甲連隊のソミュアS35戦車とともに、5個歩兵大隊が中心戦力だった。デュリーの奪回には成功したものの、損害は大きかった。アヴェロン中尉の乗車"マリニョン"号は、ピエール氏が村の北側で撮影した。

再編成にわずかな時間を与えられただけで、フランス軍快速部隊は次々にソンム川の戦線に送られた。5月21日には第3軽騎兵師団が第7軍の配下に入り、続く数日のうちには第2、第5軽騎兵師団も加わっている。以上の3個軽騎兵師団は、5月10日以来、ベルギーやルクセンブルクで戦い、西方への移動命令が出された時にはすでに15～20パーセントの戦力を損耗していた。5月23日には、各師団の自動車化部隊は350kmを超える行軍を強いられ、なんとか、その翌日にはソンム川の線に到達できたが、輓馬部隊の到着にはさらに5日の時間を必要とした。

5月21日の夕方、イギリス第1機甲師団長R・エヴァンス少将は「ピカデリーからポン・レミ間のソンム川にかかる橋を確保すべし」という命令をゴート将軍から受けた。師団は5月15日からル・アーブルに上陸を開始していたが、ル

それほど遠くない墓地の傍らには、D2戦車"フレルー"号が骸をさらしていた。脱出時に車長のモーリス・ヴィルマン軍曹は戦死していた。27日の戦闘で第19戦車大隊は8両のD2戦車——攻撃開始時の戦力の5割——を喪失し、その日の午後には退却した。

ルフトヴァッフェが実施した激しい空襲の後で、アミアンは陥落した。実質的に市街戦は発生しておらず、孤立したフランス兵が頑強に抵抗していたのみである。写真のルノーFT17は第２戦車師団と砲火を交わし、町の北側、アルベール街道で撃破された。

デュリーの野原で撃破された"チャリオット"たち。はからずも周辺一帯は——地獄坂——と地元民に呼ばれていた。左のソミュア戦車と右のドイツ装甲車は、23日の戦闘の犠牲者である。

フトヴァッフェによる空襲もあり、5月19日から揚陸港をシェルブールに変更していた。これにともない部隊の集結点はルーアンになっていた。師団の戦力はMk.VI軽戦車114両と、巡航戦車143両だが、砲兵はなく、予備の戦車や架橋資材も持っていなかった。ソンム川到着時には第3王立戦車連隊を欠き、歩兵部隊はすべて5月20日にカレー方面へと送られていた。5月23日、師団主力はブレル地区に到着し、師団の作戦方針を巡ってしばしの紛糾があったのちに、まず同師団は第7軍の指揮下に入らないことが確認された上で、防衛線に投入されることになった。エヴァンス師団長は先の命令に従って第2装甲師団をソンム川の防衛にまわし、ドゥルイユ、エリー、ピカデリーの渡河点を確保した。

5月21日に北方への移動を命じられたドイツ軍第XIX軍団の戦車師団と第2歩兵師団(自動車化)、第13歩兵師団(自動車化)はアミアンからペロンヌへとそれぞれ移動する自由を得た。彼らに与えられた命令は、「ソンム川の線は絶対に保持し、またその橋頭堡は可能な限り拡張すべきこと。各橋梁は爆破準備を施さねばならないが、強力な敵の反撃が見られる場合のみ、爆破実施を許可する」という内容であった。アブヴィル、コンデ＝フェリー、ピカデリー、アミアンの橋梁については「不可避な状況」が発生した時のみ、爆破が認められた。第XIX軍団はただちにブレル川まで偵察部隊を繰り出し、オートバイ部隊はオー、ガマシュ、オルノワまで足を伸ばしていた。

ドイツ軍突出部の北側における連合軍の不安定かつ混乱した状況は、第9自動車化歩兵師団の第2偵察グループに所属してパナールP178装甲車"ラ・ドロレッス"号の車長を務めていたマルセル・ベルジェ軍曹の体験が象徴していた。第1軍への命令を携えてアミアンを発した偵察グループの3両の装甲車が、西進するドイツ軍をかいくぐりながら先を急いでいた。途中、1両が敵戦車の攻撃で破壊されたものの、"ラ・ドロローズ"号と"ラ・ガロワーズ"号はランス付近でプリオー将軍と連絡を付け、伝令としての役割を終えていた。そして今度は返信を携え

1940年の冬、アミアンとデュリーの間の戦場跡を踏査したピエール・ヴァッセル氏は、コンティ街道沿いにフランス兵の墓地が点在するのを目撃した。

道はそのまま残して、時は過ぎゆく。歴史家でアブヴィルの「1940年フランス博物館」設立者でもあるアンリ・ド・ワィリ氏が、1989年にこの写真を撮影してくれた。

オークの葉を模った師団シンボルから第1戦車師団の車両だとわかる。SdKfz.251装甲兵員輸送車。アミアンの東にある小村カモンにて。後部ハッチには第1狙撃兵連隊第8中隊の部隊記号が確認できる（この車両の車輪を現在も保管している家が近所にあるとのこと）。

てアミアンに戻る任務に就いたのである。ところが翌日に出発したものの、道路はアラスから撤退するイギリス第17戦車旅団やフランク集成部隊の敗残兵で埋め尽くされ、移動もままならなかった。2両の装甲車は同行のオートバイ兵とともに、しばらくの間、イギリス軍の輸送車列に混ざって進み、オービニー付近で南に別れた。それからしばらくは何の妨げもなく順調な夜間行軍だったが、交差点に近づくにつれ、また路上が車両でごった返していた。

「ひどい排気ガスの臭いが漂い始めたかと思うと、5分ほどでイギリス軍の車両の大群に巻き込まれてしまった。この交差点に到着したときには、すでにあたりは暗くなっていて、まるで正反対の方向に戻り、さっき別れたはずの輸送車両のまっただ中にいるかのような有様だった。進む方向がまったく同じなので、彼らから離れることもできなかった」とベルジェ軍曹は回想した。

「我々は15分ほどのろのろと進んでいた。西に向かうこの車列から早く離れなければと、気持ちは焦ったが、最寄りの交差点に到着するまでまだかなりの時間がかかる。しかし、他の交差点まで待つ余裕もない。もう午前3時だというのに、5mほど前を進むトラックの荷台ばかり見なければならず、追突しないようにするのが精一杯だ。そのとき、ようやく私は目の前のイギリス軍トラックがドイツ軍の車両と瓜二つであることに気が付いた。ソルベ川の橋で銃火を交わしたトラックに、本当に瓜二つだったんだ！ よくよく考えてみれば、どの軍も似たような目的でトラックを使っているのだから、こんな錯覚は不思議でも何でもない。そのうち1台のトラックが故障で停止し、降車した歩兵を横目に我々は前進を続けた。砲塔のハッチにもたれながら、私はイギリス兵を眺めていた。彼らは一様に疲れ切った表情を浮かべながら、ぬかるんだ道を歩いていた。これまでもさんざん、同じような顔つきをした友軍兵士を見てきたが、イギリス兵の方が背が高く、若かった」

「そのとき、ミショーという名の乗員が車から飛び降りたかと思うと、大慌てで車によじ登ってきた。彼は気づいたのだ。イギリス軍輸送車列だと思い込んでいたのが、実際はドイツ軍の車列であることに！ 次の村に差しかかり、速度

50年後、（履帯無しの）ハーフトラックは歴史の闇に消え去った。シュヴァリエ・ド・ラ・バール通りの様子はほとんど変わっていない。

5月21日、イギリス第1機甲師団は連合軍総司令部より、北方の「ソンム川渡河点を奪取せよ」との命令を受けた。師団はさらにソンムの町まであと15kmに迫るブレル川に向かって前進するというのである。ブランジーの東、シャトー・オー・フーカークールの前で停車している第2機甲旅団の巡航戦車。

5月23日：木曜日

5月22日の夜半より、ソンム地区のフランス軍指揮系統は再編されて、第7軍のA作戦集団が軍の左翼全体を指揮することになった。ロベール・アルマイユ将軍（P.365ルネ・アルマイユ将軍の兄弟）の指揮で、A作戦集団はまず第X軍団を配下に置き、次いで到着したばかりの3個騎兵師団を、5月25日には第4装甲師団の増援を受けていた。

防衛線を強化し、ドイツ軍の浸透を防ぐために、まず5月23日に第7軍は戦線全体の「さらなる一歩前進」を命じた。これは右翼ではさほど困難ではなかったが、左翼では不可能だった。ソンム川の南岸に橋頭堡を築いていたドイツにはこれを明け渡す気などはじめからないからだ。アミアン地区での攻撃は部隊の集結が遅れたために、午後まで遅延した。第7植民地師団は強固な陣地に阻まれ、歩兵を支援していた第7戦車連隊のS35戦車を喪失し、攻略作戦は中止された。

が落ちたところで、彼らはドイツ軍の輸送車列から離脱しようとしたが、車列を乱したことに立腹した敵軍曹に怒鳴られ、車列に戻されてしまった。この整然とした車列から逃れようとすれば、ドイツ軍に自分たちの正体が露見するかも知れない。なんとかして敵をごまかし、抜け出さなければならない」

「村の出口が見えてくると、私は黒字に白いペンキで《アー＝ル＝コントまで11km》とはっきりと描かれた道標を見つけた。右に向かう車列から離れて、我々は左折しなければならないが、どうか？　チャンスは1度しかないだろう。交差点には白い手袋を付けてオートバイに寄りかかり、車列に方向を指示している憲兵が見えた。ところが憲兵は我々に気づくと、左方向を指示していた。夜目が利くラコンブは、すぐにその憲兵がオートバイ誘導兵のダンドワであると気づいた。いかにも自信たっぷりな様子で、パナール装甲車は車列を離れて左折した。後続するドイツ軍トラックは、追随すべきかどうか、一瞬悩んだ様子だったが、ダンドワはそのトラックに今度は右折するように指示を出した。どこで入手したのか、彼はドイツ兵のヘルメットをかぶっていた。そしてもう1両のパナール装甲車を手信号で車列から引き離した。不自然な動きはどうやら敵軍士官の注意をひいてしまったようだが、ダンドワは慌てる様子もなくオートバイに跨がると、完璧なターンをして我々の後に続いた」

パナール装甲車は再び別のドイツ軍輸送車列をやり過ごしつつ先を急いだが、とうとう敵装甲車に捕捉されてしまった。遊びの時間は終わったのだ。交戦の結果、ダンドワは捕虜になり、“ラ・ガロワーズ”号は撃破された。“ラ・ドロローズ”号は優勢な敵と砲火を交えながら逃走を図ったものの、遂には大破して数kmほどで停止してしまった。脱出した乗員は夜を徹して歩き、5月25日にコンブル付近で友軍の戦線にたどりついた。

子供は変わらない。ワィリ氏の娘さんは、1940年にフランスの少年がしていたことと同じ振る舞いをしていた。ブレル川に面したブランジーとソンム川のアブヴィルの中間、サン＝マオンにて、通信連絡線の構築に取りかかる通信兵の様子。

（上）5月26日、シャトー・ド・フーカークールに到着したイギリス第1機甲師団長R・エヴァンス少将は、第2軽騎兵師団の幕僚らと打ち合わせに臨んだ。翌朝の作戦では、第2機甲旅団がフランス軍の指揮下に入る予定だったからだ。エヴァンス少将と一緒にいるのは、フランス軍の連絡将校レイモン・ヴィヴィエ・ド・ヴォンクァン大尉である。（下）仏英和親協商（アンタンテ・コーディアル）の舞台となった邸宅の庭に注目。フランスのナンバープレートを付けたジャガーが停車していた。

第3機甲旅団の車両群は攻撃部隊の左翼で準備を整えていた。(上)この巡航戦車(砲身を後ろ向きにしている)は、アブヴィルの西8km、ケノワに設けられた粗雑なブロックを除けて通過中。

5月24日：金曜日

この日の朝、フランス軍はアミアンへの攻撃を再開したが、さらに強化された陣地は抜けなかった。街路樹が倒されて道は塞がり、周辺は地雷原と化していたが、それでも前進しようとするフランス軍には機関銃と砲弾が浴びせられた。1000時にはスツーカも飛来して、防衛力は一層強化された。この1時間後、エセールオーに置かれた第7植民地師団司令部にアルマイユ将軍が現れ、ルイ・ノワレ将軍と打ち合わせをした。第4装甲師団の攻撃発起点となるソンム川の渡河点として不可欠な、アミアンを速やかに奪回しなければならない。攻撃には午後一杯がかけられたが、損害の大きさの割には戦果が乏しく、夕方に中止命令が出された時点で、初期作戦目標は何1つ達成できていなかった。

写真はセーヌヴィル方面を向いている。左の煙突がある建物はビートの加工工場。

(Mk.V戦車の)番号"10"は第5王立戦車連隊、"7"は旅団本部所属の意味。

（左）ドイツ軍捕虜を連行中、撮影をかなり意識して組まれた隊列。（右）アンリ・ド・ワィリ氏の調査によってサン＝マオンの北であることが判明した。

北側を見ても第1機甲師団の攻撃が失敗していた。投入された部隊の規模が小さく、また分散していたからだ。例えば、第4ボーダー連隊1個中隊の支援を受けたクイーンズ・ベイズ連隊の一部だけで、ドゥルイユ、エリー、ピキニーなど3ヵ所のソンム川渡河点の確保を命じられていたのだ。エリーでは2個小隊が川を渡ったものの、橋梁を破壊されて戦車が追随できなくなったため、最終的には後退を余儀なくされている。残り2ヵ所の橋も、第2歩兵師団（自動車化）が南岸に橋頭堡を確保していたため、奪取に失敗した。

5月25日：土曜日

5月25日、ドイツ軍がソンム川を渡り、ブレル川まで到達しているとの報告を受けたアルマイユ将軍は、防御重点を北方に移す必要に迫られた。彼は到着したばかりの3個騎兵師団をすぐさま北方に投入し、当面はアミアン地区での攻撃を中止する決断をした。同日早朝、ノワレ将軍は前日までに確保した土地の強化に言及していた。

また陸軍省からも、ジョルジュ将軍の手配によりサル地区からの第51歩兵師団が到着したら、第1機甲師団ともどもフランス軍の指揮下に入るように指示が出された。第7軍の指揮下に入ったエヴァンス師団長は、5月27日にアブヴィルの敵橋頭堡に対して実施される反撃作戦において、フランス軍を掩護するようにアルマイユ将軍の司令部から要請を受けた。

5月26日：日曜日

ついにフランス軍3個騎兵師団――内訳は自動車化歩兵大隊6個、軽戦車、装甲車若干数、オートバイ小隊数個に6個偵察グループという比較的小戦力――が、ソンム地区の低地一帯に集結した。左翼ではサン＝ヴァレリとアブヴィルの間からソンム川に向かっていた第5軽騎兵師団がユピー付近でドイツ軍に足止めされていた。中央の第2軽騎兵師団も同様にユピーで敵に捕まっていたが、部隊の一部はポン・レミからピキニーの戦でソンム川に達していた。

同日午後、第7軍は戦線をアミアン南西のサルーまで拡大すべく、再攻撃を実施した。しかし第7植民地師団が攻撃命令を受けたのは1600

イギリス側がつけた説明書きによれば、撮影場所はサン＝マオンで、「ドイツ空軍の爆撃によって炎上中のシトロエンP23」となっている。

しかし、アンリはジャガーで撮影地点に向かう途中、北隣の村ユピーにて同じ場所を発見した。

27日の戦闘で「装甲が貧弱なイギリス軍戦車部隊は、対戦車砲の攻撃によって高い授業料を支払わされた。37mm対戦車砲Pak35／36を操作していたヘルベルト・ブリンクフォルス二等兵は、9両の敵戦車を撃破したと報告し、このニュースは5月28日の国防軍日報にも掲載された。

時で、これでは準備が間に合うはずもなく、急遽投入された1個大隊による攻撃は、たちまちドイツ軍に撃退されてしまった。

5月27日：月曜日

5月27日0950時、アミアン攻撃が再び始まった。主力となるのは第7植民地師団の5個歩兵大隊で、これを第19戦車大隊のルノーD2戦車15両、第7戦車連隊のソミュアS35戦車6両が支援していた。しかし、今回も犠牲ばかりが多く、実りの少ない攻撃に終わった。デュリーを占領したものの、ドイツ軍の阻止砲火は激烈であり、防戦支援にルフトヴァッフェも飛来した結果、1600時までにはフランス第X軍団は攻撃継続ができなくなってしまった。第7植民地師団は占領地の強化が命じられた。かろうじて動くひと握りのS35戦車はこの防衛戦の支援に投入されたが、この日の戦闘だけで8両を失った第19戦車大隊は後方に退くしかなかった。

アブヴィル橋頭堡への攻撃命令は5月26日の朝に出されていた。作戦計画は、まずイギリス第2機甲旅団を指揮する第2軽騎兵師団が、アブヴィル南方にあるソンム川を見渡せる高地一帯を押さえ、イギリス第3機甲旅団を加えた第5軽騎兵師団がアブヴィルから海岸に至るソンム川沿いの高台を占領するという内容だ。イギリス軍戦車部隊の攻撃を、フランス軍歩兵、砲兵が支援するのが基本的な形だが、第1機甲師団は投入されたばかりで完全戦力なのに対し、2個の軽騎兵師団は疲弊しきっており、限定的な支援しか期待できなかった。また作戦準備が不

この日、第1機甲師団は65両の戦車を喪失した。——写真の2両の巡航戦車は、後のフランス軍の攻撃によって再占領した戦場に残っていたもの。

27日の損害は計り知れない。ユピーとサン=マオンの間で動かなくなったMk.VI軽戦車。部隊番号"6"から、第10ユサール連隊所属だとわかる。

十分だったために、ドイツ軍の配置に関する情報が雑であり、仏英両軍の協調にも不備が多かった。

5月27日0600時、フランス軍砲兵が準備に手間取ったために、攻撃は予定より1時間遅れで始まった。右翼では第2軽騎兵師団と第2機甲旅団が、入念に張り巡らされた敵陣地に絡め取られてほとんど前進できず、開豁地への展開を試みた戦車は、ユピー〜コーモン間で対戦車砲の集中砲火を浴びて打ちのめされた。

左翼の第5軽騎兵師団と第3機甲旅団は、比較的軽微な抵抗しか受けず、戦車部隊はソンム川を見下ろすカンブロン〜セーヌヴィル間の高台に到達して、サン=ヴァレリの外縁を見たが、フランス軍歩兵が最大進出点の手前で塹壕を掘り始めてしまったために、後退を余儀なくされた。

同日午後に作戦が終了するまでは、結局、何ら希望に繋がる戦果はなく、アブヴィルのドイツ軍橋頭堡は盤石だった。作戦失敗の代償も大きい。第2軽騎兵師団は作戦が継続できなくなるほど損耗し、イギリス軍は戦車65両を喪失、50両が損傷した。しかし翌日以降のフランス軍の反撃によって、少なからぬ車両を回収できた。

5月28日付けのドイツ国防軍の戦闘記録には、この日のソンムの様子について、「敵戦車30両が撃破されたが、うち9両はブリンクフォルス二等兵の武勲である」と記載されている。ヘルベルト・ブリンクフォルス二等兵は第2歩兵師団(自動車化)第25連隊第14中隊に所属する37mm対戦車砲操作員であり、1941年3月に騎士鉄十字章を拝領した最初の兵卒となった。

エヴァンスを筆頭にイギリス軍士官は、第1機甲師団の投入に先だち、まずイギリス戦車は歩兵支援向けの設計になっておらず、開豁地における機動戦を想定した快速巡航戦車であるという点を、懸命になってフランス軍上層部に理解させようとした。初陣で高い授業料を支払ったのちに、ジョルジュ将軍は訓令第1809号の中でイギリス第1機甲師団はフランス軍の装甲師団ではなく、軽機械化師団に類する編制である旨を伝達し、各部隊指揮官に注意を促した。従って、その運用法は「戦況が極めて重大な局面を迎えない限り、兵器の性能に過大な期待を寄せないこと」と通達していた。

損傷車両を回収した同師団は、速やかに戦力を回復しつつあったが、先の訓令を受けたこともあり、またソンム地区で機甲機動戦を展開するにはますます不向きとなる状況の中では、もはや積極的に投入されることはなくなっていた。

5月27日、第7軍は第4装甲師団を有するA作戦集団に対して「アブヴィル橋頭堡を縮小する」旨を通達し、ポワ地区に展開中の装甲師団は北進するよう命令を受けた。第4装甲師団はラン付近の戦いで甚大な被害を受けていたが、まだ戦闘に参加していない第3戦車連隊の2個小隊、40両のオチキスH39戦車、第44戦車大隊のルノーR35戦車45両、第47戦車大隊のルノーB1bis戦車20両など、100両あまりの戦車の増援を得て戦力を回復していた。2個中隊しか持たない第47戦車大隊は第6准旅団の第19戦車大隊と交替し、准旅団は師団と切り離されて、アミアン地区に投入された。その日の夕方までには騎兵部隊をも加えたことで、第4装甲師団はルノーBibis戦車32両、R35戦車65両、H39戦車40両、S35戦車を17両と、150両ほどの戦車を保有していた。しかし稼働数は140両ほどであり、そのうちかなりの車両が支援のために分散していた。例えば第44戦車大隊のR35戦車や、第3戦車連隊はS35戦車はピキニー付近に配置されていたのである。

その日の夜、ドイツ軍側では海岸からアミアンまでの一帯を含むソンム地区防衛にあたっていた第2歩兵師団(自動車化)がその任を解かれ、第57、第9歩兵師団からなる第XXXVIII軍団と交替していた。そして第57歩兵師団がアブヴィル橋頭堡を守備していたのであった。

第1機甲師団第9クイーンズ・ロイヤル・ランサーズ(部隊番号"5")のMk.VI軽戦車。

5月29日、ヴィレにてルノーR35戦車を率いていたレネ・バーデル中尉は「目の前にあった生け垣は、我々の攻撃でめちゃくちゃになったよ」と、当時を回想した。

アブヴィル橋頭堡

5月28日、火曜日:ド・ゴールの戦車攻撃

シャルル・ド・ゴール少将（3日前に大佐から昇進）と作戦参加の指揮官たちは、5月28日の昼に、シャトー・ドワスモンで会議を開いた。これにはイギリス第2機甲旅団長のR・L・マクリーリー准将も、騎兵師団や第5植民地歩兵師団の将校とともに参加した。その結果、第4装甲師団は中央、第5軽騎兵師団と第2軽騎兵師団は両翼側にあって攻撃を支援し、イギリス軍は予備として置かれることになった。

ド・ゴールは作戦の詳細を説明し、作戦開始を1700時とした。準備時間や偵察の時間が足りないと反対の声が上がったが、ド・ゴールは延期を認めず、予定通りの攻撃開始を断言した。このとき、第4装甲師団は戦車の修理をほぼ終えていたが、砲兵が不足し、また、第22植民地歩兵連隊を配属されてもなお、占領地を確保するための歩兵が不足していた。

準備不足により、部隊間の調整もはかばかしくなかったが、それでも定刻にフランス砲兵の放った砲弾は、アブヴィル橋頭堡と町西方のドイツ軍陣地を襲った。攻撃は順調に進展し、戦車はドイツ軍陣地を蹂躙して、歩兵がそれに続いた。激戦の末にユピーを奪回し、攻撃初日はフランス軍の戦術的勝利となった。ドイツ第57歩兵師団は約4kmほど押し戻され、300名の捕虜を出した。ウシャンヴィルとブレーはフランス軍の手に戻り、第44戦車大隊のルノーR35戦車6両は、マリュイーユへと達したが、歩兵の支援がないために後退した。しかし、主要目標である橋頭堡の奪取は果たせなかった。

第57歩兵師団が橋頭堡内に置いていた37mm対戦車砲PaK35/36は、ルノーB1bis戦車のような重装甲の戦車を相手とするには威力不足だった。多くの対戦車砲座が蹂躙され、標的であるはずの戦車の履帯に踏みにじられた。対戦車防御力を改善するため、師団は夜間に師団砲兵中隊を呼び寄せ、第64高射砲連隊第I大隊の必殺の88mm砲まで投入した。

ドイツ第57歩兵師団の兵士がコベール川沿いの土手に塹壕を掘って、フランス軍の攻撃に備えている。絶え間ない攻撃を前に恐慌をきたして逃亡する兵士の姿も見られたが、（屈曲部に見える）10.5cm榴弾砲leFH18のような砲兵が果敢な反撃を加えたので、フランス軍は大損害を被った。

5月28日、1800時前後に、写真のルノーB1bis“ジャンヌ・ダルク”号はドイツ軍砲兵を襲撃、履帯で踏みつぶした。（左）翌朝、第47戦車大隊のアンドレ・ラウデ大尉は、“ジャンヌ・ダルク”号の操縦手ギー・オーブリー・ド・マルモン少尉候補生を撮影した。レ・クロワゼット近くの道路脇で、彼が撃破した2cm高射機関砲Flak30を前にしてポーズを決めている。（右）N28号線沿いのこの場所で、歴史が作られた。

5月29日、水曜日：攻撃開始

フランス軍のこの日の攻撃は、午前4時に始まった。前日の攻撃のショックと動揺からいまだ回復していなかった一部のドイツ歩兵は、突進してくる戦車の姿を再び目にすると、たちまち壊走し始めた。しかし対照的に砲兵と高射砲が奮戦したために、作戦は順調に進んだにもかかわらず、フランス軍の損害は前日を上回る勢いを示した。次々にフランス戦車は停止させられた。“アイラウ”、“トゥールヴィル”、“ロディ”号をはじめとして多くの戦車が、ヴィレル=マリュール近郊で破壊された。第44戦車大隊第1中隊のルネ・バルデル少尉は、ルノーR35戦車で戦ったヴィレル=マリュール戦を振り返る。

「我々が出発すると、カーキ色のコートの集団が戦車の後ろで跳ね起き、共に平野部を横切った……。今朝の歩兵たちはとりわけ熱心に見えた。私は、森の端でいまだに燻っている2両のルノー戦車の傍らを通り過ぎながら、その残骸を暗い気持ちで眺めた。戦車と運命を共にした戦友は、昨日までは生きていたのだ。今日は誰の番だろうか。だが、内省している暇はなかっ

ラウデ大尉は“ジャンヌ・ダルク”号に撃破された37mm対戦車砲Pak35／36も撮影していた。砲の左隣には操作員の死体が横たわっている。

（左）レ・クロワゼットとユビーを結ぶ道路の東側で、ラウデ大尉は第4歩兵大隊に伴われた300名ほどの捕虜と遭遇した。5月28日から31日にかけての戦いで、第4装甲師団が捕らえた敵兵である。（右）アンリ・ド・ワィリ氏が比較写真を撮った時には、ゲートの支持柱はまだD25号線に残っていた。背景に見えるのはレ・クロワゼットの南を走るN28号線沿いの街路樹である。

数々の印象的な写真を撮影した第47戦車大隊のアンドレ・ラウデ大尉。

“ジャンヌ・ダルク”号には第47戦車大隊第1中隊長のモーリス・デュラン大尉が乗車していた。同車は多数の砲座を撃破したが、ついに88mm砲の反撃によって、リメルクールの近くで撃破された。

た、なすべき仕事があるのだ。私は、目の前に立ちはだかり、町への眺望を塞いでいる長い土手の、すぐ左側の草むらを射撃した。主砲の砲尾が後座すると空薬莢が吐き出され、戦車の床にガランと音を立てて転がった。1発撃ったことで、憂鬱な気持ちは吹き飛んだ。私は戦いの渦中に意識を戻した。驚くほどに頭は冴え、心は冷静であった」

「煙が前方の土手を隠していた。そこへ潜むドイツ軍の機関銃が猛然と撃ちまくり、味方の歩兵は地面へ伏せざるをえなかった。アクセルを踏みこんで、我が小隊は突進した。それが戦車の役目なのだ！ 戦車砲から放たれた37mm砲弾が、土手の上で真っ赤な炎を上げ、土と枝を空中へと吹き上げた。敵は頑強に粘り続けた。突然、衝撃が私の戦車の装甲を叩くと、砲塔内に閃光が走った。やられた！ 急いで砲塔を右に回すと、2本の木の間にこちらを目掛けて火を吐く37mm対戦車砲が見えた。どっちが死ぬ番だ？ もちろんやつらだ。立て続けに3発を放つと空薬莢が車内に落ちた……。突如として、木の側で花火が弾けたような爆発が起きた。敵の弾薬箱に命中したのだろう……。同軸機銃を弾倉の半分まで撃ちまくり、さらに主砲を1発放つと……やった、やっつけたぞ！」

「我々は主砲射撃で穴だらけになった土手の前に来ていた。後ろを振り返ると、歩兵は依然として地面に伏せたまま、後続しようとしなかった。歩兵たちは敵の射撃にさらされ、動けずにいたのだ。私は状況を確かめようと、戦車を後方に戻した。戦車の横に隠れていた歩兵少尉が立ち上がると、ハッチをガンガンとノックした。ハッチを開けるなり、私は彼に尋ねた。「よう、何が邪魔してるんだい」、「機関銃2挺、門の右側の奴だ」と彼は答えた。我々は全速で目標へと進んだ。エンジンは轟然と吼え立て、すぐに門前へと到着した。何も動くものは見えなかった。土手沿いに動いてみたが、やはり何も無い。だが10mも進まないうちに、我々が通過したとドイツ兵は安心したのか、2挺の機関銃は地面すれすれに射撃を開始した。操縦手のルネンは戦車を急停車させ、私は砲塔を急旋回させると主砲を撃った。あまりの至近距離で、主砲弾の爆発が我々にも感じられた。1挺の機関銃の三脚架が吹き飛んで戦車の脇に落ちた。もう1挺は、攻撃が終わってから見つかった。壊れて捻じ曲がり、我々の砲弾で真っ二つにされた機関銃手の上半身が、いまだにしがみついたままだった」

「全弾を撃ち尽くしたので弾薬補給のために後方へ戻り、10分後に先ほどの土手の前へ戻ってみると、先刻破壊した機関銃はすべて新品に換わり、機関銃手たちもまるで生き返ったかのようにドイツ軍が戦っていた。それから、2度弾薬を補給し、砲も焼けよと撃ちまくった末に、友軍歩兵を村へと入れることができた。私の戦車は村への一番乗りだったが、ルネンは突然、戦車を止めた。「……少尉殿、見てください……彼らを轢く訳にはいきません」確かに、路上に斃れている兵士を轢くことはできない、だが、他に方法はない、脇を通り抜けることはできないのだ。履帯が兵士を踏み潰す感覚を想像して、私は恐怖に身を震わせた。だが、進まなくてはならない。私は前進を命じた。あんな経験はもう御免だ。突然、地面のすぐ上に覗く地下室の換気口に、機関銃の吐く短い火の舌がのぞいた。地下室に2発、窓に1発の37mm砲弾を叩き込む。戸口から飛び出してきた一団の兵士に機関銃を放つ……。それ、次の家だ！」

「家から家、通りから通りへと、我々は第22植民地歩兵連隊を導き、ついに村の反対側の端へと出て、村を占領した。多くのドイツ兵が死んでいたが、皆一様に若かった。戦死者は、路上、庭、屋内、いたるところに倒れていた。土手の向こうの果樹園は、さながら遺体安置所のようであった。もう一度、歩兵がハッチを叩き、木の上から狙撃手に撃たれていると告げられた。

“ジャンヌ・ダルク”号最後の戦いの場所を突き止める手がかりはないが、地元の農家が当時を覚えていて、リメルクールとレ・クロワゼットを結ぶ街道沿いの、正確な場所を教えてくれた。

第7軍の左翼に置かれた第51（ハイランド）歩兵師団は、アブヴィルから海岸にかけての線を保持していた。写真には「緊張高まる最前線」とキャプションがあるが、実際、ドイツ軍は

この時すでに数kmほど東にいたので、正確な説明はできない。写真のブラックウィッチ第4大隊の兵士が配置についているのは、トゥフルの東、D22号線の脇である。

見当を付けて、私はライベル機関銃を撃った。銃弾に刻まれた葉や枝が宙に舞い、ついに狙撃手が短機関銃とともに木から落ちた。一緒に幹の又に設えてあった椅子も落ちてきた。快適さだと？　戦闘中だというのに」

1700時、損害が増え、燃料が欠乏し、部隊が相互の連絡を失ったことで、攻撃は停止した。この日だけでビアンフェ、ヴィレール、マリュールの大半を奪回しながらも、将兵の疲弊は甚だしく、戦車のほとんどが破壊されるか、機械故障を起こしていた。しかも、ドイツ軍は橋頭堡の守りを固めていたので、ソンム渡河点の奪還は不可能事にすら思えた。しかしながら、ドイツ第57歩兵師団にとって、この日の戦いは困難であった。当時、第XXXVIII軍団長のエリッヒ・フォン・マンシュタインは、戦後に記した回想録の中で、5月29日の午後に、第57歩兵師団長オスカー・ブリュンム中将とともに大急ぎでアブヴィルに駆けつけ、浮き足立つ将兵を励まし前線へと再び向かわせたと、述べている。

5月30日、ド・ゴール将軍は残った部隊を集めて、1700時の攻撃開始を予定していた。だが、この日はドイツ軍の方が先手を打ち、午後に入ってすぐに攻撃を開始して、第4装甲師団を占領地から追い立てようとした。フランス軍は粘りに粘って持ちこたえ、予定通りに攻撃を開始したが、ほぼすべての戦車を失っていた第4装甲師団には反撃の余力の無いことが間もなく判明した。3日間の戦闘による師団の損害は、配属の第22植民地歩兵連隊も含めて、戦死傷、行方不明750名を数え、アブヴィルの西で105両の戦車を失っていた。

再編成

フランス第7軍のA集団は、アルマイユ将軍指揮のもと第10軍に昇格し、第IX軍団と第X軍団を麾下に置いて、ソンム全地区を受け持つこととなった。

軍左翼には第IX軍団の指揮下に、イギリス第51（ハイランド）歩兵師団が布陣し、海岸からアブヴィル地区までを守った。その隣には、アブヴィルからピキニーまでを第2軽騎兵師団と第3軽騎兵師団が受け持った。夜間には、両騎兵師団の騎馬部隊が到着し、第2軽騎兵師団第3旅団は第IX軍団予備となり、第3軽騎兵師団第5旅団は、前線にあって疲弊しきった、同師団の機械化部隊である第13旅団と交替した。軍の右翼側は3個歩兵師団を持つ第X軍団の地区となり、町の西の第7軍との境界線までのアミアン地区を受け持った。

第31歩兵師団と第5植民地歩兵師団は、戦闘で消耗した2個騎兵師団と交替するために、前線へ移動中であった。この2個師団に、すでに軍予備となっている第5植民地歩兵師団、イギリス第1機甲師団、新編の第40歩兵師団を合わせて予備集団を形成し、ドイツ軍の戦線突破に際しては、その側面を叩く計画が立てられた。消耗し尽くした第4装甲師団は、師団砲兵を残して5月31日に後方に下げられた。

5月18日、イギリス陸軍後方支援部隊長であったサー・ヘンリー・カースレイク中将は、ソンム川南岸の北部地区の防備を強化するように命じた。2個の小規模な機動部隊「ヴィクフォース」と「ボーフォース」を編成し、アンドル川とベツネ川沿いに陣地が準備された。また、橋梁には爆薬が仕掛けられ、障害物も準備された。5月31日、これらの臨時部隊は、A・B・ボーマン准将のもとに「ボーマン師団」として統合され、フランス軍の指揮下には入らず、カースレイク中将の直属となった。

6月4日、火曜日：第2装甲師団の攻撃

フランス軍最高司令部は、ソンム川南部にできたドイツ軍の橋頭堡の存在に大きな脅威を感じ、再度アブヴィルの戦局を挽回すべく第10軍に第2装甲師団を配属して、攻撃命令を下した。フォン・クライスト集団に惨敗を喫したのち、師団は急いで再建され、17両まで減っていたル

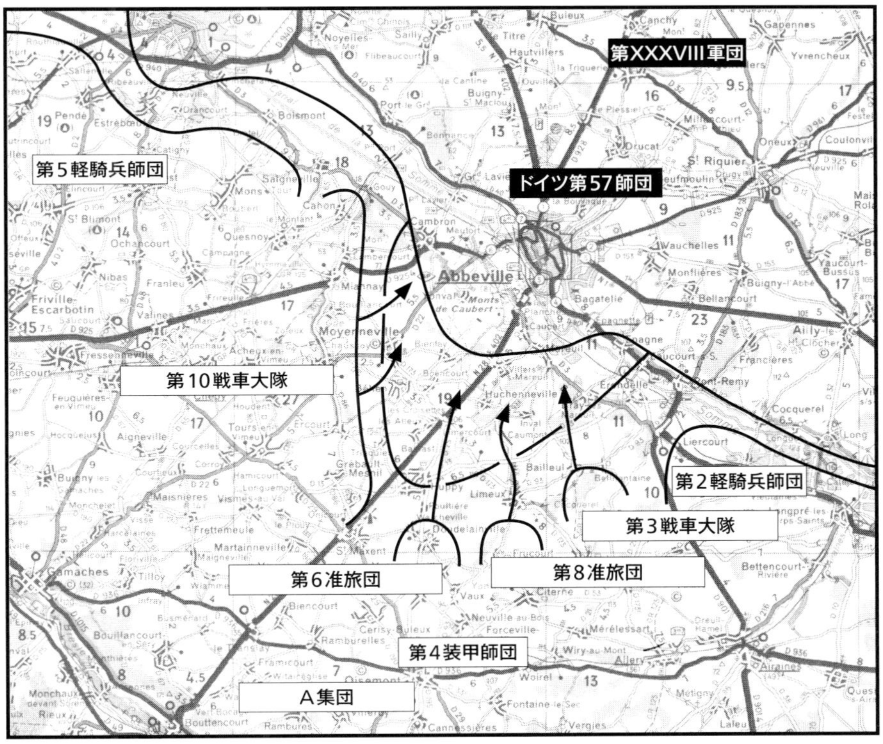

第4装甲師団は5月29日の早朝。アブヴィル橋頭堡に対する攻撃を再開し、ドイツ軍防御線の突破に成功した。同地の守備にあたっていた第57歩兵師団にとって、まさに危機の瞬間かと思われた。しかし、同日の夕方になっても、ドイツ軍はソンム川の南岸に橋頭堡を残して踏みとどまっていたのである。

6月に入ると、第2装甲師団がアブヴィル橋頭堡の攻撃準備を開始した。書類上の戦力である165両に対して、戦闘に投入できたのは140両だけだった。そのうちルノーB1bisは50両である。写真は第8／15戦車大隊の第1中隊がレ・クロワゼット付近に潜んでいるところ。6月3日午後の撮影。

ノーB1bis戦車は、新編成のルノー戦車の3個中隊によって増強されていた。同じく、23両まで減っていたオチキスH39戦車は、同戦車11両を装備する第351戦車中隊で増強された。また、第2准旅団は2個大隊を指揮下に置くことになり、第8／15大隊は第8戦車大隊と第15戦車大隊の残余、および新たに到着したルノーB1bis戦車3個中隊により編成され、第14／27大隊は第14戦車大隊と第27戦車大隊の残余と新着の第351戦車中隊で再編された。第4准旅団は、師団に新たに加えられた2個大隊、ルノーR35とR40戦車を装備する第48戦車大隊と第40戦車大隊を指揮下に置いた。

再編成や新編成に用いられた戦車と装備は、工場から直接調達されたものや、訓練場から送られたもので、稼働率は驚くほど低かった。6月4日のアブヴィル橋頭堡攻撃に備えて、5月末に師団が前進した時点では、編制表上では165両の戦車——ルノーB1bis戦車50両、オチキスH39戦車35両、ルノーR35とR40戦車85両——が存在していたが、稼働戦車は140両を割り込んでいた。

6月4日、火曜日の朝、第348戦車中隊長レイモン・フィショー大尉は“クレベール”号に乗り込んで、はるかモン・ド・コベールを目指して攻撃に出た。そこで彼は僚車の“マルシャル・ルフェーブル”号、“クレシー・オー・モン”号とともにアブヴィルを見下ろす高台に立ったが、歩兵を伴っていないため、最終的には撤退を強いられた。

イギリス第51歩兵師団、フランス第2装甲師団、第31歩兵師団から成る攻撃部隊は、第51師団長V・M・フォーチューン少将が率いた。第2装甲師団に与えられた目標は、中央では第152旅団の歩兵、左翼では第31歩兵師団の支援を受けて、アブヴィル西の高地を占領するというものであった。その間、第153旅団はグイ南の高地を抑え、第154旅団は海岸方面へ進み、ソンム渓谷下流にあるドイツ軍部隊が橋頭堡増援に向かうのを阻止することになっていた。ベイズ連隊と第10軽騎兵連隊の残余から再編されたイギリス第1機甲師団の完全戦力の1個連隊は予備に廻された。しかし、フランスの2個師団は到着したばかりで、攻撃準備が整っていなかった。第40戦車大隊を予備として外された第2装甲師団は、戦車約100両を展開できるだけであり、第31歩兵師団が掌握していたのは、第15アルピーヌ歩兵連隊のみ、しかも、その一部が到着したのは攻撃開始のわずか90分前という状態であった。

しかし、攻撃計画の細部を詰め直す時間は無く、攻撃部隊間の調整も期待できなかった。事前偵察は不十分であり、砲兵はドイツ軍がいそうな陣地にだけ砲撃を実施するという心許ない支援しかできなかった。

それでも、砲兵の6月4日の攻勢準備射撃は、量的には申し分無く、機甲師団の2個砲兵中隊、軽騎兵師団の3個砲兵中隊、第51師団の1個砲兵中隊が揃った。

砲撃は0330時に開始され、ビアンフェ周辺のドイツ軍陣地を襲い、ヴィレルで多くの損害を与えた。左翼では、第48戦車大隊のルノーR35とR40戦車の支援を受けた第15アルピーヌ歩兵連隊が、モワイヤンヴィルとビアンフェの間で前進を開始した。しかし、攻撃ははかどらず、戦車の前進は未発見の地雷原により遅れ、歩兵

火曜日の朝、午後8時30分前後に撮られた一級の戦場写真。ミシェル・マラグティ少佐が撮影。ビヤンフェの東側、渓谷の道沿いにモン・ド・コベールを目指す。途中、敵弾を浴びて停車したB1bis戦車2両と、ロレーヌ兵員輸送車。中央で炎上しているB1bisは第349戦車中隊の“アンジュー”号。

の前進は、メニル=トロワ=フェツの西の森に堅固な陣地を構えていたドイツ軍に阻まれて、攻撃発起線からほとんど進めずにいた。0800時、戦車部隊はドイツ軍の反撃を撃退したが、この戦闘で戦車とともに進撃してきたわずかな歩兵は全滅してしまった。戦況は混乱の極みにあった。友軍砲兵と戦車から誤射されたと思いこみ、また戦車の数の少なさに不安を募らせた歩兵が壊走を始めた。歩兵部隊長ジャン・バプティスト・ファヴァティエール大佐は、歩兵を引き止めるために苛烈な手段をとり、戦車部隊に勝手に後退するフランス歩兵を銃撃するように命じた。第48戦車大隊長アンドレ・メッセナ・ドリボリ少佐は、「この時を境に、戦意を失った歩兵はまったくの役立たずとなった」と記している。

中央では、計画通りに前進していた戦車が、ヴィレール近郊の第51歩兵師団の占領地区と思われていた地点で、未確認の地雷原に入り込んでしまった。実のところ、第2装甲師団には知らされぬまま、同地は夜のうちに放棄されており、再占領したドイツ軍はこの重要地点に地雷を敷設していたのであった。数両の戦車が走行不能となり、何とか地雷原を突破した戦車も、至近距離からの野砲と高射砲の直射に迎えられた。ビアンフェとヴィレールの間を進むイギリス軍のシーフォース・ハイランド連隊は、敵の前哨陣地を潰し、懸命に戦車部隊に追随しようとしたが、戦車と同様、大損害を被っていた。

一方、アブヴィルの西、モン・ド・コベールへ進出した3両のルノーB1bis戦車、“クレシー・オー・モン”号、“クレベール”号、“マルシャル・ルフェーヴル”号は、ドイツ軍を恐慌状態に陥れていたが、友軍の支援をまったく得られなかったので、燃える“クレシー・オー・モン”号を丘に残して後退せざるをえなかった。

南では、キャメロン連隊第4大隊が、ドイツ軍の強力な陣地に突き当たり、目標へと到達できなかった。それでも、2個小隊がコベールへと進んだが包囲され、難儀の末に全員が負傷して、2日後に原隊復帰した。

左翼では、作戦は順調に進み、第153旅団はグイ東部の高地に到達したが、コベール北部の

6月1日、第3／551航空観測飛行群のポテ63／11観測機による見事な航空写真。ちょうど第4装甲師団が攻撃を終え、第2装甲師団が準備をしていたタイミングにあたる。左のビヤンフェの森と、街路樹が目立つ右のN28号線の間に広がる農地では、地形の制約から戦車がバラバラになって戦っている様子がはっきりとわかる。5月29日にはこの場所で多くの戦車が失われ、6月4日には北に見えるせまい回廊に巧みに埋設された地雷によって、さらに損害を重ねている。写真では上の方、生け垣によってしぼられた形になっている明るい色彩の農地が、その地雷原にあたる。

高地はドイツ軍の手に残ったままであった。占領地の確保は不可能であり、ゴードン・ハイランド連隊は攻撃発起線への帰還を命じられた。

昼までには攻撃の失敗が明らかとなり、攻撃中止となった。進撃した部隊には撤退が命じられた。

第347戦車中隊のルノーB1bis戦車、「クレシー・オー・モン」号の操縦手ロベール・ジョブ軍曹は、重傷を負いながらも爆発した戦車からドイツ兵に助け出されて生き残った。後に、最後の戦いの朝のことを回想して語っている。

「6月4日の0300時、我々は森の端へと到着したが、まだ辺りは暗く、何も見えなかった。戦車長のマルセル・ブロンデル少尉は状況を掌握しようと単身前進し、すぐに戻ってきて、『総員配置につけ!』と命令した。私は戦車の前を歩いて誘導するブロンデル少尉の後に続き、その間、軍曹勤務伍長のロベール・セレリエールは、75mm砲弾の信管を調整して砲尾の真下ぎりぎりにまで積み上げ、無線手のマルセル・ジュトー伍長は歌っていた。『停止!』と叫ぶや否や、少尉は車内に飛び込み、砲塔ハッチをロックした。前方はほとんど暗闇だったが、小さな丘の麓にいるのだった。攻撃開始となれば、他の戦車と

第2装甲師団の"ネイ"号、"ボルドー"号の残骸とともに（左）。ドイツ軍の砲撃によって多数の戦車が犠牲となった。5月29日に撃破された第4装甲師団の"アイラウ"号は、後方の2本の木の間に見える。6月4日、（第2装甲師団の）"ハノイ"号が、ちょうど"アイラウ"号の傍らで動きを止めてしまった。両軍の様子が写真で確認できる（右）。ドイツ軍によって撮影された。手前が"ハノイ"号、土手の上にいるのが"アイラウ"号である。

6月4日の朝、"クレシー・オー・モン"号が突破に成功し、中隊僚車の"クレベール"号、"マルシャル・ルフェーブル"号とともに、モン・ド・コベールの頂に到達した。しかし"クレシー・オー・モン"号は間もなく破壊されてしまう。対戦車攻撃任務の切り札として頻繁に投入された88mm高射砲が傍らに写っている。おそらく"クレシー・オー・モン"号を仕留めた砲だろう。

ともに数分で駆け上らなければならない。全員がその時を待って、無線手の方を見つめた」

「攻撃命令が下りて前進を開始したが、私の戦車は3速ギヤに突発的な不調が起き、低速でしか進めなくなって、他の戦車に取り残されてしまった。夜が明け、低く垂れ込める霧に邪魔されながらも、私は僚車に追いつこうと懸命に戦車を走らせた。すさまじい衝撃が突き上げ戦車は停止しそうになった、地雷を踏んだのだ。しかし何事も無く、増速こそはかなわなかったものの、戦車は私の慎重な操縦に敏感に反応して見せた」

「少尉は森の端を機関銃で掃射した。我々を狙う砲の閃光が見えた。ガンガンと数弾が車体を叩き、戦車は敵対戦車砲に正面を向けた。私は射程600mで75mm砲を2発撃ち、少尉は砲塔の47mm砲を撃った。砲を破壊したのか、あるいは砲手を倒したのだろう、対戦車砲は沈黙した。中隊に追いつけないことは明らかなので、我々は単独で戦わざるを得なかった。移動を再開し、深い溝を幾度か見事な操縦で越えると、"クレシー・オー・モン"号は高地に出て、2つの森の間の開豁地に来たところで停止してしまった。まずい状況だ。少尉は敵を遠ざけておこうと、砲塔の機関銃と47mm砲を撃ちまくった。敵には対戦車砲が無かったのだろう、修理のために5分も停止していたのに、1発の命中弾も無かった」

「修理を終えて移動を再開し、私は敵が陣取る森に75mm砲を撃ち込んだ。対戦車砲を1門討ち取ったと思われる。戦車は荒れ地にさしかかり、背の高い草に隠された大きな穴を乗り越える度に、大揺れに揺れた。1つの穴を出ては、別の穴に落ち込みながら、車内灯はその度に点いたり消えたりした。ついには平坦な場所へと出たが、機関室では火災が発生していた。少尉は落ち着いてジュトーに消火器を使うよう命じ、私の方を振り返ると『窯の中みたいに熱いなあ』と冗談を飛ばした。目の前の計器は、冷却水が

驚くべき事に、戦車が炎上した地点は何年も経過していたにもかかわらず確認できた。おそらく熱で地面が焼かれて、不毛になってしまったのだろう。ピエール・ド・セーヌヴィル氏が立っているのが、1940年にB1bisが撃破されたまさにその場所である。背後に見えるのはモン・ド・コベールに残るケルト人の集落跡。

高温に達していることを示していたので、私は戦車をゆっくりと走らせた。問題続出に戸惑いながら救援信号を発信したが、火災だけは消し止めた」

「丘を下りていくと、突然、少尉が砲塔から下りてきて、存在に気づかなかった一団の人影を指し示した。少尉は砲塔に戻るとすぐに機関銃と47mm砲を撃ち始めた。ドイツ兵だ！　私は脇に砲弾を積み上げたままの砲を発見し、それを蹂躙しようと戦車を向けた。少尉が撃ちまくっているなかで、瞬く間に敵の砲に近づいた我が戦車は、目標まであと数mのところで直撃を食らってしまった。エンジンは停止し、戦車は燃え始めた。150リットルもの燃料が残る燃料タンクに火が回った！　私は戦慄し、エンジン点火装置を切った。75mm砲で狙える目標は無く、私が振り返ると、新たな1弾が命中して車内で爆発した。すべてが燃え上がり、息苦しさが襲ってきた」

「呼吸が困難になり、私は胸に負傷したのか疑っているうちに、窒息して気を失った。数秒ほどで意識が回復すると、私はハッチを開けて外気を取り入れた。車内の背後を確認しようとしたけれど、煙と炎で何も見えなかった。何もかもが燃えていた。私はドアまで這っていった。戦友はどこだろう、わからない、外に出ているのか。いや、でもまだ中にいるような……。何が起きたのかと思う間もなく、二人のドイツ兵が私を戦車から引きずり出した。引きずられていく間に、まわりのタコツボから出てきた連中が、拳を振り上げて怒鳴った。ジュトーが傍らに運ばれてきて、私の手を握った。車内に残る二人の戦友は、私とジュトーを負傷させた2発目の砲弾により死んだのだろう。悲しかった。“クレシー・オー・モン”号は松明のように燃え上がり、もはや近づくことはできなかった」(ジョブ軍曹は砲弾の破片を左太股に2個、右太股に1個受けていた。さらに、右肩は25cmもの裂傷を負い、右手首には深く破片が食い込み、頭頂部から背中にかけて無数の小さな傷を負っていた)。

ドイツ軍橋頭堡の戦力は過小評価されたのであり、準備不足の攻撃は完全な失敗に終わった。第2装甲師団は戦車40両、ロレーヌ装甲兵員輸

高く付く犠牲を払ったものの、第57歩兵師団はどうにかアブヴィル橋頭堡の確保に成功した。6月4日の午後にはフランス軍の最後の攻撃も退けられ、捕虜が集められた。西のモトの町を通過中の第15アルピーヌ歩兵連隊の兵士たち。

(左)アブヴィルの南、マレイユにて部下と談笑するフランツ・アルザン少尉。彼は(第57歩兵師団)第179連隊第3中隊所属の小隊長である。ところが、撮影の数分後、フランス軍の流れ弾がこの庭に落下し、ヘルマン・ミューラー二等兵が戦死、6名が負傷した。(右)比較写真のお手本。アンリ・ド・ワィリ氏は写真の家を発見しただけでなく、現場を背景に、フランツ・アルザン少尉と同じポーズをとっている。

送車7両と将兵130名を失った。第31歩兵師団第15アルピーヌ歩兵連隊は250名を失い、連隊長ジャン=バプティステ・ファヴァティエール大佐も、連隊指揮所への野砲弾の命中で戦死した。第51(ハイランド)師団の損害はさらに大きく、第152旅団だけでも570名を失っている。

5月31日、アブヴィルのデュアンヌ通りにてフランツ・アルザン少尉は5名の戦友を撮影した。左から順にニツェル軍曹、ユセル・マイエル軍曹、テオフィル・ブラウン中尉、シュテックル軍曹、ヨセフ・クレーマー軍曹で、全員、第199歩兵連隊第2中隊の仲間である。6月5日、第57歩兵師団が実施した橋頭堡を広げる作戦において、ブラウンとクレーマーは戦死し、シュテックル軍曹は重傷を負った。

ブルドンのドイツ軍戦没者墓地に残るテオフィル・ブラウン中尉(589番)とヨセフ・クレーマー軍曹(593番)の墓石。共にブロック27にある。

5月20日、市民が不安そうに身を隠すなか、ブローニュを目指して進撃中のドイツ軍。ここから2日間、戦車部隊は市の守備隊と交戦状態に入る。

最後の退却

5月18日、第7軍がベルギーから退却し、南へ移動してパリの北で防衛線を形成するように命じられたことで、第XVI軍団は連合軍戦線の左翼を受け持たされることになった。5月21日、軍団はベルギー軍総司令部の指揮下に組み入れられ、麾下の2個歩兵師団はブルッヘ北東の側面を守ることになった。

この間に、第7軍所属の他の師団は急いで南進したが、フランス第21歩兵師団をソンム地区へと運んでいた輸送列車が、クライスト集団の前衛部隊により遮断されたため、同師団は急遽、ブローニュの防衛に投入された。この同日、イギリス第20近衛旅団の2個大隊がイギリスからブローニュへと急派された。さらに、カレーから第3王立戦車連隊と1個歩兵大隊「クィーン・ヴィクトリアズ・ライフルズ第1大隊」を送る予定が立てられたが、戦況の変化により実施されなかった。陣地を確立しようという第21歩兵師団の望みは、42本の輸送列車のうち5本が到着したところでドイツ戦車に襲撃されたため、水泡に帰した。このため、ブローニュを守るのは、師団長ピエール・ランケット将軍の率いる集成部隊と、W・A・F・L・フォックス=ピット准将の第20近衛旅団だけとなった。

クライスト集団は、5月22日に北進を開始し、麾下の第2戦車師団は、午後の早いうちに、サムールのフランス軍の頑強な抵抗を排除して、ブローニュの守備隊と接触した。わずか2個大隊が布陣する第21歩兵師団は、頑強な抵抗ぶりを示して、5月23日の昼までドイツ第1戦車師

5月23日の夜、イギリス軍はブローニュから撤退したが、このことを一切知らされていなかったフランス軍司令部のランクトゥー将軍は最初当惑し、間もなく激怒に変わった。フランス軍は最後まで要塞に立てこもり（上）、25日まで抵抗を続けた。クライスト集団は、ブローニュから脱出しようとする敵兵2000名を捕虜にしたと報告していた。

（左）北に向かって進む第1戦車師団の戦車を、落胆しながら眺めるほかないアルドルの住民。カレーまでは残り17kmだ。（右）交差点は拡幅されているので、通りの左側の町並みは変わってしまっている。

団をドヴルで阻止していたが、師団の残る主力は鉄道輸送中に攻撃を受けてしまった。

仏英海軍の駆逐艦がブローニュ周辺の敵砲兵陣地を叩く間に、イギリス海軍は非戦闘員と負傷者を港から撤退させた。ルフトヴァッフェは敵艦船を執拗に攻撃し、イギリス駆逐艦「キース」と「ヴィミイ」の艦長が戦死、フランス駆逐艦「ロラージュ」が沈没した。

5月23日1830時、イギリス陸軍省が第20近衛旅団の即時撤退を命じると、駆逐艦は直ちに、ウェルシュ・ガーズとアイリッシュ・ガーズ両連隊の将兵の収容を開始し、各艦約1000名の将兵を乗せた。ブローニュに最後に入った艦船は英駆逐艦「ヴィミーラ」で、5月24日の早朝に不気味な静けさに包まれた港へ入った。1時間ほど停泊する間に1400名の将兵を乗せて、無事にイギリスへと戻った。

イギリス軍は撤退実施が決まったことをフランス軍には知らせておらず、ランクトゥー将軍は、急遽練り上げた防衛計画に組み入れてあったイギリス軍部隊の大半が、夜間に本土へ撤退したことを24日になって知らされたことで激怒した。残ったイギリス軍は防波堤の突端に残った分遣隊も含めて、J・C・ウィンザー・ルイス少佐の指揮のもと、5月25日まで戦闘を続けた。要塞に立て篭もったフランス守備隊も5月25日まで戦闘を続けたのちに脱出を試みたが失敗に終わった。クライスト集団は捕虜2000名を獲得していた。

カレー

フランスに急遽派遣したイギリス軍増援が、カレーもしくはダンケルクから作戦を開始することと同時に、この港湾がイギリス欧州遠征軍への補給路の起点となったことにより、イギリス軍は最後までカレーを守る責任を負うこととなったが、まもなく現地は大混乱に陥った。上陸した部隊は車両と兵器が不足のまま放り出され、輸送船は荷揚げを終えないうちにイギリスへと送り返されるなど、さまざまな部署が発した、相反する内容の命令がひっきりなしに飛び交っていた。ファルガード将軍がカレーのフランス部隊指揮のために派遣したレイモン・ルトリエール少佐が、イギリス軍の意図を「支離滅裂」としたことも無理はなかった。

第3王立戦車連隊と「クィーン・ヴィクトリアズ・ライフルズ第1大隊」は5月22日にカレーに到着したが、送電が遮断されて岸壁のクレーンが動かせなかったため、荷揚げは遅々として進まなかった。1700時、Mk.VI軽戦車21両と巡航戦車27両を装備する第3王立戦車連隊は、ブローニュへの前進を命じられたが、この命令はゴート卿の司令部からやってきた連絡将校により撤回され、新たにサン=オマールとアズブ

5月23日、アルドルにて。第1戦車師団の先頭を行く部隊の士官、下士官らはいよいよ作戦が仕上げの段階にあることを感じとっていた。

(左) 5月23日の夕方、ゴート卿は部隊にデール運河の線まで退却するように命じた。翌日、運河の南にあるベテューヌを行軍中のフランク集成部隊の写真。(右) 50年後のサディ・カルノー通り。

ルックへの前進が命じられた。サン=オマールに前進を開始した戦車は、間もなくドイツ戦車と遭遇した。敵戦車数両を撃破したものの、12両の戦車を失ったことで突破は不可能と判断され、戦車部隊はカレーへと戻った。

5月23日の朝、カレーへと向かう船上で第30旅団長C・N・ニコルソン准将は、第3王立戦車連隊とともにブローニュを奪還すべしとの命令を受領した。午後になってカレーへ到着してみると、すでに戦車連隊は大損害を受けた後であり、少佐の判断では、ブローニュもしくはサン=オマールへの前進はもはや不可能であり、カレーの防衛態勢を整えることが最優先であった。そのとき、ロンドンから届いた命令は、35万食の糧秣をダンケルクに輸送せよというもので、しかも「すべてに優先して実行すべし」とされていたために、少佐は組織しばかりの防衛線から部隊の一部を引き抜かなければならなかった。輸送隊が編成される間、第3王立戦車連隊はダンケルクまでの輸送路を偵察するために、戦車中隊を派遣した。偵察隊はドイツ第1戦車師団と衝突し、3両だけが辛くも戦場を脱してグラヴランの部隊に合流した。

5月24日、金曜日

5月24日、ウェイガン将軍は、第XVI軍団長マリー=ベルトラン・ファルガード将軍を、北部地区の地上軍司令官とし、最高司令官ジャン・アブリアル海軍大将の指揮下に組み入れた。ファルガード将軍は、カレーの防備をイギリス軍のもとで組織し、ブローニュの防備をフランス軍の指揮下で組織した。

ドイツ軍が再編成に入ったことにより、わずかな時間だが、カレーの守備隊は息を付くことができた。5月23日の午後、第10戦車師団は再

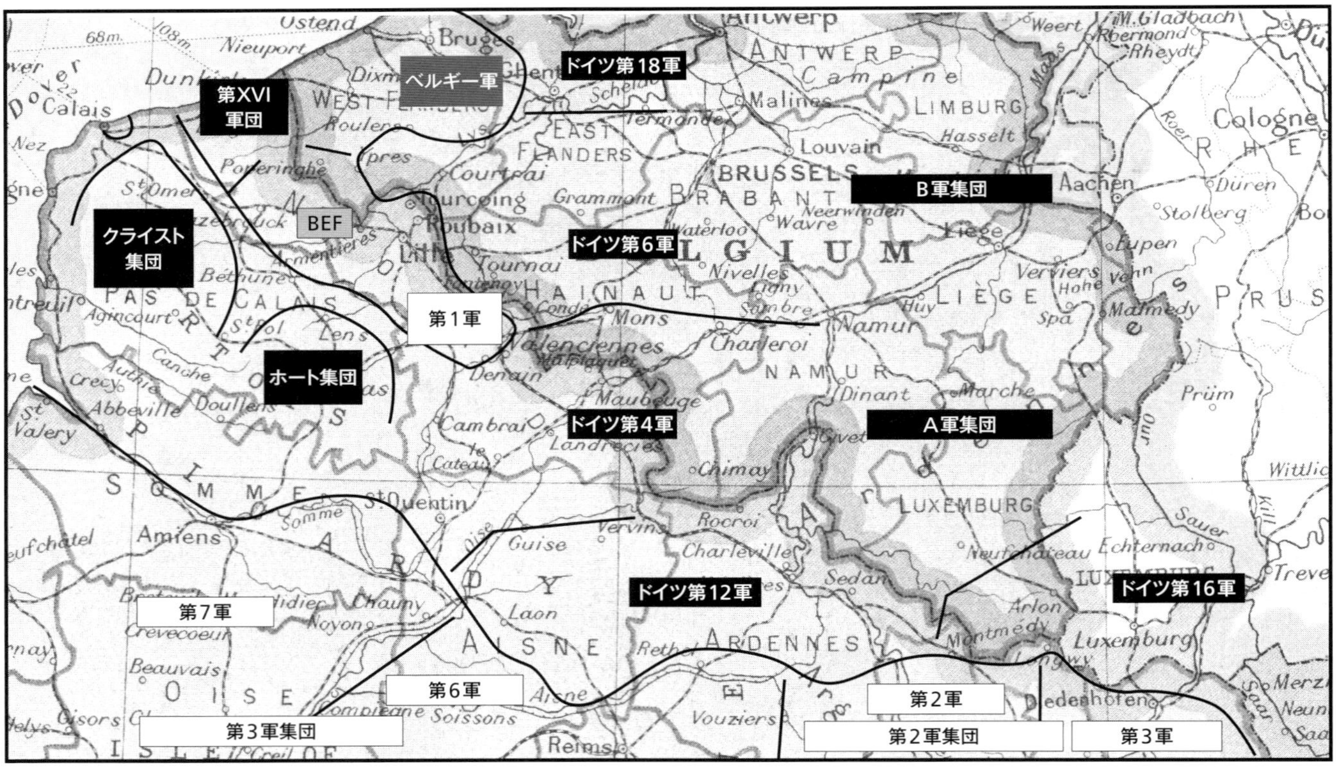

撤退に移ったゴート卿の決断に触れる前に、これまでの10日間にドイツ軍が成し遂げた軍事的偉業を振り返っておく必要があるだろう。5月20日までにアラスの南に穿たれた突破口は、ソンム川沿いの線と、エスダンからモントルイユを抜けて海峡港に至る線の2つの方向に広がっていた。21日にフランク集成部隊が実施した反撃にドイツ軍は狼狽したが、突破口の分断はおろか、初日の作戦目標——コジュール川——さえ到達できないまま作戦は中止された。22日の夕方にはブローニュが孤立し、戦車部隊の先鋒はカレーまで9kmに迫っていた。翌日にはレイノー、チャーチル、ウェイガンをはじめ、多くの関係者を巻き込んで、戦況を憂える電報が飛び交っている。同日夜にはフランク集成部隊がアラスを放棄、ベテューヌ、ラ・バセ運河の線まで撤退した。両軍が南北から共同作戦に出て、ドイツ軍の突出部を分断するというウェイガンの構想も水泡に帰し、25日にはずっと北に設定されていたベルギー軍の戦線が崩壊した。5月26日開始時の状況は、地図のとおりである。

カレーへの道路を間に合わせの障害物で塞ぐ。周辺には退却する軍が遺棄した資材が散乱していた。

び第XIX軍団の指揮下に入り、グデーリアンはカレー近くにあった第1戦車師団をダンケルクに向かわせ、代わりに第10戦車師団をカレーへと差し向けた。カレーを発した第1戦車師団はアー運河に到達し、ワッテンとグラヴランの間でいくつかの橋頭堡を確保した。その南では、第8戦車師団がサン＝オマールでアー運河を渡った。

「停止命令」に従って、運河の線で守りについていた戦車部隊は、この強いられた休養期間を利用して、大掛かりな再編成を開始した。だが、この命令に反して、ライプシュタンダルテSSアドルフ・ヒトラー連隊長のヨゼフ・ディートリッヒSS大将は、標高わずか72mだが、周囲の地形を見下ろす重要地点であるモン・ワッテンを占領するため、25日に運河を越える決心をした。作戦は成功し、グデーリアンは、ブローニュの陥落によって手空きとなった第2戦車師団を支援に付けた。

前夜、ダンケルクへの道の偵察に送り出された戦車中隊が行方不明となったことで、この朝にはさらに戦車1個中隊が、イギリス第1ライフル旅団と一緒に派遣された。戦車と歩兵は進路を確保しようと奮戦したが、成果は得られず、ニコルソン准将は攻撃中止とカレーへの帰還を命じた。第3王立戦車連隊の残存戦力はMk.VI軽戦車12両と巡航戦車9両にまで減少した。

その日の早朝、ニコルソン准将は、カレーからの撤退が「原則として」決まったことを知らされた。しかし、午後になって町へのドイツ軍の圧力が高まると、ロンドンから一通のメッセージが届いた。それには「改めて強調するが、麾下のイギリス軍が撤退を禁ずるファルガード将軍の指揮下に組み入れられたという事実に鑑み、貴官は連合軍の団結のために戦闘を継続されたし」と記されていた。

夕刻にはドイツ空軍機が飛来し、ブローニュ陥落を知らせ、カレー守備隊の降伏を要求するビラをばら撒いた。

鉄道操車場の脇で動きを止めた第3王立戦車連隊のMk.III軽戦車。砲塔に描かれた黄色い四角形から、この異形の戦車は司令部付き車両だったことがわかる。車体下部のバイソンの図柄は第1機甲師団のもの。

戦後、カレーは大きく姿を変えたが、信号塔が残っていたので比較写真を得られた。

線路を越えようとして遺棄された"アナベラ"号——今日、風景が大きく変わってしまったので、厳密な比較は難しい。

5月25日、土曜日

ドイツ軍の砲撃は、旧市街に集中する形で開始された。倒壊した家屋が道路を塞ぎ、あちこちで発生した火災と、立ち昇る爆煙が守備隊の視野を遮り、部隊の移動を妨げた。ニコルソン准将はフランス軍との統合司令部を要塞内に置いた。連合軍将兵は奮戦し、大損害を出しながらもドイツ軍の攻撃を防ぎ続けた。午後になって、ドイツ軍の将校1名が白旗をかかげて、捕虜のフランス軍大尉とベルギー軍兵士とともに、降伏を要求しに要塞へとやってきた。ドイツ軍使は、ニコルソンの「ドイツ軍と同じく、我がイギリス軍にも戦う義務がある」との返答を渡されて自軍へと戻り、同行した2名の捕虜は、要塞へと至る道で目隠しをされていなかったことを理由に、要塞へ留め置かれた。だが、准将は「この2名をドイツ軍との戦闘に参加させない」ことを、軍使に約束した。

5月26日、日曜日

早朝から、前日よりも激しさを増した砲撃が始まり、猛烈な急降下爆撃がそれに続いた。正午、グデーリアンは第10戦車師団長フェルディナント・シャアル中将を訪ね、カレーの始末を空軍に託すことについて意見を求めた。シャアル中将は穏やかに拒否の意思を示し、古くからある要塞に対して、爆撃は効果が無いであろうことと、爆撃に備えてドイツ軍が放棄した最前線の陣地を奪還しなければならないと主張した。

ドイツ軍の攻撃は日中の間続き、要塞と市街の間にはドイツ軍が割って入り、守備隊は個々に戦闘を続けることになった。午後になってドイツ兵は要塞内に突入し、ニコルソン准将を捕虜とした。それから日没にかけて守備隊は暫時掃討され、しだいに銃声は止み、カレーはドイツ軍のものとなった。

5月27日の曙光とともに、カレー陥落の事実を知らないイギリス空軍の12機のライサンダー攻撃機がカレー上空へ飛来し、補給の飲料水を投下した。午前中には、さらに弾薬補給のライ

守備隊を次々と蹴散らし、ドイツ軍はカレーに突入した。写真のバリケードも破られ、部隊が配置についた。両手を上げて歩いてくるのは、ドイツ側のキャプションを信じるならイギリス兵であるとのこと。写真の右手後方、ドイツ軍のハーフトラックの向こう側に別のバリケードが確認できる。

皮肉な光景。包囲された友軍に上空から補給物資を投下するため、5月27日の未明に、RAFは12機のライサンダー軽爆撃機を飛ばしていた。しかし、彼らは前日の夜に同地がドイツ軍占領下になっていることを知らなかった。まだ友軍が確保していると信じて、RAF機は次々に飛来しては、カレー西方の要塞化地帯に水や食料、弾薬を投下した。この任務では3機のライサンダーが帰投しなかったが、写真は港湾入口を防衛していたリスバン要塞に激突して墜落したライサンダーの残骸。

サンダー17機が続き、ソードフィッシュ雷撃機9機が近郊のドイツ軍砲兵陣地を爆撃した。この日、3機のライサンダーが未帰還となっている。

カレーでの「連合軍の団結のため」の最後の防戦は、まったく無駄という訳ではなかった。ブローニュとカレーの守備隊は、ダンケルクへの撤退のもっとも重要な時期に、ドイツの2個戦車師団を拘束した。グデーリアンに再編成の猶予を与えた「停止命令」が撤回された時には、徐々に縮小される海への通路の北側面に兵力が集中したことで、自由となったイギリス各師団は第III軍団を形成して、後方の西側面の防備強化にあたったのである。

今日、要塞はなくなり、キャンプ場になっている。

歴史が作られた部屋。ドーヴァー・キャッスルの地下に設けられた「ダイナモ」作戦司令室。

海岸から撤退するBEF

5月26日、ゴート将軍は陸軍大臣アントニー・イーデンから撤退を許可するという電報を受け取った。イーデンはドイツ軍突破口に対する南側からの反撃が成功するとは信じていなかったので、ゴートに「フランス軍、ベルギー軍と協力の上で、速やかに海岸に向けて退却する権限」を与えたのだ。ただし、不幸なことに撤退に関する合意は政治レベルの担当者の間に留まっていたために、フランス軍最高司令部内では意思統一ができておらず、ブランシャール将軍はいまだリス川に防衛線を敷いて阻止しようと考えていて、海岸への退却を想定していなかった。ゴート将軍とフランス軍首脳部の間でも、撤退の可否に関して合意はなかった。フランス、そしてロンドンにある両軍の陸軍総司令部にとって、海岸から本国への撤退成功の鍵は、明らかに劣勢にある前線をいかにして短縮するかという点にあった。またフランス軍は、イギリスとは別の問題を抱えている。仮に撤退作戦が首尾よく運んでも、今度は自由を得たドイツ軍が総力をあげて南進するのが明らかなのだ。北方に分断された部隊が抵抗を続けていれば、それだけウェイガン線を強化する時間が得られる。イギリス軍は一息ついて再編成の時間稼ぎができるだろうが、そんなことはフランスにとって何の助けにもならない。

ここに至り、仏英は互いの優先課題が相容れないものとなっていることを認識した。イギリス軍がこれまでいかに誠実に戦い、行動してい

1780年に建造された城の地下室はトンネルやトーチカ砲台の複合建造物となり、第一次世界大戦では500床の病院として使われていた。1918年にはキーズ提督が指揮したゼーブルッヘ強襲作戦の司令室としても使用されたが、23年後にはラムゼイ提督がダンケルクからの撤退作戦を指揮したのだった。1959年には核戦争に備えて、自治体の避難場所とするために司令室を拡張した。1986年には政府はこの建物の使用を停止し、1990年にはイングリッシュ・ヘリテッジによってトーチカ砲台部分が一般公開されている。案内人の一人、ヴェラ・リン女史。

たとしても、撤退の決断――ドイツ軍突出部の結果生じた北方地区からイギリス本国への完全退却――は、当初、フランス軍に対して明確に示されていなかった。イギリス軍が着手している撤退作業に関しては、ゴート将軍を指揮下に置いているはずのフランス軍はほとんど関与できなかった。正確な情報が秘匿されているとフランス軍は抗議したが、イギリス側はフランス軍最高司令部の混乱が原因で、情報共有に齟齬が生じているといった、曖昧な返答に終始していたのだ。

ドーヴァー海域司令官であるサー・バートラム・H・ラムゼー海軍中将が撤退作戦の計画立案と実行責任者に任命され、5月20日に担当部署の責任者を交えた作戦会議が行なわれた。そして3日後には各関係部署に対して「ダイナモ作戦」の詳細が伝達された。作戦名は司令部が置かれたドーヴァー・キャッスルの古い発電室《ダイナモ》に由来すると広く信じられている。もはや保持が不可能になったブローニュ、カレー、ダンケルク、オステンドの各港から友軍を撤収させるという大作戦は、5月21日から始まり、26日の深夜までに北フランスから友軍兵士2万7936名を本国に連れ戻していた。当初はドーヴァー海峡沿いの港湾すべてを撤退作戦に使用できると想定していたが、5月26日にはブローニュとカレーが陥落し、ベルギーも崩壊寸前となっていたので、オステンドも使用できなかった。ダンケルクは連合軍が確保していたが、ルフトヴァッフェが港湾施設を繰り返し爆撃し、5月21日にはフランス海軍の駆逐艦ラドロワを含む多数の船舶が撃沈された。さらに2日後には駆逐艦ジャグアールがドイツのSボートから雷撃されてマロ・レ・バン沖で沈んでいる。それでも撤退作戦は実施に移された。5月26日0700時に、ラムゼー中将は「ダイナモ」作戦を発動した。そして2時間後に、最初の救出船となる客船モナ・アイランド号がダンケルクを目指して出港したのである。

ウェイガン計画の実現に失敗した結果、チャーチルとその戦時内閣ではBEFが陥っている状況が極めて憂慮すべきものであると理解し、ゴート卿は自らの責任において軍を本国に帰すためにダンケルクへと撤退させていた。ビヨット将軍はまだ後退しておらず、三カ国の上に立って指揮すべきポストが空席になっていた結果、各国は自らの利害を優先するようになっていた。すでに見たように、ベルギーは降伏に動いていた。イギリスは破滅の縁からできる限りの兵士を救い出そうとしていた。祖国のために戦うフランスは、敗北まであまり時間が残っていないことを感じ、とりわけアラスの戦いから後はイギリスとの協調も崩れ、情報共有が途切れがちになっていた。ポール・レイノー首相は24日のチャーチルとの電話で、フランス軍が突出部の南側から攻勢に出ているのに、イギリスがダンケルクから退却を開始していることについて強い語調で抗議した。フランスを見捨てようとするBEFの動きに対し、フランス人の怒りは抑えがたいものになりつつあった。

史上もっとも「成功した撤退作戦」が終了した直後、チャーチルはドーヴァーを訪れた。

ダンケルク撤退を経験した元兵士たちと一緒にバルコニーに立つヴェラ・リン女史。1990年撮影。左からフォークストーン=ダンケルク退役軍人会会長のロジャー・ベラミー氏、同議長ベルナルド・ホワイティング氏、事務局長レス・テイラー氏。

ベテューヌにて。デール運河（一般にはラ・バセ運河で知られる）を守る部隊に、ホート将軍麾下の部隊が襲いかかる。第2歩兵師団とSS自動車化師団"トーテン・コップフ"はベテューヌの西から、第4戦車師団は正面から、第7戦車師団は東から攻撃を開始した。（左）27日午後8時、第4戦車師団第12狙撃兵連隊はベテューヌ北部において渡河作戦を開始した。北岸で重傷を負った兵士を後送する場面。（右）エサール近郊の爆破された橋の東側に、仮設橋の設置地点を発見した。

5月27日：月曜日

この日の早朝、連合軍最高司令官のウェイガン将軍がゴートに会うためにカッセルを訪れたが、ゴートはその場に赴くことができず、代理のサー・ロナルド・アダム中将が出迎えた。中将は当時、ダンケルク海岸堡内で第III軍団を指揮していた。カッセルにはウェイガンの代表団としてマリー・ルイス・コエルツ将軍、ブランシャール将軍、ダンケルク守備隊司令官のアブリアル提督、そして第XVI軍団長のファルガード将軍が集まっていた。同軍団は第7軍の2個師団を率いてダンケルク海岸堡の中にいたのだ。海岸堡の防衛方針について、会議が始まる前のアダムとファルガードの予備会談では、海岸堡の西をフランス軍が、ダンケルク港からニーウポールトまでの線はイギリス軍がそれぞれ担当する方向で意見が集約されていた。会談では、ウェイガンの意図でもあるカレーの奪回を優先すべしと、まずコエルツ将軍が口火を切った。この時点では誰もカレー奪回が非現実的かつ不可能であるという認識を示さず、またいかなる合意もなかった。のちにウェイガンはゴートに対して「来るべき総反撃においてイギリス軍の積極的な参加が不可欠である。戦況は強力な反撃を必要としている」と、「個人的要望」を申し入れていた。

昼までに運河北岸の橋頭堡の深さは1kmに達していた。（左）負傷して横たわるイギリス兵捕虜。同日午後、エサールにて撮影。（右）今日のフランスでも珍しい方形の道標は、もともとミシュラン社が設置していたものである。D171号線が通っていた橋が、結局は再建されなかったために、もともとはバーヴリーを示していた面は塗りつぶされているものの、同じ道標が残っているのを見て、筆者は興奮を抑えきれなかった。

ベチューヌとラ・バセの中間、キャンシーとヴィオレーヌをつなぐ道路橋は破壊されているが、第7戦車師団第7狙撃兵連隊は同じ場所で渡河作戦を行ない、橋頭堡を確保した。写真は3トン級ポンツーンの設置にかり出されたクイーンズ・オウン・キャメロン・ハイランド連隊の兵士。もちろん、このような最前線での捕虜使役は国際条約で禁止されているが、志願であれば止める理由はないとされる。

海岸堡の保持に関しては、第1軍司令官のプリオー将軍はフランス軍の当初からの方針に従い、この日の午後のには「リス川への退却は論外」であると通達をしていた。ダンケルクへの即時退却はあり得ないという認識である。

ドイツ軍側を見ると、ダンケルク海岸堡への一斉攻撃は最初から困難に直面していた。「停止命令」が作戦を困難にしたことを、第XXXIX軍団の戦闘記録が暗に仄めかしていた。「目下のところ、運河南方における2日間の停止命令が、2つの事態を引き起こしたことを指摘できる。1つは27日の戦いで見られたラ・バセ運河の強行渡河作戦時に大損害を生じ、現在も連合軍が強固に保持していることであり、もう1つは、リール地区からイギリス海峡に向かって整然と退却を図る連合軍を阻止する手立てを失っているという事実である」

その一方で、ダンケルクは容赦ない爆撃に晒されて、数百名の市民が命を落としていた。これはダイナモ作戦期間中に市民に生じた犠牲者の3割に当たる数字であり、27日はダンケルク市民にとって最悪の一日として記憶された。

橋頭堡の西側では第62歩兵師団が第1戦車師団の夜襲を受けて、グラヴリンヌの放棄を強いられた。その南側では第44、第48歩兵師団が保持しているカッセルおよびアズブルック、ベルグからリス運河の戦線に対して、クライスト集団が攻撃に出たが、目に見える戦果は挙がらなかった。

ずっと南のサン＝ヴナンからラ・バセの間では、ドイツ軍第XV軍団の攻勢にさらされて、イギリス第2歩兵師団が危機に陥っていた。第XV軍団はデール運河の奪取を目指していたのだ。第2歩兵師団第6旅団は右翼側のサン＝ヴナンからロベックにかけての線に、第4旅団は中央にあたるベチューヌに、第5旅団はそこから南のラ・バセ地区に布陣した。第7戦車師団は5月27日朝の時点で、第7ウォーチェスターシャー連隊、第1クイーンズ・オウン・キャメロン・ハイランド連隊と激しい交戦状態に入っ

(上)第7戦車師団の輸送車がポンツーン橋を渡って北進する。写真はベチューヌのある西の方角を向いている。(下)川の土手に沿っていた鉄道の痕跡も、今や完全に消えている。

ずっと西では第58工兵大隊がキャンシー近郊にある主運河の支水路にて架橋作業に取りかかっていた。

たが、2つの小さな橋頭堡を確保した。この状況をロンメルは次のように記述している。

「運河攻略の見通しは極めて悪い。第7狙撃兵連隊の一部がゴムボートで対岸に渡り、運河にほど近い藪の中に潜り込みはしたものの、その先には進めないでいた。北岸の橋頭堡を拡大できず、大隊の進出は足止めされている。ジバンシーの対岸もまだ敵の掌中にある。運河の北岸、数百メートルの範囲に、対戦車砲や重火器を配備している敵を残したままの状態なのだ」

「そこで私は陣頭指揮に立ち、20mm対空機銃とIV号戦車を相次いで繰り出して、戦線の左側面から友軍兵士を狙撃していた敵陣地を掃射させた。これが奏効して敵の抵抗が弱まると、工兵が多大な犠牲を払いながらも北岸に傾斜路

ロンメルは「運河で切り分けられた水郷地帯に多くのポンツーン橋を架けたが、はしけの移動が困難だったため、16トン級ではなく8トン級をもっぱら使用した」と、この写真についての作業のことを書き残している。

鉄道橋と歩道橋が架かっている運河から外れていた別の運河を、ロンメルは「小さな港」と描写していた。主運河に沿ったU字型の「小さな港」は、ずっと西で、また別の運河に面している（次ページ）。

U字型の「港」の端では、ロンメルの工兵が懸命に16トン級ポンツーン橋を設置していた。しかし船台の浮力が足りず、橋をまっすぐに作れなかった。試しにおそるおそる渡ったIII号戦車は、あやうく運河に滑り落ちかけたので、補強が必要になった。ロンメルは何枚か写真を撮り、先日授与されたばかりの騎士鉄十字章を付けて、自らも運河の手前で記念撮影した。勲章はヒトラーの命を受けて、ロンメルの副官が携えてきたものである。

を設置し、最初のポンツーン架橋の設置作業に取り掛かった。しかし・ラ・バセ方面で強力な敵戦車部隊の攻撃が始まると、第7狙撃兵連隊の東側面が圧迫を受け、クラーマー大隊(連隊の第I大隊)は運河から駆逐されてしまった。イギリス軍重戦車を含む敵戦車部隊は今や運河の北岸に陣取って、南岸に銃砲火を浴びせてくる(著者註：これは誤認で、実際は第1キャメロン連隊の1個中隊に支援された第1軽機械化師団所属の6両のフランス戦車である)。右翼側でも敵の砲火が聞こえてきた。戦車部隊の反撃によって、バックマン大隊(第II大隊)が運河沿いに西進する敵軍の矢面に立たされていたのだ。北岸に先行していたバックマン大隊は対戦車ライフルしか有効な武器を装備しておらず、縦深も浅かった。もしこのとき、敵軍が断固として反撃を継続していれば、数分のうちに我が軍の渡河点を蹂躙できただろう」

「戦況は最悪だった。工兵に架橋作業を急がせた。戦車と対戦車砲をとりあえず対岸に渡せればいいのだ。あちこちに艀が沈み、運河の中は障害物だらけだったので、ポンツーンをまっすぐに設置することはできなかった。従って構造も弱い。最初のIII号戦車がポンツーンに乗ると、一部の舟桁がぶつかり合って、戦車がずるずると滑り始めた。しかし、間一髪のところを渡り切ることができた。その間に私は50mほど離れた土手の上にIV号戦車を配置して、ラ・バセ方面から出てくる敵戦車に攻撃を加えるよう命じた。IV号戦車の射撃は正確に敵をとらえ、反撃を退けた。直後にIII号戦車が北岸にたどり着き、数分後には人力で野砲が運び込まれた。たちまち敵戦車部隊の攻撃は無力化された」

「すぐに工兵は16トン架橋の設置にかかり、長蛇の列をなしていた車両が次々と渡河を始めた」

ラ・バセーは激しい砲爆撃を受け、教会もひどく損傷した。写真は第43歩兵師団と第2軽機械化師団の捕虜。（右）我々が訪れたときは、ちょうど葬儀の最中だった。

ラ・バセは戦争と因縁深い。西方電撃戦の25年前には連合軍からの猛砲撃を受けた。それから4年間、この都市はドイツ軍の主要拠点となり、1918年10月に仏英軍が奪還したときには廃墟と化していた。1940年、再びドイツ軍がやってきた……。写真は橋頭堡を出て北に向かう途中の第7戦車師団の兵士。ハイランド連隊の捕虜が教会前の瓦礫を片付けている。

5月27日、ロンメルが騎士鉄十字章を受勲されるとのニュースが広報に掲載された。副官のカール・ハンケ中尉がロンメルの代理として赴き、勲章を受け取った。

午後になるとすぐに、ロンメルは運河の北岸に集結していた戦力を使って、橋頭堡の東側の強化を図った。町の北側に迂回した戦車部隊はラ・バセを東側から攻撃して第1キャメロン連隊を半包囲した。王立戦車連隊の戦車10両がドイツ軍戦車と交戦して、7両が返り討ちにあったが、犠牲と引き替えに稼いだ時間を使い、キャメロンとウォーチェスターシャー連隊の残余が脱出できた。この時までに第2歩兵師団の戦力は半減していた。

ダンケルク海岸堡の東側面にはイギリス軍4個師団——右翼側から第42、第1、第3、第4歩兵師団——が布陣していたが、夜のうちに退却して、朝までには大部分がリス川の背後に移動していた。ただしフランス軍はそうはいかない。プリオー将軍の第1軍は南方に散らばったままの友軍を収容するために、可能な限り退却を長引かせていたからだ。結果として西から攻撃してくるドイツ第4軍の先鋒と、東から来る第6軍がリール地区で突出している彼らの背後で包囲を閉じてしまう危険が生じた。

すでに担当戦区の東側で第XXVII軍団の攻撃に晒されていたフランス第1軍だが、27日になると、デール運河の北岸に橋頭堡を確保した第XV軍団からも西側を攻撃され始めていた。第1軍と背後の海岸堡を結ぶ回廊の幅は瞬く間にメーネンとラ・バセ間の40kmほどに狭められてしまったのである。

5月28日～31日：第1軍の落日

BEFが北に向かってジリジリと部隊を下げていることに加えて、28日にベルギー軍が降伏したことで、第1軍の進退は窮まった。この日の夕方までに第7戦車師団の先遣隊はリール西端のアングロ、ロムに到達していた。第4戦車師団も同様にアルマンティエールの東のヴェ・マカールに、SS自動車化師団“トーテン・コップフ”はエステール、第3戦車師団はメルヴィルの近くでリス川を渡っていた。さらに側面ではSS特

カーテン販売業を営むクーペ氏の店舗は今も同じ街角に建っている。

27日午後、ロンメルは第IX軍団の幕僚会議に招集され、リール攻略に備え、第8戦車旅団を師団隷下部隊として与えられた（この日の夕方にロンメルが撮影した425ページの写真を参照）。写真は第5戦車師団の車両で、同師団は2個戦車旅団編制だが、各旅団は2個大隊からなる戦車連隊2個という、戦前の編制を維持していた。一方、ロンメルの師団は戦車連隊と戦車大隊を1個ずつしか有していない。（上）師団標識から第5戦車師団のオートバイ部隊だとわかる。ラ・バセの北で、フランス軍のシュナイダーAMC29装甲車の残骸の脇を通過中の場面。遠くに砲撃された教会が確認できる。第2軽機械化師団は、S35やS39戦車といった制式装備の不足を、時代遅れのシュナイダー装甲車で補っていた。（右）ずっと先の路上で破壊されていた第6機甲連隊のP178装甲車。戦死した乗員がハッチの外に横たわっている。彼の戦争は、このような形で終わったのだ。

ドイツ人カメラマンによる撮影現場。D947号線は、当時はN347号線と呼ばれていた。（戦後、フランスの道路の等級分けにより）大幅に名称が変更された。本書は混乱を避けるために、現在の道路名を使用している。

ベチューヌの西で運河を渡り、ル・コルネ・マローまで前進したSS自動車化師団"トーテン・コップフ"は、ロイヤル・ノーフォーク連隊第II大隊と激突した。27日、ル・コルネ・マローにて進撃中のトーテン・コップフ師団を撮影。同師団に戦車部隊はないが、鹵確したソミュアS35戦車を押し立てている珍しい写真である。車体の巨大なバルカンクロイツと髑髏のマーキングが印象的である。ル・コルネ・マローは間もなくドイツ軍の手に落ち、SS部隊はさらに北方3kmにあるル・パラディへの攻撃を開始した。

SS第2歩兵連隊が大打撃を受けた戦闘の後で、部隊は敢えて広く開けた平地を横切り、ル・パラディに侵入した。ノーフォーク連隊はすでに激しく消耗し、およそ100名の残余兵力は、大隊指揮所が置かれたデュリエ農場に集結して、最後の戦いに備えた。ライル・ライダー少佐は周囲に兵員を配し、無線機を使って必死に支援砲撃を要請した。しかし援助の手はなく、午後遅くにはいよいよ弾薬が底を突いたので、少佐は生存者に牛舎への集結を命じた。そこで少佐は完全包囲されて、脱出の望みが絶たれたことを伝えた。ここで多数決が行なわれ、降伏が決まったのである。

ライフルに白旗を掲げてはみたものの、最初の降伏の試みは機銃掃射に阻まれた。5分後、2度目の試みがようやく受け入れられ、SS第3中隊の兵士たちは勝利に沸いた。ノーフォーク連隊の兵士は近くの牧草地まで歩かされ、そこで戦時条約で禁止されている「ダムダム弾」を使用したイギリス兵を取り調べるために、軍事法廷を開いた。99名が生き残っていたノーフォーク連隊は隊列を組んだままパラディ通りを歩いてクレトン農場に連行された。到着すると、大きな煉瓦積みの建物に向かい合うように2挺の機関銃が設置されていて、指揮官の命令と同時に、納屋の前に一列に並んでいたイギリス兵は残らず掃射された。写真は、大虐殺のあと、死体がまだ残っていた現場近くの道路を通ったドイツ兵が撮影したものと言われている。SSは生存者がいないか確認していたが、信じがたいことに、ビル・オキャラガンとバート・ポーリーの二人の二等兵が、重傷を負いはしたものの、まだ息があった。二人は後に病院に送られたが、そこでは単なる負傷兵として扱われていた。後に彼らが証人になったことで、SS第3中隊長フリッツ・ノッヒェライン上級曹長はイギリス戦時裁判所送りとなり、そこで死刑判決を受けた。刑の執行は1949年1月28日である。

5月28日、第XVI軍団の幕僚、リーデラー少佐は農場で折り重なって斃れている死体の山を発見した。調査の結果「明らかに頭を狙った一連の射撃で捕虜を処刑しようとしたものである。このような射撃は極めて近距離から為されたものに違いない。一部の死体は頭部が粉砕されていて、ライフルの銃床を叩きつけることによってのみ生じる傷と断定できる」と報告した。この報告は直ちに上級司令部に届き、すぐさまハッデルホルスト軍医が調査のためにル・パラディに派遣された。軍医は29日、水曜日の午後5時に現場に到着したが、ちょうどSSの衛生中隊が証拠隠滅をはかり死体を埋葬している場面だった。SS自動車化師団"トーテン・コップフ"は説明を求められたが、戦闘地域を離れ、すでに前進を開始していたので調査に非協力的だった。地元のフランス人が1942年5月までに遺体を掘り起こし、地元教会の敷地にイギリス兵を手厚く埋葬した。この時に氏名が判別できたものは50名だけであり、墓碑銘には《神のみぞ知る》としか刻まれていない。

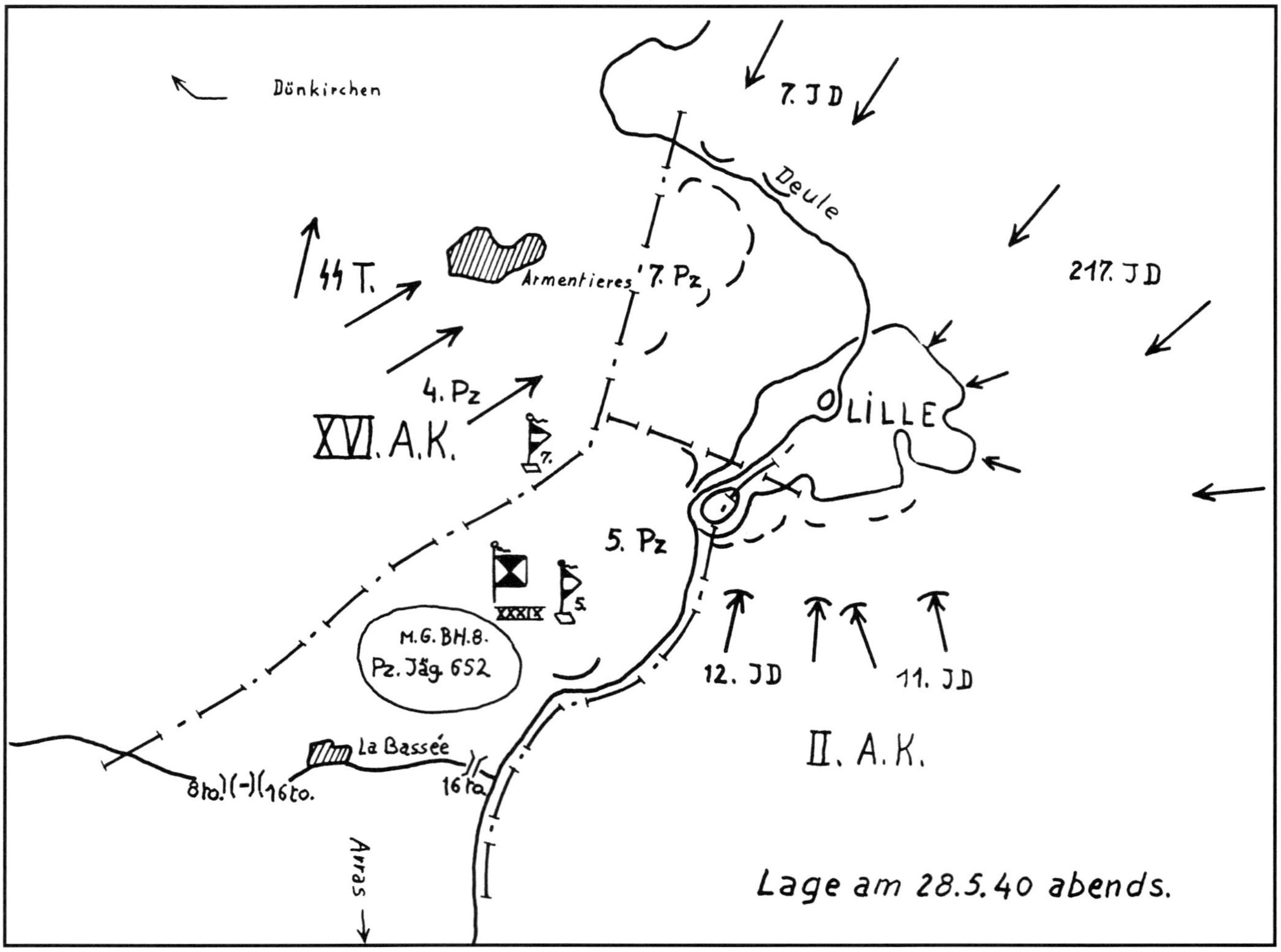

5月28日、火曜日の朝、ベルギー降伏という最悪のニュースがフランスを襲った。彼らは今や二つの同盟国から見捨てられようとしていたのだ。フランスは孤立し、強い対英嫌悪感情と、これに伴う敗北主義が蔓延しだした。図は同日夕方、ドイツ第XXXIX軍団が作製した戦況略図である。第7戦車師団がドゥル川に到達し、リール周辺のフランス第1軍残余はこうして包囲されていた。リールが当初はドイツ第4軍と第6軍の地区境界線にあたっていたことが若干の混乱を招いたが、状況を単純にすべく5月30日にリール周辺の掃討作戦は第XXVII軍団が単独で担うことになった。

リール南方10kmのヴァヴランで見られた人種対立。著者の息子ミシェルは写真のフランス兵の位置に立っている。この写真はゲッベルス博士の所有物から見つかったものに違いない。

ヴァヴラン市内の共和国広場に遺棄された対戦車砲。ドイツ軍は市の北側から迫り、包囲環を圧迫した。

務部隊（自動車化）師団と第6、第8戦車師団がアズブルックを通過した。

ベルギー軍の降伏は、もはやブランシャールと撤退に関する意見調整をしている猶予がないという現実をゴートに突きつけた。5月28日1100時に両者は面会したが、この場でゴートは「友軍兵員を可能な限りイギリス本国に帰還させること」を命じる内容の、イギリス陸軍省からの電報の存在を明らかにした。もちろん、両者ともダンケルクに海岸堡を構築するよう命令を受けている。しかしそれは撤退を実施するための足場というのがゴートの認識であり、降伏に追い込まれたくなければ即時撤退の決断を下すほかないと迫るゴートに対し、ブランシャールはウェイガンからの正式な命令がなくては、そのような極端な判断はできないと拒絶した。両者が激しく意見を戦わせている場に、ちょうど第1軍司令部の連絡将校が到着した。プリオー将軍によれば、第1軍は退却可能な状況にないため、リス川にて抵抗を続けるというのである。ゴートはフランス人の頭の固さに呆れたが、第1軍の無謀な犠牲により、BEFの撤退スケジュールに余裕が生まれるのもまた事実だった。もしフランス兵が最後まで持ち場を死守してくれれば、撤退するBEFにとっては願ってもない掩護となり、イギリス兵は前線を脱して本国に帰還できるだろう。

無数の悲劇が繰り広げられたのちに、ゴートは「フランスのため、ブランシャール将軍に対しプリオー将軍に退却命令を出すように懇願した」が、ブランシャールは第1軍の状況を考慮せず、夜のうちにイギリス軍は北方に退くように提案した旨を、正式な報告書の中で明かしていた。ゴートはこれを即座に受諾したかったはずだ。しかしBEFが退却すればフランス第1軍の北側面は敵に対して完全に暴露してしまう。これ以上、何も言うべき事はない。「悪感情を顕わにすることなく別れた」と、ブランシャールを見送った時の様子をゴートは記録している。

プリオー将軍は、第IV軍団でリス川の線を確保しつつ、騎兵軍団と第III軍団の2個を夜のうちに北方に退却させた。リール地区で戦闘中の第V軍団を救出する手立てがないことは、プリオーも承知していた。将軍と幕僚はリス戦線で陣頭指揮を執るため、ステンヴェルクの司令部に留まっていた。

5月28日夜、BEFの撤退が始まればリールの北側全体をドイツ軍に明け渡すことになる。しかし、第III軍団の支援を受けつつ、その日の夜のうちに騎兵軍団がオンショオットまで退くのに成功した。とはいえ、60kmにおよぶ夜間の強行軍により、軍団が疲弊しきっていることを軍団長のベノワ・デ・ラ・ローレンシー将軍は危惧していた。南地区での進展はプリオー将軍の期待を裏切っていた。第IV、第V軍団の7個師団は、一部が第III軍団とともにダンケルク方面に脱出できたものの、大半はリール南方の一帯に包囲され、ベルギーからの後退戦の連続で部隊状況も悪かった。5月28日の夜間に西方に向かって実施した攻撃もそれほど効果を上げられていない。ロム方面ではルーからドュル運河方面を攻撃し、その間にセクダン地区の第2北アフリカ師団と、オーブールダンの第5北アフリカ師団がサント方面に攻勢に出た。しかし、1930時の攻撃でこの3つの作戦グループは何の戦果も挙げられず、ただコントルーを出撃した第4歩兵師団偵察グループの装甲車数両だけが道を切り開いて、リス川へたどり着けた。オーブールダンでは、攻撃準備で集結中のところをドイツ軍に捕捉されてしまい、猛烈な阻止砲火を受けて混乱に陥った。

このとき、すぐ近くのロムでフランス軍が増強中であることを掴んだロンメルは、間髪入れずに支援砲撃を要請したが、これがあやうく彼の命を奪うところだった。

「砲撃命令が実施されたとたんに、師団司令部を兼ねた戦車連隊指揮所の周囲に砲弾が降り始めた。すぐに誤射だと気づいた我々は、砲撃停止の合図として緑色の信号弾を打ち上げ、同時に無線で砲撃中止を求めようとしたが、砲撃が激しく、指揮所の建物の裏手に止めていた通信車に近寄れないほど危険な状況だ。しかも150mm砲弾を撃ち込んでいるらしく、この凄まじい威力に我々はほとんど馴染みがない。私は第37偵察大隊長のギュンター・エルドマン少佐に続いて飛びだしたが、その瞬間、通信車が停車している建物の扉近くに着弾した。爆風と煙がおさまると、エルドマン少佐がうつぶせに倒れているのが見えた。背中に当たった砲弾の破片が致命傷になったようだ。彼は頭からも血を流し、背中をズタズタに引き裂かれて死んでいた。左手には革製の手袋が握られていた。私は

リールの南側郊外から、フランス軍の最後の抵抗を粉砕する150mm重歩兵砲sIG33。5月29日、オーブールダンにて撮影。ポルトー・ダラスの近くに撮影地点を見つけてはいたものの、開発によって景観が変わってしまい、比較写真の意味がなくなっていた。

リールで罠に掛かったフランス軍は、厳しい決断を迫られた末、遂に降伏した。町の西側のロムでは第15自動車歩兵師団の砲兵が写真の75mm榴弾砲Mle1897を使い、ダンケルク通りでドイツ軍が試みていた突破を阻止した。この奮戦に感銘を受けたロンメルは、当地で何枚かの写真を撮っているが、残念なことに撮影場所までは示していない。当然、ロンメル本人なら思い出せるだろうが、彼の考えを読み取らねばならないジャン＝ポールには大仕事であった。

運よく無傷でいられたが、その砲弾により、他にも数名の士官や兵士が負傷していた。我々は躍起になって誤射を告げる信号弾を打ち上げ、無線でもがなり立てたが、それでも実際に停止するまでにはしばらく時間が必要であった」

5月29日、ステンヴェルクのフランス第1軍司令部にて、プリオー将軍と幕僚が捕虜となった。この中には第IV軍団長アンリ・エンム将軍もいた。この時点で第1軍の残余はリールの南から西にかけての地域に封じ込められており、彼らは急ぎで3つの部隊に再編されていた。オーブールダン周辺では第2北アフリカ師団と第5北アフリカ師団の一部が、第25自動車化歩兵師団のジャン・モリニー師団長の指揮のもとで集結していた。ルーとリール地区のフォーブール・デ・ポステスでは第15自動車化師団長のアルフォンス・ジュアン将軍が第1自動車化歩兵師団の兵士たちと並んで戦っていた。リール城塞の西のランブレ・サールでは、第1モロッコ師団と第25自動車化歩兵師団の一部がアルベール・メリエ将軍のもとに集結していた。立場上、これらの部隊はモリニー将軍が統括し、オーブ

生き残りを賭けた射撃戦のあと、ダンケルク通りを進んだところで、ロンメルは即席バリケードとロンサール通りに向けられた75mm榴弾砲の残骸を撮影した。ムーラン通りに向けられている別の砲も確認できる。

（左）6月1日、あるいはフランス第1軍降伏直後、ロンメルはリールに入城した。75mm砲で撃破されたII号戦車を検分している場面。写真の車両は直撃弾2発で砲塔が吹き飛ばされている。（右）偉大なる戦士の足跡をたどるなかで、II号戦車と75mm榴弾砲の距離が200mほどしか離れていなかったことが判明した。車体の残骸は920番地、中段の写真の75mm榴弾砲は1000番地付近にあった。

繰り返しになるが、写真の撮影場所特定は困難だ。オーブールダンのアルトビズ交差点はその好例だ。兵士が不幸な動物の死を悼んでいると考えれば、救われる思いがする。いずれにしても、群衆は遠くに追いやられている。

ールダンに指揮所が置かれていた。

続く2日間は、包囲環を締め上げようとするドイツ第4軍、第6軍とリール包囲下のフランス軍部隊の間で戦闘になった。ドイツ軍の猛砲撃でフランス軍拠点は寸断されていくが、孤立した各守備隊は弾薬が尽きるまで抵抗した。第4軍は2個戦車師団を加えた第XXXIX軍団がリールの西から攻勢に出る一方、南からは第II軍団の2個歩兵師団が同時に攻撃を開始した。第6軍では第IV軍団と第XXVII軍団の3個師団が町の北から東にかけて展開して、海岸に逃れようとする連合軍を圧迫した。

5月30日、ドイツ第4軍の右翼を占めていた第267、第11歩兵師団が第6軍麾下の第XXVII軍団に移された。同軍団にはリール周辺の掃討作戦が命じられていた。5月31日の早朝、包囲下の敵に対して0730時までの降伏を促すビラがドイツ軍機により散布された。そして、期限の刻限から重砲による砲撃が始まった。オーブールダン、ルー、ランブレ・サールでは丸一日、一軒一軒の家屋を巡る戦いが行なわれたが、抵抗は徐々に弱まっていった。夕方までには、2日間に渡り頑なに降伏を拒んできたフランス軍もついに力尽き、交渉に応じたモリニー将軍は6月1日0100時をもって、リール包囲網内の部隊の降伏を認めたのである。

この激戦の勝利を称え、1日の午前に包囲戦の中核を為していたドイツ第XXVII軍団とアルフレート・ヴェーガー将軍および幕僚が中心となり、リールの中央広場にて戦勝記念パレードが行なわれた。0930時に始まったパレードでは、師団司令部の要員に続き、第2北アフリカ師団の2個中隊と第5北アフリカ師団の1個中隊が弾薬を抜き取った銃を抱えて行進した。しかし、ドイツ軍最高司令部はこのパレードを時間の浪費と見なし、陸軍総司令官ヴァルター・フォン・ブラウヒッチュはあまりにも時代遅れの行動を許したヴェーガー将軍を叱責した。6月2日、第6軍の報告により、将官7名、士官350名、兵士3万4600名を捕虜にした他、野砲320門、戦車100両余りをリール包囲戦において獲得したことが明らかになった。

リールは陥落した……。祖国フランスのために一命を投げだした砲兵たちのためにソルフェリーノ通りに建立された慰霊碑には《全力を尽くし、彼らは勇敢に戦った》と刻まれている。

公衆電話とタクシー乗り場——歴史は忘れ去られてゆく。

総力戦の時代には珍しい風景。勇敢な敵を賞して敬礼する第XXVII軍団長アルフレート・ヴェーガー将軍。

のちに時代遅れの騎士道精神を批判されるが、ヴェーガー将軍はリールの大広場で幕僚とともに敵兵に敬礼を送った。将軍の傍らには私物の軍団旗が掲げられている。また市庁舎にはすでにナチス党旗が掲げられていた。

パレードの舞台――ド・ゴール将軍広場。今やフランス全土でありふれた名前である。

第6戦車師団、ハンス=カール・フォン・エーゼベック大佐が率いる第6狙撃兵旅団を中核とするエーゼベック戦闘団がカッセルを目指して容赦なく前進する。

ダンケルク：撤退

「ダイナモ」作戦に最初に投入されたモナ・アイランド号は空襲を受けている真っ只中のダンケルク港に投錨して1420名を運び出した。帰路も砲爆撃の的とされたが、5月27日の昼過ぎにはドーヴァーに無事帰還できた。ただし、乗船していた兵士23名が戦死し、他に負傷者60名を出してしまっている。

「ダイナモ」作戦の初日は、成功だったとは評しがたい。ダンケルクが敵の手に落ちたという誤報に振り回されて、途中で引き返してしまう船が続出するような混乱があり、5月27日は夜までに7669名しか帰還できなかったからだ。ルフトヴァッフェは300機あまりをダンケルク周辺に投入し、フランス海軍の掃海艇ルディジョネ、ラマーロの2隻を含む数隻のフランス艦船を撃沈していた。

イギリス第II軍団の担当地区にあたるダンケルク回廊の東側では、イープルの南側から攻撃に出るドイツ第IV軍団の攻勢にさらされ（この地区はベルギー軍の降伏にともない戦力の空白地帯になっていた）、第5歩兵師団が必死の防戦にあたっていた。砲兵や歩兵が次々に投入され、戦闘は激化した。回廊を挟んでの側では第III軍団が防戦していたが、第44、第48歩兵師団が消耗していたために、状況は一層悪かった。第48歩兵師団はソクー、ヴォルムー、カッセル、アズブルックを強化して防衛線を構築していたが、ドイツ軍はこれを迂回して、夕方にはソクーを陥落させていた。同時にヴォルムーが保持できなくなり、カッセル、アズブルックとの連絡も途絶してしまう。師団長のソーン少将は夜のうちにイゼール川まで後退するよう命令を出したが、アズブルックはすでに陥落し、カッセルの守備隊には翌朝まで命令が届かなかった。第44師団は夜のうちにステンヴォルドの東方6kmにある要衝モン・デ・カの線まで後退した。

アルクの東方約3km、サン=オマールとカッセルを結ぶD933号線のフォート・ルージュ交差点にて、5月27日午後に撮影。第11戦車連隊の35(t)戦車とIV号戦車。

ダンケルクへの回廊の西側面に沿って退却してきたBEFでは、第48歩兵師団がソクー、ヴォルムー、カッセル、アズブルックの線を確保していた。第1バッキンガムシャー大隊が守備していたアズブルックは包囲され、28日午後までに勇敢な兵士たちは撃破された。第一次世界大戦に従軍したイギリス軍兵士でこの町の名を知らない者がいるはずもなく、陥落の知らせに「いまいましい雑兵ども」の胸は張り裂けそうだった。1815年にはウェリントン将軍がこの町を拠点とし、100年後には同市のグランドパレスに英軍本部が置かれるなど、歴史的にもイギリスとの関係が深く、1914年の攻撃で一時はドイツ軍の手に落ちはしたものの、連合軍に奪還された後は、イギリス軍の主要前進拠点になっていた。1918年にに、ほとんど蹂躙されかけて大きな損害を受けたが、1940年には、戦いが急展開過ぎたおかげで写真の広場は破壊から免れていた。

ゴートの司令部はその日の夜のうちに場所を移し、28日にはデ・パンネに新司令部を設置した。撤退に関する指示も明確になりつつあった。第III軍団が最初に撤退し、これに第II、第I軍団の順に続くことが決まったが、思いのほか順調に事態が推移していることから、海軍の任務も、とにかく救える者から救うという当初の方針から一歩内容を深めて、BEF全体を祖国に連れて帰るという内容に拡大された。

海岸堡においてゴートは、ダンケルク地区のフランス軍最高司令官であるアブリアル提督の指揮下に入っていた。しかしBEF全体が大陸を去ることにフランス軍が同意していないために、指揮系統は非常に複雑になっていた。撤退を終えたのは、後方部隊のごく一部に過ぎず、イギリス軍の大半はフランス軍部隊の隣に布陣して防衛戦の真っ最中であったのだ。BEF「全体」が撤退する意図が明らかになると、ブランシャ

現在の様子はほとんど戦争当時のままだが、広場の名称はド・ゴール将軍広場に変わっている。

すぐ北にはイギリス軍境界線に近いカッセルの町があった。1793～94年の革命フランスに対するフランダース戦役のおり、まさにこの場所から老デューク公が1万の兵を丘に進め、そして再び丘を下ったのである。1940年5月のドイツ軍との戦いでは、同市を守る第145旅団に出されていた退却命令が29日朝まで届いておらず、逃げ遅れた兵士らは猛攻撃にさらされ、絶望的な状況になっていた。

夕闇が迫り、ようやく脱出の好機が訪れたものの、もう手遅れになった兵士たちもいた。30日朝にはドイツ軍が侵入を開始すると、煙がまだくすぶる瓦礫の中で斃れ伏しているイギリス兵をあちこちに発見した。

ール将軍は5月28日の0725時、ジョルジュ宛に「イギリス軍部隊は装備を遺棄して撤退する気配を強くしつつあるが、私はいまだゴート将軍と話し合える状況にない。司令部からの指示を強く要求する」と報告していた。これに対するウェイガンの返答は、当初の「塹壕に拠れ」という命令のみに終始していたので、ブランシャールには「守れるものを、彼自身の判断で最大限守り抜く」以外の選択肢は残っていなかった。

海岸堡への退却はスケジュール通りに行なわれていたが、前日から顕在化していた道路渋滞は、フランス第III軍団の一部が割り込んできたことにより一層悪化していた。仏英連合軍は互いに衝突し、道路の割り当てをそれぞれ明確にできなかったことで、混乱を深めるばかりだった。また、どちらの軍も装備の扱い方針が違っていたことが事態をややこしくしていた。イギリス軍はすべての装備を捨てなければならないが、フランス軍は海岸堡を確保するために後退してきたのであって、装備をすべて持ち出す必要があった。従ってフランス軍には装備の遺棄を認める命令は出されておらず、対してイギリスはいかなる車両も海岸堡の内部に持ち込まないようにしていた。まれにイギリス軍の交通整

第4オックスフォードシャー・アンド・バッキンガムシャー軽歩兵連隊が前衛にあたり、第145歩兵旅団司令部、同砲兵、工兵がこれに続く。さらに後続には第2グロースターシャー連隊と、キャリアー小隊を含む2個大隊が続き、第1イーストライディング義勇兵連隊の残余が後衛にあたっていた。彼らは強力なドイツ軍と衝突し、夜が明けると同時にあちこちで発生した戦闘で、部隊はちりぢりとなって、多くの兵士が戦死するか捕虜となった。友軍の戦線までたどり着けたのは一握りに過ぎない。遺棄された兵器や装備で町中が埋め尽くされていた。

理所でもない場所でフランス軍が装備品を遺棄することがあったが、その場合は火が放たれた。先見の明を欠いた誤判断による命令で無数の高射砲や対戦車砲、弾薬——やがて必要になるものばかり——が道路脇にうち捨てられていたのだ。

海岸での規律や秩序ある撤退手順はいまだ確立しておらず、乗船用ボートの扱い方や乗船手配の準備不足が災いして、この日の撤退作業は困難に直面した。しかし、海岸周辺の状況は徐々に良好に転じ、船も陸地に面した波止場ではなく、夜のうちに整備された突堤や防波堤に接岸するようになった。駆逐艦マッケイ、ヴィミー、ウォーチェスター、サーベル、アントニーが接岸して多数の兵士を運び出す一方で、海岸から直接兵士を運び入れようとする船も見られた。悪天候と周辺の火災により生じた煙で、ルフトヴァッフェは海岸堡内の目標を絞りきることができなかった。フランス海軍の掃海艇ミミ・ピエロと、イギリスの蒸気船クイーン・オブ・ザ・チャネル号が沈められ、他にも損傷艦艇が続出したが、撤退作業は順調であり、前日の実績の倍以上、1万7804名がイギリスに帰還できた。

5月29日：水曜日

夜間の撤退の結果、海岸堡はぐっと縮小した。29日早朝の時点で第50、第3歩兵師団がポペリンゲからリゼルネの線を、第42歩兵師団と第5歩兵師団がイゼール川を守り、後衛部隊が必死で掩護にあたっていた。モン・デ・カは迫撃砲と空襲に間断なくさらされ、1000時前後には第44歩兵師団が陣地の一部放棄を強いられたが、砲爆撃による損害増加にもかかわらず、師団主力は海岸堡内に引き上げを完了した。カッセルでは0600時に後退命令がようやく届いたが、第145旅団グループはすでに町の中に包囲されていた。彼らは丸一日の砲撃に耐えて、夜の間に退却を図ったが、ダンケルクまでたどり着けた兵士は少なかった。

イギリス国王からゴート将軍宛に、BEF将兵に向けたメッセージが届いた。「我々国民の心はこの危難の時に直面している兵士諸君とともにあります」 この10日間、ディール川からセ

カッセルの郊外——小村ウィンヌジール——では、第6戦車師団の先遣隊が寄せ集めフランス軍部隊を捕虜とした。中央の中尉は第2北アフリカ歩兵師団の所属で、他は第1自動車化歩兵師団の兵士である。

28日午後までのカッセルにいた兵士との連絡はすべて遮断された。（左）第6戦車師団の先遣隊に捕らえられた第145旅団の兵士たち。さらに北ではSS連隊"ライプシュタンダルテ・アドルフ・ヒトラー"がヴォルムーを猛攻して、瞬く間に第144歩兵旅団の兵士150名を捕虜とした。しかしヴォルムーでの事件は、兵士のみならず住民にまで残虐行為が加えられたことで広く知られるようになった。武器を置いたにもかかわらず、多くの兵士が射殺されたが、犯人が処罰されることはほとんど無かった。ル・パラディの事件（429ページ）はフランス戦役を通じて最悪の虐殺事件だが、同様の事件がこれ一つであったわけではない。戦争は驚くべき個人の勇気を生み出すこともあるが、一方で残虐な一面も顕わにしてしまう。

ソンムの例に顕著だが（479ページ）、他にも6月の終盤戦におけるヴォージュなど、各地でドイツ軍は捕虜に対して、とりわけ彼らが黒人兵である場合には容赦なく残虐行為を加え、多くを射殺した。いずれもこれらは、例えば「ダムダム弾を使用したから（ル・パラディのケースで、SS"トーテン・コップフ"が軍事法廷で判決を下した）」とか、「白旗を掲げたのに攻撃を加えた」などともっともらしい理由を付けて正当化している。戦友の処刑遺体などが発見された結果として明るみに出る事件だが、事実関係は失われているので、今日では追求することは不可能だ。また、市民が犠牲となったケースもかなり確認できる。ル・パラディ事件の数日前にSS"トーテン・コップフ"はアラス地区において、非道な振る舞いにおいては他の追随を許さない実績を残していた。5月23日にボン=デ=ギイのエルマン農場にて市民23名を射殺（354ページ）したのをはじめ、オービニー周辺で98名以上、ヴァンデリクールでは45名を処刑していた。全員が無実の市民であるが、SS側では少なくとも一度は農民から射撃されたと主張していた。SSが乱暴な対処を得意としていることに疑いはないが、ドイツ陸軍も無関係は装えない。例えば5月27日にベルギーのフィンクトが陥落したおりに、第225歩兵師団の軍事裁判によって、86名の市民が処刑された。当然、このような事件でドイツ国防軍の評判が傷つくとしても、忘れたり無視してよいというものではない。しかし、連合軍も捕虜虐待という点では、実は大差がない。戦争被害者側が、のちに打倒した敵が行なった戦時中の犯罪行為を言い立てる一方で、自らの振る舞いを忘れてしまおうとするのは、無理もないことだろう。仏英連合軍がドイツ人捕虜を殺害した例も多数目撃されている。戦後、ドイツ軍の捜査機関は自軍捕虜に対する残虐行為を調査し、地元民も関係していることが発覚すると、彼らを提訴した。有罪判決に至る連合軍側の典型的な犯罪例としては、5月18日、アラスの北、ヴィミに不時着したハインケルHe111の乗員に対する事件を挙げられるだろう。墜落機に殺到した仏英軍兵士と地元住民は、残骸から這いだしてきた四人の乗員を捕らえると、有無を言わさず射殺してしまったのである。兵士は去り、残骸は住民の略奪にあった。同月末に仲間の死体を発見したドイツ軍は、調査の末に関与した多数の住民を逮捕した。そして保有していた残骸が証拠となり、裁判の結果、3名が処刑されたのである。

（上）ヴォルムーはカッセルとダンケルクを結ぶD916号線の昼間よりやや外れた場所にある小村である。

私は、ロイアル・ワーウィクシャー連隊第II大隊の退役兵、のチャールズ・エドワード・デイリー（軍籍番号7342734）です。……大隊はヴォルムーと呼ばれる村の近くに位置していて、圧倒的なドイツ軍の矢面に立たされつつも、同地を2日間にわたり保持していました。5月27日か28日、あるいはその前後数日かも知れませんが、我々は包囲されて、なお抵抗を続けたところ、ついに弾薬が切れてしまい、降伏して戦時捕虜となってしまいました。拳銃を構えたドイツ兵が「イギリス人の豚野郎め!!」と叫びながら、私の肩を撃ちました。そしてチェシャー連隊と王立砲兵部隊の様々な階級の兵士とともに一軒の小屋（上）まで歩かされたのです……。私が見たところ、90名ほどがその小屋に押し込まれました。扉の外に立っているドイツ兵は前屈みになると、軍用長靴から手榴弾を取り出しました。捕虜の中では唯一の士官だった、D中隊長のリン=アレン大尉は捕虜殺害を仄めかす振る舞いに対し抗議しました。また、多数の負傷者がいるのに、彼らを寝かせる余地さえ与えられていない非道も訴えました。これに対して当のドイツ兵はアメリカ訛りが強い流ちょうな英語で「疑い深いイギリス人さんよ、これからあんたらが行くところで、いくらでも好きに寝ていればいいだろう」と言い放つと、彼とその周りの兵士たちは小屋の中に次々に爆弾を放り始めたのです。ムーア軍曹やジェニングス准尉は、皆を救おうとして爆弾の上に勇敢に身を投げだし、即死しました。アレン大尉の側にも爆弾が投げつけられましたが、この爆発では同中隊のエヴァンス二等兵が負傷したようでした。爆風から身を守ろうと屈んだドイツ兵の隙を突いて、大尉はエヴァンス二等兵を小屋から引きずり出し、虐殺の現場から逃れようとしました……。小屋に爆弾を投げていたドイツ兵は、次に小屋の外にいた捕虜たちを5人ずつ射殺し始めました。私は最初に小屋に入れられた一群に近い場所にいたので、順番が回ってくるのは後の方でしたが、私の前にいた仲間が引きずり出されて射殺されたとき、ちょうど雨が降り出したので、小屋の外で順番を待たせての射殺は中止になりました。代わりに我々は後ろ向きになるよう命令され、背中から撃たれました……。ドイツ兵はそれから小屋の中に向かって短機関銃を撃ちまくっていましたが、私は撃たれたショックで気を失っていました。意識を取り戻したときには、右脚がちぎれ、左脚も負傷していたのです。私は2日か3日の間、小屋の中に横たわっていました……。

私、ロイアル・ワーウィックシャー連隊の退役二等兵、アルバート・エヴァンス（軍籍番号5184737）は、宣誓とともに、次のとおり証言いたします……。手榴弾が投げ込まれたとき、私はリン=アレン大尉の隣、小屋の扉のすぐ内側に立っていました。最初の爆発で私は右手を失いました。まだ私が前後不覚に陥っている間に、手榴弾が扉越しに次々に投げ入れられていましたが、この時までたまたま無事でいたアレン大尉は、手榴弾を投げ込んだドイツ兵が身をかがめている隙に、私を小屋の扉から外に引きずり出し、角を伝って逃げました。大尉は私を支え、ほとんど引っ張るようにして200ヤードほどのところにあった木立までたどり着きました。その中には深くよどんだ池がありました（右）。私たちは身を隠すために、肩まで水に浸かりました。大尉は岸から少し離れた場所にいました。重傷を負っていた私は、土手に近いところで水に浸かっていたようです。突然、何の警告もなく、堤防の上にドイツ兵が現れました。隠れる暇もありません。そして我々を発見したドイツ兵は、まず拳銃で2発、大尉を撃ちました。大尉は倒れ、姿が見えなくなりました。さらに敵は3ヤードほどの距離から私を撃ちました。弾は首と、それからすでに負傷していた腕に命中しました。私はそのショックで池の中にひっくり返りました。きっと私が死んだと思い込んだのでしょう。敵は確認もせずにそこを立ち去ったのです。

ヴォルムー虐殺の実行者は、SS連隊"ライプシュタンダルテ・アドルフ・ヒトラー"所属の第II大隊にいたと言うことまでしか判明していない。連隊長のヨゼフ・ディートリッヒ親衛隊大将は、当日の朝、この村に向かう途中に遭遇した攻撃によって、運転手が死亡し、彼自身、道路脇のくぼみに身を潜めてほとんど一日身動きが取れず、部隊からも孤立していた。折からの激戦で損害がかさみ、その日の1800時前後には第II大隊長も負傷するという心理状態のなか、SS隊員たちは連隊長もきっと敵の罠にはまったのだろうと思いこんだのかも知れない。大隊の指揮権は第5中隊長のヴィルヘルム・モンケSS大尉が引き継いだ。戦後、モンケはこの虐殺事件の首謀者として提訴されたが、小屋の焼き討ちの現場に彼が立ち会っていたり、実行命令を下したという証拠は遂に得られなかった。1972年、この虐殺事件がダンケルク復員兵協会の従軍牧師レスリー・エイトケン氏の知るところとなり、1973年5月28日、事件現場の近くに慰霊碑が建立された。現場は1947年以来、荒れ果てたままだったのだ。ヴォルムーからエスクベックを結ぶ道路脇に、ポール・マリー氏によって慰霊碑建立用地が提供された。世界中に会員ネットワークを持っているダンケルク復員兵協会だが、フランス支部所属の2000名（訳註：原書の編集当時）が、毎年慰霊に訪れている。この虐殺を生き延びたのは、チャールズ・デイリー、アルバート・エヴァンス、ジョン・ラヴェル、アルフレッド・トームスの4名であり、彼らが除幕式の来賓となった（左）。（右）慰霊碑の脇には、虐殺の当日にディートリッヒが身を潜めていたくぼ地が残っている。戦後、彼は1944年12月17日のマルメディにおけるアメリカ兵捕虜虐殺の責任を問われて終身刑、その後に25年の判決を受けたが、10年で出所した。しかし、その直後には1934年のレーム殺害事件に関連してベルリンとミュンヘンでの殺人幇助の罪を問われ、18カ月間の懲役刑を受けた。ディートリッヒは1966年に死去した。

ヴォルムーにほど近いステンヴォルドにて、第6戦車師団第11戦車連隊のヘルムート・リットゲンが撮影したもの。2両の4.7cm対戦車砲（t）（自走式）搭載I号戦車B型が、連合軍の対戦車陣地があるポペリンゲ地区への攻撃に備えて待機している場面である。このとき、部隊はかろうじて罠から逃れ、挟撃される危機を脱していた。

ンヌ川、センヌ川からデンドル川、継いでエスコー川、リス川へと、休息をとる間もなく続いた後退戦の中で、兵士はみな疲労の極みにあった。海岸までようやくたどり着いたあとも、まだドーヴァー海峡まで50kmの道のりが残っていたのだ。船の甲板や砂浜、防波堤などを埋め尽くした数千数万の兵士が、出航の順番を待っていた。最初のうちは水も食料もないまま、撤退の順番を待たなければならなかった。近くでは倉庫や石油貯蔵施設が炎上し、空一面が煙で覆われていた。ダンケルクを繰り返し攻撃してくるルフトヴァッフェに対抗する友軍機は1機も姿を見せなかった。

「ダイナモ」作戦が始まってから3日目の午後、ウェイガンはブランシャールに対して「海上撤退に積極的な支援を与えるべく、ダンケルクからニーウポルト間に強力な海岸堡を構築する」ように命令を出した。しかし、命令はまだ曖昧さを残していたために、ゴートは彼自身とフランス軍最高司令部との間の、撤退に関する役割分担を明確にするよう陸軍省に確認しなければならなかった。アブリアル提督の命令に従ってダンケルク海岸堡の保持を優先するのか、それ

海岸に近づくほどに、遺棄された装備が目に付くようになる。ガソリンが切れて動かなくなるか、部品取りに使用される車両が多くなるからだ。撮影地点はギヴェルドの近くだと推測される。

ダンケルク包囲陣の右端に位置するソクーで遺棄された第1軽機械化師団第4戦車大隊のS35戦車。

海岸の背後に広がる低地は、5月下旬に水門が開けられたために冠水していた。写真の第16歩兵師団の兵士はベルグ南方の水に浸かったD916A線から外れないようにまっすぐ進むのに難儀していた。

ダンケルクに至る死と破壊の道。瓦礫に埋まった道を進んでいるうちに迷ってしまったのだろう。オートバイ兵が地図で位置を確認していた。写真の様な遺棄車両の大半は修理されたあとで、ドイツ国防軍が使用している。

ともBEF全体の脱出を優先するのか判断できなかったからだ。

海岸の秩序は確立されつつあり、船舶の集結度合いも最高の状態にあった。夜中までに4万7310名がイギリス本国に戻り、多くの兵士が洋上にあった。爆撃をはじめ各種の襲撃に晒される船での輸送は危険であり、損害も大きい。駆逐艦ウェイクフルとグラフトンが雷撃で、駆逐艦グレナードは爆撃でそれぞれ沈められた。他には客船モナズ・クイーン号、ノルマンディア号、ロリーナ号、フェネーラ号、クレステッド・イーグル号が犠牲になっている。また駆逐艦ギャラント、ジャギュア、イントレピッド、サラディン、グレイハウンド、スループ船ビデフォードが大破していた。

5月30日：火曜日

この日の朝、海軍少将W・F・ウェイク=ウォーカーが、海峡を往復する「小舟の大艦隊」による撤退作戦の現地指揮を執るために、ダンケルクに上陸した。その日の朝のうちに、海に沈めた自動車の上に板を渡して作った仮設の桟橋をダンケルクの東のブレ＝デューン海岸に設け、

包囲網の防御陣地として使用されたバッス・コルム運河に掛かるベルグのカッセル門。

2番目に重要な橋梁は、オンショオットの北、D947号線の東の端にあたるブロック通りにあった。写真のキャリアーも橋の近くに遺棄されていた。

デ・パンネにも同様の仮設桟橋を建設した。

各部隊の後退に乗じて前進してきたドイツ軍は、いよいよ連合軍の防衛ラインに迫っていた。しかし、第4軍と第6軍がともに最終攻勢の命令待ちの状態にありながら、ドイツ軍の混乱は深刻であった。戦車部隊に出された停止命令を深く後悔していたグデーリアンもようやく海岸堡の戦場を視察し、5月28日には湿地帯で戦車部隊を運用する愚策の撤回をクライストの司令部に報告した。

5月29日、グデーリアンの第XIX軍団は第XIV軍団と交替して「再度、大作戦に能力を発揮すべく師団規模での再編に努める」よう命令を受けた。5月30日には第4軍の作戦参謀が「本日は異常なし。誰もダンケルクの戦況に興味を持とうとしない。敵の撤退を阻止してパニックを引き起こすには、町と港湾施設の砲爆撃が不可欠なのだ」と不満を漏らしていた。この日の午後になり、クライストは「ダンケルクを東西の両翼から攻撃し、敵戦線を突破して海岸まで到達したのちに、敵を東に追うこと」と命じる一方で、参謀長はこの任務に戦車師団を投入しないように進言していた。

このような作戦方針の乱れは、ダンケルクに押し込められている連合軍を助ける結果となった。そしてドイツ軍最高司令部が本格的に問題解決に動き出したときには、すでに遅すぎたのである。ダンケルク攻略作戦はB軍集団の第18軍に委ねられた。第18軍が投入できる戦力は、歩兵師団7個と自動車化歩兵師団2個、グロスドイッチュラント歩兵連隊、第20歩兵師団（自動車化）であり、“ライプシュタンダルテSS”アドルフ・ヒトラー連隊が予備となっていた。攻撃担当部隊としての指揮権変更は5月31日0200時とされた。ルントシュテットは西方戦役の第2段階に備えて戦車部隊を温存しておきたいと考えていたが、同時にフランス軍の完全な撃破も狙っていた。

アブリアル提督の作戦構想とゴート将軍の真意の間にも大きなズレが残っていた。陸軍省は立場と役割を明確にして欲しいというゴート将軍の訴えに対して、まずは撤退指揮を続け、同時に3個師団規模の部隊を率いる軍団長候補を指名して、彼にダンケルク海岸堡に残留する部隊の指揮を執らせるように指示した。ゴート自身の指揮については「目下の事態に対するゴー

運河の南に広がるベルグとオンショオット間の一帯は、包囲陣内の道路を塞がないようにする必要から、車両の遺棄地区に指定された。冠水地帯を貫くギヴェルドとオンショオットを結ぶD947号線の様子。

ゴート将軍を含む包囲陣内の将兵は、爆撃にも耐える第32稜堡に司令部を置いたダンケルク地区司令官ジャン・アブリアル提督の指揮下に入った。この稜堡は1874年にミリテール通りに建設された古い要塞で、第二次世界大戦が勃発する直前に退役戦艦ディドローから外した装甲板を使って強化されていた(360ページの写真でウェイガン将軍が出てきた建物がそれ)。(右)ジャン・アブリアル提督(おそらく5月16日に撮影)。一緒に映っているのは、5月15日から罷免される同19日まで第7軍司令官を務めていたアンドレ・コラップ将軍である。

ト個人の自由裁量は認められず」、政治的観点から「ゴートが捕虜となって、敵のプロパガンダに寄与するような事態」を許していなかったのだ。彼の後任は「フランス軍と協力して防衛戦を行ない、その後にダンケルク港ないし海岸から撤退する」ことになっていた。5月31日の朝、ダンケルク海岸堡の防衛のために4～5個師団による協同作戦の可否を打診するウェイガンからの要望書がイギリス陸軍省に届いたが、残留するイギリス軍の撤退を視野に入れているのか、それとも無期限の防衛任務を求めているのか、要望書の趣旨は今ひとつ判然としなかった。ゴート将軍はすでに「最大限の撤退を支援する目的で海岸堡を保持せよ」という命令を受けており、ウェイガンの要請がこの命令内容に変更を強いるものだとは考えなかった。

撤退するのはイギリス軍だけではない。フランス軍側でも、撤退待機中の兵士は増加する一方であったが、肝腎のフランス艦船がわずかしか到着していなかった。さらに仏英両国の取り決めで、両軍兵士は同数の割合で撤退することになっていたが、ゴート将軍はフランス側に2隻しか譲っていなかった。夜間、チャーチルはゴートと電話で話した際に、この条件を厳守するよう念押ししなければならなかった。

この難局にあって、両軍兵士の間には軋轢も生じ、時に衝突寸前までエスカレートする場面も見られた。海岸に集結していたフランス兵は、撤退していくイギリス兵の姿を黙って見ている

稜堡の外に駐車中のオートバイ兵。1978年にフランス=ダンケルク造船所の拡張工事にともない、周辺の建物とともに取り壊されてしまったので、第32稜堡の往事の姿を留めるものは、今日、何も残っていない。

5月24日、ルントシュテットが出した停止命令にしたがって戦闘部隊は「待機」していたが、低地一帯が冠水し、攻撃に使用できる道路が少なかったために、包囲陣への攻撃に投入された戦車はわずかだった。道路を使って包囲陣に攻撃を仕掛けようとすれば、戦車は一列縦隊になるほか無く、いとも簡単に仕留められて、後続車の障害物になってしまうのである。

(左)しかし野砲に停止命令が出されるはずはない。この15cm榴弾砲(sFH18)はデ・パンネの北、シント=イデスバルトを通過して前線に向かう途中を撮影されたもの。(右)路面電車の軌道も往事のまま確認できる理想的な比較写真。

ベルギーのデ・パンネ海岸に炸裂する砲弾——第II軍団が西方に逃れようとなだれ込んできた結果、一帯は混沌とした状態になった。部隊は包囲陣の中を通るようにしてフランス領内を目指していた。この移動は5月31日に実行に移され、翌朝にはこの地区から最後の部隊が撤収した。

左に見えるベルギー王室の夏宮は取り壊され、ベルギー軍の慰霊碑が建立されている。

他なく、撤退のチャンスは平等に与えられるべきだという抗議の声が上がり始めるまでに時間はかからなかった。フランス兵たちはイギリス兵の身勝手な振る舞いを阻止しようと動き出した。これに対してイギリス側では、フランス軍の規律の乱れを指摘し、不必要に混乱を拡大させていると非難した。海岸でのイギリス軍撤退指揮の責任者は有能ではあったが、融通に欠けるだけでなく、威圧的でさえあり、しばしばフランス兵らに発砲する場面さえあった。これにより犠牲者が出たという証言もある。

この日、ダンケルクに入港した船の数は比較的少なく、夕方以降、挽回の努力も見られたが、突堤や防波堤を使うよりも、海岸から乗船用ボートを使って回収された兵士の方が多かった。

ダンケルク東部の海岸一帯では、兵士たちがどこで尽きるとも分からない長い行列を作り、自分の乗船順が廻ってくるのを待たねばならなかった。包囲陣内の三分の二の兵は港からフランスを後にすることができたが、10万近い将兵は海岸からどうにかして船に乗り込まねばならなかったのだ。東端にあたるデ・パンネとは別に、2つの退避用海岸が指定された。ブレ=デューン（上）は主に第I軍団に。ダンケルクに隣接するマロ・レ・バン海岸は第III軍団とフランス兵に割り当てられた。（右）誰もいない吹きさらしの海岸——ここから撤退した軍は、イギリスの地で来るべき戦いに備える事になる。

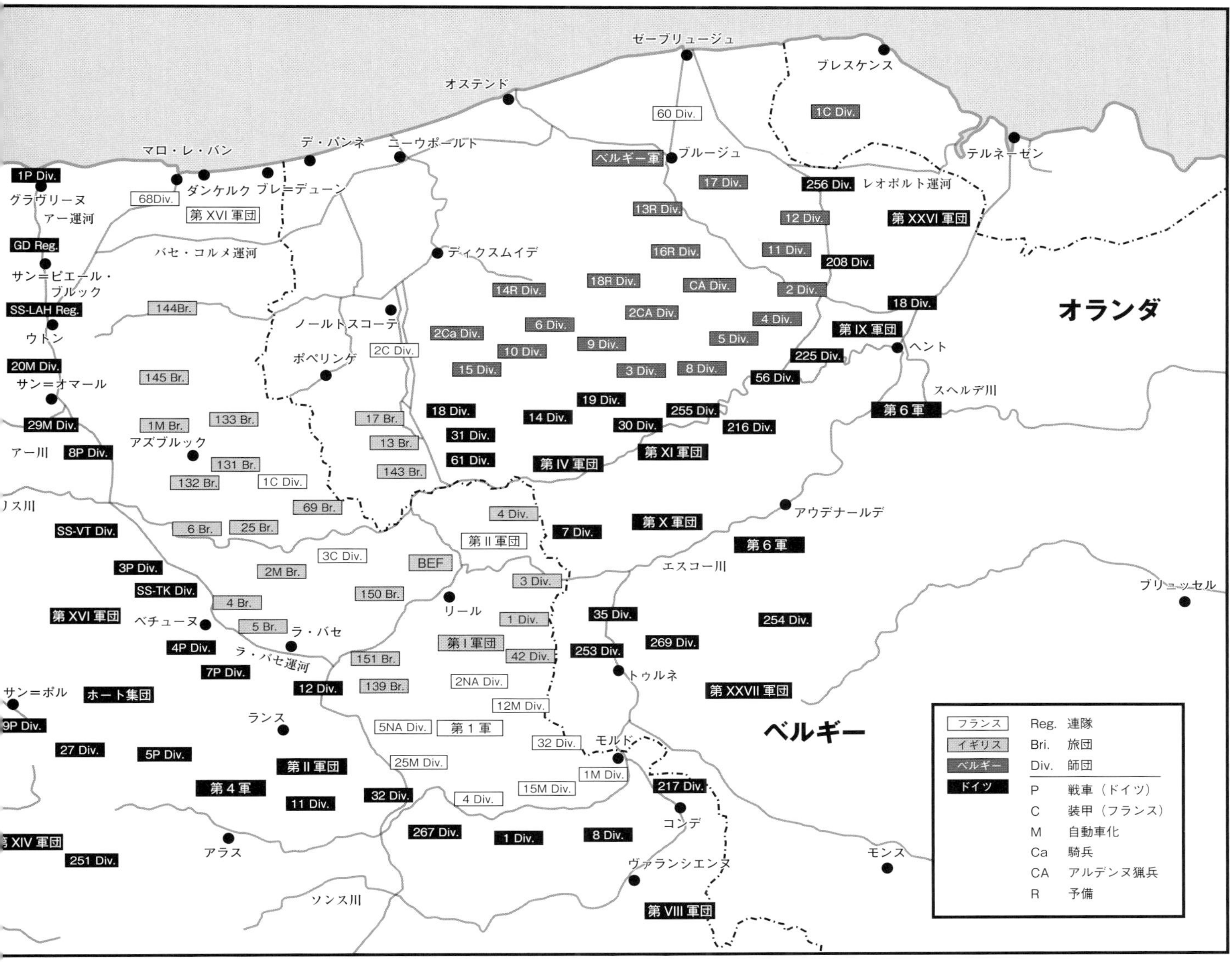

このように難航しつつも、5万3823名の兵士がイギリスに送られ、また前日に比べれば駆逐艦2隻の損傷ばかりと、犠牲となった船の数もぐっと減った。

この時、第1歩兵師団に所属していた王立工兵連隊第23野戦工兵中隊のJ・R・ブロムフィールド少尉は、海岸での順番待ちの出来事を見事に描写している。

「私は最後に海岸に到着した部隊に属していた。ブレ＝デューンで乗船準備を命じられたので海岸に近づいていくと、ひどい縦隊をさばくのに躍起になっている部隊付き副官の姿を認めた。野戦整備中隊の車両以外、すべての車両を路上から排除しなければならないとのことで、私は彼を手伝うことになった。長い交渉の末に、

（左）ダンケルクを通過して港に向かうイギリス兵。後に爆撃で破壊され、燃え尽きてしまうロナーク兵舎が確認できることから、5月26日に撮影されたものだろう。写真のフュージリア・マリン通りはそのまま港に直通して東の防波堤となる。ここは実に格好の停船場所となるので、ダンケルク撤退戦では大混雑した。（右）今日の様子。往時をしのばせるものは何も残っていない。

「以降、連合軍将兵の脱出は不可能になったと報告される」まで徹底的に港湾を破壊すべく、ダンケルクの上空にゲーリングは空軍を投入した。作戦当時の様子を描いた宣伝イラストは、ベルリンのエリッヒ・クリンクハンマーの企画によって、クリスマスギフトの包装紙に使われた。

ようやく我々は道を塞いでいた車両をどかすことができた。そこにフランス兵のサイドカー付きオートバイが、かなり強引な様子で割り込んでくると、拳銃を振り回して周囲を威圧しようとした。しかし工兵がブレン機関銃で彼らに狙いを定めたことに気づくと、フランス兵は悪態をつきながら命令にしたがった。私は部隊に対して保有車両をすべて使用不可能にしなければならないと説明した。兵士はいかにも楽しそうにタイヤを銃撃した」

「奇跡的なタイミングで架橋車両が到着してくれたので、我々はそれに乗ってブレ＝デューンに行くことができた。そこでは師団工兵の大半と王立工兵連隊の士官が不快きまわりなさそうな雰囲気を漂わせながら海岸にたむろしていた」

「突堤建設にかかる工兵の作業は交替制になっていた。各チームは一日につき2度、6時間の作業を当てられるが、必ずしも厳密ではなく、日没が目安にされるなど臨機応変と呼んで差し障りない内容だった。我々の最高傑作は長大な仮設の突堤で、これを使えばどんな潮位でも足を濡らさずに乗船できた。仮設突堤は200ヤードほどの長さで、砂を入れた土嚢をびっしりと詰め込んだ3トン車を基礎代わりに並べて作ったものだ。足場となるデッキの板は運転席のフレームにしっかりと結びつけられている。満潮時には海岸側がぬかるんでしまうものの、使用には支障はなく、沖合に停泊するすべての艦船に突堤から乗船することができた。当初、乗船用ボートは乗船に向かう兵士に任されていたが、救出船に乗り移ると洋上に乗り捨てられてしまうことがわかったので、工兵を必ず乗船させるようにした。救出船に乗り込まない工兵を見て、乗船を差配している海軍士官は最初、戸惑いやら怒りやら、様々な感情を顕わにしていたらしい。そのうち何隻かのモーターボートが手に入ったので、我々はこれを使って乗船ボートを沖合に牽引したり、遺棄されて洋上を漂うボートを回収した」

「我々はひっきりなしに敵航空機による空襲や機銃掃射に晒され、そのたびにタコつぼや塹壕に飛び込まなければならなかった。海岸一帯はあばたのように穴だらけになっていた。ボートに乗っている時に襲撃されれば、逃げ場は海しかないが、汚れたオイルまみれの海に飛び込むのは勇気と覚悟が必要だった。作業から外れると、我々は軽機関銃と弾薬をかき集め、10ヤード間隔で機銃陣地を設置した。そして怪しい物陰は必ずといっていいほど銃撃の的となった。ある士官はブレン機関銃を持ってデッキチ

ルフトヴァッフェの執拗な爆撃で多くの船舶が沈められ、港湾や市街地はめちゃくちゃになったが、撤退の阻止には失敗した。5月24日、防空壕に入るダンケルク市民――この日、ダンケルク中心部は猛爆撃にさらされた。

24日の爆撃の後、クレマンソー通りで消火作業にあたる消防士たち。後に見えるのはサン＝テロワ教会。5月23日、ドイツ軍がウトンの給水施設を占領すると、ダンケルクは水の供給が絶たれてしまい、消防には港からポンプで組み上げた海水を使用しなければならなくなった。

ェアに腰掛け、気の向くままといった風情で膨大な弾薬を消費していた」

「遂に我々が撤退する順番になった。私はダンケルクのドックに至る道の偵察を命じられた。夜のうちにこのドックから駆逐艦に乗って撤退するのだ。私は通り道に印を残しておいた。そして0400時に海岸に整列すると、私ともう一人の士官が先頭に立って出発した。我々は皆、疲労の極みにあって睡魔と戦っていた。私も歩きながら眠りに落ちてしまったようだ。暗がりに差しかかった直後、大股で歩いていた隣の士官が上げた大声にハッとしたからだ。ドックに向かうには何度も砲弾孔を避けなければならなかったが、彼とは幾度もルート選択で衝突し、そのたびに私は彼を説得しなければならなかった。しかし、私の知らない砲弾孔ができていたため、彼はそこに落ちてしまったのだ」

「ドックに到着したあとも、すぐには出航できなかった。そして夜明けとともに撤退した。私は煙突の間に腰掛け、目を覚ましたときにはドーヴァーに到着していた」

27日に再び実施された大空襲で、市街地には手のつけようがないほどの火災が発生し、数百名の市民が犠牲になった。パリ通りに見られた爆弾孔をフランス人カメラマンが撮影していた。

港に下って行くと、第32稜堡の上で土嚢の胸壁に囲まれた対空機銃座につくフランス兵の姿があった。ドイツ空軍の迫力に対抗するにはあまりにも貧弱な装備なのが残念である。

5月31日：金曜日

5月31日早朝、ゴート将軍はアブリアル提督の司令部を訪ね、イギリス第I軍団が海岸堡に残り、フランス軍とともに戦うことを前提とした作戦について協議した。また、ゴート自身が間もなくイギリスに撤退するのにあたり、フランス軍のファルガード、デ・ラ・ローレンス将軍をイギリスに帯同させたい意向を伝えた。両将軍はこれを固持したが、代わりにローレンス将軍の幕僚の一部が、イギリス軍司令部と同じ便で同道する事が決まった。

ゴート自身はフランス残留の意思を本国に強く要望していたが、入れられず、BEFの殿となる第I軍団の指揮は第1歩兵師団長のH・R・L・G・アレクサンダー少将に委ねられることになり、ゴートは彼に作戦を引き継いだ。アレクサンダーはそれまでの2週間、ゴートが行なっていた作戦指揮をほぼ踏襲した。アレクサンダー将軍はアブリアル提督の指揮下に入ることで合意していたが、陸軍大臣は提督がアレクサンダ

ダンケルク撤退戦のさなか、マロ・レ・バン海岸沖で撃沈された2隻の船。5月21日に爆撃されたラドロワ号（左奥）は、船長が炎上している船を浅瀬に座礁させている。シャスール9号（手前）もまた同じ日に攻撃を受けて座礁してしまい、懸命の回収努力も虚しく、放棄するほか無かった。

ーに命じる任務は部隊全体を危険に陥れるようなものになるに違いないと考えていた。撤退を掩護するための防衛作戦についてもアレクサンダーはアブリアルと協力し合い、フランス軍は「撤退用の舟艇を仏英両軍で平等に分け合うべき」とされた。そして最後に「無意味な殺戮を回避するために降伏する権限を彼が保有している」という一事をアブリアル提督に認めさせた。

この日、デ・パンネの状況はかなり悪化した。撤退用の船舶が足りない上に、接岸中の船や港湾施設を狙った砲撃が激しくなる一方であったからだ。結果として第4歩兵師団の6000名は砂浜を歩いて、デ・パンネからダンケルクに向かうことになった。海から吹き付ける風は不愉快だが、夕方までに天候は回復した。多くのボートが沈んだり、損傷した。ダンケルク沖ではフランスの駆逐艦ブーラスクが触雷して沈んだが、前日に比べれば、全体的には損害は少なく、6万8014名がイギリスに撤退できた。これは作

フェリックス・フォレ波止場から800名を乗せて出航したフランス海軍駆逐艦ブラスクは、5月30日に触雷して沈没してしまう。写真は救援に駆けつけた別の駆逐艦ブラールバから撮影されたもの。二人の漂流しているイギリス兵が手を伸ばして仲間を助けている場面。約600名が救助された。

5月最後の日々、ダンケルクは日常を完全に失っていた。兵士も市民も飢えに苦しみながら、どんどん狭い範囲に押し込められた。人々は食料を求めて燃え上がる町を徘徊し、炎上中の補給物資の山からは焼けただれた砲身が付きだしていた。そして何にも増して不快なことに、包囲陣の内側には内通者も横行していたのである。第五列――この戦争の数年前、スペイン内戦の最中にマドリッドを攻撃中のエミリオ・モーラ将軍が初めて使用した言葉だが――の存在は、目に見えないが故に実態以上の恐怖を巻き起こす結果となり、ナチの宣伝班が状況を利用する余裕さえもないほどだった。写真の男は、今日もなおフランス人によって見いだされたスパイの典型だと信じられている――だが本当に彼は有罪なのだろうか？見かけにだまされているだけではないだろうか？

戦期間における一日あたりの最大の撤退者数となった。

その日の夕方、アレクサンダー将軍がフランス軍司令部を訪ねた際に、第I軍団が名ばかりの戦力しか海岸堡に残していないことが判明した。アブリアル提督は、激しい口調で彼を非難した。前日にゴートが同意した内容について提督は指摘し、(海岸堡は)守備兵全員の撤退を終えるまでの間、仏英両軍が平等に防衛の責任を負うべきであるとアブリアルは主張した。海岸堡がもってあと24時間だろうという見通しを明かしつつも、アレクサンダーは同意する他なかった。この件についてアブリアル提督がウェイガンに送ったものと、アレクサンダーがイギリス陸軍省に送ったそれぞれの報告は、著しい対照を為していた。ウェイガンがこの報告を受け取ったのは、最高軍事指導会議が終盤に差しかかっていた1930時のことである。すぐにダンケルクの撤退問題が議題にかけられ、チャーチルは「5月31日午後の時点でフランス兵16万5000名のうち1万5000名しか撤退できていないという事実を認めざるを得ず、この数字を改善することを約束した。

一方、陸軍大臣はアレクサンダーに対して「フランス軍との50パーセントずつの撤退割り当てを守りつつ、6月1日から2日にかけての夜間を目標に、可及的速やかにイギリス軍の撤退を終える」よう命じた。この命令内容を、フランス軍側にも明確に伝達すべきという指示も添えられていた。両者の協議の結果、妥協的ではあるが、まずアレクサンダーはイギリス軍の担当地区を6月1日の深夜まで保持することを約束した。彼の視点では、この妥協は「外向的」なものに過ぎず、フランス軍はせいぜいあと2日間、ドイツ軍を退けるのが精一杯だろうと見通しを立てていたのであるが。

（上）第4歩兵師団によって6月1日まで保持されていたデ・パンネの東側は、敵の圧力にさらされていた。写真のようなオステンド街道の中央に置かれていた（第2軽機械化師団第8戦車大隊の）パナール装甲車などが大量に鹵獲された。（右）写真の兵士は鹵確したモデル34短機関銃を携えている。ベルギーのエルスタルで製造されている短機関銃で、ベルギー軍が制式採用した装備である。

6月1日：土曜日

6月1日の朝、海岸堡内のBEFは3万9000名まで減っていた。それでもいまだフランス兵5万が防衛戦にあたり、他に5万が海岸付近で乗船の順序待ちをしていた。さらに公式な部隊として計上されていない2万名ほどの雑多な部隊が海岸堡内に散在して、戦い続けていた。6月1日のうちに仏英50パーセントずつという乗船比率を守りながら撤退を終えるとなると、単純計算でも3万以上のフランス兵が取り残されてしまう。ウェイガンはロンドンに電話をかけ、「チャーチル首相がフランス首相に前日の会談で約束した」とおりに、全部隊の撤退を終えるまでイギリス兵をフランスに残すように要請した。

続けてウェイガンはアブリアル提督に電話をして、第1軍集団の正式な解隊を告げ、指揮する部隊を失ったブランシャールに対しては、午後のうちに駆逐艦ブークリエで撤退するように命令した。

だが、撤退作戦が全力で遂行されている間に、これを挫こうとするドイツ軍の動きもまた苛烈

（下左）デ・パンネの目抜き通りにおいてフランス第4歩兵師団が遺棄したトラックの脇を通過する第56歩兵師団の兵士たち。（下右）"戦争と平和"……変わらぬ街角のカフェ。

イギリス軍の撤退に伴う無数の事件が、ドイツのプロパガンダの格好の素材となった。もし前線部隊が写真を撮る暇などないのであれば……ちょっとした工夫でねつ造してしようという気にもなるだろう。レ・モエルにて6月3日に撮影された兵士の写真は――このとき、まだフランス軍の抵抗が頑強に続いていたが――彼のライフルはまったく見当違いの方向に構えられているのだ。

を極めた。ウェーク-ウォーカー少将の将旗を掲げたイギリス駆逐艦キースをはじめ、ハヴァント、バシリスク、掃海艇スキップジャック、フランス駆逐艦ル・フードロワイヤンと掃海艇3隻、そして客船ブライトン・クイーン号とスコティア号が撃沈された。輸送兵員の大損害も懸念される事態ではあったが、すぐに別の船が撃沈現場に駆けつけたため、多くの人命が救われた。例えばブライトン・クイーン号は700名余りのフランス兵を乗せていたが、掃海艇サルターシュが400名余りを救出した。「救出活動は堅実で理にも適っていたが、輸送兵の半数近くは爆発の犠牲になった」とサルターシュは報告している。別のフランス兵2000名を乗せていたスコティア号は少なくとも爆弾4発の命中を受けて撃沈されたが、駆逐艦エクスが救出に向かい、1000名ほどを救出したのをはじめ、他の船も救出に参加していた。結果として2隻に乗っていた合計2700名のうち、2100名ほどが救出されたのちにイギリスにたどり着いている。6月1日のうちに6万4429名が撤退に成功し、一日での救出数としては2番目の記録となった。

6月2日：日曜日

6月2日の朝にかけても救出作戦は続けられ、夜の間に海岸にたどり着いた第I軍団の多くの兵士がフランスを脱出できた。しかしラムゼー提督は前日のような損害を避けるために、日の出と同時に日中の撤退作業を中断した。従って、この日の夜が実質的に最後の救出作戦のチャンスであり、工兵は日中のうちに港湾各所に爆薬を仕掛け、最後の船が離岸すると同時に港を破壊する手はずを整えていた。

アブリアル提督がウェイガンに送った報告には、海岸堡の防衛に2万5000名のフランス兵が従事しているほか、約2万2000名がダンケルクに留まっており、今夕、イギリス兵が完全撤退するのにあわせて2万2000名ほどが脱出可能と期待している旨が記されていた。同時に、最終的に2万5000名が海岸堡に取り残されると指摘していた。提督は「イギリスの空海軍全軍を投入してでも、イギリス兵の完全撤退を身体を張って支援したフランス兵2万5000名を、翌日の夜まで実施すべきである」と、強い調子で訴えた。

海峡輸送は1700時に始まった。入港した船は、夜のうちに港湾施設まで移動してきた兵士を乗せて次々に出港した。ところがフランス軍の協調は最後にうまくいかず、フランス兵の撤退は予定通りに運ばなかった。東埠頭に待機していた多数の船が、時間切れのため、やむを得

これは嘘ではなく、ひどい現実だ。数万の兵士が本国送還になるほどの負傷に苦しんだが、自分の身を何よりも案じている母や妻、恋人を残して死んでいった兵士も少なくない。戦死通知が彼女たちに届くのは数週間あるいは数ヵ月も経ってからのことだ。時には生死の判断さえつかず、通知が届かないほど混乱した状況の中で消息が途絶えた兵士もいる。

数え切れないほどの兵士がダンケルク港を後にした——海岸から直接乗船した数は9万8671名、軍の公表では23万9555名と発表されている——7月4日、ダンケルクに入城したドイツ軍が灯台から撮った写真、東堤防の基部がティクシエ水門に連なっている様子がわかる。奥に見えるのはマロ・レ・バン海岸で5月21日に撃沈されたリャドワ号の残骸も確認できる。

ず空荷で出港してしまった頃、フランス兵の多くはフェリクス・フォーレ堤防や西埠頭で迎えの船を待っていたのだ。アレクサンダーとダンケルク海岸で乗船指揮をとっていた海軍担当者のW・G・テナント大佐は、ランチに乗って海岸近くを一巡し、BEFの落伍者が残っていないことを確認すると、6月3日の早朝、イギリスに出発した。こうしてBEFの撤退は完了したが、この日のうちに2万2000名が脱出できると期待していたアブリアル提督は、それが1万6000名に留まったことを知り、落胆した。

6月3日：月曜日

ドイツ軍は海岸堡に対する最後の攻勢を開始した。B軍集団は、あらゆる場所でフランス軍の抵抗が激しく、敵の戦意が衰えていないことを認めていたが、撤退にともなって防衛線はじりじりと後退し、最前線は海岸まで2kmを切った事が確認されている。同日午後、アブリアル提督と、ファルガーデ、デ・ラ・ローレンス将軍等は、今夜が最後の抵抗になることを確認した。暗くなると同時に海軍が動き出し、約50隻が海峡を渡っている。港湾は大混乱に陥ったものの、乗船を終えた船から順次出港して、撤退作戦の仕上げを急いだ。埠頭で撤退作業を指揮していたH・R・トロープは、大半が港湾に留まることになったフランス第32歩兵師団の様子を、師団長モーリス・ルーカス将軍への畏敬の念とともに感動的に描いている。

「約1000名の兵士が埠頭の半分ほどを占めていた。将軍と幕僚はその列から30フィートほど離れた場所にいる。彼らは夜明けを告げる太陽に背を向け、逆光で影になって顔が見えない兵士たちと向かい合うと、踵を鳴らして敬礼し、私の船に乗船した。背後で燃え上がる炎に兵士のヘルメットが明るく照らされていた。0230時、我々は出港した」

3隻の閉塞船が、この日の夜にダンケルクに入港した。このうち1隻が港湾の外に機雷を敷設し、残りは海峡の出口に停戦した。383名のフランス軍兵士を乗せた駆逐艦シカリがダンケルクを後にして作戦は終了した。6月4日の早朝までに、5万2921名がダンケルクから脱出した。

イギリスにやってきたアブリアル提督および二人の将軍とドーヴァーで協議に臨んだラムゼー提督は、もう一晩、撤退作戦を継続すべきかどうか持ち出したが、ドイツ軍が海岸近くに迫っていた状況から考えるに、作戦継続は危険す

すべてが終わり、無人となった海岸……。即席の突堤と沈んだトラックが目を引く。1940年6月、デ・パンネで撮影。

ぎるというアブリアル提督の意見を受けて断念した。6月4日0800時、第68歩兵師団長モーリス・ビュフレール将軍と、第60歩兵師団長ギュスターヴ・テセラ将軍は、ドイツ軍との交渉を開始した。そして午前の遅い時間になって海岸堡内のフランス軍部隊は降伏したが、彼らの大半は頑強な抵抗によってドイツ軍を退け続けていた正真正銘の古強者だった。ドイツ軍は兵士4万と第32歩兵師団長アウグスト・アロー将軍を加えた将官3名を捕虜にしたと公表した。第12自動車化歩兵師団長だったルイ・ジャンセン将軍は、6月2日にルフランククの師団指揮所で戦死していた。

救出艦隊は4日の朝に解隊となり、1423時に「ダイナモ」作戦は公式に終了した。最終的にイギリス兵19万8315名とフランス兵中心の連合軍兵士13万9911名の、合計33万8226名がイギリスに撤退できた。船舶の損害は、228隻が沈み、45隻が大破したが、小舟艇の損害は数え切れない。

ダンケルクから撤退したフランス兵の一部は、そのまま別のフランス港湾に運ばれ、イギリスに輸送された兵士の大半、約9万8000名も間もなくフランスの港へと送られた。騎兵軍団や第III軍団、第XVI軍団の幕僚たちは6月6日にそれぞれブレストやシェルブールに送られ、すぐに激戦と混乱に巻き込まれた。第32歩兵師団、第43歩兵師団および第1、第2、第3軽機械化師団はかなりの兵士が撤退できたが、装備をほとんど失っていたので、もし6月初週のうちにフランスに戻っても、まず最初に再編成をしなければならなかった。特に軽機械化師団の再装備には膨大な手間と資材が必要になるのは明らかだった。第4、第60歩兵師団と、第1、第2、第5北アフリカ師団、第1モロッコ師団は、それぞれ数千名ずつしか撤退できなかったので、師団編制を解かれ、他の部隊の配下に入る形でフランスへ送還された。第12自動車化歩兵師団と第68歩兵師団はついに撤退命令が受けられず、他の雑多な部隊とともにダンケルクで降伏を強いられた。

イギリスに留まった負傷兵の一部は、後にド・ゴール将軍の自由フランス軍に加わったが、大半はフランスに戻っている。

ダンケルクの戦いは、総じて見ればドイツ軍の勝利で終わっているが、後に彼らに敗北をもたらす種も捲かれていた。ルントシュテットの言葉を借りるなら「大陸のイギリス軍の剣を奪う」という「大鎌の一閃」の目的の1つを達成できなかったからだ。「撤退戦では戦争に勝利できない」とチャーチルは国民に警告を発したが、「前例のない軍事的敗北の中で、奇跡的な救出作戦に成功した」ことの意味を、彼はしっかりと予見していた。イギリス国民にとってダンケルクの体験は衝撃的ではあるが、それで戦争に敗れた訳ではない。ダンケルクから多数の兵士を救い出し、彼らを無駄死にさせずに済んだことは、イギリス国民の誇りを守る重要な決め手となったが、同時に彼らの撤退を支援するために戦ったフランス軍の存在を忘れることは許されない。彼らにとってダンケルクは、イギリスとはまったく違う意味を持つ戦場だからだ。ダンケルクでの出来事により、フランス国民は孤立感を深めると同時に、新たなドイツ軍の攻勢を彼らの力だけでくい止めなければならない試練に直面した。オランダとベルギーはすでに脱落し、ダンケルクから去ったことで、イギリスも実質的に無力な存在になっていた。6月4日に撤退作戦が完了したのち、一刻の猶予もなく、翌日にはドイツ軍によるフランス南方侵攻が始まる。この時点でフランスに残るイギリス軍は、歩兵師団と機甲師団、それぞれ1個だけに過ぎない。

イギリスにとっては勝利の準備、フランスにとっては敗北の象徴と、ダンケルクには2つの意味がある。その両者の隔たりはあまりにも大きかった。

夏の海岸ですることと言えば？　……もちろんバカンスだ。遊び道具には事欠かないのだから。

第Ⅳ章
作戦名：赤色

「フランスにとどめを刺す」――5月24日、ヒトラーは戦争の次の目的を明らかにした(ここに写っているカイテルとブラウヒッチュの両者は7月に元帥に昇進する)。

二つの選択肢

《作戦名：黄色》はこの上ない軍事的成功となった。ドイツ国防軍はたった3週間で2つの国家を打倒し、6個軍を掃討して、オランダ、ベルギー、イギリスそしてフランスから100万を超える捕虜を得た。戦争の初期段階でフランス軍は大打撃を被り、約25個師団を喪失した。この損害には、7個しかない自動車化師団のうち6個と、13個しかない騎兵および装甲師団のうち7個――第1、第4軽騎兵師団、第1、第2、第3自動車化歩兵師団、第1、第2装甲師団――が含まれ、すべて戦闘能力を喪失していた。

ドイツ国防軍が短期間になし遂げた目覚ましい勝利には、ドイツ軍自身も驚かされた。そしてドイツ軍最高司令部の前には二つの選択肢がぶら下がっていた。ひとつはフランス軍の壊滅的打撃を与えることで、もうひとつは海峡の港湾からイギリスへの遠征軍を送り込むという、国防軍全体の冒険である。

しかし、イギリスは1940年6月の時点で丸裸だったに違いないが、英本土侵攻は真剣には検討されなかった。ダンケルクから撤退したBEFは、軍隊として機能していなかった。ほぼすべての装備を大陸に残し、肉体、精神的に疲労の極みにあったからだ。戦闘部隊として蘇らせるには、数週間かけて装備を用意し、再建する以外になかった。ところが肝腎のドイツ軍には渡洋上陸作戦の経験がない。ノルウェー侵攻で実施した《ヴェーザー演習作戦》は、千隻単位の上陸用艦船を必要とする英本土上陸と比較するには、規模が小さすぎる。またイギリス海軍との交戦も考えれば、上陸作戦の代価は非常に高く付くに違いない。

それに、まだフランスも屈服してはいない。1914年9月に見せた「マルヌの奇跡」の記憶も新しく、小モルトケの後継者たちはあのような奇跡を二度と敵に繰り返させてはならないとの決意を固めていた。現時点のフランス軍には、戦力を立て直してドイツ軍の背後を危機に陥れるような戦略的余力はない。5月24日の総統命令第13号の中で、ヒトラーは西方戦役の次なる目標が「可能な限り速やかに残るフランス軍を撃破する」ことであると明言している。

5月31日、陸軍総司令部は《作戦名：赤色》を発動した。ブラウヒッチュ将軍は、「総司令部の意図は、アルトワおよびフランドルでの戦いに引き続き、できる限り短期間でフランスに残る連合軍を駆逐することにある。敵に大規模作戦を耐えるだけの予備部隊はもう残されていな

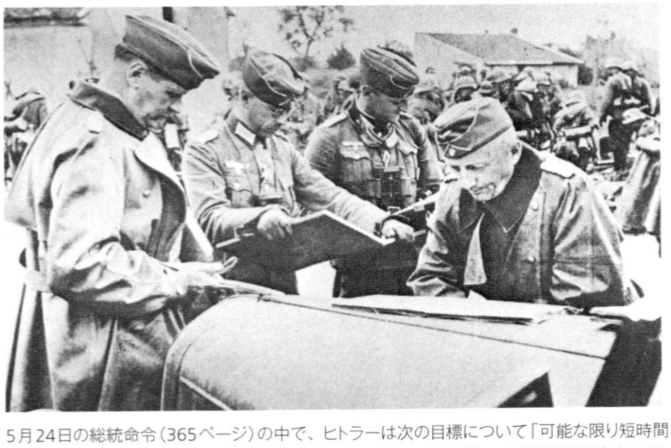

5月24日の総統命令(365ページ)の中で、ヒトラーは次の目標について「可能な限り短時間のうちにフランス国内の敵軍を破壊する」ことを命じている。緒戦の大勝利を跳躍台として、国防軍は次の段階《作戦名：赤色》を策定したのである。(左)ペロンヌの近郊にて第33歩兵師団長のルドルフ・ジンツェニッヒ少将と幕僚らが地図を見ながら作戦計画を立てている間、アブヴィルとアミアンの中間地点にてエルウィン・ロンメルと第7戦車師団も、同じように第25戦車連隊の士官らとともに作戦の打ち合わせをしていた。

6月6日、総統司令部はフェルゼンネスト（岩の巣）から、シャルルヴィルの北西25kmにあるベルギーの小村、ブルリー・ド・ベッシュに設けられたヴォルフスシュルヒト（狼の谷）へと移動した。ヒトラーが新司令部に到着したのは1330時である。村の学校の前で、副官のゲルハルト・エンゲルとともに写真撮影することをヒトラーは許可した。

い。従って、迅速果敢な強襲によって、敵がソンム川とエーヌ川の南岸に築いた急造陣地を抜き、内奥に深く突進して、敵の秩序だった退却を阻害し、新たな陣地線を設ける機会を奪うのが肝要である」として、フランス軍と大陸に残るわずかばかりのイギリス軍を撃破するのが、この作戦の主目標であると説明していた。

フランス軍の状況

ガムランの作戦構想が残ったままの状態で後任となったウェイガン将軍には、ドイツ軍の攻勢第2段階発動を前に抜本的な防衛戦略の組み替えを行なう時間的余裕は無かった。ガムランはマジノ線や後方の備えからの兵力引き抜きを進めていたが、ウェイガンはこの部隊をソンム川からクローザット運河、エレット川、エーヌ川の線に沿って配置した。しかし、西は大西洋の海岸から東はマジノ線の末端に近いロンギュヨンまで連なる新防衛線に、ウェイガンは60個師団しか配置できなかった。しかも、一部はまだ編成の途中であり、5月の戦闘の損害をそのまま残している部隊も目立っていた。マジノ線をあずかる第2軍集団には、要塞師団を除けば今や15個師団しかない。5月10日のガムラン最高司令官の時期には25個師団あったはずの予備軍は、6月初週には15個師団にまで減少していた。

ウェイガンは、編成を軽量化して歩兵師団の拡充を急ぎ、防衛線を強化すると同時に、ダンケルクから撤退してきた第一線級の兵士を中核にした師団群によって戦力の立て直しを図った。第1、第2、第3自動車化師団はフランス本国に帰還し、エヴルー地区で再編成に入っていたが、部隊の中身は大幅に軽量化されていた。ベルギーで粉砕された第1、第7軽騎兵師団の残余を母体として、新たに第4、第7軽機械化師団が編成され、同じくベルギーで撃破された第1装甲師団の再建も急がれた。しかし、これらすべてを終える時間的余裕など、フランス軍には残されていなかった。

フランス軍は、押っ取り刀でウェイガン線周辺にかき集められた。ウェイガン線を形成する

西方戦役の間は特別列車「アジア号」を司令部としていたゲーリングも、"狼の谷"には軽飛行機に乗ってあらわれた。設備が整った飛行場は20kmほど離れたグロ=カイユにしかなかったが、ゲーリングが司令部の近くに着地するよう命じたこともあり、パイロットは"狼の宮殿"（総統司令部の要員宿舎に隣接する広場――現在はホテル=デュ・ラ・フォンテーヌの敷地になっている）の側にうってつけの空き地を見つけ、シュトルヒ連絡機を着地させた。

海岸からマジノ線の西端にあるロンギュヨンに設定したウェイガン線を増強するために使える戦力は60個師団に過ぎなかった。ウェイガンは後方の部隊をかき集めると同時に、師団の新編を急いだ。ダンケルクから撤退したフランス将兵10万も直ちにフランス本国に帰還して、再編成を受けている。

河川に対して、《作戦名：黄色》の時点でドイツ軍は積極的な渡河を実施していなかったが、それでもドイツ軍は南岸に数ヵ所の橋頭堡を確立していたため、これがフランス軍防衛線の急所になっていた。とりわけペロンヌ、アミアン、アブヴィルに設けられたソンム川橋頭堡が、来るべき攻勢の跳躍台になるのは間違いない。

5月26日、イギリス軍撤退作業が本格化するなかで、ウェイガンは電撃戦に対抗する新防衛戦略を打ち出した。これは一定の縦深をもった陣地帯における積極防御策である。部隊は個別の強化陣地に拠って敵戦車や航空機の攻撃を退け、危機が去ったのちに反撃に転じるというものだ。戦車部隊――ウェイガンはまだ500両以上の戦車を持っていたが、大半は小単位であちこちに散在していた――には、機動力を活かして、突破してきた敵戦車を撃破する役目が期待された。敵突破口の粉砕が最大の課題であり、ウェイガンはこのような事態に備えて予備とするための三つの打撃グループの編成に躍起になっていた。ウェイガンは、6月初頭までに、ソンム川下流に第2、第3、第5軽騎兵師団と、第1装甲師団、第40歩兵師団からなるプティ作戦集団、ボーヴェの南には、第4装甲師団と2個歩兵師団からなるウーデ作戦集団、ルテルの南西には、第3装甲師団と新編の第7軽機械化師団、および2個戦車大隊からなるブイソン作戦集団

フランス軍機甲部隊の大半は、戦場でちりぢりになっていたが、それでも6月初旬にはウェイガンの手元には500両の新型戦車が残っていた。大半はオチキス製戦車である。写真の3両はフランス語における風の名前"ブラスク"、"ミストラル"、"ビーズ"が与えられている。

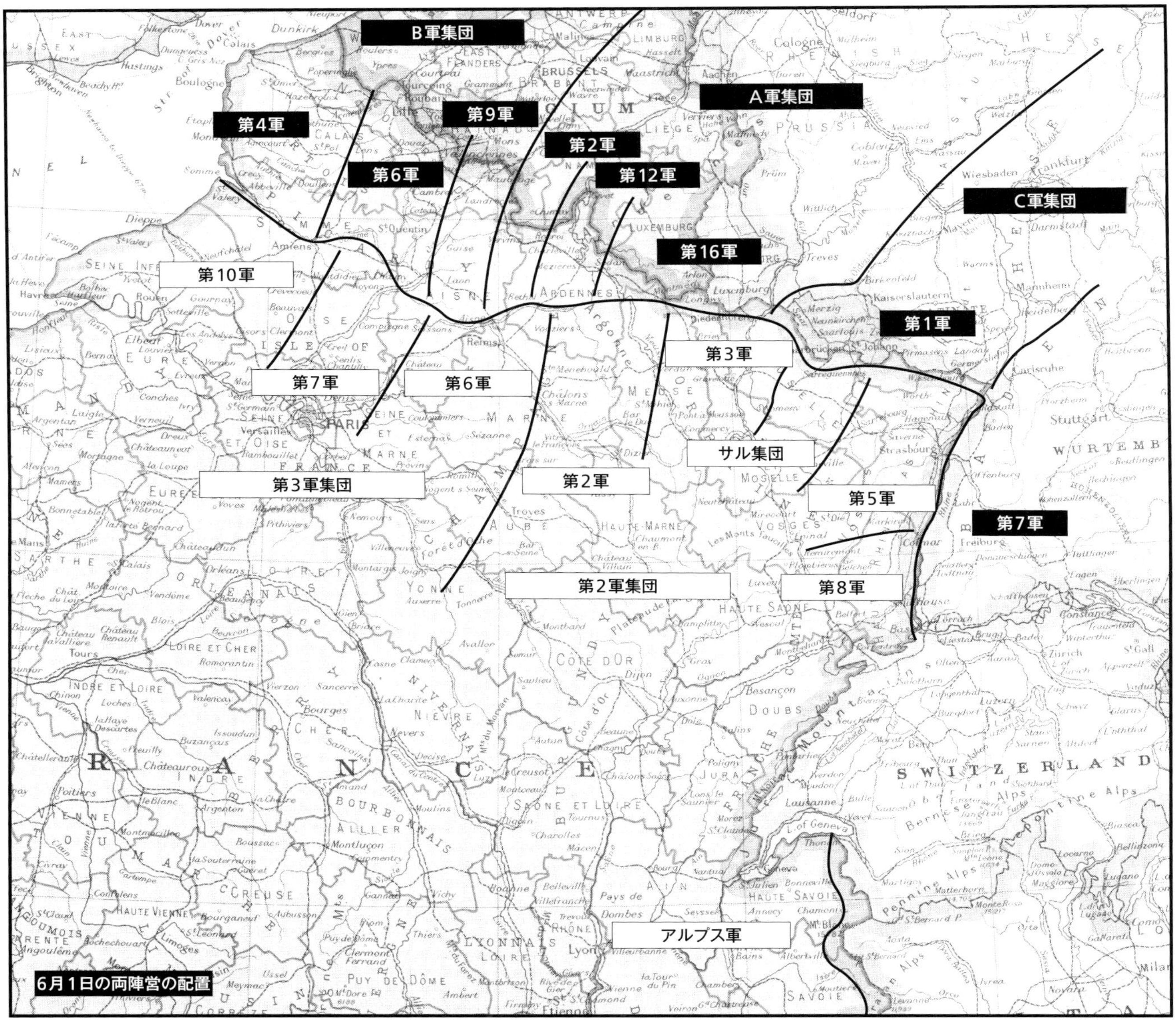

《作戦名：黄色》はドイツ国防軍にとって望外の勝利となった。3週間のうちにオランダ、ベルギーが降伏し、フランス軍に致命傷を与えたからだ。そしてイギリス軍は重装備をことごとく失って、本国に逃げ帰った。《作戦名：赤色》に際して、ウェイガンは60個師団を有していたが、対するドイツ軍は5月10日の《作戦名：黄色》の時より7個師団多い143個師団を動員していた。

を配置した。ソンム地区では、アブヴィル奪回作戦で激しく消耗した第2装甲師団が、サンリスの北ではベルギーで壊滅状態になった第1装甲師団がそれぞれ再編中だった。

フランス軍最高司令部が新戦術を導入し、新たな作戦方針を練り上げたことは、彼らがベルギーや北フランスでの経験を無駄にしていなかったことを証明している。しかし、野戦での大敗が明らかになってからまだ一週間しか経過しておらず、新戦術にかなう部隊の編成に着手し、それが実を結ぶまでの時間的余裕はまったくない。ドイツ軍にとっても、再編成に時間をかけず即座に戦端を開くことには、戦力の集中が追いつかず不利な面はあるが、それでもドイツ軍にとっての利点の方が大きい。マジノ線をはじめ、フランス各地から戦力をかき集め、撃破された部隊を再編成しなければならないフランス軍にとって、時間はより貴重であるからだ。ウェイガン線は縦深陣地を理想としたが、これは机上の空論に留まった。ウェイガン線は概念的な存在でしかなく、防御陣地と呼ぶべき能力をほとんど備えていないのが実態なのである。

6月3日、フランス軍最高司令部は北東作戦域の再編を決定し、戦線の中央部を占める第2軍と第4軍を統括する第4軍集団を新設した。第4軍集団は6月6日に正式に発足し、第2軍司令官のシャルル・アンツィジェ将軍が軍集団司令官に昇進した。

第3軍集団は、ソンム川〜エーヌ川の線で、海岸からランスにかけての地域を防衛する。所属する各軍は、第10軍が海岸からペロンヌの西方まで、第7軍はそこからクシーまで、第6軍は同じくヌフシャトーまでをそれぞれ防衛担当区域とする。第4軍集団は、第3軍とマジノ線を守る第2軍集団との中間地帯、具体的には第4軍がヌフシャトーからアティニー、第2軍がアティニーからロンギュヨンまでとなる。第2軍集団はマジノ線からスイス国境までを第3、第5、第8軍の3個軍によって守るのが、フランス陸軍の全容である。

6月5日、レイノー首相は、ダラディエを罷免し、自ら外務・国防大臣を兼任して周囲を驚かせた。そして外務副大臣にポール・ボードアン、国防副大臣には将官に昇進したばかりのド・ゴールを任命して、前線から召還した。しかしド・ゴールが敢闘精神を失わなかったのと対照的に、ポール・ボードワンは敗北主義者であることが次第に明らかになる。

ドイツ軍の作戦計画

総統命令第13号では、続くフランス戦において「作戦は三つの局面からなる」と、ヒトラー自身が明らかにしているとおり、《作戦名：赤色》は三つの地区に分けられる。ソンム川下流付近での攻撃はルーアン、ル・アーヴル方面を指向しつつ、西および南西方面に向けられる。主攻軸はランスおよび、南東のパリ〜アルゴンヌ間となる。ただしパリそのものは攻撃対象ではない。この流れの中で、マジノ線に対しても助攻が行なわれる。

ウェイガン線はソンム川、エレット川、エーヌ川を結ぶように設定された。北側一帯はすでにドイツ軍支配下になっていたが、まだ渡河は行なわれていなかったからだ。あちこちでドイツ軍の侵入が始まり、衝突が発生した。第87北アフリカ師団の偵察グループに属する騎兵部隊は、6月初旬にランの南方でドイツ軍偵察部隊を襲撃し、3名を殺害、負傷者1名を捕虜とした。中尉がドイツの負傷兵に水を与えたあと、アルジェリア騎兵は戦場を退いた。戦闘中に斃れた馬が残されている。

海岸からラオンにかけての地区はB軍集団（第4、第6、第9軍）の歩兵師団34個と戦車師団2個が投入される。第4軍では戦車師団2個、機械化師団2個を指揮するホート集団が先鋒となってソンム下流部に突破口を開き、セーヌ川渡河を優先する。第6軍では西側からの攻勢軸を主攻とする。クライスト集団は戦車師団4個、機械化師団2個をもってペロンヌから攻撃を開始し、マルヌ川、次いでソンム川を渡河し、最終目標をディジョンとする。

ランからモゼル渓谷にかけての地区は、第2、第12、第16軍からなるA軍集団の歩兵師団40個とグデーリアン集団が投入される。グデーリアンには戦車師団4個、機械化師団2個が与えられ、担当地区の東側で主攻軸となる。マルヌ川とアルゴンヌ間を突破し、ラングル、ブザンションを目指すのだ。

歩兵師団24個からなるC軍集団は、主攻が始まったあとでマジノ線を攻撃する。陸軍の命令が出たら即時に第1軍がサル地区でマジノ線を強攻して南への突破を狙い、同時に第7軍がコルマールの対岸でライン川を渡って、ヴォージュ山脈を目指す。ただし第7軍は戦力がやや劣るので、戦局全体の推移を見て最終判断を下す。

OKHの直接指揮下にある第18軍はアルトワ、フランドル地方で、沿岸の警戒と占領地の治安維持に従事する。

ウェイガンが頼みとする弱体化したフランス軍に対し、ドイツ軍は《作戦名：赤色》において143個師団を投入した。5月10日に作戦を発動したときよりも7個師団ほど増えている。ソ連がにわかに友好的な態度に転じたため、東部国境から3個師団を転用できたのである。

6月5日に至るまでの10日間にウェイガン線付近では奇妙な出来事が数多く見られた。無人地帯で両軍の斥候が小競り合いを繰り返してはいたものの、前線は不気味な静けさを保っていたのである。ランの南東15kmにあるコルブニーではドイツ兵が道路を封鎖しているが、看板には「注意せよ！　そこに敵がいる」と書かれている。

パリ空襲

6月1日にマルセイユ、その翌日にリヨンが爆撃を受けたのち、ついにパリの番が廻ってきた。《作戦名：赤色》の助攻となる「パウラ作戦」によって、パリが目標に選ばれたのだ。爆撃に動員された航空機500機が三波を形成してパリ周辺の飛行場を襲い、フランスの航空戦力にとどめの一撃を加えようというのだ。パリ市街は直接目標にはならないが、この爆撃作戦はパリ市民の士気に著しい影響を及ぼすことが期待できた。

6月3日の午後、強力なBf109、Bf110の護衛を受けた爆撃機編隊が、飛行場13ヵ所、鉄道22ヵ所、工場15ヵ所を狙って爆撃を開始した。このとき、すでにフランス空軍は大損害を受けて弱体化していたが、戦闘機部隊はある程度の再編成を終えて、ドイツ空軍に対峙することがで

N44号線が南に向かってどこまでも続く。コルブニーの様子は50年以上経った今日もまったく変わらない。同じ家……同じ壁……壁の穴が埋められているのは変化だ。

パリ空襲！　犠牲者250名を出したと報道された6月3日のパリ空襲は、心理面においてドイツに大きな成功をもたらした。数時間にわたる大空襲でロッテルダムの士気が崩壊した様をすでに見てきたが、パリの場合は周辺の軍事目標を狙った攻撃であった。ルフトヴァッフェは26機、フランス空軍は17機を失っている。JG53所属のヴェルナー・メルダース大尉は、この作戦中に、22～23機目の撃墜スコアを記録し、同じくライバルとなるJG26のアドルフ・ガランド大尉はモラン・ソルニエ戦闘機を撃墜して12機に記録を伸ばした。（左）プシン通りとジロデ通りの交差点（第16区）――は、修復されて（右）、美観を取り戻しており、1940年6月の記憶を留めてはいない。

きた。ドイツ軍の立場からすれば、作戦は大成功とは言い難かった。すべての線路が24時間以内に機能を回復し、工場の損傷もわずかであったからだ。ただし、フランス軍の集結は阻害された。爆撃の犠牲者は250名以上であり、パニックとまでは行かなくても、市民の間に恐怖心を植え付けるには十分だった。フランス軍戦闘機16機が地上で撃破され、17機以上が撃墜されたが、ドイツ軍側も26機を失っている。

フランスの検閲を通した説明では「パリの街路に空いた巨大な爆撃孔。自動車も横転するほど威力がある1000発以上の爆弾を、6月2日、ナチスはパリに対して使用した」とある。

ドイツ第4軍：ソンム川からセーヌ川にかけて

6月5日0500時、B軍集団が海岸からエーヌ川にかけて布陣するフランス第3軍に攻撃を開始し、対フランス戦の第2段作戦の幕が切って落とされた。

ウェイガンの事前計画に従い、フランス軍部隊は担当地区の強化地点を中心に布陣していた。村落は要塞化され、戦車の前進を妨げるバリケードが築かれるだけでなく、急降下爆撃に備えて塹壕も張り巡らされていた。ウェイガンがこれらの構築に熱心だった甲斐もあって、急ごしらえであったにも係わらず、効果は期待以上で、ドイツ軍は初動を妨げられて多量の出血を強いられた。

第6軍の正面でも、ドイツ軍の攻撃は2日間に渡ってくい止められ、予想外のフランス軍の抵抗に直面したB軍集団司令官フェドーア・フォン・ボック上級大将は、アミアン、ペロンヌ間で立ち往生を強いられた。ところによっては戦車部隊がほとんど孤立し、ウェイガンの目論見通りに消耗を強いられる場面もあり、フランス軍には「ウェイガン線」を保持する力が十分に備わっているようにも見えた。しかし、防衛線は肝腎の縦深を欠いており、もし1ヵ所でも突破を許してしまえば、防衛線全体が後方から破綻するのも明らかだった。

ソンム川前面に布陣した第4軍は、ダンケルク陥落直後から第XV戦車軍団――ホート装甲集団の戦車師団2個と機械化師団1個――の増援を得ていた。第4軍は厳重な情報秘匿で自軍戦力の実態を隠し、日中の部隊移動を禁じていた。砲兵も攻撃命令がない状態での自発的な攻撃を禁じられ、ドイツ軍側の最前線より先への偵察も行なわれず、戦車師団の偵察隊も戦車兵の制服を着用せずに任務に臨んでいた。

海に近い側の右翼に配された第II軍団は、歩兵師団3個と第11狙撃旅団を率いていた。戦線中央を為すポン＝レミからアンジュストにかけては第5、第7戦車師団と第2歩兵師団（自動車化）からなる第XV軍団が配置についていた。一方左翼にあたるアミアン地区では、歩兵師団2個からなる第XXXVIII軍団が前線に布陣していた。第II軍団はソンム川の南岸にサン＝ヴァレ

ソンム北方に対する反撃準備として、フランス軍はアブヴィルとアミアンを結ぶ2本の鉄道橋を破壊せずにいた。しかし6月5日の朝、フランス軍の猛砲撃をものともせずに第7戦車師団がこの橋を奪い、部隊を前進させてしまう。空中撮影の様子（上）が残っているが、驚くべき事に、（左）の写真を地上で撮影した数秒後のものであることがわかる。（右）鉄道線は廃線となり、周辺一帯は深い茂みに覆われているが、鉄道橋は当時のままで残っている。

ソンム渡河を成功させるには、まず第6狙撃兵連隊の各指揮官は対岸の土手を確保しなければならなかった。土手の上では第5植民地師団の兵が貧弱な掩体に拠って防御線を敷いていた。（左）迫撃砲が土手の敵を射圧している間に、制圧部隊が斜面を駆け上がった。（右）ソンム川を渡る2番目の鉄道橋は、今日廃線になっていて、同地域にはパリからアミアン、アブヴィル、ブルージュを経てカレーに至る主要鉄道しか残っていない。

リとアブヴィルの交差点を含む橋頭堡を確保していたが、第XV軍団が確保しているのはコンデ＝フォリ付近の2本の鉄道橋を含む小さな橋頭堡だけで、道路橋が確保できていなかった（ソンム川北岸での反撃計画を計算して、フランス軍はコンデ＝フォリの東の道路に通じるこれらの橋の爆破命令を出さなかったのだ）。

このような強力なドイツ軍に直面したフランス第10軍は、敵橋頭堡への実りの少ない攻撃で疲弊し、海岸からペロンヌまでの戦線に10個師団しか配備できなかった。第10軍の左翼の第51ハイランド師団が海岸付近から戦線を作り、第IX軍団が中央を占めていたが、麾下の5個師団は連戦でひどく消耗していた。右翼を占めるのは3個師団を擁する第X軍団である。第40歩兵師団、第5軽騎兵師団が背後で予備として控えていた。この地区には他にも、ブレール川の背後に配置した第1機甲師団と、アンデレ、ベテューヌ両河川沿いに警戒するボーマン師団が予備にあてられていた。第51ハイランド師団と第1機甲師団はフランス軍の直接指揮下に入っていたが、ボーマン師団は指揮系統上はジョルジュ将軍の直属となるカールスレイク将軍の元で、イギリスの指揮下にあった。

数百メートル西の鉄道橋は爆破されることもなく、トラックが通過可能な状態で残っていた。（左）第7戦車師団所属のSdkfz.222無線誘導車には"WL（ドイツ国防軍一空軍）"を意味する所属記号が描かれている。おそらくこの車両には"フリーヴォ"、すなわち師団に派遣された空軍の連絡将校が乗り込んでいたのだろう。鉄道橋を道路橋として使えるようにするために、第8工兵大隊が突貫工事でレールと枕木を除去していた。後方に見える丘陵地は歩兵が強襲した。（右）橋の一部がまだ残っている。この比較写真は15年前にアンリ・ド・ワィリ氏が撮影した。本書編纂のためにジャン・ポールが再度現地に向かったところ、写真の橋は跡形もなく撤去されていた。

同じ橋を別の角度から見た写真。傍らの道路ともども0600時には交通が本格化し、ロンメルの指揮車が先頭に立って通過した。ロンメルは先遣していた第6狙撃連隊を視察するために前線に急いだが、0730時前後に突然車の流れが停止した。ロンメル自身が状況を確認して撮影したのがこの写真である。「1両のIV号戦車が右履帯を路肩から外して道を塞いでしまったために、橋の付近で全車両の通過が滞ってしまったのだ。まずは牽引を試みたが、枕木と道床用の砕石で踏ん張りがきかず、失敗した。たっぷり30分ほどかけて戦車を引き上げ、別の戦車を使って橋の上から押しのけて、ようやく交通が回復した」写真は車両番号"613号車"のPzkw.38(t)が問題のIV号戦車"321号車"の牽引を試み、その背後では"311号車"が補助についているか、あるいは別のIV号戦車が"321号車"を下から引いて、土手を降ろそうとしている場面。

(左)"321号車"が下の道路に引きずり下ろされ、交通が回復した直後の写真。飛行機が写っている構図から航空写真ではないかと思うかも知れないが、実は丘の上からの撮影である。フランス軍の拠点から丸見えの状況でドイツ軍が強襲に打って出た当初の様子を想像させてくれる。465ページの河川橋が左手後方に確認できる。手前は466ページの主要鉄道である。飛行機は偵察飛行中隊のヘンシェルHs126である。(右)1970年代にアンリが撮影していた比較写真。ロンメルの兵士たちが通過した1940年の時と同じく、土手がまだしっかりと残っている。現在は橋の撤去にあわせて一帯の地形も大きく様変わりしている。

いったん橋を渡った戦車は鉄道を右手に見ながら前進を続け、線路横断に都合のよい場所を見つけると、そこから鉄道の反対側に出て折り返した。(上)トゥランのところで触れたエーリッヒ・ボーシェルトが、この長大な車列を撮影した。(下)盟友アンリが数年前に撮影してくれた比較写真。ジャン＝ポールもお気に入りの一枚だ。木は高くなり、川で隔てられる低湿地一帯の茂みも濃くなっている様子が、時間の経過を感じさせてくれる。

(上) 鉄道線で旋回を終えたのち、車列はいったん元の方向に戻る形になるが、当然、彼らは鉄道の南側にいる。師団は写真左手の大地の上を目指すがしばらくは渓谷——フランス人曰わく、大渓谷——沿いに、斜面に刻まれた道を進む事になる。(下) 第7戦車師団の攻勢をつぶさに追っていたボーシェルトの足跡をたどり、著者が見いだした比較写真。50年の間に木々はずいぶんと成長している。

6月5日：水曜日

散発的な砲撃を除けば、月曜日の夜は何事も無く過ぎていくように思われたが、6月5日0330時、ドイツ軍は河川の西岸にあるフランス軍拠点に集中砲撃を開始し、海岸からアミアンにかけての戦線で、歩兵部隊が前進を開始した。フランス軍の防御陣地は兵力に対してあまりにも広すぎるので、厚みも密度も不足していたが、兵士の戦意は旺盛であった。北からの攻撃に第51ハイランド師団と第31歩兵師団はよく抵抗し、第II軍団はほとんど前進できなかった。し

「死の谷に進む600騎」というテニソンの詩の情景を連想させる、大渓谷に集結した装甲部隊。ボーシェルトが撮影。ロンメルの日記には「ソンム西岸に確立した橋頭堡はすぐさま殺到した大軍により大混乱に陥った」と書かれている。ここで――往事と今――を意識して、背後のソンム渓谷のある東に目を転じてみよう。ロンメルの言葉では「1200時以降、ソンムの渡河点を狙った砲撃が激しくなった……攻撃準備を整えつつあった我々は、激しい砲撃戦の格好の的とされてしまったのである――。砲撃に邪魔されないように、私は口頭で命令を伝えた。1600時ちょうどに戦車は攻撃を開始した。まるで平時の演習を見ているかのような手際の良さであらゆる兵科が一斉に動き出す。目の前に立ちはだかるフランス軍の植民地部隊は、埋伏して身を隠している。無数の野砲、対戦車砲にしがみついて、決死の覚悟で待ち構えているのだ」

かし、さらに南方では第XV軍団が、疲弊していた第2、第3軽騎兵師団の救援に向かおうとしていた第5軽騎兵師団に猛攻を加えていた。フランス兵たちは前日の6月4日に完全装備を背負って炎天下を歩き通しであり、その日の夕方に前線に配置されたばかりで、休息も再編の時間もほとんど与えられていなかった。従って、ドイツ軍の攻撃は、疲弊しろくな統制も取れていない陣地に対して実施されたのだ。

一方、工兵が必死になって鉄道橋からレールと枕木を取り外し、戦車が通過できるように突貫工事にかかっている間に、ロンメルは第6狙撃連隊をコンデ＝フォリの橋頭堡に投入した。0600時に無線車がソンム川を渡り、砲兵と高射砲があとに続くと、いよいよ戦車の番だ。北に目を転じると、第5戦車師団が0730時からポン＝レミで渡河を開始したが、間もなく河川沿いに配置していた第2軽騎兵師団の対戦車砲火に捕まり、戦車15両の損害を受けて停止した。

昼になると、橋頭堡は様々な車両でごった返

その頃、ソンム川の下流10kmほどでは、第5戦車師団がポン=レミで渡河を始めていたが、フランス第2軽騎兵師団が押し出した対戦車砲の猛反撃で動きを止められてしまった。夕方までに、師団工兵は破壊された道路橋を使って16トン仮設橋を設置していた。師団が橋頭堡の確立に成功した直後の、6月6日の写真。

していたので、第5戦車師団が1500時まで戦闘を再開できないという知らせがロンメルに届いた。そこでロンメルも同じ時間に攻撃可能になるよう命令を調整した。午後を期して始まる突破作戦では、戦車部隊は西に向かって進撃し、抵抗が激しい地点は迂回しようというのだ。ところが、第7戦車師団の工兵はアンジュスト付近に計画通り架橋する予定でいたが、付近の村を拠点に抵抗していた第44植民地歩兵連隊所属の中隊の抵抗で架橋できず、弾薬切れでフランス兵が降伏したのちに、ようやく架橋を終えることができた有様であった。

フランル、アンジュスト、ケノワ、エーレーヌ、オルノワなどの村落では、包囲されても抵抗を続け、エーレーヌの第53植民地連隊が3日間持ちこたえたのを筆頭に、各々の拠点は1～2日間、抵抗を続けた。さらに長い抵抗を見せた孤立部隊もあった。戦車に対抗すべくウェイガンが考案した「ハリネズミ陣地」は期待通りの効果を発揮し、ドイツ軍は各所で足止めされた。結局、フランス軍守備隊が弾薬切れで降伏するまで、ドイツ軍は陣地の前面で停止を余儀なくされたのだ。一連の望みのない抵抗はドイツ軍の焦りを誘い、かなりの場面で「抵抗を長引かせ過ぎた」ことを理由に、捕虜が射殺される事態が頻出した。特に第5植民地歩兵師団の黒人兵は虐殺の対象となったが、これは明確な戦争犯罪であった。

6月6日：木曜日

予備から解除され、フランス第10軍の右翼側で布陣していた第51、第31、第40歩兵師団は、堅牢な防御戦として期待できるブレール川を確保していた。エ(Eu)近郊で渡河を試みるドイツ軍と第51ハイランド師団の衝突を除けば、この日の戦線の動きは静かだった。

ところが、ずっと南に目を移すと状況は大きく変わる。ここでは戦車部隊がブレール川の防衛線を迂回し、ルーアン、セーヌ川方面を目指してばく進していたからだ。第XV軍団の記録には「森林や道路、隣接する村などを迂回し、塹壕などほとんど見当たらない、なだらかにうね

架橋を終えて人心地といった様子の工兵の傍らを、今度は自分たちの出番とばかりに進むII号戦車の車列。

る丘陵地帯の景色を楽しみつつ、第XV軍団は南を目指して進んだ。隊列の先頭に戦車が立ち、兵員輸送車やトラックがそのあとに続いていた」と記されている。間もなく、戦車部隊はフランス第IX軍団の右翼付近で、第10軍の防衛線を突破した。第5植民地歩兵師団は撃退され、第13歩兵師団も南への撤退を余儀なくされた結果、仏第IX軍団は包囲の危険に陥ったのである。

6月7日：金曜日

第XV軍団長のヘルマン・ホート将軍は、早朝、配下の師団長らと打ち合わせをした。エプレシエでは、その日のうちに可能な限りルーアンに肉薄すべく、ロンメルに前進を許可した。ロンメルは攻撃を担当するローテンベルク大佐を訪れ、「防御拠点化されている村や街道を避けて平野部を進み、敵の背後や側面からの奇襲を回る」という要点を確認した。攻撃は1000時に始まり、午後遅くには戦車部隊はディエップ～ボ

それぞれの写真から最初の砲撃でポン=レミの目抜き通りが受けた被害の様子が分かる。瓦礫に阻まれては突破など無理で、渋滞は避けられない。ソンム川流域100kmほどの戦線に、1ダースの渡河点を設けたドイツ軍は、脇道を使って抵抗が強い主要道を迂回しつつ、フランス核心部へと侵攻した。

ピキニーの東では、川幅を狭めている水門を利用して第81工兵大隊が架橋した。写真は第45歩兵師団に所属する騎兵部隊。

最大の抵抗を見せたアンジュストの町も最後はめちゃくちゃに破壊されて……。

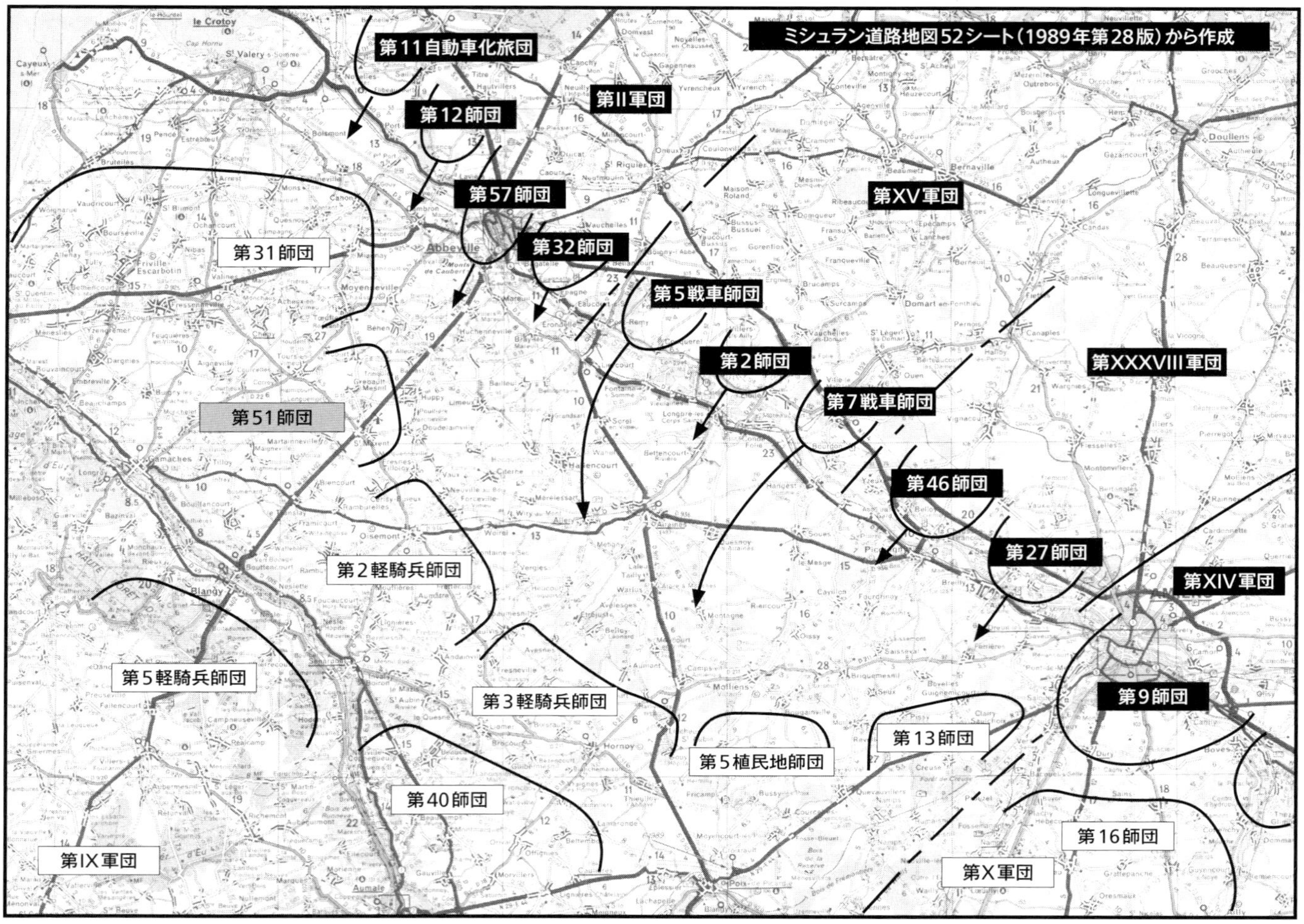

再建された現在の町に、1940年当時の面影はない。

6月5日のロンメルの日記「南東方向への攻撃は上首尾だった。頑強に渡河を阻んでいたアンジュストの敵軍を撃退すると、全戦車部隊は村の西の外縁に殺到した。村落内部には立ち入らず、西側から敵の攻撃を阻止するように命じておいたからだ。村落の掃討は市街戦を得意とする戦闘工兵に任せておけばよい。戦車大隊が村に近づく様子を注視していたところ、即座に反撃砲火が確認できた。戦車は即座に西に向きを変えて、丘に逃れようとしたが、稜線までたどりつけた車両は数えるほどしかない。大半は丘の途中で身動きができなくなっている。接近経路の選び方に失敗したのだ。動きを止められた戦車から脱出を試みた戦車兵たちは、遮蔽物のない丘の上で、次々と機関銃の餌食になった。その間に到着したフォン・フィッシャー大尉の自走砲部隊で、アンジュストの西、外縁部を叩いた。他の部隊も来るべき攻撃命令に備え、配置についていた」。アンジュストを守備していたのは第44植民地連隊（黒人連隊）第5中隊で、第705重砲中隊の150mm砲（上）に終日叩かれていたにもかかわらず、丸一日、この村を保持していた。シャトー・ファヴェルの劇的な写真。建物は破壊を免れず、戦いのあとは更地になっている。今日、橋の付近は水平交差になっていて、比較写真は意味がない。

ーヴェ間の主要道路を寸断していた。

前日から第10軍の命令で配置についていたイギリス第1機甲師団を率いるエヴァンス師団長は、6月7日にアルマイユ将軍との面会を求めて軍司令部に赴いた。敵戦車部隊がすでにオマルの南部に到達しているという最新の報告を得て、師団の動ける部隊はグルネーに急行して敵戦車部隊の側面を突くことが決まった。第1機甲師団は大急ぎでMk.VI戦車37両と、巡航戦車41両をかき集めた。その日の夕方、部隊が移動準備を整えている真っ最中にウェイガンが第10軍司令部を訪ね、アルマイユ、エヴァンス両将軍に面会した。そしてこの戦闘が「戦争の行方を決定づける」とこだわりを見せ、第1機甲師団はアンデレ川の線を保持し、その間にフランス軍が南側から反撃を仕掛けることになった。エヴァンス将軍は、イギリス戦車は陣地の保持に不向きであると訴えたが、ウェイガンは考えを変えようとせず、ドイツ軍戦車部隊の側面に対する当初の反撃案は退けられ、攻撃部隊は前線から呼び戻された。

その間にドイツ軍は前進を続け、第2、第5軽騎兵師団を右翼側から、第3軽騎兵師団を左翼側から激しく追い立てていた。そして夕方には、先鋒の戦車部隊はアンデレ川のイギリス軍拠点に到達した。第10軍の戦線は分断され、軍司令部は南に逃れたが、フランス第IX軍団との連絡は断たれてしまった。

混乱はすぐに拡大し、ボーマン師団は散逸、他の部隊に吸収されてしまい、当初の作戦計画や展開地点は失われてしまった。指揮統制を喪失した結果、ボーマン将軍には各部隊に「現地点の確保と徹底抗戦」を命じる以外に打つ手がなかった。この命令は前線指揮官に重責を負わせることとなり、事態はいっそう混沌としてしまう。6月7日にはアルマイユ将軍が（第IX軍団長の）イリー将軍に対して、ボーマン師団が「第IX軍団部隊を前線に残したまま、その背後の橋を破壊しない」ようにあらゆる措置を講じるよう訴えた。

6月8日：土曜日

この日の朝、ドイツ軍はフォルジュとシジーでアンデレ川防衛線を攻撃した。途切れることのない難民の流れが、ボーマン師団による道路封鎖を不可能とし、ドイツ軍戦車の突破を許してしまった。伝聞によれば、この敵戦車部隊には鹵獲されたフランス戦車も含まれていたという。セルキューが陥落し、反撃による奪回の試みも無駄に終わった。シジーも攻撃に晒され、守備に着いていたイギリス軍はジリジリと後退を強いられて、アンデレ川防衛線は崩壊寸前となっていた。

この渡河作戦の様子を、ロンメルは「川の東側の土手に面するあたりの水深は1mほどだったが、戦車が難なく渡ったのを見て、歩兵がすぐにあとに続いた。しかしII号戦車が試みたところ、流れの真ん中でエンジンが停止してしまい、他の車両が渡河点を使えなくなってしまった。数名のイギリス兵が両手を上げながら川を渡ってきたので、彼らの手を借りつつ、オート

「アンジュストの掃討にはかなりの手間がかかり、最終的にはフォン・ハーゲンの第7オートバイ大隊の投入まで強いられた。兵士は攻撃開始に備えて皆オートバイを降り、フォン・ハーゲンに攻撃命令を発したときには、準備はすべて完了していた。私が命令を出す前に、搭乗していた指揮装甲車がアンジュストから攻撃を受けた。車体にも命中弾があり、車載機銃が破壊されたが、幸い貫通はなかった。後続の8輪装甲車では、動きが遅いこともあって、下士官が一人、頭への命中弾で重傷を負った。アンジュストの敵は道路を射圧している……しかし最後にはオートバイ大隊の攻撃で、目標は奪取された。（上）拠点のひとつとなった村の学校では、弾薬が切れるまで抵抗が続いていた。

第53植民地連隊第10大隊も、6月5日夕方までル・ケノワで持ちこたえていた。彼らは村の東にある外堀と城壁を利用した応急陣地で待ち構えていた。この町の奪取もロンメルの任務である。「外堀や城壁を巧みに利用した拠点で敵はよく抵抗したが、戦車連隊はなんなく駆逐に成功した。この町を確保していたのは黒人の大隊だった。城壁はあちこちで大きく崩れていたが、その瓦礫を利用して作られた応急陣地の機関銃や対戦車砲が極めて厄介だ。しかしIV号戦車の榴弾が敵拠点をひとつずつ粉砕すると、抵抗は急速に小さくなった。ローテンブルクの部隊が城壁に拠る敵を正面から拘束している間に、戦車大隊がル・ケノワを西から迂回した。その後を受けた装甲車部隊が敵の注意を引きつけている間に、歩兵が攻撃位置につく」 以後の日記は捕虜について「自棄になり、飲んだくれていた」などと侮蔑的な表現が目立つのだが、おそらく迫り来る戦車への恐怖心を和らげるため、植民地兵をアルコールの力で勇気づけていたのだろう。

バイ兵が渡河点の整備に着手した。近くにあった破壊された橋の瓦礫を投げ込んで、川底をならしたのだ。川岸に立ち並ぶ柳の木も浅瀬の整備のために切り倒された。先に渡河していたIII号戦車が立ち往生しているII号戦車の牽引を始めた。偵察隊を率いていたサイバント中尉からは、ノルマンヴィルの橋を無傷で奪取したとの無線報告があった。2つの橋を確保し、偵察部隊によって橋頭堡を拡大中とのことだ。素晴らしい知らせだ。私は即座にシジーでの渡河を中止し、部隊を全速力でノルマンヴィルに向かわせ、アンデレ川の橋頭堡を拡大するように命じた」と描写している。

ウェイガンは第10軍にセーヌ川への後退を許可し、参謀本部には「第IX軍団長に配下の第51ハイランド師団、第31歩兵師団をレ＝ザンドリおよびルーアン地区まで撤退させる」旨の伝達を託したが、すべては遅すぎた。命令は、まったく戦況に即していなかった。第IX軍団がセーヌ川への後退を許可されたときには、すでにブレール川一帯はドイツ軍占領下になっていたのだ。

この日の午後、イリー将軍は師団の各部隊指揮官を集め、まずはすぐ背後にあるベテューヌ川を渡って、6月12日までにルーアンに戦線を構築するという、ルーアンへの撤退作戦の概要を伝えた。この時点で師団長にはルーアン撤退まで4日の猶予があると見積もっていたわけだが、実のところ、ドイツ軍戦車はルーアンまで4時間余りの場所まで迫っていたのだ!

さらに南を見ると、第3軽騎兵師団がセーヌ川を渡って後退を開始し、夜にはこれに第1機甲師団とボーマン師団が続いていた。これで第IX軍団とともにセーヌ川の北岸に布陣しているイギリス軍は第51ハイランド師団だけとなった。

6月9日：日曜日

ロンメルは夜襲によりルーアンの南、エルブフの橋の奪取を試みた。第7戦車師団は0100時にルーアンの東市街に到達し、先鋒はソットゥヴィル＝ス＝ラ＝ヴァルでセーヌ川に臨んでいた。彼らはすぐに西に向きを変えてエルブフを目指したが、橋の爆破はくい止められなかった。他の橋もすべてフランス軍に爆破されてしまったために、戦車部隊はいったん北に退き、この日を再編と休息にあてた。「セーヌの渡河に失敗したことに私は激怒した」とロンメルは失敗を認めている。その間に、第5戦車師団はルー

1800時前後、ついに戦車は城壁に達して突破に成功した。この写真は宣伝用で、戦況を正直に伝えてはいないが、手前の戦車は467ページですでに馴染みのある、この12時間前にコンデ=フォリーで立ち往生していた車両である。第25戦車連隊の工兵が大急ぎで同車の履帯を修理し、戦列に復帰させたのだろう。"321"号車は城壁の戦いに参加するため、3マイルの道のりを急いだのだ。

アンに侵入したが抵抗は受けなかった。橋はすべて破壊され、仏英連合軍の守備隊は川の北岸の市街地に退いていたからだ。

この日の朝、フランス第IX軍団の各部隊は計画どおりにセーヌ川の新防衛線への移動を開始したが、ドイツ軍戦車部隊はこれを阻止すべく動き出していた。フランス第10軍との有効な連絡線はすべて途絶えていたので、第IX軍団にはまったくといっていいほどドイツ軍の動きがつかめていなかった。フォーチューン将軍は「すべての連絡を断たれた今、我々は拠るべき命令を受けていない。フランス軍の指揮系統の立て直しが急務である」との報告を、伝令に託すほか無かった。いずれにしても、正式な通知があろうが無かろうが、敵戦車の脅威は目の前に迫っ

電撃戦の舞台の七不思議——戦車が突っ込んでできた穴は、ブロックを使い、おおざっぱだが修復されている。

（右）ル・ケノワの4kmほど西にあるエーレーヌの第53植民地歩兵連隊は、6月7日まで抵抗を続けていた。写真は、第5戦車師団のII号戦車で、ようやく入城を果たした日の午後に撮影されたもの。通りの奥にわずかに確認できるのは、第2装甲車連隊所属のオチキス戦車で、6月5日に破壊されて以来、町が陥落するまでトーチカ代わりに使われたのだ。（最下）戦後、復興の機会を活かして交差点は近代化されている。

ソンム川の防衛に投入された黒人兵は果敢に戦い、ドイツ軍の攻撃スケジュールを狂わせた。勇敢な戦いぶりは有色人種に対する第7戦車師団兵士たちの認識をいくぶん変えたのかも知れない。戦闘が終わり、ドイツ人には笑顔がある。しかし、捕虜は笑っていない。

ていた。イリー将軍はようやく、ルーアンではなくル・アーヴルへの撤退を優先すべきだと気づき、フォーチューン将軍はすぐさまル・アーヴル防衛戦の部隊編成に取り掛からなければならなかった。

6月10日：月曜日

フランス軍最高司令部は、セーヌ川の北側で何が起こっているか気づかないまま、第IX軍団が問題なくセーヌ川を渡り、ウェイガンの指示通りに「コドゥベックを含むセーヌ下流一帯に防衛線を敷いた」と信じていた。この命令はイギリス陸軍省にも伝達され、第51ハイランド師団を第IX軍団に配置転換するよう求めていた。

だが、この日の朝、第7戦車師団が第IX軍団を撃破し、ヴレット付近で海岸に到達したことが判明すると、ようやく状況の深刻さに気づい

ドイツ軍は先を急いでいたので、フランス兵捕虜は――とりわけ有色人種は――処刑される危険に常にさらされていた。まして、頑強な抵抗でドイツ兵を煩わせた場合は。手っ取り早く償いをさせられる。ロンメルは「敵部隊はすべて排除されるか後退を強いられた」と記しているが、これは無法な私刑の存在を認めたに等しい。（上）折り重なっている死体――処刑があった動かぬ証拠だ――アンジュストの街角にて。

混乱ばかりが起きてしまった。仏英両軍の隊列はやがて際限のない渋滞を引き起こし、ドイツ軍が接近中という噂が混乱に拍車をかけたのである。

6月11日：火曜日

第51ハイランド師団、第2、第5軽騎兵師団、第31歩兵師団、以上4個師団の残余と第40歩兵師団は海上撤退に望みを繋いで、サン＝ヴァレリを中心とする海岸堡に拠った。この日の朝、イギリス陸軍省は第51ハイランド師団がウェイガンの意図に反した動きを見せているのではと危惧し、フォーチューン将軍あてにイリー将軍の命令に「忠実に従うことの重要性」を念押ししていた。フォーチューン将軍は「軍団がセーヌ川に到達することは不可能である」と返答した。

このようにしてフォーチューン将軍は撤退準備命令を出していたが、第7戦車師団は目前にたのであった。

間もなく海峡に面する崖の上にドイツ軍の長距離砲が置かれたので、近海に船を出せなくなった。夕方には砲撃によってイギリス駆逐艦アンベスケードが損傷した。

イギリス海軍はセーヌ川北岸の部隊を撤退させるために「サイクル作戦」を発動して、沖合に船舶を集結させていた。ポーツマス軍管区司令官のサー・ウィリアム・ジェイムス提督は、その目で戦況を確認するために、この日の午後にル・アーヴルに上陸した。そして第IX軍団がル・アーヴルにたどり着けないという事実を認めると、「撤退が行なわれる上で最良の場所」と見なしたサン＝ヴァレリに小艦隊を入れた。イリー将軍もル・アーヴルに到着できないことを確信し、フォーチューン将軍と意見調整した上で、サン＝ヴァレリへの退却を決めた。夜になるのを待って退却作戦が始まった。だが、実際には

エーレーヌでドイツ軍は最悪の犯罪行為に手を染めた。この町で三日間持ちこたえた第53植民地連隊は、多数の捕虜を出したが、“長く抵抗しすぎた”という理由で、ほとんどが処刑されてしまったからだ。（左）処刑されたのはママドゥ・ボリィ二等兵のような黒人兵ばかりである。ママドゥ二等兵はコンデ=フォリーのフランス軍人墓地に埋葬されている。（右）エーレーヌにあるメザニー・ンチョレーレー大尉の慰霊碑。有色人種の士官で、6月7日に“フランスのため”に命を落とした。

ソンム川防衛線への第4軍の攻撃に続き、連合軍の連絡を断つために戦線全域で攻撃が始まった。6月5日にはブランジー＝シュル・ブレルに2度の攻撃があり、翌日も続けて、攻撃が行なわれた。最初の攻撃は、写真のようにクルセイダー巡航戦車を修理中だった第1機甲師団の兵士たちにとっては奇襲となった。

ダンケルク撤退戦がピークを迎えていた同じ頃に、チャーチルとその随行団をパリに招いて行なわれた連合国最高会議で、フランスは英空軍の増派を要請した。これを受けて空軍力は増強されたが、6月に入ってすぐにウェイガンはもっと多くの戦闘機を戦場に送るようイギリスに求めている。さらに6月5日にソンム川の渡河が始まると10個戦闘機中隊を要求し、これに続いて「可及的速やかにさらに10個中隊」の増派を求めている。翌日、チャーチルは英、仏、独それぞれの空軍力に関する総合評価と分析に関する報告書を受け取った。5月10日以降、イギリスは戦闘機194機を失い、138機が生産されているので、純減数は56機、5月24日時点の保有機数は1668機である。フランス空軍は354機喪失、154機生産で純減は200機、保有戦闘機は1224機である。あらゆる飛行機をかき集めた英仏両空軍の合計戦力は7621機だが、同じくドイツ軍は1万1675機である。英空軍に増派を求める電報は6月7日にも続くが、すでに前日にはフランス空軍の保有数を上回るほどの要求数になっている。不承不承ながらレイノー首相に協力を約束していたチャーチルは、この要求にほとほと悩みつつも、6日までに戦闘機144機をフランスに投入していた。彼は閣僚の一人に「当初のフランスの要求を上回る12個飛行中隊を送っている」と指摘している。8日には2個中隊が優勢なBf109と交戦し、18機中10機が撃墜された。おそらくはこの出来事が引き金となったのだろう。チャーチルは同日午後、即座に国防会議を招集した。その場でチャーチルは「我々は目の前に二つの選択肢を突きつけられています。今起こっている戦いこそフランスと我々のすべてが決まるものと見なして、現状を維持するために持てる戦闘機をすべて投入し、あくまでも勝利を追求するのがひとつ。もしこれに失敗すれば、我々には降伏以外の選択肢はないでしょう。もうひとつの選択肢。それは大陸の戦いの重要性はいささかも変わらないが、その結果はイギリスの将来を決定するものではない、と見なす事です。もし武運拙くフランスが降伏を強いられても、最後には勝利することを信じて我々が戦い続けるのです。つまり、我が国の防空力を損なわない限りにおいて戦闘機を大陸に送るのです。というのも、もし我々があらゆる防空力をフランスに投入した場合、たとえドイツ軍の進撃をくい止めることができても、今度は我が国に目線を転じてくるドイツ軍に対して打つ手が無くなってしまうのです」チャーチルは一息置いて続けた。「明らかなことは、もし我々が敗れればフランスの敗北も不可避であること。ところが、我々に抵抗の力が残っていれば、いつの日か勝利をつかみ取り、フランスを元通りの姿に戻すことができるのです——」フランスの要求に応じれば、祖国イギリスを危険にさらすことをチャーチルは理解していた。国防会議の結論は早く、決定内容はレイノーにだけ伝えられた。

イギリス戦時内閣の決定を、フランスはどこまで知っていたのか——このような疑問が残る。「(ささやかな援軍を出し惜しんで)すべての未来と最後につかみ取る勝利を放棄するなど狂気の沙汰です」最初にチャーチルはこのような率直な物言いをしている。だが、議論を重ねて行くと、「今次大戦において、フランスが継戦するのに必要な援助を、我々は最大限に提供する」と、そのトーンは悲観的な色彩を帯び始める。そして扉に鍵が掛けられた会議室では、フランスは敗北に終わるというのが、チャーチル内閣の共通認識になりつつあった。もちろんフランスはこのような決断を知るはずもないが、最前線に立つイギリス兵も同じ考えを抱いていた。6月6日までに、まず第1機甲師団の残余をかき集めて(向かいのページ)、ソンムの南方30kmほどのオマルまで進出しているドイツ軍装甲部隊の側面を攻撃することが決まった。第3機甲師団とクイーンズ・ベイ連隊から抽出した様々な戦車80両に、第2機甲旅団から自動車化歩兵編成の第10ユサール連隊が加えられた。その日の午後、リヨン・ラ・フォレの第10軍司令部に到着したウェイガンは、アンデル川沿いの「最終防衛線となる15km」を守るように命令した。その間、歩兵はブレル川を巡り、激戦に巻き込まれていた。6月5日の時点で、海沿いの戦線を守っていた第7アーガイル・アンド・サザーランド・ハイランド連隊は、ドイツ軍の攻撃で士官23名、兵士500名を喪失していた。ブレル川の放棄が決まったあと、8日に残存兵力はガマシュの東5kmにあるミルボッシュ(右)まで退いた。(下)道路と鉄道を乗り継いでフランス国内を移動した第51ハイランド師団の兵士は、アブヴィルから海岸線にかけての地区を守る第9軍の配下に入っていた。6月6日、同師団はブランジー=ル・トレポール街道への攻撃を強いられた。しかし、7日の撤退戦は必然的に急降下爆撃機からの猛攻にさらされることになる。

ブランジーの西8kmにある小集落ル・クードロワに設けられた師団司令部の外でバグパイプを吹く楽隊兵。ディエップから南東のサン=ヴァア方向に流れるベテューヌ川方面に後退する直前の撮影。

迫っていた。市街地への砲撃が始まり、1400時に海岸堡の西側で戦車部隊による攻撃が始まった。サン＝ヴァレリを見下ろす崖のある海岸に向けて独軍戦車は前進し、第II大隊とシーフォース・ハイランド連隊をル・トとサン＝シルヴァンの間に押し込めた。制高点を確保したことで、海岸の乗船地点はすべて砲撃の対象となった。さらに第5戦車師団と第2歩兵師団（自動車化）が海岸堡の東側で偵察を開始し、空軍の爆撃が終わると同時に本格的な攻撃が始まった。

午後、ジェイムス提督は駆逐艦コドリントンに対し「サン＝ヴァレリからの撤退を夕方から実施する」と伝達し、投入可能な輸送船をすべて送る」よう命令した。フォーチューン将軍は「11日の夜が撤退作戦の最後のチャンスである」と陸軍省に意見具申していた。しかし、何度試みても前線と沖合の船団と連絡が通じず、これを見たイリー将軍は、海軍の救援は行なわれないと判断してしまった。さらにこの疑いを確信に変える事態が発生する。夜になり、戦場が闇に包まれるのを待って、後方の兵士から順に海岸に集結しては見たものの、遂に一隻の船も姿を現さなかったからだ。

6月12日：水曜日

フォーチューン将軍は夜明けになる前に、海岸にひしめき、町中で右往左往している状態の兵士を再び前線に戻して、海岸堡の防備を固める必要に迫られた。そのためには町の西にある断崖を奪回しなければならない。撤退に備えて、夜の間に多数の砲や車両を遺棄していたことから、イリー将軍はこれ以上の抵抗は無意味であると判断していた。彼は降伏を決断したが、フォーチューン将軍は同意せず、この段階でも欺瞞作戦により撤退を成功させる希望を抱いていた。選択肢が完全に尽きるまで降伏すべきではないと、フォーチューン将軍は断言した。しかし現実は無慈悲である。すでにドイツ軍は各所で防衛線を突破し、イリー将軍は0800時を持って停戦命令を出す旨をドイツ軍に申し入れたのであった。

この時もロンメルは前線にいた。「下草で偽

6月10日、第7戦車師団の先遣隊はフェカンの東5kmにある小村レ・プティット＝ダルの海岸にたどり着いた。車両番号"B01"のIII号戦車が堤防を降りて砂利だらけの海岸に突進した。P476のル・ケノワで馴染みのある第25戦車連隊長カール・ローテンブルク大佐の車両である。「両側を崖に塞がれた海の眺めは我々を驚嘆、感動させた。ついにフランスの海岸にたどり着いたのだ。我々は車両から飛び出すと、革靴が濡れるのも気にせず、波打ち際まで走っていった」とロンメルは書いている。

直後、師団はヴレットを抜けてサン=ヴァレリに向かい、海岸沿いに東を目指した。

装を施した戦車が、細く曲がりくねった道に向かってゆっくりと前進する。集落の中に慎重に進み、とうとう町の西側市街地に到達した。我々の場所から50ないし100ヤードほど離れた場所に、武器を地面に置き、締まりのない様子で立ち尽くした敵兵の一団の姿が確認できた。彼らの傍らには無数の砲があったが、ほとんどは友軍の砲爆撃で損傷しているようだ。町の反対側では火事が発生し、多数の車両を含む膨大な軍需物資が積み上げられていた。西海岸に集められた鹵獲車両を尻目に、戦車部隊は砲塔を東に向けた状態で、南に向かった。我々は対峙する敵部隊に、武器を捨てて投降するよう説得を試みた。イギリス軍部隊は、これを受けて間もなく投降した。最初は警戒してか、一人ずつ間をとりながらこちらに向かってきたが、やがて間隔は短くなり、投降者は列を為すようになった。友軍歩兵部隊は、捕虜の受け入れに忙殺された」

最後まで抵抗していた敵部隊——内陸に10kmほどの一帯に布陣していた第40歩兵師団——も、1000時には降伏した。

サン=ヴァレリで得られた捕虜の正確な数は不明であるが、ロンメルはイギリス兵8000名を含む4万6000名であると記している。この中にはマルセル・イリー将軍と第IX軍団の幕僚、イギリス軍のV・M・フォーチューン将軍と彼の幕僚、第5軽騎兵師団長マリー=ジャック・シャノワン将軍、第31歩兵師団長のアルセーヌ・ヴォティエ将軍、第40歩兵師団長のアンドレ・デュラン将軍、第2軽騎兵師団長ポール・ガステ将軍など、将官12名も含まれている。第2軽騎兵師団では、前日夕方の戦いでアンドレ・ベルニッケ将軍が戦死していた。戦利品の量は膨大で、戦車58両、トラック1133両、砲56門、機関銃368挺と報告されている。

ヴール=レ=ロズの港に到着したごく少数の船舶が、イギリス兵2137名、フランス兵184名と、34名の軍属、民間人を救い出した。

この間、アーク集団は当初の目的地であるル・アーヴルにたどり着き、安全に撤退できた。この港湾からは2222名のイギリス兵が本国に帰還し、8837名以上の兵士がシェルブールに送られて、戦列に復帰していた。この撤退戦で沈んだ船はないが、駆逐艦アンバスケード、ボウディッカ、ブルドックの3隻が損傷した。

ヴレットの東にある高台では守備隊が待ち受けていて、ドイツ軍は野砲や対戦車砲の猛攻撃を受けた。ル・ト近郊の戦いでも抵抗は激しく、あちこちで白兵戦が発生していた。その間、第25戦車連隊は激戦地を迂回するように進み、サン=ヴァレリの北西の高台を占拠して、「敵の後退を阻止すべく、全力で攻撃した」(上)サン=ヴァレリの北部で約1000名の捕虜を得た。大半はフランス兵で、若干のイギリス兵も確認されている」とロンメルの日記にある。

4万以上の兵士がサン=ヴァレリに押し込められ、戦いもせずに降伏したと信じられている。兵士は船で海へ逃れようとし、ドイツ軍の砲は沖の艦船と砲火を交わしていた。その間に戦車部隊はゆっくりと前進した。ついに彼らが市街地に入り、海岸を手中にする。ロンメルは歩兵に続いてマーケット広場に到着した。「その直後、町の東で捕虜となった敵軍高官が面会を求めている旨を下士官が伝えてきた。数分後、正式な軍用オーバーコートを着用したイレー将軍が姿を見せた。彼の護衛に当たっていた士官は一歩退き、直立していた。将軍がどの師団を率いていたのか尋ねると、『師団ではない。私は第IX軍団長である』と返答してきた」

（中）ロンメルは通訳を介してイレー将軍と会談した。右側に立つのがフォーチューン将軍、ロンメルの右は第7狙撃連隊長のゲオルク・フォン・ビスマルク大佐、左側が師団参謀のオットー・ハイドケンバー少佐である。フォーチューン将軍の右はロンメルの副官カール・ハンケ中尉。着帽していないのは捕虜から解放された空軍中尉である。

最後まで抵抗していたのは、町の外8kmにあるウードゥト周辺を守備していた第40歩兵師団で、昼近くになってようやく降伏した。捕虜となったアンドレ・デュラン将軍。

（左）6月12日午後、組織的抵抗も遂には鎮圧され、生存者は一ヵ所に集められた。ベレー帽を着用しているのが大隊長である。（右）撮影地点は明記されていなかったが、ジャン＝ポールは遂に見いだした——ウードゥトの北西にあるラ・ジラルデのクロア・デ・カデー農場である。

同じ頃、別の農場では第51ハイランド師団の降伏受け入れが行なわれていた。

ドイツ第6軍：ソンム川からマルヌ川にかけて

第6軍はアミアンからエレット川にいたる120kmの戦線での攻撃を担当していた。ドイツ軍の主攻軸は第6軍麾下のクライスト集団とA軍集団の第12軍の2本の腕に委ねられたが、クライスト集団は西側の腕として先頭に立つ。第XVI軍団はペロンヌ、第XIV軍団はアミアンと、クライスト集団の2個軍団はそれぞれの橋頭堡から並進して突破口を拡大する。突破に成功したあと、2個軍団はモンティディエの南で合流し、今度は南東方向を目指すのだ。戦車部隊を危険にさらすのを恐れて、当初、クライストは歩兵部隊による突破を考えていたが、第6軍司令官ヴァルター・フォン・ライヒェナウ上級大将はこれを却下し、最初から戦車を投入することに決まった。間もなく、これが高くつく決定であったことが判明する。

この第6軍に対峙するのが、フランス第10軍と第7軍である。戦車師団2個、機械化師団1個を含む歩兵師団と、グロースドイッチュラント歩兵連隊を擁する独第XIV軍団の真正面には、第10軍麾下の第X軍団が布陣していた。この軍団には歩兵師団3個しかないが、単純な兵力比較では表せないほどフランス軍に分が悪い。ドイツ軍の突破正面となる幅15kmの戦線に布陣していたのは、第16歩兵師団だけであるからだ。この師団は6月上旬に到着したばかりであり、ウェイガンが指示していた防御陣地の構築には4日しか使えなかった。6月4日には、ウェイガン自身がウジェーヌ・モルダン師団長と面会して、進捗状況を確認した。

ペロンヌ地区では戦車、歩兵各2個師団、SS特務師団、SSライプシュタンダルテ・アドルフ・

サン=ヴァレリの陥落で、戦線はセーヌ川にまで後退する。次に我々は戦線の西、第6軍の担当地区に注意を払わねばならない。フランス軍は粘り強い戦いを見せ、攻撃から3日後、ヒトラーは現状を打破すべく、総統命令第14号を発しなければならなかった。

総統兼国防軍最高司令官発
1940年6月8日

総統命令第14号

1.敵軍はいまだ、我が軍の右側面および第6軍の正面で抵抗を続けている。

2.それ故に、陸軍総司令官の提言に基づき、私はB軍集団に対して次の命令を発することを認めた。すなわち、

(a)第6軍正面の敵軍は拘束するに留める。
(b)第XIV軍団を第4軍の左翼に移す。
(c)第6軍正面の強力な敵軍を撃破するために、第4軍の主力は南東方面に、第6軍の左翼に展開する部隊は南西方面に、それぞれ戦線を拡大して圧力を加える。

3.私はさらに、次のような命令を追加した。

(a)総統命令第13号に示した作戦の骨子はいまだ有効である。すなわち、敵軍をシャトー=ティエリー、メッツ、ベルフォールが形成する三角形の内側で撃破し、抵抗力を残しているマジノ線を無力化するという方針に変更はない。
(b)A軍集団は総統命令第13号に従い、6月9日より南から南西方向への攻撃を開始する。
(c)第9軍は南方、マルヌ川方面を目指しての突破を図る。併せて可及的速やかに第XIV軍団の増強も実施されなければならない(SS各部隊およびSS自動車化師団"トーテン・コップフ"を含む)。両軍集団の結節点には強力な予備部隊をあてること。
(d)第9軍のさらなる突破方向、また同軍をB軍集団に残すか、あるいはA軍集団に指揮権を移管するか否かの決定は、私の留保案件とする。

4.空軍は、総統命令第13号の内容に次の任務を追加する。すなわち、

(a)B軍集団による敵主力軍側面への集中攻撃を支援すべきこと。
(b)B軍集団の右翼とブレル地区の南西一帯に対して、充分な偵察および戦闘機による上空掩護を与えること。
(c)A軍集団の突破重点に支援を与えること。

――アドルフ・ヒトラー

ヒトラーを指揮する第XVI軍団が敵第7軍第I軍団の4個師団に対する攻撃を準備していた。攻撃重点は第19歩兵師団と第29歩兵師団の境界線に置かれていた。

6月5日：水曜日

0300時、重砲の斉射とともに2つの地区で攻撃が始まった。戦車4個師団の前進に歩兵が続く。ところが敵拠点をすり抜けるように前進していた戦車は、次々と地雷を踏んで擱座したり、25mm対戦車砲や47mm対戦車砲で撃破された。ドイツ軍は抵抗拠点を避けてひるまずに前進し、戦線背後へと突破を果たした。こうして背後に戦車の脅威を抱えた状態でも、フランス軍は拠点で抵抗を続け、後続部隊を足止めした。第16歩兵師団のある中隊長は、デュリー付近での戦いの様子を「再三再四、友軍の支援砲撃を求めていたのに、まったく応答が無く、敵の足止めにもっとも威力を発揮したのは81mm迫撃砲だった。後方の砲兵陣地はすでに敵戦車部隊に攻撃されていたのだ」と述懐している。急襲を受けた砲兵は、直接射撃によって一部の戦車を撃破したものの、砲兵陣地に対する蹂躙攻撃は防げなかった。

激戦は翌日まで続いた。戦車に迂回された拠点の兵士たちは、後続するドイツ軍歩兵を相手に弾薬が尽きるまで戦った。前線の後方では、砲兵が突破してきた戦車を相手に戦っている。分断され、孤立したフランス兵との戦闘が各所で起こり、ドイツ軍も戦況を掴みあぐねるような混戦状態になった。第4戦車師団のエルンスト・フォン・ユーゲンフェルト大尉は「我々があとにした村落では、一軒一軒の家屋を巡っての大激戦が繰り広げられていた。四方八方から浴びせられる攻撃にすっかり感覚が麻痺してしまい、兵士に言わせれば『どっちが前で、後ろなのかまったくわからない』のだ。降伏勧告も拒絶され、かえって抵抗が激しくなる有様だった。敵は正規軍だったが、抵抗にはためらいや弱さが微塵も感じられなかった」

B軍集団司令官のフェドーア・フォン・ボック上級大将も、この日の戦いを「フランス軍は頑強な抵抗を見せている」と日記に書き残していた。しかし、当のフランス兵にはいつまでも

5月22日、ペロンヌ南部一帯の攻略に従事していた第V軍団はソンム運河の橋頭堡拡大を命じられた。正面を守るフランス第3軽師団は頑強な戦いぶりで渡河点を譲らず、ドイツ軍を阻止し続けていた。24日、第62歩兵師団第190連隊の一部がペロンヌの12km南にあるエペナンクールで渡河を開始すると、第141アルピーヌ連隊を支援していた第40戦車大隊が反撃に出た。3両のルノーR40が犠牲になったがドイツ軍は対岸に押し戻された。

6月5日、パルニーからアムにかけての範囲で行なわれた、仕切り直しとなる攻勢もすべて撃退されている。この時には第183歩兵連隊が尻尾をまいて逃げ出す羽目になり、フランス第140アルピーヌ連隊は捕虜数百人を得た。（左）ヴェルレーヌで頭の後で手を組まされたドイツ兵が第3大隊長ジャン＝マリー・ベルナール少佐の前を連行される場面。だが、攻守交替はいつまでも続かなかった。フランス軍の即席の戦術に直面して目覚めたドイツ軍は、すぐに態勢を立て直してフランス軍機甲部隊の前衛を叩き、失地を取り戻したのだ。ペロンヌ橋頭堡を出撃したドイツ軍戦車部隊に直面して、第3師団は6月6日夜には退却を強いられた。（右）ヴォワイエンヌ近郊での写真。今度はフランス兵が捕虜となる番だ。

ペロンヌを通過して前線に向かうドイツ兵。右の邸宅には「1870年に破壊されて、1873年に再建したが、1916年に破壊された」という意味の石版が掛かっている。

抵抗を続けられないことがわかっていた。それでも、この日の戦果はドイツ軍にとって不満しか残らない内容だった。敵の戦線にかなり深い突破口――第XIV軍団の戦車部隊は10km、第XVI軍団は15km前進してロワの北方6kmまで迫っていた――を穿ったものの、周辺の敵掃討には失敗し、多くの機材や兵士が犠牲になっていたからだ。

フランス軍の反撃は6月6日いっぱい続けられたが、抵抗力は徐々に低下した。そして夕方までに第16歩兵師団は2000名を、第19歩兵師団は第117歩兵連隊を、第29歩兵師団は第112山岳歩兵連隊と戦車大隊2個を失い、すべての部隊が例外なく砲兵の大半を撃破されていた。リアンクールで包囲された第29歩兵師団第6准旅団の救出に向かった第1戦車大隊のR35戦車中隊の反撃も退けられた。

こうして2日間にわたるフランス軍の防御は一定の戦果をあげ、ウェイガンが構想した縦深防御戦略は一応の有効性があることを証明したが、この防御線を恒久的に維持するには時間と

1924年にまた再建したが、1940年の戦いに身を投じた兵士たちは、写真のようにフランスの一部を失ってしまったことにショックを受けるだろう。3度目の戦争を生き延びた建物の損失に直面した社会は、こうした最後の変化を、いわゆる「進歩!」だと見なす事になる。

南方20kmほどにあるランクール=フォセは、6月6日の早いうちから第4戦車師団第35戦車連隊第II大隊の攻撃にさらされ、第1戦車大隊のルノーR35戦車が駆けつけて来たときには、ドイツ軍はすでにはるか南のロワを通過してアヴル川の渡河に着手していた。

資材が足りなすぎた。理屈の上では、歩兵部隊を後方に置き去りにしたまま大胆に戦線を突破してくる敵戦車部隊は、機甲反撃で退けることになっていたが、実際は必要な場所にフランス戦車は姿を見せられず、例え駆けつけても、数が少なすぎて敵の脅威は排除できなかった。

大急ぎで再編された第1装甲師団――R35戦車装備の第25、第34戦車大隊、B1bis戦車装備の第28戦車大隊からなる――は、第I軍団支援のために、6月6日の朝に攻撃を開始したが、初動からルフトヴァッフェに捕捉されてほとんど前進できなかった。そもそもわずか75両の戦車では、第4戦車師団の前進は止められない。第2装甲師団の残余部隊も、敵戦車に対抗する切り札として第X軍団の担当地区に投入された。しかし、戦車60両あまりの戦力はかつての姿からすればささやかな影のようなものに過ぎず、しかも到着が遅れて戦場の勝敗は決していたあとでは退却するしかなかった。

だが、新しい状況に直面したドイツ軍にとっても望ましい展開ではなかった。フォン・ボック上級大将は6日の戦いについて「危険に満ちた厳しい一日となった。我々は足踏み状態に追い込まれたように見える!」と、日記に感情的に記している。彼は自ら第XIV軍団の指揮所に赴いて実情を確認し、2個戦車軍団の戦果に失望を隠さなかった。かなり激した調子で、第XIV軍団をアミアン地区から動かし、ペロンヌ地区の第XVI軍団の支援に振り分けるべく命令を発したのだ。しかし、その日の午後に「ウェイガン線」の突破に成功したという報告を受けたので、第XIV軍団の移動命令は取り消された。戦果は決定的だった。第4軍がソンム川下流域で大規模な突破に成功し、第9軍もソワッソン地区で積極的な攻勢に出た結果、フランス第6軍司令官ロベルト・トゥション将軍は左翼部隊をエーヌ川まで下げてしまったのだ。ドイツ軍はもっとも厳しい局面を克服したが、各地で頑強な抵抗に直面し、戦車部隊は最大で二日分の遅延を生じていた。第6軍司令官ライヒェナウ将軍は、第XIV軍団の戦力は定数に対して戦車が45パーセント、歩兵が60パーセントまで低下したと報告している。

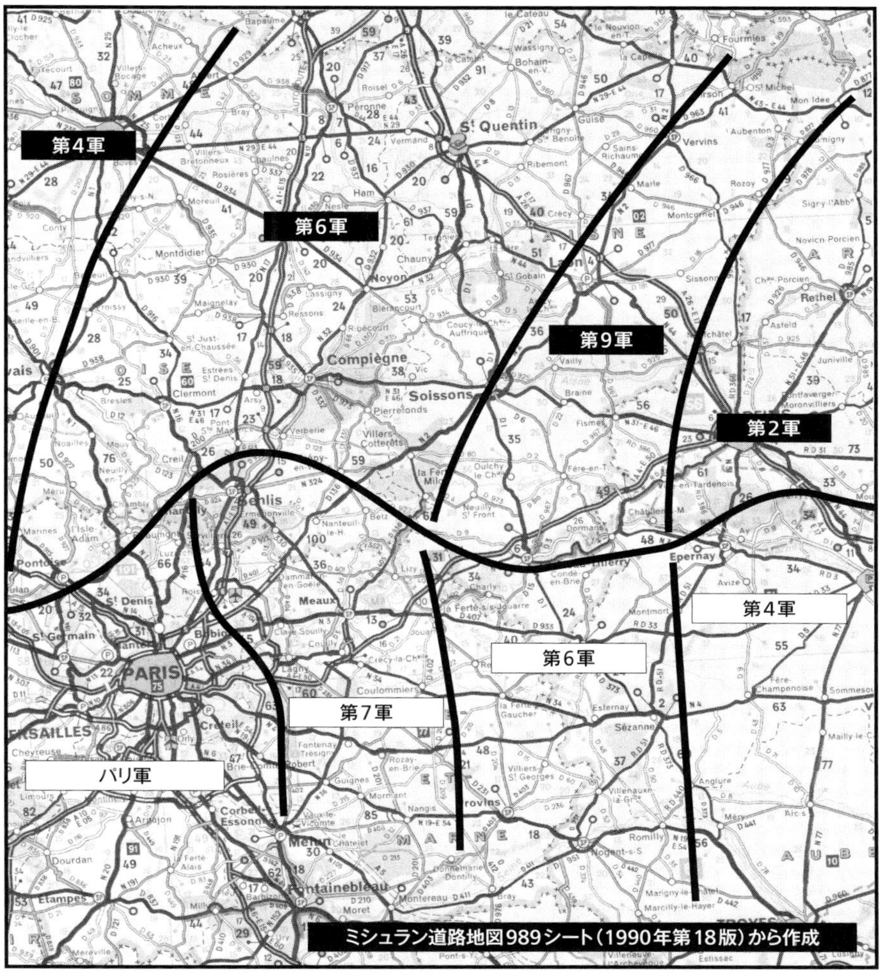

これより26年前、フランス軍は一週間の戦いで蹂躙されてシャルルロワからマルヌまで200kmにおよぶ「英雄的な後退」を展開した。そしてパリの直前で戦線が安定し、「マルヌの奇跡」によりパリは救われたのだ。今回はマルヌ川にたどり着くまでにドイツ軍は一ヵ月もの時間を使っているが、連合軍に彼らを押しとどめる力は残っていない。ウェイガンはこの状態のまま二日間の時間を稼ごうと試みたが、6月10日までにフランス第6軍が後退を強いられ、翌日にはマルヌの対岸にドイツ軍の橋頭堡が確立していた。

6月7日～10日

エーヌ川を早々に放棄したにもかかわらず、フランス第6軍はソワッソン地区へ侵入しようとするドイツ軍を阻止できなかった。6月7日、フランス第7軍は戦線の中央を支えていたが、左翼の第10軍の崩壊と右翼の第6軍の撤退によって孤立の危険にさらされていた。6月8日には第3軍集団司令官アントワーヌ・ベッソン将軍の命令で、夜のうちに左翼全体が後退して、第7軍と第10軍はセーヌ、オアズ両河川に防衛線を移すことになった。エーヌ川は第6軍が保持

ソワッソンでのこの2枚は、マルヌ川北岸での作戦の様子をとらえたものなのだが、果たしてカメラマンはこんな敵に暴露した位置に身を置けるだろうか？　おそらく撮影時には戦闘が終わっていて――他の戦闘写真と同じように、カメラマンの求めに応じて兵士たちが演じたものだろう。

6月6日、ソワッソンを対岸に見るエーヌ川に第6軍がたどり着いた。2名のドイツ兵がN2号線の架かる橋に向かい、白旗を携えて北から慎重に近づいていく。前方に横たわる死体を見て、緊張の度合いも強まっていたに違いない。

川の近くではドイツ兵とフランス狙撃兵の間で鍔迫り合いがあった。N2号線の死体は狙撃に斃れたドイツ兵だろう。彼はもう助からない。

1914年9月の時とは違い、1940年のフランス軍にはフォン・クルック将軍の後継者であるドイツ軍をくい止めるためにタクシー輸送を指揮したガリエニ将軍はいない。フランス第6軍は第9軍の攻撃を支えきれず、6月11日、第251歩兵師団はシャトー＝ティエリーの近くでマルヌ川の渡河に成功した。（上）ジャン・ド・ラ・フォンテーヌ広場からただちに16トン仮設橋の資材が動き出した。撮影は12日のことで、交通の妨げにならないように砲弾孔を埋め戻す作業が始まっていた。

するのである。

6月10日、第10軍は困難な後退を成功させ、セーヌ川の背後に布陣した。しかし、この過程で第IX軍団をサン＝ヴァレリ付近で失い、レ＝ザンドリ周辺では敵第4軍に橋頭堡を許していた。さらに東方では、第7軍がオアーズ川に撤退しようともがいていた。この2個軍の配置の隙間に対処するために、フランス軍最高司令部は新たにパリ軍を編成し、新司令官のピエリー・エリング将軍に、セーヌ川西岸のベルノンからオアズ川にかけての戦線を保持するよう命じた。東方面では、第6軍が敵第9軍を押しとどめきれず、6月10日にはドイツ軍第XVIII軍団がシャトー＝ティエリー付近でエーヌ川に到達していた。そして翌日には同軍団所属の第81、第25歩兵師団が南岸に橋頭堡を確保した。第9軍の2個軍団はソワッソンの南方で合流し、さらに南に進撃する計画だったが、フォン・クライストは第XVIII軍団の指揮所に姿を見せると、この橋頭堡から出撃する戦車部隊のために、作戦計画を作成した。

ややあって、同じカメラマンが完成したばかりのポンツーン橋を渡る第3戦車師団のSdkfz.222を撮影したもの。空からの脅威に備えているのか、2cm戦車砲KwKと同軸機銃が最大仰角をとっている。

マルヌ川を渡った第3戦車師団のI号戦車がシエリ郊外をばく進している。第一次世界大戦でも一度はドイツ軍の手に落ちたこの町は、アメリカ軍が初陣を飾った戦場であり、1918年7月21日に奪回されている。1940年にはまだ周辺の森にこそ塹壕や砲弾孔が残っていたが、街区には、1922年にアメリカ軍戦没者墓地の建立が始まり、1935に完成、1937年に落成した第204丘陵の記念公園くらいしか前大戦の痕跡は残っていなかった。

（上左）川沿いに30kmほど東のバンソン橋にて。この橋は——他のマルヌ川の橋と変わらず——爆破されていて、北岸にはフランス軍の遺棄車両が散在していた。（上右）かなり興味深い比較写真である。橋は新しくなったが、元の道路は撤去されて、直線道路に付け替えられた。送電線も新しくなっている。

（上）フォレ・ド・ラ・モンターニュの郊外にあるコルモワイユには、爆破されたフランス軍弾薬運搬車の残骸があった。（下）著者が撮影地点を発見すると、娘のセリーヌ・バリュはかつてフェンスがあったところにPSO鋼板（1944年の連合軍がフランスの道路や飛行場を整備するため大量に持ち込んだ孔空き鋼板）を見つけた。1940年にはアミアン～ペロンヌ地区の突破に失敗したクライスト集団麾下の2個軍団が、シャトー＝ティエリーに第9軍が確保した橋頭堡の拡大に転用された。

ウェイガン線の突破は決して楽な軍事作戦ではなく、フランス軍はドイツ軍に高い代償を支払わせている。（上）かつてⅣ号戦車であったもの——6月5日、アミアンの南9kmにあるボヴェ＝サン街道で撃破された車両は、2名の戦死者——ユルゲン・ヘーシュ少尉とロベルト・プライズ上等兵——を出していた。一年後、ヘーシュ少尉の兄弟が慰霊碑を建立するために現場を訪れてみると、道路脇にまだ車両が残っていた。（右）私的な記念碑が残っているとは——とりわけ1944年以降の反ドイツ的な空気の中ではなおさら——考えもしなかった。当時のまま石碑を残した地元の人々の寛容さに、ジャン＝ポールは感動を抑えきれない。（下）ヘーシュ少尉の墓所はドイツの家族の元に戻され、プライズは今もブルドンに眠っている（ブロック31、192番）。

フランス第2軍管区内で配置につくMle1934オチキス製2.5cm対戦車砲。

エーヌ川のドイツ第12軍

6月9日、A軍集団の《作戦名：赤色》が発動し、フランス第4軍集団に対する凄まじい攻撃が始まった。戦いの焦点となったのは、5月末からサル地区に布陣し、ドイツ軍の攻撃が始まる3日前にヌフシャテル〜アティニー間の防衛を割り当てられたばかりの第4軍である。第4軍の東に布陣した第2軍の左翼一帯、および西に布陣した第6軍の右翼一帯も、敵攻撃の矢面に立たされた。

エーヌ川を戦車で攻撃するわけには行かないので、6月9日の攻撃は歩兵中心に行なわれた。第12軍の歩兵4個軍団はグデーリアン装甲集団のために突破口を切り拓くべく、周到な攻撃計画のもとで戦車部隊用の進路となる「戦車街道」を軍団ごとに2本ずつ確保することになっていた。右翼のヌフシャテル〜ブランジー間に投入された第III軍団は、第2戦車師団のために第1、第2戦車街道を、ブランジー〜ルテル間では、第1戦車師団のために第VIII軍団が第3、第4戦車街道をそれぞれ確保する。また、ルテル〜ジブリ間では、第8戦車師団のために第XXIII軍団が第5、第6戦車街道を、そして最左翼のジブリ〜ヴォンク間では第XVII軍団が、第6戦車師団のために第7、第8戦車街道を確保するというのが攻撃計画の骨子である。各軍団には強力な工兵部隊が割り当てられていて、歩兵が橋頭堡を拡大している間に、エーヌ川に架橋することになっていた。

6月9日：日曜日

7個師団のフランス軍に対し、倍以上のドイツ軍が布陣していたが、初日の攻撃はドイツ軍にとって不本意な結果で終わった。攻撃初期でこそある程度の前進が見られたものの、フランス軍の決然とした反撃によって、エーヌ左岸のドイツ軍橋頭堡の一部は奪回され、かなりの兵力が捕虜となったのだ。ジャン・ド・ラトレ・ド・タシニー将軍の第14歩兵師団に対峙した第XXIII軍団長のアルブレヒト・シューベルト将軍は、1000人余りを失ったこの時の戦闘について、「攻撃に直面した敵軍の士気は旺盛であった……6月9日と10日、敵第14歩兵師団が見せ

「攻撃に直面しても敵の戦意はまったく揺るがない……第一次大戦にヴェルダンで対峙したフランス兵も、彼らのように勇敢だった」と、6月9日にルテルの東、エーヌ川の地区でわずかな前進しかできなかった第XXIII軍団長アルブレヒト・シューベルトは回顧していた。彼の軍団だけで1000名を超える戦傷者（左）や捕虜（右）を出していた。

5月16日、ドイツ軍はエーヌ河畔のルテルにたどり着いたが、「大鎌の一閃」はずっと西に重点を置いていたので、部隊はルテルを通過して先を急がねばならなかった。頑強な抵抗に直面したドイツ軍は、川の北側にある市街区の制圧に5日もの時間を費やしてしまう。《作戦名：赤色》の開始から6月9日まで、この地区では実質的な動きが見られず、斥候による散発的な戦いが中心になっていた。エーヌ川南岸にあたるソ=レ=ルテルではドイツ軍コマンド部隊が市民を装って潜入し、5月20日の午後に橋を守備していたルノーB1bis“フランス”号（上）を地雷で撃破した。車両は炎に包まれ、モーリス・ゴートン伍長が戦死した。

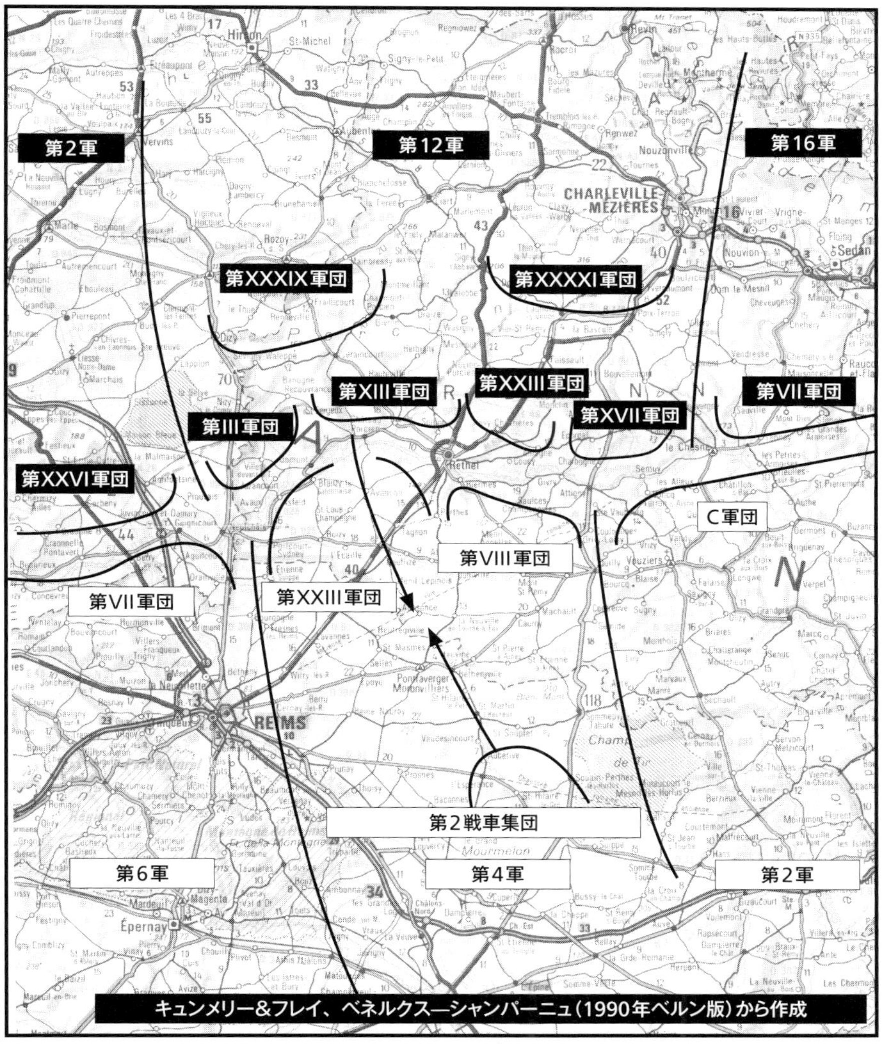

工兵に支援された4個歩兵軍団が戦車部隊のためにエーヌ川に橋頭堡を築こうとした。しかし、フランス軍の抵抗は頑強であり、6月9日の時点で成功していたのは第XIII軍団だけであった。同軍団が確保した橋頭堡には第2、第3戦車道路用の仮設橋が設置された。しかし、他の予定されていた6本はまだ設置の目処が立っていなかった。6月10日、第XXXIX軍団が橋頭堡を確保するための攻撃に出たが、先鋒となった第1戦車師団は敵第2戦車集団からの反撃を受けた。ジュニヴィル近郊で午後いっぱい続いた戦いで、最終的にはフランス軍が撤退を強いられた。

た戦いぶりは、1914年から18年にかけての時期、ヴェルダンに布陣していた最良のフランス軍を彷彿とさせた」と表現している。東で隣接する第XVII軍団も、アルデンヌ運河のあるヴォンク付近で同様の抵抗に直面していた。第26歩兵師団は、敵第36歩兵師団との戦闘で、死傷者600名、捕虜500名の損害を出していたのだ。

第XXXXI軍団に割り当てられた4本の戦車街道はどれも確保に失敗したが、西方のルテル付近ではかなりの成功を収め、フランス第10、第2歩兵師団はドイツ軍のエーヌ渡河を防げなかった。第2、第3戦車街道が使用可能になると、第XXXIX軍団の戦車部隊は仮設橋を渡り、第XIII軍団の歩兵部隊が確保した橋頭堡から出撃した。9日午後の攻撃で第XIII軍団はシャトー＝ポルシアン付近に橋頭堡を確保し、戦車部隊の攻撃進発点として使えるように拡大していたのだ。

第XIX軍団長のグデーリアン将軍によれば、「この日の午後にかけてシャトー＝ポルシアンの東西に小さな橋頭堡が得られた。これらの橋頭堡は第2戦車師団と、第1戦車師団の一部が使用する（第1戦車師団はシャトー＝ポルシアンを渡河点としていた）」

「6月10日0630時、、我が戦車部隊は攻撃を開始した。私は前線に立ち、大幅に遅れている第1狙撃旅団の前進を確認した。前線で兵士が私の存在にすぐ気づいたことには、驚きを隠せなかった。なぜ知っているのかと彼らに尋ねると、私が第2戦車師団長としてヴュルツブルクに着任していた当時、彼らもまた同じく、いまは瓦礫の山と化してしまった美しい町に駐屯していた第55歩兵連隊の兵士であったからだ。我々は、しばし往事の回顧を楽しんだ」

6月10日：月曜日

フランス軍では、第3装甲師団と第7軽機械化師団からなる第2戦車集団（第3装甲師団長のルイ・ブイソン将軍にちなみ、ブイソン集団とも呼ばれる）による反撃が計画されていた。第4軍の予備を中核に編成された臨時部隊というのが実態である。第3装甲師団では、4個のうち3個の戦車大隊がほぼ無傷のままであり、かなりの戦力を残していた。ただし、第49戦車大隊は第41戦車大隊への補充にまわされていたので、代

フランス第4軍はルテルの南で反撃を計画していた。中心になるのは第2戦車集団で、第3装甲師団と第7自動車化歩兵師団を中核に、その他の支援部隊で構成されていた。ルテルの南方20km、コロワにて6月9日に撮影した写真で、攻撃に備えて集結中のフランス軍が写っている——そしてこれが、全戦役を通じてフランス軍最後の組織的攻勢となった。オチキス製2.5cm高射砲を牽引するラフリィS20TL砲牽引車が北のヴニヴィルを目指している。

わりにR35戦車装備の第10戦車大隊が部署されていた。6月10日時点で、この装甲師団はざっとB1bis戦車30両、H39戦車50両、R35戦車40両ほどの戦力を有していた。

第7軽機械化師団は、6月になってから新設された部隊で、ベルギーで撃破された第4軽騎兵師団を基幹としていた。ベルギーで装備を喪失したのちダンケルクから脱出したものの、6月1日に多くの兵員が搭乗していたスコティア号が空襲で沈められて多くの兵士を失った第8龍騎兵連隊も、この師団に加えられていた。この敗残部隊は、6月2日にプリマスに到着すると、休息もそこそこに4日にはブレストへと帰還し、5日にはエヴルーで再編作業に着手していたのである。同じ日に、第4軽騎兵師団は正式に解隊されて、第7軽機械化師団へと衣替えされた。第8龍騎兵連隊も4個中隊編制の騎兵戦車部隊へと改組された。このうち2個中隊には工場から直送されたH39戦車が配備されたが、残りの部隊は訓練場から引っ張り出した中古のH35戦車を使用しなければならなかった。この結果、第8龍騎兵連隊のオチキス戦車約40両と、偵察部隊(第4装甲車連隊)用のAMR33装甲車15両、P178装甲車10両など、第7軽機械化師団には戦闘車両65両が集められた。第4軽騎兵師団の残余を基幹として、大急ぎで編成したので、士官、兵員も寄せ集めであり、部隊の結束に不安を残していた。

ドイツ第XXXIX軍団は計画に従って攻撃を開始した。グデーリアンの記述。「(戦車部隊は)タグノン、ヌフリーズを迅速に通過した。ひとたび開けた地形に出てしまえば、戦車を阻むものは何もなかった。村落や森に守備兵力を集中させるのがフランス軍の戦術であるからだ。後続する歩兵部隊は、バリケード化した道路や家屋を巡って、フランス軍守備兵と激しい戦闘を繰り広げることになるが、ルテル方面の敵砲兵陣地からの阻止砲撃と、ヌフリーズ周辺の水路に煩わされたことを除けば、戦車部隊の作戦は順調そのものであった」

「第1戦車師団はルトゥルヌ川沿いに、第1戦車旅団は南岸、バルクの狙撃部隊は北岸を使っ

さらにMle1913 105mm野砲を牽引するラチKTLが続く。この道路はラ・ヌーヴィルのある西に向かっている。途中、トラックは北に向かって折れて、ジュニヴィルを目指す。急造の

バリケードについては、後にグデーリアン自身「歩兵たちは通りを塞ぐバリケードや家屋を巡って、忍耐を要する戦いを強いられた」と書いている。

(上)ジュニヴィルの独軍戦車に反撃を加えるため、コロワを通過中の第3装甲師団第41戦車大隊所属のルノーB1bis戦車。先頭はアンリ・ジャクラン中尉の"ターレル"号。(下)ロベール・ゴディナ中尉の"シャンベルタン"号。両方とも第49戦車第隊所属だったが、反撃に先だち、第41戦車大隊に移された。彼らは6月10日の戦いに投入され、2日後にはムールムロンにてグデーリアン装甲集団に撃破された。

て進撃した。午後にジュニヴィルに到達したところで、敵の強力な反撃を受けた。ジュニヴィルの南一帯で戦車戦が勃発したが、2時間ほどの戦闘で勝利したのは我々であり、午後にはこの町を占領した。バルクは敵の連隊を罠にかけようと目論んだが、敵はラ・ヌヴィルに退いた」

午後、第2戦車集団はエーヌ川の橋頭堡から南進するドイツ軍戦車部隊を阻止するために投入された。第7軽機械化師団がジュニヴィルの南と西から、同師団のキャリア輸送歩兵連隊と第3装甲師団のH35戦車1個中隊が北から、それぞれ攻撃を開始した。ルトゥルヌ川の南では、第7軽機械化師団がメニル=レピノワに到達し、第3戦車街道を寸断した。その北では、包囲された第127歩兵連隊を救出するために、第3装甲師団が第4戦車街道の寸断を図りつつ、ペルテに向かっていた。しかし夕方までには、第1戦車師団との交戦に敗れ、フランス軍は退却を強いられた。グデーリアンは「大損害を受けた」ことを認めたが、フランス軍の損害はより大きく、とりわけ第7軽機械化師団の中古H35戦車はほぼ使い物にならなくなっていた。

夜になると、フランス第4軍はブイソン将軍に退却を命じた。そして翌日には第2戦車集団は解隊され、第7軽機械化師団は第XXIII軍団に、第3装甲師団は第VIII軍団に振り分けられた。

だが、グデーリアンと、ラインハルト将軍の第XXXXI軍団にとっても、この日の戦果は中途半端であった。フランス軍の抵抗が激しいため、未だ渡河できない戦車部隊がいるような有様で(ヴォンクの守備隊は6月11日朝にようやく排除された)、一部は急遽、第XXXIX軍団の担当地区に振り分けられた。しかし、翌日にはフランス軍が全面後退を開始したので、結局は計画通りにアティニーでの渡河に成功した。

ドイツ軍第9軍がエーヌ川を渡ってソワッソン地区に侵入し、対峙していた第6軍がマルヌ川まで退いた結果、第4軍は極めて危険な状況に置かれていた。実質的な自軍左翼の崩壊と、

（上）フランス第6歩兵師団偵察グループのオートバイ兵と、後続する第3自動車化歩兵師団の快速分遣隊がバリケードを通過していた。偵察グループの"馬上槍試合に臨む騎士"をあしらった部隊マークが、写真左のサイドカーに確認できる。（下）コロワに50年前とほとんど変わらない撮影地点を発見した。道路に面する右の壁には弾痕が確認できる。

フランスの象徴であるランスも陥落した。数々の歴史的事件を目撃してきた古都が陥落したのは6月10日である。街路にはバリケードが残り、二人の下士官がアリスティード・ブリアン広場からジャン・ジョレス通りを歩いている。1915～1917年の危機に首相を務めた人物名が通りの名前になっている。

間髪入れぬドイツ軍左翼の前進によって、第4軍集団司令官のアンツィジェ将軍は、第2軍、第4軍をランスからモンメディ付近のマジノ線に至る新防衛線に後退させざるを得なかったのだ。

《作戦名：赤色》の発動以来、フランス軍最高司令部は予備部隊の大半を前線に投入し、6月10日の夕方までには、フランス軍全体で、もはや予備部隊は5個師団しか残っていなかった。

1914年9月、ランスを占領したドイツ軍はグラン・オテルを皇太子の司令部としたが、長い滞在にはならなかった。しかし、フランスはランスを奪回してはいたものの、終戦までの4年間、市域の大半はドイツ軍の砲撃射程内にあったため、写真にも確認できるランス大聖堂——歴代のフランス王戴冠式典が行なわれた場所——など多くの建造物が被害にあった。ルイXV世の銅像が立つロワイヤル広場はドイツ軍輸送車の駐車場になったが、5年後に、この町はドイツ降伏調印の舞台となる。

ベルギーと北フランスでの連合軍敗北により、ドイツ軍は数万の捕虜を得た。6月初旬、フランス軍が阻止に失敗した《作戦名：赤色》でも、疲労困憊した数万の兵士が同じように捕虜になっている。

敗北

最初の敗北は6月6日のソンム川であり、これに6月10日のシャンパーニュでの敗北が続いた。そして今や、セーヌ〜マルヌ川に設定した新防衛線も崩壊した。この破滅的状況を、ウェイガン将軍は首相に次の様に報告していた。「過去2日間の前線での出来事の結果、我が防衛線はもはや実質的に崩壊しました。もちろん突破を許しても、各部隊が武器弾薬が尽きるまで戦うのは言うまでもありません。しかし、軍の崩壊を止める手立てはもうありません」

6月10日、イタリアが仏英連合国に宣戦布告したことで、戦略的状況に一層の変化が生じた。

全般的に悪化している戦況に加え、ドイツ軍がアンデレとヴェルノンでセーヌ川を渡ったという報告を受け、パリにいたレイノー首相と閣僚たちは急いで政府機能を移転する必要に迫られた。ブリターニュ半島、ボルドー地方、そして北アフリカが移転先の候補地となった。

5月31日の時点で、レイノーはウェイガンに対して「国家要塞」への退避の可能性を示唆していた。これはイギリスとの密接な連絡を絶やさないようにすることを重視して、海軍基地に隣接する一帯を恒久陣地化するという発想である。この観点からすると、ブリターニュ半島が候補地としてふさわしく見える。北アフリカへの移転を望んでいたド・ゴールも、この考えに賛意を示しつつあったが、間もなくレイノー自身がこの見通しを引っ込めてしまった。ブリターニュ半島への移転案は軍事的な視点を欠いて

電撃戦がはじまってからちょうど一ヵ月後、連合軍は破滅寸前の状況にあった。6月10日、ドイツ軍はパリ西方でセーヌ川を渡る。イタリアも分け前に与ろうと仏英両国に宣戦し、ポール・レイノー首相はパリを放棄して、200km も南にあるトゥールに首都を移すほか無かった。ウェイガンはいずれ戦線が突破されることを明言していた。レイノーはフランス崩壊を防ごうと懸命であったが、さらに二週間のうちにドイツ軍は急進を続け、政府内にも降伏やむなしの声が広まってゆくに及び、ついに打つ手が無くなったことを認めたのである。

電撃戦がはじまって以来、ベルギーとフランスの道路は避難民でごった返してしまう。戦車の出現が群衆にパニックを引き起こしたのだ。1940年の戦争に巻き込まれ、うちひしがれた人々をとらえた一枚。6月初旬、シャンパーニュのとある一地方の様子。行く先には逃げ場所も望みもないというのに……。

いたからだ。6月11日に、レイノーは「あらゆる手立てで要塞化を試みた」ところで、ブリターニュ半島への政府移転は現実的でないことをチャーチルに告げた。6月10日には、閣僚に対して連合軍がブリターニュ半島を保持できる期間は、せいぜい2、3日程度と見通しを立てている。次にレイノーの視点で候補地となったのがボルドーとブリターニュの中間に位置するトゥールであった。

これを受けて、ルブラン大統領がトゥールに向かい、6月10日の夜のうちに政府も移転作業を開始した。ウェイガンとジョルジュも、スタッフと司令部機能をブリアールに移転した。

6月10日午後、パリ行きの準備を急いでいたチャーチルのもとに、フランスがトゥールに政府を退去させたとの知らせが届いた。フランスはまだ戦意を保っている――チャーチルは期待した。11日の午後遅くに、連合軍最高司令部が新たに置かれたブリアールに到着したチャーチルは、シャトー・デュ・ミュゲに急いだ。閣議が開かれた城の広間には50年の歴史があったが、当時、売りに出されていたために調度品もなかった。入口の銘板には1940年6月の運命の二日間のことが刻まれている。

6月11日：火曜日

6月11日、ブリアール近郊のシャトー・デュ・ミュゲにて、連合軍最高軍事会議が開かれた。フランス側からはレイノー、ペタン、ウェイガン将軍、ジョルジュ将軍、ド・ゴール将軍が、イギリスからはチャーチル、イーデン、アトリーと、ディル将軍、イズメイ首席補佐官、スピアーズが参加した。1900時から2130時まで続いた会議の焦点は、イギリス政治家の決断へと移っていった。最終的な勝利を確信して昂揚するチャーチルの振る舞いも、フランス側の慰みにはならなかった。彼らは、英本土に留め置かれているRAFの戦闘機部隊をフランスの戦争にすべて投入することを望んでいた。チャーチルはこれを拒絶した。代わりに、彼は25個師団を投入するとを約束したが、年末まで実現は見込めない。この約束を「サハラ砂漠で遭難した旅人の上に小雨が降るようなもの」とレイノーは述懐している。当座のイギリス軍にできることといえば、第52ロウランド師団が派遣準備中であることと、カナダ第1歩兵師団をブレストに送ることだけであり、3個目の師団の準備は7月20日まで見通しが立たなかった。

チャーチルは、第一次世界大戦でフランスが敗北寸前の状況から立ち直った奇蹟的状況を、ウェイガンに思い出させようとした。「1918年春の敵軍大攻勢でイギリス軍戦線が突破される寸前になったとき、我々は即座に25個師団を派遣し、さらに15個師団を追加いたしました。さらに10個師団を、我々は予備として準備していました。ところが今日、いかなる意味においても軍事的に予備として使える部隊は、1個師団しか残っておらず、これは明日にも前線に投入されることが確実です。そして、この日の午後には、手持ちの最後の戦車も出払います。工場から出されたばかりで、走行試験も受けられないまま、前線に送り出されるのです」

会議のあと、レイノーはチャーチルとの個人的な会話の中で、ペタンがすでにフランス降伏の道を探っていることを明かしたのである。

6月12日：水曜日

6月12日、再度、そして最後となる連合軍最高会議が、引き続きシャトー・デュ・ミュゲで行なわれ、チャーチルはフランス海軍のダルラン提督に接触して、海軍艦艇が投降する事のないように念押しした。ダルランは、1隻たりとも降伏を受け入れず、接収されそうになれば自沈すると請け合った。

1945時にはトゥール近郊のシャトー・ド・カンジュに会議の議場が移され、今度はウェイガンは軍事的情勢について説明した。戦況は悲惨という言葉では足りない惨状を呈していた。挽回の望みはないというのがウェイガンの結論だった。陸軍総司令官という立場よりも、むしろ政治家のような言い回しで、「もし政府が命じるのであれば、敵への抵抗を続けましょう。しかし、私はただちに戦闘を停止すべきと言う立場を表明します。今や軍の名誉、軍旗の栄誉を守ること以外に戦いに意味は無くなっています。我々は戦争に負けました。フランス軍最高司令官という地位よりも、むしろ一人のフランス人として、私は軍事的敗北の次に来る無政府状態を何より恐れます。これが、軍人としてこれ以上の苦悩を感じることができない降伏という選択肢に、私がこだわるただひとつの理由なのです」と、レイノーに訴えた。

内閣は重苦しい沈黙に包まれた。遂に降伏という言葉が議題に上ってしまったのだ。ウェイガンの主張を言葉少なに後押ししたペタン他二名に対しては、激しい非難が浴びせられた。状況は絶望的だが、ドイツ軍はまだパリに到達していない。パリはフランスのすべてというわけではなく、またフランス帝国は倒れていない。

午後7時、ダイニングルームにて14回目を数える最高軍事会議が始まった。（イギリス軍参謀総長の）イスメイ将軍によれば「戦況は絶望的で、敗北主義的な空気に包まれていた」にも関わらず、レイノー自身は「戦いへの意欲に満ちていた」という。しかしウェイガンは「すべての望みを失った様子」であり、ペタンもかつてないほど「憂色を濃くしていた」らしい。まずウェイガンが、パリを超えて進撃するドイツ軍を押しとどめる術がない状況を説明した。予備部隊も存在しない。「崩壊してしまったのです」――その言葉でウェイガンは締めくくった。イギリス代表団はフランス軍首脳を鼓舞しようとしたが、彼らが直ちに必要としている軍事援助を与えることはできない。イギリス本土の戦闘機をすべてフランスに投入するように求められたチャーチルだが、もしイギリスが手持ちの戦闘機を大陸に投入すれば、イギリス本国を守れなくなってしまうという、本国での閣議の決定事項を変える気はなかった。なんら明確な決断もないままに会議は終わり、ペタンが「降伏の道を探るよう要請している」旨を、チャーチルはレイノーから告げられた。

古参兵なら誰しもが、フランスの戦いにまったく望みが残っていないことを理解できる。しかし、セザール・カンパンキ、イヴァン・デルボス、ラウル・ダウトリ、ジョルジュ・モネらは降伏に強く反対し、ロワール川、ガロンヌ川で抵抗を続け、これも破られれば海外に政府を移して抵抗すべきであると主張した。

こうして敗北主義者の主張は入れられなかった。いかなる犠牲を払ってでも、抵抗は止めないというのがレイノーの基本的な姿勢である。レイノーは、政府が移転する際には、その場所と移動内容について事前に通告するとチャーチルに告げたが、その第一候補がブリターニュ半島だったことが知られている。最初にレイノーはカンペール周辺の城館やホテルを接収しようと考えていたが、敗北主義者たちがウェイガンに再三反対し、軍もこの「夢想的な」考えに反対を表明したことで、レイノーはブリターニュ半島をあきらめ、政府の移転先をボルドー方面に決めた。

いまやフランス軍30個師団相当の戦力が、セーヌ川河口一帯からマジノ線の終端にあたるロンギュヨンまで、約450kmの戦線でドイツ軍の猛攻にさらされていた。総予備は5個師団しかない上に、4個師団はすでに述べたように投入されている。ウェイガンは一撃のもと、いつ粉砕されてもおかしくない戦線に頼っての防衛戦を指揮していたのだ。

持てる戦力をすべて投入し、崖っぷちでドイツ軍の攻撃を防ぎ、フランスの中枢部を守ろうとする一縷の望みを繋ぐために、ウェイガンは戦線を後方に下げた。戦線を縮小するためだ。6月12日、1315時、ウェイガンがジョルジュに送った電信は、「6月11日発、IPS No.1444／FT3を実施せよ」と、極めて簡素だった。これはスイス国境からカーンに至る現在の戦線の整理縮小を命じたものである。スイスのジュネーヴに面する国境からノルマンディー地方のカーンまで、ドールを経由して、コスネ、トゥールとフランス中部のロワール川沿いに設定された戦線を放棄するのだ。右翼側では第2軍集団がマジノ線を放棄し、左翼では第3軍集団が南のロワール川まで戦線を下げる。第10軍は最高司令部の直属となり、ブリターニュ半島を防衛する。パリは「無防備都市」を宣言して、解放することになった。

実のところ、ウェイガンにはほとんど選択肢は無く、新戦線への部隊移動についても口出しをしていない。実は新戦線は短くなるどころか、さらに長くなってしまい、マジノ線を放棄しても総師団数は45個までしか増加しないのだ。後退時には様々な計算違いがあった。ドイツ軍の前進が早すぎて、結局は新戦線を構築できなかった。マジノ線から引き抜かれた部隊は、普段から行軍訓練を受けていないだけでなく、自前の輸送手段が無く、トラックも鉄道も用意できなかった。そして他の部隊と同様に夜は行軍、日中は戦闘を強いられる中で急速に戦力を消耗し、マジノ線の放棄という事実はフランス国民の士気に悪影響を及ぼした。

ドイツ側の意図

6月14日、ヒトラーは総統命令第15号を発し、将来の作戦における戦略的意図を明らかにした。

「我が軍の戦力とフランス軍の現状を比較した結果、我が軍には同時に二つの目標を追求する事が可能である」として、

a) パリ地区およびセーヌ川下流域からの敵部隊の退却を阻止し、この敵部隊に新たな戦線を構築させないこと。

b) A軍集団、C軍集団に対峙する敵軍を撃破し、マジノ線を破壊すべきこと。

以上を戦略目標を掲げた。

同日、OKHは前線部隊に対してフランス国内へ深く侵攻してフランス軍を東部国境から切り離し、同時にC軍集団はまず2ヵ所でマジノ線に攻撃を仕掛けて突破口を穿ち、ライン川を渡河するように命令を出した。

6月10日に第10軍を割り当てられ、これを第4軍、第6軍の中間に配していたB軍集団は、ロワール川を突破し、大西洋岸を南下しながらフランス西部一帯の占領を目指す。

A軍集団はローヌ渓谷とアルプス山脈沿いに南下して、フランス軍を東部国境から切り離し、C軍集団がこの孤立した敵軍を叩くというのが全体的な作戦計画だ。「まず我が軍は敵軍をフ

パリが24時間以内に降伏するだろうとの情報がもたらされるなか、翌朝にも閣議が開かれた。レイノーは最後まで戦い抜く覚悟を失っていなかったが、ペタンの欠席は不吉な前兆だった。フランスを去る前に、チャーチルは重大な政策の変化が生じる場合は、必ずイギリスに知らせるように念押しした。城館での会談で、チャーチルはジョルジュ将軍に別れを告げたが、ジョルジュはこれに対して「休戦交渉もやむを得ない」と語っていた（この最後の会議の写真は存在しないので、1940年初頭に撮られた写真を使用している）。

フランス政府が退避したトゥールの南にあるサン＝タヴェルタンにたたずむシャトー・デュ・カンジュ。ウェイガンが首相に休戦交渉を求めるという、フランス第三共和制における最悪の会議の舞台となった。（上）戦後、城館は放棄され、火事もあったために、往事の面影をかろうじて留めるだけとなっている。今日、地元自治体の所有となり、貸し出しなども行なわれているが、1940年6月12日に果たした歴史的役割を想起させるものは残っていない。

6月12日、「無防備宣言」を遵守すべしとのウェイガンの命令が、首都防衛軍（パリ軍）本部に電話で届いた。2日後、ドイツ軍はパリに入場した。（上）ドイツ軍は直ちに市内要所を確保した――凱旋門が傍らに見える市の中心部も例外ではない。

ランス北東部で殲滅してマジノ線を無力化し、さらにフランス南西方面に退こうとする敵の動きを阻止すべきである」というのがヒトラーの決定である。この戦略構想を実現させるために、第9軍とクライスト集団はB軍集団からA軍集団へと転属になり、6月14日には軍集団の作戦境界線が西に移動した。

「無防備宣言」をしていたパリについては、軍政長官から正式な降伏声明があったことが、6月13日にドイツによって公表され、同日夕方から正式な交渉に入った。そして6月14日0530時、ドイツ軍の先陣を切って第9歩兵師団がフランスの首都に足を踏み入れ、1時間後に市の中心部に到着した。

行進入城が行なわれたのは同日午後で、第8、第28歩兵師団が、ハーケンクロイツの巨大な旗で覆われた凱旋門をくぐって入城した。B軍集団司令官のフォン・ボック上級大将は、時間を無駄にはしなかった。パリ軍政長官のアンリ・デンツ将軍と面会したのちに、すぐさま廃兵院を訪れてナポレオンの墓所を訪問した。そしてリッツで朝食をとったが、彼は日記に「素晴らしい一日だ」と書き残していた。ハルダーも「今日はドイツ軍の歴史に残る偉大な一日となる。今朝0900時より、我が軍はパリに入城する」と日記に書いている。

コンコルド広場に面するクリヨン・ホテルが新司令部として接収され、アルフレート・フォン・フォラート＝ボッケルベルク将軍が軍政長官に任命された。凱旋パレードは6月16日、第30歩兵師団によって行なわれ、師団長のクルト・フォン・ブリーゼン中将が、ボッケルベルク将軍と並んで、フォッシュ広場で敬礼を受けるよう段取りされた。

鉄道駅などの戦略的要所もすぐに押さえられた。パリ東駅の様子。まったく予期せぬ、しかも歓迎されざる増援の到来に、守衛も狼狽を隠せない様子。時計が壊れていなければ、14日1830時に撮影。

総統兼国防軍最高司令官発
1940年6月14日

総統命令第15号

1.前線の崩壊に直面した敵軍は、パリ戦区を明け渡すと同時に、マジノ線の背後に設定したエピナル、メッツ、ヴェルダンを結ぶ要塞地区も放棄した。
　パリは広告を通じて、無防備都市を宣言している。
　フランス軍主力がロワール川の背後まで撤退することも充分考えられる状況となった。

2.彼我の相対的な戦力差と、フランス軍の現状を鑑みるに、以後は同時に二つの作戦目標を追求できる条件が整ったと考えられる。すなわち、

(a)パリ戦区からの敵の撤退を阻止すべきこと。これを許せば、セーヌ川下流域から連なる新たな防衛線の構築を許すことになるだろう。

(b)A軍集団、C軍集団の正面にあるフランス軍を撃破すべきこと。結果としてマジノ線を崩壊させること。

3.以上の事柄から、私は陸軍の将来作戦について以下の命令を下す。

(a)セーヌ川下流域およびパリ戦区の敵軍を徹底的に追求すること。まず右翼の軍はロワール河口付近を目指して海岸沿いに南下し、次いでシャトー=ティエリーからロワール川上流のオルレアン方向へと攻勢方向を転じること。パリは可及的速やかに占領されるべきこと。シェルブール、ブレスト、ロリアン、サン=ナゼールの海軍拠点の占領を急ぐこと。

(b)軍中央はシャロン付近まで前進を継続すること。さしあたってはトロワ方面を目指す。すなわち我が機械化師団群はラングル平野を目指すのである。
　歩兵師団群は、最終決戦場となるロワール戦区での作戦に備えた措置として、ロミイ、トロワ戦区の北東付近を目指すこと。

(c)陸軍の他の部隊に対する命令に変更点はない。フランス北東部に展開する敵軍を撃破しつつ、マジノ線を破壊し、敵の南西方向への退却を阻止すること。

(d)「ザールブリュッケン打撃群」は、6月14日、リューネヴィル方面を指向しつつ、マジノ線の攻略を開始する。「上ライン攻勢」の時期を速やかに決定すべきこと。

4.空軍の任務は次の通りである。

(a)ロワール戦区方面への攻撃の勢いを、空からの攻撃により維持すること。同時に前進する地上部隊は敵の空襲に備えるべく、対空砲部隊の支援を受けなければならない。
　敵の海上からの脱出は、港湾の空襲およびフランス北岸の船舶への攻撃によって遮断しなければならない。

(b)A軍集団、C軍集団に対峙する敵軍の撤退を阻止しなければならない。この観点から主役となるのはA軍集団右翼に配置された戦車部隊である。
　ヌフシャトー、ベルフォールの線を越えて南西方向に繋がるフランスの鉄道輸送は必ず阻止しなければならない。
　同時にC軍集団によるマジノ線突破も支援されるべきこと。
　対空砲はA軍集団右翼の攻撃に参加。特にフランス軍防御線の突破支援に力を尽くすこと。

パリ中心を進むドイツ軍の隊列――フランス人にとって悪夢のような光景。アルコル橋の入口から。この決定的な写真が撮られた。第一次世界大戦で右手脚を失った後ろ姿の老兵は、市庁舎前を更新するドイツ騎馬部隊をどんな気持ちで眺めていたのだろうか。

フランス兵お得意の手でやってやった！　トロカデロ広場にて第87歩兵師団のオートバイ兵が抜け目なくパリジェンヌに声をかけている。（下）フランスの首都に最初に入城する栄誉は、第8、28師団の合同部隊に与えられた。6月14日午後、第29自動車化歩兵師団のスタッフカーがコンコルド広場で待機していた。フランス革命まではルイXV世広場と呼ばれていたこの場所には、同王の銅像があったが、革命派によって撤去されていた。そこで1829年にエジプトからシャルルX世に贈られたオベリスクが据えられたのである。

2日後、ドイツ軍は戦勝パレードを執り行った——今度の主役は第30歩兵師団である。敬礼地点は凱旋門とポルト・ドフィネの中間にあたるフォッシュ通りで行なう段取りである。騎乗しているのは師団長のクルト・フォン・ブリーゼン中将。

B軍集団：セーヌ川からロワール川まで

フランス第10軍はセーヌ川の防衛線を捨てて、すぐに退却を開始したが、ドイツ第4軍の追求は迅速だった。第II軍団は河口のルーアンから、第XXXVIII軍団はずっと東のヴェルノンから前進し、6月13日にはフランス第10軍とパリ軍の間が突破された。第3軽騎兵師団がルビエ付近で反撃し、一時的にドイツ軍をくい止めたが、事態は好転せず、むしろその南方でドイツ軍の別の部隊が西方向への突破を済ませていた。フランス第10軍が第3軍集団から切り離されかねない危機の中で、最高司令部は手持ちの機甲戦力の再編に迫られた。この結果、第1、第2、第3軽機械化師団を基幹とした騎兵軍団が編成され、これが第10軍に預けられるとともに、第3軽騎兵師団がパリ軍と第10軍の隙間に投入され、両軍を繋ぐ役目を担うことになった。パリ軍は第3軍集団の指揮下でロワール川方面に退却し、第10軍はルーアン、アルジャンタン、レンヌの線を軸に、ブリターニュ半島を維持するのである。結果としてフランスの2個軍はそれぞれ別個の目標を追求することとなり、中央に部署された騎兵軍団は、パリ軍との連絡を維持するという過大な責任を負わされた。

西方面での出来事に目を転じてみよう。ボワ=ギョームでは第5戦車師団の先鋒が（セーヌ河畔の）ルーアンに到達していた（上）。戦車の隊列はそのまま市の中心部に押し入った。（下）北からの主要進入路となるヌフシャトー街道を行くIII号戦車。

6月16日、ドイツ第4軍は第XV軍団の戦車部隊を押し出し、その間に歩兵軍団がロワール川方面に南進、さらに別の戦車部隊が西進して、ブリターニュ半島の守備を固めようとしているフランス第10軍に襲いかかった。6月17日には戦車部隊はラヴァル、ル・マンに到達し、以西の敵軍とフランス第3軍集団との連絡線を切断した。

6月12日の夕方にシェルブールにやってきたA・F・ブルック中将は、現在、ロンドンで編成

（左）セーヌ川の北岸沿いに前進して共和国広場に到達したI号戦車。（右）写真の街区は1940年時点でかなりの損害を受けていたが、1944年8月には連合軍のセーヌ渡河点となり、猛爆撃を受けて完全に破壊された。しかし驚くべき事に、交差点のカフェは二度の破壊を免れている。

中の新たな欧州遠征軍司令官に就任する予定であった。ブルック将軍が受けた命令は、かつてフランスでBEFを指揮していたゴート卿が受けていた命令と類似していた。指揮系統ではフランス軍の指揮下に入りながらも、部隊を危険にさらすような命令を受けたときにはロンドンにそのことを訴える権限を有していたからだ。

6月14日、ブルックはウェイガンから目下進行中の危機に関して簡単な説明を受けた。だが、この中でウェイガンは連合国首脳がブリターニュ半島の要塞化を積極的に推進しているという印象を与えながらも、ウェイガン自身はこの構想について真剣に考慮していない態度を示すというミスを犯した。新たにフランスに送られるイギリス軍はジョルジュ将軍の指揮下に入ることが確認された。そして出港準備中の第52ロウランド師団とカナダ第1歩兵師団からなるブルック軍団はレンヌに集結し、第10軍の指揮下で戦いながら再編成を受けることで合意した。

ブルックはただちに陸軍省に対してブリターニュ半島の保持が間違った決定であると意見具申し、「これが軍事的に不可能な作戦であることは、自分はもちろん、ウェイガン、ジョルジュ両将軍も同意している」と強調した。そしてウェイガン、ジョルジュ両者の司令部に対してイギリスがすべき軍事的貢献は「両者の指揮権を実質的に無効化すること」であると強く促した。これは最終的に、フランスにいるイギリス軍の指揮権を取り返すことに結びつく。新任のイギリス軍参謀総長サー・ジョン・ディルとの電話の中で、ブルックは第52ロウランド師団について、未到着の部隊を第10軍配下に置くことに反対した。現時点、ロンドンが考慮すべき問題は、大陸での戦争を続けるか、それとも人員と資材をすべて引き上げるか二者択一であると強調したのだ。ブルックと参謀総長との電話連絡は夕方まで断続的に続き、遂にチャーチル首相がこれに加わった。可能な限りフランスを支え続けることに首相は固執したが、ブルックの粘り強い説得により、第10軍がブリターニュ半島に孤立し、最良の部隊を無駄死にさせるような決定が撤回されない限り、第52ロウランド師団残余の投入は見送るということになった。

その日の夜、ブルックは戦時内閣から「貴官がフランス軍の指揮から外れることを認めるが、隣接するフランス軍諸部隊との密接に協力しあうこと。組織的抵抗に関する貴官の報告により、イギリス軍を最終的にフランスから本国に撤退させることが決定した」という内容の指示を受けた。この決定はレイノー、ウェイガン両者にも伝えられた。

（左）ほんの数ヤード、右に目を転じるとドイツ兵が珍しそうにFT17戦車を覗き込んでいた。コルネイユ橋の北側でバリケードの一部として使われていたのだ。炎上するビルの煙で空は曇り、サン・トゥワン教会の二本の尖塔がかろうじて見分けられる。（上）左の家が比較の目印になる。

(左)眺望がきく高台から戦況を視察する第4軍司令官ギュンター・フォン・クルーゲ上級大将。(右)クルーゲが立っていたのは508ページでIII号戦車が撮影された場所の目と鼻の先、エルヌモン通りの中ほどである。

ブルックは第10軍の指揮下にあるすべてのイギリス軍部隊にシェルブールへの撤退を命じ、軍司令官のアルマイユ将軍にも、この決定を伝達した。フランスで空軍を指揮していたA・S・バラット空軍元帥にもこの決定が伝えられ、戦闘飛行隊4個を撤退支援に残す以外、すべての空軍部隊をフランスから引き上げることになった。第1機甲師団の第3旅団(兵員輸送車50両、戦車26両、偵察車11両)は350kmの行軍を経て目的地にたどり着いた。同師団の第2旅団の戦車部隊には鉄道による移動手段さえ与えられなかった。

6月17日午後、参謀総長を通じて、ブルックはフランスに休戦の動きがあることを知らされた。撤退作業は順調に進み、第52師団の大半は出港して、カナダ第1師団もほぼ帰国を終えていた。4万を超える兵士が過去2日間のうちにブリターニュ半島をあとにしていただけでなく、残りの部隊も間もなく出港を終える予定だった。17日にシェルブールに到着した第52師団の第157旅団は、同日午後にはイギリスへの帰国に着手している。ボーマン師団の最後の部隊

エルヌモン通りの坂の上は格好の観測点となった。第5戦車師団の指揮車(三角形の師団標識と識別記号のドット付き逆Y字で判別)が停車し、士官が戦況を確認していた。左手に見える兵士は少し神経質になっているようだ。

抵抗を排除したあとクルーゲ将軍と幕僚は街に入った。カテドラル広場の一隅を写したものだが、カメラマンは聖堂内にいたのかも知れない。第7装甲師団のSdkfz.222の背後に見える建物は16世紀からの歴史的建造物である。

サン＝ヴァレリで捕虜移送を済ませたロンメルは、ルアーブルに入城した。「流血は見られなかった」とロンメルは書いている。海岸から撮影した彼の写真にはサン＝タドレッスと炎上中の港が確認できる。

(左)サン＝タドレッスでは海岸を一望できるオテル・ニーサーブルを訪れて、この写真を撮っている。(右) 1944年から46年にかけて、このホテルはアメリカ軍の撤収業務にあたる港湾司令部として使用された。フレデリ・ソバージュ広場に面して、当時と変わらぬ姿である。

6月15日を休養と再編成にあてた第7戦車師団は、翌日セーヌ川を越えてルーアンを目指し、ベルノンとレ＝ザンドリに橋頭堡を設けた。

（上）6月8日、セーヌ北岸にいた第1機甲師団とボーマン師団残余は、午後から夜にかけて川を渡って撤退した。「同日の朝に陥落したルーアンを脱出する避難民や車両の交通渋滞をかき分けて、前哨陣地から戻ってきた」というキャプション付き写真の巡航戦車は、ルーアンの南50kmにあるヌーブールで撮影されたもの。（下）今日のアリスティード・ブリアン通り。ジャック・デュポン・デルーラ（1830年の司法大臣でこの町の出身）像も残っているが、細部が1940年のものと違う。ドイツ軍が資源として銅像を接収してしまったので、石像で再建されたのである。

が出港したのを見届けたブルック将軍は、2330時に武装トロール船ケンブリッジシャー号に乗船した。最後の部隊の船が出港した1600時には、すでにドイツ軍先遣隊がシェルブールの郊外に姿を見せていた。シェルブールからは3万以上のイギリス兵が本国に向けて出港し、カナダ第1歩兵師団が大半を占める2万1000名がサン＝マロから撤退した。イギリス軍の工兵部隊も、フランス軍工兵部隊によるシェルブール港湾機能の破壊に協力したのち、駆逐艦ブロークで本国に向かった。

戦車部隊が主要港に迫るなか、フランス海軍は1隻でも多くの艦船を北アフリカのオランやカサブランカに逃そうと躍起になっていた。地中海までたどり着けそうもない船はイギリスに向かった。6月19日、第11狙撃旅団の先遣隊がナントとサン＝ナゼールに到着したが、ほんの数時間の差で、戦艦ジャン・バールはサン＝ナゼール港を出港した。未完状態の同艦はまともな出力が得られなかったが、どうにかカサブランカまで自走できた。出港が間に合わない船はすべて、港の中で自沈し、ドックや造船台に入れられたままの船には火が放たれた。このとき、ブレストには駆逐艦シクローネと潜水艦4隻が、シェルブールには潜水艦、スループ、タンカー各3隻のほか、小艦艇が散らばっていた。

6月18日、第7戦車師団はシェルブールに入り、第5戦車師団はレンヌを抜いて、さらに西のブレストを目指していた。

結果として、ブリターニュ要塞の構築線は蹂躙され、イギリス軍は残らず戦場から去った。一部の部隊だけが脱出に成功しただけで、フランス第10軍は実質的に崩壊した。プティエ集団と騎兵軍団を含む軍の右翼部隊はどうにかこの罠を脱してロワール川防衛線でパリ軍と合流した。

6月15日、フランス軍最高司令部は第4軍集団の崩壊を認め、その右翼を第2軍と改称して第2軍集団の麾下部隊とし、左翼は第6軍として第3軍集団に加えられた。

第3軍集団にとって第10軍の残余部隊は喉から手が出るほど欲しかった部隊だったが、ロワール川まで退いて軍を再編し、防衛線を再構築するという軍集団司令官アントワーヌ・ベッソン将軍の構想は、夢物語に過ぎなかった。第4軍がドイツ軍の猛攻を支えきれず、右翼が間もなく崩壊の危機にさらされたからだ。6月16日の午後、第10軍の残余部隊はヌヴェール、オータンの線に到着し、そこからロワーヌ川沿いのラ・シャリテまで移動しなければならなかった。

6月17日には第4軍が阻止に失敗したドイツ軍が、ヌヴェールの南でロワール川を渡河して橋頭堡を拡大し、ムーランにいたるまでのロワール川右岸一帯を確保した。戦線の中央では第33歩兵師団がオルレアンの近くでロワール川に到達し、パリ軍と第7軍の脅威になっていた。こうしてロワール川の上流一帯を第3軍集団の防御拠点とする見通しが立たなくなり、ベッソン将軍は右翼をシェール川まで後退させるしかなく、翌日、この命令が伝達された。

ロワール川下流、トゥールから河口に至る地域では、パリ軍が防衛線を構築しようと奮闘していた。第1、第3軽機械化師団がアンジェ地

6月9日、ヌーブールにて、悪化する戦況が将官の表情を険しくしていた。フランス第10軍との連絡将校の任にあったジェームス・マーシャル＝コーンウォーリス中将、兵站担当のサー・ヘンリー・カールスレーク中将、第1機甲師団長ロジャー・エヴァンス少将。

シェルブール郊外にて。遺棄車両はそのまま路上障害物として使用された（上）。波止場を目指して港町を急ぐイギリス兵（下）。失われつつある平穏な日々を見送る野戦銀行。当然、シャッターは下りている。シェルブールからは3万、サン＝マロからは2万1000名以上が脱出に成功した。

「午後5時30分、我々はモントルイユ近郊に到達した。私は1時間ほどの小休止を命じた」と、ロンメルの日記。

区を、第2軽機械化師団がトゥールの守備に当たったが、雑多な部隊がばらまかれているというのが戦線の実態だった。ソミュール地区では世界的に有名なフランス軍騎兵学校の部隊が幅50kmの戦線を守っていた。6月14日、学校長のフランソワ・ミション大佐は士官候補生を投入してのソミュール防衛を求められた。この時の大佐の手持ち兵力は士官候補生776名を含む兵員1300名と、第19龍騎兵連隊から譲り受けた若干数のH39戦車と装甲車だけであった。

6月18日、人口2万を超える町はすべて無防備宣言を出すべしというフランス政府の命令を、最高司令部は軍に伝達した。住民の生命を守る意図で出された命令だったが、同時にこれは有効な渡河点をすべてドイツ軍に無傷のまま明け渡すことを意味する。

オルレアンの下流一帯では、第3軍集団の各部隊がドイツ軍の渡河を防ぐべく反撃に出たが、戦果がないまま撃退され、19日には避難民の群れに飲み込まれて、部隊の統制を失ってしまった。ドイツ軍はシュリー、オルレアン、ボージョンシーで渡河に成功した。フランス軍の状況は坂道を転がるように悪化した。オルレアンとブロワの間でドイツ軍は続々とロワール川を渡り、第7軍が編成されている間にも、ドイツ軍はシェール川に到達していたからだ。ベッソン将軍は右翼をさらにアンドル川まで下げる一方、最高司令部は第4軍集団を解隊して、第4軍の残余を直接指揮することになった。

6月20日、ロワール川を渡ったドイツ軍は、パリ軍と第7軍の間を切り裂くようにして南下を続け、ナントや、ソミュール〜トゥール間でも続々とドイツ軍が橋頭堡を獲得しているために、フランス第3軍集団はいまや完全包囲される危機にあることが明らかになった。まだロワール川に拠っていた部隊には後退命令が出されたが、もはやアンドル川は防衛線となりえないために、クルーズ川とヴィエンヌ川の線まで後退して、そこでドイツ軍を押しとどめることになった。ソミュールではロワール川を渡った独軍部隊の一部が反撃を受け、無視できない損害が生じたが、多勢に無勢、兵力に劣るフランス軍は、夜のうちに奪回した町を放棄して、後退

6月18日の午後、第7機甲師団の先遣隊がシェルブールの西郊外に到達すると、ロンメルは司令部をそこに移した。エクアードルヴィルのペ(Paix)通り入口に集まる師団幕僚たち。

海運局庁舎前にて、ロンメルは「第7戦車師団の士官たちとシェルブール守備隊将兵（写真の外）が別々に集まっていた」のを確認した。

を強いられた。翌朝、彼らは塹壕を掘り、バリケードを作ってドイツ軍を待ち構えるほか無かったのだ。

「私はハイドケンパーとともに町の港湾を見下ろす丘に建てられたフォルト・デュ・ルーエ城塞に足を運んだ」とロンメルの日記にある。

グデーリアン装甲集団の先導車両群（“G”で識別）――第2戦車師団の装甲車。

包囲環を閉じるグデーリアン集団

6月11日に第2戦車集団が解隊されると、第3装甲師団は第VIII軍団麾下となって、シュイップの南西方面に夜間移動した。6月12日の朝、ドイツ軍戦車部隊がランスの東方まで進出し、シャロン＝シュル＝マルヌ、シュイップ方面を目指して南進中であることが判明すると、第14歩兵師団と第3自動車化歩兵師団の後退が完了するまで、第3装甲師団には停止が命じられた。1030時には第42、第10戦車大隊の一部がドイツ軍戦車部隊と接触し、午後にはこれに第41戦車大隊が右翼側から、第45戦車大隊が左翼側から、それぞれ北進して合流した。

対戦車砲まで投入されたかなりの規模の戦車戦が4時間ほど続いたのち、フランス軍戦車部隊には後退命令が出され、第45戦車大隊は整然と後退した。しかし第41戦車大隊長のルイス・コルネ大尉は「計画通りに後退せよ」という命令を無線で受けただけであったので、正式な命令が来るまで後退できなかった。正式な命令が届

5月の《作戦名：黄色》では、第XIX戦車軍団はクライスト集団の指揮下にあったが、《作戦名：赤色》で軍団はクライストの編制を離れて、グデーリアン装甲集団として行動の自由を得た。

（左）「困難を極めるシュイップ川の渡河」と写真にはキャプションがある。「6月13日、フランス兵捕虜が建設に駆り出され」た場所はベテニヴィルとされていたが、ジャン＝ポールの調査により間違いが判明。サン＝マルタンを通過して南への途中、ナビゲーターの息子が寝てしまい、間違えてサン＝スプレに到着してしまった。いくぶん落胆して当たりを見渡したところが……偶然にも写真の場所だったのだ！

マルヌを舞台としたドラマの山場。6月12日、正午をまわった直後、第2戦車師団の先遣隊はシャロン=シュル=マルヌに到達し、その5分後には橋を確保したとの報告が師団司令部に届いた。途中、部隊は事故を起こして炎上したシトロエン製スタッフカーを発見。車中では二人が死亡していた。運転手を失った車は、カフェバーの脇に乱暴に「駐車」していたのだ——信号灯やネオンサインが増えているが、交差点は今でも往時の面影を残していた。

シャロン=シュル=マルヌの北東20kmにあるシュイップにて第1戦車師団の先鋒が第67戦車大隊のルノーD1戦車を村の教会前で撃破した。47mm砲と2挺の機銃を装備したD1戦車だが、実に不格好かつパワー不足でもあり、1940年の機動戦にはついていけない戦車であった。

いたのは1840時で、大隊のB1bis戦車は大雨のなか、後退を開始した。しかし、この頃にはすでにかなりの数の敵戦車と対戦車砲が退路を塞いでいたため、B1bis戦車はすべて撃破され、コルネ大尉も戦死した。戦闘は2000時まで続き、最後の稼働戦車が動きを止めて、第41戦車大隊は壊滅した。

1900時に第45戦車大隊のH39戦車4両が、フェルメ・ド・バドネで包囲されていた同じ師団の第16歩兵大隊の救援に駆けつけ、見事に成功した。この交戦を最後に、第3装甲師団は東方向に夜間移動し、一部はディジョンを通じて南に逃れたが、続く4日間の戦闘で、師団は実質的に壊滅した。

6月12日、グデーリアンの戦車集団はシャロン＝シュル＝マルヌまで進出し、13日午後には第1戦車師団の先遣隊がエトルピーにほど近いマルヌ＝ライン運河まで到達した。第XXXIX軍団長のルドルフ・シュミット中将は、後続部隊の到着を待つ間、戦車部隊を率いるヘルマン・バルク中佐に運河を渡らないよう命じていた。

この命令を知らないグデーリアンは、夕方にエテルピーに到着すると、バルクにどの橋を確保したか訊ねたところ「確保しました」との返事だけがあったという。グデーリアンは続けている。「もしかすると、対岸に橋頭堡を築いているのかと訪ねたところ、ややあって彼は、すでに橋頭堡を確保していると答えた。彼の無口は私を驚かせた。確保した橋頭堡まで車で行くことはできるかと聞くと、いささか不本意な、それでいて、やや臆した様子で、可能であると返ってきた。私が橋頭堡に赴くと、そこに命がけで橋梁が爆破されるのを防いだ、工兵の鏡とも称えるべきヴェーバー少尉と、橋頭堡を確保した狙撃大隊長フランツ＝ヨセフ・エッキンガー大尉を見出した。私はその場で彼ら二人に、第

おそらく2日後、さらに西へ15kmほど行ったところでは、荷馬車の隊列がどこまでも続いていた。ヒトラーの電撃戦どころか、ジョン・フォードの西部劇のように見えてしまう。セザンヌの北にあるソイジー=オ=ボワを南に向かう場面。キャプションには間違いがあり、撮影地点を"Sens"（サンス）（直線距離で80kmは離れている）としているが、左の写真の道標には本当の手がかりがある。ジャン=ポールの調査によって地元ホテルの窓が撮影ポイントだったことが判明したが、もうホテルは閉じていた。そこでジャンは車の屋根に登って角度を得たのである。

シャロンの南12kmにあるボニーでは、第41戦車大隊の2両のB1bisがFT17を伴い、マルヌ川に架かる橋の南側を守っていた。6月12日、第2戦車師団を先導する戦車部隊が北岸に現れると、川を挟んで戦車戦が発生し、フランス軍戦車は多数の命中弾を受けた。

“ベニ・スナソン” 号は、夜の間にドイツ軍が運び込んでいた重砲の直撃を食らって擱座し、乗員が脱出する間もなく、次弾が命中して全員死傷していた。唯一の生存者となった無線手も瀕死の重傷を負った。続いて併走する “エーヌ” 号も撃破されて、車長のロベール・オム中尉が戦死していた。

マルヌ川を渡ってしまえば、パリの東に残る障害物はセーヌ川だけだ。6月15日、トロワの北25kmのメリ=シュル=セーヌにて橋に3.7cm対戦車砲Pak35 ／ 36 を設置しているSS特務師団の戦車猟兵分隊……なのだが、なぜか砲口は背後を向いている。おそらく敵戦車がまだ北岸に残っているという報告でもあったのだろう（余談ではあるが、著者の父シルヴァン=パリュはこの前日午前6時、南方5kmにあるラ・ベル・エトワールの交差点で第4戦車師団の捕虜となった）。

ジャン=ポールによれば、II号戦車のエンジンデッキに置いた椅子で戦車兵が日光浴を楽しむこの写真は、6月14日、ロミリーで撮影されたと推定される。第4戦車師団第35戦車連隊第1中隊の車両で、もしかすると――わずかな可能性だが――ジャンの父を降伏に追い込んだ部隊かも知れない。あまりに多くのものが変わってしまったが、今も同じく一軒の家が残っている。

同じく6月14日、10kmほど西にあるポン=シュル=セーヌにて、村の駅付近、橋の進入口近くで第3戦車師団のI号戦車を撮影したもの。停車中か移動中かの判別は難しいが、目の前には運河があり、理想的な射界が得られる配置場所であることは明らかだ。

6月14日、ロミリーの南東10kmにあるフェルーでの写真には「フランス戦の決着をつけるべく、容赦なく前進するドイツ軍戦車部隊」とキャプションがある。傾いだ"E"のように見える師団識別記号から、第3戦車師団のI号戦車と分かる(ブランデンブルク門を図案化した記号である)。

戦車部隊がセーヌ川を超えて南に進撃している間に、写真の2cm高射砲Flak30 搭載型Sdkfz.10／4を装備していた補助部隊や補給部隊も必死に本隊を追っていた。このような写真には現像時のキャプションが残っていないので、戦線の後背地で何が起こっていたのか比較する上で格好の素材となる。破損した道標がまず最初の手がかりとなる。"～E-Champenoise"と読み取れるが、調査を進めたところ"Fére-Champenoise"だと判明した。次には近郊をしらみつぶしに走り回って、写真の手がかりを探すしかないが、長く続けていると場所を特定する嗅覚が鋭くなる。撮影地点はロミリーの北東、グルガンソンという小さな村で見つかった。ありふれたハーフトラックの写真に命が吹き込まれた瞬間だった。

一級鉄十字章を授与した。そしてバルク中佐になぜ橋頭堡から戦果を拡大しないのか訪ねた結果、私はようやく第XXXIX軍団司令部からの停止命令を知ったのだ。バルク中佐が不信感と不満を隠さなかった理由がわかった。彼は命令を無視してすでにかなりの前進を終えてしまい、命令違反について私から受ける譴責を恐れていたのだった」

周辺警戒のためにびくびくしている暇はない――「断固として前進する」という電撃戦の原則はいまだに最優先で追求すべき事項である。グデーリアンは即座に軍団の停止命令を撤回し、南東方向への前進が再開した。6月14日の夜には第1戦車師団がサン＝ディジエを通過し、翌朝にはラングルに到着した。6月15日夕方の時

別の道標からカメラマンの動きをつかむ。バール=シュル=オーブの西20km、ヴォンドゥーヴル=シュル=バルスにてボルト・ドレー通りの比較写真を発見した。

残念なことに、この写真には手がかりがない。村を通過中の対戦車自走砲も部隊式別は不可能だが、《作戦名：赤色》では5個大隊が対戦車自走砲を装備していた。また大隊各々の配備数は18両であり、主にI号戦車の車台を流用した4.7cm Pak（t）を装備していた（チェコ製の砲を搭載していたので"t"が付く）。

グデーリアン担当地区の最東端では、6月15日、第1戦車師団がショーモンに一番乗りした。オートバイ部隊を伴い、（師団の快速分遣隊である）第5偵察大隊長アレクザンダー・フォン・シェーレ少佐が誇らしそうに立ったまま指揮車に搭乗していた。偶然にも「マルヌの勝利通り」を通過している場面だ。

一方、グデーリアン装甲集団の最右翼では、6月15日に第2戦車師団がバール=シュル=オーブに突入した。写真のIII号戦車は20km北方のスレーヌ=デュイスで撮影。

（上）ラングル要塞の西門を通過中の第1戦車師団のII号戦車“107”号。車体番号から第1戦車連隊第I大隊所属の小隊であることが分かる。（最下）建造年を飾っていた4つの数字版のうち、1940年時点では“8”だけが残っていたが、今もそれは変わらない！

10.5cm野砲leFH18を牽引しているSdkfz.6が道標に従い“大型車両用バイパス”を目指している。一方、指揮車は左折してラングルの旧市街の景観を楽しめる道に入った。

16日、第1戦車師団はグレーの北、キタールにてソーヌ川に架かる橋を無傷で奪取した。ところが、この地区は直後にドイツ空軍の爆撃を受けてしまい、計画に大きな遅れが生じてしまう。グデーリアンは「明らかにC軍集団から派遣された部隊であり、誤爆であることを伝える術はなかった」と書いている。第1戦車連隊第I大隊の通信士官が同乗したII号戦車。

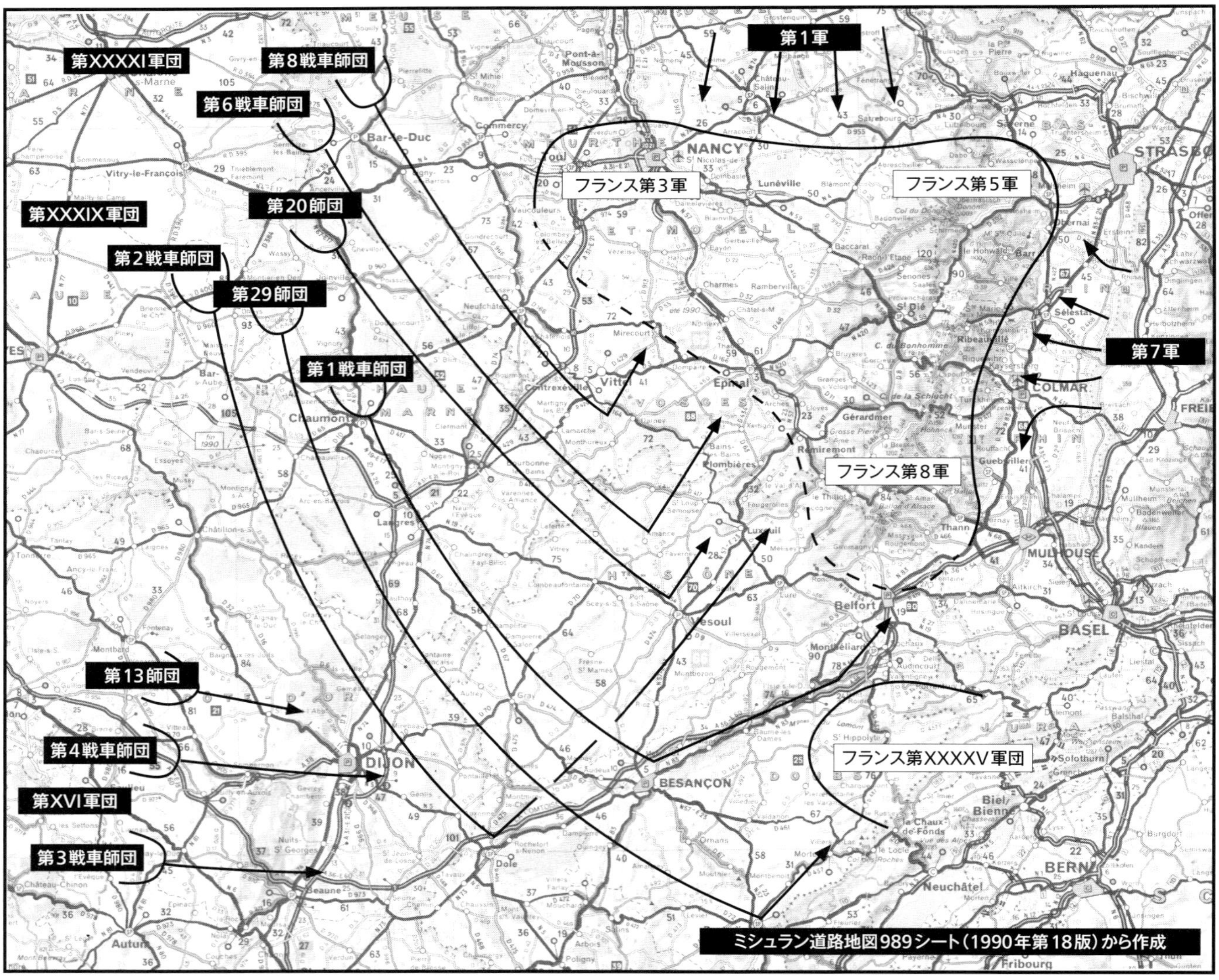

OKH作戦部長のフランツ・ハルダーは、紀元前216年にカルタゴの将軍ハンニバルがローマ軍を破ったカンナエの戦いに言及しつつ、6月10日の日記に「目前にカンナエの実現が迫っている」と記していた。6月15日にグデーリアン装甲集団がバール=シュル=オーブとグレー=シュル=ソーヌを落とし、クライストも同様にサン=フロランタンとトネールを陥落させたことで、敵第4軍集団の戦線は崩壊していた。6月17日、グデーリアン装甲集団の右翼（第XXXIX軍団）がポンタルリエでスイス国境に到達し、左翼もベルフォールに入城した。北方ではグデーリアン麾下の第XXXXI軍団が北に旋回してシャルム、エピナルに圧力を加えている。同日、クライスト集団はディジョンを占領してソーヌ渓谷に到達した。これを受けて、OKHはグデーリアン装甲集団（および第16軍）をA軍集団からC軍集団に移した。C軍集団は目下、敵第2軍集団の3個軍と対峙していたからだ。

渡河を終えた戦車部隊は、キタールの路上を塞いでいたバリケードを排除して前進する。次なる目標はブザンソンだ。

点で、第XXXIX軍団の戦車部隊はグレーに、XXXXI軍団はバル＝ル＝デュックにそれぞれ到達した。

6月17日、ラングルではグデーリアンの誕生日を祝おうと参謀長が戦車部隊のスタッフを古い城館に集めていた。

「第29歩兵師団(自動車化)がスイス国境に達したという知らせを、私の誕生日プレゼントとして用意してくれたようだ。我々はこの成功を共に祝い、直ちにこの勇敢な部隊に対して、本日達成した偉大なる軍事的成果を称える個人的な謝意を伝えるよう取りはからった。正午にはポンタルリエでヴィルバルド・フォン・ランガーマン少将と面会したが、ポンタルリエまでは、前進中の彼の師団の隊列をずっと追い越しながらの長いドライブとなった。国防軍最高司令部にスイス国境まで到達したことを報告すると、『貴官の電信は、ポンテレ＝シュル＝ソーヌの誤りではないのか』とのヒトラーからの返信がきた。私は『間違いなく、我々はスイス国境のポン

第702重歩兵砲中隊の自走砲(I号戦車の車台を使用した15cm自走榴弾砲sIG33)が小村を抜けて南へ急いでいる。背後にバリケード跡が確認できる。

(左)南に向かう道路。最新装備のIII号戦車G型を駆る車長は誇らしそうだ。写真の第1戦車連隊はブザンソンを目指していた。目標までは5kmを残すばかりだ。(右)曲がりくねった道は直線道路となり、D67号線は1940年当時よりもずっと新しくなったが、ブイレ=レ=ヴィーニュとブザンソンの間の様子はほとんど変わっていない。

6月16日、ドイツ軍の先遣隊はブザンソンに到達したが、ドゥー川に架かる橋はフランス軍工兵の手ですべて爆破されていた。午後を町の掃討に費やし、第1戦車師団は捕虜1万人を報告した。翌朝、第1オートバイ大隊がスイス国境方面に派遣されている。通過点のオラン（上）から国境までは40kmほどだ。（下）D67号線沿いに見える山の形が目印になったので、比較は容易であった。

昼夜ぶっ通しで前進してきたグデーリアンの部下たちは、ついにゴール――スイス国境――にたどり着き、敵第２軍集団の３個軍を袋のネズミにした。埃まみれの兵士は疲労困憊ながらも、喜びを爆発させている。

タルリエにいる』と返信した。これでようやく疑り深いOKWも安心したようだ」と、グデーリアンは述懐していた。

この日、国防軍は「我が軍はブザンソン南東でスイス国境に到達した」と、誇らしげに公表した。こうしてアルザス、ロレーヌに展開していたフランス軍の退路は完全に断たれたのである。

グデーリアンはブザンソンから80kmほど退いたラングルに指揮所を置いた。写真は第20自動車化歩兵師団長マウリッツ・ヴィクトリン中将。6月17日、52歳の誕生日を迎えたグデーリアンのもとに、参謀長が最高のプレゼント――部隊がスイスに到達したという報告――を持ってきた。

後日、グデーリアンは（国境付近では大きな町である）ポンタルリエに足を運び、同地一番乗りの第29自動車化歩兵師団長ヴィリバルト・フォン・ランガーマン少将に会った。グデーリアンは中心街である共和国通りで幕僚と打ち合わせをしていた。OKWに作戦成功の報告をしたところ、最初はヒトラーも半信半疑だった。しかし、グデーリアン自身がスイスにいると報告したことで、ようやくこの大戦果を信じることができたのである。

C軍集団：マジノ線への攻撃

ドイツ軍がパリ入城を果たした6月14日、戦車部隊は戦線の背後まで深く侵入して、マジノ線は完全に無力化された。ホート集団はセーヌ川を渡り、クライスト集団はオーブ川を渡ってトロワに迫り、グデーリアン集団はショーモンに到達していた。

フランス軍戦線の背後に戦車部隊が突入したことで、フランス戦役の勝敗はほぼ決し、国防軍最高司令部は総仕上げとばかりにC軍集団を《作戦名：赤色》に投入した。総統命令第13号でヒトラーは「助攻となるマジノ線への攻撃は、比較的戦力の弱い部隊が中心となり、サン＝タヴォル～サルグミーヌ間の敵弱点に対して行なわれる」と表明していたが、これに沿って7個師団を擁する第1軍がサル地区で行なう「虎」作戦が発動したのだ。同じ総統命令では「状況が許す限り、8～10個師団を目安にライン上流域での攻撃も考慮すべきこと」と付言している。これに応じて、第7軍がライン渡河を狙う「小熊」作戦を実施することになった。

C軍集団が対峙している、ロンギュヨンからスイス国境まで一続きに建造されたマジノ線では3個軍と編成中の1個軍を擁するフランス第2軍集団が守備に着いていた。左翼の第3軍はラ・クリュスヌ、ティオンヴィル、ブレ地区の要塞守備隊を率いていたが、これを支援する野戦部隊は4個師団しか無かった。サル集団は、サルとフォルクモン要塞守備隊のほか、支援の2個師団を擁していた。アルザスの突角部にあたるサルからストラスブール南部までの地区に部署された第5軍は、ロアバッハ、ヴォージュ、アグノー要塞守備隊と、第103要塞師団の他3個歩兵師団を指揮していた。そしてスイス国境に至る最右翼の第8軍はアルトキルシュ要塞地区と4個師団を指揮していた。

6月12日にウェイガンが発令した総退却命令に従い、第2軍集団司令官プレートラ将軍は、ジュネーヴからカーンにかけて設定した新たな戦線の右翼背後で野戦部隊を編成するために、マジノ線守備隊から約50万の兵力を抽出していた。

それまでの2日間で、グデーリアン集団がエーヌ川防衛線を突破し、第4軍集団第2軍が後退を強いられたことで、第2軍集団の側面は危機に陥った。アンツィジェ将軍は6月11日と12日にかけてモンメディ要塞地区を放棄する命令を発し、最後の部隊は12日夜のうちに3つの要塞と10以上のトーチカ砲台をできる限り破壊してから後退した。

第2軍集団が後退を開始したのは13日夜からで、全部隊が4日間のうちにトゥール～サルブール間のマルヌ＝ライン運河の背後に布陣する計画だった。もちろん部隊の一部――要塞防衛部隊や要塞中間部隊――は、後退を秘匿するた

ドイツ軍がマジノ線を無視して迂回に成功したことを認めたウェイガンは、6月12日、ジュネーヴからカーンまで設定した新たな防衛線に移動するよう、要塞守備部隊に命令した。当初、ドイツ軍に対峙すべく配置についていた要塞守備部隊（上）は、兵力50万からなる第2軍集団で構成されていたが、危機に際してとにもかくにも"野戦師団"として前線に投入されることになった。（下）輸送手段がなく、また普段の訓練で行軍が重視されていなかったため、配置変更は非常な困難を伴った。

サルグミーヌの北西10kmにあるカーバッハは無人地帯になっていた。5月13日、村の目抜き通りをパトロールするドイツ兵。一ヶ月後、この付近は第75歩兵師団の攻撃開始地点となる。マジノ線攻略の「虎作戦」だ。

めに要塞に残っていた。これらの部隊も17日夜の間に後退する計画であり、誇大に喧伝されてきたマジノ線は放棄されることになったのだ。備砲や機械設備はすべて使用不能とされ、地表に近い弾庫は爆破、深層の弾庫は注水が決まった。

しかし、もともと固定陣地での戦闘に特化していた要塞部隊は、自前の輸送手段もなければ、行軍訓練も受けていないので、退却は容易ではない。「要塞行軍師団」へと改良された部隊は、一晩のうちに新しい役割を求められる存在となってしまったのだ。

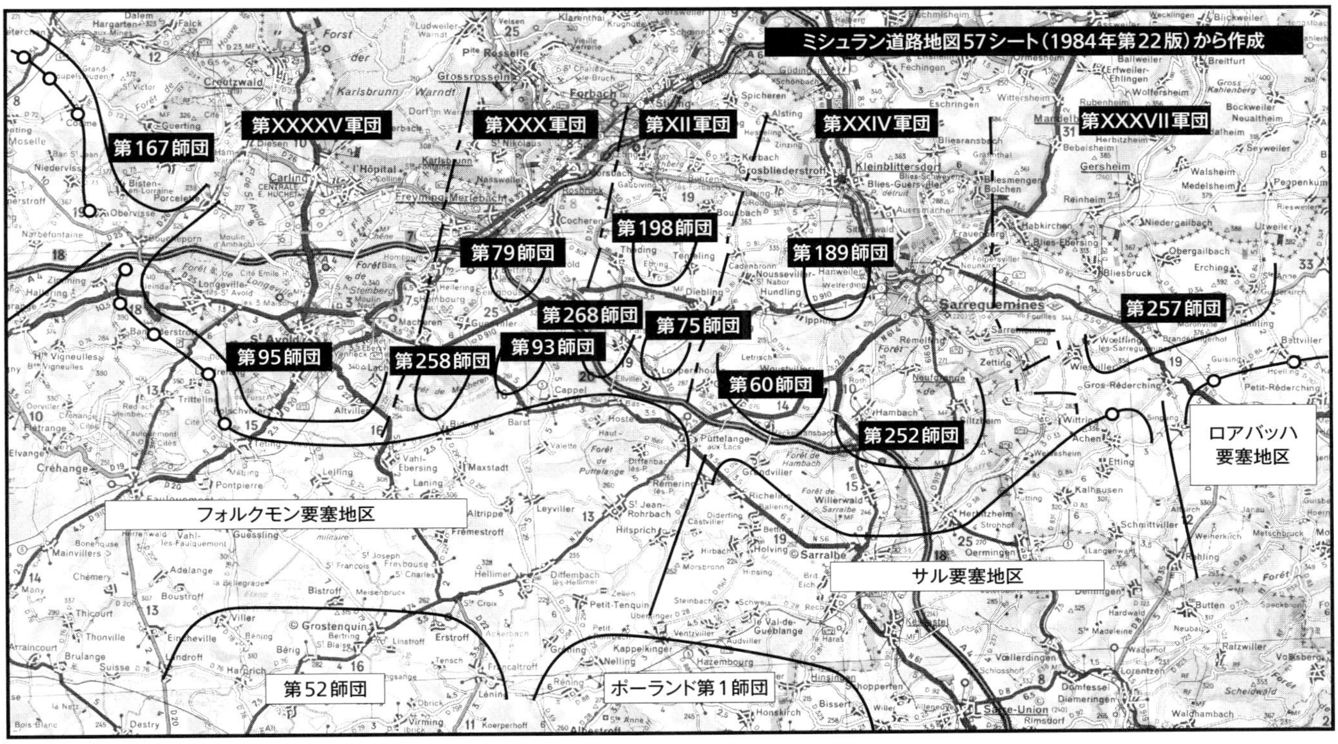

虎作戦

「虎」作戦に投入されたドイツ第1軍は3個軍団編制で、軍団はそれぞれ前線に投入する2個師団と、予備の1個師団、計3個師団からなっていた。サル要塞地区の比較的脆弱と思われる部分が第1軍の投入予定地点となる。この攻撃に備え、第1軍には通常編制のほかに、特殊な重砲部隊が加えられていた。この第302砲兵軍団にはマウザー製21cm重迫撃砲が6部隊、10cmカノン砲が10部隊、15cm榴弾砲が12部隊のほか、列車砲2門を装備した列車砲8個中隊からなる。もっとも強力なのは、第800重砲大隊

「虎作戦」に投入されるドイツ軍3個軍団の配置。各軍団とも2個師団を前線に出し、1個師団を予備に置いている。攻撃目標はサル渓谷である（20～23ページ）。

マジノ線の脆弱な部分に対する攻撃計画は、すでに5月24日の総統命令に明記されている（365ページ）。攻撃に際し、まず第1軍は重砲をありったけかき集めたが、とりわけ強力だったのが第800砲兵大隊が装備する2門の420mm砲だった（他にも355mm榴弾砲があった）。またシュコダ社製42cm榴弾砲（t）もチェコから持ち込まれた。この砲は本体重量が105トンもあり、1.5トンの砲弾を14kmも飛ばすことができた。

の3個中隊で、このうち2個中隊はシュコダ製420mm砲（ドイツ軍では420mm Haubitze（t）と呼称）を、残る1個中隊は355mm砲（355mm Haubitze M1）を装備していた。また、空軍からは第V航空軍団が支援していた。

サル渓谷のフォルクモン要塞地区は、サル川の西岸一帯、サル要塞地区は同河川の東岸一帯の防衛にそれぞれ責任を負っていた。フォルクモン要塞地区には5つ、サル要塞地区は1つの小堡塁があるだけで、サル渓谷防衛線の側面は約300の防塞と溢水障害があるだけだ。

この要塞地区の守備に着いているサル集団は、5月29日の第XX軍団の配置転換に伴い創隊された部隊で、第4軍がマルヌ戦線に引き抜かれた穴埋めとして派遣されてきた部隊であった。6月14日、サル集団司令官のルイ・ユベール将軍は、フォルクモン地区に2個連隊、サル地区に4個連隊ほど部署された要塞部隊のほか、予備として第52歩兵師団と第1ポーランド歩兵師団だけしか有していなかった。

軍の総退却の準備が進むなかで、6月13日午後、ユベール将軍は配下の師団長らとともに、翌朝から始まるサル集団の退却の詳細を打ち合わせた。フォルクモン要塞地区の部隊はド・ジルヴァ集団、サル要塞地区の部隊はダグマン集団として、それぞれ後退に移る。しかし、対峙しているドイツ軍が増強中であり、翌朝にも総攻撃が始まるのは明白だった。ユベールは敵の攻撃に警戒するよう命令を出していたが、果たしてそのようになった。

まだ退却に着手していなかったフランス軍砲兵隊は、豊富な武器と弾薬を残していたこともあり、少しでも活発な動きが見られるドイツ軍陣地に対して、しつこく斉射を繰り返していた。夜通し続いた砲撃は、折からの土砂降りと相まって、「虎」作戦準備中のドイツ軍前線部隊を多いに疲弊させた。

6月14日未明、激しい準備砲撃とともにドイツ軍の攻撃が始まった。6月初旬からヴォルクリンゲン～ザールブリュッケン間に重砲を並べていた第302砲兵軍団の攻撃である。355mm砲を装備した第810重砲中隊はフライミング、420mm砲装備の第830重砲中隊はメーレバッハ、第820重砲大隊はサルグミーヌの北にありジッターヴァルドにそれぞれ布陣していた。モールスバッハには第5観測気球大隊も置かれていた。

しかし、このような重砲の支援があったにもかかわらず、第V軍団の総攻撃は失敗した。戦闘は一日中続いたが、フランス軍の前哨陣地は堅固で、ドイツ軍は攻撃する度に犠牲を重ねていた。だが、総退却に伴う指揮系統の大混乱は、防衛線にも悪影響を及ぼしていた。ユベールの再三の要請にもかかわらず、フランス空軍の支援は夜まで実施されず、それも散発的な期待はずれの支援に過ぎなかった。例えばカーティスH75戦闘機約30機を装備したディジョン地区のG.C.II／5には、ついに終日、出撃命令が出されることはなかったが、その間に、ルフトヴァッフェの爆撃機は、再三再四、サル集団の陣地を叩いていたのだ。

夜までに数ヵ所の拠点が陥落したが、主陣地帯で突破口が穿たれたのは第174要塞連隊の1個中隊が守備していたカルメリッヒ付近の一ヵ所だけだった。第125歩兵連隊第3中隊のオットー・シュルツ中尉は、軍日報において「尽きせぬ敢闘精神」を称賛されたが、この日の攻撃で連隊は大損害を出した。同じく、朝には50名で攻撃を開始したが、夕方、戦える状態の兵士は1ダースしか残っていなかったと、要塞攻撃を前線指揮したヴィリ・ヘルドマン中尉は証言している。

フランス軍にとってこの日は鮮やかな戦術的勝利を飾った一日だった——ユベール将軍は「紛れもない勝利だ!」と日記に残していた。にもかかわらず、勝利を喜ぶ間もなく、夜のうちに、部隊は40kmにもおよぶ退却を始めなければならず、兵士の足取りは重かった。第41植民地歩兵連隊のロベール・ディーム伍長は、反撃を成功させ、ドイツ軍にさんざん痛打を与えて奪還したばかりのオルヴァン一帯を放棄しなければならないことについて、ただただ無念だったと語っている。

同じ頃、第1軍司令官のフォン・ヴィッツレーベン将軍は、各軍団から寄せられる戦果報告に落胆を隠せなかったようだ。3個軍団合計で戦死1000名、負傷者4000名を超える損害を被っていたからだ。《作戦名：黄色》が成功に終わったあとでさえ、マジノ線が長い間誇りとしていた難攻不落という評判は揺るぎないものだったのだ。大損害と引き替えにしてまで、危険な要塞攻略戦を続けるかどうか、軍の幕僚の間でも意見が分かれていた。しかし、フランス第174要塞連隊から奪取した機密文章により、フランス軍が同日夜間に後退する事実を掴んだことで、ドイツ軍首脳部の迷いは吹き飛ぶ。これは第125連隊がカルメリッヒを攻略した際に、中隊指揮所で重傷を負っていたフランス第6中隊長のジャン・ドーベントンから入手したものだった。

武器、無線機、通信機材を破壊したのちに、サル集団の各師団、要塞守備隊の主力は闇に乗じて退却し、あとには退却した事実を偽装するために、ごくわずかな守備兵しか残されないことが判明したのだ。翌朝、ドイツ軍はわずかな守備兵しか残していない敵前哨陣地に攻撃を再開した。一部は壊滅するまで戦い、残りの守備兵は主陣地帯まで後退した。

攻撃初日についてはほとんど戦果が挙がってないにもかかわらず、一部の戦術的成功を針小棒大に宣伝したドイツ軍は、15日の戦果について軍日報に「6月14日、空軍はサル要塞地区に猛爆撃を加えた。終日の爆撃によって要塞施設やトーチカ砲台、砲座、歩兵陣地などがありとあらゆる大きさの爆弾で叩かれた。その間に、濃密な支援砲撃のもと、陸軍が前進してマジノ線の主要陣地帯を攻略し、多数の防御拠点を無力化した。サラルブ西方の防御拠点も我が軍が奪取した」と記載された。最後に触れられた防御拠点はクノップとして知られた場所のことで、サラルブ周辺の陣地帯を見渡す制高点となる丘の上に設けられた前進防御拠点である。21cm榴弾砲の直撃を受けて、守備兵24名がいた前哨拠点は破壊され、クノップに突撃した第472歩兵連隊第9中隊長のゲルト・フォン・ケテルホット中尉は、7月13日に騎士鉄十字章を授与された。

ずっと西の上ムーズ渓谷では、6月14日に第16軍が南に向かって前進し、ヴェルダンを巡る戦闘が始まった。ムーズ川の西岸では第3植民地歩兵師団が第VII軍団に、東岸ではビューテル師団が第71歩兵師団にそれぞれ対峙していた。フランス軍が塹壕を掘って待ち構える防御拠点――コテ304やル・モール・オム――は有名なランドマークとなっていたが、大損害を受けていたので、ドイツ軍をくい止める力は残っていなかった。6月15日の0912時、第211歩兵連隊の前衛はヴォー要塞に、1145時にはデュオモン要塞に到達し、第194歩兵連隊は、1230時にヴェルダン要塞に突入した。

第71歩兵師団長のカール・ヴァイセンベルガー中将は、独仏の戦史において特別な意味を持つヴェルダン要塞の攻略に成功した功績によって、6月末に騎士鉄十字章を授与された。

小熊作戦

ドイツ軍はライン川方面でも、かなり野心的な渡河作戦を企図していたが、これにはイタリア軍約30個師団の参戦が不可欠とされていた。そのため、6月上旬の時点で実施の可能性は低かった。開戦前、イタリアは対仏戦への参戦に消極的であったため、ドイツ軍は独仏国境での主攻をあきらめたが、代わりに浮上した《作戦名：黄色》が大成功を収めると、ライン渡河作戦の意義は縮小する一方となった。これにともない「豹」「山猫」「熊」などの諸作戦は放棄され、代わりに当初より縮小した「小熊」作戦が実施される運びとなった。

5月10日の時点で、第7軍の割り当て戦力は固定師団4個だけで、フランス軍の逆渡河作戦を警戒していたが、6月上旬には4個師団と1個山岳師団の増強を受けていた。「小熊」作戦ではリール地区から第XXVII軍団の転属を受け、第218、第221歩兵師団――約1万――が攻撃の先陣を切ることになっていた。軍団左翼では第XXXIII軍団(陸軍総司令部予備)の第239歩兵師団が、6個大隊を押し立てて渡河する予定になっていた。一方、軍団右翼では第XXV軍団の固定師団2個がシュトラスブルク(ストラスブール)地区でライン渡河に見せかけた牽制攻撃を実施するのである。

短時間の激しい準備砲撃に、高射砲による直接射撃が続いた。敵に察知されないように土手沿いに配備された高射砲が、対岸で暴露しているフランス軍の防御拠点を直接射撃で無力化したのだ。ファイス高射砲旅団と第XXVII軍団に部署された88mm高射砲17門の攻撃が終わると、工兵部隊が河川に殺到して、瞬く間に3つのポンツーン架橋を設置した。

エミーユ・ラウレ将軍の第8軍は、当初、3個軍団をもってライン戦線を守っていた。しかし、5月の開戦以来、ウェイガン線の強化のためにライン川方面から次々と部隊が引き抜かれ、結果、第8軍の戦力は大幅に低下していた。さらに総退却に際して、第8軍は歩兵師団をヴォージュ山脈方面に移して、第3軍、第5軍の南方後退を掩護することになっていたため、要塞の隙間を埋める要塞中間部隊がなく、砲兵部隊も抽出されていた。

6月15日時点の第8軍を北から見ると、第5軍との軍管区境界線からディボルスハイムにかけて第XIII軍団の2個要塞師団と第18戦車大隊、時代遅れのFT17装備の軽戦車大隊が配置され、第54歩兵師団が予備になっていた。担当地区の

6月14日に発動した「虎作戦」だが、夕方までに突破口を穿つのに成功したのはピュトランジュ近くのカルメリックの森付近だけであった。(左)第125歩兵連隊のギローイ二等兵は新聞記者のために手榴弾でどのようにトーチカ砲台を破壊したか実演した。このトーチカは、ドゥーボントン大尉が指揮する第174要塞歩兵連隊が守っていた。その中にジャック・ミレ二等兵もいた。(上)ジャン=ポールはピュトランジュの西1kmほどにあるオスターバッハ川の近くに荒廃したトーチカ砲台を発見した。

カールスルーエの南からスイス国境のバーゼルまではライン川が独仏国境と一致しているが、戦況の進展に伴い、渡河作戦の重要性は薄れていった。だが、当初の計画よりかなりの規模縮小になったにも関わらず、6月15日の渡河作戦「小熊作戦」は有効打となった。

(右)第554歩兵師団長アントン・フォン・ヒルシュベルク中将と第623歩兵連隊長フランツ・ファーテルロート大佐が、ブライザッハ=アム=ラインの南を流れる川を見下ろす制高点であるエッカーベルクの丘から作戦経過を視察していた。

中央では、第XXXXI軍団がアルトキルシュ要塞地区の部隊を指揮し、第63歩兵師団が予備となっていた。そしてスイス国境に至る南翼では、第XXXXV軍団が要塞部隊の一部と第67歩兵師団、第2ポーランド歩兵師団、第2シパーヒー歩兵師団を指揮していた。フランスが劣勢に陥ってもなお、ドイツがスイス経由で侵攻してくることを危惧した最高司令部の判断で、南翼の戦力は比較的強力な状態を保っていた。

6月13日にドイツ軍の攻撃が始まったとき、第54歩兵師団は戦線後方約20kmにあるヴォージュ山脈方面に派遣されていたため、第XIII軍団には第104要塞師団しか残っていなかった。

第104要塞師団は、1940年3月のコルマール地区再編によって新設された部隊で、ディボルスハイム(セレスタの北東)からジスヴァセエ(ヌフ=ブリザックの南)に至るライン川沿いの一帯を守備していた。左翼で境を接する第5軍の第103要塞師団も、13日に第62歩兵師団をヴォージュ方面に引き抜かれていたので、第104要塞師団と似たような境遇にあった。右翼には第105要塞師団が布陣していた。第104要塞師団の内訳は、左翼から順に第242歩兵連隊、第42、第28要塞歩兵連隊である。

要塞軍管区編成委員会は当初、コルマール要塞地区の前線はトーチカ砲台50基と約12基の歩兵用掩蔽壕によって守られるよう配慮していた。ところが同委員会はライン川沿いの防御を

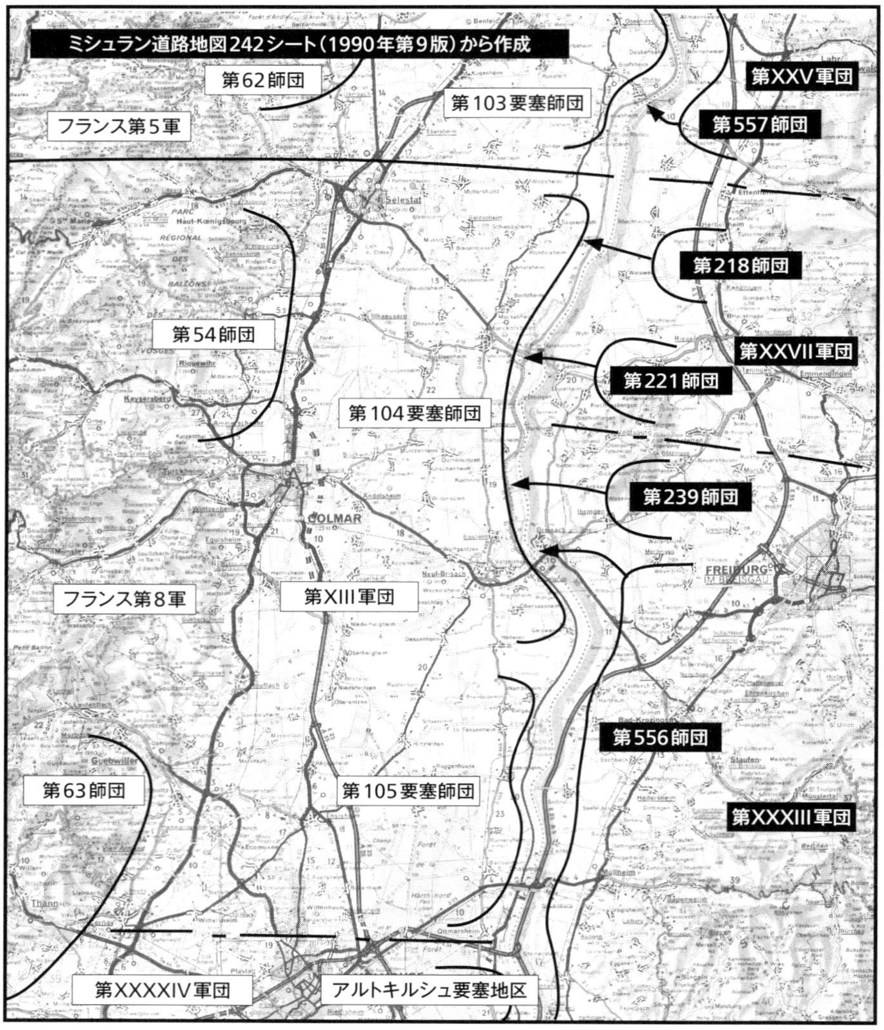

攻撃第一波となるのは3個師団だけで、その両翼では敵の渡河を警戒していた守備師団が牽制攻撃にあたった。予備は第213歩兵師団と第6山岳猟兵師団である(図にはない)。この攻撃に対峙するのは、フランス第XIII軍団で、前線には2個要塞師団、後方には予備として第54歩兵師団を配していた。

渡河に先だち、まず対岸に暴露しているフランス軍のトーチカ砲台に対して対戦車砲や高射砲を投入しての零距離射撃が行なわれた。(左)エッカーベルクの制高点に展開したPak35／36 3.7cm対戦車砲。(右)写真の鉄道橋は爆破されていたが、戦後は道路橋に改修された。

軽視し、河川の土手沿いの第一線、その数百メートル背後に敷いた第二線、そして「村落線」とも呼ばれた、村や集落を結ぶ街道沿いの第三線と、トーチカ砲台を配置した三重の防衛線を敷いただけであった。そして要塞建設資金が不足すると、ライン川一帯の防御施設は、当時の第8軍司令官の名前からガルシェリ陣地帯と呼ばれる、防塞を多数建造した急増陣地でお茶を濁すこととなった。そして「小熊」作戦が発動したときには、まだこの陣地帯は完成していなかったのである。

強襲

6月15日、ドイツ第7軍による「小熊」作戦が発動する。後にドイツ軍が察知するが、マジノ線からヴォージュ山脈方面への総退却が実施されるのはこの翌日のことである。作戦実施日は前夜から天候が崩れ、ドイツ軍は降雨の中で、素早く強襲用舟艇や高射砲を土手の上に引きずり出さなければならなかった。一方、フランス軍側では、攻撃を待ち受ける守備兵たちの神経は極限まで張り詰めていた。対岸の動きの激しさから、攻撃があることは予想できたが、朝から立ちこめる霧と雨で視界がさえぎられ、具体的な敵の様子が不明であったからだ。それでも0900時になり、この日は攻撃がないものとフランス兵が気の緩みを見せた瞬間、対岸から砲撃が始まった。土手から運び降ろされ、隠蔽されていた高射砲が対岸のトーチカ砲台を目がけて次々と砲弾を叩き込んだ。10分ほどの砲撃のあとで、強襲用舟艇の群れがライン川を渡り始めた。

シェーナウ付近で渡河を開始した第218歩兵師団は、対岸の第一線に設置されたトーチカ砲台に捕まりながらも、南で渡河に成功し、陣地帯を突破した。そして夕方には同師団は幅6km、深さ3kmの橋頭堡を確保した。ずっと南のマルコルスハイムでは、1100時をもって第221歩兵師団がシュポネックの両隣で作戦を開始し、川幅が200mしかないリンブルクで仮設橋の設置に取り掛かった。

軍団の左翼では、第239歩兵師団がブライザッハ付近で作戦を開始したが、強力な抵抗に直面した。午後には反撃が三度繰り返され、もしフランス軍がもう少し戦力に恵まれていれば、ドイツ軍はライン川に追い落とされていたに違いない。夕方になっても、第239師団の戦況は好転せず、橋頭堡は幅4km、深さ500mほどしか広がっていなかった。その間に北側の第221歩兵師団は橋頭堡を3kmの深さまで拡大していた。

6月15日の午後、第221歩兵師団第360歩兵連隊はマルコルスハイムの防衛線に捕まり、数ヵ所で陣地帯に食い込みながらも、夜を迎えてしまったために塹壕を掘った。夜のうちに88mm高射砲が対岸へと運び込まれ、陣地に据えられた。翌朝未明、マルコルスハイムのトーチカ砲台に対して、スツーカの急降下爆撃が行なわれた。88mm高射砲が第703トーチカ——ドイツ軍の地図では35／3トーチカ砲台と記載——を叩き、その機銃座がドイツ軍砲兵を射圧するより早く、観測キューポラを破壊できた。

午後になると再びスツーカがトーチカ砲台を爆撃した。AM砲塔は掘り返された土塊で覆われて昇降不能となり、GFM砲塔は88mm砲の直撃弾で破壊され、トーチカ砲台は沈黙した。すかさずドイツ軍工兵が「第703トーチカ」の構造物に殺到して、トーチカ砲台内に爆薬を投げ入れた。内部には煙が充満したため、ガスマスクを着用した守備兵がドアを開けて飛びだし、34／3トーチカ砲台に向かった。しかし、すぐに機関銃で射圧されてしまい、ドイツ軍の捕虜となった。捕虜の一人である部隊長のアンドレ・マロワ少尉は第702トーチカ——34／3トーチカ砲台——への降伏勧告の電話を拒んだ。その間に、702トーチカ内部の兵士が、702トーチカの窮状を救うべく反撃に出て失敗したものの、100mほど北側の道路際に機関銃陣地を設置することができた。

6月17日の朝、アルフレート・ヴェーガー軍団長は占拠した703トーチカの側から、702トーチカ攻略の様子を視察した。88mm高射砲、37mm高射砲による直接射撃が繰り返された

88mm高射砲の直撃弾を繰り返し受けて、防壁が根こそぎ粉砕されたGFM砲塔。

防御側が沈黙している間に、工兵が架橋作業を開始した。2cm高射機関砲Flak30 が掩護する中で、ブリザッハ川にB型仮設橋を架けている。しかし、敵は撤退して陣地はもぬけの殻となっており、ドイツ軍は無人の敵陣地を気にしながら、自国内の川に橋を架けているような有様だった。

が、抵抗は強く、すべての銃眼やキューポラが沈黙するまで攻撃しなければならなかった。やがて150mm砲が投入されると、トーチカ砲台はひどい爆煙に覆われた。ドイツ軍工兵を掃討するために、レイモン・ギボー上級曹長に率いられた襲撃班がトーチカ砲台を飛びだしたが、間もなく半数が戦死して、撃退された。ギボー上級曹長も戦死者の一人となった。工兵はトーチカ砲台の屋根によじ登り、内部に爆薬を投げ込んだが、それでも降伏の動きは見られなかった。さらに爆薬が追加されると、やがてドアが開き、内部から吹き出した煙とともに、兵士の一群がよろめくように姿を現した。こうしてトーチカ砲台は完全に破壊され、内部ではあらゆる弾薬や可燃物が炎を上げていた。

間もなくマルコルスハイムも占領され、第360歩兵連隊のヴェルナー・クロクゼック少尉と、マルティン・ブークリア少尉が鉄十字章を授与された。それぞれ35／3と34／3トーチカ砲台を攻略した功績が認められたのだ。

間もなく、グデーリアン集団の突破によって第2軍集団全体が退路を断たれる恐れが生じたことで、マジノ線は崩壊した。6月16日、第8軍司令官エミーユ・ラウレ将軍は、要塞線を遺棄して南方面に撤退するよう第XXXXV軍団に命じたからだ。同時に、第104、第105要塞師団にもヴォージュ山脈方面への後退を命じている。しかし、部隊の一部は後退が不可能であり、命令さえ受けられず、17日の遅くまで戦闘を続

けていた部隊もあった。最後のトーチカ砲台が降伏したのは6月18日であった。

6月17日夜には、フランス軍はすべての橋を爆破してからストラスブールを放棄した。ドイツ軍はこれに気づかず、アルトゥール・シュミット少将の第626歩兵連隊がこの町を占領したのは、6月19日朝になってからのことであった。6月16日、フォン・ボック上級大将は「A軍集団はヴェルダンを占領し、ザールブリュッケン付近でマジノ線を突破、コルマールでライン川を渡った」と、フランス軍の守りの象徴である三つのランドマークを奪った様子を日記に書き残した。

フランス敗北の縮図。ヌフ=ブリサッハ近くにて、土手に設けられたマジノ線のトーチカが破壊されている。

北フランスでは日常風景になった戦車の残骸が、ついに東フランスでも見られるようになりつつあった。ザールシュタットの西、ライン川から15kmほどのフィールにて、フランス第21戦車大隊は第6山岳猟兵師団と激突した。“ル・タオン”号も他のフランス軍戦車と同じ運命をたどったのである。

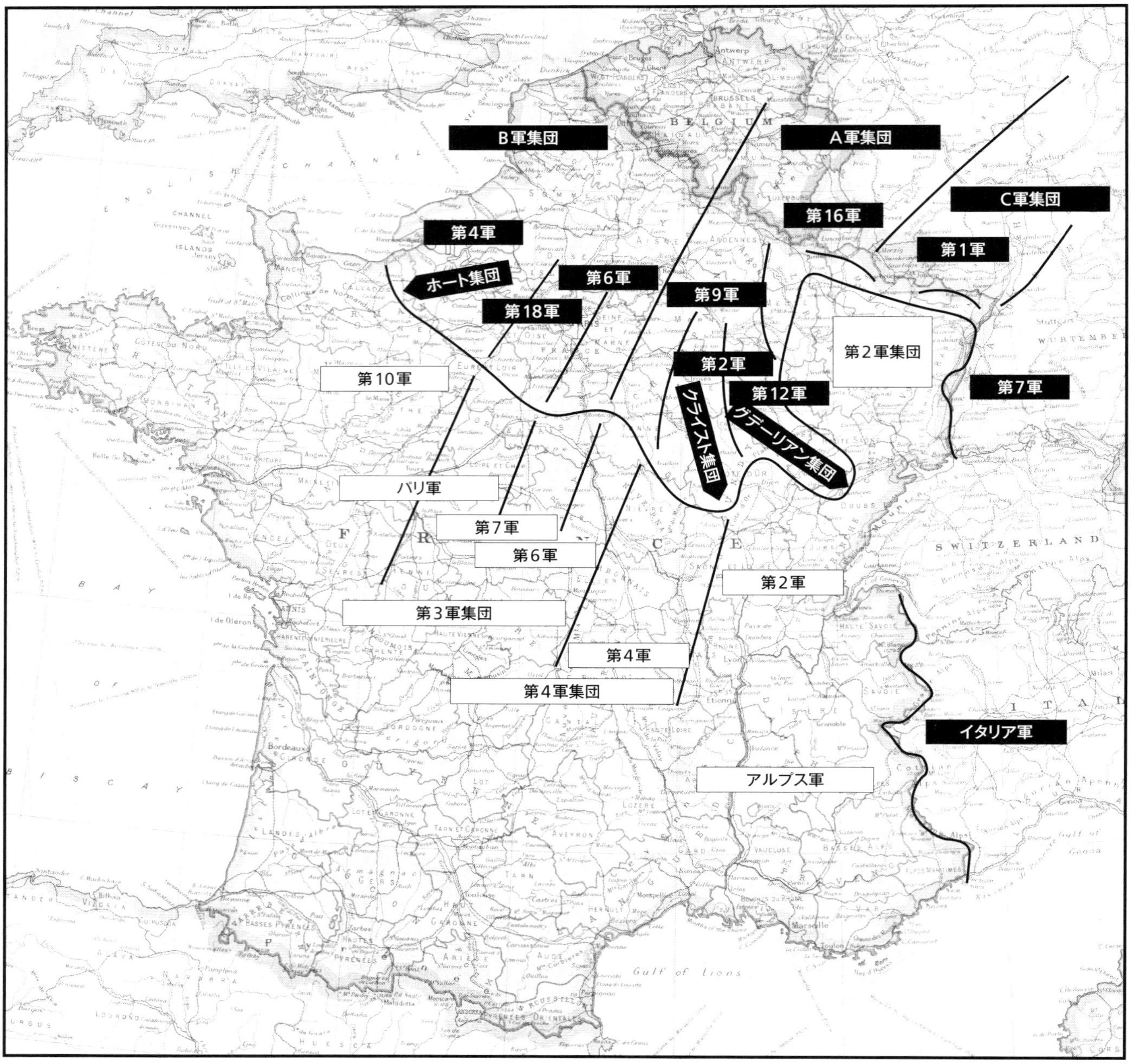

6月16日、戦争は実質的に終わった。ドイツ軍の圧倒的優位は動かず、戦線各所が寸断されている。特にグデーリアンとクライストの突破で、第2軍集団は包囲下に陥っていた。

アルザス=ロレーヌ地方は再びドイツの手に。1870～71年の普仏戦争に敗れたフランスは、ドイツ系住民多数が居住するライン西岸のこの地をドイツに割譲させられている。ドイツの支配を嫌った多くの住民がフランス本国に移住したことが、第一次世界大戦を導く反独感情の温床になっていた。1918年にドイツ帝国が敗北すると、1919年に再びこの地はフランス領となったが、今度はドイツ系住民の反発を強め、ドイツ国内にヴェルサイユ条約への憎悪が募るのである。1940年、アルザス=ロレーヌ地方はドイツに戻ったが、1945年にはまたフランス領となっている。（上）1940年6月19日、ミュルーズでの戦勝パレード。サン・エチエンヌ教会の前で、第219歩兵師団長フェルディナント・ノイリンク少将と幕僚が、長い間失われていた領土の住民とともに、この町を解放した第XXIII特殊コマンドの英雄を待ち受けている場面。

第V章
フランス敗北

6月中旬には、フランスは完膚無きまでに叩きのめされた。捕虜の数も数十万に達していた。

切り札を失ったレイノー

6月13日、チャーチルはレイノーとの会談のためにトゥールに赴いた。講和の道を模索していると見なされていたポール・ボードアン外相が、フランスの閣僚として同席した。二人のフランス人と、八人のイギリス使節団の会談において、仮定の話と前置きした上で、単独講和をしないという開戦前の仏英両国の取り決めからフランスを解放する気があるかどうか、レイノーはチャーチルに質問した。チャーチルの返事は否定的だったが、フランスの苦境に寄せた同情的な態度を、ボードアンは受諾のサインと解釈した(レイノーは、フランスの単独講和に傾いた一部の閣僚を全力で押さえ込んでいたと、のちに弁明している)。チャーチルはルーズヴェルト米大統領に仲介を求めるようレイノーを励まし、もしこれが拒絶されたら、再びこの件について話し合おうと返答した。両者は今や藁をも掴む思いであることを認め合い、もしルーズヴェルトの返答が不本意なものであれば、事態は「破滅的な結果をともなう新たな段階」に突入すると、レイノーはチャーチルに警告した。

午後になってシャトー・ドゥ・カンジュで行なわれた閣議の場で、ウェイガンはまず状況説明を求められたのち、パリを捨てるだけでなく、

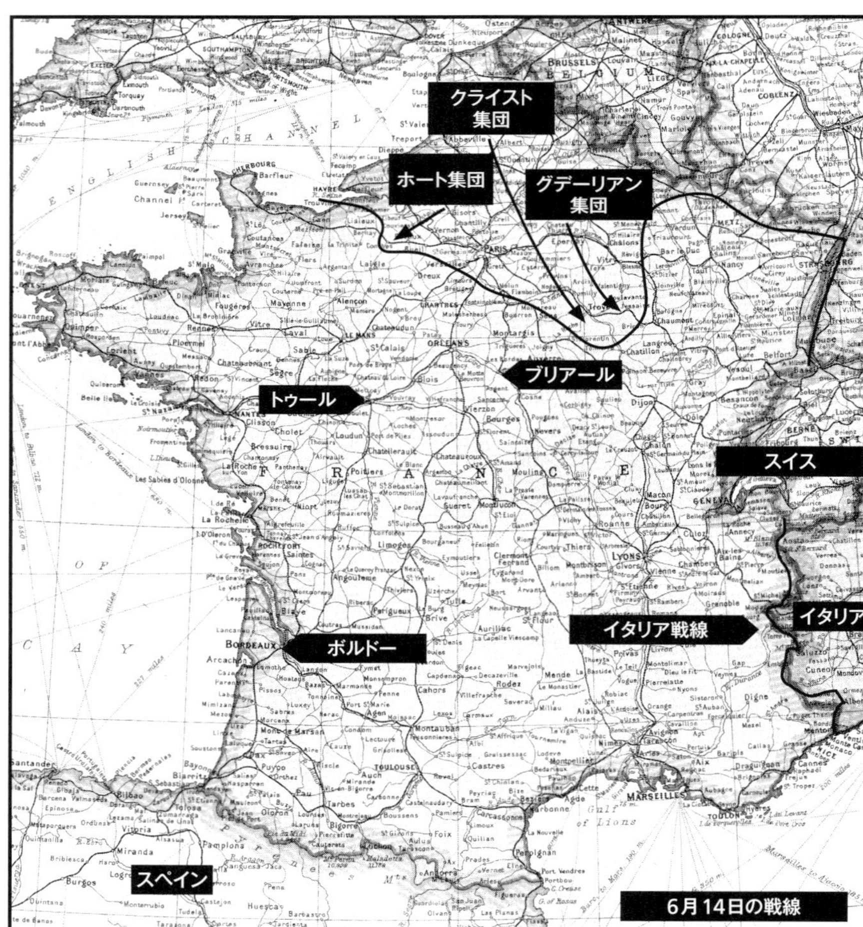

6月12日、イギリスに帰国したチャーチルは、ベッドに入ってすぐのところをレイノーからの電話で起こされた。まだブリアール飛行場を飛び立ってから12時間も経っていない(502ページ)。秘書のジョン・コーヴィルが応対した際は回線状況が悪く、用件は手短だった。フランス西部のトゥールにて、レイノーは速やかにチャーチルとの会談を求めていたのだ。

ヘンドン飛行場に到着したチャーチルだが、悪天候が近づいていたためにフランスへの飛行は危険であるとの天気予報に阻まれた。この時点では、フランスが休戦交渉の決断に傾きつつあることしか分かっていない。「深刻な事態に比べれば、天候など問題ではない」チャーチルはためらわなかった。一行は雷雨をくぐり抜け、爆弾孔だらけのトゥールの飛行場に到着した。フランス空軍の動きはなく、静まりかえっていた。チャーチルは精一杯のフランス語で身分を明かし、県庁舎（右）までの車の手配を頼まねばならなかった。レイノーはやや遅れて到着した。フランス側の参加者はレイノー首相と外相兼内閣官房長官のポール・ボードアンである。「イギリスは戦い続ける。他に選択肢はない。交渉による和平も、降伏もありえない」とチャーチルはあくまで強気を貫いた。レイノーの反応は、「もはやすべてが遅すぎたのであり、フランスは最良の男たち、若者が命を投げ打ち、もはや何も出せるものはない……だからフランスには別の形での和平……単独講和を求める資格がある」ことを認めて欲しいと要求した。

例えアフリカに渡ってでも、継戦を望むと主張する大臣を非難した。閣議は怒号に満ちていた。ウェイガンは自説を声高に主張すると、突然、議場を去ってしまったが、ルブラン大統領はそのことについて釈明しなければならなかった。ペタンが読み上げ始めた、地味なノートに書かれた声明文は、講和は「フランス永続に不可欠な条件」という末尾で締めくくられていた。翌朝、政府はボルドーに移ることが決まった。

トゥールをあとにする6月14日の朝、レイノーはルーズヴェルトに親書を送った。ドイツ軍はすでにパリに入城し、フランス軍は新たなる戦いに備えて後退中であると表明し、敵軍が次々と新手を繰り出してくる中で、フランスの試みがうまくいくかの瀬戸際にあると強調していた。「歴史における最悪の時間の中で、フランスは選択しなければなりません。若者たちを望みのない戦いの犠牲に捧げるのか？　降伏を避けるために政府が本国をあとにして、海外や北アフリカから戦争を続けるのか？　国民の身も心も犠牲にすることを厭わずに、ナチ支配の影の中で徹底抗戦を続けるのか？　それともヒトラーに和を請い、休戦の道を探るのか？」

レイノーはルーズヴェルトに「私は貴方に要請いたします。もし我々の歴史的な苦悩を我が事のように苦しんでくださるのなら、そしてフランスの敗北を到底受け入れられないと思ってくださるのなら、直ちに合衆国が参戦し、世界の運命を変えてくださることを。今やフランスは溺れる寸前であり、我々に救いの手を差し伸べられる自由の国だけが、斃れつつあるフランスの最後の希望なのです」と、象徴的な言葉を重ねて懇願した。

同じ日に、ルブラン大統領と閣僚らはトゥールからボルドーに移動したが、混乱は一層深まるばかりだった。

6月15日の閣議で、ウェイガンはすでに不可避である休戦を長引かせる愚を、再び非難した。敗北主義者が優勢のうちに議題が進み、閣員の雰囲気は敗戦に傾いているかのようだった。フランス政府は「戦闘行為の停止と和平の提案に関する期限を」ドイツに提案すべきという主張もでた。期日が適切であれば、フランスが休戦に傾いていることにイギリスは同意するに違いないし、仮に反対があっても、実際に戦っているのはフランス政府であるというのだ。レイノーは、このような声明は敗北を認めて休戦を申し入れるのと同義であるとして拒絶したが、ル

チャーチルが飛行場に向かっていた頃、フランス上層部の中でも悲観的な派閥に属するボードアンは、報道陣に対してチャーチルはフランスの立場に理解を示し、単独講和を黙認したと漏らしていた。最初の会議には参加していなかったド・ゴールは同席していたサー・エドワード・スピアズ少将に真偽を確認した。もしこれが本当なら、この決定的な段階においてイギリスから持ち帰った提案を出すことは災厄にしかならず、離陸前にチャーチルをつかまえて、事実を知らせる必要があると考えたからだ。ド・ゴールは飛行場に急いだが、間に合わなかった。すでにチャーチル一行は帰国の途についていたのである。

イギリス代表団八名と、フランス側二名が議論を繰り広げた部屋（右）。フランス脱落を防ぐ有効な手立てをチャーチルは何も持っていなかったが、代わりに彼はアメリカのルーズヴェルト大統領に支援を求め、参戦も視野に入れたあらゆる援助に向かって直ちに動くよう働きかけることを提案した。しばしの休憩を挟み、再開した場にはド・ゴールも加わっていた。チャーチルはフランスの単独講和を認めない従来の立場を繰り返した。しかしレイノーはアメリカ政府向けに作成した書簡を読み上げ、もしアメリカが「さらに一歩踏み込んだ姿勢を見せれば」フランスとイギリスの苦境を勝利に転じられるだろうという希望にすがっていた。新たな希望を抱きつつ、会議は終了した。

スピアズ将軍によれば「私がチャーチル首相に対ボードアンの努力について話すと、首相からはフランスの単独和平い合意したと受け取られるようないかなる含み、同意もしてはならないと、はっきり告げられた。『私（首相）は "Je Comprends" と言いましたが、"私は理解した" という意味で使いました。Comprendreは、英語でのunderstand（理解する）と同じ意味ですよね?』チャーチルは続けた。『もう一度、彼らの言葉で正確に伝えねばなりません。私の真意がまったく的外れの受け取られ方をしないためにも。そして私のフランス語がそれほどひどくはないと言うことも』首相はにこやかな表情を見せた。だが、続きの言葉はエンジン音にかき消された。彼は帽子をしっかり押さえてプロペラを注視していた。ステッキを振りながら、この愛すべき人物は機内に消えた。私はしばらく空を見上げていた。その間にフラミンゴと護衛戦闘機は離陸していた」こうして、イギリス首相就任以来5度目の、そして最後の訪仏は終わった。続く四年間、チャーチルはヨーロッパ大陸に足を踏み入れられなかったのだ。写真は、パリから帰国した別の折のもの（右は警護のW.H.トンプソン）。

ブラン大統領は、ルーズヴェルト大統領の返事が来るまで結論を待とうと、レイノーを説得した。

一方で、6月14日にレイノーは、フランス軍部隊の北アフリカ輸送についてイギリス海軍の協力態勢を打ち合わせるために、ド・ゴールをロンドンに派遣した。しかし将軍は、翌日の夕方にはロンドンに到着したものの、翌朝まで関係者に会うことができなかった。その間に事態は悪化の一途をたどっていた。別方面からのレイノーの知らせに、イギリスの閣僚は沈鬱な表情を隠せなかった。

6月16日の朝、フランス大使のシャルル・コルバンと面会したド・ゴールは、同じくロンドンに派遣されていたフランスの経済特使ジャン・モネ、レネ・プレヴェン、および外務省主席外交補佐官のサー・ロベール・ヴァンシッタールらが主導する重大な計画を知らされることになった。それは、仏英両国の国防、外交、財政、金融政策を統合した「仏英連合国」を結成するという内容である。政治面では戦時内閣を統合して、両国の議会がそれを支えるというもので、両国民が市民権を相互に保有する……。この「統合宣言」によって、両国民のすべての力を結集して、「どこで戦いが起ころうとも、敵の勢力に対抗し、必ず打倒する」というのだ。ド・ゴールはイーデン外相、ヴァンシッタールと協議し、その日の午後にイギリス戦時内閣が最終決定を下したのちに、ド・ゴールはチャーチルと面会した。

6月15日の夜、レイノーの親書に対するルーズヴェルトの返事が届いた。その中でアメリカ大統領はフランスの覚悟を称えながらも、軍事介入に関してはいかなる仄めかしや示唆を見せなかった。もとより大きく期待していなかったレイノーだが、ルーズヴェルトの返事を見た上で、フランスが単独講和の道を探すことに関する同意をイギリスに求めることになった。

35km離れたシャトー・デュ・カングでの閣議に出席するため、レイノーはトゥールを発った。継戦か、それとも休戦か、フランスの未来を決めた最後の舞台だった。このとき、内閣のメンバーはチャーチルに会えると期待していた。しかしレイノーはチャーチルを連れてくるどころか、彼との会談には一言も触れなかった。ここにフランス降伏の最大の謎がある。後にこのことを聞いたチャーチルは、「自分の不在が（フランス閣僚の）悪印象を持たれて不興を買い……内閣の大勢が休戦に傾いたのではないか」と、レイノー内閣の意思を変えられたかも知れない可能性を自問していた。ウェイガン、ペタンそれぞれの絶望的な見通しを受けて、内閣はド・ゴールが主張するブリターニュ半島での抵抗の望みを捨て、代わりにボルドーに政府を移すことを決めた。

イギリス政府からフランス政府への覚書
1940年6月13日

英仏両国民が生命を賭して守ろうとしている自由と民主主義が重大な危機に直面している今、イギリス政府は、巨大な敵と対峙して、英雄的と称賛するにふさわしい不屈の闘志をもって抵抗を続けているフランス各軍に感謝を示し、フランス政府に対しても同様の報いがあるべきと望んでいます。

フランス軍の努力は、栄光に満ちた伝統の体現であると同時に、敵の継戦能力に対して深く残る傷跡と負担を強いることになりました。イギリスは引き続き、彼らを最大限の努力で支援する覚悟でいます。我々は今回の出来事を奇貨として、両国国民および両帝国を永久不変の連合体にすることを提案します。近い将来に、両国民が直面するであろう様々な苦難の形を見積もることは困難です。しかし、戦火の試練は両国民を征服不可能な共同体へと結びつける導火線でもあると確信するものです。

ここに我々はフランス共和国との誓約を新たにし、フランス国内で、イギリス諸島で、我々を導くあらゆる地域の空や海で、持てる力を最大限まで投入して戦いを続け、戦争の災禍から立ち直る重荷を分かち合う覚悟です。

フランスが安全を取り戻し、その尊厳に見合った状態を回復するまで、虐待を強いられ、隷属状態に置かれた諸国家と諸国民が解放されるまで、そしてナチズムの悪夢を文明が払拭するその日まで、我々が戦争から身を引くことは決してありません。今日は、以前にもなかった素晴らしき未来の始まりとなるのです。その日はきっと、我々が今考えているよりもずっと近い未来に到来することでしょう。

敗北主義者の勝利

6月16日の朝、ボルドーでの閣議の場で、レイノーが読み上げたルーズヴェルトの返書は、列席していた大臣たちを深く落胆させた。そして、閣議が始まると、レイノーは北アフリカへの政府の移転を提案した。ペタンはすっくと立ち上がると、休戦の道を探ろうとしないどころか、フランスの土地を捨てることに固執する政府に留まるわけにはいかないと主張して、辞意を願い出た。レイノーは、フランス単独講和に対するイギリスの返事が来るまでは待つべきと言い、ルブランも、チャーチルとの最後の会談の結果を待とうと、ペタンを説得した。老元帥は辞意を取り下げはしたが、レイノーにとって来るべき事態の推移は火を見るより明らかだった。ペタンが辞任すれば、レイノー内閣は瓦解する。ルブランが招集する新内閣では、敗北主義者、おそらくはペタン自身が首班指名を受けるだろう。

ボルドーのイギリス大使サー・ロナルド・キャンベルは、ロンドンからの返事をテレグラムで受け取ると、すぐにレイノーに伝達した。昼食後にレイノーの手に渡った伝聞には「交渉中、フランス艦隊を即座にイギリスの港に回航させるのであれば」との条件で、フランスの単独講和を承諾する旨が記されていた。1510時、イギリス戦時内閣で仏英連合国構想に関する文言が練られている頃、外務省は先のテレグラムの内容をより明確にしたメッセージを送った。もしフランス艦隊をドイツ軍の手に届かない場所に置いてしまえば、「休戦交渉時にはフランス政府にとって有効な切り札」になり、国益にも叶うと言い添えていたのだ。

この提案はフランスの態度を硬化させた。レイノーにとっても不快な内容である。もし地中海からフランス艦隊が姿を消せば、イタリア海軍を抑止するために、イギリスは一層の海軍増派が必要となるのは明白だ。フランス側も腹を決める時が来た。レイノーはこのイギリス側の条件を梃子にしてフランス単独講和の条件を整えつつ、フランス側から休戦を求めたわけではないという体裁を整えて、内閣での自身の立場を強化できるという望みを繋ごうとした。しかし、フランスの継戦義務を賭け金に積もうとするレイノーの試みは、イギリスの同盟国としての立場の低下によって弱められてしまった。イギリスは大陸での戦いに自軍を派遣するというリスクから身を引いていたからだ。イギリスに親しい立場の閣僚でさえ、この同盟国の振る舞いには失望を隠せないでいた。

1630時、まだチャーチルとともにロンドンにいたド・ゴールは、電話でレイノーに仏英連合国構想に関する正確な情報を伝えた。レイノーは耳を疑うほか無かったが、ド・ゴールに代わって電話に出たチャーチルの言葉を聞いて、大いに勇気づけられた。翌日、彼らは軍の実務担当者を帯同して、コンカルノーで会談することになった。

劇的な連合国構想の検討のために、イギリス戦時内閣はフランス単独講和の条件を巡る議論を一時的に棚上げし、サー・ロナルド駐仏大使には艦艇引き渡しに関する先の要求の提出をいったん延期するよう指示が飛んだ。しかし、すでに口頭で伝達していたために後戻りはできず、延期指示を受けたのは、二番目の要求もレイノーに伝わったあとの事だった。従って、イギリスは先の要求を「キャンセルする」という形で申し入れなければならなかった。

1700時、閣議に先だって届いたジェルジュ将軍からの報告は、前線の実質的な崩壊を告げており、極めて重苦しい空気の中で、この日、二度目のフランス閣議が開催された。将軍の報告は「決断を要する状況である」と結んでいた。1715時、レイノーは最後の切り札となる仏英連合国構想を明らかにした。議場は驚きに包まれたが、満場一致しての賛意は見られず、艦隊の扱いに関する内容が追加されたことで、問題の焦点がぼやけたどころか、批判的な声が上がり、意図していたのとは逆の反応さえ生んだ。ほとんどの閣員にとっては、到底実現の見込みがないアイデアであり、今現在フランスが直面している危機に対しては、何の有効性も無いと受け取られたのだ。自らの主張を強化すべく、イギリスからの提案を悪意を持って曲解する敗北主義者も現れたので、レイノーの立場は強まるどころか、足下から掘り崩される結果となってしまった。これはフランスをイギリスの支配下に置こうとする企みだと主張する者もいれば、フ

フランス=イギリス連合国の草案
1940年6月16日

現代世界の歴史においてもっとも運命的な瞬間である今日、イギリス、フランス両政府は、永久不変の連合国結成について、また人類の暮らしを機械化、奴隷化する体制から正義と自由を守る日まで、決して諦めないという決意について、ここに宣言する。

両国政府は、フランスとイギリスがかつてのような別々の国家ではなく、一つのフランス=イギリス連合国として出発することを宣言する。

連合国の憲法では、国防、外交、金融、経済政策の統合を明記する。

すべてのフランス国民は、直ちにイギリス国民と同等の権利を得る。同時に、すべてのイギリス国民はフランス国民と同等の権利を得る。

両国は戦争がもたらした被害からの回復に際して、それが発生した地域に関係なく、同等の負担責任を負い、両国の資源は平等に、一つのものとしてこの目的に投入される。

戦争が続く間は、両国は一つの戦時内閣によって指導され、イギリス軍とフランス軍の陸海空あらゆる部隊は、この戦時内閣の指揮下に入る。この統合軍は最善の戦争指導のもとに運用される。両国の議会は正式に協力関係に置かれる。大英帝国の国民はすでに新しい軍を興している。フランスは陸上、海上、空とあらゆる空間で、いまだ稼働状態にある軍が戦いを続けるであろう。フランス=イギリス連合国は、西側連合の経済的資源を守るよう、アメリカ合衆国に対して行動を求め、その強力な戦争資源を人類共通の理想実現のために用いるよう要請する。

連合国は戦争が起こる場所ならどこでも、その持てる力を結集して敵に立ち向う。

そして最後には我々は勝利を実現するのである。

ランス人は大英帝国の臣民として扱われるという誤解をばらまく者もいた。フランス人を鼓舞し、戦争に留めておくには、仰々しくも準備不足が明らかなこの提案は遅すぎたのである。

フランスの閣僚に継戦の意義を与えるべくなされたイギリスの大胆な提案は、実を結ばなかった。議論は白熱したが、最後の投票は敗北主義者の望む結果となった。14票対10票でレイノーの退陣が決まり、2000時にレイノーはルブラン大統領に辞表を提出した。ルブランは直ちにペタン元帥に組閣を命じた。この作業は2330時に終了し、新しい閣僚のもとで、最初の閣議が行なわれた。レイノー内閣の閣僚のうち、休戦に同意した10名は閣内に留まり、ウェイガン将軍は国防相に就任した。

こうしてフランスは休戦に向けて一気に動き始めた。17日0100時、外相に留任したポール・ボードアンはスペイン大使に電話をかけ、フランスが休戦を求めている旨をドイツ側に伝達して欲しいと要請した。

その日の1230時、ペタンはラジオ放送でフランスが現在、休戦に向けての準備に入ったことを国民に告げた。戦争の中止を訴えつつ、前線兵士に戦闘の停止を求めているわけではないという微妙な舵取りの中で、ペタンは「痛切な思いとともに国民の皆さんに呼びかけます。フランスは戦闘を停止しなければいけません」と、言葉を慎重に選んでいた。実際、このラジオ放送をリアルタイムで聞くことができた部隊は少なかったが、中身はすぐに口づてで伝播した。野戦指揮官は、もっと正確な情報が届くまでは、戦闘を指揮して敵に領土を明け渡すわけにはいかなかったが、ペタンの言葉は、フランスが敗北したのだという事実を兵士や国民すべてに明らかにするものであった。

フィリップ・ペタン元帥のラジオ演説
1940年6月17日

フランス国民の皆さん。ルブラン大統領の要請に応えて、本日より私はフランス政府を指導し、数と装備で勝る敵に対して、賞賛すべき戦いを繰り広げている英雄的な将兵からなる軍を指揮することとなりました。驚くべき抵抗により、彼らは連合軍の一員としての役目を見事に果たしました。彼らのような優れた将兵を指揮できたことに、指揮官としてこれ以上の誉れはありません。彼らは、私にとって何にも勝る誇りなのです。私は、祖国フランスを、不幸の時から解放するべきだと決断しました。この苦難に満ちた時代、私は行く当てもなく路上を彷徨う不運な難民の方々に心を傷めない日はありません。彼らへの深い同情と憂慮は募るばかりです。

重い心を持って、私は戦闘を停止すべきであることをここに表明いたします。昨夜、私は敵国に対して会談を執り行なうべく打診いたしました。兵士に対する名誉ある取り扱いや、敵対行為の終わりに向けて動き出そうとしています。

私はこの困難な試練の時代に国を治め、祖国の運命に全身全霊を賭けて尽くす所存です。すべてのフランス人が、再び政府のもとに力を結集するように願っています。

フランスの運命が決まった最後の二日間においては、休戦条項や草案だけでなく、誰が代表になるかという人事上の問題も浮上した。しかし、6月16日午後にレイノーが失脚すると、もはや後任を選ぶ時間は無く、ペタン元帥が最後の舞台に上がることになったのである。

フランスを追い詰めた望まざる客人たちは何をしていたのか?　五週間にわたりドイツ軍が見せた軍事能力は非の打ち所がなく、かつて世界はこれほど見事な軍事的成功を目撃したことはなかった。写真は立役者の一人、クライスト集団の一翼を占めた第XVI軍団長エーリヒ・ヘープナー将軍である。6月17日、パリの南東250kmにあるディジョンにて、軽微な抵抗を排除して第4戦車師団が入城したときの一枚。すでに彼は1939年のポーランド戦で騎士鉄十字章を拝領していた。

トゥール、ボルドーと、祖国の運命に翻弄されてフランス政府が右往左往している間に、ドイツ軍の槍先とも言える第9戦車師団はブリアールに到達した。ロワール川はフランス中部を防衛する上で兵力配置が済んでいた最後の自然障害物である。そして6月17日には、師団はロワール川まで60kmのジョワニーまで迫っていた。（上左）ヨンヌ川の橋は無傷で占領され、町も戦火を免れた（右）。

南方に25km、オーセールで別の橋を奪取した騎馬部隊がヨンヌ川を渡る。

ロワール川を越えて！　ブリアールの下流にあるジアンはドイツ空軍の執拗な爆撃を受け、第23歩兵師団の陣地は無力化されていた。ドイツ軍が接触してくると、橋が爆破されるまでの数時間、後退するフランス軍との間に激しい砲火が交わされた。しかし石造建築物は頑丈で、爆風にもよく耐え、砲爆撃でできた穴も第1山岳猟兵師団の工兵が埋め戻してしまう。こうし最後の防衛線が破られ、フランスの苦境は隠せなくなった。

5月に見られた《作戦名：黄色》の成功は、マジノ線の北方延伸部の弱点を突くところから始まった。クライスト集団はフランス軍の防備が手薄なアルデンヌ地区を奇襲し、セダンとモンテルメでフランス第2軍の戦線を突破した。その北方では、フランス第9軍がムーズ川沿いに有効な防衛線を構築するよりも先に、第XV軍団がベルギーから連合軍を駆逐していた。ドイツ軍の戦車部隊はソール＝ル＝シャトー渓谷で、第101要塞師団が保持していた貧弱な要塞線を難なく突破し、歩兵師団と砲兵部隊がベルギーになだれ込んだ。

戦車はひたすら西方に突進したが、後続の歩兵は突破口の左右に展開して、要塞化された地区の攻略に着手した。突破口の左手、南方向に広がるモンテルメ要塞地区は、シェール渓谷一帯に睨みを利かし、ドイツ軍が突破口を拡大するのを阻害するだけでなく、側面の脅威になっていた。そこで、突破口から南に旋回した第VII軍団が5日間をかけて厄介なトーチカ砲台を叩き、5月19日にはラ・フェルテ要塞を攻略している（292ページ参照）。

突破口の北では、第VIII軍団がモブージュ要塞地区の4か所の小堡塁を攻略し、最後まで残ったル=サールも攻撃6日目の23日に陥落した（297ページ参照）。

その北側のエスコー要塞地区——上部構造にSTGトーチカ砲台を備え、他に14ヵ所のトーチカ砲台を従えて近代化していたエシーおよびモルデの旧要塞群——も5月26日には蹂躙されている。

5月末までにはマジノ線の北方延伸部はほぼ制圧されたが、モンテルメ要塞地区の最西部に当たる、ル・シェノワ西部からスイス国境にかけての「旧要塞」群は健在だった。

《作戦名：赤色》が発動され、一時的とはいえ戦線を安定させていたソンム川～エーヌ川の防衛線が突破されると、要塞にも総退却が発令された。要塞線の最西端にあたるモンメディ要塞地区（およびこれを補強するマルヴィル要塞地区）は放棄された。6月14日、マジノ線の最西端はロンギュヨンの東、フェルメ・シャピーの小堡塁になっていた。

この日、第3軍は要塞地区に撤退のタイミングに関する指示を出した。支援部隊と要塞歩兵の一部が6月15日の夜に脱出し、その間、要塞に残った一部部隊が、まだ要塞防備は万全であるかのように偽装するというのである。トーチカ砲台に残った要員の脱出はその翌日で、6月17日1000時をもって、すべての設備を破壊することになっていた。

マジノ線の守備部隊が戦闘もせずに後方に引き下がるという事態は、フランス軍の士気を直撃した。この命令を聞いた部隊の兵士たちは、一瞬我が耳を疑い、激昂に駆られる者の姿もあった。ラ・フェルテを除いては、ドイツ軍はマジノ線の主要塞群を1つも攻略できていないことを、彼らは知っていたからだ。自分たちが負けているという実感がまったく無い兵士には、なぜ戦いもせずに要塞をドイツ軍に明け渡すのか、その理由が一切理解できなかった。

要塞守備兵の大半は固定部隊であり、輸送機材もなければ、行軍訓練も受けていなかったので、総退却に柔軟に対応できなかった。この問題を解決するために、各要塞地区では最初に退却する部隊を集めて「要塞行軍師団」を編成した。これらの「要塞行軍師団」は予定に従い集結地に出発するが、残される部隊には何の保障も手当もなかった。

「マジノ線の演習」ドイツ軍のプロパガンダ映像から抜き出した有名な一コマは、おそらくチェコに設けられていた国境要塞を使って撮影されたものと思われる。1938年のミュンヘン会談で、ヒトラーはチェコの無血併合に成功していたからだ。

要塞を巡る戦い

6月16日には、第2軍は最悪の状況にあった。ドイツ第1軍がサル地区まで進出する間に、グデーリアン集団は西からブザンソンに到達し、東では第7軍がライン川を渡河していたからだ。ドイツ軍はマジノ線の背後を前進し、その都度、要塞に残った部隊は逃げ場を失っていく。6月17日、第3軍司令官のシャルル＝マリー・コンデ将軍は、4200／3号命令を発令し、要塞地区における退却が終了したことを告げた。これにより、要塞部隊には持ち場での抵抗が命じられたのである。

ラ・クリュヌス

ラ・クリュヌス要塞地区はマルヴィルからティオンヴィルの北方約20km付近のデュドランジュを占めている。3ヵ所の大堡塁と4ヵ所の小堡塁が約50kmの前線を睨む主要設備で、36個のCORFトーチカ砲台が、西はフェルメ・シャピー小堡塁（A1）から、東のオーメッツ小堡塁（A7）に伸びている。また、歩兵用掩蔽壕が1つと、5ヵ所の観測拠点があった。

1940年1月、ラ・クリュヌス要塞地区の指揮系統は改編を受け、左翼側の戦術指揮は第3軍から第XXXXII要塞軍団に引き継がれた。

総退却命令が出されたのち、一部の要塞部隊はフロリオン集団として編成され、第51歩兵師団と合流した。6月13日2200時、集団は要塞中間部隊とともに退却を開始したが、間もなく要塞守備隊との相互支援を維持したまま段階的に退却するのは不可能だと判明した。ラチエモン要塞司令官のマックス・ポヒラ少佐は地区左翼の要塞線を指揮し、右翼側はモーリス・ヴァニエ少佐が指揮していた。

フランス軍の退却にともない、ドイツ第169歩兵師団は要塞線の側面を通過してメッツを東側から攻撃しようとする一方、第183歩兵師団はティオンヴィルを目指していた。

6月15日、ドイツ軍はジヴリー＝シルクール要塞で主電源室を発見し、これを遮断したために、各要塞は自家発電装置を作動させなければならなかった。ドイツ第161歩兵師団は要塞線の左翼側を抑え、背後から要塞線を襲うように動いた。

6月17日には88mm高射砲を要塞の背後まで進出させ、ロンギュヨンの東を封鎖すると、ブロック4を急襲して、第1砲塔と第2砲塔の中間付近に、3分間隔で砲弾を叩き込んだ。一帯を覆う霧と太陽光に視線をさえぎられて、フランス側からはドイツ軍の高射砲の所在が掴めなかったが、コンクリートの厚さは1.75mもあるので、守備兵はそれほど動揺していなかった。射撃は昼になっても続き、遂に要塞の壁面が貫通され、75mm砲弾の弾庫付近に着弾した。コンクリート片が降り注いだが、幸い、周囲には誰もおらず、負傷者もなかった。逆光をいつまでも活かせず、いずれは正確な反撃が来ると予想したのか、あるいは、これ以上は頑強な堡塁を破壊するのは難しいと考えたのか、ドイツ軍砲兵はブロック4への貫通弾を放った直後、新しい目標を探し始めた。もしあと1発でも撃ち込まれていれば、弾庫に引火して、ブロック4は木っ端微塵になっていただろう。壁面に穿たれた穴は、外側が直径2m、内部でも1mにも達していたが、夜のうちに鋼板とコンクリートで補強された。

ドイツ軍はいよいよこのやっかいな堡塁を始末する決心を固め、6月21日、2時間にわたっ

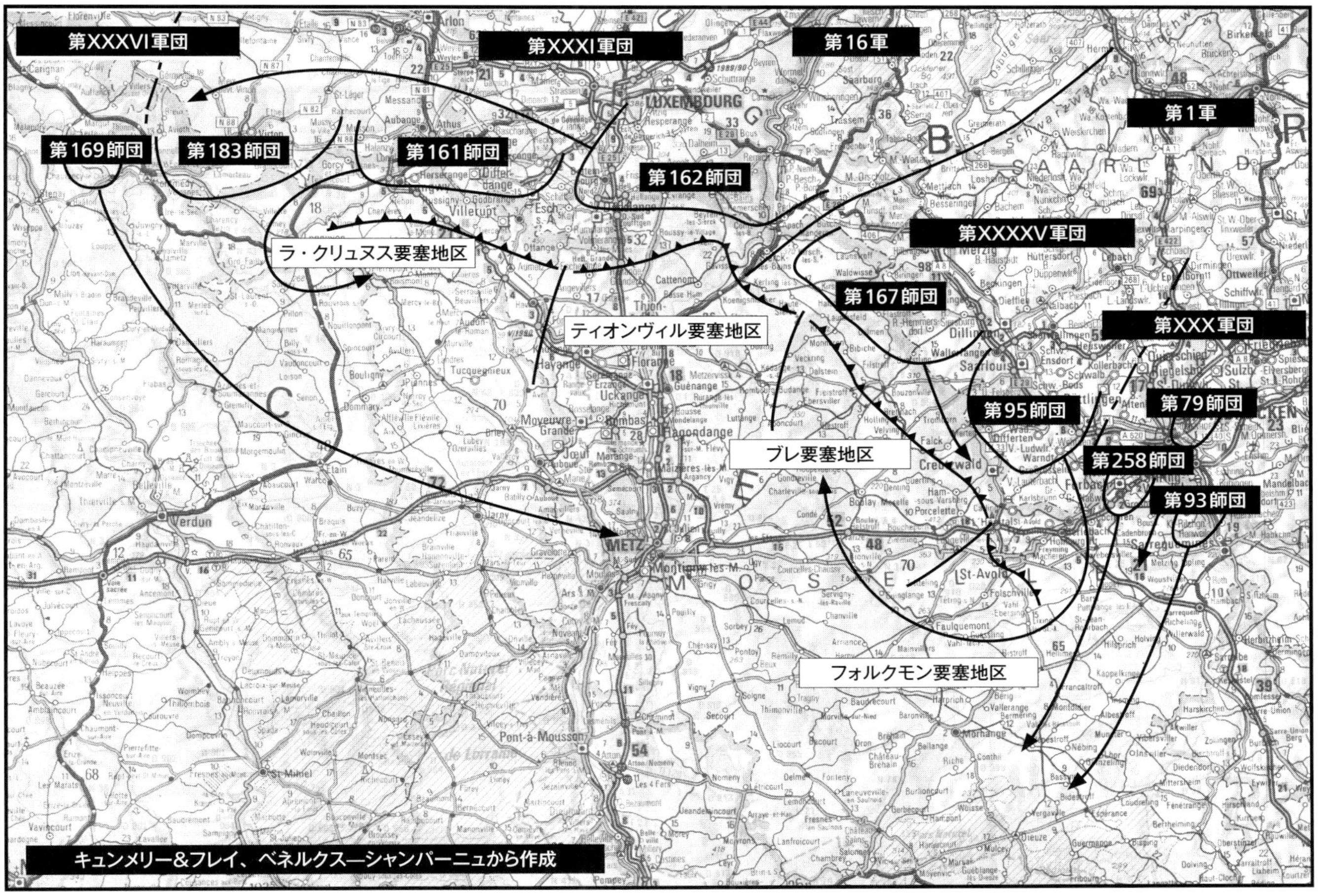

第1軍は虎作戦にしたがってサル渓谷（地図の右側）に圧力をかけ、第16軍は後退するフランス軍を捕捉し続けている。ドイツ各軍は一個軍団ずつを割いて、国境を100kmもの長さに渡って扼し続けているマジノ線を拘束させておいた。西方では、第XXXI軍団（第16軍）が第183歩兵師団を投入して要塞線の背後に迂回させ、第XXXXV軍団（第1軍）の第95歩兵師団も同じような迂回機動を開始した。まもなく両師団はティオンヴィル要塞地区で合流を果たす。

てフェルモンを猛砲撃した。0600時に砲撃を停止したのを見計らい、見張りが観測キューポラに戻ってみると、ドイツ軍歩兵が鉄条網の爆破作業を開始しているのが確認できた。ブロック1の75mm砲塔がこれに榴散弾を浴びせ、ブロック5の81mm砲塔や各機銃座もこれに続いた。ラチエモンのブロック6も75mm榴弾砲で支援に加わった。隣接しているフェルモンや、フェルメ・シャピーもドイツ軍を砲撃した。このような阻止砲撃で大損害を受けたドイツ軍は、壁面にたどり着くこともできず、午前のうちに退却した。午後、ドイツ軍は白旗を掲げてフェルメ・シャピーに赴き、負傷者や遺体の回収を申し入れ、オーベル大尉はこれに同意した。以後、数日間は散発的な砲撃を除けば、休戦まで特記すべき戦闘は発生していない。

ティオンヴィル

ティオンヴィル要塞地区は、同市北方約20kmのデュドランジュからシエルクの東方約10kmにあるロンストロフにかけての線を占めていた。中央にはモゼル渓谷があり、もっとも攻撃を受けやすい地勢だったため、7つの大堡塁と4つの小堡塁、17ヵ所のCORFトーチカ砲台によって重厚な防備が施されていた。要塞線は西のロションヴィエの大堡塁（A8）から、東のビリヒ（A18）まで連なっていた。

1940年5月、第3軍の第VI軍団がティオンヴィル要塞地区の指揮権を引き継いでいたが、この地区では開戦以来、散発的な砲撃以外、戦闘行為は見られなかった。

総退却命令後、要塞部隊はマルシェ・ポワゾー師団として編成され、6月13日2130時に要塞中間部隊と一緒に出発した。ティオンヴィル要塞地区の残留部隊は、同地区歩兵部隊を指揮していたジャン=パトリス・オサリヴァン大佐に引き継がれた。

総退却の第一陣は予定通りに要塞を出発したが、以降の部隊は急速な事態の悪化にともなって予定が狂い、結局、6月15日には要塞残留部隊が最後まで戦い抜くことが決まった。ドイツ軍第183歩兵師団は要塞線の背後からティオンヴィルを占領すると、翌日から要塞線を圧迫し、ドイツ軍は堡塁のキューポラを機関銃で狙い撃てる距離まで接近したが、GFM砲塔の反撃で撃退された。

ブレ

ブレ要塞地区はシエルクの東方約10kmにあるロンストロフから、ブレの北東5kmにあるクームに至る一帯を占めていた。この要塞地区には4ヵ所の大堡塁と11ヵ所の小堡塁、17ヵ所のCORFトーチカ砲台が、西のアケンベル大堡塁（A19）から、東のモッテンベル小堡塁（A33）までの間に建造されていた。歩兵用掩蔽壕は14ヵ所、観測塔は2ヵ所だった。

1940年5月、第VI軍団がこの地区の戦術指揮権を引き継いだ。5月22日にエテンに退くまでは、イギリス欧州遠征軍の第51（ハイランド）歩兵師団がアケンベルの正面を保持していた。

5月13日には、アケンベル要塞のブロック2に据えられた75mm砲塔が初めて火を噴いた。

総退却命令のあと、6月13日には要塞中間部隊と要塞守備兵の一部は要塞行軍師団となって移動を開始した。同日の午後には、約500名の守備兵が要塞地区に留まり、歩兵部隊指揮官だったラウル・コチナール大佐が彼らを率いていた。残留部隊の撤退の順番が来るまで、先発隊の後退を掩護するのが彼の任務である。またアンリ・エブラール大佐は、西はユメルベールのC53およびC54トーチカ砲台から、東はオブラン小堡塁にかけてのオンブール=ビダンジェ地区の防衛指揮を委ねられていた。

6月15日からドイツ軍の偵察が活発になり、総退却の第2段階は実施不可能となった。この結果を見て、コチナール大佐は残留部隊に徹底抗戦を命じ、指揮所をアンズラン要塞に置いた。

6月15日、ビリヒ要塞とユメルベールトーチカ砲台に向かって前進するドイツ兵にブロック9の135mm重迫撃砲が攻撃を開始した直後に、機械的故障が起こって射撃ができなくなった。二重の安全措置が施されていたものの、腔内爆発を起こしてしまったのだ。

6月16日の夜、要塞入口付近を発見したドイ

地下の要塞内に取り残された守備隊の兵士は、地上戦闘に巻き込まれるよりもかなり安全だったと言える。写真はティオンヴィルの北、ガルシュにドイツ軍が設けていたバリケード。ティオンヴィル要塞地区の右翼に位置するサンイッシュ要塞群の背後まではほんの数kmほどしかない。

ツ軍偵察部隊は、友軍の動きを隠蔽するために煙幕手榴弾を投げ込んだ。ユメルベールのトーチカ砲台では、ドイツ軍の動きはより活発だったが、アケンベルから猛烈な阻止射撃を受けて、ドイツ軍は身動きできなかった。翌日、ドイツ軍斥候は、ブロック25前面の鉄条網付近で奇襲を受け、機銃掃射で散り散りになり、第315歩兵連隊のパウル・ジーボルト中尉が捕虜となった。その日の夕方、ドイツ軍の集結地になっていた北の森一帯が砲撃された。

6月18日早朝、近隣の礼拝堂から奇妙な光通信が行なわれていることを観測所が察知し、一日中、要塞の背後にある村でドイツ軍の活発な動きが確認された。これはサル地区で要塞線を突破した第1軍に呼応して、背後から要塞線を無力化するために移動してきた第95歩兵師団の一部だった。

続く4日間、ドイツ軍の注意を引いたアケンベルは、繰り返し猛烈な砲撃を受けたが、具体的な損害は見られなかった。逆に、フランス軍側は近隣の砲台と連携して、ドイツ軍の集結地点とおぼしき地点に阻止射撃を送り込んでいた。

6月22日、ドイツ軍はミシェルスベル要塞に戦力を集中して、ブロック2、3に88mm高射砲弾200発を叩き込むと、午後になって白旗を掲げた軍使を送り込んだ。要塞指揮官のジュール・ペレティエ少佐は軍使を要塞入口で出迎え、ドイツ側からの降伏勧告に対しては、「最後まで戦う」という当初の命令を履行する覚悟でいると返答した。これを証明するため、エブラール少佐はドイツ軍占領地域に対して、砲塔6基による斉射を実施した。

砲撃戦は23日と24日にも続き、ドイツ軍は隣接するクークーとモン・デ・ウェルシェ要塞に攻撃を仕掛けて失敗した。2215時、フランス降伏の知らせが届くと、0035時に戦闘は停止した。これはコチナール大佐の命令によるもので、アンズランに置かれた彼の指揮所にドイツ軍使が訪れた際、「(上級司令部から)降伏に関する具体的な命令」が届くまでは、フランス兵は要塞外に出ないと明言していたのだ。その間、アケンベルでは両軍の激しい砲撃戦が展開していた。エブラール司令官はドイツ軍が砲撃を続ける限り、我が砲も反撃を続けると告げていた。そして降伏刻限になると、ようやく要塞周辺に静寂が訪れたのである。

フォルクモン

フォルクモン要塞地区はブレの北東約5kmにあるクームから、サルグミーヌの北西にあるカーバッハに至る一帯を占めていた。この要塞地区には5つの小堡塁と8ヵ所のCORFトーチカ砲台が、西のケルフェン小堡塁(A34)から、東のテタン小堡塁(A33)までの間に建造されていた。この要塞地区の担当範囲は、3月に東のサル地区まで拡張されたが、その防御設備は溢水障害と防塞のみで貧弱だった。

5月27日に第IX軍団が、29日には第4軍がそれぞれ引き抜かれると、フォルクモン要塞地区は第XX軍団に任されたが、まもなく第3軍に引き継がれた。

5月末にはドイツ軍の斥候部隊が前哨陣地に接触したが、6月13日に要塞中間部隊と、ジルヴァル集団を編成した要塞守備隊の一部が総退却を開始するまで、大規模な戦闘は発生しなかった。フォルクモン要塞地区残留部隊の司令官アドルフォ・デノワ少佐は、ロドルファンに指揮所を置いて総退却を支援し、17日の夜には残留部隊も退却する手はずになっていた。

しかし、サル集団の退却に歩調を合わせるようにドイツ第1軍が東進してくると、フォルクモン地区は危機に陥った。6月15日には総退却に備えて、トーチカ砲台の兵員が計画通りに要塞に集結したが、ドイツ軍が要塞線のすぐ背後まで迫っていたために、退却できなくなっていたのだ。この敵軍は、サル地区を突破したのち、要塞線の背後を断ち切るべく転進した第167歩兵師団の一部だった。ドイツ軍は間もなくバンブシュ要塞のアキレス腱を発見した。要塞線の背後に広がる深い森から要塞まで簡単に接近できるのだ。これを活かしてドイツ軍は88m高射砲を含む砲兵を前進させ、要塞線背後の直接射撃が可能な位置に部署した。6月20日、ドイツ軍はバンブシュ要塞のブロック2を集中的に攻撃した。

バンブシュ要塞指揮官のアンドレ・パストレ中尉は、アンスリング、ロドルファン各要塞の射程から外れているのを知りつつも、81mm迫撃砲と機銃での支援を求めた。2時間ほど続いた濃密な砲撃戦ののち、88m高射砲弾に壁面を貫通されたブロック2が放棄された。一方、要塞内で厭戦気分が蔓延しつつあることに気づいたパストレ中尉は下士官を集めて議論し、6月20日の午後、第339歩兵連隊に降伏した。

連隊長のレイスナー・フォン・リヒテンシュテルン中佐は、翌朝のケルフェン小堡塁への攻撃準備中に戦死した。この要塞は、100mほどの距離から88mm高射砲が猛射してきたことに耐えられず降伏した。しかしアンスリング、ロドルファン、テタンの各要塞は4日間の猛砲撃に耐えただけでなく、ロドルファンの81mm迫

（上）第339歩兵師団の兵士たちが道路脇の溝に機関銃を据えて、ブロック2の銃眼を狙い撃っている。（右）分厚いコンクリート製のトーチカ砲台と異なり、兵舎のような建物は基礎だけを残して、あとは消えてしまう。

撃砲塔の掩護により、新たな攻撃を退けることができた。フォルクモン要塞地区の、この3ヵ所の要塞は、地区指揮官のデノワ少佐がマリオン大佐と面会し、第XXXXV軍団司令部が用意した書類にサインし、6月30日に正式に降伏した。

ラ・サル

サル要塞地区はサルグミーヌの北西8kmにあるカーバッハから、サルグミーヌの東10kmにあるオーバーガイルバッハに至る一帯を占めていて、中央部の右にサル川が流れている。要塞地区のほとんどは溢水障害と防塞で覆われているだけであり、サル東岸に比較的新しいオー・ポワリエ小堡塁と、5ヵ所のCORFトーチカ砲台が建設されていた。

もともとラ・サル一帯は「防御地区」だったが、1940年3月に「要塞地区」となり、この変更にともなって隣接地区との関係も整理された。左翼側では境界線が東に拡張されて、フォルクモン要塞地区が渓谷の西側を担当することになった。一方、右翼境界はサル川を超えて広がり、サル川の右岸にオー＝ポワリエ小堡塁と5ヵ所のCORFトーチカ砲台が建設された。溢水地域には200ヵ所以上の防塞が設置されたが、サル渓谷はこの地区のマジノ線における弱点として残されたままだった。

5月末にかけて第4軍が抽出され、入れ替わりに冬からこの地区に部署されていた第XX軍団が、30日にサル集団として昇格して、防衛任務を引き継いだ。6月初旬には前哨陣地とドイツ軍斥候との間で交戦が見られ、溢水予定地域の住民は退避を終えていた。6月13日には、サル集団が第3軍の配下に入り、総退却命令がくだる。この地区の要塞部隊はダグナン集団としてまとめられたが、主力が退却を予定していた14日の夜を前にドイツ軍の総攻撃が始まったために、退却は予定通りに進まなかった。

6月14日にオー＝ポワリエ小堡塁に着任したアンドレ・ジョリヴェ少佐は、17日2200時まで周辺5ヵ所の防塞を保持し、その後に退却を開始するよう命じられていた。しかし、少佐は要塞防衛のことを何も知らず、将兵を少なからず驚かせた。このような混乱状況の中で、少佐

攻撃の朝（6月21日）、2門の88mm高射砲がブロック3を執拗に攻撃した。防御側もLG砲塔に据えた50mm迫撃砲で反撃に出たが、最後にはフランス守備兵はトーチカの放棄を強いられている。次いで88mm高射砲のうち片方がブロック2に狙いを変え、防御壁を貫通して内部を破壊するまで射撃を繰り返した。フランス軍は別の砲台を使って支援砲撃を行ない、モテンベールのMi砲塔が近接射撃を加えている。無傷のトーチカ砲台にドイツ兵が近づくのを許さず、ドイツ兵に大損害を与えた。しかし、最後には要塞司令官のジョルジュ・ブローシュ大尉が部下を集めて話し合い、士官合意のもとで降伏したのである。写真（手にコートを持った人物）はブロック2をあとにするブローシュ大尉。

戦いに勝ち、戦争に敗れたブロック2の50年後の姿。

は間もなく完全に信用を失い、士官の一部には少佐を「第五列」すなわち、スパイだと発言する者まであらわれた。

6月15日にドイツ第1軍がサル要塞地区を突破すると、第XXXVII軍団は突破口から東に転じて要塞線の背後に展開し、オー＝プリエル小堡塁の攻略に着手した。この要塞はシムセルホフ要塞の75mm砲の射程から外れていたので、一種の孤立状態にあった。第262歩兵師団は、まず第462歩兵連隊に北から攻撃させた。師団長のエドガー・テイッセン中将は、北側に向かって攻撃に出られるほどのフランス兵がいないことを知っていたので、何の不安もなく、1個連隊に後方を任せることができたのである。6月21日には、第462連隊が北から攻撃する間に、第486連隊が側面に回り込んだ。さらに東では第482歩兵連隊がウェルショフの背後に迫っていた。

近隣のカルハウゼンに展開した105mm、150mm榴弾砲がブロック3の背後から砲撃を開始した。砲撃は数時間続き、1830時まで命中弾が連続して1830時にはついにコンクリートの外壁が崩れて、47mm砲弾300発、50mm迫撃砲弾500発が収納されていた弾庫が炸裂した。凄まじい爆発に巻き込まれて3名が死亡し、ブロック3の上部は崩壊した。しかし、主電源室はブロック3の下層にあったので、他の要塞からブロック3を孤立させるという当初の目論見は達成されなかった。

6月21日、重傷を負ったライズナー・フォン・リヒテンシュテルン中佐を、呆然とした面持ちで運ぶ第339歩兵連隊の兵士たち。

現在は放棄地となり、砲塔やトーチカ砲台の残骸が吹きさらしになっている。ひどく損傷したGFM砲塔は、ブロック2の最上部にあったもので、ほんの数百メートルの距離から88mm高射砲の攻撃を繰り返し受けていた（551ページの写真に同じ砲塔が確認できる）。

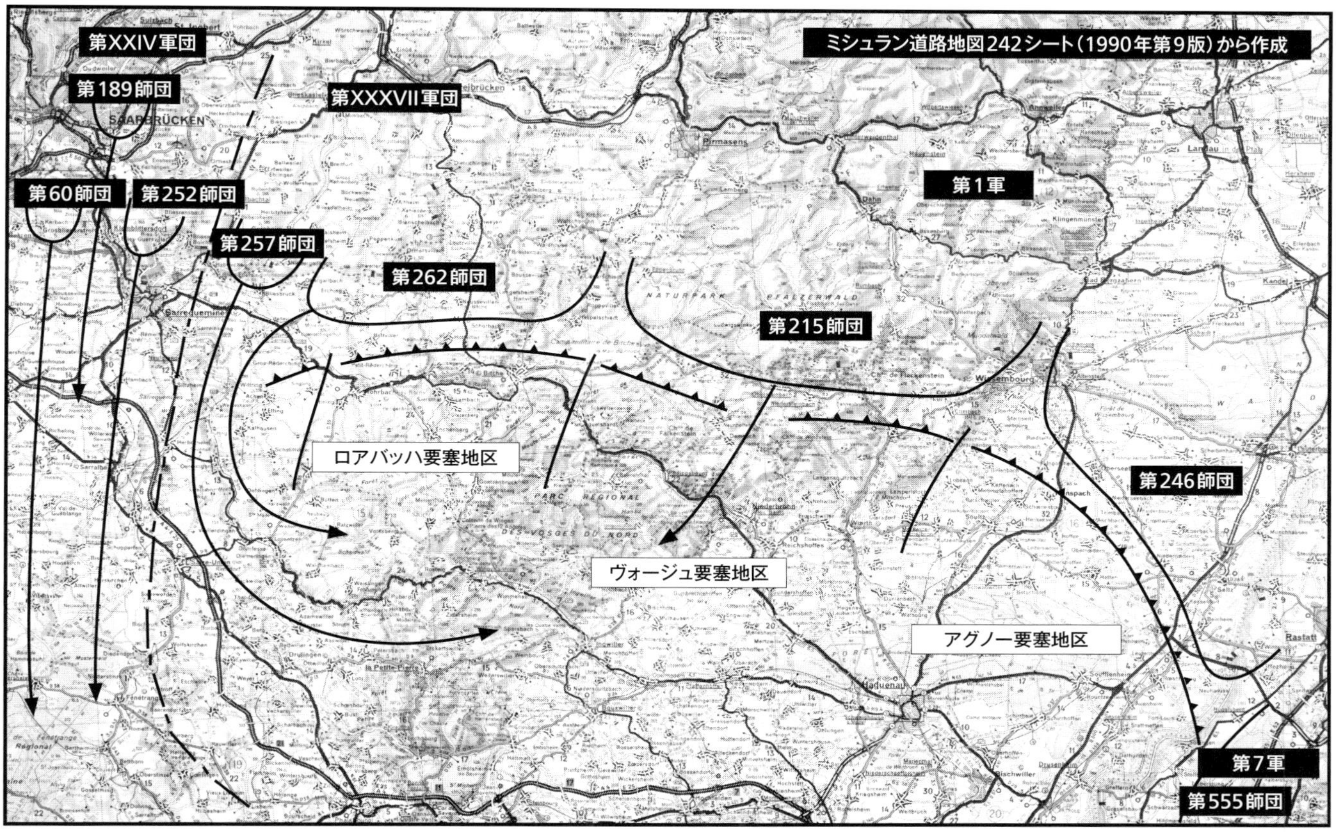

マジノ線の最東端部（27ページ）。ドイツ軍がサル地区を突破すると、第XXXVII特別コマンドに同地区を背後から掃討する任が与えられた。

ジョリヴェ少佐は、士官を全員集めて、今後の措置について話し合った。6月17日まで要塞を保持するという目的が達成された以上、犠牲を重ねるのは無意味であると、少佐は主張した。一部の士官はこれに同意しなかったが、サル川東岸のオー＝プリエル小堡塁およびトーチカ砲台の降伏が決まり、ブロック1には白旗が掲げられた。10分後、ドイツ軍側から2名の軍使があらわれ、ブロック1にてミシェル・イズナール少尉と会談した。時間が遅かったこともあり、守備兵は一晩、要塞内に留まって睡眠をとることが許され、6月22日の朝に要塞を明け渡した。こうしてサル要塞地区での抵抗は終了した。

ロアバッハ

ロアバッハ要塞地区はサルグミーヌの東10kmにあるオーバーガイルバッハから、ビッチュの北方15kmにあるヴォルマンステに至る一帯を占めている。この要塞地区には2ヵ所の大堡塁と3ヵ所の小堡塁、20ヵ所のCORFトーチカ砲台が、西のウェルショフ小堡塁から、東のオッタービエル小堡塁までの間に建造されていた。また8ヵ所の歩兵用掩蔽壕もあった。

この地区には1939年9月以来、第5軍の第VIII軍団が部署されていたが、6月に第VIII軍団がエーヌ戦線に引き抜かれると、第XXXXIII軍団が引き継いだ。

6月12日、総退却命令に従い、要塞中間部隊が後退を開始した。要塞部隊の一部はマルシェ・シャステネ師団として組織され、6月13日夜に後退を開始し、一部が掩護と偽装のために、要塞に残っていた。

6月14日には、前哨陣地に対するドイツ軍の圧迫が、特にビッチェ北部の森林地帯で本格化し、グロ＝レデルシャンへの攻撃が退けられていた。ブロック8の75mm砲塔が、この日の午後には12発の斉射を二度行なった。ボンラロン中佐は要塞守備兵に対して「フランスにとって最悪のとき、シムセルホフにとって最悪の時が迫っている……しかし、それでも気を取り直し、我々は戦わなければならない!」と、命令を発した。

6月15日までにはすべての要塞中間部隊が退去し、要塞守備隊だけが残っていた。ボンラロン中佐が要塞地区全体の残留部隊を指揮する。この日の朝から前哨陣地の兵院は主防衛線まで後退を強いられ、シムセルホフの砲ではこの後退と、防御拠点に部署している兵士を支援するために、一日中、火を噴いていた。

6月15日には、ドイツ第1軍がサル地区を突破し、第XXXVII軍団が東に転じて、21日夜にオー＝プリエル要塞を陥落させた。これと同時に第257歩兵師団と第262歩兵師団が要塞線の背後に進出し、ウェルショフの背後に後者の砲兵部隊が布陣した。間もなくブロック1とビニヒのトーチカ砲台に砲弾が降り注いだ。シムセルホフの75mm榴弾砲による弾幕射撃も、射程不足のために、風向きに恵まれないとウェルショフまでは弾が届かず、それほどの助けにはならなかった。

6月17日からは、ブロック5の胸壁に据えられた75mm砲による攻撃が、シングランからウェルショフ一帯を叩いていた150mm榴弾砲の射圧に成功し、シムセルホフからの猛射も加わって、ドイツ軍砲兵部隊は退却を強いられた。

6月21日、ブロック5の榴弾砲は、ドイツ軍が進出させた3門の37mm対戦車砲の直接射撃によって沈黙させられた。それでも、ロアバッハはシムセルホフの観測所から目視可能であるため、正確な掩護射撃が期待できる。この助けがあったので、ブロック5は休戦執行まで持ちこたえ、ドイツ軍は有効な距離まで砲を持ち込むことができなかった。

6月23日、ドイツ軍はウェルショフのブロック1の破壊に成功した。6月17日にペタンの「休戦演説」が行なわれていたが、要塞指揮官のアドリアン・ルイセー大尉は正式に休戦が確定するまで抵抗を続けていたのだった。それでもブロック1が陥落すると、大尉は多数派の反対を押し切って降伏を決めた。6月24日、ウェルショフはドイツ軍の支配下に入ったのである。

ヴォージュ

ロアバッハ要塞地区はヴィッサンブールの西方約10km、ヴォルマンステからクリンバッハ一帯を占める。この要塞地区には2ヵ所の大堡塁と1ヵ所の小堡塁、20ヵ所のCORFトーチカ砲台が、西のグラン・オエキルケル大堡塁から、東のフール＝ア＝ショーまでの間に建造されていた。また2ヵ所の歩兵用掩蔽壕と17ヵ所のCORFトーチカ、無数のSTG、MOMトーチカが、シュヴァルツバッハ一帯に建造されていた。

要塞線の中心部は「通過不可能」と見なされていたが、20kmにおよぶこの一帯は、実際は軽度の要塞化しかされていなかった。グラン・オエキルケルからヴィントシュタインに至る、左

翼側の渓谷に連なる要塞線には10を超える人工湖が点在し、7ヵ所のCORFトーチカ砲台と、15ヵ所前後のSTG、MOM防塞で補強されていた。一方、ヴィントシュタインからレンバッハを結ぶ右翼側は丘陵地帯に設けられた要塞線で、難しい地勢を反映して、2ヵ所のトーチカ砲台と17個の防塞が設置されていただけだが、この主陣地線の背後に、のちにSTG、MOM防塞が設置された。レンバッハまで連なる防衛線の左翼側は、西のグラン＝オエキルケルと東側のフール＝ア＝ショーにある75mm砲塔の射程内にあり、支援が期待できた。

ヴォージュ要塞地区の右翼側の最初の要塞であるフール＝ア＝ショー要塞は、レンバッハの東側にある標高260mの丘の上に建造されていた。要塞には6ヵ所の戦闘ブロックがあり、2ヵ所が入口用ブロックを兼ねていた。

要塞が築かれた丘は、CORFの基準に満たない上に、入口用ブロックと戦闘ブロックの距離が近すぎた。兵員の入口は要塞に直結し、かつ主要通路は要塞と同じ高さに設けられていた。物資搬入口はこの15m下にあり、そこから約100mの搬入路が、1：4の傾斜を作っていたので、要塞の北東面はユニークな構造になっていた（他の5ヵ所の要塞では、搬入路は下り坂になっていた）。搬入された貨物は電気モーター式のウィンチに繋がれた台車で持ち上げられ、傾斜路の脇には215段の階段が併設されているが、この要塞は入口と戦闘ブロックが近すぎるので、電気式輸送設備は無く、貨車は人力で操作された。経費節減の結果、フール＝ア＝ショー要塞の規模は縮小された。7か所目の戦闘ブロックは取りやめとなり、巨大なM1弾薬庫も建造されず、代わりに各戦闘ブロックの地下にM2弾薬庫が建造された。

1940年3月、ヴォージュ要塞地区は解隊され、第5軍が担当していた左翼は新編の第XXXXIII要塞軍団に引き継がれた。

5月10日以降は、ドイツ軍の活発な動きが見られた時にブロック2の75mm砲が作動する以外、ほとんど動きはなかった。5月12日と13日、そして20日に、コル・ド・リチュホフの前哨陣地付近でドイツ軍の動きが確認されたので、フール＝ア＝ショーから阻止砲撃が実施されたくらいしか事件はなかった。

第5軍から撤退命令が出されたあと、要塞中間部隊と、センセルメ行軍師団としてまとめられた要塞部隊の一部は、6月13日に担当の防御施設から撤退を開始した。6月15日、要塞残留部隊の指揮は、グラン＝オエケルキル要塞指揮官のピエール・ファーブル少佐に委ねられていた。撤退時に指揮権の一部変更があり、フール＝ア＝ショー要塞指揮官のエクスブレヤ少佐は、西はグリューネンサルから東はシュメルツバッハ＝ウェストの、約11kmの戦線を担当した。

6月16日、第215歩兵師団は「ビッチェ〜レンバッハ間の防備の薄い森林地帯」を目標とした攻撃準備命令を受けた。森林に覆われた丘陵地帯が戦場になるため、師団は砲兵、とりわけ重砲の展開に苦心した。まずトーチカ砲台間の連絡状況を確認するために斥候が送られたが、一部部隊がコル・デ・グンスタールで捕捉され、ブロック2から75mm榴弾砲の攻撃を受けて、翌日も同様の失敗を繰り返した。

6月17日、ペタン首相のラジオ演説が流れると、エクスブレヤ少佐は噂や誤情報の蔓延を防ぐために、要塞内のラジオをすべて没収した。命令は徹底し、全員が忠実にしたがった。

6月18日、レンバッハの北東に展開を終えた7.5cmFK16榴弾砲が、ブロック5に砲撃を開始した。ブロック1は反撃に出て、135mm砲が傲然と火を噴いた。午後になるとオシュバル＝ウェストの75mm砲、135mm砲も支援に加わり、レンバッハの北東に広がるサウエル渓谷一帯は猛砲撃を受けた。

6月19日の早朝、ウィンドステイン〜レンバッハ間の防御施設群を狙ったドイツ軍の総攻撃が始まった。0640時、ブロック5の監視員はレンバッハの北に、高度300mの観測気球が上が

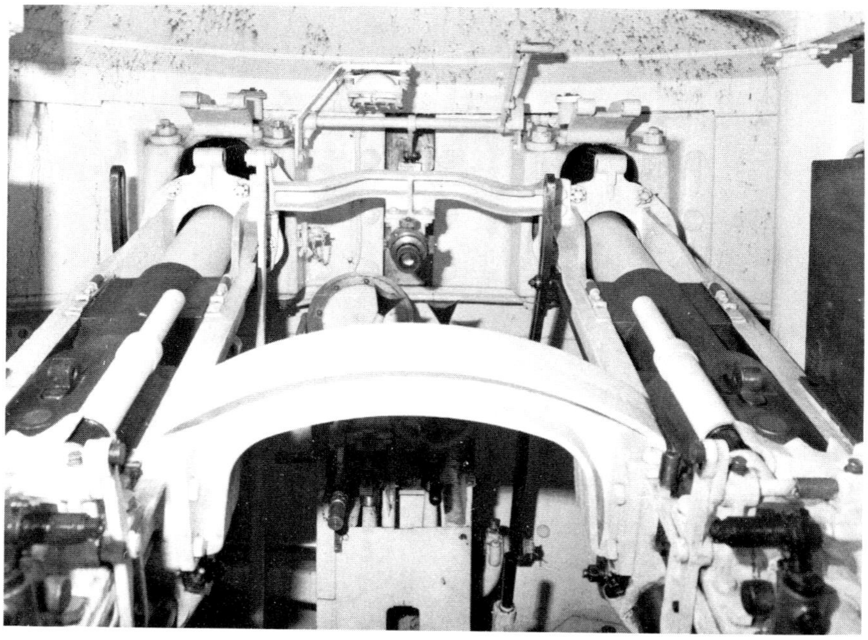

マジノ線の他の設備とは異なり、シムセルホフは今日でもフランス軍管理の下で最高の状態が保たれ、博物館として使用されている。（最上）ブロック4の銃眼に据えられた135mm重迫。尾鎖の後ろの大きな箱は排莢受け。（上）ブロック8の75mm砲塔内部——今日、訪問者が見ることはできない。

レンバッハの近く、ヴォージュ要塞地区の一部を形成していたフール=ア=ショー要塞も記念保存されている。写真はブロック6の兵士たちがソエ渓谷を前に息抜きがてらトーチカ砲台の外に出ている様子。

ったことを確認し、直後、西方のトーチカ砲台群が正確な砲撃に晒された。2時間の砲撃でフランス軍の拠点はあらかた粉砕され、0900時、一帯が砲煙や土埃で覆われた戦場の上空にスツーカが飛来して、トーチカ砲台に対して約30分の爆撃を行ない、さらなる破壊をもたらした。そして爆撃終了と同時に第215歩兵師団の突撃部隊が塹壕を飛びだし、守備兵が混乱から完全に立ち直るより先に、トーチカ砲台に殺到した。

守備兵は直ちに持ち場に戻り、フール=ア=ショー要塞からの支援砲撃がドイツ軍に大出血を強いたが、トーチカ砲台間の野戦電話線が爆撃によって寸断されていたため、各防御拠点は孤立状態にあり、1個ずつドイツ軍の手に落ちていった。

1015時、スツーカが再度飛来し、レンバッハ要塞を爆撃した。1215時にはフール=ア=ショー要塞に空襲があり、主目標とされたブロック6は多数の至近弾に見舞われた。これに対して、オシュバルの75mm砲がフール=ア=ショーの上空を乱射し、即席の高射砲ではあったが、スツーカを牽制するのに一躍を担った。この空襲の際に、要塞内の守備兵は、至近弾によってまるで大波に揺られた船の中にいるような恐怖体験をした。爆撃が終わったのを確認して観測塔に上がってみると、凄まじい光景が広がっていた。ブロック6は直撃弾で粉砕され、別のブロックの前には、爆撃による巨大なクレーターがあり、無線設備は破壊され、胸壁の一部が崩れて47mm砲やレイベル式連装砲塔が損傷していたのだった。

目線を下に向けると、地表から15mほど下に埋められた主電源室の天上がひび割れ、コンクリート片や剥がれた塗装が設備を覆っていた。しかし、見た目ほどひどい損傷ではなく、1400時にブロック2の75mm砲塔を狙ったスツーカの空襲が再開する頃までには、守備兵は落ち着きと自信を取り戻していた。ブロック2はひどく叩かれ、30分ほどの空襲を終えてスツーカが去ると、巨大なコンクリート塊が散乱していて、砲塔は掘り返された土塊に埋まっていた。JM砲塔の隙間から滑り出てきた二人の守備兵は、ただちに砲塔を覆う土砂の除去に取り掛かり、緊迫した空気の中を必死にショベルを振るった結果、30分後に土砂は取り除かれた。再び動き出した砲塔は、マタテルを攻略中のドイツ軍を射撃した。

1515時、オシュバル=ウェスト上空にスツーカが飛来した。第215歩兵師団の作戦を阻んでいたブロック12の75mm砲塔を叩くのが狙いである。だが、ブロック2の75mm砲が即席の高射砲となってスツーカを撃退し、フール=ア=ショー砲台は再びドイツ軍に阻止射撃を加えた。6月19日に、フール=ア=ショー要塞は、75mm砲970発、135mm砲260発、81mm砲450発を消費した。

西側のトーチカ砲台群は午後の間ずっと、敵の攻撃を退けていたが、再三のスツーカの空襲に叩かれ、これに銃眼を狙った37mmPak35／36の直接射撃も加わった結果、ひとつずつ潰されていった。グラーフェンヴァイヘルからマルクバッハにかけてのトーチカ砲台と防塞がすべて陥落すると、防衛線は実体を失い、第215歩兵師団は無抵抗でヴォルトを通過し、2000時にはアグノーに到達した。そして、サル渓谷を突破後に、要塞線の南を迂回してニーデルブロン

ブロック2に残る75mm隠顕式砲塔も見学者のために可動状態が保たれている。外から見る限り、巨大な鋼鉄製のドームが音もなくなめらかに上下、旋回する様は魔法のようである。

この砲塔は6月19日のスツーカの爆撃で瓦礫に埋まり、役に立たなくなった。

に到着した第257歩兵師団と、間もなく接触を果たしたのである。

6月21日、ヴォージュ要塞地区の右翼は、グラン＝オエケルキル要塞のファーブル少佐との連絡を断たれ、その結果、フール＝ア＝ショー、レンバッハの各要塞や20ヵ所を超える各拠点は、アグノー地区の指揮官の管轄となった。

同日、白旗を掲げた第257歩兵師団の軍使がグラスブロンのトーチカ砲台を訪れ、休戦協定の遵守について同意寸前までこぎ着けた。ところが近隣のビーセンベルトーチカ砲台のカミーユ・フォル中尉がこれに気づき、グラン＝オエケルキル要塞に反撃を要請したところ、即座に75mm砲が斉射された。6月22日に、ドイツ軍はビーセンベルトーチカ砲台の説得を試みたが、「とっとと失せやがれ!」という返事しか受けられなかった。午後になり、1個中隊が近くの森から攻撃に出たが、反撃で大損害を被り、攻撃は失敗した。

6月24日1700時、フール＝ア＝ショー要塞のブロック2が、ヴォルト～ゾウルツ間の道路に75mm砲を斉射して、抵抗は終わった。

アグノー

アグノー要塞地区はヴィッサンブール西にあるクリムバッハ地区から、アグノーの18km東にあるライン川畔のスタットマッタンに至る一帯を占めている。全体的にヴォージュ山脈とアルザス平野が入り交じった地形を為しているこの地区には、左翼の2ヵ所の要塞が主だった防御拠点であり、東に広がるアルザス平野を見下ろす稜線上に、可能な限り対になるようにして39ヵ所のCORFトーチカ砲台を設置していた。また、15ヵ所の歩兵用掩蔽壕と2ヵ所の観測塔があった。巨大なオシュバル要塞——戦闘ブロック11ヵ所、入口用ブロック3ヵ所、トーチカ砲台9ヵ所——が防御地区の左翼側にあり、その東にあるシェーネンブル要塞から先は平野が広がっていた。

オシュバル要塞は、《奇妙な戦争》の時期に最初の1弾を放った記念すべき要塞である。1939年9月8日の夜、シュヴァイゲン地区で限定的攻勢に出た歩兵部隊を支援するために、ブロック7bが75mm砲塔を使用したのだ。

戦闘の実相——難攻不落のマジノ線の崩壊は、ユンカース社の格好の宣伝材料になった。8月6日のデア・アドラー誌の掲載広告に使われた要塞攻略戦のイメージ。

1940年5月、アグノー要塞地区は第5軍第XII軍団の指揮下にあり、シェーネンブル要塞はマルシャル・レイニア少佐が指揮していた。

要塞に守備兵が部署されたのは戦争が始まる10日前のことであり、砲塔ごとに20発の実弾試射を実施したのは、9月10日になってからだった。1940年1月末にはブロック5の81mm砲塔が試射を行なっている。3月には120mm砲台が戦闘ブロックに据え付けられ、81mm砲塔の操作員が転属された。

5月14日、ヴィッサンブールを2本の経路を使って迂回するドイツ軍に対し、75mm榴弾砲が阻止射撃を行なった。最初、反撃砲火は無かったが、夕方になるとマジノ線からは射程外のブンデンタールに展開していた280mm列車砲による砲撃が始まった。この反撃による被害は無かったが、15日の夕方に打ち込まれた12発ほどの列車砲弾は、鉄道の切り通しを加工した対戦車壕と鉄条網を吹き飛ばし、要塞上層にいくつかの巨大クレーターを作った。280mm列車砲が別の目標を求めて移動すると、16日にはヴィッサンブールに展開した105mm榴弾砲による要塞砲撃が始まったが、マジノ線の射程内に砲兵を進出させるのがいかに愚行か、間もなくドイツ軍は思い知らされる。

ドイツ軍の砲撃は数日続いたが、要塞地区の偵察に飛来した観測機ヘンシェルHs126に対しては、75mm砲塔が攻撃した。要塞砲の75mm砲は高射砲の用途には向かなかったが——仮に機会があっても航空機に狙いを付けて命中させるのはほぼ不可能——、それでも敵航空機を追い払う心理的効果があることが分かり、西方戦役を通じて見せかけの高射砲として使われた。5月26日、ドイツ軍は要塞攻略に150mm榴弾砲を投入した。この日の砲撃戦では、ブロック5の作動中の観測キューポラに150mm砲が直撃して、観測員が戦死していた。

5月27日の夜、要塞は75mm砲弾8000発の補給を受けた。6月4日には要塞上部に据えられた2基の120mm砲のうち1基が腔発を起こして使えなくなった。この事故で8名が負傷し、2日後に1名が死亡した。6月8日には2門の120mm砲が要塞に持ち込まれ、同口径砲は3門となった。しかし6月13日には、稼働状態を保っていた最後の1門が装弾機構の故障を起こした。

6月12日、第5軍に退却命令が出されると、要塞中間部隊とリガール要塞行軍師団として編成された要塞部隊の一部が退却を開始した。アグノー要塞地区の残留部隊の指揮はジャック・シュワルツ中佐に委ねられ、オシュバルに指揮所が置かれた。6月15日、第246歩兵師団がシェーネンブールの東にあるオフェンを攻撃し、即座に75mm要塞砲が阻止射撃した。このとき、要塞内の75mm砲弾が枯渇したので、要塞中間部隊が残していった砲弾を回収して急場を凌いだ。

6月19日、オシュバルとシェーネンブールの両要塞は3000発近い砲撃によりドイツ軍の攻撃を退けた。オシュバル要塞は、ヴォージュ要

第800重砲大隊の強烈な420mm重迫撃砲――ドイツ軍に倣えば42cm榴弾砲（t）は、シェーネンブールの北12km、オーバーオッターバッハに据えられた。6月21日の午後4時15分に火を噴いたこの巨砲は、重量1トンの砲弾14発を要塞に叩き込み、翌22日も14発、23日は16発を発射した。幸運にも、この写真は1940年にドイツ軍の砲手アバム・ホイミューラー氏が撮影したものであり、キャプションも正確だ。

塞地区の突破を試みた第215歩兵師団を、シェーネンブール要塞は南に展開した第246歩兵師団を阻止したのである。ちなみに、この阻止砲撃のうち1000発は要塞の爆撃を試みた航空機に対して消費された。

6月20日にドイツ軍は両要塞を総攻撃し、午後遅くにはシェーネンブール要塞のブロック群とオフェン地区のトーチカ砲台を狙って、スツーカが波状攻撃を仕掛けた。ドイツ軍は煙幕弾を大量に撃ち込み、視界を塞いでトーチカ砲台への接近を図ったが、シェーネンブールの75mm砲、オシュバルの135mm砲や、オフェン、アシュバッハ、オーベルダンのトーチカ砲台群が彼らを迎え撃った。攻撃は終日続いたが、ドイツ軍は戦死者30名を出して撃退された。その

うち18名は、トーチカ砲台に手をかけ、もたれかかるようにして死んでいた。

シェーネンブールでは、75mm砲塔を土砂で埋めただけの戦果しかあがらなかった。夜のうちに土砂は取り除かれ、翌日には稼働を再開した。6月22日、午前中2回、午後1回のスツーカの攻撃が行なわれた。最後のスツーカが去るまでに約60発の爆弾が要塞地区に投下されたが、ブロック6の直撃弾は外壁にひび割れを生じさせ、階段室の壁面が若干崩れただけ。ブロック1では至近弾でレイベル式JM砲塔にねじれが生じ、ブロック4では壁面の一部が露出、ブロック5では土砂で砲塔が埋まっただけと、深刻な被害はなかった。

シェーネンブール攻略に手を焼いたドイツ軍は、420mm重榴弾砲中隊2個、355mm榴弾砲中隊1個からなる第800重砲兵大隊を投入した。420mm重迫はヴィッサンブールの北のオーバーオッターバッハに展開し、6月21日1615時に重量1トンの砲弾14発を叩き込んで、要塞に圧力をかけた。この間に、355mm榴弾砲も砲撃に参加していた。これら巨大砲の攻撃中は、念のために75mm砲塔は要塞内に引き込まれていたが、ドイツ軍はこのタイミングを狙って

戦い終えて――攻撃結果の調査。シェーネンブールのブロック3にて42cm榴弾砲(16インチ口径)の爆発で生じる損害を検分。砲弾孔は12mもの深さにまで達していたが、強化コンクリート製防壁には小さなひびが入っているだけだった。

スツーカの急降下爆撃でブロック4の側壁に空いた大穴。しかしここでもトーチカ砲台本体にはわずかな損傷しか与えられていなかった。このような砲爆撃にさらされたにも関わらず、休戦まで抵抗力を維持していたのだ。

88mm高射砲や105mm榴弾砲を前線に運び入れた。ブロック3への命中弾で、砲塔が不完全な作動しかできなくなり、夜間に作業員を繰り出して、瓦礫を撤去しなければならなかった。

6月22日、420mm重榴弾砲が砲撃を再開し、翌日も射撃規定数の14発を放ったあと、夕方にも射撃を加えた。ブロック3にコンクリート破壊用の徹甲弾1発が命中し、内装が一部破壊されたが、要塞の防御力には影響はなかった。81mm砲塔が引き込めなくなってしまったブロック5が、もっとも大きな被害を受けた。

6月24日に、シェーネンブール要塞はドイツ軍集結地を砲撃したが、間もなく105mm榴弾砲、150mm榴弾砲による激しい応射を受けた。休戦執行により戦闘が停止した時点で、シェーネンブール要塞は75mm砲1万5802発、81mm砲672発を消費したが、このうち80パーセントは6月14日以降に使用されたものであった。

オシュバルでもJu87スツーカは猛爆撃を行なったが、ブロック6の3門の76mm榴弾砲は無傷だった。（上）今日のブロック6の様子。砲は撤去され、損傷部分も埋め戻されている。

指揮官もまた、砲撃に抵抗した。オシュバル堡塁指揮官のアンリ・ミコネ中佐。

オシュバル西の対戦車壕を狙った爆撃も、効果は薄かったようだ。背後にあるのは第2、第3トーチカ砲台である。この一帯は、今日、うっそうとした森林へと景観を変えているので、比較写真の意味はない。

絶え間ない急降下爆撃にさらされ、破壊を極めたブロック14の様子。これでも戦闘力を失なってはおらず、対空防御力の高さを証明していた。写真では右側の135mm砲塔がほぼ無傷であることが分かる（検分中のキューポラ）。背後にはブロック12、13が見える。（右）

一帯は今や丘の側まで浸食され、景観が変わっている。オシュバル要塞群はマジノ線の保存対象であり、訪問者にも公開されている。

6月20日、アグノー要塞地区のトーチカ砲台の1つ、オーバーレーデルン=ノールを第246歩兵師団の突撃班が強襲した。丸一日続いた激戦で、トーチカ砲台の背後に五人が埋葬される結果となった。

静かに、風に吹かれているかつての戦場——もし、勇敢な兵士たちの物語を語ってくれるならば。

オーバーレーデルン=ノールのトーチカ砲台を別の角度——攻撃側の立場で見てみれば。木曜日の攻撃で斃れたドイツ兵が、鉄条網の合間に埋葬されている。

隣接のオフェンやオーバーレーデルンと同様に、アシュバッハ=エストのトーチカ砲台にも無数の弾痕が残るが、最後までフランス兵が保持していた。

戦闘終了後のシェーネンブール。砲声が響くことはなく、ブロック6の銃眼は平和となった現在とは際立つ対比を為していた。

6月17日、グデーリアン配下の第29歩兵師団はスイス国境に到達し、ここにフランス第2軍集団は完全に包囲された。

ヴォージュ山脈での終幕

第2軍がマジノ線を確保している間に、3個軍50万の兵員をマルヌ=ライン運河の線に後退させるという撤退作戦は6月17日までに順調に完了した。6月14日には二段階の撤退作戦が始まった。まずコンデ将軍の第3軍が左翼の第4軍集団第2軍と連携を維持しながらメッツまで後退し、翌15日にはメッツからサラルブ南方のサル地方にかけて第3軍が展開する。その間に第5軍は第3軍の右翼からサヴェルヌまで、第8軍はアルザス平野を望むヴォージュ山脈の麓一帯に布陣することになっていた。

西方一帯の戦線中央部、第4軍の担当地区ではドイツ軍戦車部隊が突破に成功し、クライスト集団はトロワからオセール、グデーリアン集団はショーモンからブザンソンの線に沿って、それぞれ南下していた。戦局が悪化する中で最後の予備部隊を投入してしまったフランス軍最高司令部は、第6軍残余部隊を第3軍集団の左翼に、第2軍を第2軍集団の右翼にそれぞれ部署して、苦境を乗り切ろうと考えた。

この決定の時点で、第3軍と第5軍がマルヌ=ライン運河の背後に配置していた。また、マジノ線から抽出した要塞部隊で編成した「要塞行軍師団」も後退を終えていたが、要塞守備隊の残留部隊との連絡は途切れつつあった。グデーリアンの前進にともない後背を突かれる恐れが生じた第2軍集団司令官のプレートラ将軍は、

ウインストン・チャーチルのラジオ演説
1940年6月17日

フランスからの報告は極めて悪く、私はこのような不幸に見舞われたフランスの人々への憂慮に耐えません。フランス国民への我々の感情や、また天賦の才に恵まれたフランス国民がやがて立ち直るであろうという我々の信念は決して変わることはありません。フランスの状況は、我々の行動や目的に何ら変更を強いるものではありません。いまや我々は、武器を取って世界の大義を守ろうとするただ一人の戦士となったのです。この栄誉ある役割に、我々は最善を尽くすのみです。我々は祖国の島々を守り、人類の懸念となったヒトラーの呪いを払拭するまで、大英帝国とともに戦い抜くのです。最後にはすべて我々が正しかったことが証明されるでしょう。

6月17日、月曜日、ついにイギリスは孤立無援となった。チャーチルは声明文の発表に先だち、まず内閣にて喫緊の課題、すなわちフランス海軍の艦艇がドイツ軍の手に渡る懸念について話し合われた。同日、グデーリアンはA軍集団からC軍集団に配置転換となり、鍛え抜かれた2個軍団がフランス3個軍を罠にかけるために、東に転じた。（右）6月18日の夕方には、第2戦車師団はルミルモンに迫っていた。24時間で100km以上も進撃したのだ。

サン＝ミエルからベルフォール渓谷を結ぶ線の中であれば、戦況の変化に応じて任意に後退できる旨の許可をジョルジュから得ていた。そこでプレートラ将軍は司令部をディジョン近郊のポン＝ド＝パニから、ロン＝ル＝ソーニエ近郊のモンモロに移した。しかし、グデーリアンが包囲環を閉じてしまったため、フランス第8軍司令官のエミーユ・ラウレ将軍は、南翼の第XXXXV軍団に南進を続けて突破口を開き、軍の退却行を支援するように命じた。

しかし、すべては時機を逸していた。6月16日、グデーリアンはグレー、ブザンソンに達し、クライストは今にもディジョンに到達しつつある。間もなく、アルゴンヌの森より東で戦っているフランス軍部隊の背後は、軒並み遮断されてしまうのだ。6月17日、グデーリアンの先鋒がポンタルリエでスイス国境に達し、第2軍集団は丸ごと包囲された。

6月17日、OKHは第16軍とグデーリアン集団の指揮権をA軍集団からC軍集団に変更した。こうしてC軍集団司令官のヴィルヘルム・フォン・レープ上級大将は、ヴォージュ山脈一帯に包囲した敵を、指揮下の部隊だけで攻撃できるようになった。レープの日記には「西にグデーリアン集団、北西に第16軍、北東に第1軍、東に第7軍、このような布陣で、我が軍集団は敵を包囲している」と書いた。グデーリアンは配下の2個軍団のうち、まずヴズー地区に集結していた第XXXXI軍団をエピナルに向け、ブザンソン地区の第XXXIX軍団をベルフォールに向かわせた。第29歩兵師団(自動車化)は国境線に沿って前進し、ジュラ付近を掃討するよう命じられた。

6月17日夕方、左翼側に第3軍、右翼側に第5軍が撤退に成功していたマルヌ=ライン運河の防衛線はナンシーの東15kmにあるラガルドで突破され、第1ポーランド師団が第268歩兵師団の圧力を支えきれなくなっていた。ポーランド部隊は第20戦車大隊のR35装備2個中隊の支援を受けて反撃に出たものの、ドイツ軍工兵による運河橋の修復作業の阻止に失敗した。

6月18日、第2軍集団の最後の戦いとなるこの日、ドイツ第1軍が運河を押し渡るべく攻撃を開始した。フランス軍の抵抗は堅牢で、この地区での戦いは両軍にとって高く付いたが、ドイツ軍の増援10個師団が到着したことで、形勢は一気に傾いた。一方、フランス軍戦線の背

フランス第3軍が撤退を始めるより4日前の6月13日、第51戦車大隊は装備のFCM-2C——第一次世界大戦の遺物のような重戦車を駆って南に向かうように命令された。戦車は各々が75mm砲のほか、機銃4挺を備え、重量は70トン、作動には12名もの兵員を必要とした。鉄道輸送には特注の二両編成の台車が必要で、乗せるだけでも二時間もかかる。(上) 第51戦車大隊には7両のFCM-2Cが配備されていた。戦前に撮影された97号車"ノルマンディー"号。(下) ラングルの北東20km、小村ムーズ(ムーズ川の水源から5kmほど下流にある)で輸送準備中に破壊された。

列車はムーズを目指して急いでいたが、執拗な空襲で鉄道線は寸断されていた。しかし途中の小さな駅では重戦車を降ろすスペースが得られず、悪いことにドイツ軍は目前に迫っていた。大隊長のジョルジュ・フールネ大佐は戦車を撃破して、退却を命じたのである。(下左) 6月末、ドイツ軍カメラマンが発見した98号車"ベリー"号。(下右) 50年後、ジャン=ポールが撮影したムーズの様子。経過した時間を結ぶのは、教会の尖塔だけである。

フランス外相ポール・ボードワン、ボルドーからのラジオ演説
1940年6月17日

まさにこの瞬間にも、フランスはその存続を脅かされ、伝統と魂を受け継いだ栄誉ある指導者を集めた政府はフランス国民とともに留まるか、それとも彼らを放棄して海外に移るかの選択に揺れました。この国の歴史において、この度の苦悩と、その解決に至る同意は、フランスの気高さと栄誉を維持するに足るものであると確信しています。政府がいかなる決定を下すとしても、それは栄誉ある決断です。このような極度の逆境の中で、将来のフランスの威厳や勇気、そして誠意を保ってゆけるのは、フランス人をおいて他にはありません。祖国の独立の精神を保つために、政府はこの地に留まり、フランスの息子たちがこれ以上殺戮されるのを防ぐ方法を探ることにしたのです。

我々は、イギリスから大変深い同情を寄せられました。そして我が海軍を併せれば、同国の艦隊はいまだ海洋の王者であり、陸軍と、強力な空軍も戦いの重荷を分かちあうと申し入れています。また、ポーランドやベルギー、オランダの人々の援助もあるでしょう。しかし、現代戦は簡単に埋め合わせが利くような戦争ではありません。彼らは、今、前線に立っているフランス兵に対しては、いかなる支援も与えられないのです。

以上のことから、ペタン内閣は和平への舵取りを余儀なくされました。しかし、それは武装を放棄するということではありません。祖国は、名誉ある戦争の終結の道を模索しているのです。フランス国民の魂の自由にとどめを刺すような、恥ずべき和平を受諾するつもりはありません。もしフランス国民が生存権と名誉を両立できる選択肢にたどり着いたなら、犠牲の大きさと相まって、フランスの精神が保たれたことが全世界に示されるでしょう。

前線での現実がいよいよ窮まった頃、政府首脳もまた避けようのない結末に向かって動き出していた。6月16日、日曜日の夕方、ド・ゴールが仏英両国の連合構想（545ページ）を携えて帰国したが、もう間に合わない。内閣信任決議は10対14でレイノーを否決し、後任にはフィリップ・ペタン元帥が選出されていたからだ。ポール・ボードアンは外相に就任した。

6月17日午後、ドイツ軍は古い城塞都市ベルフォールに到達した。フランス軍守備部隊は抵抗の決意を固めていた。普仏戦争でも104日間の包囲に耐え、45年後の第一次世界大戦でも同じであった。抵抗はベルフォールの伝統なのだ。翌朝、第1戦車師団で編成された戦闘団からの降伏勧告を、守備隊は拒否していた。グデーリアンは「まずベッセ=ペルシュ要塞を落とし、次にオート=ペルシュ、シタデルを攻略せよ」と命じた。（左）1870年遊動隊通りのブリザッハ門を守るFT17戦車。

グデーリアン装甲集団がフランス第2軍集団の南を迂回している間に、第1軍は北から圧力を加え続けていた。第158建設大隊のハンス・ホイフラー少尉は、まさに最後の戦いが行なわれている現場——ポンツーン橋のど真ん中——にて、遺棄されたFT17戦車を撮影した。

撮影地点はサヴェルヌの西10kmにあるルッツェンブールで、南からの運河（写真でも確認できる）の間にあって島のように見える。この運河に並行してゾールヌ川が流れている。

後ではグデーリアン集団が迅速な前進をなし遂げ、第8戦車師団がシャルム、第6戦車師団はエピナル、第2戦車師団はルミルモンに、第1戦車師団はベルフォールに到達した。

この日の朝、プレートラ将軍はベルフォールにたどり着いて、軍への合流を図ったが、ポンタルリエが陥落したのを知ると、わずかな車両に守られただけの司令部には引き返す以外の選択肢は無かった。軍集団司令官が不在のなか、フランス軍最高司令部は罠に落ちた第3、第5、第8軍の指揮を、第3軍司令官のコンデ将軍に委ねていた。

6月19日には運河が完全に突破された。西のナンシーは前日の朝に、コンデ将軍の命令で無防備都市とされていたが、ハンス＝カール・フォン・シェーレ大佐の第71歩兵師団がこれを急襲して、市の中心部を制圧した。東では第54歩兵師団の一部が守るヴォージュ山脈に対して、第7軍が攻撃準備をしていた。ドイツ軍第557歩兵師団はコル・デ・サンテ＝マリーを、第317歩兵師団はコル・デュ・ボンノムを、第221歩兵師団はコル・ド・ラ・シュルシュトを目標としていたのである。第1戦車師団がベルフォールからモントルーに進出し、ミュルーズで第7軍の前衛部隊を接触した時点で、ドイツ軍による包囲の罠が完成した。

翌日には、第8戦車師団が、第1軍所属の第258歩兵師団とシャルムで手を繋いだことにより、包囲されたフランス軍は2つに分断された。フランス軍最高司令部は第XXXXV軍団長のアンリ・ダイ将軍にスイス国境側で孤立した軍の指揮権を与え、脱出が不可能な最悪の場合は、スイスに逃げ込む許可を与えられた。

続く日々もドイツ軍の前進は続き、包囲環に捕らわれたフランス軍は2万5000から5万名へと増加した。各地で孤立した部隊は、ドイツ軍の降伏勧告を受け入れて、次々と降伏した。上級司令部と連絡が途絶したフランス軍野戦部隊の指揮官は、ほとんどの場合、ドイツ軍使がもたらした休戦協定が締結されたという情報や、軍司令官が降伏したという欺瞞に誘導されて、降伏に同意した。「フランスは戦闘を停止しなければならない」「称賛されるべき振る舞い」「名誉ある戦い」など、ペタンの飾ったラジオ演説

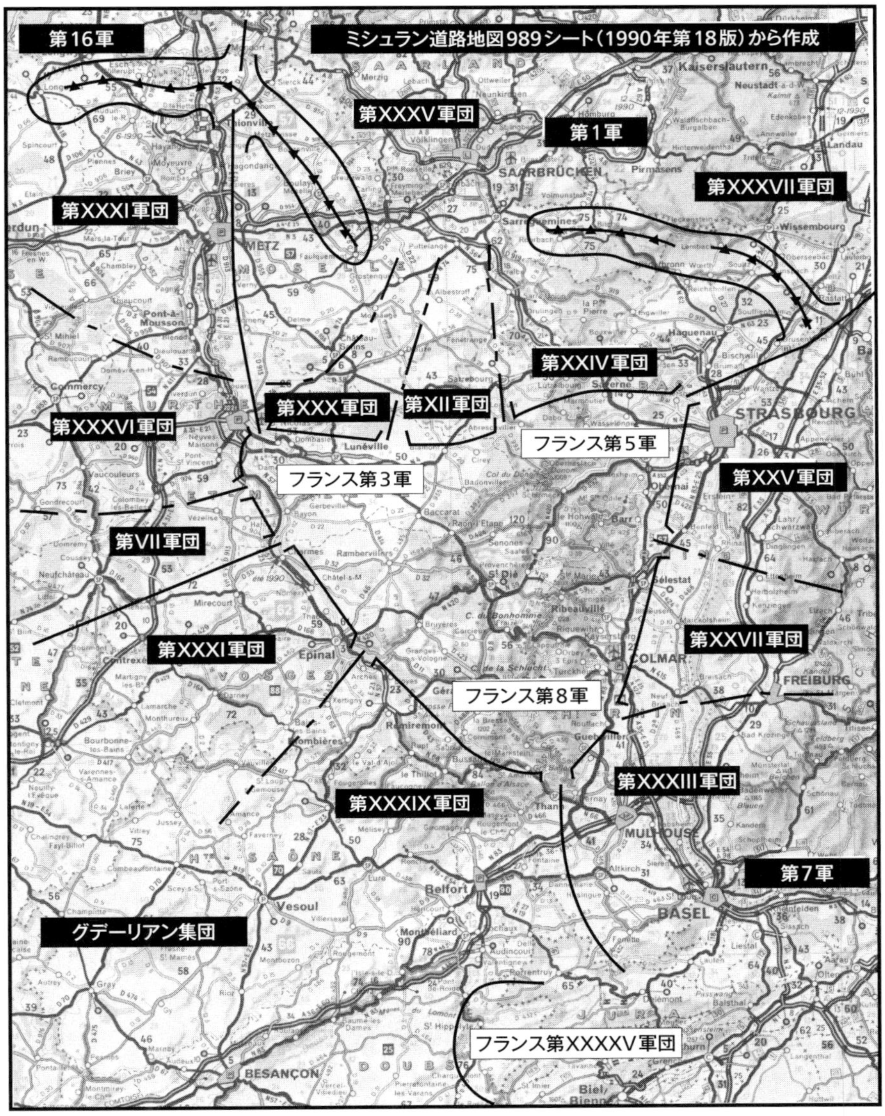

6月18日、火曜日、ヴォージュ山脈周辺の戦況。グデーリアンが南から締め上げ、北からは第1軍、東からは第7軍が攻撃を加えているので、フランス第2軍集団はどこにも逃げ場がない。南ではフランス第XXXXV軍団がスイス国境付近に孤立し、6月20日に、フランス軍最高司令部はアンリ・ダイ軍団長に対してスイスに退避するよう命令した。北方では長大なマジノ線が完全に包囲されているが、これらは休戦の日まで抵抗を続けていた。

残念な事に、ドイツ軍の勝利が揺るぎないものとなった戦争終盤においても、彼らの捕虜の扱いは寛大とはほど遠かった。ヴォージュ戦線でもかつての北フランス同様、降伏したフランス兵が違法な弾薬を使用していたなどの理由で軍事裁判にかけられ、処刑された。6月17日、第1戦車師団の悪党どもがモンベリアル近郊のサント=シュザンヌで降伏した第61郷土防衛連隊の兵士7名を処刑し、その二日後には、エピナルの北にあるデュヌーにて、第6戦車師団が第55機関銃大隊の兵士10名を同様の嫌疑で処刑した。6月20日の第198歩兵師団の事例はもっと悪質で、ドンタイユ（エピナルの北10km）で降伏した第146要塞歩兵連隊の兵士多数を処刑していた。この件に関与したことが判明している戦争犯罪者の一人、アウグスト・シュレンプ中尉は、農家の側で6名、牧草地で12名を殺害した責任を問われ、1959年、殺人共謀の罪状でフランスで行なわれた欠席裁判により死刑判決が出た。後に彼はシュトゥットガルトに存命であることが判明したが、裁判に引き渡されることはなかった。

ウィンストン・チャーチルの下院演説
1940年6月18日

先日、私はフランス軍最高司令部の判断ミスにより、ベルギーからの軍主力の後退に失敗した結果、ドイツ軍にセダンにおけるムーズ川の決定的な渡河を許してしまったことをお知らせしました。後退の失敗に伴い、フランス軍は15ないし16個師団を喪失、我が軍も決定的な瞬間に判断を誤り、欧州遠征軍を喪失してしまいました。我が軍とフランスの将兵12万は海軍の働きによってダンケルク港から救出できましたが、野砲や車両、重装備のことごとくを遺棄しての撤退です。この装備の回復には数週間を要しますが、戦端が開かれてから二週間で、フランスでの戦いは敗勢に追い込まれているのです。

圧倒的優勢を誇る敵に対して見せたフランス軍の果敢な防御戦により、敵軍の損害も大きく、息切れを始めていることを我々は確認しています。もし充分な訓練と装備を得ている部隊があと25個師団あれば、状況を劇的に変えることが出来るでしょう。しかし、ウェイガン将軍の手元にはそのような部隊は残っていないのです。

わずか3個師団相当のイギリス軍が、フランス軍の戦友と轡を並べて前線に留まっています。彼らはひどい損害を受けていますが、健闘しています。我々は、軍の再装備と再編成を急ぎ、可能な限り多くの兵士をフランスに派遣しなければなりません。私はこれらの事実を、（政治的な）反対者に対する反駁のために読み上げているわけではありません。そのようなことは無駄であるし、むしろ害悪にしかならないと断言します。そのようなことをしている余裕はないのです。我々がしてこなかったことの理由を説明し、しなければならないこと、すなわち12個から14個師団相当のイギリス軍を、わずか3個師団に代えてこの大戦争に投入しなければならない理由を、私は説明しようとしていました。

今や私はこれまでのすべての主張を取り下げています。私は関連する事実をすべて本棚にしまい、将来、この出来事を物語ろうとする歴史家の筆に委ねることにします。今、我々は将来のことに集中しなければならず、過去を振り返る余裕はないのです……。

フランスで起こることの予測は出来ませんし、フランスの抵抗が国内や海外領土でどのように展開するか、見通しは立ちません。フランス政府は大変な好機を自ら逃してしまい、さらに条約によって義務づけられた継戦努力を放棄するならば、その未来をも失ってしまうことになるでしょう。我々には両国の条約による拘束から彼らを解くような選択肢は想定できません。

大多数のフランス人と我々の真心からなる希望が込められた宣言と、フランスの歴史上、そして普遍的市民権が直面した最悪の時期において、議会の皆さんは歴史的な宣誓文を目にすることになるでしょう。フランス政府や、今とは別のフランス政府の判断によって、フランスでどのようなことが起こっても、イギリス本国、そして大英帝国に暮らす我々は、フランス国民との戦友意識を喪失することはありません。いよいよ、今度は我々が、フランスが受けたのと同じ苦しみの矢面に立たされるのだとしても、彼らの勇気を手本として戦い、苦闘の末に勝利を掴むことが出来たなら、得たものを――そう、それは自由のことですが、再び彼らと自由を分かち合うのです。そして我々と大義を共有していたかつての仲間――チェコやポーランド、ノルウェー、オランダ、そしてベルギーもまた、再生するに違いないのです。

ウェイガン将軍がフランスの戦いと呼んだものは、すでに過去のものとなりました。そして今度は「イギリスの戦い」が始まろうとしているのです。

レイノー内閣が不信任された時、イギリスのチャーチル首相は両国の連合構想を議論するために、サザンプトンから船で出航し、フランス首相との洋上会談を準備中だった。そしてヴィクトリア駅から港行きの列車に乗り込んだ直後、レイノー失脚の知らせが飛び込んできたのである。火曜日、チャーチルはイギリス下院にて国民向けの演説を行なっている。

6月16日の夕方、ボルドーの飛行場に降り立ったド・ゴールは、政変を知るや、即座に自分の立場の変化を悟った。翌朝、ド・ゴールはイギリスの連絡将校サー・エドワード・スピアズ少将の飛行機に乗り込んでイギリスに向かった。ジャージー島で給油した飛行機は無事にロンドンに到着し、その翌朝、ド・ゴールはBBCにて演説を行なうのである。当初、ペタン政権はド・ゴールに帰国命令を発しているが、8月2日にはついにクレルモン=フェランでの軍事法廷が、脱走の罪状でド・ゴールに死刑を宣告した。

シャルル・ド・ゴール将軍のロンドンでのラジオ演説

長年、フランス軍を率いてきた将軍たちが、今は政府を組織している。その政府は、我が軍が敗れたと主張し、敵との交渉によって戦闘を停止しようとしている。

確かに我が軍は、今も進行中の事態の中で、陸上、そして空での敵軍の機械力の前に姿が翳んでしまっている。戦車と航空機を使ったドイツ軍の戦術に、我が将軍たちは狼狽し、そこから今日の事態に至る道が始まってしまった。

しかし、最後の言葉は発せられているのか？　あらゆる希望が消え失せてしまったのだろうか？　否である。私は確信を持って宣言するが、フランスは敗北していない。そう、私を信じよ。敵が我々を打ち負かしたのと同じ手段をもって、我々はいつの日か勝利する。

フランスは一人ではない——決して孤立をしていない。祖国の背後には広大な帝国がある。フランスは海上を支配するイギリスと手を結び、抵抗を続ける。フランスはイギリスと同様に、アメリカ合衆国の無尽蔵の工業力を利用できる。

この戦争の舞台は、不幸なフランスの国土だけに留まることはない。フランスの戦いだけで勝敗が決したわけではない。この戦争は世界大戦である。我々のすべての過失、我々のあらゆる欠陥、あらゆる苦難も、最後は敵を打ち負かす手段が宇宙に存在するという事実を変えてしまうことはできない。今日、敵の機械化部隊によって敗れたが、いずれ一層強力な機械化部隊を擁して、我々は失地を奪い返す。そこに世界の運命がかかっている。

私、シャルル・ド・ゴール将軍はロンドンにいるが、現在イギリスの地にいる友軍将兵を、武器の保有を問わず、私は歓迎する。また、現在、イギリスの地にいる熟練技術者や兵器工場労働者も大歓迎である。もちろん、これからイギリスを目指し、私と共に戦ってくれる人々には言うまでも無いだろう。何が起ころうとも、フランスに燃え上がった抵抗の炎は消えることはないし、消し去ることもできないのである。

が、多くの場合、降伏時にフランス軍指揮官が装備破壊命令の遂行をためらわせる動機となった。6月22日、最高司令部はコンデ将軍に、彼の権限における部隊の降伏を許可した。

6月20日、実質的に5個大隊程度まで戦力が低下した第3軍第VI軍団は、シャルム付近で撃破された。コンデ将軍はサン＝ディエの西で第3軍、第5軍の残余兵力5万とともに包囲されており、コンデの幕僚のほか、第VII軍団、第XX軍団司令部も包囲環の中にあった。休戦協定の締結まで両軍とも現状を維持することを求める申し入れは、第6山岳猟兵師団のフェルディナント・シェルナー大佐によって拒絶されていた。同師団からの総攻撃がいつ始まるかわからないことが不安材料となり、コンデ将軍は6月22日1500時をもっての降伏に同意した。彼はまず第3軍司令官として降伏文書に署名し、同時に「指揮権を行使できる」第5軍、第8軍についても、指揮官として振る舞った。しかし、抜け目ない言葉選びによって、ジャン・フラヴィニー将軍の第XXI軍団と、フェルナン・レスカーニ将軍の第XXXXIII軍団については、この降伏文書の対象から外すのに成功していた。

モゼルの背後から南東のトゥールにかけて、ヴェルダン地区の指揮からデュ・ブイソン集団の指揮官に転じたレネ・デュ・ブイソン将軍は、7万の兵士を指揮していた。第XXXXII軍団、第XXI軍団、植民地軍団を主とする8個師団から構成されていたデュ・ブイソン集団は、まもなく包囲環の中で2つに分断され、南のヴォドゥモン付近に閉じ込められた第XXI軍団と植民地軍団は、フラヴィニー将軍が指揮を引き継いだ。このような絶望的な状況に直面して、ドイ

ヴズー地区から前進を始めた第XXXXI軍団は、南西から圧力を加えて、6月18日に、ついに第6戦車師団がエピナルに到達した。（左）6月19日、市内に向かう唯一のピエリー橋を通過する直前、フランス第46歩兵師団偵察グループの25mm対戦車砲を3発食らって動きを止めたPzkw.35（t）。車長のハインリヒ・クリュースマン曹長は2名の乗員とともに脱出したが、アントン・ドレーゲ伍長は戦死し、全員、負傷がひどかった。（右）エピナルのルイ・ラピック通り。50年後の様子。

（上）敵の退路を断つために配置につく第6山岳猟兵師団の対戦車砲操作員。オットー・ドリマー少尉が撮影。敵第3軍、第5軍の将兵は、サン=ディエの西に包囲されていたので、ここに逃れる望みはもともとなかった。（下）D420号線沿い、ラ・ボル村の西に撮影地点を発見した。

ツ軍との交渉の必要を認めたデュ・ブイソン将軍は、6月21日午後に軍使を派遣したが、事前にフラヴィニー将軍と打ち合わせをしていなかった。6月22日、ドイツ軍の第XXXVI軍団司令部にて、軍使レネ・クーザン大佐は、翌朝を刻限とした降伏文書に署名した。デュ・ブイソン将軍はこの文章の一部文言について、ハンス・ファイゲ中将に抗議した。

フランス第8軍の第XIII軍団、第XXXXIV軍団は、6月22日にゲラールメ付近で降伏した。軍司令官のカウレ将軍はラ・ブレスの司令部で、第5軍司令官ブレー将軍とその幕僚ともども捕虜となった。

第5軍の残余部隊である第XXXXIII軍団は弱体化した要塞師団2個を率いてドノン高原に孤立していた。6月23日朝、レスカーニ将軍はドイツ軍が仲介として立てたフランス軍士官から休戦協定が調印された事実を知らされた。上級司令部と連絡が断たれている以上、確証を得ることはできない。終日、ドイツ軍軍使と討議を重ねた末に、将軍は降伏要求を拒絶した。だが、

包囲されたフランス第3軍の将兵を指揮していたコンデ将軍は、第6山岳猟兵師団長に対して、休戦協定が執行されるまで、互いに現状維持する旨を申し入れている。しかし、常に急襲を受ける恐れを抱いていたフェルディナント・シェルナー師団長は降伏以外の申し入れは受け付けないと返答した。（左）第XXV軍団長カール・フォン・プラーガー将軍とシェルナー大佐。6月23日、サン=ディエのスタニスラス通りにて。翌日、将兵5万とともにコンデ将軍は降伏した。ドイツ軍司令官は二人とも第一次世界大戦のプール・ル・メリット勲章を着用していた。

この勇気ある拒絶は、午後に前線に到着した第60歩兵師団長のフリードリヒ=ゲオルク・エーベルハルト少将を感銘させはしなかった。C軍集団は夕方にかけてさらに二人の軍使を派遣した。翌朝、地上戦が始まる前の猛爆撃に打ちのめされたレスカーニ将軍は、結局、降伏文書に署名したのだった。

南では、第XXXXV軍団（第8軍）が、退路を確保せよという命令を遂行しつつブザンソンに向けて移動中だったが、6月17日にドイツ軍第XXXIX軍団と遭遇戦になり、フランス第67歩兵師団が壊滅していた。第2ポーランド師団と第2シパーヒー旅団の残余部隊は、ドゥーで罠にかかり、2日をかけてメシェ高地まで後退した。6月19日の夕方、ダイ将軍は移動可能な部隊に対してスイス国境を越えるよう命令を出した。この命令を受けて、第2シパーヒー旅団の1個連隊と、第16戦車大隊のR35装備中隊、第2歩兵師団の大半と、第67歩兵師団の一部は、同日夜から翌日にかけて、必死に退路を確保しようとしていた。

6月20日には第XXXXV軍団の司令部要員もスイスに入り、ダイ将軍は兵士を抑留するよう要請した。第67歩兵師団の大半はドゥーの西で罠にかかり、すべての橋が爆破されていた。脱出は不可能な状況のなか、彼らは6月23日に捕虜となるまで応戦していたが、アンリ・ブティニョン将軍はフルリ近郊の戦闘で負傷していた。6月24日にも小部隊がスイス国境を越え、最後まで抵抗していたジュ（Ju）要塞の守備隊も翌日には降伏した。すべて計算すると、4万2300人がスイス国境を越えて抑留対象となった。そのうち1万2150名がポーランド兵で、99名の第51ハイランド師団の兵士の姿もあった。

6月25日にヴォージュ山脈で降伏した第105要塞師団の兵士2500名が、フランス軍最後の交戦部隊だった。ピエール・ディディオ将軍のこの師団は、標高1000mの地点まで追い込まれた末に降伏したのだ。武器弾薬は残っていたが、食料が欠乏していた。彼らは休戦が締結された事実をラジオ放送で知っていたが、武器を置こうとはしなかった。これは捕虜として扱われる資格を失ったことを意味する。ディディオ将軍は降伏の日付を伸ばそうと考えていたが、天候が悪化して冷たい雨となったことから、将軍は6月26日の朝、高地から降りるように命令を発した。兵士は決して自分たちは捕虜となるわけではなく、国土の南の非占領地域に移動するための交渉が、ドイツ軍との間でな行なわれるのだと信じていた。縦列行軍を許されたフランス軍兵士は、士官と兵士に分けられて、別々に歩いていたが、その間、彼らは帰還後に受ける栄誉や従軍手当について夢中になって話していた……しかし、行軍の先は捕虜収容所だったのだ！

スイスで抑留された部隊を除けば、多くの兵士が夜の闇に紛れて徒歩で南に向かい、ドイツ軍非占領地に逃れていた。6月21日、第1ポーランド歩兵師団は港に向かい、そこからイギリス本国へと脱出するようにと、ロンドンの亡命政府から命令を受けた。ブロニスラフ・ドゥカ師団長はよくこの任を果たし、ほとんどの兵士がフランスを脱出できた。

「我が軍集団の攻撃は、開戦以来最大、最高の

去る者も、残る者もいる。6月20日、フランス第1歩兵師団はバカラの北方で、左翼の第52砲兵師団、右翼のダグナン集団（サル要塞地区から後退してきた兵で編成）とともに守備についていた。写真の25mm対戦車砲はメルヴィレの北の林道から攻めてくる第75歩兵師団の先導車両を撃破した。

壁の裏側——中立国スイスにて。6月19日、第XXXXV軍団長アンリ・ダイ将軍は部隊にスイス国境を越えるよう命令した。当然、スイスでの長期の抑留を覚悟しての命令だ。アルジェリア第7連隊、第16戦車大隊の1個中隊、第2歩兵師団の大半、第67歩兵師団の残余部隊などがスイス軍監視のもとで入国を認められた。（上）第2歩兵師団のポーランド人部隊——6月20日、グムワにて撮影。スイスに入った部隊の大半は1941年初めまでに帰国した。（下）50年後のドゥー渓谷は静謐な空気に満ちていた。

装備の大半はベルンの西、リスにある兵器廠に集められた。2両のR35戦車は第16戦車大隊第2中隊の第1小隊（砲塔のスペードで識別）に所属。その脇を通過中の補給馬車。兵器廠の門に通じる道で撮影。

成功をおさめた」と、C軍集団は記録していた。6月23日の国防軍日報では、50万を捕虜としたうえ、膨大な武器、軍需物資を鹵獲できる見込みにあると報道した。捕虜となった主な将官としては、第3軍（および全軍司令官を兼任）司令官シャルル＝マリー・コンデ、第5軍司令官ヴィクトール・ブレー、第8軍司令官エミーユ・ラウレらの姿があった。

ダイ将軍と幕僚は6月20日にスイスに入ったが、写真はフランス送還の直前、将軍がアルジェリア兵に話しかけている場面。

（左）フランス戦車兵は抑留キャンプへの移送を前に、まず装備を兵器廠まで運ばなければならなかった。ドイツの許可を得たあと、1941年初頭にフランス兵はヴィシー・フランス領内への帰国を許された。しかしフランス軍の装備はすべてドイツに送られた（車両900台はスイスが購入した）。（右）今日、兵器廠内部の写真撮影は禁じられているが、守衛が黙認してくれたので、ジャン＝ポールは入口の外から比較写真を得ることができた。

先頭を行くアルジェリア兵がスイスのカメラマンに一瞥を投げている。アルジェリアの地に有名なフランス騎兵部隊が創隊されたのは1834年で、以降、チュニジア、モロッコなど、フランス植民地の住民で編制されていた。スイスには約3万のフランス兵と1万2000のポーランド兵が入国したが、その他5500頭の馬もいた。

スイスでは車両2000台、砲100門を越える兵器の目録が作成された。写真の75mm高射砲は首都ベルンの西30kmにあるムルテン、ベルン門の前で一時保管されていたもの。

ブレスト（上）とサン＝マロ（下）での焦土作戦の様子。一方、シェルブールからは二度目の大脱出が始まっていた。目標はビスケー湾のナントである。

最後の撤退

ジェームス提督がブリターニュ半島からのBEF撤退作戦「エアリアル」を実施している間に、ビスケー湾から部隊および軍需物資を運び出す作戦が、プリマスの西部海上管区司令官サー・マーティン・ダンバー＝ネイスミス提督の指揮下で実施された。当初、ナントの港に集まるイギリス軍、連合軍将兵の数は4万から6万と見積もられていたが、実のところ正確な数も日時も読めず、全体的な見通しはほとんど立っていなかった。ダンバー＝ネイスミス提督は3隻の駆逐艦ハヴォック、ウルヴァリン、ビーグルのほか、大型客船4隻、貨物船やポーランド船籍の船など、かなりの艦隊を指揮する立場だった。これらの艦船はキブロン湾に集められ、サン＝ナゼール、ナントの両港から兵員や資材を積み出す準備に入っていた。対潜防備は何も無かったので、停泊地は常に危険に晒されていた。

6月16日から始まったキブロン湾からの撤退は、ルフトヴァッフェの阻止攻撃に悩まされたものの、被害はフランコニア号だけに留まった。この日だけで兵員1万2000名が脱出し、駆逐艦ハイランド、ヴァノクと合流して船団を組むと、危険海域から脱出した。

6月16日の夜、サン＝ナゼール軍港の混沌とした様子について、空軍のマクフェイデン飛行隊長は次のように語っている。

「我々のグループは喧噪に満ちたドック内で睡眠をとるように命じられたが、そんな休息をとる余裕なんか、遂に一晩中やって来なかった。夜通し、飛来するドイツ軍機に仰天したフランス兵が対空機銃を撃ちまくっていたんだが、敵機は射程の3倍も遠くを飛んでいたんだ。ドックの中での危険と言えば、重力の法則が一番で、

ダンケルクも含めて撤退時の最大の悲劇は、6月17日、サン＝ナゼールで起こった。1万6243トンの兵員輸送船ランカストリア号は、もともと1922年にキュナード汽船会社のティレニア号として竣工したが、1924年に客船に変更された。そして（イタリアの海の名前を使った）具合の悪さを払拭するためか、ホワイトスター社の定期客船ランカストリア号として再出発したのである（左）。しかし、戦争勃発とともに兵員輸送船として徴用された。運命の17日の朝、ランカストリア号は約5000名（詳細は未だ不明）を乗せて航行中をルフトヴァッフェに襲われ（右）、ロアール河口に沖に沈没したのである。西方戦役中では、一度の事故として最大の死傷者を記録することとなった。

俺自身、かぶっていたヘルメットに落ちてきた対空機銃弾が命中したほどだった」

「翌朝、0430時、我々のグループには出発準備ができていたが、まだ何の命令も指示も受けていなかった。しかし、周囲のグループは側道を降りて、船が停泊している埠頭に向かっていた。俺は憲兵をつかまえて、何か新しい指示が出ていないか確かめたが、返事がはっきりしない。そこで我々のグループと埠頭に向かうことにしたが、入口のところでごった返していて、誰が責任者なのかもわからない有様だった。俺は仲間の居場所を確保するために、混乱現場から少し離れた場所に埠頭を塞ぐように陣取った。そうしないと他の部隊に追い越しされてしまうからだ。そうこうしているうちに空襲の懸念が強まった。埠頭の近くにいたら、機銃掃射の格好の餌食にされてしまう。0515時に数人の陸軍士官が姿を見せたが、艀への具体的な乗船指示は0600時まで何も無かった。兵員はまず艀を使って、サン＝ナゼールの沖合10～15マイルに停泊している船に運ばれるが、0800時に我々のグループはどうにかランカストリア号に乗船できた」

RAFの戦闘機部隊が上空掩護のために飛来してルフトヴァッフェを牽制したので、撤退作業は順調だったが、1545時に港湾上空に姿を現した敵空軍が、河口付近に停泊している船舶を攻撃した。ありとあらゆる対空兵器が投入されたが、ランカストリア号に爆弾が命中した。RAFの要員を多く含む5800名ほどが乗船した船は15分ほどで沈没し、3000名が死亡、救助された生存者はそのままイングランドまで運ばれた。この時の救助者には前述のマクフェイデン飛行隊長も含まれる。

乗船作業は夜まで続き、18日の夜明けには合計2万3000名を乗せた10隻の船がプリマスに向けて出港した。このとき、ドイツ軍が迫っているとの急報が入り、12隻の船は周囲にいた兵員を回収すると、1100時に慌てて出港した。結果、港には約4000名の兵士と膨大な物資が残されてしまったが、間もなくドイツ軍接近が誤報だと判明すると、午後のうちに駆逐艦6隻、貨物船13隻がサン＝ナゼール港に戻った。しかしこの時は2000名しか収容できなかった。

6月18日、ラ・パリスから徴用貨物船を使って、約1万名が脱出した。翌日には、ダンバー＝ネイスミス提督が用意した船に乗って、4000名のポーランド兵がイギリスに渡ったが、20日

第73飛行中隊の元軍曹チャドウイック氏は事件を振り返る。「6月17日の朝6時30分頃、ランカストリア号に乗り込んだ。波止場で4時間ほど待たされた後だったかな。皆に素晴らしい朝食が振る舞われたよ。長い間、軍用携行食ばかりだった我々のような兵士には大変なごちそうだった。昼時になってもまだ乗船が続いていた。その頃までに5000名を越える兵士やパイロットが乗り込んでいたに違いない。船員も400名以上はいた。ほとんどの兵士は疲労しきっていて、どうにか寝転ぶスペースを見つけては、一様にぐったりとしていたのだが、午後3時30分頃、左舷20ヤードほどのところに2発の爆弾が落ちたんだ。ほとんど全員が甲板に上がり、救命胴衣が配られた。再び爆撃機が襲ってきた。皆、頭を隠すようにして神に祈るしかなかった。だけど今回は船に命中し、瞬時に大勢が死んでしまうのを見てしまった。船はすぐに左舷側に傾きだしたので、皆が沈むのを防ぐために右舷に集まった。しかしそんな手が通じたのはわずかな時間で、船はいよいよ勢いを付けて左舷に傾きながら、船首から沈んでいったんだ」

には両港から回収してもらうのを待つ兵士の姿もなくなり、結果、フランスにイギリス兵の姿は見られなくなった。

一方、フランスからの逃げ道を探していたポーランド、チェコ軍の兵士のうち4000名は、6月19日にボルドーから出港したが、この中には駆逐艦バークレィに搭乗したポーランド大統領を筆頭とする閣僚一行の姿があった。また、バイヨンヌ、サン＝ジャン＝ド＝リュズなどフランス南端の港からの中継港として、ジロンド川河口のル・ヴェルドンからも1万9000名のポーランド兵が撤退した。

6月25日0200時に出港した船を最後に、フランスの休戦協定調印を受けて撤退作戦は公式に完了したが、地中海岸の港からの脱出は8月14日まで続いていた。最終的にフランスから脱出した兵力は、ダイナモ作戦の33万8226名（加えて2万7936名が、非軍属および負傷などの理由で先に本国に帰還した）を含む、55万8032名となる。ダンケルクからの撤退完了以降、19万1870名が別ルートで撤退したことになり、その内訳はイギリス兵が14万4171名、ポーランド兵が2万4652名、フランス兵が1万8246名、他にチェコ兵4938名とベルギー兵163名がいた。

ナント港を中心に、相当量の軍需品が遺棄されたが、例えばナントの北方40km、ガーブの森に設けられたイギリス軍の物資集積場では、砲弾50万発（75mm砲弾14万1430発、105mm砲弾10万300発）、小銃、機銃弾3000万発、50ポンドから500ポンドまで、焼夷弾を含む各種航空爆弾6000発をドイツ軍は発見した。

6月に入ると、事態は一層広範に、深刻の度を増していったが、その中で強力かつ士気旺盛なフランス海軍の存在が、戦争の焦点となりつつあった。休戦協定が現実味を帯び始めると、艦隊を巡る思惑は独仏間だけでなく、仏英間の焦眉の問題となったからだ。6月13日、休戦協定の交渉が始まる前に、海軍はすべての艦隊をイギリスに送るべきではないかと、ウェイガンはほのめかしていた。艦隊に関する交渉を封じてしまうための措置だった。しかし、トゥーロンとビゼルテから艦隊が姿を消せば、北アフリカ、コルシカ島はイタリア海軍の前に丸裸となり、場合によっては南仏沿岸部の防衛さえ危うくなると指摘されると、この考えは封印された。

ブリターニュ半島の海軍基地がドイツ軍に脅かされると、フランス海軍はまず出港可能な船を港から逃し、動かせない船は自沈処分にした。そして地中海ないし北アフリカの基地まで航行できない船にはイギリスに向かうよう命令が出された。2隻の旧式戦艦クールベとパリ、大型駆逐艦レオパール、トリオンファンのほか、駆逐艦8隻、スループ13隻、潜水艦7隻と200隻内外の小艦艇が、休戦協定が執行するより前にイギリスに到着した。こうした艦船の大半は、7月3日以降、イギリスが使用した。

「もう船はもたない！　皆が悟り、一斉に服を脱ぎ始めた。だが、まだ甲板に大勢が残っているうちに、戻ってきた敵機が機銃掃射を始めたんだ。これにはたまらず、次々に海へと飛び込んだが、海面までは5mもある。船の傾きが増して行くなか、救命ボートを下ろすのに懸命になったが、とにかく浮き輪代わりになりそうな椅子や家具などを手当たり次第に海に投げ込んだ。しかし、これが良くなかった。海に投げだされた兵士にとっては、降り注ぐ家具は凶器と変わらず、返って犠牲を増やしてしまったからだ。必死に救命ボートや筏の準備をしている間に、またも来襲した敵機が無抵抗の仲間を掃射した。私は船の縁に座り、上半身裸になると、大慌てで海に飛び込んだ。ランカストル号から漏れだした油をかき分けるのに、50m近く泳がなければならなかった。それはら半マイルも離れた洋上に見つけたボートを目指して懸命に泳いだ。しかし、半分も行かないうちに、そのボートに敵機が迫り、爆弾を投下した。胃が縮むような気持ちになった。ボートに乗り込んでいた仲間は全員で“Roll Out the Barrel（ビア樽ポルカ）”を歌っていた。それが爆発直前の最後の記憶なんだ」

海岸から見える海域での出来事だったので、すぐさま救助が行なわれた。 RAFは救命帯を投下し、海軍も救難艇を派遣していた。最終的には海から2500名が救い出され、イギリスへと運ばれたが、死者は3000名を越えると見積もられている。同日午後、チャーチルは、この恐ろしい出来事を報道禁止とした。「新聞にはこれまでも十分すぎるほどの悲劇が掲載されている」と見なしたからだ。「私は数日のうちにはこのニュースの報道許可を出すつもりだ。しかし、連日の暗いニュースの前には、私は禁止を解くのを忘れてしまうかも知れない」実際、7月25日にランカストリア号沈没を報じたアメリカ系新聞の記事をタイムズ紙が引用するまで、イギリス政府はこの悲劇について沈黙していたのである。

6月17日、フィリップ・ペタン元帥は休戦に向けて動き出した。「災厄に見舞われたフランスを救わねばならない……」と自らを納得させ、彼は最悪の時期にフランスの指導者となったのだ。破滅的な戦争を終わらせ……ドイツの要求を受け入れ……ヒトラーの手を取り……。不運にも、ペタンはやがてこの決断がドイツ協調路線へと変じてしまうのを知ることとなる。写真は1940年末、トゥーロン軍港にてフランス海軍司令官フランシス・ダルラン大将を訪ねたときのもの。左がペタン元帥である。

侮りがたいフランス海軍の装備がドイツ軍の渡るのを極度に恐れ、焦燥に駆られたチャーチルは、月曜日の朝、もしフランスがドイツとの単独講和を模索しているのであれば、海軍をイギリスに回航させるべきであるとの旨のテレグラムをペタン宛に送っている。だが、フランス海軍艦艇の大半が北アフリカに送られている現状では、このような圧力は無意味だった（大西洋を航行してイギリスに到着することは不可能だった）。しかしチャーチルにはドイツ海軍にフランス艦艇が加えられるという可能性さえ我慢ならなかった。そして7月3日、オラン近郊のメル＝セル＝ケビル軍港に停泊していたフランス海軍主力艦艇を攻撃し、一部をイギリスに回航させてしまうのである。

フランス軍山岳部隊、そして対峙するイタリア軍の"アルピーニ(山岳部隊)"ともに両陸軍を代表する精鋭部隊である。1939年末、フランス軍のスキー偵察小隊を撮影。

アルプス戦線

1936年にドイツとイタリアが枢軸を結成すると、フランスはイタリアとの戦争を意識する必要に迫られた。開戦初期、ガムランは対独戦は防御戦略を採用しつつ、イタリアが参戦した場合は連合軍の最優先攻撃対象として、真っ先に屈服させるべきと考えていたが、これは連合国側の政治家、軍人にとってはほぼ共通認識であった。従って、ムッソリーニがイタリアを「非交戦状態」の鎧の影に隠し続けようとしたことは、ガムランを少なからず失望させた。

連合国がドイツに宣戦布告して以降、仏伊国境に部署されていたフランス軍は、暫時、北方戦線に引き抜かれ、縮小の一途をたどっていた。1939年10月時点で、この方面を担当していた第6軍は戦力55万を有していたが、1940年6月には20万6000まで低下していた。1939年11月には、アルプス戦線に展開していた第6軍司令部要員はブルゴーニュ地区に移動して予備に入り、代わってレネ・オルリ将軍のもとにアルプス軍が編成されたのである。

1940年3月、ドイツとイタリアの間では、イタリア軍20個師団がライン地区での攻勢に参加するという《作戦名：緑》について話し合いが持たれていた。これはドイツ軍に続いてライン川を渡河したイタリア軍が、南に向きを変えてラングル平野に侵出するという計画である。しかし副次的な役割に留められているこの作戦に対して、イタリア軍は積極的な姿勢を見せなかった。しかもイタリア軍が動員をかけてから、オーバーハイム周辺の作戦開始地点に予定戦力を集結するまでに、少なくとも12週間を要するという見積もりが出された結果、5月には計画自体が白紙となった。5月20日のヨードルの日記には「イタリア軍がアルプス方面で攻勢に出れば、オーバーハイムのフランス軍が牽制されて都合が良いのだが」と書かれている。

ムッソリーニは参戦の機会をずっとうかがっていたものの、5月10日にドイツが西方戦役を

1939年9月の対独宣戦布告があっても、仏伊国境での両軍の関係は良好だった。同時期、北フランスの兵力増強のためにアルプス戦線の戦力は段階的に引き抜かれていた。モン・スニ峠にて冗談を交わすイタリア第59カリグリアーリ師団と、フランス第28歩兵師団の士官。1939年10月撮影。

イタリア国境からわずか6kmほどにある小村サン＝ヴェランを守る第102アルプス要塞大隊の兵士。1940年5月、この地区のフランス軍は危険なまでに弱体化していたので、フランス政府は北アフリカでの譲歩をちらつかせてムッソリーニの歓心を買うほかに打つ手がなかった。

開始した時点では、まだ勝利への自信はあやふやだった。しかしベルギーが降伏すると、彼はにわかに大胆になり、参戦の気配を発言の端々に匂わせてはいたものの、フランス軍最高司令部がアルプス戦線の守備兵力を北方に転用するまでは動こうとしなかった。イタリアの態度急変を察知したフランス政府は、ムッソリーニに対して見返りをちらつかせつつ、参戦を阻止しようとした。ジブチ、チャドおよびチュニジアの居住可能地などが取引材料とされたのだ。だが、フランス内閣は対イタリア政策について分裂状態にあった。イタリアとのいかなる交渉も拒否するという者もいれば、ローマ法王に仲介を求めようとする意見や、イタリアとの直接交渉の道を探る動きもあった。特に後者については、イギリス外相のハリファックス卿の同意を得て勢いがあったが、譲歩をともなうハリファックスの意見はチェンバレンの同意しか得られず、イギリス戦時内閣で否決された。5月30日にパリでイタリア大使との会談があった際には、「譲歩の安売り」を拒絶すべしという空気が政府内を占め、当初提案されたイタリアにとって十分魅力的な取引内容は取り下げられていたのである。いずれにしても、この交渉は遅きに失した。ムッソリーニはいまや国家と自らの統治制度に勝者の栄光をもたらす夢に取り憑かれ、分け前があまりにも小さな和平を選ぶよりは、参戦する方が実入りが大きいと疑っていなかったからだ。

5月31日、ムッソリーニは国王ヴィットーリオ・エマヌエーレIII世や軍最高司令部に対して参戦の意図を明かし、ヒトラーには遅くとも6月10日までには参戦すると電話で約束した。しかしムッソリーニは、イタリアは参戦準備ができていないという理由で、あらゆる将官からの反対に直面した。

1939年9月、ムッソリーニは皇太子ピエモンテ公ウンベルトをフランス国境方面軍の司令官に任命した。皇太子の手元にある2個軍は、開戦以来弱体化を続けるフランスのアルプス軍に対峙していた。モン＝ブランからモンテ＝ヴィーゾにかけての戦線では、フランス第XIV軍団と、アルフレード・グッツォーニ将軍のイタリア第4軍が対峙していた。歩兵師団9個、アルプス集団2個、騎兵集団1個を擁する第4軍の第一作戦目標はフランスのムティエだった。モンテ＝ヴィーゾから地中海沿岸にかけては、ピエトロ・ピントール将軍の第1軍が布陣し、歩兵師団13個、アルプス集団2個、騎兵集団1個がニース、次いでマルセイユを作戦目標としていた。この前線部隊の背後には、予備として第7軍（歩兵師団5個、自動車化歩兵師団の基幹部隊3個）が部署されていた。前線に開いた突破口の拡大がこの予備軍の任務である。

一方、フランス軍では、6月に入ってさらに部隊が引き抜かれた結果、オルリ将軍の指揮下には約18万5000の兵力しか残っておらず、スイスに接する左翼、ローヌ防御地区には第1シパーヒー旅団、兵力4500名と、無いも同然のわずかな兵力しか配置していなかった。この部隊はもともとは北方戦線にいたが、実戦経験を積んだのち、6月5日にアルプス戦線に送られてきたのである。戦線中央には歩兵師団2個と、サヴォワ、ドーフィニー要塞地区を指揮する第XIV軍団が配置していた。右翼には歩兵師団1個とアルプ＝マリティーム要塞地区を指揮する第XV軍団がそれぞれ展開していた。北方戦線の状況は最悪なので、オルリ将軍は増援を期待できないうえに、北方から長駆進撃してきた敵戦車部隊が、背後に現れる事態も想定しなければならなかった。

約18万5000のフランス軍に対し、短気な統領は45万ものイタリア軍を投入していたが、山岳地帯は基本的に防御側有利であった。

背後からの一突き

6月10日1800時、「世界が注視してきたように、イタリアは戦争を避けるべくあらゆる努力

ブリアンソンの30kmほど東にある、標高2000mのアルプスの小村。日時計で有名な村だが、うちひとつが教会の壁の隅に確認できる。

今度は殺し合うために。第二次世界大戦で最悪とも言える火事場泥棒の実例が6月10日——西方戦役の終わりが始まった頃——に見られた。すでに主戦線で大勢が決したこの段階になって、イタリアの統領はフランスに宣戦したのである。今やフランスは四週間の電撃戦でノックダウン寸前だった。しかしムッソリーニは休戦協定が結ばれるまでの十日間にわたり、卑劣な攻撃を加えてきたのだ。その頃には、フランスはリングに倒れ、敗北のカウントダウンが始まっていた。しかし、イタリアを相手ならまだファイティングポーズをとることができた。フランスへの道を拓くために軍を先導するイタリア第1スペルガ歩兵師団の前衛部隊。

を重ねてきた。しかし、努力はすべて水泡に帰した」と演説し、現時点を以てフランスと戦闘状態に入ると宣戦した。ラジオ放送の中でレイノー首相は「ムッソリーニ氏はこのタイミングを選んで我々に宣戦した。いかなる評価を下すべきか？　フランスに言うべき事は何も無い。世界が裁きを下すだろう」とコメントした。ルーズヴェルト大統領は、フランスが弱体化するタイミングをムッソリーニは虎視眈々と狙っていたのだと判断した。アメリカ国内の「イタリア票」を意識して、全体的には慎重なトーンだったが、それでも「1940年6月10日、短剣を握った手で隣人を背後から一突きにしたのである」と、ムッソリーニを非難した。

宣戦布告と同時に、オルリ将軍はすべての爆薬を点火するよう命じた。しかし、ムッソリーニは宣戦布告と同時に攻撃しようとせず、それどころかピエモンテ公には厳重な防御態勢を命じていたのだった。

6月17日、北方のフランス軍主戦線は崩壊状態にあった。第2軍集団はフランス東部で包囲され、ドイツ戦車部隊はリヨン、ローヌ渓谷方面に進出していたので、オルリ将軍は背後の防御まで考える必要に迫られた。今やフランスの敗北は不可避であり、風見鶏のムッソリーニは遂にピエモンテ公に攻撃を命じた。しかし防御態勢からの急激な戦略変更には無理があり、攻勢に転じるには25日間の準備期間が必要だと指摘するピエトロ・バドリオ将軍を、ムッソリーニは激しく譴責した。

6月20日、イタリア軍は総攻撃を開始した。戦線の南で戦端を切り、丸一日の時間をかけて他の戦線でも動き始めたのだ。天候は全般的にひどく、どこも霧に覆われ、山岳地方では降雪も見られた。所々でイタリア軍山岳部隊は卓越した技能を発揮して、登攀不可能と思われるような場所を進んでいたが、もちろんフランス軍山岳部隊も同じ事をしていた。タロンテーズ渓谷では、イタリア軍は小サン＝ベルナール峠沿

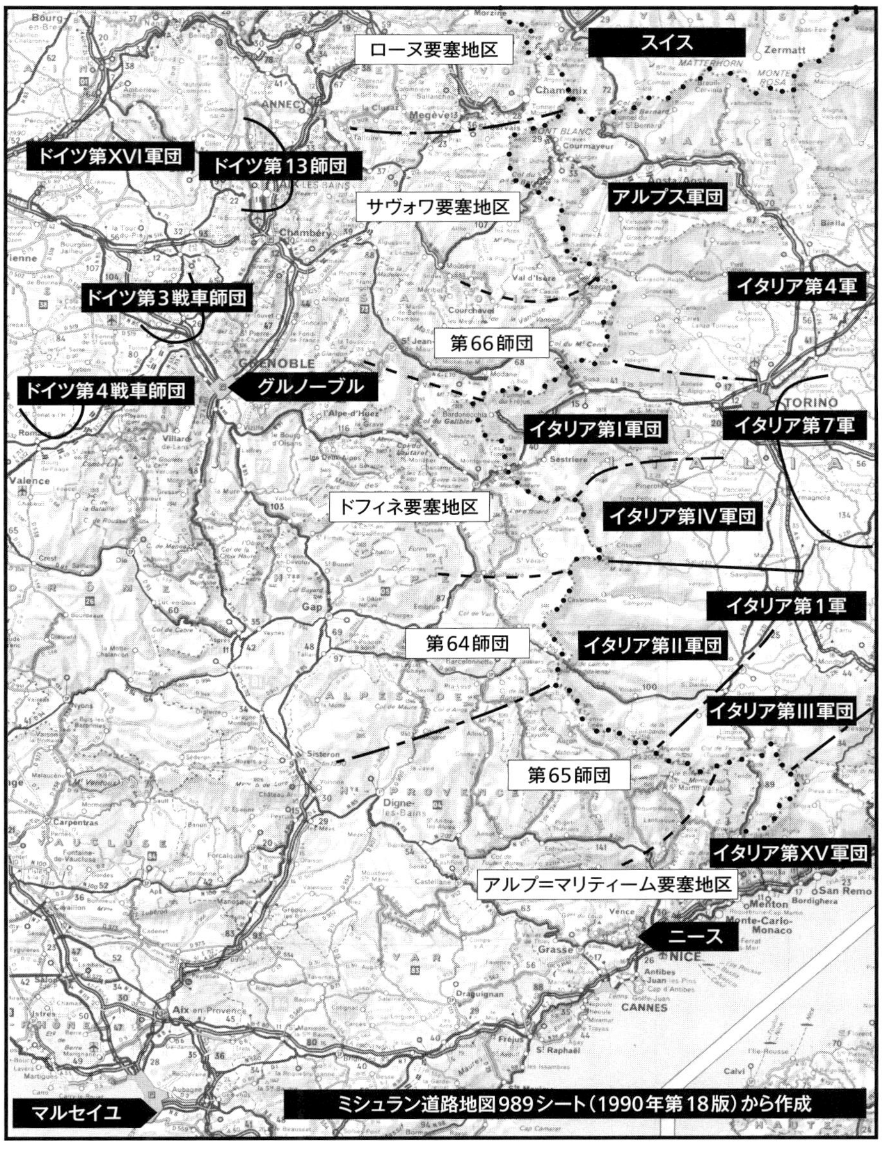

ミシュラン道路地図989シート（1990年第18版）から作成

6月はまだアルプス山脈の気候は厳しく、氷点下の強風や霧、そして雪崩を恐れる環境で戦わなければならなかった。モリエンヌ渓谷で作戦中のスペルガ師団は、2000名の凍傷者を出し、600名が捕虜となった。

いに南下を試みたが、途中でくい止められ、リドーテ＝リュネ要塞の攻略は包囲に留まってしまった。モリエンヌ渓谷では5日間に渡り、フランス軍陣地を強襲したが、6月24日になっても前哨陣地までしか到達できなかった。7月1日、包囲されていたリドーテ＝リュネ、トゥッラ要塞の守備兵が要塞を放棄し、武器を持って友軍領域内に帰還したが、イタリア兵は敬礼を持って彼らを見送っている。

戦線の南に目を転じると、第26アシエッタ師団が苦戦の末に、守備兵20名、軽機関銃2挺しか備えていない古めかしいシェナイエ要塞を、休戦協定執行の2日前になってようやく陥落させた状態だった。しかもブリアンソンへの進路は強力なジャヌ要塞によって閉ざされていた。この方面では、イタリア軍はフランス軍に対してほぼ十倍の戦力を有していたにもかかわらず、前哨陣地までしか前進できなかった。一年ほど前にフランス軍が秘密裏に配置していた第6軍第154要塞砲兵連隊の4門の280mm重迫撃砲が、6月21日には猛威を振るい、標高3100mに設けられ、ブリアンソン一帯を脅かしていたイタリアのカベルトン要塞を無力化していた。100発ほどの砲撃で、カベルトン要塞の8基の149mm砲塔のうち6基が使用不能となってしまったのだ。

さらに南のイタリア第1軍も、実に数百メートルしか前進できずに面目を失っている。海岸に面するマントンを攻撃した第5コッセリア師団を、海軍の列車砲は約200発の152mm砲弾を撃ち込んで支援したが、モン＝アジェル要塞の反撃で支援不能となり、6月22日にはガラヴァン＝トンネルに退避を強いられた。体勢を立

戦死者631名、負傷者2631名を出したイタリア軍に対し、フランスは戦死者40名、負傷者84名、捕虜／行方不明者150名と、損害は軽微だった。作戦中、登攀を強いられている第92アルプス要塞大隊のパトロール部隊。

て直して、午後には支援砲撃を再開したものの、フランス軍砲兵の対応は迅速で、モン＝アジェル要塞の75mm砲によって砲塔4基のうち3基が使用不能に追い込まれている。列車砲は慌てふためいてトンネルに退避したが、二度と出てくることはなかった。

6月22日、ムッソリーニは「いかなる犠牲を度外視してでも」マントン要塞を奪取するよう、怒気も顕わに将軍たちに厳命した。国境沿いにあるこの町では、開戦後、すぐにフランスの国境守備隊が姿を消していたが、町の東に設けられた前哨陣地群では休戦締結まで抵抗を続けていたのだった。海岸沿いの道路上にあるサン＝ルイ要塞の守備隊は、戦闘停止命令が直接下されるまで、休戦締結後も二日間に渡って抵抗を続けた。守備兵たちは武器弾薬を携えたまま、要塞入口の鍵をしっかりとかけたのを確認すると、そのまま友軍陣地へと歩いて帰還したのである。

ハドック作戦部隊とフランス海軍

ムッソリーニは「非交戦状態」を主張していたが、イタリアの参戦が迫っていると判断した連合軍は、5月以来、イタリアの産業中枢に対する爆撃作戦を検討していた。5月31日、連合軍最高戦争会議は、イタリアが参戦した場合、同国北部に集中している工場群と精油所に対して、迅速に爆撃を実施する方針を固めていた。5月17日の戦闘以来、前線からナントに退いて

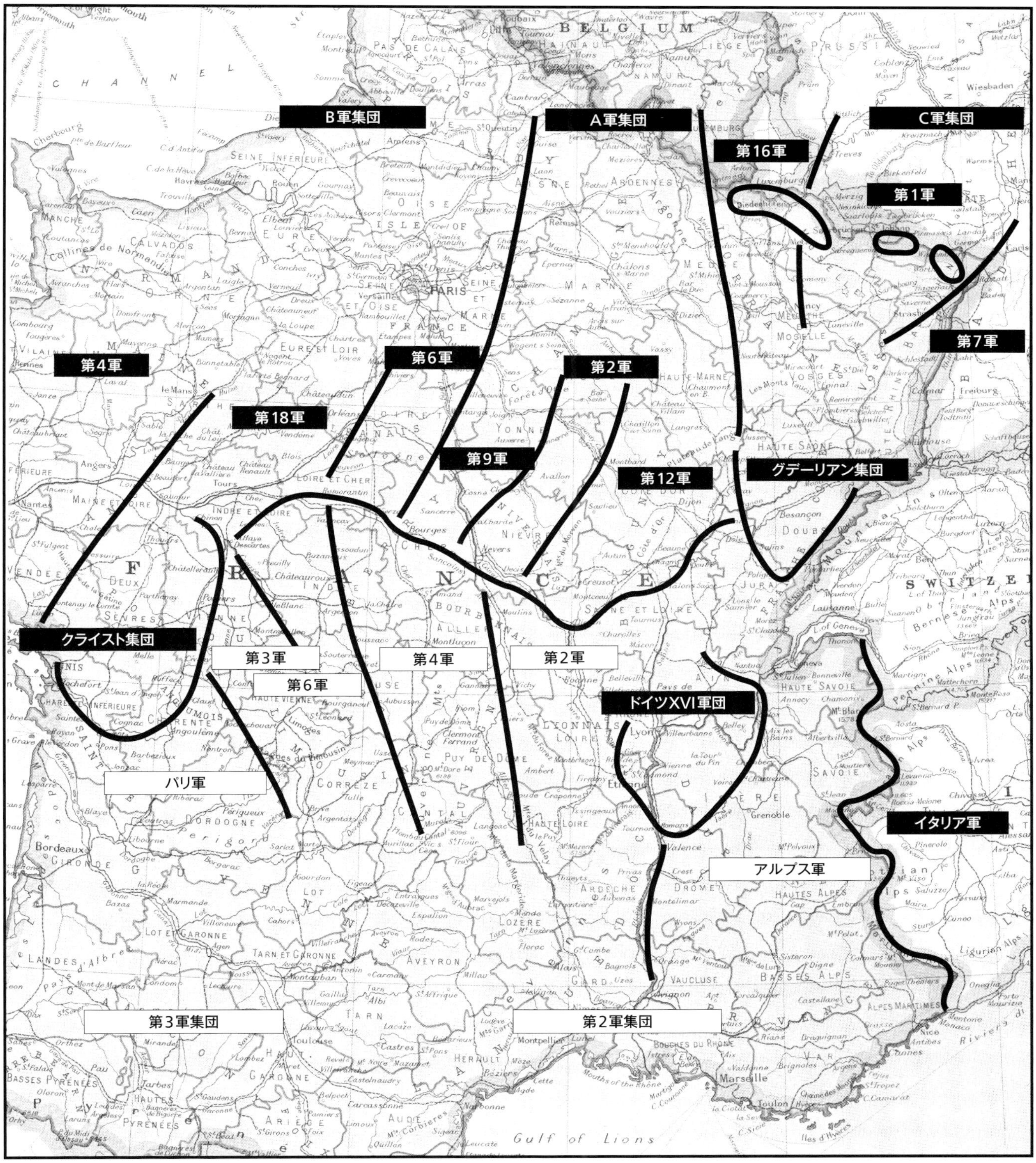

休戦直前の状況。第XVI軍団の撤退支援。クライスト集団が大西洋岸を南下占領していた事から、休戦執行時の戦線が、そのままヴィシー・フランスの行政権がおよぶ境界線となった。

この戦役では、イタリア軍との間に二つの奇妙な出来事が起こっている。フランス海軍（上：第3艦隊の一等巡洋艦アルジェリー）はジェノア海岸を艦砲射撃し、その間にRAFは内陸拠点を爆撃した。……しかし、この爆撃は中立国スイスへの誤爆事故を起こしてしまった！

いた、フィールド大尉と第71航空団の司令部要員は、6月3日、マルセイユの北方50kmほどにあり、RAFの物資集積場を兼ねているサロンとル・ヴァロンの2つの飛行場への移動を命じられた。イギリス本国から飛行してきたウェリントン爆撃機装備の爆撃飛行中隊が二晩の爆撃を実施したのち、別の爆撃飛行中隊と交替するというのが作戦計画の骨子で、作戦名は「ハドック（鱈の一種）」と命名された。

6月10日にイタリアが参戦すると、11日夜にはハドック作戦が発動した。第4集団のホイットレー爆撃機がイギリスから派遣され、ジェノヴァ、トリノが爆撃目標とされたが、風雪混じりの悪天候に祟られて36機が途中帰還を強いられ、爆撃実施までこぎ着けたのは1ダースほどだった。しかも一部はスイス上空に迷い込んでしまい、ジュネーヴやルナン、ダイアンを誤爆してしまった。

一方、その日の午後に第3集団のウェリントン爆撃機が展開したサロンでは、混乱が長引いて作戦実施には至らなかった。そののち、作戦中止と実施の連絡が飛び交うなか、フランス兵は対イタリア作戦への熱意を失っていたが、夕方には作戦延期が正式に決まった。ハドック作戦に投入されるウェリントン爆撃機が飛行場で離陸準備に入った瞬間に、滑走路上に何台ものトラックが進入して離陸を妨げたのだ。現地のフランス空軍司令官のとっさの機転で、作戦は無事に中止することができた。

連合軍同士で「苦々しい非難の応酬」が繰り広げられ、ハドック作戦部隊にはイギリスへの帰還命令が出されたが、バーネット空軍元帥は6月13日午後の時点で、作戦が継続可能であると報告を受けた。宣戦布告後の動きが乏しかったイタリア軍に積極的な動きの兆候が見られ、イタリアを戦争から遠ざける望みをフランスが捨てたからだ。

6月14日の払暁には、フランス海軍第3艦隊——巡洋艦戦隊（各2隻）2個と駆逐戦隊4個——が、ジェノヴァ湾一帯に艦砲射撃を見舞った。重巡アルジェリー、フォッシュと2個駆逐戦隊——第1、第5駆逐戦隊（各3隻）——はヴァドの石油集積所とサヴォナの製油所を砲撃し、その間に重巡コルベール、デュプレを含むと2個駆逐戦隊——第3駆逐戦隊（3隻）と第7駆逐戦隊（2隻）——の別艦隊がジェノヴァのアンサルド社の工場群を襲った。第7駆逐戦隊のアルバトロが軽微な損傷を受けた以外、奇襲は完全に成功したが、目標の損害は最小限に留まった。

6月15日夜、ハドック作戦部隊による最初の爆撃が実施された。8機のウェリントン爆撃機によるジェノヴァのピアッジオ、アンサルド両工場への爆撃である。しかし作戦は悪天候に祟られて、アンサルド工場への命中を報告できたのは1機だけであり、他の機体は爆撃せずに帰還した。翌日の夜、ハドック作戦部隊は再出撃し、22機のウェリントンがミラノおよびジェノヴァの工業地帯を目指した。しかし今回も天候に恵まれず、出撃機の半分だけしか戦果報告ができなかった。そしてこれがフランス国土から出撃する最後の爆撃作戦となった。フランスが休戦に向けて舵を切った影響で、攻撃作戦に停止がかかったからだ。ハドック作戦部隊にはイギリス本国への帰還命令が出された。

同様の攻撃制限指示は海軍にも出されたが、14日の戦果に士気を高めていた将兵は、ダルラン提督がイタリアへの攻撃停止を命じたことに意気消沈した。しかし、休戦交渉が行なわれている間、ムッソリーニが要求を拡大してくるの

6月12日の最初の空襲では、ジュネーヴ、ローザンヌの西のルナン、北西15kmのダイアンに爆弾が落ちた。（上）爆撃後のルナン駅の様子。住民たちはそれまで守り抜いていた中立が、実に不作法なやり方で破られたことを思い知らされた。

を恐れたダルラン提督は、イタリア海岸線に対する全面攻撃を計画した。6月22日、ダルランは軍上層部に作戦実施の許可を求めたが、ムッソリーニが過度な要求を取り下げたために、作戦は中止となった。

アルプス戦線のフランス軍にほとんど歯が立たなかった事実に、ムッソリーニは激怒した。突破口はどこにも得られず、多大な犠牲を払ったにもかかわらず、フランス軍の主防衛線にたどり着くこともできなかったからだ。もう少しましな「占領地」を獲得しなければ、来るべき対仏休戦交渉でイタリアの同席は認められないだろう。イタリア軍は目に見える戦果を欲して、6月24日に大胆な行動に出た。ドイツ第XVI軍団が得た情報によれば、約300名のイタリア兵が搭乗した25機の輸送機がリヨンに着陸しようとしているのだという。1時間後、リスト集団はこれを拒否し、ハルダーはこの出来事について「今朝ほど、興味深い知らせが飛び込んできた。イタリア軍がフランスの陣地帯でくい止められ、一歩も先に進めなくなったというのだ。フランスの休戦交渉が始まる前に、少しでも占領地獲得の既成事実が欲しかったのだろう。彼らはミュンヘンおよびリヨンへの部隊の空輸許可を求めてきた。すでに要地のリヨンはリスト集団によって確保されていたが、彼らも自分たちの要求をリヨンまで拡大したいのだろう。だが着想自体が、一種の詐欺に等しい。このような卑怯な企てに自分が関与したという記録が残るなどとうてい受け入れられない。この件に関連する提案はマリオ・ロアッタ将軍(イタリア軍総司令部の副参謀長)が主導していたが、バドリオ元帥は承認しなかったようだ。OKWとしては、この着想は指揮系統の下部の独断によってなされたものと見なし、イタリア軍の中では常識人であるバドリオ元帥が、恥じ入りつつも、この申し入れを取り下げるだろうと見なしている」と日記に書いている。

6月24日、フランス軍最高司令部は25日0035時をもって戦闘を停止すると公表した。

イタリア軍の参戦は、浅慮と不名誉な姿を露呈しただけで終わった。兵士は概して勇敢だったが、装備が適切でなく、作戦指揮も場当たり的で未熟だった。1949年にイタリア軍戦史局が編纂した資料によれば、アルプス戦線での攻勢で、イタリア軍は戦死者631名、行方不明ないし捕虜616名、負傷者2631名を記録した。凍傷を負った者も2151名を数えた。

フランス戦史でも最悪といえる敗北の連続の記録の中で、圧倒的優勢なイタリア軍の攻撃をすべて退け、それどころか叩き伏せてしまったアルプス軍の戦いは一筋の光明となっている。フランス軍の戦死者40名、負傷者84名、捕虜、行方不明者150名という数字が、この勝利を一層際立たせる証拠となるだろう。

第10、51、58、77、102爆撃飛行中隊のうち、少なくとも2機のホイットレー爆撃機がレマン湖を海と誤認して(実際は300kmも南東に海岸がある)、判明しているだけでもルナンに8発、ダイアンに6発の爆弾を投下してしまった。ルナンのジンプローン通りにある爆弾孔の大きさから推測するに、投下された爆弾は比較的小型だったようだ。それでも背後に見えるトレーラーハウスで婦人1名が死亡し、6名が負傷していた。

全体の被害は、ルナンとジュネーヴで死者、負傷者それぞれ2名、合計80名が負傷した。当然スイスは猛抗議したが、対抗手段はない。イギリスは「この事故と悲劇的な結果に深い謝意」を表明しただけだった。ローザンヌ通りに落ちた爆弾によって建物の多くが被害を受けている。ファサードが大破したグランド・ホテルの様子。就寝中の男性がルナンでの二人目の犠牲者で、場所はミディ通り1番地の住宅地である。

「恐れを捨てて前進せよ」6月18日、シュリー、オルレアン、そしてボージョンシーでドイツ軍がロワール渡河を開始した時、ついにフランス第3軍集団が最悪の状況に直面することになった。

最後の軍事行動

6月20日、ドイツ軍戦車部隊はシェルブール、ブレスト、ナントに到達し、東では第6軍がロワール川を渡ってシェール川に迫っていた。フランス側の休戦交渉団はこの日の夕方、ドイツ側と接触し、会合場所のトゥールに赴いた。

一方、ドイツ軍側ではだめ押しを図り、軍の再編成に着手していた。6月20日、クライスト集団は麾下の2個軍団のうち第XIV軍団を集結させ、その所属師団をB軍集団に移すよう命令を受けた。クライスト集団も司令部ごとB軍集団に移り、新たに第XIV軍団(第9、第10戦車師団、SS特務師団、SS自動車化師団“トーテン・コップフ”師団)を指揮するのである。第XV軍団——第7戦車師団と第2歩兵師団(自動車化)——は、ロワール川から海岸沿いに南下してスペイン国境を目指す作戦に参加する。

フランス東部では、A軍集団がローヌ渓谷とアルプス山脈を目指す、新たな攻勢を準備していた。6月20日、OKHはクライストから切り離した第XVI軍団に、マコンへの集結を命じ、第12軍の指揮権をA軍集団に移した。第12軍には、第XVI軍団——第3、第4戦車師団、ライプシュタンダルテSSアドルフ・ヒトラー連隊、グロース・ドイッチュラント歩兵連隊——が加えられ、

6月20日、エヴァルト・フォン・クライスト(左)麾下の装甲軍団はB軍集団の配下となり、ロワール河口からスペイン国境まで南下する部隊の先鋒となった(1942年に東部戦線で上級大将に昇進した直後の写真)。同日、第12軍はリスト集団へと昇格し、A軍集団の先鋒としてアルプス山脈のローヌ渓谷を目指す任務が与えられた。司令官ヴィルヘルム・リスト上級大将(右)は1942年に東部戦線においてA軍集団司令官として元帥に昇格した。

6月18日夕方、第33歩兵師団がオルレアン南方でシェール川に到達した。同じ頃、エルヴェル・ロワ中尉の第350独立戦車中隊がロモランタンの北10kmにあるミランセにてドイツ軍に対し反撃に出た。フランス戦車の出現はドイツ軍に無視できない損害を与えたが、対応は迅速だった。写真の"2084"号車は命中弾を受けて車長のアンリ・フレゾー准士官とともに炎上。乗員2名も戦死した。他の2両も撃破され、乗員は皆、戦死するか捕虜になっている。

リスト集団へと昇格した。6月22日、OKHは第1山岳猟兵師団もA軍集団に移した。アルプス山脈の峠を巡る戦いを視野に入れる以上、これは適切な決定だったが、まだブルージュ地区に展開中だった師団は、急遽、東に向かわなければならなかった。24日に師団の先遣隊はようやくリヨンに到着したが、何もかもが遅すぎた。

6月23日、作戦発動とともにリスト集団はローヌ渓谷沿いに南下を開始した。やがて進路を東に変えて、イタリア軍と対峙しているアルプス軍の背後を襲うのが最終目標である。先遣隊は可能な限り迅速にイタリア軍と連絡を付け、第XVI軍団が吟味した正確な情報をもとに、スツーカがフランス軍拠点を爆撃する手はずになっていた。6月21日のA軍集団の記録には、イタリア語通訳がリスト集団軍に帯同していた事実が残っている。

アルプス戦線の終焉

フランス第4軍集団の崩壊にともない、第2軍集団の3個軍は東側で分断されて、スイス国境とロワール川の間に巨大な裂け目が生じた結果、戦車部隊がリヨンに突進し、そこからローヌ渓谷やアルプス山脈方面を席巻する事態を避ける手立ては、フランス軍には残っていなかった。クライスト集団はディジョンに到達し、ソーヌ渓谷へ南進を開始していた。6月18日、戦車部隊はリヨンに達したが、イタリア軍に痛打

反撃開始から間もなく、アントワーヌ・ベッソン将軍はアンドル川の防衛線まで撤退を余儀なくされ、そこも放棄するとクルーズ川まで退かねばならなかった。写真の第4装甲師団の先頭集団を指揮していたアンドレ・ランデ大尉は6月22日に退却のために渡河した。二日間のうちに休戦協定が締結され、師団残余はリモージュ西部に集結させられた。

を与えているアルプス軍の背後は裸同然になっていた。イタリア軍と対峙している自軍から部隊を引き抜くのを拒否したオルリ将軍は、雑多な部隊をまとめて北方への備えとなる戦線を構築した。ローヌ渓谷には阻止線が設定されて、守備隊が南に逃げられないよう準備も怠らなかった。大急ぎで再編成が行なわれ、これらの急造部隊は予定陣地に直行すると、郷土防衛隊とともに戦線を作った。

6月18日、オルリ将軍は空軍と海軍に支援を要請した。対イタリア作戦用に艦隊を残しておきたい海軍はほぼ同数の47mmおよび65mm口径の海軍砲計40門を、250名の要員と一緒に派遣した。これらの砲は対戦車砲として期待できた。一方、空軍は主に飛行場警備中隊から約1200名の兵員を派遣した。またラ・セーヌのFCM社工場から6両のB1bis戦車が引っ張り出され、組み立て工がそのまま戦車兵となって、ボレーヌで軍予備に入った。第104重砲兵連隊は、まず第V軍団のもと、フランドル地方で大敗を喫し、ダンケルクに撤退すると備砲をすべて破壊してからイギリスに渡り、ブレストに帰還したのち、リヨンまで運ばれるという長旅の果てに陣地に入った部隊である。リヨンに到着した部隊には、もともとルーマニア軍の発注品だったシュナイダー製105mm砲が支給された。彼らが使い慣れていた装備ではなかったが、戦車がリヨンに姿を現したときこそ、彼らには復讐が期待されたのだった。

ジュネーブ近郊のローヌ川上流部からイゼーレ川沿いにヴァランスに至る線に、アルプス軍は戦線を急造した。配置の内訳は、北に第XIV軍団とローヌ防御地区守備隊が布陣し、中央にはカルティエ集団がイゼーレ川からサン＝ナゼールにかけての線を、その南のヴァランス地区では急造のイゼーレ集団が守りについた。軍の左翼にいた第2軍第XVIII軍団には、ロレーヌ川渡河点の破壊作業が命じられていた。

6月20日から21日にかけての夜、ヴォルップより下流のイゼーレ川一帯、およびヴィエンヌからヴァランスにかけてのローヌ川一帯に仕掛けられた爆薬が点火された。イゼーレ川および支流上流の水源地となっている山に設けられた水門の開放によって広大な溢水障害陣地ができあがった。イゼーレ川南岸の陣地には海軍砲が運び込まれ、残った砲はイゼーレ川の合流点からローヌ川の下流に配備された。しかし、砲座を用意する余裕が無かったために、コンクリート製の急造露天砲架に据えるしかなかった。

ロワール川とローヌ川の中間地帯でドイツ軍は停止していたが、この布陣に沿った線が、将来、ヴィシー・フランスとドイツ占領地域との分割線となる。6月23日、リスト集団はローヌ渓谷に沿って南下を開始し、同時に一部はアルプスを目指して東進した。部隊は主に3つの集団にまとめられる。A集団は第13歩兵師団（自動車化）と雑多な機械化集成部隊からなり、ブール＝ガン＝ブレスを発して、シャンベリ、アヌシー方面を目指す。B集団は第3戦車師団と機械化集成部隊からなり、リヨンを発してグルノーブルを目指す。C集団は第4戦車師団と、第7、第253、第269歩兵師団の自動車化部隊を抽出して編成したシュミット＝ダンクヴァルト集団からなり、リスト集団の左側面の警戒にあてられた。ずっと西側では、ライプシュタンダルテSSアドルフ・ヒトラー連隊がサン＝エティエンヌに入城した。作戦目標を攻略したA、B集団は、第1山岳猟兵師団の合流を待ってから東に進み、サン＝ベルナール、モン＝スニ、モン＝ジュヌヴレの各峠を目指す計画だった。この時、各峠のフランス軍拠点は、イタリア軍の再三の攻撃を退けていた。

6月22日、リスト集団はローヌ渓谷沿いに南下を始め、アルプス山脈を目指した。第4戦車師団に鹵獲されたブレン・キャリアーがリヨン市内のローヌ河畔を進撃している。

作戦は順調な滑り出しを見せ、1000時には第13歩兵師団（自動車化）がサン＝ジュニの南西付近でローヌ川に、第3戦車師団はモアランにそれぞれ到達した。しかしフランス軍の急造陣地帯に入ると、前進は困難になった。この日の夕方の戦況について、A軍集団の記録には「イゼーレ川に達した第XVI軍団は、アルプス軍から分派された守備隊の頑強な抵抗を受けた」とある。

ドイツ軍の攻撃が始まったとき、フランス第XIV軍団の防衛線にはすでに一ヵ所の穴が開いていた。6月21日に爆破に失敗した、キュロズに架かるローヌ川の道路橋がドイツ軍に押さえられていたのだ。すぐさま、フランス軍工兵はアヌシーの橋梁を爆破すべくトラックを走らせたが、ドイツ軍はすでに渡河を開始していた。6月22日には、第6爆撃飛行中隊のLeO451爆撃機6機が橋を爆撃したものの失敗し、ドイツ軍の進撃が速すぎたこともあって、重砲を投入する余裕もなかった。第13歩兵師団（自動車化）は東進してエクス＝レ＝バンに侵入したが、シャンベリで停止した。ローヌ防御地区司令官のルイ・ミシャル将軍は「迂回行動を妨げ、担当防

今日のラファイエット通り。1957年に玉石と路面電車のレールが撤去された以外、目立つ変化はない。川に架かるラファイエット橋はちょうど写真の右側に位置していた。

御拠点を無傷で守った」と、軍日報に記載されるほどの指揮の冴えを見せた。

南では、ドイツ軍戦車部隊がイゼーレ川に布陣した海軍砲と激しい戦闘を行なっていた。奇襲効果が失われているので、海軍砲は本来なら機動力に優れているはずの戦車に有効な打撃を与え、相当量のドイツ軍車両と差し違えることができた。しかし、コンクリート製急造砲架は養生の時間が足らず、数回の射撃で壊れて使用不能になるものも多かった。

第3戦車師団は、ヴォルップに向かう途中をフランス軍の砲列に捕らえられて、自信過剰になっていたツケを支払わされた。急造陣地ではあったが、付近の丘の制高点からの観測情報が功を奏したのだ。ドイツ軍は退却を強いられた。しかし夕方にはモアラン付近に布陣したドイツ軍砲兵部隊がグルノーブル方面に砲撃を開始し、フランス砲兵は無力化された。

ローヌ渓谷では、第XVIII軍団が第4戦車師団をくい止める一方で、右岸に布陣していた第1シパーヒー旅団が反撃に出て、アンダンス、サラ付近でシュミット＝ダンクヴァルト集団の前進を阻止した。6月23日、サン＝ヴァリエの橋は奪われたものの、ドイツ軍が爆薬を除去する前に爆破できた。砲兵の活躍もあり、フランス軍は3日間に渡りドイツ軍の前進を阻んでいた。

6月24日、ドイツ軍はヴァランス北部のサン＝エティエンヌ、サン＝ヴァレリまで到達し、シャンベリ攻略も時間の問題であった。その日の2100時、陸軍総司令部からのテレグラムには、翌朝0035時をもって戦闘を停止するという命令が明記されていた。

戦闘停止の刻限が来たとき、オルリ将軍はアルプス軍の敢闘に誇らしい思いでいたに違いない。リスト集団はエクス＝レ＝バン、ボアロン、ロマンの線を突破できず、イタリアを攻撃進発点からほとんど前進させなかったからだ。アルプス軍はイタリア軍の死者の山を築く一方で、背後にドイツ軍を近づけさせなかった。しかも、この間のフランス側の損害は、死者70名、負傷者200名、捕虜、行方不明者逢わせて400名ほどに過ぎなかった。

6月23日午後4時、シャンベリの西20km、サン=ジュニにてギエ川に架かる橋が爆破された。写真はその翌朝、第13歩兵師団の工兵が破壊状況を検分している様子。

第XIV軍団の一部がまだ川の西岸に残っていたために、サン=タルバンの橋を爆破できなかったことが、フランス軍守備隊の不幸のもととなった。6月24日に同地に到着した第3戦車師団を目撃した守備隊は恐慌状態となり、橋を破壊し損ねたのだ。（左）第3狙撃連隊第I大隊の隊列。（右）1940年と1944年の戦果を生き延びた橋は、1950年代に頑丈で幅が広い橋へと生まれ変わった。

6月24日午後、グルノーブルの北西20kmにあるモアランにて、通過中の第3狙撃連隊第II大隊。第3戦車師団の戦闘記録写真より。同日夕刻、翌0035時をもって戦闘停止命令を受けた同部隊においては、この場所が最大進出点となった。翌朝、イゼール渓谷には"Das ganze halt!(全軍停止せよ!)"の勝利の声がこだました。

大西洋沿岸部の戦い

6月19日、ドイツ軍がロワール川を渡り、シェール川に到達した段階で、第3軍集団の悲惨な運命は不可避となった。ベッソン将軍は右翼の防衛線を予定のシェール川から、アンドル川まで下げなければならなかった。同日、フランス軍最高司令部は第4軍集団を解体して、第4軍を司令部直轄とした。

6月20日、ドイツ軍右翼全体がロワール川の南に前進し、パリ軍と第7軍の間隙部を押し広げようとした。第3軍集団が完全に切り離される事態を避けるには、全面退却しかない。こうして第3軍はアンドル川よりさらに南の、クルーズ川まで退いたのだった。

6月22日、アングレーム＝ロシュフォールに防衛線を築こうとする試みのあと、翌日にベッソンは6万5000名まで減少した第3軍集団をドルドーニュ川まで下げるよう命令じた。

6月24日早朝、第XV軍団を大西洋岸に、第XIV軍団を左翼側にそれぞれ配置したクライスト集団が南進を開始した。もっとも東を進む第9戦車師団が、全体の側面をカバーする。南進はクライストが翌朝0035時を持って戦闘停止命令が執行されることを知った夕方遅くまで続いた。

一方、シャンベリの南20kmにあるエシェルでは、フランス軍守備隊の頑強な抵抗に直面して、連隊の先頭にあった第I大隊が丸一日拘束されていた。夕方、休戦協定の知らせが届き、敵との接触が図られた。写真は第25セネガル歩兵連隊第9中隊のジャン＝バプテスト・トゥルニエ大尉が、大隊副官のメール中尉付き添いのもとで、目隠しをされて大隊指揮所に連行される場面。

(左)6月26日——休戦協定が執行された翌日——ヴァレンス地区のドイツ軍カメラマンが撮影した、破壊された鉄道橋。イゼール橋から北に9kmの地点。(右)戦後、ローヌ川に水力発電所が建設された結果(イゼール川が合流する南部)、ダム上流の一帯は水位が上昇した。

フランスは敗北し、政府が最後に避難したボルドーでは、第7戦車師団が戦勝パレードを行なった。

6月25日に戦闘が停止した時点で、第XV軍団はジロンド川に達し、第2歩兵師団(自動車化)はマレンヌ、第7戦車師団はサントにそれぞれ達していた。第XIV軍団では、SS特務師団がコニャック＝アングレームに、SS自動車化師団“トーテン・コップフ”と第10戦車師団がアングレームにそれぞれ到達していた。

6月26日、ドイツ軍は休戦協定で定められた管轄地域の分割線へ移動を開始した。戦線の東部を見るなら、リスト集団はリヨン、アルプス方面から大幅に退くことになるが、大西洋岸ではドイツ軍の軍政地域がスペイン国境まで広がったので、クライスト集団はスペイン国境まで向かうことになった。第XV軍団はバッサン・ダルカションに至るジロンド地区を占領しなければならず、第10戦車師団はアングレーム東部からガロンヌ川までの広い地域を担当した。一方、第XIV軍団は2個SS部隊を大西洋岸沿いに南下させた。彼らはガロンヌ川とアルカション地区からスペイン国境に賭けての分割線監視を命じられたのだ。

以上の配置は2日間で完了した。6月27日午後にアングレームを発ったSS特務師団の偵察大隊は、間もなくボルドーに入り、28日1700時にはスペイン国境に到達した。スペイン国境守備隊の歓迎を受けたドイツ軍は、スペイン北部軍管区司令官のロペス・ピント将軍の招待で、偵察大隊長のヴィム・ブラントSS少佐以下数名の士官が司令部のあるイルンに向かった。翌日、ピント将軍はアンダイエの国境検問所に赴き、第XIV軍団長のヴェント・フォン・ヴィータースハイム将軍を出迎えたのであった。

早朝(東から伸びる長い影で推測)、第XV軍団長ヘルマン・ホート将軍(中央の略帽)は戦勝パレードを行なった。軍団標識の旗——白黒のたすき掛け模様——が、第7戦車師団の三角旗の上に確認できる。

敬礼地点はルイXVIII世通りの中間地点に設定された。カンコンス広場に面する算段の階段は当時のままである。

6月27日午後、アングレームを出発したSS特務師団の偵察隊は、6月28日1700時にスペイン国境付近のベオビアに到着した。ビダソア川にかかる橋のバリケードを挟み、スペイン国境守備隊と言葉を交わすドイツ軍士官。

ベオビアの橋は移設され、元の橋は1960年代に取り壊されているので、撮影地点の同定は困難だった。我々はフランシス・サラベリー氏からスペイン国境の2枚の写真を託された。

(左)かつて橋があった場所をフランス側から撮影。(右)対岸のスペイン側での撮影。

（左）2kmほど西にはアンダイエの国境検問所があった。SS特務師団偵察大隊長ヴィム・ブラントSS少佐がスペイン国境守備隊の兵士と握手を交わしている。（右）装飾が特徴的な橋は現在も残っているが、1966年に完成したバイパス道路に主要道を譲っている。

翌日、アンダイエにて公式に歓迎セレモニーが行なわれた。（ドイツ時間の）6月29日、午前1時、第XIV軍団長ヴェント・フォン・ヴィータースハイム将軍が、スペイン北方軍管区司令官ロペス・ピント将軍と会談している場面。

アンダイエでの式典は続く。ドイツ空軍とスペイン軍士官の歓談。四ヵ月後、この国境の町の駅舎にてドイツ、スペイン両国の独裁者が会談することになる。10月23日、ヒトラーはこの場所でフランコ将軍と会い、これまでの友好関係から一歩踏み込んで、かつてスペイン内戦でドイツが果たした貢献の代償を求めたのである。しかし、ヒトラーは手ぶらで帰ることとなり、スペインは第二次世界大戦で中立を貫くことができた。

（左）1918年11月1日、コンピエーニュの森にて。ウェイガン将軍（左）とフォッシュ元帥（右）に挟まれたウェミス海軍大将らフランス代表団が、第一次世界大戦の休戦協定調印を済ませ、食堂車から降りてくる場面。（右）1940年6月19日、かつての鉄道線上に建てられた博物館から、記念保存されていた食堂車をドイツ工兵部隊が引き出し、1918年の調印式が行なわれた地点まで移動していた。——その場所には鉄道線の間に銘板が設置されている。ヒトラーの復讐の望みは遂に実現した。ドラマの終幕が始まったのだ。

休戦協定

6月18日、ミュンヘンにて独伊両国の外務大臣および軍高官臨席のもとで、ヒトラーとムッソリーニの会談が行なわれた。対仏交渉を前に両国の利害関係を調整、一致させて、フランスが両国との個別の休戦交渉に切り換えを図る可能性を潰す狙いである。この時、イタリアの要求、特にフランス艦隊を降伏させるべきとの要求を、ヒトラーが取り下げさせたのは明らかである。ヒトラーの考えでは、フランスは決してその要求を受け入れず、強行すれば、目下、自沈準備の兆候までは見せていないフランス海軍に、イギリスへの艦隊引き渡しを決断させる動機になりかねないと危惧したのだ。それよりは、フランス人の手で武装解除させるか、中立国に引き渡す方がはるかにましだ。加えて、6月18日にド・ゴールが行なった「反全体主義」演説がドイツ政府の関心を引いた。もしフランス本国の正統な政府に見せかけの軍事力さえも残っていないとなれば、フランス帝国のすべての国民の歓心がド・ゴールに向いてしまう恐れもゼロでは無いように見えたのだ。

6月19日0630時、スペイン大使はドイツ政府の回答として、フランス政府に休戦協定交渉に向けた全権使節団の派遣を要請した。0900時に閣議が召集され、第4軍集団司令官のアンツィジェ将軍が、交渉団代表に任命された。

水面下で休戦に向かいつつ、フランスは戦争を継続する覚悟も見せていた。ダルラン海軍総司令官は全戦闘艦に戦争継続に備えてイギリスないし海外植民地に向かうよう命じ、ジョゼフ・ヴィルマン空軍総司令官は空軍機に北アフリカへの脱出を命じた。フランス政体を代表する三人、フランス共和国大統領のアルベール・ルブラン、下院議長のアドゥアール・エリオ、上院

フランス首相フィリプ・ペタン元帥のラジオ演説
1940年6月20日

フランス国民の皆さん！　私は敵国に対して、戦闘行為の停止を求めています。昨日、政府は相手国との交渉にあたる全権使節を任命いたしました。私は戦士としての勇敢な心を持って、この決断に至りました。なぜならば、軍事的情勢が、この決断を不可避としているからです。

我々はソンム川からエーヌ川の線で敵をくい止めようと望みを託していました。軍を再編成したウェイガン将軍が、唯一の望みの綱だったのです。しかしこの防衛線は突破され、敵軍の圧迫により、我が軍は後退を強いられ続けています。6月13日以来、休戦への動きは避けられなくなっていたのです。1914年から1918年にかけての時期、我々が為したことを思えば、この知らせはきっと皆さんを驚かせたに違いありません。今からその理由を説明いたします。

3年もの間、血なまぐさい戦争に携わっていたにもかかわらず、1917年5月1日の時点で我が軍はまだ328万の将兵を指揮していました。ところが今日の戦いでは、もはや我が軍の戦力は50万を下回っている状態なのです。1918年5月には、フランスには85個師団のイギリス軍が展開していました。しかし1940年5月にはそれも10個に過ぎません。さらに1918年には、イタリア軍58個師団、アメリカ軍42個師団もともに戦っていたのです。

兵器の質の差も、かつて経験したことがないほどの威力を伴って我々に襲いかかってきました。フランス空軍と敵軍との戦力には6倍の開きがあります。22年前と比較して、フランスには支援国が少なく、兵士も兵器の数も足らず、軍事的な同盟国もいないのです。これが敗北の要因となりました。

国民の皆さんは、どうかこの精神的打撃を受け入れてください。誰もが栄枯盛衰の意味を知っているでしょう。難局にどのような態度で立ち向かうか、そこに強さと弱さの違いが表れるのです。我々は今回の敗北から学ぶでしょう。勝利を得たあとは、歓喜が犠牲の精神を曇らせてしまうのです。人々は与えられたものよりも多くを得ようとしながら、努力を怠ってしまうのです。そして今日の不幸がやってきたのです。

私は栄光の日々を皆さんと共に過ごしました。政府の指導者として、私はこの暗黒の時代も、皆さんと共にあり続けます。私を支えてください。戦闘は今も続いています。フランスのため、フランスの息子たちの土地を守るための戦いは、まだ続いているのです。

6月16日、ヒトラーは総統司令部があるブルリー・ド・ペッシュからシャルルロワの南、アコーズのシャトー・ド・ロスプレルまで足を運んだ。そして1630時に到着すると、スペイン参謀総長ホワン・ヴィゴン将軍と面会した。フランスはスペインに和平の仲介を求めており、これを通じて独仏間の連絡線が作られたのである。（右）1940年にドールドゥ男爵が所有していた城館は、まだ一族の財産目録に残っている。

同日夕刻、レイノーの退陣とペタンの首相就任に伴い、スペインを通じて休戦の打診があった。ベルリンのドイツ外務省はただちに総統司令部付の外交官ヴァルター・ヘーヴェルにこの知らせを伝達した。映像カメラマンのヴァルター・フランツはフランス情勢の変化をヘーヴェルがヒトラーに報告した際の一部始終を記録していた。わずか六週間で大国フランスを降した偉業にしばし恍惚の表情を浮かべたヒトラーは、喜びの余り、右脚を高く踏みならした。

この時の様子収めたフィルムは8コマほどにすぎない。しかしこの映像を入手した記録映画作家ジョン・グリアソンは、このヒトラーの映像を自然な動きに組み直し、滑稽に踊っているように作り替えた。ねつ造されたフィルムは西側諸国のニュース映画に絶大な宣伝効果をもたらしたが、この事実はグリアソン自身がエスクァイア誌で真相を語るまで、戦後長い間、知られることはなかった。フランス降伏に驚喜したヒトラーが奇妙なジグを踊ったという歪曲事実は、その踊りの舞台がコンピエーニュであるという誤認とともに広がっていったのである。

6月17日、空路でフランクフルトに到着したヒトラーは、専用列車「アメリカ号」に乗り換えてミュンヘンに向かい、そこで6月10日に対仏宣戦布告をなし遂げて鼻高々な様子のムッソリーニと会談した。場所は2年前にミュンヘン協定が結ばれた建物（左）である。（右）今日、州立高等音楽学校となっている。同日1400時15分、ヒトラーは"狼の谷"に戻り、19日にコンピエーニュの森で行なわれる休戦交渉の準備をした。

議長のジュール・ジャンネイは、北アフリカに脱出する腹を固めていた。敗北主義者の代表格であるラヴァルはあらゆる手段を用いてでも三人の脱出を妨害して、ボルドーに残留させようと試みた。6月23日の閣議で、三人の北アフリカ脱出が議題に上がったが、すでに時期を逸していた。

6月19日の夜から翌日にかけて、ボルドーは空襲にさらされた。軍事的観点からは、この爆撃には何の意味もない。実際の狙いは、フランス政府要員に現実を認識させ、政治面での圧力を加えることにあった。

使節団への信任状が署名されると、6月20日1430時、使節団は休戦交渉に赴いた。レオン・ノエル前駐ポーランド大使、モーリス・ル・ルーク海軍中将、空軍のジャン・ベルジェレ将軍、陸軍のアンリ・パリゾー将軍が、アンツィジェに同行した。道路を埋め尽くす難民に道行きを阻まれ、使節団が搭乗した、白旗を掲げた10台の車列は遅れてトゥールに到着し、0400時になってようやくアンボワーズ付近で前線を通過できた。

ドイツ軍の警護を受けながら、使節団は速やかに北方に移送され、6月21日に日付が変わった直後、パリに到着した。間もなく一行はパリの北東80kmコンピエーニュの森にあるロトンドに送られた。ここは1918年の休戦交渉の折に、ドイツ使節団が送り込まれた、まさのその現場である。博物館には休戦協定の署名が行なわれた客車が記念保存されていたが、この時すでに、ドイツ工兵が建物の壁を破壊して外に運び出し、1918年に調印が行なわれたのと同じ場所に据えられていたのだった。

1515時、ヒトラーの乗った車が到着した。ゲーリング、リッベントロップ、ルドルフ・ヘス、カイテルらが同行していた。車列はアルザス＝ロレーヌ戦争記念碑の前に停車した。ドイツの象徴である鷲の紋章を黄金の剣で貫くイメージであしらわれた装飾は、ドイツ軍旗で覆い隠されていた。ヒトラーは記念碑を一瞥すると、そのまま通り過ぎた。「1918年11月11日、ここにドイツ帝国の犯罪的な傲慢は、彼らが奴隷化しようとした自由なる諸国民の手によって屈服し、挫折したのである」とフランス語で刻まれた花崗岩の巨大な台座に近づくと、その文言を確認した。アメリカ人報道記者で、この場所に居

6月21日、ヒトラーが"狼の谷"を出てから150kmの自動車の旅の末に、休戦広場に到着したときには、すでにアルザス＝ロレーヌ記念碑がドイツ軍戦闘旗で覆い隠されていた。左から右に向かって、ヨアヒム・リッベントロップ（外相）、ルドルフ・ヘス（副総統）、ヴァルター・フォン・ブラウヒッチュ上級大将（陸軍総司令官）、一部隠れているが、ヘルマン・ゲーリング帝国元帥（空軍総司令官）。

ドイツの戦勝記念式典のあと、第一次世界大戦の記念碑の銘板ははずされて、木枠に入れられた状態で保管された。戦後、公園は整備し直され、銘板も戻っている。

「1918年11月11日のこの日、ドイツ帝国の犯罪的野心は打ち砕かれた——隷属を拒む自由な国民の前に敗北したのだ」1914～18年、ベルギーとフランスでの戦いはヴェルサイユ講和条約を導いて幕を下ろした。祖国ドイツにとって汚辱以外の何者でも無い条約に対し、復仇の機会を探していたヒトラーが、1922年にコンピエーニュで開催された大がかりな記念式典を知らないはずはない。その十年後、権力を掌握する直前の1932年11月11日にコンピエーニュで大規模な記念式典が行なわれ、同地がフランスの国立記念公園として整備されるというニュースをヒトラーは目にしていた。まさかそれから十年もしないうちに、祖国の恨みを晴らすことになると気づいていたドイツ人はいないだろう。調印式が終わると、石版の台座は破壊され、鉄道線も引きはがされて、（1927年にアメリカの篤志家アーサー・H・フレミングの資金援助で造られた）記念公園一帯は大きく損なわれた。

合わせていたウィリアム・シャイラーは、日記に次の様に書き残している。
「ヒトラーに続いて、ゲーリングが読んだ。6月の日差しの中、あたりは静けさに満ちていた。彼らは立ったまますべてを読み取り終えた。私はヒトラーの表情を覗こうとした。50ヤードしか離れていない私の真正面に、双眼鏡を覗いたかのような距離で、さえぎる者もなく彼の姿があった。彼の人生における様々な決定的場面に、私は何度も居合わせてきた。しかし今日はまったく違う！　軽蔑と憤怒、憎悪、復讐そして栄光、すべてが一緒くたにされた表情が、そこにははっきりと浮かんでいたのだ」
「ヒトラーは記念碑の台座から降りると、その一連の動作さえも侮辱に満ちた芸術作品に造り上げようと計画したようだ。彼は再び侮蔑と怒りを込めた一瞥を与え——この無礼千万な碑文の文字を自らのプロイセン風軍靴の一蹴りで消し去れないのがいかにも腹立たしいというような空気を顕わにしていた。彼はゆっくりと周囲を見渡し、その視線が我々と交錯した刹那、彼の憎悪の深さが伝わってきた。しかし同時に勝利の喜びもあった——復讐心が満たされた満足げな憎悪。突然、表情だけでは感情のすべてを表現し切れていないとでも言いたそうに、彼は全身で感情を爆発させた。素早く腰に両手を回し、肩をそびやかし、両足を大きく広げて踏ん張ったのだ。それはドイツ帝国の屈辱の歴史を22年間に渡って象徴してきた、この場所に対する、芝居がかった侮辱以外の何者でも無かった」
　ヒトラーと側近らは鉄道客車に乗り込み、

1918年11月11日は、森の縁から数ヤードほど離れた空き地に引き出された2両の客車において、うち1両にはドイツ代表団が乗り、もう1両の食堂車にはフォッシュ元帥らが乗り込んでいて、その食堂車で降伏調印が行なわれた。1927年に車両は整備されていたが、1940年には再び降伏調印の舞台として選ばれたのである。フランス代表団のシャルル・アンツィジェ将軍が客車に乗ろうとしている場面。他は（右から左に）政府代表のレオン・ノエル、ジャン・ベルジェレ将軍（空軍）、モーリス・レ・ルーク少将（海軍）である。陸軍代表のアンリ・ベゾ将軍は会談冒頭からは参加していない。

かつてフォッシュ元帥が座った席を占めたヒトラー（最左）が四人のフランス人と対面していた。カイテル上級大将がヒトラーの傍らにあって、今回の戦争の責任が連合軍にあるとの声明文を読み上げている。背中をカメラに向けている二人はゲーリング、レーダーの両元帥で、ブラウヒッチュとヘスがその正面に座っている。

1918年にはフォッシュ元帥が陣取った座席に、ヒトラーが着席した。5分遅れでフランス使節団がアンツィジェを先頭に到着すると、OKHのクルト・フォン・ティッペルキルヒ中将からそれぞれ紹介を受けた。ウィリアム・シャイラーは「彼らはうちひしがれた様子だが、悲劇の中にも気高さは失っていなかった」と記している。ヒトラーは無言のまま、カイテルを促した。両国の代表団はカイテルが読み上げる声明文に耳を傾けた。その内容は、1940年のことだけでなく、1914年にまでさかのぼって連合国の誤りを詰問する一方、フランス陸軍の英雄的抵抗に対しては称賛を与えていた。この前口上が読み終わると、ヒトラーと彼の側近は立ち上がり、客車を去った。

休戦交渉は夕方まで続き、フランス使節団は最悪の事態にあることを知った。この場に交渉の余地はほとんど無く、ただドイツ側が用意した24ヵ条の休戦条件を受諾するかどうか、それだけが問題だったのだ。2130時、アンツィジェはボルドー政府に電話連絡を取り、ウェイガンに「ロトンドの客車の傍らに用意された天幕の下」に使節団がいることを告げた。そして、アンツィジェは提示された24ヵ条を読み上げた。これを聞いていたウェイガンは、1918年11月にフォッシュ元帥の随行員として客車に乗り込み、ドイツ使節団に対して休戦条件を読み上げた人物だった。

6月22日0100時、ドイツが提示した条件を吟味すべく、ペタンは閣議を召集した。ペタ

交渉役にカイテルを残して、ヒトラーはコンピエーニュを後にした。フランス代表団は金曜日いっぱいを引き延ばし、交渉は土曜日にずれ込んだ。そして午後5時、とうとう我慢の限界に達したカイテルは、以後、一切の議論を中断し、1830時をもってフランス側に正式な回答をするよう、最後通牒を叩きつけた。

ン、ウェイガン、ボードアン外相らは、これらの要求を受け入れるべきと観念したが、ルブラン大統領とダルラン提督は拒絶すべきであると主張した。夜を徹して修正案の草稿が用意され、0800時に閣議が再開された。修正案にはパリをドイツ軍占領地から外すことと、フランス領北アフリカでの艦隊の保持を認めることが加えられた。

パリのロイアル・モンシャウホテルで一晩を過ごした使節団は、1000時にコンピエーニュに移動して、交渉を再開した。修正案が読み上げられると、一言一句についての議論が延々と続けられた。そしてフランス使節団がボルドー政府に確認をとるため、1340時に一時休憩が入れられた。

1540時、コンピーニュでの第3幕が始まった。そして約1時間の「交渉」のあとに、ボルドー政府との細部の打ち合わせが奏効せず、休戦条件の修正が失敗したことが明らかになった。ドイツ側は交渉の返事として可否以外の何も答えなかった。一方、フランス使節団には受諾の準備ができておらず、かといって拒絶する勇気もなかった。1700時、アンツィジェは時間の猶予を求めたが、カイテルは1830時が最終刻限であると告げた。五人のフランス使節団は客車に並ぶコンパートメントで膝を合わせ、意見の集約を試みた。そして十数分後には、万策尽きたことを悟ったのであった。6月22日1750時、両国の休戦協定が結ばれた。

フランス代表団の万策は尽きた。1750時、アンツィジェとカイテルの間で休戦協定が成立した。しかし、イタリアも同意しなければ戦争は終わらない。6月24日の火曜日、ローマ近郊のヴィッラ・インキーザにて休戦交渉がもたれ、フランス時間の1815時に講和が成立した。このニュースは1830時にドイツに届き、休戦協定第23項を通じて、6時間後の6月25日0035時をもっての戦闘停止命令が出された（これはフランス時間であり、グリニッジ標準時では24日2335時、ドイツ時間では25日0135時にあたる）。

この休戦協定は、フランスがイタリアと別の休戦協定を締結したのちに執行されることになっていた。翌朝、フランス使節団はルフトヴァッフェが用意した輸送機でローマに向かった。フランス側にはイタリアを「勝者」として認める準備などできているはずがない。彼らは国境に死体の山を築いただけであったのだ。しかし、イタリアの提示条件がまったく不明であることが、使節団を不安に陥れていた。フランス政府は6月22日夕方の時点で、地中海艦隊にイタリア本土への攻撃命令を発令していた。しかしマルシアーロ・バドリオを代表とするイタリア使節団が融和的な態度で交渉に臨んだこともあり、6月24日1815時、ローマ近郊のヴィラ・インキーザにて両国は休戦協定の署名にこぎ着けた。

戦闘停止命令は、25日0035時に執行された。こうして6週間におよぶフランスの苦悩は終わりを告げたが、それは新たな、そして一層深い苦悩のはじまりでもあった。フランス本国は、以後4年もの長きにわたり、ドイツの占領下に置かれたのである。

ドイツ、フランス二ヵ国の降伏の目撃者となった車両は、ベルリンに向かう1000kmの旅に出た。

独仏休戦協定

ドイツ総統兼国防軍最高司令官の代理、ドイツ国防軍最高司令部総長のカイテル上級大将と、フランス政府全権使節アンツィジェ将軍、代表団長ノエル、ル・ルーク海軍中将、ジャン・ベルジェレ空軍中将が、以下の休戦協定に合意した。

第1項

フランス政府は、フランス支配下の本国、フランス植民地、フランス保護領、フランス委任統治領および海上において、ドイツ国への戦闘行為を停止するよう指示すること。

フランス政府は、すでにドイツ軍の包囲下にあるフランス軍部隊に対して、戦闘停止命令を発すること。

第2項

ドイツ国の安全保障のために、フランス本国に関して、添付した地図に設定された線より北と西の地域をドイツ占領地域とする。

現在、ドイツ軍が占領していない占領地域を含め、この占領は、休戦協定が合意に達した時点で効力を持つ。

第3項

フランス国内のドイツ占領地域では、ドイツ国は統治者としてのあらゆる権限を保有する。ドイツ国が権限を行使する際には、フランス政府は全面的にこれを支援する義務を負い、フランスの統治機関はその実行に尽力する。

それ故、占領地域でのフランスの統治権限と公務員は、即座にドイツ軍政下に置かれ、軍政司令官の指示に正しく従うべきことを、フランス政府は伝達しなければならない。

イギリスと必要充分な内容で停戦が成立したあとは、ドイツ政府はフランス本国西岸の占領地域についての権限を縮小する意図を持っている。

フランス政府は、非占領地域の首都を、パリを含めて、自由に定められる。もしパリに定める場合は、ドイツ国はこれを認め、パリから非占領地域を統治する際のフランス政府の負担を緩和する措置をとる。

第4項

フランスの陸海空軍は、定められた期間のうちに解隊、武装解除される。治安維持に必要な規模の軍だけが保有を許される。ドイツ、イタリア両国がこの治安維持軍の内容を決定する。

ドイツ占領地域にいるフランス軍は速やかに非占領地域まで退避したのちに、解隊されること。これに該当する部隊は、休戦協定執行後、直ちに武装解除し、現地点に武器、装備を遺棄したのちに、非占領地域に移動する。武器、装備はドイツ軍に引き渡されなければならない。

第5項

休戦協定の遵守のために、ドイツ軍に対して抵抗を続けていた部隊および、現在、ドイツ軍が展開していない占領地域にいるフランス軍の装備で使用可能な砲、戦車、対戦車砲、軍用機、対空砲、歩兵携行武器、各種輸送車両および各種軍需物資は、引き渡しを要求される。ドイツ休戦協定委員会が要求の内容を決定する。

第6項

武器、軍需物資、軍事設備をはじめ、ドイツ占領地域に残るあらゆる軍需関連施設や物資は現状を維持し、フランス軍の装備として放出されたものを除いては、ドイツないしイタリア、あるいは両国の管理下に置かれる。

ドイツ軍最高司令部は、濫用を防ぐ必要から、上記の資材に関する最終的な使用権限を保有する。非占領地区における軍事施設の建設は直ちに停止すること。

第7項

占領地域においては、内陸および海岸の要塞施設と装備、軍需物資、関連設備、生産設備など軍事関連設備全般が無傷でドイツに引き渡されなければならない。これらの要塞設備の見取り図は、すでにドイツ軍によって占領されている要塞も含め、すべてドイツに引き渡すこと。

爆破準備計画や、地雷埋設状況、障害物、時限信管、掩蔽壕などの正確な計画もドイツ軍最高司令部に引き渡すこと。以上の障害物撤去作業は、ドイツ軍の要求に従い、フランス軍が実施すること。

第8項

フランス海軍の戦闘艦艇は、個々に指定された港湾に集められ、ドイツ、イタリアあるいは両国の監視の下で武装解除と運行停止措置が為される。ただし、海外植民地の防衛という観点から、一部の艦艇はフランス政府に引き渡される。戦闘艦艇は平時において割り当てられた港湾の防衛を担当する。

ドイツ政府はフランス政府に対して、ドイツ軍占領下の港湾に置かれたフランス海軍艦艇を、沿岸防衛と機雷除去以外の戦争目的で使用しないことを厳密に宣言する。

また和平協定締結後に、フランス海軍の戦闘艦艇に関する追加要求をしないことも併せて宣言する。

フランスの海外領土にあるすべての戦闘艦艇は、海外植民地の維持に必要とフランス政府が判断した艦艇を除き、フランス本国へと召喚される。

第9項
フランス軍最高司令部は、フランス軍が埋設した地雷原の正確な位置をドイツ軍最高司令部に提出し、同時に、港湾や海岸線上の機雷や防御施設の敷設状況も報告する。ドイツ軍最高司令部の要求に従い、フランス軍は地雷、機雷の除去作業を実施する。

第10項
フランス政府はその指揮下に残された軍組織に対して、ドイツに対するあやらゆる敵対行為を禁止する義務を負う。フランス政府は軍属の自発的な国外脱出を防ぐ義務を負い、同時に艦船や航空機などの軍需物資について、イギリスをはじめとする海外への運び出しを防ぐ義務を負う。

フランス政府は、現在も戦争を遂行中であるドイツに対する、フランス市民による戦闘行為を禁止する義務を負う。この規定を破ったフランス市民は、ドイツの軍事法廷において裁かれる。

第11項
沿岸および港湾で使用されている艦船を含むフランス商船は、以下の条件を満たさない限り、港湾から出てはならない。商業航海の再開には、ドイツとイタリア政府の許可を必要とする。フランス政府はフランス船籍の商船を本国に呼び戻し、帰国が不可能な商船には中立国への回航を命じなければならない。拿捕、勾留されているドイツ商船は、要求されれば、無傷で(ドイツに)返還されなければならない。

第12項
フランス本国上空ではいかなる飛行も禁止される。ドイツの許可なく飛行している航空機はすべて敵機と認識され、ドイツ空軍による適切な対応を受けることになる。

非占領地域においては、飛行場と地上関連施設はすべてドイツ、イタリアの監視下に置かれる。また使用不能にするよう要請が出されることもある。フランス政府は、非占領地域において海外の航空機の飛行を禁じる義務を追う。これらの航空機はドイツ軍に引き渡されなければならない。

第13項
フランス政府は、ドイツ占領地域に存在するすべてのフランス軍設備と資産を、無傷の状態でドイツに引き渡す義務を負う。フランス政府はまた、港湾設備や造船施設、ドック類を、あるべき姿にした状態で引き渡す義務を負う。

また特に鉄道、道路、運河をはじめとする連絡、通信網と関連設備、水路、沿岸輸送など、各種の輸送設備においても同様の義務を負う。またフランス政府はドイツ軍最高司令部の要請に応じて、これらの設備の補修の責任を負う。

フランス政府は占領地域において、鉄道線の補修資材や、各種輸送手段の維持整備と、それに携わる技術者を確保し、これらの設備を平時と同じ状態に保つ義務を負う。

第14項
フランス国内のすべての無線通信設備は機能停止させられる。非占領地域における無線使用に関しては、別途、規定を定める。

第15項
フランス政府は、ドイツ政府の要請に応じてドイツとイタリア間の物資輸送に協力する義務を負う。

第16項
フランス政府は、ドイツの担当部署との合意に従い、占領地域への住民帰還を実施する。

第17項
フランス政府は、ドイツ占領地域の財貨および食糧を非占領地域ないし海外に持ち出す措置を禁じる義務を負う。占領地域の財貨および食糧はドイツ政府の合意により使用可能となる。これに関連して、ドイツ政府は占領地域の民需に配慮する。

第18項
フランス政府は、占領地区の維持に関するドイツ側の費用を負担する。

第19項
フランスに勾留されているドイツ軍戦争捕虜やドイツ民間人、および対ドイツ協力の嫌疑で勾留されている人々をすべて、ただちにドイツ軍に引き渡すこと。

フランス政府は、フランス国内、植民地、保護領、委任統治領に存在しているドイツ人に関して、ドイツ政府が名簿に記載した人物をすべて引き渡す義務を負う。

フランス政府は、ドイツ軍およびドイツ民間人捕虜をフランス国内から海外植民地や外国に移すことを禁じる義務を負う。すでに海外に送ってしまったドイツ人捕虜や、病気、負傷によって移動不可能なドイツ人捕虜については、正確な所在を明記した名簿を作成しなければならない。ドイツ軍最高司令部は、ドイツ軍捕虜の治療を引き受ける。

第20項
ドイツ軍の捕虜収容所に置かれているフランス軍捕虜は、和平の合意があるまで勾留が続けられる。

第21項
フランス政府は、すべての対象物および資産の引き渡しに責任を負い、この合意に基づいてドイツが利用できるものについては、その求めに応じていつでも提供できるように保管、維持する責任を負い、海外への持ち出しを禁じた対象物の管理にも責任を負う。

この合意に反して、対象物が破壊、損傷ないし移設されてしまった場合は、フランス政府が賠償の責任を負う。

第22項
ドイツ軍最高司令部の指導に基づいて発足する休戦協定委員会が、休戦協定の合意遵守について査察する。また同委員会は、イタリアとフランスの休戦協定の合意遵守も査察する権限を有する。

フランス政府は、望むならばドイツ休戦協定委員会に代表団を派遣し、(合意内容の)実施について、ドイツ休戦協定委員会から調整を受けられる。

第23項
この休戦協定は、フランス政府がイタリア政府との間でも戦闘行為の停止について合意が為された瞬間に執行される。イタリア政府とフランス政府間で戦闘行為の停止について合意に達した旨の報告を、ドイツ政府がイタリア政府から受けてから6時間後に、戦闘行為は停止する。ドイツ政府は、無線を通じてフランス政府に戦闘停止の刻限を伝達する。

第24項
この合意は和平条約が締結されるまで効力を発揮する。フランス政府がこの合意の履行義務を破った場合、ドイツ政府は直ちにこの合意内容を破棄することができる。

この休戦協定は、1940年6月222日、ドイツ夏時間の午後6時50分にコンピエーニュの森において署名された。

(署名)
アンツィジェ
カイテル

7月18日、ベルリンでの戦勝パレード。"電撃戦"という概念の起源がイタリアにあることを、ヒトラーまだ知らなかったらしい。
「私の成功はイタリアの軍事理論を注意深く紐解いた成果なのだ」と、ヒトラーの言葉がイタリアの新聞には確認できる。

6月25日、0035時、戦闘停止命令が執行された。フランス軍はまだ自軍指揮下にあるマジノ線について、休戦協定第Ⅳ項の規定内容を満たす準備をした。6月27日の写真にはサン=ジャン=ル=ブリッシュ（マコンの北）の第XVI軍団指揮所に要塞引き渡しに関する使者として派遣されたエドゥアール・ドゥリュ・デュ・スジー中佐と、ピエール・マリオン大佐が写っている。

マジノ線の降伏

6月25日0035時をもってフランスは降伏したが、戦線に沿った各地の前線指揮官には、ドイツ軍から知らされた者や、ラジオ放送の内容を聞いても、降伏の事実を信じない者が多かった。軍最高司令部とのあらゆる連絡手段を通じても、目下の事態が不明瞭であり、混乱している中で、北東軍作戦域最高司令官アルフォンス・ジョルジュ将軍は、司令部を置いていたモントーバンから、抵抗を続けている各地の要塞守備隊説得のために三人の士官を派遣した。

休戦協定の第4項では、「ドイツ占領地域にいるフランス軍は速やかに非占領地域まで退避したのちに、解隊されること。これに該当する部隊は、休戦協定執行後、直ちに武装解除し、現地点に武器、装備を遺棄したのちに、非占領地域に移動する。武器、装備はドイツ軍に引き渡されなければならない」と説明している。従って、戦闘停止命令が執行される時間より先に武器を置いた部隊は、この規定からは除外され、戦時捕虜として扱われる。要塞を明け渡すよう守備隊を説得し、彼らを防衛義務から解くために、ジョルジュは特使として3名の士官を派遣したのである。

特使となったピエール・マリオン大佐、ジャック・シモン中佐、エデュアール・ドゥリュ・デュ・スジィ中佐は6月27日にモントーバンを発ち、ローヌ渓谷に駐屯していたドイツ第4戦車師団と接触した。夕方にはマコン近郊で第XVI軍団司令部に身柄を預けられ、そこを経由して深夜にはリューネヴィルの第1軍司令部に到着した。

翌朝、第1軍参謀長カール・ヒルパート将軍と面会した特使は、彼らが赴く任務が極めて困難であることを覚悟した。ドイツ軍が単純に要塞の降伏を求め、その占領を意図しているのは明らかだった。第1軍司令部は要塞降伏の条件に関してフランス軍特使との交渉することに消極的であり、両国の代表団が休戦協定の細目に関して交渉中のヴィースバーデンに特使を送った。フランス側の交渉団長のシャルル・アンツィジェ将軍に面会した3名の特使は、任務の問題点を報告した。特使もアンツィジェも、抵抗を続けている要塞の数を正確に把握しておらず、ドイツ軍が実際はほとんど攻略に成功していない事実にも気づいていなかった。アンツィジェ自身、使節団のトップとして他に交渉すべき案件を無数に抱えていたこともあり、ドイツ側の担当であるカール・ハインリヒ・フォン・シュトゥルプナーゲル将軍との交渉の場でも、要塞の降伏に関する細目は打ち合わせの議題にはならなかった。ドイツ軍は休戦協定が有効になる期日を偽装していくつかの要塞を降伏に追い込んだことが協定違反であると自覚していたが、それでも帯剣したまま降伏を許されるのは士官のみという線から先へ妥協しようとはしなかった。しかしフランス政府には「責務履行の意思」がないと見なしたドイツ軍が、再度、南部侵攻の準備に着手することを懸念したアンツィジェには、ドイツ側が提示した条件を飲み込むしかなかった。

6月30日、アンツィジェは要塞に無条件降伏を受け入れさせるという命令を与えて、軍特使を前線に派遣した。ザールブリュッケンで彼らは別れ、マリオン大佐はメッツ地域の4ヵ所の防御地区がある西へ、シモン中佐とデュ・スジィ中佐は東へそれぞれ向かった。イングヴィラーで第XXXVII軍団長のアルフレート・ベーム＝テッテルバッハ中将と面会した両中佐は、その後前線に送られて多くの要塞指揮官と交渉した。シモン中佐はロアバッハ地域を、デュ・スジィ中佐はアグノー地域をそれぞれ担当した。前線に到着した特使は、まだかなりの数の要塞が陥落せず、抵抗を続けていたことに驚かされた。それだけ降伏の対象となる兵士の数も多いと言うことだ。マリオン大佐も同じ感想を持った。しかし今更引き返すことはできない。特使には任務を遂行する以外に選択肢は無いのだ。

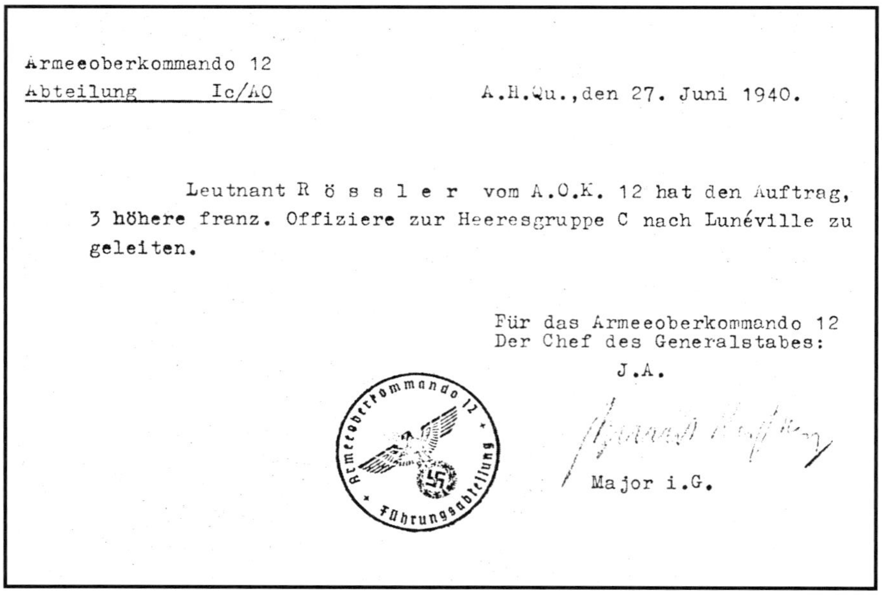

Armeeoberkommando 12
Abteilung Ic/AO

A.H.Qu.,den 27. Juni 1940.

Leutnant R ö s s l e r vom A.O.K. 12 hat den Auftrag, 3 höhere franz. Offiziere zur Heeresgruppe C nach Lunéville zu geleiten.

Für das Armeeoberkommando 12
Der Chef des Generalstabes:
J.A.

Major i.G.

（続き）中央で背中を向けているのが独第1軍のレースラー少尉で、フランス軍士官たちをリューネヴィルの第1軍司令部に案内する任務にあたっていた。このとき、抗戦していた要塞は第1軍の担当地区に割り当てられていたからだ。

本来、取り扱いを区別しなければならない休戦協定執行前の捕虜と、まだ要塞などに拠って継戦している兵士の違いについて、休戦の条文には両者に関する明確な線引きがあったのにもかかわらず、ドイツ軍はまったく注意を払っていないことが明らかになった。第1軍司令部では捕虜の受け入れ準備が整っていなかったので、フランス軍施設はドイツのヴィースバーデンに設けられた休戦協定執行司令部に赴いて、まず内容を詰めた。コンピエーニュとローマで休戦協定にあたったフランス代表団長のアンツィジェ将軍（中央）はすでにヴィースバーデンにいたが、条項にある捕虜の区別について徹底的なやりとりをするまでには至らなかった。結果として、要塞で抵抗を続けていた兵士も、他の戦争捕虜と一緒くたに扱われてしまったのである。この不始末は要塞守備兵の間に深い怨恨を植え付けてしまった。というのも、彼らの戦いはなんら戦局に寄与できなかっただけでなく、敗北者同然に扱われる屈辱まで加えられたからだ。当事者にしてみれば、ペテンに等しかった。

シムセルホフ

戦闘停止命令が有効となるよりも早い、6月24日2130時に行なわれたロアバッハへの支援砲撃が、シムセルホフ要塞での最後の攻撃だったが、この要塞は、開戦以来、約3万発を超える砲撃を実施していた。6月25日の朝、要塞司令官は最後の命令を「ここにいる誰もが深い失望と悲しみを心に秘めていた数日来、私はすべての守備兵が望みを捨てず、最後まで戦い続けようと決意を固めていたことを知っている。私は諸君等をなによりも誇りに思い、心の底から感謝を捧げる者である」という言葉で締めくくっている。

続く5日間は何も起こらず、6月30日になってロアバッハ地区司令官ボンラロン中佐と、ヴォージュ地区司令官ファーブル少佐が、グラン＝オエキルケル要塞にて、最高司令部の特使シモン中佐と面会した。シモン中佐はまずドイツ第257歩兵師団長のマックス・フォン・フィーバーン将軍と細目を詰めてきたことを告げ、要塞は一切の破壊を加えずに引き渡されること、守備兵は戦争捕虜として扱われるという2点のドイツ側の要求を明らかにした。

二人の指揮官は激怒し、休戦協定の文言に拒否反応を示したが、懸命な説得を受けた末、必要書類への署名が得られた。彼らの本音は署名時の言葉にはっきりと現れている。ファーブル少佐は敵意を隠そうとしなかったこともあり、命令に従わず、要塞を破壊する可能性があると疑われたので、ドイツ軍は少佐を厳重に監視していた。しかし実際の抵抗はわずかであり、7月1日に守備隊は要塞をあとにして、指定された捕虜収容キャンプへと向かった。

フェルモン

フェルモン要塞では、ドイツ軍部隊が停戦に関して十分理解していなかったこともあり、停戦執行時（25日0035時）になっても戦闘が続いていた。砲撃の応酬が続いていたのだ。午後、ドイツの軍使が降伏勧告に訪れたが、オーベル大尉はマックス・ポフィラー少佐の命令以外は受け付けないと謝絶した。そして6月26日午後、ポフィラー少佐の署名入り命令書を受け取ると、翌日、命令に従って守備隊はドンクールの捕虜収容キャンプに向かった。フェルモン要塞を明け渡した守備隊の隊列は、フランス国旗を先頭に掲げて、武器の所持を認められた士官に

最後の不正——イングヴィラーでアルフレート・ボーエム＝テッテルバッハ中将と打ち合わせたフランス軍最高司令部の使節ジャック・シモン中佐は、6月30日にグラン＝オエキルケル堡塁に派遣され、同地、ロアバッハ要塞地区司令官のラウル・ボンラロン中佐と、ヴォージュ地区指揮官のピエール・ファーブル少佐に面会した。（左）苦心惨憺の様子で詳細を説明するシモン中佐（写真にXXでマーク）を、軽蔑したような表情で見ているボンラロン中佐。憤懣やるかたないファーブル少佐は、休戦協定の降伏に関する条項をまったく信じようとはしなかった。彼は条項の内容に怒り、いまだ戦闘力を有している要塞を明け渡すという意向に徹底抗議した。この様子をドイツ将官はやや控えめに眺めつつ、万一の不服従に備えている。左に見える第257歩兵師団長マックス・フォン・ヴィーバーン中将（X印）は、いくぶん熱を帯びすぎているやりとりを興味深そうに眺めている。

極めて異例な場面をとらえた一枚。オシュバル堡塁（ブロック8）の入口にて、互いに向かい合う独仏両軍の兵士たち。7月1日、引き渡し交渉を終えて出てくる上官を、双方が待っているのである。

率いられていた。しかし、すぐに幻想は終わる。体裁を取り繕っても、彼らが戦争捕虜であることに代わりはなかったからだ（この現実に反発したオーベル大尉は、6月末にメッツの捕虜収容所を脱走すると、アフリカで自由フランス軍に加わり、1943年1月21日に戦死した）。

ラ・クリュエネス要塞地区の左翼にある要塞群の降伏交渉では、ポフィラー少佐が主導して、命令を遂行した。7月1日、ポフィラー少佐は、エルヴィルに出頭するよう命じられた要塞地区右翼担当のモーリス・ヴァニエ少佐と同席の場で、軍最高司令部特使のマリオン大佐から降伏に関する詳細を知らされたのだった。

インメルホフ

6月26日の1745時、インメルホフ要塞は、（メトリッシュ要塞に指揮所を移していた）ジャン＝パトリック・オサリヴァン大佐のメッセージを受け取ったが、中身はモーゼル川左岸の要塞はコベンブッシュ要塞指揮官であるルシアン・シャルネ少佐の指揮下に入り、要塞設備に一切破壊を加えることなく降伏の準備をせよという命令だった。シャルネ少佐は彼の指揮下にある9ヵ所の要塞処遇に関して、ドイツ第183歩兵師団長のベニングムス・ディッポルト少将と協議し、6月30日の明け渡しで合意した。実際の降伏調印は、コベンブッシュ要塞にてマリオン大佐に面会した7月1日のことである。

6月30日、命令に従い、インメルホフ要塞の守備兵は第351歩兵連隊に降伏した。他の要塞同様、守備兵たちは自分たちが戦争捕虜として扱われるとは思ってもいなかった。弾薬は抜かれていたが、フランス軍士官が武器の着用を認められていたことも、この誤解を助けていた。

（中段）月16日にオシュバルに司令部を移していたアグノー要塞地区司令官のジャック・シュヴァ中佐。ドイツ将官に敬礼をして、彼は遂に要塞を出ることになる。

しかし、エタンジュの兵舎に数日滞在したのち、鉄道駅に連行される段になって——捕虜となって——、彼らはようやく、ドイツ軍が戦争捕虜と自分たちを区別していないという事実に気づいたのだった。

アケンベル

6月25日早朝、第278歩兵連隊長のフリッツ・ホフマン大佐は、ブレ要塞地区全体を指揮するコチナール大佐の指揮所が置かれているアンズラン要塞に赴いたが、コチナール大佐は、軍最高司令部の正式な命令でなければ、要塞を明け渡さないと主張した。

翌日、アケンベル要塞の周辺に埋設していた対人地雷除去作業で、フランス兵2名が死亡、2名が負傷した。

6月30日の朝、アケンベルに到着したマリオン大佐は、コチナール大佐に無条件での要塞明け渡しに関する最高司令部の命令を伝達した。マリオン大佐は、コチナールをドイツ第XXXXV軍団司令部に伴い、そこでティオンヴィル要塞地区司令官のオサリヴァン大佐、フォルクモン要塞地区司令官のアドルフォ・デノワ少佐らとともに、ハンス・フォン・ツィーゲザール軍団参謀長との交渉が行なわれた。いまだ要塞で戦い続けている守備兵が、要塞明け渡しの結果、戦争捕虜として扱われるという条件への反発がフランス側で強く、交渉は極めて難航したが、最後は万策尽き果て、3名の要塞地区司令官は、深い落胆とともに降伏文書に署名した。7月4日、ドイツ軍が設備の保安要員として要求した65名以外の守備兵はアケンベル要塞を去り、捕虜収容所へと向かったのだった。

シェーネンブール

6月24日の砲撃戦以降、戦闘停止命令に従い、戦闘は行なわれなかったが、5日の間、何の動きもなかった。しかし、6月30日になると状況が変わった。最高司令部の特使デュ・スジィ中佐はその日の朝、第246歩兵師団長のエーリヒ・デーネッケ中将と面会を済ませると、午後にはオシュバル要塞に赴き、要塞地区司令官のシュワルツ中佐に正式な降伏命令を伝えるとともに、彼を含む守備兵はすべて戦争捕虜になるという、極めて残念な知らせを届けたからだ。ファーブル、ボンラロンはすでにこれを受諾していたので、シュワルツも命令に従い降伏文書に署名したが、彼の判断で「我々は周囲を包囲する敵の強要ではなく、ただフランス政府の命令に従い武器を置くものである。今日、我々はさらに数週間の包囲戦に応じられるだけの武器弾薬を有している。私は名誉とともにこの事実をフランス政府に指摘したい。そして、この名誉は決してドイツ側に帰するものではない」という一文を加えていた。

6月30日1900時、抵抗もなくドイツ軍の監視のもとで、アグノー要塞地区の守備兵は要塞を去り、捕虜収容所へと向かった。

戦時捕虜となる要塞守備兵の隊列。オシュバル堡塁ブロック16の指揮官アルベール・ハースが撮影。背後のブロック8にはまだフランス国旗がはためいているが、さらに高いところに、すでにドイツ戦闘旗が掲揚されている。

降伏から50年後の様子。オシュバルは当然、往事の役割を失っているが、フランス軍の装備名簿には残っている。今日、第901航空基地のレーダー通信基地の一部として要塞の設備が流用されているのだ。

アロイス・ペルツ軍曹、ヨセフ・マルティン二等兵は、6月9日、セダン南方25kmにあるオシュ近くのイスリー農場で戦死した。二人は第36歩兵師団第70歩兵連隊第11中隊の兵士で、この時はフランス第6歩兵師団第74歩兵連隊と交戦中だった。彼らは二人ともセダンの南方5km、第一次世界大戦後に設けられたノワイエのドイツ軍人墓地に並んで埋葬されている。現在、この墓地には第二次世界大戦の戦死者1万2000名も永眠している。

西方戦役で戦死したドイツ将兵は2万7074名、写真はそのうちの5名。彼らは6月6日、ル・ケノワ近郊で第5植民地歩兵師団と交戦した第7戦車師団第58工兵大隊の兵士である。（左）1961年、ドイツ戦没者慰霊事業によりフランス北部に点在していた墓地が、パ・ド・カレー、ソンム、ブルドンに墓地に集められることになった。そして現在、これらの墓地には約2万2000名が永眠している。慰霊事業は1967年9月に完了した。

六週間の戦いで、フランス軍は9万2000名の戦死者を出し、負傷者100万、捕虜150万を数えた。第47歩兵師団第44歩兵大隊のロジェ・クレメン一等兵は、6月8日にロワの西にあるキャビニーで戦死した。墓地はコンデ=フォリーのフランス軍戦没者墓地にある。近くにある第4植民地歩兵師団第24セネガル歩兵連隊の墓地は、"Ali"という略称で知られている。

戦争の傷跡

6月25日、OKWが集計した西方戦役の損害は、戦死者2万7074名、負傷者11万1034名、行方不明者1万8384名——不明者の大半は捕虜として殺害されたと推測されたが、休戦協定締結後に帰還した。一部はイギリスに連行されたと推測される——であった。作戦参加した師団数は136個なので、1個師団あたり約1000名の死傷者が出た計算になる。西方戦役における空前の勝利を、さらに劇的に仕立て上げるために、

同じくコンデ=フォリーに埋葬されている第5植民地歩兵師団第53植民地連隊のジョルジュ・リガル曹長の墓標。6月6日、ソンムで戦死した。

第4軽騎兵師団長ポール・バルベ将軍は、5月15日にディナン近郊で戦死した。埋葬場所は、ベルギーのジャンブルー北部にあるシャストルに設けられたフランス軍戦没者墓地にある。

"フランスのために死す"第10歩兵師団第24歩兵連隊のジルベール・ウヴァールー等兵は、6月9日にエーヌ河畔で戦死した。セダン近郊のフロアンにあるフランス軍戦没者墓地にて。

最大25万の将兵を大陸に派遣したイギリス軍だが、戦死者3457名、負傷者1万3602名と損害は比較的軽微である。二つの墓碑はアブヴィル共同墓地より。（左）シーフォース・ハイランド連隊のドナルド・マッケンジー二等兵は、6月4日、ソンム川橋頭堡を巡る戦闘で命を落とした。（右）ジョン・ルーカス二等兵は戦死日時、状況ともに不明であり、墓碑の日付もそれを裏付けている。しかし、第一次世界大戦では病院地区となっていたアブヴィルには、同じような墓碑が無数にあるという事実を忘れてはならない。

ボンセルのベルギー軍戦没者墓地で撮影。（左）リエージュ要塞連隊のアンドレ・クロソン二等兵は、5月15日、ボンセルにて88mm高射砲の直撃を受けた第Ⅳ砲塔の中で戦死した。（中）第8歩兵師団第21連隊第3中隊のテオドール・ブルネール二等兵は、5月26日、リス川防御戦において、ルーセラーレの東10kmにあるオーストローゼベークで戦死した。（右）第1アルデンヌ猟兵連隊のオスカル・ネーレンハウセン曹長は、5月26日のリス川防御戦においてウーセルヘムで戦死した。ベルギー軍全体では戦死者7500名、負傷者1万5000名を出した。18日間の戦いの割には、犠牲者の数はかなり多い。

ドイツの宣伝機関は、第一次大戦でのヴェルダン攻防戦でクロンプリンツ軍が出した戦死者4万1000名、負傷者31万名という数字を取り上げて、今回の勝利がいかに偉大であるかと強調した。

洞察力を持ってすれば、ドイツ国防軍の分析の中に、「電撃戦」の弱点を見出すことができる。例えば、5月10日から6月3日にかけての時期、国防軍の一日あたりの損害は平均2500名だが、これが6月4日から25日にかけては4600名まで跳ね上がる。6月18日以降、ヴォージュ、アルプス地区で小競り合いが見られた程度だったことを考慮すると、5月と6月では、一日あたりの平均損害数に約2倍の開きがあることがわかる。分析は一面的な評価に過ぎないが、この数字は後半戦でウェイガンが採用した戦術原則が、いくぶん奏効したことを証明している。もし、開戦当初からウェイガンが確信を持ってこのような防御指揮を実施していたら、いったいどうなっていただろうか。

連合軍は準備不足であり、指揮統制の面でもドイツ軍からはるかに劣っていた。フランス軍は戦死者9万2000名、負傷者25万、戦争捕虜145万という途方もない損害を、自信過剰と準備不足のツケとして支払わされた。これを約100個師団に振り分けると、フランス軍は連合軍の中でも最悪の、1個師団当たり約3500名の損害を被ったことになる。

オランダ軍は戦死者2157名、負傷者6889名を出し、全軍10個師団で見ると、1個師団あたり約900名の損害となる。

ベルギー軍は戦死者7500名、負傷者1万5850名を出し、全軍22個師団で見ると、1個師団あたり約1000名の損害となる。

フランス南部で2週間だけ戦ったイタリア軍は、戦死者631名、負傷者2631名を出したほか、約2000名が凍傷を煩った。

ロッテルダムのクロースベイク戦没者墓地には約1000名が眠っている。5月14日の空襲では、兵士115名、市民550名が犠牲になった。そして戦争を通じてロッテルダム上空では136名の連合軍兵士（もちろん大半が空軍）が戦死していた。この墓地に眠る兵士の大半は、ロッテルダムのマース川に架かる橋とワールハーフェン飛行場を巡る戦いで出た戦死者である。（左）5月15日に戦死したゲラルト・ボスマ海軍一等兵は、勲功銅賞を授与されている。（右）ウィレム・シュイリンク海軍大尉は橋梁防衛戦で勇敢な指揮を見せた功績で、オランダ軍では最高のウィレム軍事勲章を授与された。彼はドイツ軍捕虜収容所で1944年に死去し、戦後、クロースベイクに埋葬された。オランダは5月10日～15日の戦いで、戦死者2154名、負傷者7000名を出している。

イギリス軍は戦死者3457名、負傷者1万3602名を出し、大陸に派遣した10個師団で見ると、1個師団あたり約1700名の損害となる。

しかしフランスや「中立国」のベルギー、オランダと異なり、イギリス軍の大半は後日の戦いに備えて生き延びている。彼らは装備の大半を喪失したが、人間よりも機械力が戦場の支配権を左右するという、新時代の戦争の形を学び取った意義は大きい。

こうして地上の戦火は消え、戦場は英本土上空決戦へと移る。フランスの戦いは終わった。しかして今度はイギリスの戦いが始まるのである。

交戦国6ヶ国、死者15万2000名、負傷者400万を出した、六週間におよぶ西方電撃戦は遂に終わった。戦闘に巻き込まれて犠牲になった市民の数は正確には分からないが、数万という枠には収まらないだろう。今日、フランスの大地は平和の中にあるが、当時の災厄を忘れ去ったわけではない。ここソンムでは、50年を経た今日でも、焼けただれた戦車が放置されていた跡地がくっきりと残っているのだから。

戦闘は続いていたが、格好の題材を前にしたカメラマンは、傑作をものにしたいという職業的本能に逆らえなかったのだろう。6月16日、キタール付近でソーヌ川を渡る第1戦車師団

第1狙撃旅団の兵士たち。空軍はこの地区で友軍を誤爆してしまい、大損害を出しただけでなく、作戦の遅延も招いていた。この写真のような情景は長くは続かなかったのだ。

(左)オーセールの中心部、ヴォーバン通りにて。トレーラーもろとも使用不能になっている3台のブリンダモデル37L。道路脇の建物の破壊状況から、6月15日前後の爆撃で遺棄されたのだと思われる。(右)多くの街路樹が爆撃を生き延びた。ヴォーバン通りの平和な風景の中に、50年前の気配をしっかりと感じ取ることができる。

ダンケルクの海岸に建てられたフランス第12自動車化歩兵師団の記念碑。

付近の家屋の破壊状況から推測するに、写真のFT17は動けなくなる直前までブロワのロワール川渡河点に睨みを利かせていたのだろう。FT17が守っていた橋は一支点間分だけ爆破されていたが、ドイツ工兵は破壊が拡大する前に補強を終えてしまった。川の南岸に陣を敷いていたフランス軍の抵抗は、数時間のうちに沈黙を強いられた。

第11戦車連隊（第6戦車師団）の兵士たち。右から三人目がヘルムート・リトゲン少尉。

望みは潰えた。6月20日、ドイツ軍騎兵の姿にうろたえるフランスの小村。写真のキャプションはシャティオン=シュル=ロワールとなっていたが、これは誤りで特定が難しかった、しかし地元住民に丹念に聞き取り調査を続けたところ、南西10kmにあるセルノワ=アン=ベリーの通りを突き止め、写真の騎兵部隊はロワール川を渡った直後、南に向かって行軍していたことが判明した。

忘れてはならない名も無き人々。避難民は生活をめちゃくちゃにした戦争という暴風雨に翻弄された。

本書を完成に導いた無数の戦争報道関係者の中でも、とりわけ有益だったのが、フランス戦役においてドイツ国防軍戦地報道官が撮影した写真であった。

訳者あとがき

本書は『バルジの戦い（上・下）』ジャン・ポール・パリュ著、岡部いさく訳、大日本絵画、1993年刊行の対となる本です。著者のパリュ氏は戦史に名高い1944年冬のバルジの戦い（ドイツ名：「ラインの守り」作戦）で撮影された数多くの戦場写真について、その撮影地点を自ら探し出して撮影し、二枚を並べて比較しながら戦史解説を進めるという新しい試みを戦史書に持ち込み、好評を博しました。

そのパリュ氏が同コンセプトの続編として挑んだテーマが、本書のフランス戦役です。1939年9月1日にヒトラーのナチス・ドイツ軍がポーランドに侵攻して始まった第二次世界大戦。フランス、イギリスの西側連合国は即座に対独宣戦したものの、ドイツの電撃戦の前にわずか一週間でポーランド軍が崩壊したことで、打つ手が無いままにらみ合いとなりました。そして翌年5月10日にドイツ軍がベネルクス三ヵ国の国境を破ったことで、フランス戦役が始まります。

前著『バルジの戦い』と比べると、手法は同じながら、本書には二つの大きな違いがあります。

一つは戦場が広大なこと。バルジの戦いがベルギー南部のアルデンヌ森林地帯に限定されているのに対して、フランス戦役の対象はベルギー、オランダ、ルクセンブルクと、フランスの中北部一帯まで含みます。投入された部隊の規模も比較にならないほど大きいものでした。

もう一つは、戦場で費やされた時間の違いです。どちらの戦いも開戦から一ヵ月ほどで決着を見ています。しかしバルジの戦いが、前半のドイツ軍攻勢と、後半からの連合軍反撃という二つの局面で、戦線が自動車のワイパーのように同じ土地の上を往復したのとは対照的に、フランス戦役ではドイツの電撃戦が、ほぼ一方通行状態でフランスを蹂躙した展開となりました。

この結果、フランス戦役では目覚ましい軍事的業績の割に、戦場写真が乏しくなりました。戦線の移動が早すぎて、リアルタイムの戦場記録写真を残す暇が無かったのです。それでも勝者のドイツ軍はまだ余裕がありました。写真を趣味にしていたロンメル将軍が愛機のライカで撮影していた写真も、本書でも多数使用されています。ところが敗者の西側連合軍にしてみれば、神出鬼没、電光石火の電撃戦の前に戦線の形さえ掴めぬまま壊滅する部隊が続出し、戦車師団やスツーカに追われまくるような混乱と破壊の戦場では、まともな記録写真を残す余裕も無かったのです。

こうした事情から、残された写真にも不明点が多く、複数の国や言語をまたいだ戦場であることが、より撮影地点の発見を困難にしています。それだけに、たった一枚の写真の正体を探るためにフランス中を駆けまわるパリュ氏の熱意と執念には驚嘆するほかありません。こうした著者の努力もあって、新たに命が吹き込まれた戦場写真の数々は、戦史ファン、モデラーを問わず、ミリタリー趣味を愛するすべての読者にインスピレーションを与えるに違いありません。ただし写真撮影の時期は、本書のキャプションでもたびたび触れられているとおり、80年代末から90年初頭までに集中しています。それから四半世紀の時が流れ、多くの撮影地点が現在では大きく姿を変えているに違いありません。そういった意味では、比較撮影写真そのものも歴史的な価値を帯び始めていると言えるでしょう。

フランス戦役について、アルデンヌ森林地帯でのドイツ軍戦車部隊の突破や、ダンケルク包囲戦までを詳細に扱ったものは日本にも豊富にあります。しかしイギリス欧州遠征軍（BEF）撤退後のフランス戦役後半、《作戦名：赤色》までも等分に扱い、無視されがちだったマジノ線やベルギー国内要塞の戦闘まで詳細に描いている点で、本書は傑出しています。『バルジの戦い』が、同テーマの定番としていまも愛読されているように、本書もフランス戦役を知る上で、不可欠の一冊になるものと自信を持ってお薦めできる内容になっています。

最後に本書を読む上での注意点について。まず本書では無数に登場する部隊名にすべて適切な訳語を与え、便利ではあるものの煩雑な略号を使用することを極力避けています。この際、フランス軍の諸部隊、編制の日本語名称については『フランス軍入門』ミリタリー選書28、田村尚也著、イカロス出版、2008年刊行を参考にいたしました。フランス軍の特徴や編制、歴史を知る上で極めて有用な本であり、非常な力作であるので、本書と併せて一読をお勧めいたします。

また、連合軍とドイツ軍の区別が付きにくい場面では「フランス第○○師団」のように、随時、部隊名に国籍を加えて表記しています。同時に、戦車を中核戦力とする機械化師団の表記については、ドイツ軍には「戦車師団」、フランス軍が「装甲師団」、イギリス軍には「機甲師団」を使用して区別しています。

地名、人名の表記は翻訳においてもっとも苦労した部分です。基本は現地語の読みに準じていますが、ベルギーの多くの地名は、現地読みよりも、英語やフランス語での呼称が広く知られているため、ケース・バイ・ケースで対応しています。

宮永忠将

西方電撃戦
フランス侵攻1940

発行日　2013年4月26日　初版第1刷

著　者　ジャン・ポール・パリュ
翻訳者　宮永忠将・三貴雅智

装　丁　大村麻紀子
本文DTP　小野寺 徹
編集担当　後藤恒弘

発行人　小川光二

発行所　株式会社 大日本絵画
〒101-0054 東京都千代田区神田錦町1丁目7番地
Tel. 03-3294-7861（代表）
URL., http://www.kaiga.co.jp

企画・編集　株式会社 アートボックス
〒101-0054 東京都千代田区神田錦町1丁目7番地
錦町1丁目ビル4F
Tel. 03-6820-7000（代表）　Fax. 03-5281-8467
URL., http://www.modelkasten.com/

印　刷　大日本印刷株式会社
製　本　株式会社ブロケード

ISBN978-4-499-23108-4 C0076

内容に関するお問い合わせ先：03(6820)7000　㈱アートボックス
販売に関するお問い合わせ先：03(3294)7861　㈱大日本絵画